AF356313

LA SEINE

ÉTUDES HYDROLOGIQUES

PARIS. — IMP. SIMON RAÇON ET COMP., RUE D'ERFURTH, 1.

LA SEINE

ÉTUDES HYDROLOGIQUES

RÉGIME DE LA PLUIE, DES SOURCES, DES EAUX COURANTES

APPLICATIONS A L'AGRICULTURE

PAR

M. BELGRAND

MEMBRE DE L'INSTITUT, INSPECTEUR GÉNÉRAL DES PONTS ET CHAUSSÉES
DIRECTEUR DES EAUX ET DES ÉGOUTS DE PARIS
ET DU SERVICE HYDROMÉTRIQUE DU BASSIN DE LA SEINE

PARIS

DUNOD, ÉDITEUR

LIBRAIRE DES CORPS DES PONTS ET CHAUSSÉES ET DES MINES

49, QUAI DES AUGUSTINS. 49

1872

PRÉFACE

J'ai longtemps hésité sur le titre que je devais donner à cet ouvrage : *la Seine — étude des lois d'écoulement des eaux pluviales*, était un titre plus net et plus précis que celui qui a été définitivement choisi, mais il avait l'inconvénient de dérouter les lecteurs. Ceux qui auraient ouvert ce livre dans l'espoir d'y trouver un recueil d'observations météorologiques l'auraient bien vite refermé; ceux qui s'intéressent aux questions qui y sont discutées ne l'auraient pas ouvert. J'ai donc choisi un autre titre, qui est peut-être un peu vague et qui introduit, dans la science, le mot nouveau *hydrologie*. Mais je crois que ceux qui liront ce livre reconnaîtront qu'il a un caractère, je n'ose pas dire d'originalité, mais au moins de nouveauté, qui justifie l'emploi d'un mot nouveau.

Cet ouvrage n'est, à proprement parler, qu'une application de la géologie à l'art de l'ingénieur et de l'agriculteur. C'est en tenant compte de la nature géologique du sol, que je suis parvenu à établir la séparation des groupes de terrains perméables et imperméables, sans laquelle il est absolument impossible d'étudier les eaux courantes. J'ai pu ainsi classer

a

méthodiquement les marais et les tourbières, les nappes d'eau souterraines, les sources et les cours d'eau.

La même méthode m'a servi à déterminer les lois d'écoulement des crues, en hiver et en été, le régime des cours d'eau en temps d'étiage, les règles du calcul du débouché mouillé des ponts, l'action des forêts sur l'écoulement des eaux pluviales, le régime des canaux et rivières navigables, l'aménagement des eaux perdues en temps de crues, l'endiguement des rivières, la force motrice des eaux courantes.

J'ai étudié également les règlements d'usines, les projets de distribution d'eau dans les villes. C'est surtout en ce qui concerne l'agriculture, que la méthode suivie m'a conduit à des lois d'une grande simplicité.

J'ai commencé ces études, pour ainsi dire, dès le début de ma carrière. C'était en 1832, j'étais élève ingénieur, en mission dans le département de la Côte-d'Or. On ne faisait pas alors de bien grands travaux et l'on m'avait chargé de diriger la construction d'un petit pont de trois arches sur la rivière de Brenne, à Vitteaux-en-Auxois. Pendant mon séjour dans cette ville, je fus témoin d'un de ces phénomènes météorologiques, qui ne s'effacent point de la mémoire : à la suite d'une forte pluie d'orage, qui dura moins d'une heure, je vis les eaux pluviales ruisseler de toute part, à la surface des coteaux qui bordent la vallée. En un instant, la Brenne éprouva une crue énorme, qui s'éleva au-dessus du niveau des parapets du pont que nous construisions. Ce pont en remplaçait un autre beaucoup plus petit, qui avait été emporté par une crue ; on avait calculé le nouveau débouché, d'après les règles les plus larges admises alors; et cependant, il était évident pour moi qu'on était resté bien au-dessous des dimensions nécessaires.

J'avais été témoin de chutes de pluies aussi fortes, mais jamais d'un tel ruissellement des eaux pluviales, ni d'une crue aussi subite et aussi violente. Je fus bientôt conduit à cette conclusion, que ce double phénomène était dû à la nature même du sol.

La petite ville de Vitteaux est à la limite de la région connue, en basse Bourgogne, sous le nom d'Auxois, et qui n'est en réalité, qu'une vallée d'érosion de 30 kilomètres de largeur, creusée dans le massif argileux du *lias*. A la limite de ce vaste fossé, sur la rive droite de la Brenne, s'élève la chaîne de la côte d'Or, formée des *calcaires oolithiques*. Je reconnus que, dans toute la région argileuse, le débouché mouillé des ponts était considérable; qu'au contraire, les ponts construits sur les routes de la région calcaire ne recevaient jamais d'eau, et qu'ainsi leur débouché mouillé était nul.

L'auteur de la règle empirique qu'on nous avait enseignée, l'hiver précédent, à l'École des ponts et chaussées, pour déterminer le débouché des ponts [1], ne tenait compte que de l'étendue des versants des cours d'eau, de la hauteur des montagnes qui bordent les vallées, mais nullement de la nature géologique du sol.

J'en conclus qu'il y avait une lacune dans nos études, et, dès

---

[1] Voici cette règle : « Dans un pays plat, où les collines n'ont que 15 à 20 mètres de hauteur, on donne 0m,80 de largeur aux ponceaux par lieue carrée ; dans les pays où les montagnes ont environ 50 mètres de hauteur au-dessus des vallées, cette largeur est portée à 2 mètres environ. » (Cours de construction, *Ponts*, pages 3 et 4, 1831.)

cette époque, je fus convaincu qu'un ingénieur des ponts et chaussées devait être *non-seulement géomètre*, mais *encore géologue*.

Tel a été le point de départ de ces études. Elles furent interrompues de 1832 à 1836 ; je fus chargé du service d'un arrondissement d'ingénieur dans le département du Puy-de-Dôme, et le travail qu'exigeaient les débuts dans une carrière difficile ne me permit pas de continuer mes observations dans la contrée si intéressante, au point de vue du régime des eaux courantes, où je résidai pendant trois ans.

Mais, en 1836, je fus renvoyé dans le département de la Côte-d'Or et chargé des deux arrondissements de Semur et de Châtillon-sur-Seine. Le premier est recouvert presque entièrement par les argiles du lias et le granite du Morvan, terrains imperméables ; les calcaires oolithiques, terrains très-perméables, couvrent toute la surface du second. J'étais en résidence à Montbard, entre les deux ; je pus donc reprendre mes études, et je les ai poursuivies sans relâche depuis cette époque.

J'ai publié le résultat de mes recherches dans un grand nombre de mémoires ; en voici l'énumération sommaire :

1° *Études hydrologiques dans les granites et les terrains jurassiques, formant la zone supérieure du bassin de la Seine.* Ce mémoire a été présenté à l'Académie des sciences et imprimé dans le Bulletin de la Société géologique de France et dans les Annales des ponts et chaussées. (2° semestre 1846.)

2° *Notice sur la carte agronomique et géologique de l'arrondis-*

sement d'*Avallon*, présentée, le 7 septembre 1849, au Conseil général de l'Yonne et insérée, par son ordre, dans l'Annuaire de l'Yonne. (1850-1851.)

3° *Hydrologie du département de l'Yonne*, études sur le régime des cours d'eau et les cultures, publiées dans l'Annuaire de la Société des sciences de l'Yonne.

4° *Études hydrologiques dans le bassin de la Seine, entre la limite des terrains jurassiques et Paris.* (Annales des ponts et chaussées, 1852, 1er semestre.)

5° *Études des lois qui régissent les crues des cours d'eau.* (Annuaire de la Société météorologique de France, séance du 8 mars 1853.)

6° *Des relations qui existent entre le mode d'écoulement des eaux pluviales à la surface du sol et la culture des prairies.* (Annuaire de la Société météorologique de France, séance du 26 avril 1855.)

7° *Influence des forêts sur l'écoulement des eaux pluviales.* (Annuaire de la Société météorologique, séance des 1er et 12 juillet 1853; Annales des ponts et chaussées, 1er semestre 1854.)

8° *De la simultanéité des pluies, qui produisent les crues des cours d'eau au nord du plateau central de la France.* (Annuaire de la Société météorologique de France. séance du 11 juillet 1854.)

En avril 1854, le Préfet de la Seine me confia la mission de rechercher les sources qui pouvaient être conduites à Paris, à une altitude assez grande pour y être distribuées. Je fus chargé, par décision ministérielle du 3 février 1854, de l'organisation du service hydrométrique du bassin de la Seine. C'est à la suite de ces deux décisions, que furent publiés les mémoires suivants :

8° *Recherches statistiques sur les sources du bassin de la Seine, qu'il est possible de conduire à Paris.* — Remis à M. le Préfet, le 8 juillet 1854, et imprimé aux frais de la Ville.

A ce mémoire était jointe une carte hydrologique et géologique du bassin de la Seine, faisant ressortir les groupes des terrains perméables et imperméables, et la classification des sources.

L'édition complète de ce mémoire a été détruite par l'incendie de l'Hôtel de Ville, mais les pierres gravées de la carte ont été sauvées. J'ai donc pu faire réimprimer cette carte en tête du présent ouvrage.

9° Depuis le 1ᵉʳ mai 1854, les observations sur les variations des niveaux de la Seine et de ses affluents ont été poursuivies sans interruption et les résultats ont été publiés et distribués, par les soins du Ministère des travaux publics ; quinze distributions annuelles de feuilles gravées ont eu lieu depuis l'origine des observations.

Malheureusement, la collection de ces gravures, les tableaux et toutes les pièces originales ont été détruits par l'incendie.

10° *Mémoire sur les observations hydrométriques, du 1ᵉʳ mai 1854 au 30 avril 1855 et sur la qualité des eaux de sources.* (Annuaire de la Société météorologique, séance du 8 janvier 1856. — Annales des ponts et chaussées. 1ᵉʳ semestre 1857.)

11° *Deux notes sur le puits de Passy.* — L'une de ces notes est intéressante, parce qu'elle contient l'exposé de recherches faites sur le mouvement de l'eau dans les nappes souterraines. (Annuaire de la Société météréorologique, 28 mai et 10 octobre 1861.)

12° *Les grands débordements de la Seine à Paris.* (Annuaire de la Société météorologique, 8 novembre 1864.)

13° *Notice sur le régime de la pluie dans le bassin de la Seine.* (Annales des ponts et chaussées, 2e semestre 1865 ; Annuaire de la Société météorologique de France, séance du 10 janvier 1865.)

14° *Le bassin parisien aux âges antéhistoriques.* — Cet ouvrage, qui forme trois gros volumes in-folio, a été présenté à la Société géologique le 21 janvier 1867 et a été publié par la ville de Paris en 1869. C'est la première partie de l'ouvrage que j'ai entrepris de publier; les présentes études en forment la seconde. (Présenté à l'Académie des sciences par M. Dumas, le 14 mai 1870.)

Le 1er juin 1866, le Ministre des travaux publics a, sur ma demande, attaché sous ma direction M. G. Lemoine, ingénieur des ponts et chaussées, au service hydrométrique du bassin de la Seine. Depuis cette époque, nous avons publié en collaboration les cinq mémoires suivants :

15° *Étude sur la crue de septembre 1866.* (Annuaire de la Société météorologique, 11 décembre 1866 ; complétée dans les Annales des ponts et chaussées, 1868.)

16° *Résumé des observations centralisées en 1867 par le service hydrométrique du bassin de la Seine.* (Annuaire de la Société météorologique, 1868.)

17° *Résumé des observations centralisées en 1868 par le service hydrométrique du bassin de la Seine.* (Annuaire de la Société météorologique, 1869.)

18° *Note sur l'état probable des eaux courantes du bassin de la Seine, dans l'été et dans l'automne de* 1870. (Annales des ponts et chaussées, juillet 1870.)

19° *Résumé des observations centralisées, pendant les années* 1869 *et* 1870, *par le service hydrométrique du bassin de la Seine.* (Annuaire de la Société météorologique de France, 1871.)

Il est difficile que des études soient poursuivies si longtemps sur le même sujet, sans que des travaux analogues soient entrepris par d'autres observateurs, et, en effet, depuis que mes premiers mémoires ont été imprimés, divers travaux, basés sur l'influence de la perméabilité du sol, ont été publiés. Je ne pense pas cependant que personne conteste aujourd'hui la priorité de mes études et de mes publications.

Ce qui distingue ces publications des autres ouvrages écrits sur les eaux courantes, c'est qu'elles ont pour base l'étude des lois d'écoulement des eaux pluviales à la surface du sol. J'ai démontré que toutes les lois fondamentales du régime des eaux courantes dérivent de cette première série d'observations, sans laquelle il est absolument impossible de se rendre compte de la forme particulière des crues de chaque cours d'eau. C'est à quoi personne, je crois, n'avait pensé avant mes premières études.

Les limites géographiques des différents pays qui constituent le bassin de la Seine étaient autrefois à très-peu près des limites géologiques. Ainsi, suivant moi, la ligne qui, dans l'origine, séparait la Champagne de deux grandes provinces voisines, la Bourgogne et la Lorraine, était la limite orientale du terrain crétacé inférieur. C'était, il y a moins d'un siècle, avant la construction des routes, une des plus fortes lignes de défense de la France et, aujourd'hui encore, un général habile saurait tirer parti des défilés de l'Argonne, des fondrières du Der et des forêts d'Orient et d'Aumont. Des convenances de famille, des événements politiques, ont fait des échancrures dans cette frontière naturelle : la Champagne a débordé sur les terrains oolithiques, jusqu'à Mussy-l'Évêque, dans la vallée de la Seine, et a absorbé le Bassigny, dans celle de la Marne. Elle s'est étendue sur une partie de la Brie, du côté de Paris. Néanmoins, comme ce livre s'adresse surtout à des ingénieurs, qui n'ont pas fait de la géologie une étude spéciale et seraient promptement rebutés si les diverses contrées qui constituent le bassin de la Seine étaient désignées seulement par leurs noms géologiques, j'ai supposé les anciennes limites rétablies ; pour moi, la Champagne sera composée de deux parties, la Champagne humide, comprenant le terrain crétacé inférieur, et la Champagne sèche ou pouilleuse, comprenant la craie blanche. Les terrains oolithiques seront renfermés entièrement dans la Bourgogne et la Lorraine. La Brie comprendra toute la contrée dont les plateaux sont formés d'argiles à meulière, même le Hurepoix, situé sur la rive gauche de la Seine. La Picardie, c'est-à-dire ce pays crayeux dont les plateaux sont couverts de limon et les vallées sont envahies par la tourbe, s'étendra jusqu'au bord de l'Oise et jusqu'au pays de Bray, quoique, dans le bassin de la Seine, ces terrains fissent autrefois partie de l'Ile-de-France. Au contraire, le Morvan, l'Auxois, le Gâtinais, le Valois, le Vexin français, le Vexin normand, le pays de Caux, le pays de Bray, le pays d'Ouche, etc., resteront resserrés dans leurs limites géogra=

phiques, parce qu'elles coïncident presque exactement avec leurs limites géologiques.

Cette seconde partie de mon ouvrage était écrite en 1865 ; elle devait être imprimée aux frais de la Ville de Paris, à la suite de la première, qui a été publiée en 1869. A cette date, des difficultés financières d'abord, puis les événements politiques ont tout arrêté ; j'ajouterai même que la conservation de ce long travail de toute ma vie d'ingénieur est due à un hasard heureux : M. Dumas avait bien voulu présenter le manuscrit à l'Académie des sciences, dans la séance du 10 décembre 1870, et, à la suite de cette présentation, m'avait autorisé à le déposer à la bibliothèque de l'Institut ; c'est ainsi qu'il a été sauvé de l'incendie de l'Hôtel de Ville.

Mais toutes les pièces justificatives ou complémentaires ont été perdues : ainsi le registre des essais hydrotimétriques ayant été détruit, ce volume ne comprend que les sources dont le titre hydrotimétrique a déjà été publié en 1858, à la suite du second mémoire du Préfet de la Seine sur les eaux de Paris. Je dois dire que l'édition de ce second mémoire a été elle-même détruite. J'ai perdu également toutes les observations sur les variations de température des eaux dans les conduites et les aqueducs, etc.

Il aurait été impossible d'imprimer la petite carte géologique et hydrographique, ainsi que les feuilles d'observations pluviométriques et hydrométriques, qui constituent l'atlas joint à ce volume, si deux grandes administrations, les Ponts-et-Chaussées et

---

[1] Le bassin parisien aux âges antéhistoriques.

le nouveau Conseil municipal de Paris n'étaient venus en aide à l'éditeur, en lui accordant une subvention.

Je ne puis oublier non plus les membres de l'ancienne administration municipale, MM. le baron Haussmann, Dumas, Cornudet et Merruau, qui m'ont si puissamment soutenu dans mes recherches, ni mes camarades et amis, MM. G. Lemoine, Mangon, Poincaré, Bazin, Quilliard, Buffet, Lesguillier, Huet, Humblot, Rozat de Mandres, Ed. Collignon, V. Fournié, Vialay, qui m'ont prêté un concours si dévoué. Je dois aussi les plus utiles renseignements à MM. les ingénieurs en chef de la Barre-Duparcq, Cambuzat, Chenot, Colle, Coutant, Deglaude, Degrand, Doré, Duhaut-Plessis, Dureteste, Duverger, Fontaine, Francfort, Gojard, Gosselin, Holleaux, Krantz, Laborie, Lechalas, Lemaître, Lermoyez, Marx, Perronne, Quaisain, Sainjon, Savarin, Sugot, Tarbé, Vaudrey, Volmerange, ainsi qu'à leurs collaborateurs. Je terminerai cette préface en les priant d'agréer tous mes remercîments.

LA SEINE

ÉTUDES HYDROLOGIQUES

INTRODUCTION

J'ai démontré dans le premier volume de cet ouvrage[1] qu'à l'époque où la France était hantée par l'ours des cavernes, le mammouth, le renne et autres grands animaux aujourd'hui disparus, où l'homme ne savait pas encore polir les outils en silex dont il faisait usage, c'est-à-dire à l'époque quaternaire, le bassin de la Seine avait à très-peu près le même relief qu'aujourd'hui; seulement les cours d'eau qui le sillonnaient et qui occupaient l'emplacement de nos rivières, étaient incomparablement plus grands que ces dernières; la Seine à Paris n'avait pas alors moins de 1 à 2 kilomètres de largeur. C'est dans les anciens graviers de ces cours d'eau, comme dans les cavernes, qu'on trouve les traces les plus certaines du travail des premiers hommes, les armes et ustensiles en silex taillé et non poli, et les ossements des animaux étranges qui habitaient alors notre Europe.

---

[1] *La Seine. Le bassin parisien aux âges antéhistoriques.*

Ces restes du travail des premiers hommes et de cette faune ancienne, donnent une grande importance à l'étude des graviers et du régime des cours d'eau de cette époque que j'ai désignés sous le nom de *cours d'eau de l'âge de la pierre.* Comme aujourd'hui, ce régime était très-différent suivant que le sol était perméable ou imperméable. Les cours d'eau des terrains granitiques du Morvan, des argiles liasiques de l'Auxois, des argiles et des sables argileux du terrain crétacé inférieur (Champagne humide, pays de Bray) terrains imperméables, éprouvaient des crues qui contrastaient certainement, par leur violence, avec celles des ruisseaux des terrains perméables de l'oolithe de la Côte-d'Or, de la craie blanche de Champagne, des sables et des calcaires du Soissonnais et du Vexin, des sables de Fontainebleau et des calcaires de Beauce, des argiles à silex drainées par la craie de la vallée d'Eure.

Néanmoins, même dans ces derniers terrains, les crues des cours d'eau étaient bien plus violentes qu'aujourd'hui, elles étaient limoneuses dans les terrains les plus perméables, comme la craie ; ce qui prouve que même dans ces terrains perméables, les eaux pluviales ruisselaient à la surface du sol ; jamais le fond des vallées n'étaient envahi par la tourbe. C'est un premier trait qui distingue de notre époque moderne, ces premiers temps de l'histoire de l'homme : l'ère des grands cours d'eau de l'âge de la pierre est nettement séparée de l'ère des cours d'eau tourbeux.

C'est à partir de ce changement de régime des eaux, que les instruments de silex se polissent, que commencent la domestication des animaux et, à proprement parler, la civilisation.

J'ai déjà décrit cette époque de transition et je pourrais renvoyer le lecteur au premier volume de cet ouvrage ; mais ce volume a été en grande partie détruit par l'incendie de l'Hôtel de Ville ; les exemplaires qui ont été sauvés sont conservés par la Ville, qui a fait les frais de l'impression, et ne sont plus dans le commerce. Il m'a donc paru indispensable de reproduire en tête de cet ouvrage la description des tourbières et des marais qui jouent un rôle si important dans le régime des eaux courantes de certaines parties du bassin de notre fleuve.

DES MARAIS ET DES TOURBIÈRES

TRANSITION

Passage du régime de l'âge de pierre à l'âge des tourbes. — Il y a eu nécessairement, entre l'ère des grands cours d'eau de l'âge de pierre et celle des tourbes, ou si l'on aime mieux, celle des petits cours d'eau de l'époque actuelle, un régime de transition qu'il est très-important de faire connaître; car ce changement paraît remonter à une époque où se sont produites de profondes modifications dans les mœurs et les habitudes des sauvages populations qui habitaient alors la France.

A tous les niveaux où l'on trouve les graviers des grands cours d'eau, on rencontre dans les anses, dans les tournants, et, en général, dans toutes les parties du lit où les alluvions se formaient, les ossements de grands animaux de race éteinte et aussi les traces du travail de l'homme. Les instruments en silex sont simplement taillés, comme ceux qui ont été découverts dans les cavernes jusqu'à la fin de l'époque du mammouth et du renne, c'est-à-dire jusqu'à la fin de l'époque quaternaire.

Jamais, dans les graviers de fond des grands cours d'eau, on n'a découvert jusqu'ici ni instruments en pierre polie, ni, à plus forte raison, aucune trace de métal, ni ossements d'animaux domestiques, pas plus que dans les parties des cavernes où se trouvent l'éléphant et le renne.

Ces objets, indices d'une civilisation plus avancée, ne se rencontrent qu'à la superficie du sol des sablières, et sont toujours séparés du gravier qui tapissait le fond des grands cours d'eau, par l'alluvion qui a rempli les lits anciens, au fur et à mesure que la rivière les abandonnait et dans laquelle on ne trouve presque jamais rien. J'ai désigné sous le nom de *gravier de fond*, le terrain de transport qui formait le fond du lit, et sous le nom d'*alluvion*, les matériaux qui ont servi à remplir les lits abandonnés.

Au contraire, avec les tourbes apparaissent, sans transition aucune, les animaux domestiques, les instruments en pierre polie et plus tard en métal ; les restes de l'éléphant et du renne ne se rencontrent plus.

Ces premiers rudiments de civilisation paraissent donc être la conséquence d'un adoucissement subit du climat qui a apporté en même temps une profonde modification dans le régime des eaux.

Le dernier ou le plus bas lit des grandes rivières de l'âge de la pierre taillée, dans la plupart des vallées du bassin de la Seine, est très-sensiblement au niveau du lit des cours d'eau actuels, et quelquefois au-dessous. Il est souvent possible de le reconnaître, et d'une manière bien simple : les graviers dont il se compose sont trop volumineux, pour que le cours d'eau moderne les déplace. Cela ne laisse aucun doute dans les vallées tourbeuses : le sable et le gravier qui existent sous la tourbe, formaient bien le fond des cours d'eau de l'âge de pierre ; mais, même dans les rivières qui ont conservé une certaine violence, comme la Seine, les ingénieurs savent très-bien qu'il existe, au-dessous du sable et du petit gravier que le fleuve charrie encore aujourd'hui, un banc de gravier plus gros qui n'est jamais déplacé ; c'est ce gros gravier qui formait autrefois le fond de l'ancien fleuve.

J'ai été ingénieur en chef de la navigation de la Seine, entre Paris et Rouen, et j'ai constaté, par des observations certaines et constantes, que le niveau de toutes les parties du lit du fleuve, où ces graviers se montrent, est parfaitement fixe. Lorsqu'on y opère un dragage, pour faciliter le passage des bateaux, jamais le vide n'est rempli par de gros gravier ; tandis qu'au contraire les bancs de sable ou de graviers plus petits, enlevés par la drague, sont promptement remplacés par des alluvions de même nature.

Ces lits anciens étaient démesurément trop larges pour les cours d'eau modernes. Or il est une loi bien connue des ingénieurs : toutes les fois que le lit d'une rivière est trop large, elle travaille incessamment à le rétrécir. Mais cette alluvion complémentaire ne se forme plus comme celle qui résulte d'une modification du lit ; elle est d'une nature très-variable, suivant que le régime du cours d'eau est violent ou tranquille.

Si le cours d'eau est violent, s'il roule du gravier ou des eaux limoneuses, l'excès de largeur du lit se comble avec du gravier, du sable ou du limon, et en général, en pareil cas, le rétrécissement s'opère très-vite.

Ainsi, le chemin de fer de La Roche à Auxerre coupe deux torrents, l'Armançon et le Serein. On a construit sur ces rivières deux ponts de six arches : deux suffisaient ; l'excès de largeur des lits a été immédiatement remblayé par le gravier et le sable apportés par les crues, et il ne reste que deux arches libres.

Sous le pont de l'Armançon, l'administration du chemin de fer a établi une carrière de ballast ; tous les ans on enlève le gravier qui encombre les arches inutiles, et le lit est élargi sur 4 à 500 mètres, à l'amont et à l'aval ; l'hiver suivant, à la première crue, le torrent obstiné apporte de nouveaux graviers pour combler les vides.

Le cours d'eau est-il tranquille, les crues sont-elles faibles, l'eau reste-t-elle à peu près constamment limpide, l'excès de largeur du lit se comble par de la tourbe.

C'est ainsi que s'est rempli le dernier des grands cours d'eau, à l'époque de transition, tantôt avec du gravier, du sable ou du limon, tantôt avec de la tourbe. « Le terrain de transport du fond des vallées, disent Cuvier et Brongniart, est ou de sable, ou de limon proprement dit, ou de tourbe. »

Ainsi, l'âge des tourbes correspond à une époque importante de l'histoire de l'homme et de la terre : la tourbe se développe au fond de nos vallées à l'époque où les grands cours d'eau, dont il a été question dans le premier volume de cet ouvrage, sont remplacés par nos petites rivières modernes. Les silex taillés font place aux ustensiles encore en silex, mais polis et d'une fabrication plus parfaite : le bronze, puis le fer, se substituent à la pierre, et les temps historiques commencent.

L'âge des tourbes correspond donc à l'âge de la pierre polie, du bronze, du fer, et aux temps historiques.

Les grands animaux de l'âge de la pierre taillée disparaissent eux-mêmes, lorsque la tourbe apparaît, et sont remplacés par nos animaux des temps modernes.

Classification des marais tourbeux. — Un savant allemand, Dan, est le premier qui ait fait une classification rationnelle des marais tourbeux.

Il a remarqué qu'il fallait les diviser en deux genres : les marais émergés et les marais immergés. Les marais émergés se trouvent aussi bien sur les plateaux et sur les pentes qu'au fond des vallées. La tourbe s'y forme au-dessus du niveau naturel de l'eau. Dan cite les marais de la Lithuanie, qui s'élèvent jusqu'à 36 et 48 pieds au-dessus du niveau des plaines et des eaux voisines. Dans le Holstein, les marais de Dosen, près de Neumunster, s'élèvent au centre, de 25 à 30 pieds au-dessus des rives, de sorte que, d'un bord, on ne voit pas les maisons et les arbres du bord opposé.

Les marais immergés se développent sur les bords des cours d'eau, des étangs et des lacs. La tourbe s'y forme toujours sous l'eau, et ne s'élève jamais au-dessus.

C'est M. Lesquereux qui, dans un excellent mémoire publié en 1845[1], a proposé de désigner les marais du premier genre sous le nom de marais émergés ou supra-aquatiques, et ceux du second genre sous le nom de marais immergés ou sous-aquatiques ; j'adopte ces deux dénominations.

Marais émergés. Terrains granitiques du Morvan. — Si l'on fait abstraction de la petite ramification des Ardennes, qu'on trouve vers les sources de l'Oise, la seule partie du bassin de la Seine où l'on trouve des marais émergés est le Morvan.

Les travaux de M. Lesquereux sur les marais de ce genre sont tellement complets, qu'ils simplifient beaucoup cette partie de mon ouvrage.

Ces marais sont disséminés irrégulièrement sur toute la surface du Morvan, aussi bien sur les pentes rapides des coteaux, que sur les plateaux et le fond des petites vallées.

Les innombrables fissures superficielles du granite absorbent une partie des eaux de pluie, et alimentent ainsi une multitude de petites sources qui souvent n'ont point d'émissaire déterminé, se répandent dans les terrains détritiques de la surface du sol, formés habituellement d'arène granitique, et y entretiennent une abondante végétation. C'est l'accumulation très-ancienne des débris de ces végétaux qui aujourd'hui forme les petits marais tourbeux du Morvan.

On trouve ces tourbières irrégulièrement disséminées partout, excepté au fond des vallées où coulent des cours d'eau assez importants pour éprouver des crues violentes. Les marais et la tourbe manquent alors dans toute la partie du fond de la vallée balayée par ces crues.

Comment les marais peuvent-ils se produire, en s'élevant à de grandes hauteurs au-dessus de l'eau ? Voici l'explication très-simple et vraiment originale que donne M. Lesquereux.

[1] *Mémoire de la Société des sciences naturelles de Neufchâtel,* t. III, 1845.

Il a constaté que les mousses, du genre *sphagnum*, jouissaient de la propriété d'absorber une quantité d'eau prodigieuse. Une touffe de sphaignes, conservée par lui pendant un an, qui pesait 1 once 21 deniers, a absorbé en deux heures 17 onces 12 deniers d'eau. Cette propriété des sphaignes est encore plus remarquable quand ces mousses sont vivantes. Elle n'existe ni dans les autres mousses, ni dans aucune autre plante phanérogame. C'est l'accumulation des débris *des sphaignes* qui, suivant M. Lesquereux, forme la plus grande partie des tourbes des marais émergés.

« Il se forme, çà et là, de petits bassins d'eau, où quelques racines ligneuses vont s'étendre et puiser leur nourriture. Sur ces racines s'implantent les sphaignes ; ils s'abreuvent de l'eau du réservoir, ils la pompent, l'élèvent par leur croissance, s'approvisionnent, à la fonte des neiges, d'une partie de l'eau qui les traverse, vivent en été de celle des pluies et des brouillards, et ont ainsi une végétation proportionnée à la quantité de pluie qu'ils reçoivent. Quelquefois cette végétation des sphaignes s'établit sur des plateaux étroits, au bord de l'abîme ; ils les recouvrent entièrement, et quand l'espace leur manque ils laissent pendre leurs franges sur la roche escarpée, et forment ainsi un dépôt tourbeux qu'on pourrait appeler aérien. Plusieurs cas semblables ont été observés dans les Alpes pittoresques du Tyrol. C'est ainsi que les couches tourbeuses varient à l'infini.

« Toutes les matières en fermentation, les engrais, les sels, la chaux, les gypses, etc..., détruisent cette végétation ; les mousses ne peuvent vivre non plus à l'ombre ou sous les gouttières des arbres forestiers, sous les sapins, les hêtres, les chênes. Aussi remarque-t-on, sous les sapins qui sont restés implantés dans nos marais, une dépression souvent très-profonde, où la tourbe n'a point crû. Ces enfoncements sont déjà, ce me semble, une preuve suffisante de la croissance continue de la tourbe par la surface, et de l'influence des sphaignes sur cette formation.

« C'est donc seulement quand ces forêts ont été renversées sur des terrains arrosés ou par des sources naturelles, ou par des circonstances atmosphériques, que les sphaignes ont pu commencer à paraître. Ils se sont semés, et ils ont germé d'abord dans les lieux où l'humidité était abondante, mais où l'eau était peu profonde, et, par leur croissance continuelle et excessivement active, ils ont bientôt recouvert tous les grands végétaux, pour les envelopper et les imbiber des sucs dont ils étaient remplis. Ils ont ainsi empêché l'action de l'air, de la lumière et de la chaleur, et, mélangés à un grand nombre d'autres plantes dont les racines serpentent dans leurs tissus humectés, ils ont continué à s'élever par la faculté d'absorption que nous leur avons reconnue. »

Cette description s'applique exactement aux petits marais du Morvan, comme à ceux des Vosges et des Alpes. Seulement les forêts renversées manquent dans ces tourbières ; à peine y trouve-t-on quelques tronçons d'aulnes ou d'autres arbres, qui cherchent l'humidité des marais[1].

Comme dans les autres régions granitiques, les marais du Morvan se développent sur les pentes et les plateaux, et au fond des petites vallées ; bien avant l'âge de pierre, les sources imprégnaient les terrains détritiques de l'humidité nécessaire. Il se pourrait donc que, dans les parties qui émergeaient au-dessus des mers miocènes ou des courants diluviens, les marais, que nous voyons aujourd'hui, existassent déjà à ces époques reculées. Mais ce sont là de simples conjectures, auxquelles il sera toujours difficile de donner un caractère de certitude quelconque.

Marais immergés. — La tourbe des marais immergés, ne s'élevant jamais au-dessus de l'eau, se trouve toujours au fond des vallées, au bord des lacs, des étangs et des cours d'eau.

---

[1] L'aulne est habituellement l'arbre des marais du Morvan. Les habitants du pays l'appellent *verne*, d'où le nom de *vernis* qu'ils donnent à ces petits marécages.

Il n'y a point de lacs dans le bassin de la Seine, et les étangs y sont d'origine moderne. Je ne dois donc m'occuper ici que des marais qui se sont développés au bord des cours d'eau.

Suivant M. Lesquereux, la tourbe des marais immergés est un composé de *végétaux ligneux*, dont la fermentation et la décomposition sont retardées par la présence de l'eau ; pour qu'elle se produise dans les marais immergés, il faut que les eaux soient peu profondes, et qu'elles ne soient pas agitées par des mouvements violents. Mais M. Lesquereux ne dit pas dans quels cas ces conditions se trouvent remplies. Je comblerai donc cette lacune de son travail par mes propres observations.

Pour que la tourbe se produise dans une vallée, il faut naturellement qu'il y existe un cours d'eau, que la pente de ce cours d'eau soit faible et que la vallée ne soit pas trop resserrée ; car si la vallée est étroite et sa pente rapide, le sol se draine naturellement, et la production de la tourbe n'est pas possible.

C'est ainsi qu'il n'y a pas de tourbe dans les parties dures des terrains oolithiques de la Bourgogne, parce que les vallées y sont étroites et à forte pente.

Mais, en outre, il faut que les crues du cours d'eau ne soient point violentes et qu'elles ne soient pas habituellement limoneuses.

Les cours d'eau, à crues violentes, se creusent des lits profonds, qui drainent facilement les vallées ; les végétaux qui produisent la tourbe ne peuvent donc s'y développer, ni s'y accumuler, car leurs détritus sont emportés par les débordements.

Les eaux limoneuses ne sont pas plus favorables à la production de la tourbe, puisqu'elles produisent des alluvions qui empâtent tous les débris de plantes aquatiques.

Les cours d'eau à crues tranquilles et peu limoneuses, sont, au contraire, dans d'excellentes conditions pour que la tourbe se développe sur leurs rives, puisqu'ils n'ont pas la force de se creuser des lits profonds, qu'ils coulent habituellement à pleins bords, et que, à raison de leur régime, leurs eaux ne peuvent ni entraîner, ni empâter les végétaux aquatiques qui croissent en abondance au fond des vallées humides.

Je vais démontrer que ces propositions ne sont pas simplement théoriques, mais qu'elles sont justifiées par les faits, dans toute l'étendue du bassin de la Seine.

Je dois donc faire connaître d'abord dans quels terrains se trouvent *les cours d'eau à crues violentes et limoneuses*, puis les *cours d'eau tranquilles* dont les crues montent lentement et régulièrement, et sont peu chargées de limon.

Il faut et il suffit pour qu'un cours d'eau soit torrentiel, que ses versants soient imperméables ; car alors les eaux pluviales, ruisselant à la surface du sol, affluent avec une grande rapidité au fond des vallées, et, par conséquent y déterminent des crues violentes et limoneuses.

Je démontrerai dans le cours de cet ouvrage que les terrains imperméables du bassin de la Seine sont le granite, le lias, le terrain crétacé inférieur, l'argile plastique, les marnes vertes, et les argiles de Brie, du Gâtinais et de Satory.

Plusieurs des grands affluents de la Seine supérieure, l'Yonne, la Cure, le Cousin, le Serein, coulent dans les terrains granitiques. Les parties meubles du fond des grandes vallées ont été balayées par la violence des crues ; la tourbe et les marais des coteaux et des petits cours d'eau ne commencent qu'au-dessus du niveau des grands débordements.

La Marne, l'Armançon, la Brenne, le Serein, la Cure et l'Yonne coulent, sur une grande partie de leur cours, dans des vallées du lias ; la tourbe manque, non-seulement dans ces vallées, mais encore dans celles de tous les affluents jusqu'aux sources.

Il en est de même dans les cours d'eau du terrain crétacé inférieur, l'Armance, l'Hozain, la Barse, la Voire, la Chée, l'Aisne, etc.

Quand le terrain imperméable n'occupe que le fond de la vallée, et que le reste du bassin est perméable, les crues ne sont pas violentes, et la tourbe peut se développer; telle est par exemple la vallée de l'Ourcq, dont le fond est occupé par l'argile plastique, tandis que le reste du bassin se compose de terrains perméables.

Lorsque les terrains sont perméables, lorsque les eaux pluviales pénètrent dans le sol, avant de ruisseler au fond des vallées, les crues des cours d'eau ne sont ni violentes ni troubles; ces cours d'eau sont tranquilles.

Passant par ce filtre naturel, les eaux pluviales sont singulièrement ralenties dans leur marche, et elles en sortent peu chargées de matières limoneuses.

Je ferai voir que les terrains perméables du bassin de la Seine sont les calcaires oolithiques, la craie blanche, le calcaire grossier, les sables moyens, le calcaire lacustre de Saint-Ouen, les sables de Fontainebleau et le calcaire de Beauce.

Les cours d'eau propres à ces terrains sont très-favorables à la production de la tourbe, néanmoins les vallées ouvertes dans les terrains oolithiques de la chaîne de la Côte-d'Or sont à pentes trop rapides pour que la tourbe s'y développe facilement; les crues y sont plus violentes que celles des cours d'eau des autres terrains perméables; on n'y trouve donc pas de grandes tourbières; cependant, dans la traversée des calcaires mous de l'oxford-clay, les vallées s'élargissent et la pente diminue; les marais et la tourbe apparaissent alors.

On remarque, au contraire, de vastes tourbières dans les vallées des autres terrains perméables, la craie blanche, le calcaire grossier, les sables de Beauchamp, les calcaires lacustres de Saint-Ouen, les sables de Fontainebleau et les calcaires de Beauce.

Il est bien facile de voir que la production de la tourbe tient au régime des eaux et non à la nature des terrains; car si une étendue suffisante de terrains imperméables donne aux crues d'un cours d'eau un caractère violent, ce cours d'eau traverse les terrains perméables sans y produire de tourbe.

Ainsi l'Yonne et ses affluents, la Cure, le Serein et l'Armançon doivent au granite du Morvan et au lias de l'Auxois des crues extrêmement violentes; ces cours d'eau traversent le terrain oxfordien et la craie sans y produire ni tourbe ni marais.

De même la Marne doit au lias de la banlieue de Langres et au terrain crétacé inférieur des crues violentes et limoneuses; elle traverse également la craie sans y produire de tourbe.

Pendant toute la durée des grands cours d'eau de l'âge de pierre, la tourbe ne s'est pas déposée au fond des vallées. — Maintenant, reportons-nous à de longues années en arrière; il est bien clair que les grands cours d'eau de l'âge de pierre n'ont jamais pu produire de tourbes au fond des vallées du bassin de la Seine, puisque leurs eaux étaient non-seulement limoneuses, mais encore assez violentes pour remanier les sables et les cailloux de leurs lits.

C'est donc après l'achèvement du travail d'abaissement des lits, lorsque le climat s'est adouci, lorsque les fleuves immenses qui roulaient dans les vallées sont devenus des ruisseaux; en un mot, quand certains cours d'eau sont devenus assez tranquilles pour ne plus entraîner même de limon, que la tourbe a commencé à tapisser le fond des vallées de ces cours d'eau.

Les pentes et les plateaux du Morvan étaient peut-être marécageux et tourbeux longtemps avant cette époque; peut-être même l'étaient-ils avant l'âge de pierre; mais jusqu'ici on n'a rien trouvé dans ces marais qui soit de nature à faire connaître leur âge.

Les fonds des petites vallées n'ont jamais été tourbeux dans les terrains imperméables, le lias, le terrain crétacé inférieur, etc. Les eaux qui ruissellent dans ces terrains sont encore violentes et limoneuses aujourd'hui. L'âge des tourbes n'a donc pas existé pour le Serein, l'Armançon, la Cure, etc.

Il en était de même de certaines rivières peu violentes aujourd'hui, telles que l'Orge . à l'époque où se déposaient les limons grossiers que l'aqueduc de la Vanne a coupés au fond de la vallée de l'Orge, près du château de Savigny, les tourbes du parc n'existaient certainement pas.

Mais il peut y avoir quelque incertitude pour les petites rivières de la Beauce ou de la Champagne, dont les versants sont tellement perméables, qu'il semble que jamais leurs crues n'ont pu être bien violentes. Telles sont l'Essonne, la Somme-Soude, la Vanne. et quelques autres ruisseaux du calcaire de Beauce et de la craie blanche.

Je vais démontrer que, même dans ces petits cours d'eau à versants si perméables, la tourbe n'a pu se produire, et qu'il y a eu transition brusque d'un régime à l'autre, c'est-à-dire que les grands cours d'eau de l'âge de la pierre sont devenus tout à coup les petites rivières que nous voyons couler de nos jours.

Preuves de la brusque diminution du débit des cours d'eau à la fin de l'âge de pierre. — Les dépôts tourbeux des terrains perméables du bassin de la Seine et de la Picardie sont, suivant moi, une des preuves les plus fortes de la rapide diminution du débit des cours d'eau à la fin de l'âge de pierre.

En effet, ces dépôts occupent le dernier des grands lits du cours d'eau ; si le changement de régime avait été lent, c'est-à-dire si le grand cours d'eau assez puissant pour déplacer du sable et du gravier, et qui, par conséquent, roulait en temps de crue des eaux limoneuses, avait diminué graduellement de puissance et peu à peu était devenu le petit ruisseau des temps modernes, il aurait rempli l'excès de largeur de son lit non pas avec de la tourbe, mais d'abord avec du gravier, puis ensuite avec du limon.

J'ai eu occasion, dans ces derniers temps, de faire ouvrir à Chigy une belle coupe du marais de la Vanne qui est reproduite à la figure suivante.

Le gravier de l'ancien lit de l'âge de pierre, se voit très-nettement sous la couche de tourbe. Les berges sont surtout très-bien dessinées.

En abaissant le niveau de son lit, le cours d'eau ancien l'a d'abord remblayé tumultueusement du côté de la berge de la rive gauche avec du limon, tantôt de couleur ocreuse, comme celui qu'on voit encore sur les plateaux tertiaires qui couronnent la craie de chaque côté de la vallée, tantôt blanc et formé de détritus de craie. Puis il est arrivé un moment où les eaux ont cessé d'être violentes ; car à partir d'une deuxième berge non moins nettement dessinée que la première, le remplissage du lit s'est fait non plus avec du limon, mais avec de la tourbe. L'eau était donc devenue tranquille, et par conséquent le climat s'était modifié de telle sorte, que les eaux pluviales ne ruisselaient plus à la surface du sol et arrivaient dans le lit en passant, comme aujourd'hui, par les sources ; de plus le régime des pluies devait être peu différent de celui des pluies actuelles, car nous savons que les sources de la Vanne

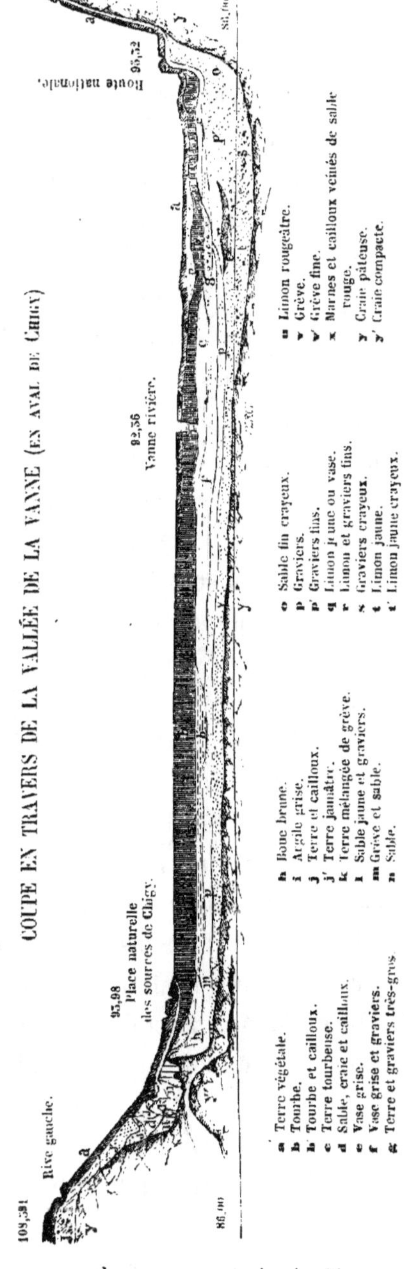

COUPE EN TRAVERS DE LA VALLÉE DE LA VANNE (EN AVAL DE CHIGY).

se troublent à la suite des orages tout à fait extraordinaires. Si ces orages extraordinaires de nos jours avaient été les pluies normales de l'âge de pierre de cette époque de transition, les eaux pluviales, même en passant par les sources, seraient sorties troubles, et la tourbe ne se serait pas produite.

C'est ce qu'on voit très-bien sur la coupe, car, entre les graviers et la tourbe, on remarque une couche de vase grise ; en cessant d'être violente, la Vanne a donc été limoneuse pendant un temps suffisant pour déposer cette couche de vase, et pendant tout ce temps elle n'a pas produit de tourbe.

M. d'Archiac a constaté le même fait : toutes les tourbières du département de l'Aisne reposent sur une couche de vase[1].

La tourbe a donc commencé à se produire à la suite d'un changement subit de climat, et quand ce changement a eu lieu, le lit de la Vanne avait encore 1160 mètres de largeur à Chigy, comme ma coupe le fait voir. Le débit de la rivière est tombé brusquement au débit actuel, et le régime moderne des pluies s'est établi vers cette époque. Par conséquent, la rivière aurait pu se contenter, comme aujourd'hui, d'un lit de 11 mètres de largeur ; le petit volume de ces eaux limpides s'est donc étalé au fond d'un lit cent fois trop large. Alors la tourbe s'est développée dans des eaux claires et sans violence, c'est-à-dire dans les meilleures conditions possibles et le marais de la Vanne s'est établi.

Le dépôt de limon rouge mêlé de petits cailloux, qui forme aujourd'hui la couche superficielle de terre végétale au bord des marais et passe par-dessus la tourbe en certains points, a été entraîné dans les temps modernes du sommet des plateaux au fond de la vallée. Quoique la craie du bassin de la Vanne soit tellement fissurée et perméable que les eaux pluviales passent presque toujours entièrement par les sources pour se rendre au thalweg, il survient cependant de temps en temps des averses assez fortes pour que les eaux pluviales ruissellent à la surface du sol. Le

____

[1] *Statistique géologique de l'Aisne.*

limon rouge des plateaux est alors entraîné en quantité appéciable. Il n'en était pas ainsi à l'époque où la tourbe s'est formée dans cette vallée.

On sait qu'avant l'invasion romaine, la France était couverte d'épaisses forêts, et quoique la craie blanche soit peu propre à la végétation sylvestre, il est à croire que le sol de la Champagne était tapissé de broussailles. Les bois et les broussailles sont l'obstacle le plus puissant qu'il soit possible d'opposer au ravinement du sol par les eaux pluviales. Il paraît certain qu'à l'origine de l'époque des tourbes, cet obstacle existait et que le limon rouge des plateaux n'était pas emporté au fond des vallées.

A l'époque de la pierre polie, la tourbe a donc pu se développer sans obstacle au fond des vallées des terrains perméables. Plus tard le déboisement, en favorisant le ravinement des terres, a été un premier temps d'arrêt dans la production des tourbes. Depuis, l'assainissement du fond des vallées a paralysé presque entièrement cette production. Mais ce n'est pas là une véritable révolution géologique ; si le travail de l'homme était suspendu, la nature reprendrait bien vite ses droits et la tourbe se produirait par-dessus la couche de limon rouge dans toutes les vallées humides des terrains perméables.

Cette coupe nous offre une nouvelle preuve de la grandeur des cours d'eau de l'âge de la pierre ; la Vanne coule aujourd'hui dans un lit de 11 mètres de largeur, dont le bassin est tellement perméable que les eaux pluviales passent toutes par les sources avant d'arriver au thalweg ; si elle roulait alors du sable et des cailloux, si, au moment de la révolution météorologique dont il a été question ci-dessus, le dernier des grands lits de l'âge de pierre avait encore 1160 mètres de largeur, que devaient être alors les autres rivières du bassin de la Seine ?

Je dois cependant faire remarquer que le fond de gravier du grand lit de la Vanne à l'âge de pierre était presque plat, ce qui prouve que la rivière était peu profonde et peu violente. Sa portée n'était donc pas considérable ; mais elle était certainement beaucoup plus grande que celle du ruisseau moderne, qui ne débite pas plus de **20** mètres cubes par seconde, dans ses plus grandes crues.

J'ai trouvé dans le bassin de la Vanne une autre preuve du ruissellement des eaux pluviales à la surface de la craie, avant l'époque des tourbes. Aujourd'hui la plupart des vallées de ce bassin restent à sec à la suite des grandes pluies; elles sont cultivées jusqu'au fond, on n'a pas même réservé un fossé pour le passage des eaux pluviales. Il n'en était point ainsi dans l'âge de pierre; l'aqueduc de la Vanne, tracé à flanc de coteau le long de la vallée, coupe tous ces thalwegs aujourd'hui si secs, et dans chacun d'eux nous avons trouvé le lit de cailloux du ruisseau de l'âge de pierre. Un de ces lits, qui débouche dans la Vanne de près Màlay-le-Vicomte, était si considérable que l'entrepreneur des travaux en a extrait une grande quantité de sable.

Le relief des bassins de la Seine et des cours d'eau limitrophes devait être pendant toute la durée de l'âge de pierre à très-peu près ce qu'il est aujourd'hui. Ces bassins présentaient donc aussi la même disposition de terrains perméables et imperméables. Mais alors il fallait que le régime des pluies fût, au contraire, tout différent, puisque les eaux pluviales ruisselaient à la surface des terrains les plus perméables, de la craie, par exemple.

Cette question est tellement importante, qu'il est bon de prouver que le régime ancien de la Vanne n'était point un cas particulier.

Prenons un autre exemple, la vallée de la Somme, pour nous placer sur un terrain plus connu des géologues.

Tous ceux qui ont visité cette vallée, près d'Amiens, savent qu'on y trouve, au-dessus des tourbières, deux étages de sablières bien séparés : l'un à une petite hauteur au-dessus des eaux actuelles de la rivière, l'autre à un niveau plus élevé; ces deux étages correspondant à peu près à nos hauts et bas niveaux des graviers de l'ancienne Seine à Paris. Dans l'étage inférieur surtout, les zones de cailloux et de sables sont disposées comme dans nos grandes rivières actuelles; le sable est parfaitement pur; ce qui prouve qu'il était remué et lavé par un courant d'eau animé d'une certaine vitesse. Or comment un courant d'eau violent pouvait-il exister dans la vallée de la Somme, si, comme aujourd'hui, les eaux pluviales étaient absorbées en totalité sur place, et passaient par les sources, avant d'arriver aux thalwegs?

La portée des grandes crues ordinaires de la Somme est à peine trois ou quatre fois plus grande que sa portée d'étiage, et c'est à cette tranquillité de régime qu'on doit attribuer le grand développement des tourbières du fond de la vallée. Autrefois la rivière, non-seulement ne produisait pas de tourbe, mais encore était assez violente pour déplacer le sable et les cailloux; il fallait donc que les eaux pluviales ruisselassent à la surface du sol de son bassin.

Cependant, ce bassin était aussi perméable qu'aujourd'hui. Par conséquent, les chutes de pluie ou de neige étaient beaucoup plus grandes, puisque la totalité de l'eau n'était pas absorbée sur place.

Ces ruissellements d'eaux pluviales ou de neiges fondues ne sont pas sans exemple dans les temps modernes.

La Somme éprouve des crues assez grandes pour être désastreuses, mais qui se renouvellent à peine une fois par siècle; telle a été celle de février 1658. D'après les récits du temps, cette crue a été produite par une grande fonte de neige; le froid avait été excessif pendant six semaines, et la couche de neige, qui s'était accumulée à la surface du sol, avait la hauteur d'un homme.

Ces phénomènes, qui se produisent trop rarement dans les temps modernes, pour troubler la production de la tourbe, devaient être beaucoup plus fréquents autrefois, pendant la longue durée de l'âge de la pierre.

On ne peut donc comprendre l'existence des cours d'eau à crues violentes, qui remplaçaient autrefois les ruisseaux, aujourd'hui si paisibles, des vallées à versants perméables, comme celles de la Somme, qu'avec un ruissellement considérable et habituel des eaux pluviales à la surface du sol.

S'il en était ainsi, ces eaux devaient arriver dans les vallées chargées du limon rouge des plateaux, et il n'y a rien de surprenant que, dans leurs débordements, elles déposassent ce même limon sur les graviers plus élevés que le lit sur lesquels elles s'étendaient, comme le font encore toutes nos rivières à grandes crues ou à versants imperméables.

C'est ce qui explique ces dépôts de limon rouge qui, dans certaines parties de la vallée de la Somme, et notamment à Amiens, semblent se relier aux limons des plateaux.

Ce ruissellement des eaux pluviales, à la surface des terrains aujourd'hui si complétement perméables, est la preuve la plus incontestable de l'existence des grands cours d'eau de l'âge de la pierre.

Mode de remplissage du dernier des grands lits des cours d'eau à la fin de l'âge de la pierre.—Les cours d'eau à crues violentes et troubles des terrains imperméables, tels que le granite, le lias, le terrain crétacé inférieur, ne produisent pas de marais immergés et n'en ont jamais produit.

Ils entraînent encore dans leurs crues des limons et des graviers ; ils ont donc employé ces matériaux pour remplir l'excès de largeur de leur dernier grand lit.

Les cours d'eau des terrains perméables, de la craie blanche, du calcaire grossier, des sables de Fontainebleau, des calcaires de Beauce, dont les crues sont peu violentes et presque limpides, ont produit la tourbe en grande abondance et la produiraient encore aujourd'hui si le travail de l'homme n'y faisait obstacle ; dans ces terrains perméables, les marais ont envahi le dernier des grands lits de chaque cours d'eau et l'ont rempli avec de la tourbe. Cette loi se vérifie d'une manière absolue dans toute l'étendue du bassin de la Seine.

Nous ne dirons rien des cours d'eau du Morvan et des terrains oolithiques dont les vallées sont étroites et la pente trop rapide, et qui n'ont laissé sur leurs bords ni gravier ni tourbe. On voit cependant quelques marais et de grandes plages de grèves dans les terrains oolithiques lorsque les vallées s'élargissent, par exemple dans la traversée du terrain oxfordien.

On peut citer les marais de Griselle, dans la vallée de la Laigne ; de Courcelle (près Châtillon), dans la vallée de la Seine ; de Riel-les-Eaux, dans la vallée de l'Ource ; de Gevrolles, dans la vallée de l'Aube.

Mais cette exception admise, on peut dire d'une manière générale que les alluvions qui ont rempli le dernier des grands lits sont habituellement composées de gravier et de limon quand les versants du cours d'eau sont imperméables, et de tourbe quand les versants sont perméables.

Ainsi, dans le *lias* de l'Auxois ou du bassin d'Yonne, terrain imperméable, l'Armançon, le Serein, le Cousin, la Cure, l'Yonne n'ont jamais déposé sur leurs bords que du gravier et du limon, et ont rempli ainsi le dernier de leurs grands lits.

La violence de leurs crues se prolongeant naturellement au delà des limites du terrain imperméable, du *lias*, ces rivières ont rempli de la même manière l'excès de largeur de leur lit dans la traversée des *terrains oolithiques* et de la *craie blanche*, quoique ces terrains soient perméables.

De même, dans la traversée du *terrain crétacé inférieur* qui est imperméable, le Loing, l'Ouanne, le ru de Beaulche, l'Armance, l'Hozain, la Barse, la Voire, l'Aisne, l'Aire, l'Epte, n'ont jamais déposé sur leurs bords, pour rétrécir leurs lits, que du gravier et du limon.

L'Aisne notamment a conservé assez de violence au delà du terrain imperméable, pour traverser toute la craie blanche et le calcaire grossier sans former de tourbe.

Les cours d'eau des *argiles de Brie* sont dans le même cas. L'Yères, le Surmelin, le Grand et le Petit-Morin n'ont pas produit de tourbe dans la traversée de la Brie.

Le dernier des grands lits de l'âge de pierre des cours d'eau de la *craie blanche*, terrain perméable, est ordinairement dessiné par un large marais tourbeux; tels sont les fonds de vallées de la Vanne, affluent de l'Yonne, de l'Ardusson, de l'Orvin, affluents de la Seine; du ruisseau de Pleurs, affluent de l'Aube; de la Somme-Soude, affluent de la Marne.

Le Petit-Morin, exempt de tourbe dans la traversée des argiles de Brie, a formé vers sa source dans la *craie blanche* le large marais de Saint-Gond.

Les vallées des *terrains tertiaires inférieurs* perméables, le *calcaire grossier*, les *sables moyens*, le *calcaire lacustre inférieur*, montrent également de larges lits remplis de tourbe. Telles sont les vallées de l'Ourcq, de la Voulzie, de la Thève, etc.

Il en est de même des *terrains miocènes* perméables, des *sables de Fontainebleau* et des *calcaires de Beauce*. On connaît les larges tourbières qui ont rempli les anciens lits de l'Essonne et de la Juine.

Mais, dans les grands cours d'eau, le mode de remplissage des anciens lits est bien plus remarquable encore (voir la carte).

Suivons la Seine, par exemple : en amont de Montereau, les terrains imperméables sont peu étendus. Par conséquent, les eaux de tous les affluents sont tranquilles et peu limoneuses, à l'exception de celles de la Barse et de l'Hozain, deux petits affluents provenant du terrain crétacé inférieur, et débouchant dans la Seine, près de Troyes, mais trop peu importants pour modifier le régime du fleuve. La rivière est donc peu violente, et le dernier des grands lits de l'âge de pierre, dans toute la traversée de la Champagne, est occupé par des marais et des tourbières.

À Montereau débouche l'Yonne; cette rivière, qui reçoit les

eaux du granite du Morvan et du lias de l'Auxois, est extrêmement violente et roule encore aujourd'hui du sable et du gravier ; elle modifie le régime de la Seine. A partir de Montereau, les marais et les tourbes disparaissent, et le dernier grand lit est comblé avec du sable et du gravier, jusqu'au confluent de l'Oise.

A l'aval du confluent de l'Oise, la Seine ne reçoit plus qu'un seul affluent violent, l'Epte, qui descend des terrains argileux imperméables du pays de Bray. L'Epte n'est pas assez importante pour modifier le régime de la Seine. Aussi, dans la large vallée de la craie normande, le fleuve a-t-il manqué de matériaux pour remplir son dernier lit ; il a donc opéré ce remplissage avec de la tourbe, jusqu'au moment où l'Yonne, la Marne et l'Oise, ayant achevé leur travail en amont, sont venues apporter leur appoint, et ont couvert cette couche de tourbe de la basse Seine d'un épais dépôt de sable limoneux.

Je donne à la page suivante la coupe d'un de ces anciens dépôts, que j'ai retrouvé en construisant l'écluse de Meulan ; on voit que la tourbe est recouverte d'une couche d'alluvion moderne de $4^m,50$ d'épaisseur, qui devient très-limoneuse à la surface du sol.

M. l'ingénieur Saint-Yves, en fondant l'écluse de Martot, près d'Elbeuf, a mis au jour une autre couche de cette tourbe, dont je donne aussi la coupe.

A Meulan, on n'a trouvé que les fossiles ordinaires de la tourbe, avec de nombreux tronçons d'arbres. A Martot, on a découvert, dans la tourbe, des ossements humains et, en même temps, des ossements de bœufs, de sangliers, etc. Parmi les restes humains, se trouvait un très-beau crâne, presque complet, qui a été reconnu, par M. le docteur Pruner-Bey, comme appartenant à la race celtique.

Les autres affluents du fleuve ont remblayé leurs lits, en suivant les mêmes lois.

Ainsi, la Marne, qui reçoit les eaux très-limoneuses du lias de

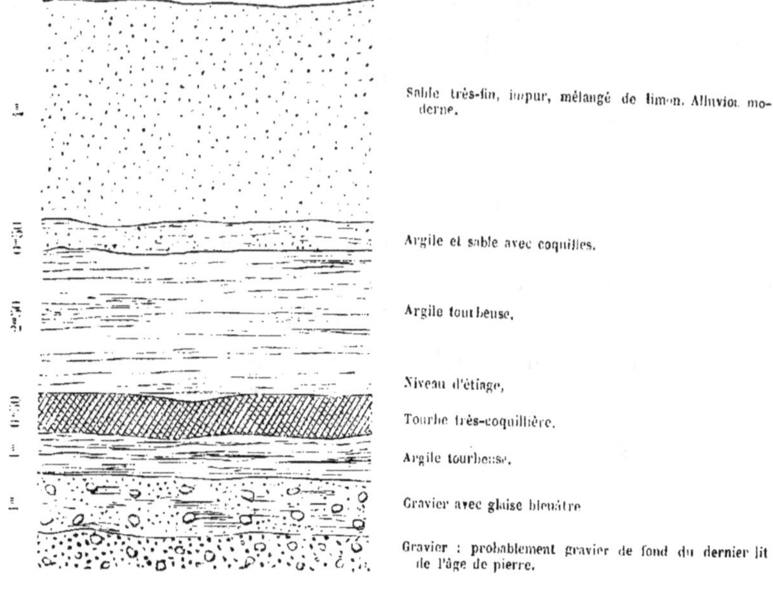

Coupe de la rive gauche de la Seine, près de l'écluse de Meulan.

la montagne de Langres et du terrain crétacé inférieur de la ban-

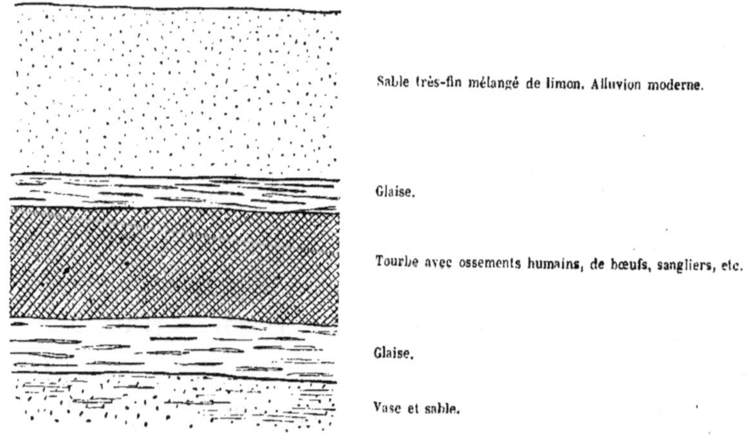

Coupe de la rive gauche de la Seine, à l'écluse de Martot.

lieue de Vassy et de Saint-Dizier a rempli son dernier grand lit avec du limon et du gravier, même dans la traversée de la craie.

L'Oise, qui ne reçoit qu'un seul affluent violent, l'Aisne, est restée tourbeuse et marécageuse en amont de Compiègne ; mais, en aval du confluent de l'Aisne, rivière violente, elle a rempli son grand lit avec du gravier et du limon.

Relation entre les anciens dépôts charbonneux et les tourbières modernes. — M. Lesquereux fait remarquer que les tourbières appartiennent essentiellement aux zones froides et tempérées.

La température moyenne, la plus favorable à la production de la tourbe, est comprise entre 6 et 8° centigrades (Irlande, îles Malouines). Dans les plaines basses, on ne trouve pas de tourbe au sud du 46° de latitude boréale, et, suivant Darwin, au nord du 41° de latitude australe.

M. Lesquereux cherche à établir que la répartition géographique des autres combustibles minéraux, de la houille et de l'anthracite, est à peu près la même, c'est-à-dire que ces combustibles ne sortent guère des limites des régions tempérées.

Je ne sais si les découvertes modernes n'infirment pas cette opinion. Les terrains carbonifères des États-Unis descendent, vers le sud, bien au-dessous du 46° de latitude ; mais quoi qu'il en soit, les études qui précèdent peuvent jeter quelque lumière sur cette importante question.

On voit d'abord que, dans les terrains perméables, les accumulations de végétaux n'ont pu se former, aux époques paléozoïques comme aujourd'hui, qu'au fond des vallées les plus profondes, au bord des rares cours d'eau qui les sillonnent : l'humidité manquant sur les pentes et dans les vallées peu profondes.

Il résulte de là que les combustibles minéraux doivent être fort rares dans les terrains perméables, non-seulement parce que les accumulations de végétaux ne peuvent s'y former que sur des surfaces très-restreintes, mais encore parce que ces dépôts, placés au fond des vallées, ont dû être balayés par les déplacements de la mer, dans toutes les révolutions du globe.

Les combustibles minéraux manquent aussi dans toutes les

formations franchement argileuses, parceque, les eaux pluviales coulant toujours à la surface comme aujourd'hui et produisant des crues violentes au fond des vallées, les débris de végétaux n'ont pu s'accumuler nulle part.

Au contraire, les terrains paléozoïques fissurés ou schisteux ont dû, comme aujourd'hui, donner naissance à de nombreux suintements, et, par conséquent, les plantes aquatiques ont pu s'y développer de tout temps, comme elles s'y développent encore dans les tourbières des pentes et des plateaux. De là, l'origine de la houille et de l'anthracite.

Je ne puis m'étendre plus longuement sur cet important sujet, qui exigerait une étude toute spéciale.

PREMIÈRE PARTIE

CHAPITRE PREMIER

OROGRAPHIE

ÉTENDUE DES TERRAINS QUI CONSTITUENT LE BASSIN DE LA SEINE
DISTRIBUTION DES COURS D'EAU ET ASPECT DU PAYS

Le tableau suivant donne l'étendue des différents terrains qui constituent le bassin de la Seine.

DÉSIGNATION GÉOLOGIQUE.	TEINTE CONVENTIONNELLE. DE LA CARTE COLORIÉE.	SURFACE EN KILOMÈTRES CARRÉS.	LOCALITÉS DANS LESQUELLES SE TROUVENT LES TERRAINS.
Alluvions, tourbes, terrain de transport	Blanche.	5875	Fond des grandes vallées, surtout dans le Green-Sand.
Terrain tertiaire d'origine incertaine	Grise.	1025	Origine du bassin d'Eure.
Argiles à meulières supérieures . .	Violette.	540	Plateaux de Satory, de Rambouillet, de Marly, de Vernon.
Calcaire de Beauce.	Rayures violettes.		Plateaux de la Beauce, entre Chartres et Nemours.
Sables de Fontainebleau.	Rayures violettes foncées.	4420	Forêt de Fontainebleau, pays d'Hurepoix, banlieue de Versailles, de Rambouillet, etc.
Argiles à meulières inférieures et marnes vertes.	Teinte nankin, liséré vert.	4470	Plateaux de la Brie.
Gypse , calcaire lacustre , sables moyens, calcaire grossier. . . .	Rayure orange.	6475	Soissonnais , Tardenois , Valois , France, Senlissois, Vexin français.
Argiles du Gâtinais.	Jaune orange.	3700	Plateaux du Gâtinais.
Limon des plateaux drainés par la craie.	Rayure orange et teinte plate.	5295	Vexin normand, pays de Caux, Beauvaisis.
A REPORTER.		31.800	

DÉSIGNATION GÉOLOGIQUE.	TEINTE CONVENTIONNELLE DE LA CARTE COLORIÉE.	SURFACE EN KILOMÈTRES CARRÉS.	LOCALITÉS DANS LESQUELLES SE TROUVENT LES TERRAINS.
Report.		51.800	
Argiles tertiaires, silex, poudingues se rapportant à l'argile plastique. Argile plastique	Rayure jaune. Sur gris. Liséré orangé.	6585	Bords de la Brie, côté de la Champagne, vallées de la Marne, de l'Ourcq, de l'Oise, de l'Aisne, du Loing, forêt d'Othe, plateaux du bassin de l'Eure.
Craie marneuse et chloritée. . . .	Rayure jaune.	14925	Champagne pouilleuse, vallées du Loing, de l'Eure et de leurs affluents, du pays de Caux, du Vexin normand, du Beauvaisis, etc.
Craie marneuse	Rayure verte.	1685	Bord oriental de la Champagne pouilleuse, banlieue de Rouen, vallée du Loing.
Green-Sand et terrain néocomien.	Les deux teintes vertes.	5500	Puisaye, Champagne humide, pays de Bray.
Terrains oolithiques supérieurs . .	Rayure verticale bleue.		
Terrains oolithiques moyens . . .	Quadrillé bleu.	15950	Bourgogne et Lorraine.
Terrains oolithiques inférieurs . .	Rayure horizontale bleue.		
Lias moyen et supérieur	Teinte pâle bleue.	2520	Auxois et banlieue de Langres, bassin de Corbigny.
Lias inférieur et infra-lias	Teinte bleue foncée.		
Terrains paléozoïques.	Teinte brune.		Ardennes, sources de l'Oise, Morvan.
Porphyre	Teinte rose foncée.	1685	Morvan.
Terrain granitique.	Teinte rose claire.		Morvan.
SURFACE TOTALE DU BASSIN DE LA SEINE. . . .		78 650	

OROGRAPHIE DU BASSIN DE LA SEINE

Pour se faire une idée nette de l'état du bassin de notre fleuve, à la fin du grand phénomène de destruction qui a modelé son relief, il faut admettre que ce relief était alors, à bien peu près, ce qu'il est aujourd'hui. Les grandes dénudations de l'Auxois, du Châtillonnais, de la Champagne, du Valois, existaient déjà; les plateaux du Gâtinais, de la Brie, de la Beauce, de la Normandie étaient rasés, et le réseau des vallées était au moins ébauché.

Les modifications, produites depuis par les agents atmosphériques, ont été peu considérables et n'ont pas changé sensiblement le modelé du terrain; les pentes argileuses ou sablonneuses se sont adoucies; les roches solides, excavées en cavernes, se sont effondrées dans beaucoup de localités ; les cours d'eau ont abaissé le niveau de leur lit ; mais ces petites modifications superficielles n'ont pas changé notablement l'aspect du pays, et l'action diluvienne est visible encore partout. Les dispositions orographiques du sol étaient donc sensiblement les mêmes qu'aujourd'hui.

Le Morvan (voir la carte coloriée), qui s'est toujours élevé au-dessus des mers secondaires et tertiaires, et qui formait une île dans ces temps reculés, s'étend encore du sud au nord comme un grand cap, et domine tout le bassin ; l'altitude de son point culminant, le Haut-Follin, vers les sources de l'Yonne, est de 902 mètres. Le reste du faîte de partage, entre le Morvan et les Ardennes, est occupé par les montagnes oolithiques de la Bourgogne et de la Lorraine, dont l'altitude ne dépasse pas 610 mètres (le Charmoy, près Blaisy-Haut, Côte-d'Or).

Les courants diluviens ont creusé non-seulement toutes les vallées et rasé tous les plateaux, mais encore ils ont ouvert cinq larges excavations ou plaines basses, dont la disposition n'a aucune relation avec la direction générale des vallées.

Le Morvan s'élève au milieu de la première, comme une gigantesque forteresse entourée de son fossé, dont le fond est occupé par les riches plaines de l'Auxois et de Corbigny (teintées en bleu). Ces plaines sont de 5 à 600 mètres en contre-bas des sommets les plus hauts du Morvan, et à 2 ou 300 mètres au-dessous des points culminants de la chaîne oolithique de la Côte-d'Or.

Les plaines kellowiennes à minerai de fer du Châtillonnais et de la Haute-Marne, qui forment la deuxième excavation, descendent en pente douce jusqu'à l'escarpement de marnes oxfordiennes qui les limite au nord-ouest, en s'élevant à une centaine de mètres au-dessus. Le pied de ce gradin, disposé en ligne presque droite, passe par Clamecy, Châtillon-sur-Seine et près de Chaumont.

La Champagne humide et la Champagne sèche occupent le fond des troisième et quatrième excavations. Les calcaires jurassiques descendent en pente douce jusqu'au bord de la troisième qui passe par Auxerre et Vassy; les terrains de Brie entre Montereau, Épernay et Laon, couronnent le gradin à pente rapide qui termine l'excavation de la craie blanche.

Enfin la dernière excavation, celle de la plaine Saint-Denis et du Valois, est limitée, du côté du nord-ouest, par la vallée d'Oise, et du côté du sud-est par la vallée de la Marne. Les points les plus élevés de ces plaines, les seuils qui séparent les eaux de l'Oise de celles de la Marne, sont généralement à une altitude comprise entre 110 et 120 mètres; mais, au-dessus, s'élèvent les restes des terrains détruits, qui dépassent ces altitudes d'une centaine de mètres.

Si l'on fait abstraction de ces grandes érosions et des vallées, on trouve que le bassin de la Seine, à partir du Morvan et de l'arête de la chaîne de la Côte-d'Or, est formé, dans sa partie supérieure, d'une longue bande de terrains arides, les calcaires oolithiques, qui s'abaissent, en pente peu rapide, de l'altitude 610 vers l'altitude 200, à laquelle ils plongent sous le terrain crétacé inférieur.

Les hautes falaises qui limitent la Champagne du côté de la Brie, sont surmontées par des plateaux tertiaires beaucoup plus élevés que les plaines dont il vient d'être question. Abstraction faite des vallées profondes, mais étroites, qui les sillonnent, ces plateaux s'étendent, presque sans interruption, de la Champagne jusqu'à la mer. On n'y remarque que trois dépressions considérables, le Valois, la plaine Saint-Denis, le pays de Bray.

Ces plateaux sont aujourd'hui de riches et fertiles contrées, dont les limites géographiques séparent autant de formations géologiques différentes.

La plaine élevée, comprise entre l'Yonne et le bassin de la Loire, et coupée par le Loing, forme l'ancien Gâtinais. Les argiles tertiaires qui la recouvrent sont d'une origine géologique encore un peu incertaine.

La Brie est occupée par les argiles à meulières, qui s'étendent sur les marnes vertes de Montmartre. Les sables des terrains tertiaires inférieurs et le calcaire grossier couvrent les plateaux du Soissonnais ; les sables moyens et les calcaires de Saint-Ouen forment les riches contrées du Tardenois, de l'Ile-de-France, du Valois, du Vexin français ; la Beauce et le pays d'Hurepoix comprennent les sables de Fontainebleau et les calcaires de Beauce.

Sur la rive gauche de l'Eure, entre Chartres et Honfleur, s'étendent ces vastes plaines couvertes d'argiles à silex, que les géologues s'accordent aujourd'hui à classer dans le terrain tertiaire inférieur.

Enfin, les plateaux du Vexin normand et du pays de Caux sont recouverts d'un limon caillouteux qui, en grande partie, paraît diluvien.

Ces plateaux sont remarquables par l'uniformité de leur altitude ; les plus bas, l'extrémité de la Brie qui passe sur la rive gauche de la Seine vers Corbeil, sont à l'altitude de 75 mètres ; les plus élevés s'étendent jusqu'à la montagne de Reims, et leur altitude ne dépasse pas 280 mètres ; c'est une différence maximum d'altitude de 205 mètres sur une étendue de plus de 300 kilomètres. On trouverait peut-être difficilement une pareille uniformité dans le reste de la France, si ce n'est dans l'Artois, la Flandre et la Picardie.

Le centre de figure de ce grand plateau est peu éloigné de Paris. C'est là aussi que se trouve la partie la plus basse, car toutes les lignes rayonnantes que l'on trace sur la carte, à partir de ce centre, vont toujours en montant, soit qu'on les dirige vers l'amont du bassin, soit qu'on se rapproche de l'Océan.

Tels sont les principaux traits de l'orographie du bassin de la Seine.

Si les roches dures, les granites et les calcaires ont conservé, dans leurs escarpements et dans leur irrégularité de forme, des traces, pour ainsi dire visibles encore, du passage des courants diluviens, la surface des terrains argileux, au contraire, a subi, depuis ces temps reculés, sous l'influence des agents atmosphé-

riques, des modifications qui l'ont ramenée à des formes presque régulières.

Disposition des cours d'eau. — Trois cours d'eau principaux,
le Cousin, la Cure et l'Yonne, sillonnent la partie granitique
du bassin, c'est-à-dire le Morvan, sensiblement du sud-est au
nord-ouest ; leurs affluents sont presque innombrables. Leur
pente est rapide ; la plupart des vallées, dans lesquelles ils coulent, sont très-contournées et souvent si étroites qu'il ne reste
pas, à côté du torrent, la place nécessaire pour y établir un
chemin. Sous ce rapport, le Morvan ressemble à tous les pays
de montagnes.

Les plaines argileuses du large fossé qui entoure le Morvan,
l'Auxois et le bassin de Corbigny, sont coupées par quatre rivières : à l'ouest du Morvan par l'Yonne, à l'est par le Serein,
l'Armançon et la Brenne. Les affluents de ces rivières sont
très-nombreux, en temps de pluie ; mais, dans les saisons sèches,
ils se réduisent à un assez petit nombre. Ces quatre cours d'eau
coulent aussi à peu près du sud-est au nord-ouest.

Cette orientation est également celle des quinze cours d'eau
principaux, qui descendent des pentes oolithiques de la Côte-
d'Or et du Nivernais : le Beuvron, l'Yonne, la Cure, le Serein,
l'Armançon, la Seine, l'Ource, l'Aube, l'Aujon, la Blaise, la
Marne, le Rognon, la Saulx, l'Ornain et l'Aire.

Mais leurs affluents sont bien moins nombreux ; les terrains
arides de la formation oolithique sont couverts de vallées qui
restent sèches en toutes saisons, pour la plupart ; les plus profondes seulement donnent naissance à de belles sources qui alimentent de limpides ruisseaux.

Les cours d'eau de la large bande de terrain crétacé inférieur
qui traverse tous les bassins sont disposés tout autrement. Comme
l'ont très-bien fait remarquer les auteurs de la carte géologique
de France, ces cours d'eau sont dirigés presque perpendiculaire-
ment à la direction générale des rivières principales : tels sont

le ru de Baulche, le Saint-Vrain, l'Armance, l'Hozain, la Barse, la Voire, la Chée et l'Aisne. En somme, ces cours d'eau suivent le fond de ce fossé, cette large bande verte de la carte, que j'ai appelée *la Champagne humide*. Les rivières extrêmes, l'Oise et la Serre au nord, le Loing et son affluent principal, l'Ouanne, au sud-ouest, font seules exception et sont sensiblement dirigées, les premières de l'est à l'ouest, et les dernières du sud-est au nord-ouest.

Les affluents de ces rivières sont très nombreux.

Les plaines arides de la Champagne sèche (craie blanche) sont, au contraire, très-pauvres en cours d'eau. En faisant abstraction des rivières principales déjà nommées, l'Yonne, la Seine, l'Aube, la Marne, l'Aisne et l'Oise, voici la nomenclature presque complète des ruisseaux de la Champagne : le Tholon, la Vanne, l'Oreuse, l'Orvin, l'Ardusson, la Barbuisse, la Superbe, l'Huitrelle, le Puits, la Somme-Soude, la Coole, la Moivre, la Vesle, la Suippe, la Retourne, la Souche, le Noirieux, la Serre. Les affluents de ces ruisseaux sont en très-petit nombre.

Les plateaux argileux du Gâtinais donnent naissance à une multitude de cours d'eau dont les principaux sont : l'Ouanne, le Loing, la Bez, le Biez, le Lunain, l'Orvanne, la rivière des Doigts et ses cinq ramifications, le Fusain, etc. Cette partie du bassin est très-plate, et l'hiver les eaux pluviales séjournaient autrefois à la surface du sol. On donnait le nom de *Gâtines* à ces larges flaques d'eau sans profondeur.

Les plateaux argileux de la Brie ont la plus grande analogie avec ceux du Gâtinais. Avant les travaux d'assainissement très-anciens qui y ont été exécutés, les eaux pluviales s'y écoulaient difficilement. Cependant, les cours d'eaux y sont nombreux et très-ramifiés ; les principaux sont : la Voulzie, l'Yères, le Grand-Morin et son affluent l'Aubetin, le Petit-Morin et le Surmelin.

L'Ourcq et ses affluents principaux, la Savière, le Clignon et la Thérouanne, puisent leurs eaux partie dans les terrains à meulières, partie dans les terrains calcaires du Tardenois et du

Valois. Cette rivière et la Beuvronne sont les deux derniers affluents de la Marne.

On ne compte que huit cours d'eau sur les plateaux ondulés, occupés par les sables de Fontainebleau et les calcaires de Beauce, entre Nemours et Chartres : l'Écolle, l'Essonne, la Juine, l'Orge et ses affluents la Renarde et la Rimarde, et deux tributaires de l'Eure, la Voëse et la Vègre ; ces rivières n'ont pas d'affluents.

Le plateau peu étendu d'argiles à meulières compris entre la Seine et l'Eure est sillonné par l'Yvette, la Bièvre, la Mauldre, la Vaucouleurs et leurs affluents qui sont assez nombreux.

L'Eure et ses affluents de la rive gauche, la Blaise, l'Avre et l'Iton, la Rille et son affluent la Charentonne, se divisent en rameaux assez nombreux dans leur partie supérieure, dont les versants sont argileux. Mais, dans la partie moyenne et inférieure, la craie exerce une action de drainage si énergique, que les affluents manquent complétement.

L'Oise et l'Aisne sont les deux rivières principales des plateaux tertiaires de la rive droite de la Seine entre Paris et Rouen. En amont de Compiègne, dans le Soissonnais, l'argile plastique soutient des sources importantes qui alimentent de nombreux cours d'eau, notamment l'Ardon et la Lette.

En aval, jusqu'à Saint-Denis, les cours d'eau deviennent très-rares. Les principaux, on pourrait dire les seuls, sont l'Authonne, la Nonette, la Thève, le ruisseau d'Enghien, le Rouillon, la Croud et leurs affluents.

Sur la rive droite de l'Oise, quoique les plateaux soient arides, les cours d'eau, assez rares d'ailleurs, sont alimentés par les nombreuses sources de l'argile plastique ; les plus importants sont : la Brèche, le Thérain, le Méru, le Sausseron et la Viosne.

En suivant la rive droite de la Seine en aval de l'Oise, on ne rencontre qu'un très-petit nombre de cours d'eau ; un seul, l'Epte, qui provient des plaines argileuses du pays de Bray, a quelque importance ; les autres sont des ruisseaux peu remarquables si l'on ne considère que l'étendue de leur cours, mais

qui ont une grande valeur industrielle en raison de l'abondance
de leurs eaux ; le plus considérable est l'Andelle. Tous ces ruisseaux sont alimentés par les sources de la craie.

ASPECT DES TERRAINS DU BASSIN DE LA SEINE

Le Morvan. Terrain granitique. — La partie granitique du
bassin de la Seine, le Morvan, est la seule région montueuse
de ce bassin ; c'est aussi la seule qui soit vraiment pittoresque.
Les innombrables cours d'eau qui en sillonnent les pentes tombent en cascades dans des vallées contournées et étroites. L'humidité due aux suintements qu'on remarque presque partout
à la surface du granite, jointe aux matières alcalines provenant
de la décomposition des feldspaths, y développe la plus énergique
végétation, dont la verdure forme un admirable contraste avec le
ton brun rouge foncé des roches.

Les bruyères, les genêts, les fougères, les digitales qu'on ne
retrouve pas dans les terrains jurassiques, une immense variété
de fleurs, de mousses, de lichens et d'autres plantes parasites,
envahissent promptement les terrains en friche ou en jachère,
et même les rochers les plus arides.

Les prairies, un peu tourbeuses il est vrai, et par conséquent
peu productives, se développent sur les pentes les plus rapides,
comme au fond des vallées. Les bois couvrent environ le tiers du
pays.

Les chaumières éparpillées en nombreux hameaux qui, presque tous portent encore le nom de leur fondateur[1], semblent
s'écarter les unes des autres, par crainte des incendies. Les
ouches ou jardins clos de haies qui les entourent ne contribuent
pas peu à l'agrément du paysage.

---

[1] Je prends au hasard quelques noms de hameaux sur un coin de la carte du bureau de
Guerre : les Guichard, les Lavaux, les Pompon, les Chereaux, les Gros, les Valtat, les Brizard,
les Roubaux, etc. ; on lit aussi : l'Huis (la porte) aux Gris, l'Huis Châtelain, l'Hate (le champ)
au sergent, etc.

En somme, le pays se présente sous l'aspect le plus riant et le plus pittoresque, quoiqu'il soit certainement un des plus pauvres du bassin de la Seine.

Terrains paléozoïques et trias. — Les terrains paléozoïques, dont on trouve quelques lambeaux au sud et au nord du bassin, et le trias qui y occupe une étendue tout à fait insignifiante, ont trop peu d'importance pour que j'en fasse la description. Au sud, les terrains métamorphiques, qui appartiennent probablement à ces roches anciennes, et de nombreuses masses de porphyres se confondent avec les granites par leurs propriétés hydrologiques et leur aspect pittoresque.

Les terrains carbonifères ne se montrent que par quelques affleurements dans le voisinage d'Avallon[1].

Le lambeau de terrains ardennais, où l'Oise prend sa source à la limite de la Belgique vers Hirson, n'a pas plus d'étendue.

Auxois, plaine de Corbigny, banlieue de Langres, terrain du lias.—Les arkoses et les grès qui forment la base du lias, et qui partout reposent sur le granite dans le pourtour du Morvan, ressemblent par leur aspect et leur relief, à ce dernier terrain, dont il est difficile de les distinguer, quand on n'est pas géologue.

Le lias s'étend principalement dans le grand fossé décrit ci-dessus qui entoure le Morvan et dont le fond est occupé par les plaines de l'Auxois et de Corbigny ; on trouve encore des lambeaux du lias, mais beaucoup moins étendus dans les vallées de la Seine, de l'Ource, de l'Aube et de la Marne, surtout dans cette dernière.

Les affluents des cours d'eau principaux sont aussi nombreux dans le lias que dans le granite, mais les sources y sont rares. Dans les temps de pluie tout pli de terrain devient un torrent, toute vallée secondaire une rivière. Mais dès que le

---

[1] Voir le premier volume, *La Seine aux âges antéhistoriques*, Introduction, p. 19 et suiv.

beau temps revient et persiste, ces nombreux ruisseaux cessent bientôt de couler, ou se réduisent à un maigre filet d'eau.

Ces terrains étaient sans doute très-boisés autrefois, ainsi que l'indique le nom d'un des principaux bourgs qu'on y trouve, *Époisse* (en latin *Spissæ*). Le calcaire à gryphées arquées, qui forme la plus grande partie du sous-sol, est un des terrains les plus fertiles de la France; les épaisses forêts du lias, ont naturellement cédé la place à des cultures plus productives, et sont remplacées par des champs de blé et d'excellents pâturages; le pays est donc aujourd'hui peu boisé.

Les lias moyen et supérieur qui, en général, occupent le revers du fossé, du côté opposé au Morvan, sont des terrains beaucoup moins propres à la culture des céréales; les prairies et la vigne y donnent, au contraire, d'excellents produits et y ont pris un grand développement.

Comme dans le granite, les prés s'étendent sur le flanc des coteaux aussi bien qu'au fond des vallées.

En général, et c'est un des caractères les plus remarquables du lias, les cultures les plus diverses, les champs de blé, les prairies entourées de haies vives, les vignes, les rares lambeaux de bois qui restent encore debout, s'entremêlent à la surface de ces plaines ondulées et fertiles sans autre raison apparente que le caprice du propriétaire.

Pas de contraste plus frappant que celui que présente le passage des roches dures des granites, aux terrains mous du lias. Les vallées resserrées et contournées s'élargissent brusquement; leurs pentes abruptes, hérissées de rochers à pic, font place à des plateaux faiblement inclinés; les eaux claires, mais colorées en bistre par le granite, sont remplacées par des eaux louches, même par le beau temps. La bruyère, les genêts, les fougères, les mousses ont disparu. La culture de la vigne se développe, les riches champs de blé et les prés d'embauche (pâturages), remplacent les champs de seigle, de sarrasin et les prairies tourbeuses. D'un côté l'aspect de la misère et de la stérilité pittoresque, de l'autre celui de toutes les richesses de la terre.

Aussi le paysan morvandeau désigne-t-il l'Auxois sous le nom de *bon pays*.

Si le Morvan est fait pour l'œil d'un peintre, à coup sûr les plaines du lias ont été créées pour celui d'un agriculteur.

Calcaires oolithiques. — Au sommet des collines qui s'élèvent à la limite de l'Auxois opposée au Morvan, les calcaires oolithiques s'annoncent par les rochers du calcaire à entroques, qui figurent de loin de vieilles murailles en ruine.

Les belles sources qui jaillissent de toutes parts au pied de ces rochers au-dessus des argiles liasiques, donnent des eaux excellentes, qui ont attiré depuis longtemps une population de cultivateurs d'autant plus dense, que l'eau potable manque dans les plaines du lias et les plateaux des terrains oolithiques, dont le cordon de sources suit la limite.

Les villages très-rapprochés les uns des autres, les prairies du lias, qui montent jusqu'au pied des rochers, une végétation vigoureuse, de beaux vignobles, donnent à l'ensemble du paysage un aspect à la fois gracieux et riche.

Mais dès qu'on s'élève au-dessus des rochers du calcaire à entroques, le changement le plus fâcheux afflige l'œil du spectateur; les collines arrondies de la terre à foulon, les pentes raides de la *grande oolithe*, couvertes de pierrailles et de bois rabougris, de maigres champs de blé, d'avoine et de sainfoin, donnent à la contrée un aspect qui n'a rien de plaisant.

Les nombreux ruisseaux du granite et du lias ont disparu, et sont remplacés par des vallées sèches; seulement à de grandes distances les uns des autres, quelques ruisseaux alimentés par de belles sources, d'une admirable limpidité, se montrent au fond des vallées les plus profondes. Les prairies qui, dans l'Auxois et le Morvan, s'étendaient indistinctement sur les plaines et sur les coteaux, sont confinées sur les bords de ces rares ruisseaux, et seulement dans la limite des terrains submergés par leurs crues.

Les maisons elles-mêmes ont changé d'aspect; au lieu des gaies chaumières du granite éparpillées dans leurs ouches, et des riches vergers des villages de l'Auxois, on ne trouve dans les terrains oolithiques que des entassements de maisons tellement pressées les unes contre les autres, qu'il semble que l'espace leur ait manqué pour se bâtir. La lave, pierre calcaire plate qui remplace la tuile dans les toitures, leur donne quelque chose de l'aspect aride du paysage.

Les vallées des terrains oolithiques inférieurs, sont étroites et contournées, moins cependant que celles du Morvan.

Les roches dures de la grande oolithe, du coral-rag, ont, comme le granite, opposé une grande résistance aux courants diluviens; mais dès que les cours d'eau entrent dans les roches plus molles des terrains oxfordien, kimmeridien, et portlandien, les vallées s'élargissent et se rectifient.

Les rares cours d'eau qui traversent la chaîne oolithique sont remarquables par la limpidité azurée de leurs eaux qui se rapproche de celle des sources.

Champagne humide. Terrains néocomiens et grès vert. — Quand on passe des terrains oolithiques aux terrains crétacés inférieurs, il est impossible de n'être pas frappé du changement qui s'offre immédiatement à la vue; aux grands talus raides et arides des terrains oolithiques, succèdent des collines basses et arrondies, rarement fertiles, mais toujours couvertes d'une abondante végétation; le bouleau, le genêt, la bruyère, inconnus sur le sol oolithique, reparaissent ici dans tous les bois, sur tous les terrains en friche; de larges flaques d'eau remplissent les inégalités du sol; aux ruisseaux limpides et à régime régulier des formations calcaires, succèdent des torrents boueux, à sec l'été, débordant l'hiver à la moindre pluie; les prairies s'élèvent sur les coteaux, à une hauteur moindre cependant que dans le lias et le granite.

Ces plaines entrecoupées de nombreux ruisseaux, d'étangs, de forêts, étaient autrefois d'un abord presque impossible. Nos armées en ont profité souvent et c'est dans ces fondrières, près de la forêt d'Argonne, que Dumouriez a arrêté la marche de l'armée prussienne, pendant la révolution [1].

La lave qui couvre les maisons, si curieusement entassées, dans les villages des calcaires oolithiques, disparaît dans les terrains crétacés inférieurs; le chaume la remplace et les maisons s'écartent les unes des autres, sans doute par crainte des incendies.

On doit dire cependant que cette disposition est moins frappante aujourd'hui qu'autrefois; la tuile prend peu à peu la place du chaume, et à mesure que les craintes d'incendie diminuent, des maisons neuves se bâtissent entre les anciennes.

On peut néanmoins voir encore un grand nombre de villages, surtout entre la Seine et l'Armançon, où chaque maison est isolée au milieu des arbres de son jardin, ce qui donne à l'ensemble du pays, vu de loin, l'aspect pittoresque d'un bois dont la verdure contraste avec la couleur enfumée des vieilles toitures en chaume et le ton rouge des nouvelles bâtisses qui percent à travers le feuillage. Autant les villages du Châtillonnais, du Tonnerrois, du Bassigny, sont tristes et monotones, autant ceux de la Puisaye, des forêts d'Aumont, d'Orient, de la banlieue de Vitry-le-Français, sont d'un aspect varié et riant.

Les grandes vallées se sont démesurément élargies dans la traversée de ces terrains mous et peu résistants. A peine a-t-on quitté la formation oolithique dont les coteaux à pentes rapides et couverts de vignes descendent à peu de distance des thalwegs, que la vallée prend l'aspect d'une plaine immense, dont le spectateur placé au bord du thalweg ne peut voir les limites.

[1] Ces lignes étaient écrites avant la guerre de 1870.

Telle est la vallée de l'Armançon vers Saint-Florentin, celle de la Seine à Saint-Parrhes-les-Vaudes, de la Marne, de l'Ornain et de la Saulx en amont de Vitry-le-Français, etc.

Ces plaines riches et fertiles n'appartiennent pas positivement au terrain crétacé inférieur qui, profondément corrodé par les courants diluviens, est recouvert par une épaisse couche de grève, détritus des roches oolithiques détruites en amont.

Les grands cours d'eau, l'Yonne, le Serein, l'Armançon, la Seine, l'Aube, la Marne, la Saulx et l'Ornain, traversent ces terrains à peu près dans la direction de la pente générale du bassin.

Les cours d'eau du terrain crétacé inférieur, je l'ai dit ci-dessus, affectent une allure toute différente; le tracé de leurs lits figure grossièrement un demi-cercle dont Paris est le centre, et, par conséquent, est perpendiculaire aux grandes lignes d'écoulement des eaux. Les ramifications des cours d'eau principaux sont réellement innombrables.

Champagne sèche. Craie blanche. — La triste réputation de la Champagne pouilleuse est trop connue pour qu'il soit nécessaire d'insister beaucoup sur l'aspect désolé et stérile des vastes plaines ondulées qui s'étendent presque sans interruption entre l'Yonne et l'Aisne; les bois si vigoureux du terrain crétacé inférieur ont complétement disparu; la bruyère, le genêt ne se montrent plus sur les terres en friche. Quelques plantations de pins silvestres, de marsaules s'offrent de loin en loin à la vue; presque toutes les vallées secondaires sont sèches et semblent stériles comme le reste du pays. Mais si les eaux d'un ruisseau rafraîchissent ce sol aride, la végétation la plus vigoureuse l'envahit partout; une zone de de prairies malheureusement presque toujours trop humides, de nombreuses plantations de frênes et de peupliers d'une vigueur extraordinaire, dessinent de loin à l'œil, les méandres du cours d'eau.

Les grandes vallées de la Seine, de l'Aube, de la Marne, de

l'Aisne et de l'Oise, qui traversent toute la plaine crayeuse, sont remarquables par la largeur de cette zone, qui dépasse parfois 4 kilomètres. Tous les voyageurs qui ont traversé la Champagne ont remarqué la forêt de peupliers qui cache la Seine entre Nogent et Troyes.

Tel est dans son ensemble l'aspect des terres crayeuses de la Champagne. Il ne faut pas croire cependant, que le sol crayeux soit toujours et partout stérile et improductif; lorsqu'il est couvert d'une couche suffisante de terre végétale, il devient d'autant plus favorable à la culture des céréales, qu'il est très-facile à travailler et que son extrême perméabilité le préserve de tout ravage des eaux pluviales; les excellentes terres de la Picardie, de la Flandre française, du Vexin normand et du pays de Caux, reposent presque toutes sur un sous-sol crayeux.

L'agriculture a fait d'ailleurs dans la Champagne de tels progrès, que les Champenois n'ont plus rien à envier à leurs voisins, en apparence mieux favorisés, et que le pays n'a de triste aujourd'hui que son aspect.

Les affluents des cours d'eau sont encore moins nombreux que ceux des ruisseaux des terrains oolithiques; on peut les compter en quelques minutes sur la carte du bureau de la guerre, et cette rareté des eaux courantes ne contribue pas peu à donner à l'ensemble du pays son aspect aride et désolé.

Terrains tertiaires. — Lorsqu'on suit les routes de Troyes à Sens ou à Auxerre, on remarque bientôt au sommet des collines qui s'élèvent à l'horizon une belle forêt, dont la position est d'autant plus frappante que l'aspect blanchâtre et désolé des coteaux inférieurs ne laisse aucun doute sur la présence de la craie. Mais en se rapprochant, on reconnaît que ces bois, qui tiennent à la forêt d'Othe, poussent dans une argile sablonneuse ou dans un limon rouge mêlé de cailloux qui couronnent les montagnes. Des flaques d'eau se remarquent de tous côtés sur ces plateaux; le genêt, la bruyère et le bouleau reparaissent, et,

bien que la culture des céréales soit peu développée, on reconnaît
bien vite une nature plus riche que celle qu'on vient de quitter.
Le même contraste se remarque sur les deux rives de l'Yonne,
depuis Laroche jusqu'à Montereau ; les longues collines crayeuses
qui dominent Saint-Cidroine, la partie basse de la vallée du
Tholon, la rive droite de l'Yonne au-dessous de Pont, sont entièrement nues ; mais lorsqu'elles sont recouvertes d'une couche
de terrain tertiaire, quelque mince qu'elle soit, on y trouve toujours ou presque toujours de belles forêts.

Entre la Seine et l'Aisne, de Nogent à Reims, le contraste des
deux formations est encore plus remarquable. A partir des plaines
basses et nues de la Champagne, la craie se relève en falaises
assez hautes, au-dessus desquelles apparaît la riche végétation
des plateaux de la Brie ; les larges vallées où coulent la Marne et
la Seine, dans la traversée des terrains crétacés, se resserrent
brusquement en rencontrant les roches plus fermes des terrains
tertiaires ; cette disposition du sol, à la suite des plaines ouvertes
de la Champagne, a servi plus d'une fois à la défense du pays.
C'est au bord de cette sorte de boulevard naturel que les terrains
tertiaires forment autour de Paris, qu'on trouve les noms historiques de Montereau, Montmirail, Champaubert, etc.

Les mêmes dispositions se remarquent dans les bassins de
l'Eure, de l'Epte et de l'Andelle, le pays de Caux, etc. Dans ces
régions, les flancs crayeux des vallées sont uniformément arides,
tandis que les plateaux tertiaires qui les couronnent présentent
l'aspect d'une grande richesse.

Si l'on considère les terrains tertiaires d'une manière moins
générale, on trouve qu'ils se distinguent les uns des autres par
les caractères suivants.

Gâtinais et Brie. — Les cours d'eau qui sillonnent les plateaux du Gâtinais sont très-multipliés, et alimentent encore
aujourd'hui un grand nombre d'étangs. Ceux qui sont propres à
la Brie, la Voulzie, le Durtein et l'Yères, affluents de la Seine,

le Grand-Morin, le Petit-Morin, le Surmelin et l'Ourcq, affluents de la Marne, sont très-ramifiés, beaucoup plus que ceux de la Champagne sèche, mais moins que ceux de la Champagne humide, de l'Auxois et du Morvan. On voit en Brie un grand nombre de ravins, désignés dans le pays sous le nom de *rus*, qui ne coulent qu'à la suite des grandes pluies.

Les argiles tertiaires qui recouvrent le Gâtinais et la Brie forment des plaines élevées, presque sans pente.

On rencontrait autrefois sur les plateaux qui s'étendent entre l'Yonne et le Loing, et des deux côtés de cette dernière rivière, de grandes landes couvertes de bruyère où les eaux pluviales manquant souvent d'écoulement, formaient des flaques d'eau qu'on désignait sous le nom de gâtines; noyées l'hiver, ces plaines ne s'asséchaient que pendant l'été.

Les gâtines ont disparu peu à peu, à mesure que la culture de ces plateaux s'est améliorée.

Il est probable que les plateaux de la Brie présenteraient aussi le même aspect, si depuis longtemps l'industrie humaine ne s'était appliquée à assainir le pays. Des mares profondes et des rus sont disséminés sur toute la surface du sol, et les eaux pluviales y sont dirigées par les intelligents travaux des fermiers. Le drainage, depuis ces dernières années, complète l'assainissement de cette riche contrée.

La Brie se distingue du Gâtinais non-seulement par la richesse de la culture plus perfectionnée, mais encore par une disposition toute spéciale de sa structure géologique.

Les marnes vertes de Montmartre qui s'étendent sous tous les plateaux viennent affleurer sur les bords de la plupart des vallées et y donnent naissance à un grand nombre de petites sources. C'est à ces marnes et à ces sources que les vallées d'Yères, du Petit et du Grand-Morin, les coteaux de Brunoy, Montmorency, Meudon, Bellevue, doivent leur belle végétation et leur aspect pittoresque, qui forme un contraste si frappant avec celui des plateaux plus riches, mais bien plus monotones qui les recouvrent.

La plupart de ces charmantes maisons de campagne, qui annoncent si gaiement au voyageur le voisinage de la grande ville sont bâties sur les affleurements des marnes vertes.

Beauce. — Les grandes plaines ondulées, occupées par le calcaire de Beauce, forment un contraste frappant avec celles de la Brie et du Gâtinais. Quoique le pays soit riche et fertile, le déboisement complet et l'aridité du sol, la rareté des cours d'eau et des prairies lui donnent quelque chose de l'aspect de la Champagne sèche.

Pays d'Hurepoix. — Les sables de Fontainebleau qui séparent la Beauce de la Brie, presque entièrement couverts de forêts, hérissés de blocs de grès, diffèrent entièrement de ces deux régions, par leur stérilité et en même temps, par leur aspect pittoresque. Les coteaux d'Apremont, les bords de l'Écolle, de l'Essonne, de la Juine, de l'Orge, de la Rimarde, de l'Yvette, Chevreuse, Port-Royal, etc., n'ont rien à envier aux contrées les plus chères aux peintres et aux poëtes.

Île-de-France, Valois, Tardenois, Soissonnais, Beauvaisis, bassin d'Eure, pays de Caux. — Les plateaux dont les calcaires grossiers et de Saint-Ouen et la craie forment le soussol, drainés naturellement par ces terrains perméables, se distinguent très-nettement des précédents par leur aspect de richesse tranquille et un peu monotone.

Comme la Beauce, la Champagne et la Bourgogne, toutes ces contrées sont remarquables par le petit nombre des cours d'eau qui les sillonnent.

Entre tous, le pays de Caux se distingue par la richesse des plateaux et la fraîcheur des vallées arrosées par les limpides ruisseaux qu'alimentent les grandes sources de la craie; les belles fermes entourées de vergers donnent un aspect presque pittoresque à cette contrée si peu accidentée.

Pays de Bray. — C'est la seule partie de la Normandie comprise dans le bassin de la Seine, où les riches pâturages se développent à flanc de coteau comme au fond des vallées. C'est ce qui distingue cette fertile contrée du pays de Caux, plus fertile encore ; dans ce dernier, les prairies manquent entièrement dans les terrains en pente et sur les plateaux. L'industrie qui se rattache à l'espèce bovine, aux vaches laitières, à l'engraissement des bœufs, etc., n'a donc pu s'y développer, tandis que dans le pays de Bray cette industrie est l'unique source de la richesse des cultivateurs.

CHAPITRE II

DE LA PLUIE

Par une décision en date du 6 mai 1861, le ministre des travaux publics a centralisé dans les bureaux de l'ingénieur en chef du service hydrométrique du bassin de la Seine les observations pluviométriques qui se font dans toute l'étendue de ce bassin.

Ces observations, dont plusieurs formaient déjà une série assez longue, étaient alors très-incomplètes ; elles étaient plus ou moins développées dans chaque département, suivant le degré d'importance que les ingénieurs attachaient aux travaux de ce genre. Les résultats n'étaient pas exactement comparables parce que les pluviomètres n'étaient pas tous placés dans les mêmes conditions au-dessus du sol ; malgré les différences résultant de ce vice irremédiable, j'ai pu, dès l'origine, indiquer la loi de répartition des pluies sur toute l'étendue du bassin.

A partir du 1ᵉʳ juin 1866, grâce à la collaboration de M. l'ingénieur Lemoine, les observations ont été développées d'une manière rationnelle : la position des pluviomètres a été rectifiée, et aujourd'hui l'étude de la pluie dans le bassin de la Seine est faite avec une grande régularité.

---

[1] Cette partie de mon ouvrage a déjà été publiée en 1865 dans les *Annales des ponts et chaussées* et dans l'*Annuaire de la Société météorologique*. Je la complète aujourd'hui au moyen des observations faites en 1865, 1866, 1867 et 1868, années très-intéressantes.

Depuis huit ans, les courbes pluviométriques ont été gravées et distribuées aux membres du conseil général des ponts et chaussées et aux ingénieurs chargés des observations.

Elles indiquent les hauteurs journalières de pluie à chaque station[1].

Je me bornerai à donner les moyennes annuelles des diverses stations d'observation. Les moyennes n'ont pas toujours une grande valeur scientifique. Il serait dangereux de s'en servir pour établir certaines lois délicates ; je tâcherai d'éviter cet écueil.

On trouvera d'abord dans le tableau suivant la position des diverses stations d'observation, leur altitude, etc., enfin les moyennes annuelles de pluie obtenue.

STATIONS D'OBSERVATION		DURÉE DES OBSERVATIONS	ALTITUDE	HAUTEUR DE LA CUVETTE DU PLUVIOMÈTRE au-dessus du sol	DIAMÈTRE DU PLUVIOMÈTRE	HAUTEUR MOYENNE ANNUELLE DE PLUIE
BASSIN DE L'YONNE						
Le haut Follin . . .	(Morvan-Saône-et-Loire). .		902m00	2m40	0m225	
Le bas Follin. . . .	—		800.00	2.00	0.225	
La Croisette.	—		650.00	2.00	0.225	
Pommoy.	—		650.00	1.20	0.50	
Les Settons.	(Morvan-Yonne) . . .	18 ans (1851-68)	596.68	0.27	0.400	1750mm
Château-Chinon. . .	(Morvan-Nièvre) . . .	10 — (1859-68)	557 00	1.70	0.225	1145
Saulieu.	(Morvan-Côte-d'Or). . .	15 — (1854-68)	559.00	0.50	0.246	1044
Lacolancelle. . . .	(Bords du Morvan-Nièvre).	19 — (1850 68)	279.25	»	0.400	788
Pannetière, com. de Mhère.	—	20 — (1849-68)	276.88	0.58	0.400	904
Clamecy	—	20 — (1849-68)	147.06	0.78	0.400	719
Vézelay.	(Bords du Morvan-Yonne).	17 — (1852-68)	218.00	1.30	0.400	»
Avallon.	—	19 — (1850-68)	240.00	»	0.400	»
Pouilly.	(Auxois-Côte-d'Or). . .	15 — (1854-68)	595.59	1.15	1.000	721
Grosbois	—	11 — (1858-68)	411.80	7.60	0.400	785
Thenissey.	—	10 — (1859-68)	500.00	9.00	0.226	786
Venarey-Marigny . .	—	5 — (1864-68)	258.14	7.00	0.227	889
Montbard.	—	19 — (1850-68)	218 56	1.10	1.000	761
Auxerre..	(Basse Bourgogne-Yonne).	19 — (1850 68)	122 50	0.80	0.400	682
Tonnerre.	—	10 (1859-68)	140.51	5.00	0.226	700
Chablis.	—	10 — (1859-68)	157.66	15.40	0.250	619
Laroche	—	20 — (1849-68)	85.70	1.50	1m c	614
Joigny	—	16 — (1855-68)	82.17	3.49	0.400	618
Sens.	—	19 — (1850-68)	81.85	9.86	0.400	626
Saint-Martin. . . .	—	15 — (1854-68)	66.00	1.45	0.400	596

[1] Voy. le volume de feuilles gravées qui accompagne cet ouvrage. Les archives où se trouvaient les tableaux manuscrits des observations ont malheureusement été détruites par l'incendie de l'Hôtel de Ville.

STATIONS D'OBSERVATION	DURÉE DES OBSERVATIONS	ALTITUDE	HAUTEUR DE LA CUVETTE DU PLUVIOMÈTRE au-dessus du sol	DIAMÈTRE DU PLUVIOMÈTRE	HAUTEUR MOYENNE ANNUELLE DE PLUIE
HORS BASSIN					
Châtillon-en-Bazois	10 ans (1859-68)	251^{m}098			9.52^{mm}
Dijon (Montmuzard)	15 — (1856-6$^\cdot$)				6.82
BASSIN DE L'AISNE					
Sainte-Menehould. (Champagne humide. Marne).	5 ans (1863-68)	145^{m}10	8^{m}40	0^{m}225	659
Côte de Crèvecœur. . (Près Sainte-Menehould)	id.	181.09	5.40	0.225	751
Côte de Biesme . . . — —	id.	250.60	7.30	0.225	744
Bois des Planches. . — —	id.	158.47	5.20	0.225	655
Suippes. . . . . . . (Champagne. Marne)). . .	id.	158.40	2.10	0.225	710
Reims. . . . . —	11 — (1858-68)	81.00		0.225	470
Berry-au-Bac . . . . (Vallée de l'Aisne. Aisne).	11 — (1858-68)	64.74	7.90	0.225	400
Soissons. . . . . . . —	1 —				561
Vauxrot, près Soissons. —	4 — (1865-68)	51.49	7.90	0.225	462
BASSIN DE L'OISE					
Hirson. . . . . . (Pied des Ardennes. Aisne). .	10 ans (1859-68)	196^{m}00	15^{m}50	0^{m}226	768
Laon. . . . . (Bords de la Champagne. Aisne).	8 — (1861-68)	186.00	0.56	0.250	654
Venette, près Compiègne. (Vallée de l'Oise). . .	11 — (1858-68)	41.00	5.88	0.225	458
Beauvais. . . . . (Bord du pays de Bray. Oise).	id.	79.00	11.60	0.200	659
Pontoise. . . . . (Vexin, Seine-et-Oise.).	id.	33.00	5.25	0.250	501
BASSIN DE LA MARNE					
Langres, au fond de la vallée. . (Haute-Marne.).	4 ans (1865-68)	559^{m}09	0^{m}25	0^{m}200	1006
Langres, sur le plateau dans la ville. . (Vallée de la Marne.).	11 — (1858-68)	469.00	0.25	0.202	879
Chaumont, sur le plateau. . . —	4 ans (1865-68)	550.00	1.00	0.202	966
Chaumont, au fond de la vallée. —	4 — (1865-68)	256.00	1.00	0.203	920
Joinville.. . . . . —	7 — (1858-68)	196.00	2.10	0.202	865
Vassy. . . . (Vallée de la Blaise. Haute-Marne.).	id.	185.60	1.20	0.203	763
La Neuville-au-Pont. —	11 — (1858-68)	158.00	7.40	0.226	684
Bar-le-Duc . . . . (Vallée de l'Ornain. Meuse.).	21 — (1848-68)	196.00	9.94	0.225	861
Forêt de Trois-Fontaines. (Champ. hum. Marne).	5 — (1866-68)	205.00	7.80	0.225	824
Vitry-le-François.. . . . . —	11 — (1858-68)	107.00	2.66	0.225	664
Sommesous. . . . . . . (Champagne. Marne.).	6 — (1865-68)	175.00	8.15	0.225	400
Villeseneux. . . . . . . —	id.	119.00		0.225	582
La Caure . . . . (Brie. Marne.). .	5 — (1865-68)	538.00	9.80	0.225	750
Montmort, village . . . . . . —	id.	198.00	1.76	0.225	807
Montmort, moulin du pont S.-Pierre. —	id.	172.00	7.84	0.225	752
Ormeaux. . . . . (Brie. Seine-et-Marne.).	»	»	1.00	0.200	»
Meaux . . . . —	1 —	»	2.00	1^{m}c	691
Gournay . . . . (Brie. Seine-et-Oise). . .	»	»			409
BASSIN DE LA SEINE PROPREMENT DIT					
Chanceaux. . . . . (B. Bourgogne. Côte-d'Or.).	8 ans (1861-68)	465^{m}00	0.28	0^{m}180	960
Châtillon-sur-Seine. —	id.	225.00	0.50	0.245	712
Bar-sur-Seine. (Bord de la Champ. humide. Aube).	id.	157.00	5.16	0.226	917
Chaumesnil, près Brienne. —	id.	147.00	6.50	0.250	522
Vendeuvre . —	10 — (1859-68)	165.00	10.70	0.226	800
Barberey. . . . . (Champagne. Aube.).	id.	97.00	10.00	0.226	444
Conflans-sur-Seine.. . . . —	id.		7.55	0.225	463

STATIONS D'OBSERVATION	DURÉE DES OBSERVATIONS	ALTITUDE	HAUTEUR DE LA CUVETTE DU PLUVIOMÈTRE au-dessus du sol	DIAMÈTRE DU PLUVIOMÈTRE	HAUTEUR MOYENNE ANNUELLE DE PLUIE
BASSIN DE LA SEINE PROPREMENT DIT (SUITE)					
Combeton, près Montereau. (Brie. Seine-et-Marne.).	10 — (1859-68)	57.00	8.64	0.167	71
Varennes, près et en aval de Montereau (Seine-et-Marne).		50.00		0.200	
Samois, sur la Seine à la limite de la forêt de Fontainebleau (Seine-et-Marne).		45.00	1.20	0.200	
Melun.. (Brie. Seine-et-Oise.).	9 — (1859-68)	49.00	9.15	0.225	457
Evry, près Corbeil. —				0.200	
Port-à-l'Anglais, près Paris. (Seine.).		55.00	1.50	0.20	
Saint-Maur. —	2 — (1857-68)	59.00	1.00	0.20	617
Paris.	10 — (1859-68)				556
Aubervilliers. (Plaine St-Denis. Seine.).		41.00	1.00	0.20	
Toucy. (Puisaye. Yonne.).	17 — (1850-68)	186.00			760
Montiers, près Saint-Sauveur (Yonne).	1 —				651
Rogny, sur le Loing, près la limite des départements de l'Yonne et du Loiret (Yonne).	id.				774
Champoulet, près la limite des départements de l'Yonne et du Loiret, à peu de distance et au sud-est de Bléneau (Yonne).	id.				581
Combreux sur le canal d'Orléans (vers la limite de la forêt de Châteauneuf. Loiret)	id.				688
Grignon sur le canal d'Orléans. (Loiret.)	id.				743
Courpalet. —	id.				665
Outarville, chef-lieu de canton à la limite nord-ouest du département du Loiret	5 — (1866-68)				666
Pithiviers. (Beauce. Loiret.).	id.				645
Dourdan (Beauce. Seine-et-Oise.).	id.				659
Rambouillet —	id.				718
Anneau. (Bassin de l'Eure. Eure-et-Loir.).	5 — (1866-68)				648
Dammarie.	id.				649
Dreux —					
Gournay (Pays de Bray. Seine-Inférieure.).	id.	100ᵐ00			779
Forges. —	id.	171.00			619
Vascœuil (Normandie. Seine-Inférieure.).	id.	66.00			625
Buchy. —	id.	197.00			795
Pont-de-l'Arche. —	1 —				565
Elbeuf.. —	5 — (1866-68)	19.00			613
Rouen —	24 — (1845-68)	45.00			795
Caudebec. —	5 — (1866-68)	12.00			958
Villequier —	1 —	95.00			747
Yvetot. (Pays de Caux. Seine-Inférieure).	id.	151.00			756
Fatouville (Bords de la mer).	15 — (1856-68)	96.00		25ᵐ ᶜ	817
Le Havre. —	5 — (1866-68)	89.00	2.00		924

Ce tableau fait voir que dans plusieurs stations les pluviomètres sont placés à une grande hauteur au-dessus du sol, en général au sommet d'un toit. Cette disposition est mauvaise : le toit détermine des remous et des tourbillonnements de vent qui emportent une partie des gouttes de pluie, de telle sorte qu'on reçoit moins d'eau dans un pluviomètre ainsi placé, que dans un autre établi à quelques mètres de là, à peu de hauteur au-dessus du sol, dans un lieu découvert comme une cour ou un jardin ; c'est par cette raison qu'il tombe moins d'eau dans le pluviomètre de la tour de l'Observatoire que dans celui de la cour ; le même fait a été constaté à Soissons et dans beaucoup d'autres localités en France et en Angleterre.

Il est donc probable que les hauteurs de pluie mesurées aux pluviomètres de Grosbois, Thenissey, Venarey, Chablis, Sens, Sainte-Menehould, côte de Bièsme, Berry-au-Bac, Vauxrot, Hirson, Venette, Beauvais, Pontoise, la Neuville, Bar-le-Duc, la forêt des Trois-Fontaines, Sommesous, la Caure, Montmort, Bar-sur-Seine, Chaumesnil, Vendeuvre, Barberey, Conflans, Courbeton et Melun sont trop faibles [1], et il serait bien à désirer qu'on pût changer les pluviomètres de place.

Les pluviomètres doivent toujours être disposés à peu de hauteur au-dessus du sol dans un lieu découvert, de manière à éviter tout remous atmosphérique.

Le tableau fait aussi voir les nombreuses lacunes que présentent les observations ; ainsi celles du bassin de la Marne étaient interrompues en 1861 quand j'ai repris le service.

Grâce au zèle d'un jeune ingénieur, M. Fournié, quelques-unes ont été reprises dans le département de la Marne, et de nouvelles stations complémentaires y ont été établies. Nous pourrons donc bientôt connaître mieux cette importante partie du bassin.

Mais il n'en restera pas moins de regrettables lacunes dans les observations faites. Malgré ces lacunes, on peut constater les lois suivantes de la répartition des pluies sur l'ensemble du bassin de la Seine.

Pour que les moyennes soient comparables, il faut qu'elles résument les observations des mêmes années ; or on voit, par

---

[1] C'est ce qui a été démontré par les observations des dernières années.

les tableaux qui précèdent, que les observations n'ont pas commencé partout à la fois. Nous examinerons donc seulement le résultat des années pour lesquelles les observations sont générales.

Le bassin de la Seine étant essentiellement océanien, tous les vents pluvieux viennent de la Manche ou de l'Océan; il pleut donc beaucoup au bord de la mer.

Ainsi les hauteurs des pluies recueillies au phare de Fatouville ont été :

En 1861......	705ᵐ37	En 1865......	851ᵐ96
1862......	851.85	1866......	970.92
1863......	649.69	1867......	949.99
1864......	650.44	1868......	747.50

Six de ces années ont été très-sèches.

Si l'on fait abstraction des vallées et des érosions diluviennes, le bassin de la Seine se compose d'abord, à partir de la mer, d'un vaste plateau presque horizontal jusqu'à la vallée d'Oise. A mesure qu'ils s'éloignent de la mer, les vents pluvieux se déchargent d'une partie de leur humidité et la quantité de pluie va en décroissant ; aussi les hauteurs de pluie de la vallée d'Oise sont-elles bien inférieures à celles de Fatouville. On a obtenu en moyenne, dans cette vallée, les hauteurs de pluie suivantes :

En 1861......	478ᵐ50	En 1865......	511ᵐ10
1862......	568.70	1866......	746.50
1863......	422.20	1867......	746.00
1864......	440.60	1868......	577.80

A Paris, les hauteurs obtenues sont peu différentes ; elles sont ·

En 1861......	470ᵐ80	En 1865......	556ᵐ40
1862......	548.60	1866......	657.00
1863......	451.40	1867......	657.90
1864......	409.40	1868......	536.50

Mais il est à remarquer que les moyennes du bassin d'Oise ont été calculées au moyen d'observations faites sur toute l'étendue de la rivière, depuis le pied des Ardennes jusqu'à Pontoise ; si l'on ne considérait que celles de cette dernière localité, on aurait des nombres très-inférieurs à ceux de Paris ; c'est ce qu'on verra plus loin.

A partir de Paris, le niveau du plateau se relève très-douce-
ment jusqu'à la Champagne ; cette faible augmentation d'altitude
compense à peine l'effet de l'éloignement de la mer, et le minimum de pluie se maintient jusqu'à la limite de la Champagne
sèche.

Ainsi, dans la vallée de la Seine proprement dite, on a [1] :

	1861	1862	1863	1864	1865	1866	1867	1868
Melun (Brie)	411m30	520m80	549m10	571m30	450m50	518m30	»	419m50
Conflans (Champagne)	407.00	452.50	349.50	293.50	541.80	663.50	557.50	524.40
Barberey (limite de la Champagne)	569.50	480.50	423.80	518.90	555.50	560.50	456.10	422.80

VALLÉE D'YONNE

	1861	1862	1863	1864	1865	1866	1867	1868
Saint-Martin	452m80	560m00	576m50	468m90	526m20	762m70	647m20	623m10
Sens	475.80	616.50	555.50	459.00	581.00	784.20	704.90	675.50
Joigny	480.50	603.80	618.20	455.60	582.20	826.40	609.70	594.80
Laroche	457.00	658.10	697.40	467.80	565.90	865.90	658.50	591.10

On voit que dans la vallée d'Yonne les hauteurs de pluie pour
les années 1862-1863 ont été notablement plus grandes que les
moyennes de l'Oise ; mais, par compensation, celles de la vallée
de la Seine sont plus petites. Les vents pluvieux, pendant ces
deux années, ont suivi surtout la vallée d'Yonne ; les autres chiffres sont très-comparables.

En prenant les moyennes des deux vallées d'Yonne et de Seine,
on trouve des nombres peu différents de ceux d'Oise.

		1861	1862	1863	1864	1865	1866	1867	1868
VALLÉES DE SEINE ET D'YONNE	Conflans Sens (moyenne)	411m40	524m40	442m50	566m10	451m40	725m70	651m10	599m90
	Barberey-Laroche. Id.	403.10	569.20	562.10	408.20	449.70	713.10	547.50	506.90
VALLÉE D'OISE		478.50	568.70	442.20	451.20	550.10	690.80	597.60	669.10

Le minimum de hauteur de pluie se maintient donc presque
sans variation sur toute l'étendue des plateaux, depuis la vallée
d'Oise jusqu'à la limite de la Champagne sèche et de la Champagne humide.

Je ferai voir plus loin la remarquable exception constatée dans
cette dernière région.

A partir de la Champagne humide, l'altitude des terrains ooli-

---

[1] Les pluviomètres étant sur des toits, les nombres sont trop faibles ; mais les conclusions
n'en restent pas moins les mêmes.

thiques de la Bourgogne se relève rapidement ; celle du Morvan plus rapidement encore. En même temps que ces accroissements d'altitude, on constate un accroissement considérable dans les hauteurs de pluie.

BASSIN D'OISE

	1861	1862	1863	1864	1865	1866	1867	1868
Hirson, pied des Ardennes (altitude 190m26)	651m06	781m01	688m80	522m70	714m50	905m00	657m40	1252m50

BASSIN DE LA SEINE PROPREMENT DIT

	altitude	1861	1862	1863	1864	1865	1866	1867	1868
Châtillon-sur-Seine . . .	225m00	505m90	609m70	656m50	616m80	676m50	1074m50	795m70	762m00
Chanceaux	465.00	676.90	917.80	925.50	811.70	891.20	1476.70	1008.80	970.50

BASSIN D'YONNE

1res VALLÉES DE L'ARMANÇON, DU SERAIN, DE LA BRENNE ET DE L'OZE

	altitude	1861	1862	1863	1864	1865	1866	1867	1868
Tonnerre (Armançon) . .	140m51	»	746m90	769m00	521m60	688m20	888m40	781m80	618m00
Pouilly (Armançon) . .	595.50	556.70	721.20	762.40	617.90	696.00	1006.50	824.50	748.60
Montbard (Brenne) . .	248.53	540.00	644.40	616.00	551.00	505.00	1076.00	785.10	665.00
Venarey (Brenne) . .	258.14	»	709.70	942.50	405.50	»	»	728.50	725.70
Gros-Bois (Brenne) . .	411.08	602.50	688.80	771.50	676.60	805.00	978.50	864.00	816.90
Thenissey (Oze) . . .	500.00	529.90	690.50	801.50	677.00	778.80	1087.50	750.00	675.80
Saulieu (Serain-Morvan)	559.00	865.10	1017.50	1025.70	707.40	881.60	1485.20	1005.50	998.70

2es VALLÉES DE LA CURE ET DU COUSIN

	altitude	1861	1862	1863	1864	1865	1866	1867	1868
Avallon (Cousin) . . .	240m25	475m00	659m00	590m80	555m70	616m60	758m50	696m00	614m40
Vezelay (Cure)	»	581.00	805.20	715.60	664.90	790.70	1244.50	880.90	757.60
Les Settons (Cure-Morvan)	596.08	1594.40	1679.60	1501.20	1590.40	1654.50	2700.80	1837.20	2009.00

3e VALLÉE D'YONNE

	altitude	1861	1862	1863	1864	1865	1866	1867	1868
Auxerre	122m50	556m40	645m70	752m50	499m90	522m50	950m10	604m50	754m40
Clamecy	147.06	552.70	689.20	716.70	505.00	640.50	995.20	775.20	748.00
Pannetière	276.88	669.90	844.90	755.40	716.20	719.50	1185.80	956.20	994.40
Lacolancelle	279.25	625.20	754.20	716.60	702.00	800.50	1070.60	906.10	897.40

On voit qu'en général les hauteurs de pluie croissent avec les altitudes. Mais il y a à cette règle d'assez nombreuses exceptions qu'il faut faire connaître avant d'aller plus loin.

Si le bassin de la Seine, au lieu d'être sillonné par des vallées, était formé d'abord d'un plateau tout uni s'étendant de la mer aux plaines de la Champagne, puis d'une chaîne de montagnes s'élevant par un plan incliné sans déchirures ni vallées depuis la Champagne jusqu'aux crêtes de la Côte-d'Or et du Morvan, il est probable, d'après ce qu'on a vu ci-dessus, que la quantité de pluie irait en décroissant depuis la mer jusqu'au pied des montagnes, puis en croissant avec les altitudes depuis la fin de la plaine jusqu'à la ligne de faîte des montagnes.

Mais il n'en est pas ainsi en réalité. Les plateaux et les pentes des montagnes sont déchirés par des vallées profondes, et ces vallées sont reliées entre elles par de grandes dépressions telles que celles de la Champagne sèche et humide, de l'Auxois, du pays de Bray, etc.

Il pleut beaucoup plus dans quelques-unes de ces dépressions que sur les montagnes et plateaux voisins. Prenons pour exemple ce qui se passe dans la Champagne humide et même sur ses bords, au pied de la chaîne oolithique de la Bourgogne.

Cette vaste plaine d'érosion, qui a mis à nu le terrain crétacé inférieur, traverse tout le bassin de la Seine, depuis Saint-Fargeau jusqu'aux Ardennes, en passant à peu de distance de Toucy. Auxerre, Saint-Florentin, Ervy, Bar-sur-Seine, Vendeuvre, Chaumesnil, Vassy, Vitry-le-François, Bar-le-Duc, Sainte-Menehould, la forêt d'Argonne, etc.

Ainsi que l'a fait remarquer M. Élie de Beaumont, c'est le fond du fossé des véritables fortifications de Paris, dont le rempart est formé au bord de la Champagne par l'escarpement de la Brie et le revers opposé, par les montagnes oolithiques de la Bourgogne[1]. Il pleut beaucoup plus dans ce fossé que sur les plateaux voisins.

Voici les hauteurs de pluie constatées dans les années dont il a été question ci-dessus :

	altitude	1861	1862	1863	1864	1865	1866	1867	1868
Toucy (vallée du Loing) .	186^{m}56	488^{m}50	761^{m}10	878^{m}80	684^{m}40	670^{m}80	1280^{m}00	929^{m}10	966^{m}40
Bar-s.-Seine (v. de Seine).	— 157.01	692.40	966.50	1082.60	784.20	927.40	1258.00	862.40	786.50
Vendeuvre (vallée de Bars)	— 159.00	553.50	959.50	821.50	754.80	786.20	1055.20	817.00	865.80
Chaumesnil (v. d'Aube). .	— 117.50	508.80	752.50	560.00	569.80	420.50	554.50	527.50	480.50
Bar-le-Duc (v. d'Ornain).	— 195.00	766.60	766.60	926.70	771.80	720.50	1244.10	885.10	950.20

On a vu ci-dessus que les hauteurs de pluie constatées en Champagne sèche (voy. ci-dessus Barberey, Conflans et Laroche), et même au bas des pentes de la chaîne de la Côte-d'Or (voy.

[1] C'est dans ce fossé et au bord de ce rempart que se sont livrées bien des batailles célèbres dans les guerres d'invasion. C'est là que se termina l'invasion d'Attila.

Dans les temps modernes, les noms des défilés d'Argonne, de Brienne, Bar-sur-Seine, Montmirail, Champaubert, Méry, Montereau, etc., sont glorieusement inscrits dans notre histoire. (Cette note était écrite avant la guerre de 1870.)

Châtillon-sur-Seine, Auxerre, etc.), sont beaucoup moindres.

D'autres anomalies se reproduisent d'une manière constante.

Ainsi à Paris, à l'est et à l'ouest d'un méridien passant par Vaugirard et Monceau, les hauteurs de pluie sont entre elles dans le rapport de 1.10 à 0.90. Les vents pluvieux passent par la dépression de la Villette, à l'est de la butte Montmartre et de ce méridien.

A Avallon et à Vezelay, sur les bords des coteaux qui longent le Cousin et la Cure, à la même altitude, les hauteurs de pluie sont entre elles à peu près dans le rapport de 58 à 75 (voy. ci-dessus). Les vents pluvieux sont déviés par la masse montueuse du Morvan ; il passe beaucoup plus de nuages à Vezelay, qui est à l'extrémité du revers occidental, qu'à Avallon, situé sur le revers oriental. Des contrastes du même genre, mais beaucoup plus prononcés, se remarquent dans les pays de grandes montagnes.

On trouve encore un minimum très-remarquable au confluent de la Seine et de l'Aube, à Conflans en Champagne.

	1861	1862	1863	1864	1865	1866	1867	1868
Hauteurs de pluie..	407^m00	432^m50	549^m50	295^m50	341^m80	605^m50	557^m50	524^m40

M. l'ingénieur Vignon a constaté le premier, nous le croyons du moins, qu'il tombait plus de pluie dans les vallées que sur les plateaux voisins. En signalant à l'attention des météorologistes les résultats obtenus presque à la même altitude et dans deux localités très-voisines, aux Settons et à Château-Chinon, il admettait l'explication qui avait cours alors : « En un lieu donné, la pluie augmente à mesure qu'elle descend dans les couches inférieures de l'atmosphère. » Mais depuis on a reconnu que cette explication n'était pas admissible. Elle est abandonnée aujourd'hui par tous les météorologistes.

M. l'ingénieur Fournié et M. Renou donnent une autre explication qui paraît fort ingénieuse. Ils comparent les gouttes de pluie en suspension dans l'atmosphère aux matières lourdes en suspension dans les eaux courantes ; tout ce qui tend à ralentir la vitesse de l'eau favorise le dépôt de ces matières ; tout ce qui diminue la vitesse du vent, le calme relatif que produit dans l'atmosphère un cap qui traverse une vallée, l'épanouissement d'une vallée à la suite d'un défilé étroit, etc., détermine la chute d'une plus grande quantité de pluie.

Cette explication me paraît bonne dans certains cas ; ainsi je comprends très-bien que la petite ville de Château-Chinon, battue par les vents au-dessus d'une montagne, soit dans une position peu favorable pour recevoir beaucoup de pluie. Les gouttes de pluie sont emportées dans les vallées voisines, où il existe un calme relatif. Elle paraît encore plus satisfaisante si, au lieu de la pluie, on considère un corps plus léger, la neige. Il y a bien longtemps que j'ai constaté que, dans un pluviomètre un peu trop exposé à l'action du vent, il n'entrait pour ainsi dire pas un flocon de neige.

Il en est de même pour toutes les localités exposées à l'action de vents très-violents ; la neige passe horizontalement par-dessus et tombe dans les vallées voisines.

Mais cette explication n'est plus admissible dans beaucoup de cas ; par exemple, dans la Champagne humide, où la hauteur de pluie est notablement plus grande que celle constatée sur les plateaux voisins, on ne remarque rien qui puisse modifier la vitesse du vent.

Cette dépression du sol, dans la plus grande partie de son étendue, est parfaitement ouverte, sans étranglements, sans caps transversaux considérables. C'est une grande plaine un peu ondulée, coupée par des vallées peu profondes.

M. Fournié a cherché à expliquer les hauteurs extraordinaires de pluie qu'on constate dans cette région par la nature imperméable du sol. Tout le pays est très-boisé et couvert d'étangs, de prairies, et par conséquent très-humide. Le sol dessèche donc moins l'atmosphère que les terrains des plateaux voisins de la Champagne sèche et de la Bourgogne qui, étant très-perméables, sont complétement arides.

Il peut encore y avoir du vrai dans cette explication.

Il paraît néanmoins difficile d'admettre que dans deux localités très-voisines, presque à la même altitude, telles que Vendeuvre et Barberey, les hauteurs de pluie soient sensiblement dans le rapport de 1.60 à 1, et que ce rapport se maintienne pour toute l'étendue des deux Champagnes, par cette seule raison que le sol d'une des plaines est moins perméable que l'autre.

Voici l'explication qui me paraît la plus rationnelle et peut-être la plus générale. Les masses d'air en mouvement suivent, comme les liquides en se déplaçant, les chemins où elles trouvent le moins de résistance, le moins de frottement, c'est-à-dire les lignes de thalweg.

Dans un fleuve débordé qui couvre tout une vallée, pour une section donnée, il passe beaucoup plus d'eau au-dessus du thalweg que sur les rives, parce que la vitesse d'écoulement y est plus grande. Il en est de même dans le mouvement des vents pluvieux. Il passe plus d'air, dans un temps donné, entre deux lignes verticales équidistantes au-dessus d'une vallée que sur les plateaux voisins ; les nuages sont entraînés dans le même chemin par cette accélération de vitesse, et il y tombe une plus grande quantité de pluie.

Les vents pluvieux du sud-ouest suivent donc naturellement la dépression de la Champagne humide.

Néanmoins, malgré les exceptions assez nombreuses signalées ci-dessus, la loi que nous avons formulée d'abord se vérifie d'une manière générale : la hauteur de pluie croît avec l'altitude.

Le bassin d'Yonne, qui est le plus élevé, est donc aussi celui qui reçoit le plus de pluie ; viennent ensuite ceux de la Marne et de la Seine, et enfin ceux de l'Oise et de l'Eure, qui se trouvent dans la région la plus basse.

DÉSIGNATION DES LOCALITÉS	1861		1862		1863		1864		1865		1866		1867		1868	
	Hauteur de pluie	Rapport avec la hauteur constatée à Paris	Hauteur de pluie	Rapport avec la hauteur constatée à Paris	Hauteur de pluie	Rapport avec la hauteur constatée à Paris	Hauteur de pluie	Rapport avec la hauteur constatée à Paris	Hauteur de pluie	Rapport avec la hauteur constatée à Paris	Hauteur de pluie	Rapport avec la hauteur constatée à Paris	Hauteur de pluie	Rapport avec la hauteur constatée à Paris	Hauteur de pluie	Rapport avec la hauteur constatée à Paris
BASSIN DE L'YONNE																
	mm		mm		mm		mm		mm		mm		mm		mm	
Les Settons	1594.1	2.96	1679.6	3.00	1501.2	3.33	1599.4	3.42	1656.5	2.98	2700.8	4.11	1857.2	2.88	2009.0	3.69
Château-Chinon	811.0	1.72	1045.0	1.90	1058.0	2.34	807.0	1.97	1016.0	1.85	1609.0	2.45	1161.5	1.82	1122.4	2.06
Saulieu	865.1	1.84	1017.5	1.85	1025.7	2.27	707.1	1.75	881.6	1.58	1485.2	2.26	1005.5	1.57	998.7	1.85
Pouilly-en-Aux	556.7	1.18	721.2	1.51	762.4	1.69	617.9	1.51	696.0	1.25	1006.3	1.55	824.5	1.29	747.5	1.37
Crosbois	662.3	1.28	688.8	1.25	716.6	1.71	676.6	1.65	805.0	1.45	978.5	1.49	864.0	1.55	816.9	1.50
Pannetière	662.9	1.41	844.9	1.34	735.4	1.63	716.2	1.75	719.3	1.29	1185.8	1.80	956.2	1.47	994.4	1.85
Lacollancelle	625.2	1.33	754.2	1.57	771.5	1.59	762.0	1.71	800.5	1.44	1070.6	1.63	906.1	1.43	897.1	1.65
Clamecy	552.7	1.17	689.2	1.25	716.7	1.59	705.0	1.55	640.5	1.15	995.2	1.51	775.2	1.21	748.0	1.57
Vezelay	581.0	1.25	805.2	1.47	715.6	1.58	664.9	1.62	790.7	1.42	1214.5	1.89	880.9	1.58	757.6	1.59
Avallon	475.8	1.01	659.0	1.17	590.8	1.51	555.7	1.56	616.6	1.11	758.3	1.12	696.0	1.09	614.4	1.13
Thenissey	529.9	1.12	690.5	1.26	801.5	1.78	677.0	1.63	778.8	1.40	1087.5	1.66	750.0	1.18	675.8	1.24
Marigny							405.5	0.99	519.1	0.95	1069.5	1.65	728.5	1.14	725.7	1.33
Montbard	540.0	1.15	644.4	.17	616.0	1.37	554.0	1.55	595.0	1.07	1076.0	1.64	783.4	1.23	665.0	1.22
Tonnerre							521.6	1.27	688.2	1.24	888.4	1.33	781.8	1.25	647.8	1.19
Chablis	459.9	0.95	660.0	1.21	662.5	1.47	548.8	1.54	598.0	1.07	842.8	1.28	648.8	1.02	560.0	1.05
Auxerre	536.9	1.18	643.7	1.17	752.5	1.62	499.9	1.22	522.3	0.94	950.1	1.42	604.5	0.95	754.4	1.33
Laroche	457.0	0.95	658.1	1.20	697.4	1.54	467.8	1.14	565.9	1.01	865.9	1.52	658.5	1.00	591.1	1.08
Joigny	480.5	1.02	605.8	1.10	648.2	1.44	455.6	1.11	582.2	1.05	826.4	1.26	609.5	0.96	594.8	1.09
Sens	475.8	1.01	616.3	1.12	555.3	1.19	459.0	1.07	581.0	1.04	781.2	1.19	704.9	1.11	675.5	1.21
Saint-Martin	452.0	0.96	560.0	1.02	576.5	1.28	468.9	1.14	526.2	0.95	762.7	1.1	647.2	1.01	626.1	1.13
TOTAUX	11054.5		15947.7		15861.5		12585.9		14576.5		22145.5		16780.2		16199.9	
MOYENNE	615.0		774.9		770.1		649.5		728.8		1107.5		859.0		810.0	

MOYENNE DU BASSIN DE L'YONNE : 782^{mm}8

DÉSIGNATION DES LOCALITÉS	1861		1862		1863		1864		1865		1866		1867		1868	
HORS DU BASSIN																
Châtillon-en-B.							689.5	1.68	894.2	1.61	1225.6	1.87	900.1	1.41	970.0	1.7
Dijon (Montmuz.)							541.7	1.32	583.4	1.05	851.9	1.50	744.5	1.17	671.0	1.23
BASSIN DE L'AISNE									mm		mm		mm		mm	
Ste-Menehould											766.3	1.17	596.5	0.95	552.8	1.01
Crèvecœur (côte)											918.8	1.40	687.8	1.08	647.3	1.19
Mesme (côte)											911.8	1.39	724.5	1.14	596.5	1.09
Bois des Planches											805.8	1.25	655.5	1.00	521.5	0.95
Suippes											827.5	1.26	751.8	1.18	549.8	1.01
Reims							576.7	0.92	472.9	0.72	658.6	0.97	496.9	0.78	417.0	0.83
Berry-au-Bac							522.5	0.79	525.5	0.58	521.8	0.79	493.0	0.08	408.3	0.74
Soissons															561.5	1.02
Vauxrot									449.3	0.81	575.8	0.88	456.5	0.72	566.2	0.71
TOTAUX							690.2		1175.7		5066.6		4842.1		4650.9	
MOYENNES							549.6		591.9		745.8		605.5		517.5	

MOYENNE POUR LE BASSIN DE L'AISNE : 522^{mm}

BASSIN DE L'OISE

DÉSIGNATION DES LOCALITÉS	1861		1862		1863		1864		1865		1866		1867		1868
	HAUTEUR DE PLUIE	RAPPORT AVEC LA HAUTEUR CONSTATÉE À PARIS	HAUTEUR DE PLUIE	RAPPORT AVEC LA HAUTEUR CONSTATÉE À PARIS	HAUTEUR DE PLUIE	RAPPORT AVEC LA HAUTEUR CONSTATÉE À PARIS	HAUTEUR DE PLUIE	RAPPORT AVEC LA HAUTEUR CONSTATÉE À PARIS	HAUTEUR DE PLUIE	RAPPORT AVEC LA HAUTEUR CONSTATÉE À PARIS	HAUTEUR DE PLUIE	RAPPORT AVEC LA HAUTEUR CONSTATÉE À PARIS	HAUTEUR DE PLUIE	RAPPORT AVEC LA HAUTEUR CONSTATÉE À PARIS	HAUTEUR DE PLUIE
Hirson	651.6	1.54	781.1	1.42	688.8	1.55	522.5	1.28	714.2	1.28	905.0	1.57	657.4	1.05	1252.3
Laon	577.7	1.25	680.5	1.24	565.9	1.25	548.8	1.54	655.4	1.14	868.7	1.52	750.4	1.15	626.4
Venette	566.5	0.78	485.5	0.88	556.0	0.79	585.5	0.94	459.0	0.82	766.9	1.17	416.0	0.07	445.0
Beauvais	541.4	1.15	555.9	1.01	594.9	0.87	455.7	1.11	627.2	1.15	609.5	0.95	580.8	0.91	581.4
Pontoise	459.5	1.92	517.5	0.94	288.5	0.64	471.5	1.15	505.8	0.91	590.0	0.90	605.5	0.95	457.4
Totaux	2347.5		5018.5		2592.1		2584.8		2957.6		3757.9		2988.1			5545.5
Moyennes	469.5		605.6		478.4		477.0		587.5		747.6		597.6			639.0

Moyenne pour le bassin de l'Oise : 585ᵐᵐ8

BASSIN DE LA MARNE

DÉSIGNATION DES LOCALITÉS	1861		1862		1863		1864		1865		1866		1867		1868
	HAUTEUR DE PLUIE	RAPPORT AVEC LA HAUTEUR CONSTATÉE À PARIS	HAUTEUR DE PLUIE	RAPPORT AVEC LA HAUTEUR CONSTATÉE À PARIS	HAUTEUR DE PLUIE	RAPPORT AVEC LA HAUTEUR CONSTATÉE À PARIS	HAUTEUR DE PLUIE	RAPPORT AVEC LA HAUTEUR CONSTATÉE À PARIS	HAUTEUR DE PLUIE	RAPPORT AVEC LA HAUTEUR CONSTATÉE À PARIS	HAUTEUR DE PLUIE	RAPPORT AVEC LA HAUTEUR CONSTATÉE À PARIS	HAUTEUR DE PLUIE	RAPPORT AVEC LA HAUTEUR CONSTATÉE À PARIS	HAUTEUR DE PLUIE
Langres (vallée)									940.6	1.69	1210.1	1.84	989.0	0.16	886.4
Langres (ville)									1015.3	1.82	1556.9	2.07	1080.8	1.69	951.7
Chaumont (plat.)									695.1	1.25	1296.9	1.81	957.2	1.52	1205.8
Chaumont (vall.)									704.1	1.26	1176.1	1.79	958.4	1.47	865.6
Joinville									695.0	1.25	1211.7	1.84	950.0	1.55	852.5
Vassy									617.0	1.11	1287.4	1.96	818.6	1.28	780.7
La Neuville								624.0	1.62	558.5	1.00	978.0	1.49	652.5	1.02	558.3
Bar-le-Duc								771.8	1.88	720.5	1.29	1244.1	1.89	885.1	1.39	950.2
Forêt de 3 font.											1558.8	2.07	715.5	1.12	598.2
Vitry-le-François								648.4	1.58	575.2	1.05	959.0	1.45	678.0	1.06	751.3
Sommesous								552.5	0.81	549.0	0.65	580.0	0.88	504.0	0.08	627.8
Villeneux															639.8
La Caure											910.8	1.39	660.5	1.05	678.5
Montmort (ville)											924.8	1.41	745.8	1.17	751.0
Montmort (pont.)											792.5	1.21		1.11	692.0
Ormeaux															
Meaux															690.5
Gournay-s.-M.															409.0
Totaux								2576.7		6862.5		15177.1		11523.7		12447.0
Moyennes								594.2		686.0		1084.1		808.8		752.1

Moyenne du bassin de la Marne : 781ᵐᵐ1

BASSIN DE LA SEINE PROPREMENT DIT

DÉSIGNATION DES LOCALITÉS	1861		1862		1863		1864		1865		1866		1867		1868
	HAUTEUR DE PLUIE	RAPPORT AVEC LA HAUTEUR CONSTATÉE À PARIS	HAUTEUR DE PLUIE	RAPPORT AVEC LA HAUTEUR CONSTATÉE À PARIS	HAUTEUR DE PLUIE	RAPPORT AVEC LA HAUTEUR CONSTATÉE À PARIS	HAUTEUR DE PLUIE	RAPPORT AVEC LA HAUTEUR CONSTATÉE À PARIS	HAUTEUR DE PLUIE	RAPPORT AVEC LA HAUTEUR CONSTATÉE À PARIS	HAUTEUR DE PLUIE	RAPPORT AVEC LA HAUTEUR CONSTATÉE À PARIS	HAUTEUR DE PLUIE	RAPPORT AVEC LA HAUTEUR CONSTATÉE À PARIS	HAUTEUR DE PLUIE
Chanceaux	676.9	1.45	917.8	1.67	925.5	2.05	811.7	1.98	891.2	1.60	1476.7	2.25	1008.8	1.58	970.5
Châtillon-s.-S.	505.9	1.07	609.7	1.11	656.5	1.45	616.8	1.51	676.5	1.22	1074.5	1.63	795.7	1.25	762.0
Bar-sur-Seine	682.4	1.47	936.5	1.76	1082.6	2.40	784.2	1.92	927.4	1.67	1258.1	1.88	862.1	1.35	786.3
Chaumesnil	528.8	1.68	732.5	1.57	560.0	1.24	569.8	1.59	420.5	0.76	554.5	0.84	527.3	0.51	480.5
Vendeuvre	555.5	1.15	959.5	1.71	821.5	1.82	754.8	1.79	786.2	1.41	1055.2	1.61	817.0	1.28	865.8
Barberey	589.5	0.78	480.5	0.88	426.8	0.95	548.8	0.85	555.5	0.60	560.5	0.85	456.5	0.72	422.8
Conflans-s.-S.	707.0	0.86	452.5	0.79	549.5	0.77	295.5	0.72	341.8	0.61	663.5	1.01	557.3	0.88	524.4
Courceton	752.5	1.15	794.2	1.44	742.0	1.65	578.9	1.41	656.5	1.18	894.0	1.56	655.1	1.00	715.6

DÉSIGNATION DES LOCALITÉS	1861		1862		1863		1864		1865		1866		1867		1863	
	HAUTEUR DE PLUIE	RAPPORT AVEC LA HAUTEUR CONSTATÉE A PARIS	HAUTEUR DE PLUIE	RAPPORT AVEC LA HAUTEUR CONSTATÉE A PARIS	HAUTEUR DE PLUIE	RAPPORT AVEC LA HAUTEUR CONSTATÉE A PARIS	HAUTEUR DE PLUIE	RAPPORT AVEC LA HAUTEUR CONSTATÉE A PARIS	HAUTEUR DE PLUIE	RAPPORT AVEC LA HAUTEUR CONSTATÉE A PARIS	HAUTEUR DE PLUIE	RAPPORT AVEC LA HAUTEUR CONSTATÉE A PARIS	HAUTEUR DE PLUIE	RAPPORT AVEC LA HAUTEUR CONSTATÉE A PARIS	HAUTEUR DE PLUIE	RAPPORT AVEC LA HAUTEUR CONSTATÉE A PARIS
BASSIN DE LA SEINE PROPREMENT DIT (SUITE)																
rennes. . . .																
mois. . . .																
olan	411.3	0.87	520.8	0.95	349.1	0.77	571.5	0.91	430.5	0.81	518.5	0.79			419.5	0.77
ry (Corbeil). .																
rt-à-l'Anglais.																
int-Maur. . .																610.0	1.12
aris.	770.8	1.00	548.6	1.00	451.4	1.00	409.5	1.00	556.4	1.00	657.0	1.00	637.9	1.00	544.8	1.00
abervilliers . .																
oncy	488.5	1.04	761.1	1.59	878.8	1.95	684.4	1.67	670.8	1.21	1280.0	1.95	929.1	1.46	966.4	1.68
outiers . . .															650.1	1.19
ogny															774.4	1.41
ampoulet. . .															581.0	1.06
mbreux . . .															688.5	1.26
ignon															742.9	1.55
urpalet. . . .															665.3	1.21
tarville. . . .															658.0	1.26
thiviers . . .															674.5	1.25
ardan															551.5	1.05
mbouillet . .															620.0	1.14
neau.															616.0	1.15
amarie . . .															708.0	1.50
oux																
rnay (S.-I.) .											759.8	1.16	945.9	1.48	625.3	1.14
ges id. . .											722.8	1.10	651.0	1.02	485.5	0.88
cœuil id. . .											705.4	1.07	652.7	0.99	559.8	0.99
hy											886.0	1.55	808.2	1.27	690.5	1.26
nt-de-l'Arche.															565.0	1.09
œuf.											654.4	0.97	681.5	1.07	525.1	0.96
uen							695.8	1.48	721.1	1.50	815.0	1.24	815.7	1.23	691.0	1.26
udebec. . . .													1001.0	1.57	752.3	1.58
lequier. . . .															747.5	1.57
etot											1070.7	1.65	979.8	1.54	755.7	1.54
atouville . . .	703.7	1.49	851.9	1.52	649.7	1.44	650.5	1.59	852.0	1.50	970.9	1.48	950.0	1.49	747.5	1.57
le Havre. . . .											1165.8	1.77	915.4	1.45	695.5	1.26
TOTAUX. . .	6900.2		8551.0		7895.0		7459.8		8269.4		17698.7		17405.5		25718.7	
MOYENNES. .	575.0		712.5		657.8		573.8		656.1		884.9		770.2		661.0	

MOYENNE POUR LE BASSIN DE LA SEINE PROPREMENT DIT : 684mm3

	1861	1862	1863	1864	1865	1866	1867	1863
Totaux pour l'ensemble du bassin de la Seine.	20482.0	25547.0	24146.4	25506.4	33821.3	64725.8	51559.6	60442.0
Moyennes de chaque année. . .	585.2	729.0	689.8	575.1	665.2	966.1	768.5	691.7

MOYENNE DES HUIT ANNÉES (1861-68) : 708mm4

Pour l'année 1868, les moyennes calculées, en tenant compte pour chaque bassin partiel de la superficie de- principales for
tions géologiques, sont les suivantes :

Bassin de l'Yonne	718ᵐᵐ		810ᵐᵐ	
l'Aisne	511		518	
l'Oise	610	au lieu de	609	que donne la simple moyenne arithmétiq
la Marne	695		752	
la haute Seine	664			
Loing	724			
la Seine moyenne, entre Montereau et le confluent de l'Oise	605			
la basse Seine, rive droite, au-dessous du confluent de l'Oise	648			
la basse Seine, rive gauche, au-dessous du confluent de l'Oise et compris le bassin de l'Eure	659			

Moyenne générale du bassin de la Seine, en tenant compte des superficies de chaque bassin partiel, pour l'année 1868 : 637ᵐᵐ

Ce tableau comprend pour chaque année deux colonnes, l'une indiquant les hauteurs de pluie et l'autre les rapports de ces hauteurs et de celles constatées à Paris.

M. l'ingénieur Fournié a trouvé que, pour deux stations peu éloignées l'une de l'autre, le rapport entre les hauteurs de pluie était un nombre constant ; il n'en est plus ainsi lorsque les stations sont éloignées ; ainsi, aux Settons, les rapports avec les hauteurs de pluie de Paris sont de 3.42 pour 1864, 2.98 pour 1865, 4.11 pour 1866, etc.; à Château-Chinon, 1.97, 1.83, 2.45, etc. Il est fâcheux que la loi constatée par M. Fournié ne se vérifie pas d'une manière générale ; car, au moyen des observations faites anciennement à Paris, on pourrait avoir toutes celles des autres stations pour les années intéressantes, par exemple, pour celles où l'on a constaté de grandes sécheresses, des inondations, etc. L'examen de ces rapports donne lieu encore à une observation intéressante, et qui prouve combien le climat est homogène dans le bassin de la Seine. En 1862, ils sont presque égaux à ceux de 1861, mais néanmoins un peu plus grands, et cela se vérifie dans toutes les stations, excepté dans quatre : Gros-Bois, Auxerre, Conflans et Beauvais. En 1863, ils sont partout plus grands qu'en 1862, excepté à sept stations :

Chaumesnil, Melun, Conflans, Fatouville, Venette, Beauvais et Pontoise. On trouverait des rapprochements non moins intéressants pour les autres années : l'année 1866, la seule pluvieuse qui figure au tableau, sera l'objet d'une discussion spéciale dans le cours de cet ouvrage.

CHAPITRE III

RELATION ENTRE LES HAUTEURS DE PLUIE
ET LES CRUES DES COURS D'EAU [1]

On peut encore constater un fait remarquable qui tient à la disposition topographique du bassin de la Seine.

Ce bassin dans toute son étendue est soumis aux mêmes influences atmosphériques pour ce qui concerne la pluie : lorsque la sécheresse s'établit, elle règne partout à la fois ; lorsque le temps est pluvieux, il l'est depuis le Morvan jusqu'à la mer. C'est ce qu'on voit très-nettement en jetant les yeux sur les feuilles gravées qui représentent les hauteurs de pluie. Ainsi, pour toutes les stations, en 1861, les mois de janvier, avril, août et octobre ont été les mois les plus secs ; les mois les plus pluvieux ont été mars, juillet et novembre. En 1862, les mois les plus secs ont été février, avril et novembre ; les plus humides, juin, juillet, août, septembre et octobre. En 1863, les mois les plus secs ont été février et avril, etc.

Si l'on examine les courbes qui représentent les variations de niveau des cours d'eau, cette loi devient plus frappante encore. Le niveau de tous ces cours d'eau, petits et grands, monte et baisse en même temps, de sorte qu'on peut prévoir une crue

---

[1] V. au volume des planches, les courbes de la pluie et des variations de niveau des cours d'eau.

d'un ruisseau du Morvan au moyen d'observations faites sur un ruisseau de la Normandie.

J'ai déjà constaté cette loi d'une manière plus générale pour tous les cours d'eau de la partie de la France située au nord du plateau central, entre le Jura, les Vosges et l'Océan ; la Loire, la Saône, la Meuse et la Seine entrent toujours en crue en même temps dans la saison humide [1].

M. Minard, inspecteur général des ponts et chaussées, avait constaté le même fait, mais d'une manière plus restreinte, pour la Saône, la Seine et la Loire.

On sait qu'il n'en est pas de même dans les autres grands bassins hydrographiques de France ; que le bassin du Rhône notamment n'est pas soumis aux mêmes influences pluviométriques dans toute son étendue.

Une autre loi fort remarquable et plus générale encore, a été formulée il y a longtemps déjà par M. Dausse ; les pluies des mois chauds ne profitent pour ainsi dire point aux cours d'eau ; les crues importantes sont presque toujours produites par les pluies de la fin de l'automne, de l'hiver ou du commencement du printemps.

J'ai rendu cette loi pour ainsi dire sensible à l'œil, en faisant rapporter avec les courbes des pluies de chaque bassin, la courbe des variations de niveau de cours d'eau principal. On voit à la simple inspection des feuilles gravées que la moindre pluie tombée, dans les mois froids, produit une crue dans tous les cours d'eau, tandis que les plus fortes pluies des mois chauds ne déterminent que des variations de niveau peu importantes. J'ai traité à part cette importante question [2].

M. Dausse a reconnu qu'excepté en 1816, jamais le fleuve, à Paris, depuis 1777 ne s'est élevé à la cote à 3^m,60 de l'échelle du pont de la Tournelle, pendant les mois de juin, juillet, août, septembre et octobre.

<hr>

[1] Voy. chap. XXI et *Bulletin de la Société météorologique de France*, du 11 juillet 1854.
[2] Voy. chap. XV.

Depuis 1854, j'ai constaté deux exceptions à cette règle. Le 4 juin 1856, la Seine s'est élevée à la cote 4^m,98 de l'échelle du Pont-Royal qui correspond à la cote 4^m,11 du pont de la Tournelle.

Le 29 septembre 1866, on a obtenu au Pont-Royal la cote 6^m,20 correspondant à la cote 5^m,21 du pont de la Tournelle.

Il est aujourd'hui bien établi que la loi de Dausse est exacte dans les limites admises par cet ingénieur, et qu'en pratique les pluies tombées du 15 mai au 15 novembre ne profitent point, pour ainsi dire, aux cours d'eau [1].

Girard avait formulé, pour les crues des nappes souterraines de Paris, une loi qui doit, au contraire, être abandonnée.

« Toutes les fois, dit-il, que la hauteur d'eau tombée dans l'espace de deux années se sera élevée au-dessus de 120 centimètres, et que le nombre de jours de pluie aura été dans le même temps de plus de 320, les quartiers de Paris situés sur la rive droite de la Seine seront menacés pour l'année suivante d'une inondation souterraine [2]. »

Cette loi est évidemment fausse ; si les 60 centimètres de pluie annuelle tombaient dans ce que j'ai appelé ci-dessus les mois chauds, même pendant deux années consécutives, et s'il ne tombait pas d'eau du 15 novembre au 15 mai, il est bien certain, d'après ce qui a été dit ci-dessus, que bien loin d'être menacés d'une inondation, les Parisiens auraient à craindre une grande sécheresse.

On peut dire d'une manière générale que c'est non-seulement l'abondance des pluies, mais encore et surtout leur mauvaise répartition qui produit la sécheresse et les crues.

Si toute la pluie d'une année moyennement pluvieuse tombait dans les mois chauds, les cours d'eau resteraient bas. C'est ce qui est arrivé en 1869.

Dans une année où la hauteur de pluie serait moindre que

[1] Voy. chap. XV.
[2] Girard, Mémoire lu à l'Académie des sciences, le 15 juin 1818.

la moyenne, les cours d'eau pourraient éprouver des débordements extraordinaires si la pluie tombait dans les mois froids. Ainsi, en 1740, année de formidables inondations dans toute la France et surtout à Paris, la moyenne des hauteurs annuelles de pluie ne paraît pas avoir été de beaucoup dépassée ; mais les six premiers mois avaient été extraordinairement secs et les deux derniers extraordinairement pluvieux.

Depuis 1857, le bassin de la Seine a éprouvé des sécheresses telles, qu'on n'en avait jamais vues de mémoire d'homme, et même pendant les deux derniers siècles, quoique les années moins pluvieuses ne soient pas rares.

On n'a pas d'observations pluviométriques qui remontent aussi haut, mais on peut arriver à une démonstration par les observations faites sur le régime de la Seine[1].

---

[1] Voy. chap. XIX, Régime des basses eaux de la Seine.

CHAPITRE IV

MODE D'ÉCOULEMENT DES EAUX PLUVIALES
A LA SURFACE DU SOL[1]

Le mode d'écoulement des eaux pluviales à la surface du sol a été l'objet de mes premières études, et il est facile de se convaincre qu'il n'est point de sujet plus important et plus digne de l'attention des ingénieurs.

Il est évident, en effet, que, si toute la surface du bassin d'un fleuve était perméable, si toutes les eaux pluviales avant d'arriver aux thalwegs passaient par les sources, le régime des eaux serait tout différent que dans un autre bassin ayant la même disposition topographique, mais qui n'absorberait pas une goutte d'eau de pluie ; les cours d'eau de ce dernier bassin seraient incomparablement plus violents que ceux du premier.

Après avoir étudié la répartition des pluies à la surface du bassin d'un fleuve, il faut donc se rendre compte du degré de perméabilité des versants de ce fleuve.

Disposition des petits cours d'eau du bassin de la Seine. —

[1] Voy. les deux mémoires intitulés : *Études hydrologiques dans les granites et les terrains jurassiques du bassin de la Seine; Études hydrologiques, etc., entre les terrains jurassiques et Paris* (*Annales des ponts et chaussées,* septembre et octobre 1846, janvier et février 1852).

La carte et le tableau du chapitre premier font connaître les noms, la position et l'étendue des divers terrains du bassin de la Seine.

Lorsqu'on examine une vallée, ouverte entièrement dans un de ces terrains, on est d'abord frappé des faits suivants.

Si la vallée appartient au granite, au lias, au terrain crétacé inférieur ou aux argiles tertiaires, quelque peu étendue qu'elle soit, n'eût-elle que quelques hectares de superficie, un ruisseau ou un ravin en occupe le fond.

Si elle fait partie des calcaires oolithiques, de la craie blanche, du calcaire grossier de Saint-Ouen, de Beauce, des plages de grève et de cailloux des grandes vallées, des sables moyens ou de Fontainebleau, ordinairement on ne remarque ni ruisseau ni ravin dans le voisinage du thalweg; souvent même la culture s'étend jusqu'au fond, sans qu'on ait ménagé aucun moyen d'écoulement pour les eaux pluviales. Lorsque, de loin en loin, on y trouve un ruisseau alimenté par des sources, il arrive souvent que le débit de ce ruisseau diminue à mesure que son cours s'allonge.

Dans la première hypothèse, pendant une forte pluie, on voit ruisseler l'eau dans les moindres plis du sol : dans la seconde, au contraire, le thalweg de la vallée reste à sec habituellement, même par les plus fortes averses.

On peut donc déjà établir une classification des terrains, d'après ces observations. Il est évident que ceux qui, à chaque pluie, laissent couler l'eau dans les moindres plis du sol, sont peu perméables;

Que ceux, au contraire, dans lesquels les thalwegs restent à sec par les grandes pluies, sont très-perméables.

Mais on peut obtenir une classification plus nette encore, par les observations plus précises dont je vais parler.

Dès l'année 1831, je reconnaissais que la règle, qui nous était donnée à l'École des ponts et chaussées, pour déterminer le débouché des petits ponts, était fausse.

Je dirigeais alors à Villeaux, dans le département de la Côte-d'Or, en qualité d'élève ingénieur, la construction d'un petit pont sur la Brenne, rivière de l'Auxois.

D'après la règle admise, le débouché nécessaire devait être de 11 mètres linéaires; on l'avait porté à 12; le pont était donc trop grand, et néanmoins une forte averse, de moins d'une heure de durée, fit passer l'eau du ruisseau au-dessus du niveau des parapets, qui n'étaient pas encore posés.

Je remarquai bientôt qu'à côté de ces vallées, où les eaux pluviales s'accumulaient en si grande abondance, il en existait d'autres, où jamais on n'en avait vu couler une seule goutte, où, par conséquent, le débouché mouillé des ponts était nul, et je reconnus que ces différences du régime des eaux courantes, tenaient uniquement à des différences dans les dispositions géologiques du sol. Les premières de ces vallées appartenaient au lias, les autres à la grande oolithe.

Je conclus de cette première observation qu'il y avait une lacune dans cette partie de la science de l'ingénieur, que, dans le calcul du débouché des ponts, on devait tenir compte du degré de perméabilité des versants de la vallée, et qu'il était possible de déterminer le degré de perméabilité du sol, au moyen du débouché mouillé des ponts.

DÉTERMINATION DU DEGRÉ DE PERMÉABILITÉ DU SOL.

Par le débouché mouillé des ponts. — Je commençai donc une série de recherches sur les petits ponts du bassin de la Seine et je constatai que, pour les vallées de moins de 100 kilomètres carrés de superficie, il fallait leur donner des débouchés considérables dans le granite du Morvan, le lias de l'Auxois, le terrain crétacé inférieur; que dans le calcaire à

Entroques, la grande oolithe, le coral-rag, le calcaire de Portland, la craie blanche de Champagne et de Normandie, le
calcaire grossier, les sables moyens, le calcaire de Saint-Ouen,
le calcaire de Beauce et les sables de Fontainebleau, le débouché mouillé des ponts était très-petit ou même égal à
zéro; qu'on trouvait des débouchés un peu plus grands dans
certains terrains marneux, tels que la terre à foulon, les marnes d'Oxford et de Kimmeridge et enfin des débouchés très-
variables dans les plateaux argileux sans pente du Gâtinais et
de la Brie.

J'en conclus qu'on devait classer dans les terrains imperméables le granite, le lias, le terrain crétacé inférieur qui exigent
de très-grands ponts; que les terrains tertiaires de Brie, du Gâtinais, de Satory, bien qu'argileux, n'exigent que de petits ponts et
ne versent aux thalwegs qu'une faible quantité d'eau, parce que
leur surface, trop plate, se prête mal à un écoulement rapide ; que
les terrains oolithiques inférieurs, les calcaires du Coral-rag et de
Portland, la craie blanche, le sables moyens, le calcaire de Saint-
Ouen, les sables de Fontainebleau, le calcaire grossier et le calcaire de Beauce, étaient, au contraire, très-perméables ;

Que les terrains oolithiques argileux et quelques parties marneuses des terrains tertiaires devaient former une classe intermé-
diaire et pouvaient être désignés sous le nom de terrains demi-
perméables [1].

Par la disposition des cours d'eau. — Lorsque le terrain est
imperméable, chaque sillon, en temps de pluie, devient un ruisseau, chaque pli du sol un torrent, le fond de chaque vallée une
rivière ou même un fleuve. *Les cours d'eau sont donc très-nombreux.*

Si, au contraire, la surface du sol est perméable, toutes les
eaux pluviales sont absorbées sur place, et ne reparaissent que

[1] Voy. chap. XX, Débouché mouillé des ponts

dans des sources disséminées au fond des vallées les plus profondes; ces vallées forment de grands drains qui assèchent non-seulement les plateaux, mais encore toutes les dépressions secondaires. *Il en résulte que les cours d'eau sont très-peu nombreux dans ces terrains.*

C'est ce qu'on voit très-bien en jetant les yeux sur la petite carte géologique et hydrologique du bassin de la Seine.

Cette carte est une réduction très-exacte, surtout en ce qui concerne les ruisseaux, de la grande carte du Dépôt de la guerre. Les terrains qui ont été classés ci-dessus comme perméables y sont désignés par des rayures, les terrains imperméables par des teintes plates. Les cours d'eau figurés sur ceux-ci sont très-nombreux; sur ceux-là, au contraire, ils sont très-clair-semés et dépourvus de ramifications.

On peut donc apprécier jusqu'à un certain point la perméabilité du sol par le seul aspect d'une carte bien faite.

Par la forme de la courbe des crues des cours d'eau. — Lorsque les eaux pluviales s'écoulent à la surface du sol elles arrivent très-rapidement aux thalwegs des vallées. Les crues des petits cours d'eau d'un terrain imperméable s'élèvent donc très-vite.

On conçoit même que, si un terrain était aussi imperméable que le pavé des rues d'une ville, la décroissance des crues des ruisseaux serait presque aussi rapide que leur croissance; mais aucun terrain n'est complétement imperméable; on y trouve toujours quelques sources qui se gonflent en temps de pluie. Les terres ameublies par la culture s'égouttent lentement. Le niveau des petits cours d'eau des terrains imperméables s'élève donc à la suite d'une grande pluie, avec une grande rapidité et pendant un temps très-court, souvent pendant quelques heures à peine. Il décroît d'abord avec la même rapidité, puis plus lentement; de telle sorte qu'une crue de quelques heures donne lieu souvent à une décrue de plusieurs jours.

Dans les terrains perméables, l'eau passe par les sources avant d'arriver aux thalwegs; les crues et les décrues sont donc toujours lentes, les décrues surtout.

En représentant les variations de niveau par des courbes on obtient pour les deux sortes de cours d'eau des représentations graphiques analogues à celle ci-contre.

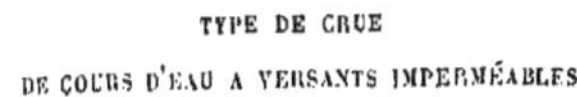

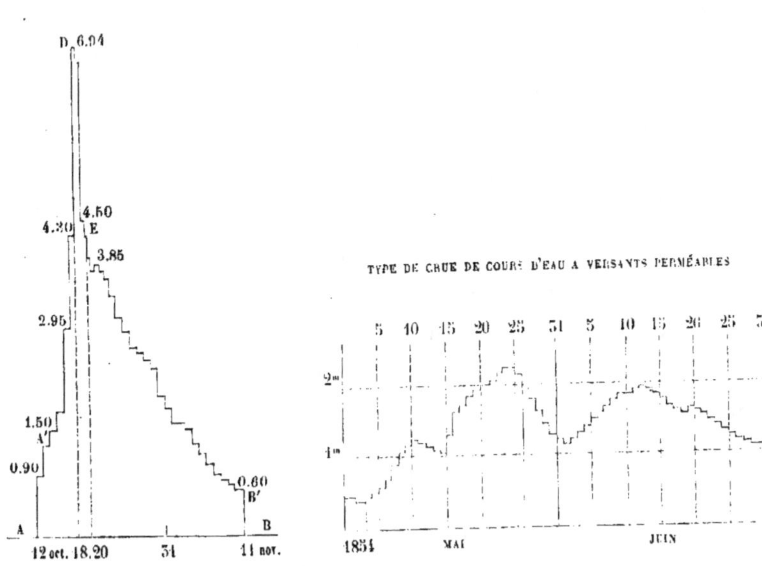

Crue de la Loire à Roanne (octobre 1846).   La Seine à Bray, en amont de Montereau.

Depuis 1854, je fais des observations sur les variations de niveau des petits cours d'eau des divers terrains du bassin de la Seine. Les feuilles qui représentent ces variations de niveau font partie de cet ouvrage.

On reconnaîtra facilement à leur simple inspection que les ruisseaux des terrains que j'ai classés comme imperméables éprouvent des crues très-élevées et de courte durée, tandis que les cours d'eau des formations perméables croissent lentement et décroissent de même.

C'est encore un caractère de ces deux sortes de terrains, qui n'est pas moins remarquable que les précédents et qui peut servir à établir une bonne classification.

Par le développement de la culture des prairies[1]. — Enfin, il est un dernier caractère du degré de perméabilité du sol, sur lequel je dois appeler l'attention quoiqu'il ne se rattache pas à l'art de l'ingénieur.

Lorsque le terrain est imperméable, les prairies naturelles[2] se montrent partout, dans tous les plis du sol, aussi bien sur le flanc des coteaux qu'au fond des vallées, et le fait s'explique d'une manière très-simple; on sait que ce genre de culture exige un état d'humidité du sol pour ainsi dire permanent; or, un terrain imperméable est naturellement plus frais qu'un terrain perméable, et en outre, à chaque pluie un peu forte, les sillons, les fossés, les moindres ondulations du sol deviennent de véritables ruisseaux, qui produisent une irrigation naturelle. Les plantes fourragères y croissent donc spontanément et les prairies s'y sont pour ainsi dire créées d'elles-mêmes indépendamment de la volonté de l'homme.

Lorsque le sol est perméable, cette fraîcheur n'existe plus. Aussi la culture des prairies naturelles est-elle limitée dans ce cas au fond des vallées où il existe des cours d'eau et seulement dans la partie du sol submergée par les crues.

Il résulte de là que la culture des prairies se développe sur des surfaces beaucoup plus étendues dans les terrains imperméables que dans les terrains perméables; comme la carte du bureau de la Guerre indique les différentes cultures, on peut encore, à sa

---

[1] Voy. *Annales des ponts et chaussées*, septembre et octobre 1846 et 1852. Voir aussi *Annuaire de l'Yonne*; 1850 et 1851. *Notions sur la carte agronomique et géologique de l'arrondissement d'Avallon*, présentées au conseil général de l'Yonne dans la séance du 7 septembre 1849.

[2] Il est presque inutile de dire que je désigne sous le nom de prairies naturelles celles dans lesquelles l'herbe pousse spontanément et qui sont pérennes. Les prairies artificielles, les trèfles, les luzernes, les sainfoins, sont celles qui ne durent qu'un certain nombre d'années et dont la culture entre dans l'assolement d'une ferme.

simple inspection, distinguer la plupart des terrains imperméables; partout où l'on remarque le pointillé des prairies, non-seulement au fond des vallées principales, mais encore en remontant les vallées secondaires, sur le flanc des coteaux, on peut être certain que le sol est imperméable. Il ne faudrait pas conclure le contraire de l'absence des prairies, parce que, dans certains terrains imperméables trop plats, tels que les plateaux de la Brie, de la Puisaye et du Gâtinais, la culture des prairies s'est peu développée, faute de moyens d'irrigation et d'assainissement.

Ce chapitre se résume dans les quatre propositions suivantes :

1° Lorsqu'un terrain est imperméable, il est sillonné par de nombreux cours d'eau, qui ne sont pas toujours pérennes et ne sont pas nécessairement alimentés par des sources.

Si le terrain est perméable, les cours d'eau sont rares, sont relégués au fond des grandes vallées et sont toujours des lieux de sources.

2° Les ponts des terrains imperméables sont très-nombreux et leurs débouchés mouillés très-grands. Les ponts des terrains perméables sont rares et lorsqu'ils ne sont pas construits sur des lieux de sources, leurs débouchés mouillés sont très-petits, sinon nuls.

3° Les crues des cours d'eau des terrains imperméables sont violentes et de très-courte durée. Les crues des cours d'eau des terrains perméables montent lentement, descendent de même, et, par conséquent, sont toujours de longue durée.

4° Les prairies naturelles sont cultivées, non-seulement au bord des cours d'eau des terrains imperméables, mais encore à flanc de coteau et jusqu'au sommet des montagnes. Lorsque le terrain est perméable, cette culture est resserrée dans la partie du fond des vallées, qui est submergée par les crues des cours d'eau.

La suite de ce livre sera consacrée, en grande partie, au développement de ces quatre propositions.

Les terrains du bassin de la Seine, en tenant compte de ces caractères, se classent ainsi :

TERRAINS IMPERMÉABLES

Terrain granitique		Morvan.
Porphyre.	1 085	Morvan.
Terrains paléozoïques.		Morvan, Ardennes.
Lias inférieur et infra-lias.	2 520	Auxois, bassin de Corbigny et banlieue de Langres.
Lias moyen et supérieur.		
Terrain crétacé inférieur : green sind et néocomien	5 500	Puisaye, Champagne humide, pays de Bray.
Argiles du Gâtinais.	5 700	Gâtinais (plateaux).
Argiles à meulières de Brie et marnes vertes.	4 470	Brie (plateaux).
Argiles à meulières supérieures.	540	Plateau de Satory et de Rambouillet.
Argiles des sources de l'Eure et de la Rille . .	4 025	Pays d'Ouche.

Surface totale. . . . . 19 440 kil. car.

TERRAINS PERMÉABLES

Terrains oolithiques.	15 950	Bourgogne et Lorraine.
Craie marneuse.	1 685	Champagne pouilleuse, vallées des bassins du Loing, de l'Eure, du pays de Caux, du Vexin normand, du Beauvaisis, de la basse Seine.
Craie blanche.	11 925	
Sables et terrains éocènes inférieurs.	6 585	Plateaux du bassin d'Eure, forêt d'Othe, vallées de la Marne, de l'Oise, de l'Aisne, du Loing, bords de la Champagne.
Limon des plateaux de la Normandie.	5 245	Vexin normand, pays de Caux, Beauvaisis.
Calcaire grossier, sable moyen, calcaire lacustre de Saint-Ouen, gypse.	6 475	Soissonnais, Tardenois, Valois, France, Senlissois, Vexin français.
Sables de Fontainebleau.	4 420	Forêt de Fontainebleau, Hurepoix, coteaux de Versailles, de Rambouillet.
Calcaires de Beauce.		Plateaux de la Beauce, entre Chartres et Nemours.
Alluvion.	5 875	Fonds des grandes vallées, surtout dans les terrains crétacés.

Surface totale des terrains perméables. . 59 210 kil. car.

RÉCAPITULATION

Terrains imperméables. 19 440

Terrains perméables. 59 210

Surface totale égale à celle du bassin de la Seine. 78 650 kil. car.

Il convient de faire observer que les terrains imperméables se divisent en deux classes :

Terrains imperméables ayant une grande action sur les cours d'eau : granites, porphyres, terrains paléozoïques, lias et terrain crétacé inférieur. . . 9 705

Terrains neutres : argiles du Gâtinais, de Brie, des meulières supérieures, des sources de l'Eure, qui. trop plats, ont peu d'action sur les crues. 9 735

Total pareil. . . . . 19 440 kil. car.

Il conviendrait aussi de retrancher des terrains franchement perméables les terrains demi-perméables, tels que la terre à foulon, les marnes d'Oxford, de Kimmeridge, et une partie de la craie marneuse. Mais ce travail serait long et pénible et en réalité, n'a pas une grande importance.

CHAPITRE V

DES MODIFICATIONS DE LA FORME DES VALLÉES
DANS LES TEMPS MODERNES

Terrains imperméables. — Les eaux pluviales en descendant le long des coteaux à la surface des terrains imperméables argileux, entraînent avec elles une certaine quantité de terrain détritique.

Dès qu'un obstacle vient diminuer la vitesse d'écoulement, une partie des détritus entraînés se dépose en atterrissement.

Par l'effet de cette action, combinée avec celles des autres agents atmosphériques, les pentes argileuses se sont incessamment adoucies, et les roches plus dures qui s'y trouvent entremêlées y forment des saillies et des paliers plus ou moins étendus. De là, une sorte de régularité qu'on remarque dans la topographie de tous ces terrains.

Le diagramme suivant donne la coupe d'une vallée liasique, coupe dont les dispositions se retrouvent uniformément dans tout l'Auxois et dans la banlieue de Langres. Quoique l'échelle des hauteurs soit très-exagérée, on voit combien les pentes argileuses sont douces et régulières.

Il résulte de là que les alluvions récentes du fond des vallées des terrains imperméables sont déposées, non-seulement par les crues des cours d'eau, mais encore par les eaux pluviales qui ravinent les coteaux, et cette dernière cause est de beaucoup la plus active.

Les terres ainsi entraînées se sont accumulées au pied même des coteaux en pente très-douce qui viennent mourir à la ligne du thalweg et recouvrent les alluvions anciennes. Les bords des vallées, dans ces terrains, ont donc toujours la forme concave quand elles ne sont pas trop larges.

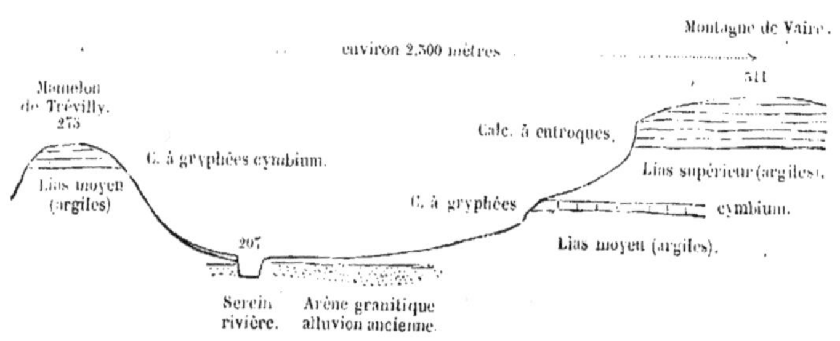

Coupe de la vallée du Serein, à Trévilly, près de Guillon (Yonne). Terrain argileux imperméable.

Terrains perméables. — Les eaux pluviales ne ruisselant presque jamais à la surface des terrains perméables, n'y ont produit que des ravinements peu étendus et seulement sur les pentes très-fortes; les revers des coteaux n'ont été modifiés que par les autres agents atmosphériques dont l'action est bien moins énergique.

On n'y remarque donc jamais cette uniformité de profil si frappante dans les terrains argileux.

Ainsi, quand les coteaux sont perméables, aucune alluvion n'en provenant, le fond des vallées est resté plat; souvent même il est convexe et le cours d'eau occupe le sommet de la convexité Dans le bassin de la Seine, cette dernière disposition est presque toujours l'œuvre des hommes, mais elle n'est pas possible dans les terrains imperméables, dont les cours d'eau à crues violentes auraient promptement détruit les levées et les digues.

Cette modification de la forme du fond des vallées due au travail des eaux, a joué un rôle important dans la formation des marais et le développement des tourbières.

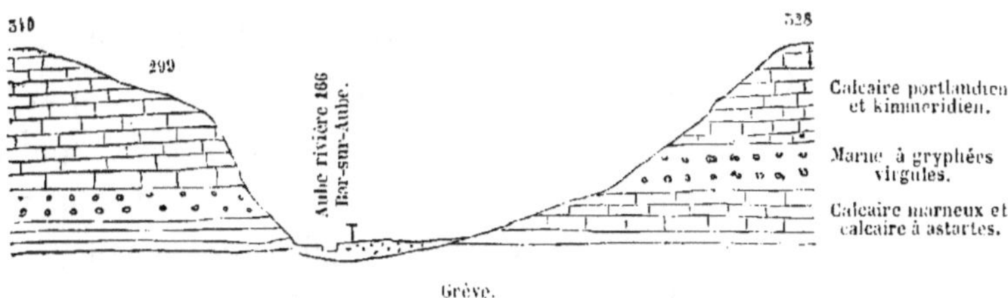

Coupe de la vallée d'Aube, à Bar-sur-Aube. Calcaire oolithique supérieur perméable.

Ce qui vient d'être dit fait déjà comprendre une disposition très-générale des marais.

Il paraît difficile *à priori* qu'il y ait des marais dans une vallée à coteaux argileux imperméables, puisque la forme générale du fond de ces vallées est concave, et que le lit de la rivière est profond et bien encaissé.

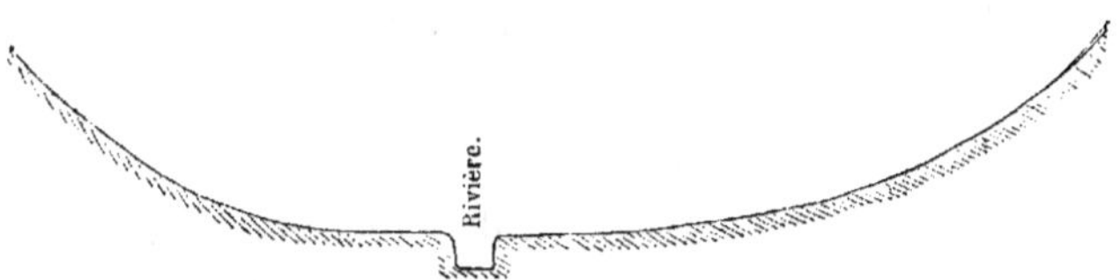

Forme générale des fonds des vallées à coteaux argileux.

Au contraire, lorsque les versants sont perméables la forme du fond de la vallée ne s'oppose pas à ce qu'il y ait des marais puisque cette forme est plate ou même convexe.

Forme habituelle des fonds des vallées dans les terrains à coteaux perméables.

Voici la coupe de la vallée de l'Ource à Riel-les-Eaux, à quelques kilomètres de Châtillon-sur-Seine ; cette disposition se retrouve souvent dans les larges vallées ouvertes dans les marnes oxfordiennes de la basse Bourgogne. J'ai dit dans l'Introduction, que les terrains oolithiques de cette partie de la France étaient mal disposés pour la production de la tourbe, parce que les vallées étaient étroites et à pentes rapides, que les crues des cours d'eau avaient une certaine violence ; mais que, néanmoins, lorsque les vallées s'élargissaient dans la traversée des terrains mous des marnes oxfordiennes, on trouvait quelques marais, et j'ai cité notamment celui de Riel-les-Eaux dont je donne la coupe.

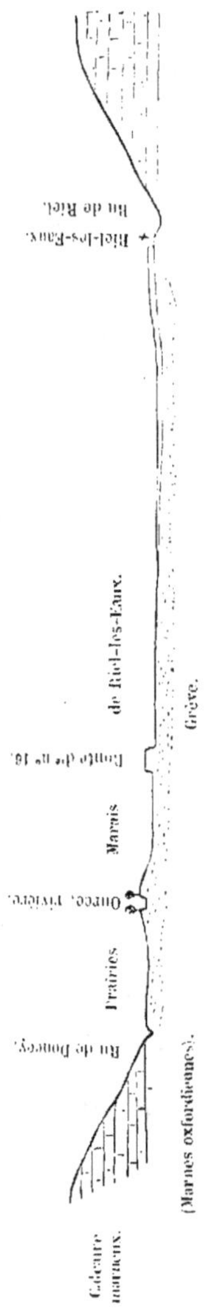

Coupe de la vallée d'Ource, à Riel-les-Faux.

La rivière d'Ource coule dans un lit plus élevé que le fond de la vallée. Il y a donc deux thalwegs : l'un à gauche, qui est occupé par un petit ruisseau, le ru de Doucey ; l'autre à droite, qui se trouve sans issue et qui, par conséquent, forme le marais de Riel-les-Eaux.

Ces parties de vallées à deux thalwegs ne sont pas rares dans la basse Bourgogne. Le lit de la principale rivière est en relief sur le fond de la vallée ; les eaux de débordement, les sources et les suintements de toute sorte s'écoulent dans deux lits secondaires creusés à droite et à gauche sur les thalwegs et auxquels on donne le nom de *fausses rivières*.

Lorsque les fausses rivières sont convenablement disposées, le fond de la vallée est occupé par des prairies, qui souvent sont d'assez bonne qualité, parce qu'elles sont enrichies par les dépôts que les eaux troubles de la rivière y forment en temps de débordement. Il

n'y a alors ni marais ni tourbières, et la couche de terre végétale est brune ou jaune. C'est ce qui a lieu sur la rive gauche
de l'Ource, dans le diagramme ci-dessus. Mais lorsque l'un des
thalwegs est sans issue, lorsqu'une des fausses rivières manque,
les eaux de débordement se répandent sur le fond de la vallée et
y restent stagnantes. Elles n'y forment pas de dépôt appréciable,
parce qu'elles ne se renouvellent pas. Il se produit donc un marais
tourbeux, et, malgré les eaux de débordement, la terre est noire
ou grise. C'est ce qu'on remarque sur la rive droite de l'Ource.

Ces marais des terrains oolithiques sont généralement peu profonds. La couche de tourbe du marais de Riel-les-Eaux a à peine
0^m,30 d'épaisseur. J'ai beaucoup facilité son desséchement en
construisant la route départementale n° 16. Les chambres d'emprunt, ouvertes pour élever la chaussée au-dessus des eaux
stagnantes, ont servi de fausse rivière, et facilité l'écoulement
de ces eaux. J'ai complété le desséchement en construisant,
sous la rivière, deux aqueducs qui jettent, dans le thalweg de la
rive droite, les eaux du marais de la rive gauche. J'ai reconnu
que le marais était d'origine moderne, car dans une partie du
sol desséché j'ai retrouvé des ruines de constructions romaines.

Lorsque le fond des vallées oolithiques est plat, les fausses rivières sont encore nécessaires pour assainir les prairies. En examinant les cartes du bureau de la Guerre, on remarque presque toujours que, dans la traversée des terrains oxfordiens, il y a deux
ou trois cours d'eau, dans les vallées de la Seine, de l'Ource
et de l'Aube, tandis qu'il n'y en a qu'un seul dans les vallées
de l'Yonne, de la Cure, de l'Armançon et du Serein. Ces dernières
rivières, issues de terrains imperméables, sont violentes et ont su
se creuser un lit profond dans le véritable thalweg de la vallée.

En traversant les terrains oolithiques moyens, les rivières reçoivent un grand nombre de sources énormes, elles acquièrent
ainsi le volume d'eau et la force nécessaires pour se creuser des
lits profonds et bien encaissés, au fond des vallées étroites du

terrain corallien et des calcaires oolithiques supérieurs ; alors non-seulement les marais, mais encore les prairies elles-mêmes disparaissent ; c'est ainsi qu'on ne voit pour ainsi dire pas de prés, le long de la Seine, sur une longueur de plus de 25 kilomètres en amont et en aval de Bar-sur-Seine, entre la limite des marais du terrain oxfordien et les terrains crétacés inférieurs.

La coupe de la vallée d'Aube, à Bar-sur-Aube, page 70, donne une idée assez exacte des bords des cours d'eau, dans le calcaire oolithique supérieur. On y voit le fond plat et étroit d'alluvions disposé sur chaque rive. Lorsqu'on entre dans le terrain crétacé inférieur, cette zone étroite se développe, et atteint jusqu'à 12 et 15 kilomètres de largeur (plaines de Vaudes, de Brienne, du Perthois).

Il est à remarquer que les rivières coulent dans des lits en reliefs sur le fond des vallées, non-seulement dans les terrains perméables, mais encore dans les pays où il ne pleut pas, en Égypte, par exemple. Voici ce qu'on dit du Nil, dans une relation de voyage : « Le lit du fleuve, au lieu d'occuper le point le plus « déprimé de la vallée, court, au contraire, sur une sorte de sou- « lèvement qui laisse à ses côtés deux sillons dans lesquels « s'épanchent ses eaux pour peu qu'elles s'élèvent. » Il est évident que ce relief est dû aux alluvions du fleuve.

La théorie complète des marais et des tourbières du bassin de la Seine a été exposée dans l'introduction ; il n'y a pas lieu d'y revenir ici.

La tourbe manque dans les vallées à versants imperméables ; Elle est, au contraire, abondante au fond des vallées à versants perméables, parce que la tranquillité des ruisseaux et la limpidité de leurs eaux est favorable au développement des végétaux dont l'accumulation produit la tourbe.

La seule contrée imperméable du bassin de la Seine où la tourbe puisse se former, le Morvan, est couverte de prairies tourbeuses qui se développent aussi bien sur les coteaux qu'au fond des petites vallées ; le fond des grandes vallées, telles que celles de la Cure, du Cousin, du Chalaud, etc., est habituellement raviné par la violence des crues qui emportent tout.

Il n'y a n'y marais, ni tourbières au fond des vallées imperméables de l'Auxois, de la Champagne humide, de la Puisaye, de la Brie, etc., qui sont cependant les contrées les plus humides du bassin de la Seine, et à la surface desquelles les prairies naturelles se développent spontanément pour ainsi dire. Il en est de même au fond des grandes vallées des terrains perméables, lorsqu'il existe en amont un terrain imperméable assez étendu pour que les crues soient violentes.

Ainsi l'Yonne et la Marne, rivières violentes, traversent la craie sans y produire ni marais, ni tourbières ; et cependant la craie est le terrain classique de la tourbe.

J'ai dit pourquoi les marais et les tourbières étaient peu développés dans les vallées perméables des terrains oolithiques de la basse Bourgogne, excepté cependant dans la traversée du terrain oxfordien. Ils sont, au contraire, très-étendus dans les autres terrains perméables du bassin de la Seine, la craie blanche de la Champagne sèche, le calcaire grossier des bords de l'Oise, les sables de Fontainebleau et les calcaires de Beauce. Il me paraît inutile de m'étendre plus longtemps sur ce sujet.

Il me reste à parler d'autres modifications qui se rattachent aux temps modernes et qui sont la conséquence de la forme des vallées.

Lorsque les vallées s'élargissent dans la traversée des terrains mous, tels que le lias, les marnes oxfordiennes, les terrains crétacés, une large zone d'alluvions anciennes dessine les lits abandonnés de l'époque de la pierre taillée. Ces dépôts se retrouvent surtout le long des grands cours d'eau.

Les cours d'eau modernes n'ont remanié qu'une très-petite partie de ces alluvions, cela est facile à reconnaître sur place. Ainsi ils n'ont pas touché à celles qui s'élèvent au-dessus de leurs lits et j'ai démontré que les lambeaux de ces anciens dépôts quaternaires se trouvaient jusqu'à 15, 20, 50 et même 50 mètres au-dessus du niveau des eaux actuelles [1].

Ces anciens lits sont encore intacts sous les tourbières des terrains perméables. Les cours d'eau modernes des terrains tourbeux n'ont pas la force nécessaire pour remanier le gravier et même le sable.

Il est une autre disposition du sol qui ne s'est guère prêtée aux remaniements des graviers. Dans les tournants des vallées, le cours d'eau de l'âge de la pierre a toujours attaqué le coteau concave, et le cours d'eau moderne est resté collé contre ce coteau. L'alluvion ancienne se trouve tout entière et intacte au pied du coteau convexe.

C'est donc seulement dans les parties rectilignes des vallées, surtout lorsqu'elles sont très-larges, par exemple dans les terrains crétacés, que les cours d'eau modernes ont pu divaguer et remanier les alluvions anciennes. Mais ces remaniements ont presque toujours été déterminés par les travaux des hommes. Ainsi toute rectification du lit d'une rivière qui serpente au fond d'une large vallée, détermine des divagations de la rivière, qui détruit peu à peu les berges entre lesquelles on a voulu la renfermer et allonge son nouveau lit jusqu'à ce que sa pente soit redevenue normale, c'est-à-dire telle qu'il y ait équilibre entre la puissance d'érosion de l'eau et la résistance des rives.

Je citerai comme exemple, le lit de l'Armançon entre Aisy et Tonnerre. Le tracé du chemin de fer de Lyon a exigé, dans cette partie, un grand nombre de rectifications du lit de la rivière qui, depuis cette époque, ne cesse de travailler pour rétablir sa pente normale.

M. Minard a cité dans son cours de construction, certains exemples très-curieux du déplacement des lits des cours d'eau dans les temps modernes.

---

[1] *Le bassin parisien aux âges antéhistoriques*, ch. IX, X, XI.

CHAPITRE V

CLASSIFICATION DES EAUX DU BASSIN DE LA SEINE

—

Les cours d'eau des terrains imperméables ont tous les carac-
tères des torrents. — Les eaux pluviales, lorsque le sol est imperméable, arrivent aux thalwegs des vallées en coulant à la
surface, c'est-à-dire avec une grande rapidité ; elles y produisent
des crues très-élevées et de courte durée. C'est un premier
caractère qui rattache les ruisseaux ainsi alimentés, aux cours
d'eau désignés vulgairement sous le nom de torrents.

Un autre caractère non moins remarquable, c'est le défaut de
pérennité d'un grand nombre de ces cours d'eau ; au moment des
grandes pluies, ils couvrent tout le fond d'une vallée, se réduisent, quelques jours après la pluie, à un maigre filet d'eau et
souvent même, tarissent entièrement. Dans les plaines du lias,
la plupart des cours d'eau de l'Auxois[1] sont à sec en été ; les
ruisseaux du terrain crétacé inférieur sont soumis au même régime ; en Brie, on donne le nom de *ru* a des ravins qui souvent
restent secs pendant plusieurs années, et parfois débitent en quelques jours ou même en quelques heures un énorme volume d'eau.

---

[1] Voyez teinte bleue de la carte.

Une des dispositions les plus remarquables des lits des torrents des grandes montagnes et notamment de ceux des Alpes, se voit aussi sur les pentes des terrains imperméables du bassin de la Seine. A l'origine de chaque ravin, le sol profondément affouillé a la plus grande analogie avec ce que M. l'ingénieur Surell a proposé d'appeler *bassin de réception du torrent*. Les coteaux du lias de l'Auxois, de la Brie, surtout le long de la Marne, offrent des exemples frappants de ces érosions du sol.

Plus bas, à la jonction du pli de terrain où coule le ruisseau, avec une vallée plus importante, le sol remblayé par des débris de toutes sortes entraînés par les eaux, représente assez bien les lits de déjection de M. Surell.

Toutes ces dispositions dans le bassin de la Seine, ont lieu sur une bien petite échelle, si on les compare à celles des lits des torrents des Alpes; souvent la main des hommes a pu effacer ces traces du passage des eaux; mais enfin les caractères sont les mêmes, et doivent être classés dans le même ordre scientifique.

Les cours d'eau des terrains perméables sont toujours tranquilles. — Habituellement, les eaux des terrains perméables n'arrivent au fond des vallées qu'après avoir passé par les sources. Les crues des ruisseaux qu'elles alimentent montent et descendent lentement et régulièrement, et ne sont jamais dangereuses. Ces ruisseaux sont de plus d'une pérennité très-remarquable.

Définition des torrents et des cours d'eau tranquilles. — J'ai donc proposé de donner les noms d'*eaux torrentielles* et de *torrents*[1] aux eaux et aux cours d'eau des terrains imperméables, d'*eaux tranquilles* et de *cours d'eau tranquilles* aux eaux et aux cours d'eau des terrains perméables.

Les ruisseaux du Morvan et des terrains liasiques de l'Auxois et

---

[1] *Annales des ponts et chaussées*, année 1857, 1ᵉʳ semestre..

du Nivernais, du terrain crétacé inférieur, des argiles de Brie et du Gâtinais, sont des *torrents*. Je ferai voir plus loin qu'eux seuls donnent aux crues de la Seine un caractère un peu dangereux ; les ruisseaux des terrains oolithiques de la Bourgogne, de la craie de Champagne, des sables de Fontainebleau et des calcaires de Beauce sont des cours d'eau tranquilles, qui jouent un rôle important dans le régime du fleuve, mais ne produisent jamais de crues dangereuses.

Pour simplifier mes études, il fallait donc avant tout une bonne carte géologique, et il était facile de voir qu'au moyen de quelques observations, on pouvait en faire une excellente carte hydrologique.

La carte coloriée jointe à cet ouvrage, est une réduction de la grande carte de France du bureau de la Guerre. Les limites des terrains ont été tracées d'après les travaux de nos meilleurs géologues[1].

Ces différents terrains se distinguaient les uns des autres par des teintes plates et des rayures. Les teintes plates indiquent les terrains imperméables ; les rayures, les terrains perméables.

[1] MM. Élie de Beaumont et Dufrénoy (carte géologique de France) ; Guillebot de Nerville (Côte-d'Or) ; Leymerie et Raulin (Yonne) ; de Sénarmont (Seine, Seine-et-Marne et Seine-et-Oise) ; vicomte d'Archiac (Aisne) ; Buvignier (Marne, Meuse) ; de Champcourtois (Nièvre) ; Collomb (bassin de Paris) ; Leymerie (Aube) ; terrains granitiques et jurassiques du département de l'Yonne (Nobis).

CHAPITRE VII

DES NAPPES D'EAU SOUTERRAINES

Les sources sont alimentées par des courants souterrains qui circulent dans les fissures des roches dures, et les interstices des grains de sable des terrains arénacés. On donne généralement à ces cours d'eau le nom de nappes souterraines et il convient de s'en occuper avant de classer les sources.

La plus rapprochée de la surface du sol est celle qui alimente les puits de la localité qu'on considère, et elle est désignée généralement sous le nom de nappe d'eau des puits; il en est de beaucoup plus profondes qui sont séparées du sol par des terrains imperméables. Cette masse d'eau souterraine s'étend souvent à de grandes distances; cependant, en suivant sur une carte géologique le terrain perméable dans lequel elle est emprisonnée, on trouve toujours la ligne d'affleurement supérieure dans laquelle s'infiltre l'eau de pluie; mais on ne voit pas toujours la ligne d'affleurement inférieure où les sources jaillissent. On conçoit même une série de couches de terrain disposées en forme de cuvette, sur les bords horizontaux desquelles les eaux pluviales s'infiltreraient. Une fois que le réservoir représenté par les vides des couches perméables, serait rempli, cette masse d'eau resterait

immobile et les eaux extérieures n'y pénétreraient plus. Un trou
de sonde foré au point bas de la cuvette déterminerait un jet artésien et un certain mouvement d'écoulement dans la nappe d'eau.
On comprend donc immédiatement que certaines nappes d'eau
circulent souterrainement comme des rivières, que d'autres soient
immobiles comme des lacs, que les sources jaillissent, soit en
traversant les couches imperméables qui emprisonnent ces nappes, soit à leurs points d'affleurement.

*Il n'y a pas de nappes d'eau à proprement parler dans les ter-
rains imperméables.* — Il n'y a pas de terrain complétement imperméable ; dans les terrains les plus argileux, une partie des eaux
pluviales est absorbée par la couche détritique superficielle, qui
est toujours plus ou moins perméable, surtout quand elle est
cultivée ; le reste s'écoule à la surface vers les thalwegs.

L'eau absorbée qui n'est pas reprise par l'évaporation, pénètre
d'une manière très-irrégulière dans le sol jusqu'à ce qu'elle
trouve une couche plus perméable dans laquelle elle s'emmagasine. Lorsqu'on ouvre un puits dans ces terrains, on ne
trouve pas de nappes d'eau à proprement parler, mais des
suintements très-faibles qu'on épuise avec une grande facilité, ce
que les habitants de la campagne appellent des *pleurs ;* ainsi, par
exemple, l'eau absorbée par les débris arénacés qui recouvrent
presque toute la surface des terrains granitiques, s'emmagasine
dans les innombrables petites fissures qui sillonnent superficiellement la masse de la roche. Ce réseau de fissures aboutit à un
ensemble de petites sources, soit au flanc d'un coteau, soit au
fond d'une vallée.

Lorsqu'on creuse un puits dans le granite, on ne trouve donc
pas l'eau d'une manière régulière ; il faut tomber sur une de ces
fissures dont il vient d'être question. Il n'y a pas de nappe d'eau
à proprement parler.

Le lias de l'Auxois est certainement le terrain le plus imperméable du bassin de la Seine; les vallées se présentent d'habitude avec les dispositions indiquées dans le diagramme ci-contre.

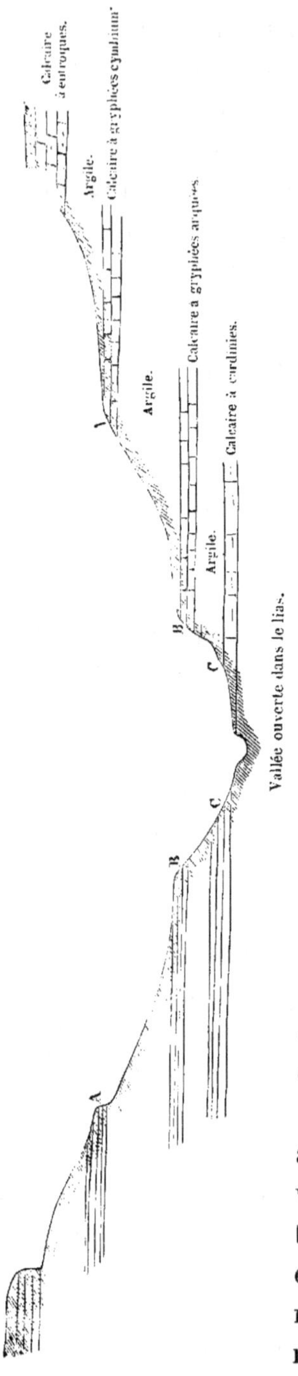

La masse des argiles est divisée en trois parties par des couches calcaires A. B. C. Dans tout terrain ainsi disposé, on trouve habituellement une nappe d'eau abondante, dans les couches calcaires, et des sources à leurs points d'affleurement; mais les assises calcaires du lias sont tellement empâtées dans l'argile, qu'on voit à peine quelques suintements à leurs points d'affleurement, et que les puits eux-mêmes y sont mal alimentés.

On trouve des faits analogues dans les assises du calcaire à spatangues, du terrain crétacé inférieur.

Des nappes d'eau des terrains perméables. — Lorsque la pluie tombe sur un terrain perméable, il se passe, suivant la nature géologique et les dispositions orographiques du sol, des phénomènes assez complexes et qui ont presque toujours été mal expliqués.

Ce qui frappe surtout l'observateur attentif, c'est l'extrême humidité des vallées profondes, qui forme un contraste très-remarquable avec l'aridité des coteaux voisins; ainsi les plus grands marais du bassin de la Seine et du nord de la France se trouvent au fond

des vallées crayeuses de la Champagne, de la Picardie et de
la Flandre ; les terrains les plus secs de la même région, forment les coteaux qui bordent ces marais et les vallées secondaires qui y débouchent. On passe sans transition, d'une tourbière à un terrain qui, au premier abord, paraît absolument stérile
tant il est sec et aride.

Je n'ai point à revenir sur ces faits dont il a été fait une mention suffisante dans l'introduction et au chapitre V de cet ouvrage.

Beaucoup d'ingénieurs expliquent ainsi l'existence des marais :
le fond de la vallée est toujours tapissé, sous la tourbe, d'une
couche de vase imperméable ; c'est cette vase qui retient les eaux
pluviales et produit le marais.

Si cette explication était vraie, le desséchement du marais serait une opération des plus simples, puisqu'il suffirait de crever
de distance en distance la couche de vase, et de forer dans le terrain perméable des puits absorbants, pour se débarrasser de
ce fâcheux excès d'humidité ; mais ce procédé ne produirait rien
de bon.

La couche de vase n'est pour rien dans l'existence du marais, qui est dû entièrement aux suintements de la nappe souterraine, alimentée par les eaux pluviales absorbées par les plateaux, les vallées secondaires, en un mot par l'ensemble de
la région perméable ; c'est ce dont il est facile de s'assurer.
En hiver dans les temps de grande gelée, on voit de distance
en distance, au milieu des roseaux desséchés, des taches ver-
doyantes dues à la présence de sources, dont quelques-unes sont
énormes ; c'est en grande partie à ces sources, qu'on doit attribuer l'existence du marais, et bien qu'elles sortent de terrains
perméables, il est presque toujours impossible de les perdre
dans le sol pour s'en débarrasser, ou en d'autres termes,
de forer des puits absorbants en contre-bas du thalweg de la
vallée.

Voici l'explication bien simple de ce qui se passe.

Admettons, pour un instant, une grande plaine de terrain perméable, de craie par exemple, et supposons qu'elle soit parfaitement horizontale; appelons-la, si l'on veut, la Champagne.

Il est clair que les eaux pluviales qui tomberont sur cette plaine et qui ne seront pas reprises par l'évaporation, descendront jusqu'à ce qu'elles rencontrent un terrain imperméable, la craie marneuse, par exemple; elles rempliront toutes les fissures de la craie et finiront par remonter jusqu'à la surface du sol. Dans les années humides, la Champagne, si cette hypothèse était vraie, ressemblerait à un vaste marais.

Supposons que ces plaines soient sillonnées par deux vallées très-profondes comme celles de l'Aube et de la Marne; ces vallées exerceront une action de drainage sur la nappe souterraine; les eaux absorbées, au lieu de remonter jusqu'à la surface des plateaux, s'écouleront souterrainement vers les deux thalwegs, et comme cet écoulement ne peut avoir lieu qu'en vertu d'une certaine pente, la nappe d'eau restera plus élevée au faîte de partage, situé entre les deux vallées, que dans le voisinage des thalwegs; mais cette différence d'altitude sera variable; elle sera plus grande dans les années humides, où il y aura beaucoup d'eau à débiter, que dans les années sèches où il y en aura moins.

Les vallées principales sont donc de véritables drains vers lesquels affluent toutes les eaux absorbées par les plateaux.

Comme les nappes se relèvent, ainsi qu'on vient de le dire, à partir du thalweg des vallées principales, jusqu'au faîte de partage, les thalwegs des vallées secondaires les plus profondes, quoique plus élevés que ceux des vallées principales, peuvent cependant descendre jusqu'à la nappe d'eau et présenter le même aspect d'humidité.

Les coteaux qui bordent ces vallées humides sont, au contraire, très-arides, parce que l'action de drainage du terrain perméable s'exerce sur eux comme sur les plateaux.

Il résulte de là que les sources les plus rapprochées des faîtes doivent tarir dans les années sèches. — L'altitude du niveau de l'eau variant vers ces faîtes, suivant le degré de sécheresse de l'année et le volume d'eau à débiter, les sources les plus élevées des vallées secondaires humides doivent tarir dans les années de grande sécheresse, lorsque le niveau de l'eau de la nappe descend au-dessous de leur point d'émergence.

C'est en effet ce qui a lieu en Champagne; tous les affluents secondaires des grands cours d'eau de cette partie de la France sont alimentés à leur origine par une source qui porte habituellement le nom de *Somme.* Cette source n'est presque jamais pérenne, et il faut descendre à plusieurs kilomètres en aval pour en trouver une qui résiste aux sécheresses ordinaires.

Lorsqu'il survient des sécheresses séculaires comme celles de 1858, ces sources tarissent elles-mêmes et il faut encore descendre à un niveau plus bas pour trouver des sources qui coulent encore.

Ces faits prouvent que l'eau des sources de la craie n'est pas amenée au jour en coulant sur un terrain imperméable.

On a prétendu que la craie n'était perméable que superficiellement, que les eaux pluviales absorbées s'arrêtaient à une petite profondeur au-dessous du sol, et arrivaient au jour en coulant sur la craie compacte.

Les parties superficielles de la craie sont, en effet, beaucoup plus fendillées que les parties profondes, et la plus grande partie des eaux pluviales circule dans ces fissures; mais ce qui prouve qu'il n'y a pas de couche réellement imperméable dans la craie blanche, c'est qu'on n'y voit jamais de sources à flanc de coteau; les points d'émergence sont toujours au fond des vallées les plus profondes, ou à peu de hauteur au-dessus du thalweg : de plus, les sources qui forment l'origine des ruisseaux ne devraient pas plus tarir que les autres. Bien loin de là, ces sources initiales sont presque toujours plus abondantes que les autres, lorsqu'elles sont soutenues par un terrain imperméable, parce que leur bassin d'alimentation est nécessairement plus étendu.

La nappe d'eau de la Champagne se relève donc entre deux rivières principales, telles que la Marne et l'Aube. Et les cours d'eau secondaires, tels que la Somme-Soude, la Vaure, la Maurienne, l'Herbisse, l'Huitrelle, sont alimentés par cette nappe, bien que leur thalweg soit situé à une plus grande hauteur au-dessus du terrain imperméable, que celui des deux grands drains principaux, la Marne et l'Aube.

On trouve ainsi, dans les terrains perméables, deux sortes de vallées : les vallées les plus profondes dont les thalwegs sont humides, même marécageux, et qui renferment toutes les sources de la contrée, et les vallées moins profondes qui n'atteignent pas les nappes d'eau, dont l'aridité est complète. La disposition géologique dans ces deux sortes de vallées, est souvent absolument la même. La différence qui existe entre elles au point de vue de l'hydrologie, tient simplement à une différence d'altitude des thalwegs.

Ces faits s'observent non-seulement dans la craie blanche de la Champagne, mais dans tous les terrains perméables du bassin de la Seine, les calcaires oolithiques de la Bourgogne, le calcaire grossier des bords du Vexin et du Tardenois, les calcaires de Beauce et les sables de Fontainebleau, la craie blanche de la Normandie et de la Picardie.

Si le terrain imperméable sur lequel les eaux pluviales s'arrêtent est plus élevé que le fond des vallées principales, sa ligne d'affleurement détermine sur le flanc des coteaux, un cordon de sources, dont la plus considérable se trouve habituellement à l'intersection AA' de la ligne de thalweg de la vallée et de la surface du terrain qui soutient l'eau.

Le diagramme ci-contre fait voir qu'il doit en être ainsi habituellement, puisque le bassin d'alimentation de ces sources

A A′, d'après la disposition de la figure, est de beaucoup plus étendu que celui de deux autres sources quelconques BB′.

Cette disposition des nappes souterraines correspond à ce qu'on appelle habituellement *un niveau d'eau*. Elle donne la position classique des sources qui est trop connue pour que j'en parle plus longuement.

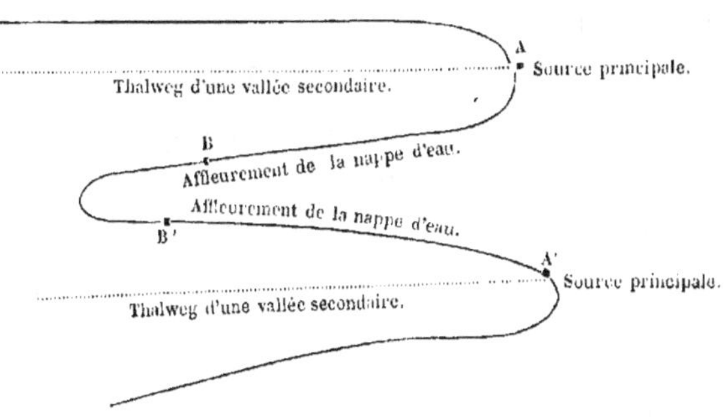

Plan d'un niveau d'eau.

Il résulte des explications qui précèdent que les eaux pluviales absorbées par les terrains perméables, forment une accumulation d'eaux souterraines dont le niveau se relève entre deux thalwegs humides, jusque dans le voisinage des faîtes de partage ; l'action de drainage exercée par les vallées profondes, y produit ou des sources souvent considérables, ou même des marais.

Ces sources sont d'autant moins pérennes qu'elles sont plus rapprochées des faîtes de partage.

Lorsque le terrain qui soutient la nappe coupe les vallées à flanc de coteau, il détermine un cordon de source qui suit la ligne d'affleurement, et que l'on appelle vulgairement *niveau d'eau*. La plus considérable de ces sources est presque toujours dans le voisinage du point où la couche imperméable coupe la ligne de thalweg de la vallée.

Les nappes souterraines ont leurs dispositions particulières dans chaque terrain. Elles sont discontinues dans les terrains calcaires. — J'ai déjà laissé pressentir que les nappes souterraines de chaque terrain avaient leurs dispositions particulières. Les infiltrations des terrains calcaires se font par les fissures, les failles, les lits de la stratification des roches. La nappe d'eau n'est donc pas continue. Les galeries souterraines et les grottes montrent des alternances de terrains secs, et de terrains humides, produites uniquement par la disposition des fissures et des strates, qui servent de chemin aux eaux pluviales absorbées. C'est surtout dans ces galeries qu'on peut constater la grande pente des nappes souterraines. J'ai percé par un souterrain, à Saint-Moré, près des grottes d'Arcy (Yonne), un contre-fort de calcaire oolithique qui n'avait que 250 mètres de largeur; le niveau du ciel du tunnel était à plus de 10 mètres au-dessus du thalweg de la vallée, et j'ai trouvé dans ce petit percement, deux fissures aquifères, qui depuis une vingtaine d'années n'ont cessé de donner de l'eau en abondance; le reste des parois était parfaitement sec.

En creusant la galerie de captation d'une des sources de la vallée de la Vanne à Armantières, nous avons trouvé de grandes fissures de la craie qui ne donnaient pas une goutte d'eau, et tout à côté, d'autres fissures, d'où sortaient des jets d'eau de la grosseur de la jambe.

Il n'y a donc aucune régularité dans ces nappes d'eau des terrains calcaires, et on s'exposerait aux plus graves mécomptes, si l'on comptait sur leur richesse, parce qu'elles alimentent de grandes sources dans le voisinage du point qu'on considère.

Lorsqu'on fore un puits artésien dans des terrains calcaires, comme les terrains oolithiques ou la craie, on risque donc beaucoup de ne pas trouver d'eau; on peut passer à quelques mètres d'une fissure aquifère et rester parfaitement à sec.

Sur trois puits artésiens que j'ai fait forer dans la montagne oolithique entre Montbard et Châtillon-sur-Seine, un seul, celui de

Villaine-en-Duesmois, a donné de l'eau. Les deux autres, dans des terrains identiques, n'ont produit que des suintements insignifiants, qui ne se sont même pas élevés au jour.

La nappe d'eau de la craie blanche est celle, des terrains calcaires du bassin de la Seine, qui présente le plus de continuité. Il est bien rare, en Champagne, qu'on creuse un puits sans rencontrer de l'eau, et de plus, quand les puits tarissent dans les années sèches, on est certain de retrouver l'eau, en augmentant leur profondeur.

C'est ce qui a été constaté dans les grandes sécheresses de 1858 et 1859 ; presque tous les puits de la Champagne ont tari à plusieurs reprises, et on a toujours retrouvé la nappe d'eau en descendant plus bas.

La craie est en effet excessivement fendillée à sa surface ; mais, lorsqu'on descend dans les couches profondes, on trouve des bancs de craie compactes où les fissures deviennent rares. Ainsi en creusant le puits artésien de la Butte aux Cailles, nous avons trouvé, M. l'ingénieur Couche et moi, sur 10^m environ, entre les altitudes 0^m et $—10^m$, une couche de craie tellement compacte que nous l'avons traversée presque sans épuisement, quoique au-dessus, nous eussions trouvé la nappe d'eau inférieure de l'argile plastique débitant 4 litres au moins par seconde. Mais, en arrivant à l'altitude $— 10^m$, nous avons rencontré une fissure d'abord imperceptible, qui nous a donné dans un parcours de 10^m, une quantité d'eau telle, qu'on a dû renoncer à l'épuisement, et que le travail a dû être continué à la sonde. En remplissant le puits au moyen d'une des conduites de la ville, on renversait la direction du courant, et cette fissure absorbait 23 litres d'eau par seconde.

Lorsqu'on pénètre dans la craie compacte, on trouve donc les nappes d'eau aussi irrégulières que dans les calcaires jurassiques.

Nappes d'eau des terrains sablonneux. — Les nappes d'eau des terrains sablonneux sont toujours continues. On est certain en

7

lorant un puits jusqu'à leur niveau, d'y trouver de l'eau, et en quantité d'autant plus grande, que le sable est plus pur et plus grossier.

En exécutant les travaux des grands égouts de Paris, qui souvent descendent dans la nappe d'eau des puits, on a trouvé des variations énormes dans les quantités d'eau à épuiser. Il fallait quatre pompes pour abaisser le plan d'eau de $1^m,50$ environ, rue du Faubourg-Montmartre, tandis que, à la même altitude, rue Saint-Lazare, une seule pompe suffisait pour produire ce résultat.

Ces nappes des terrains sablonneux se relèvent du reste, comme celles des calcaires, quand on s'éloigne des thalwegs; c'est ce qui a été démontré à Paris par les travaux de M. l'ingénieur en chef des mines Delesse. En perçant le souterrain de l'égout d'Asnières, à moins de 2 kilomètres de la Seine, j'ai constaté que la nappe d'eau dans les sables moyens au point de partage, était à 8 mètres au-dessus du niveau des eaux du fleuve.

Il résulte de là que les eaux qu'on trouve dans les graviers, le long des rivières, ne proviennent point de ces rivières puisque leur niveau est plus élevé. Non-seulement la différence de niveau, mais encore les différences de composition des matières en dissolution, prouvent que ces eaux souterraines et celles du cours d'eau n'ont pas la même origine.

Je reviendrai sur cette question en parlant du filtrage des eaux de rivières[1].

Études sur les eaux des nappes souterraines qui alimentent les puits de Grenelle. — Je terminerai cet exposé en faisant connaître les résultats d'une étude assez curieuse faite sur les eaux du puits de Grenelle. On sait que ce puits est alimenté par les eaux qui s'infiltrent dans la bande de sable du green-sand, qui traverse tout le bassin de la Seine, depuis Saint-Fargeau, vers le Loing, jusqu'au pied des Ardennes[2].

[1] Chapitre XXVI.
[2] Voy. la Carte, teinte vert olive.

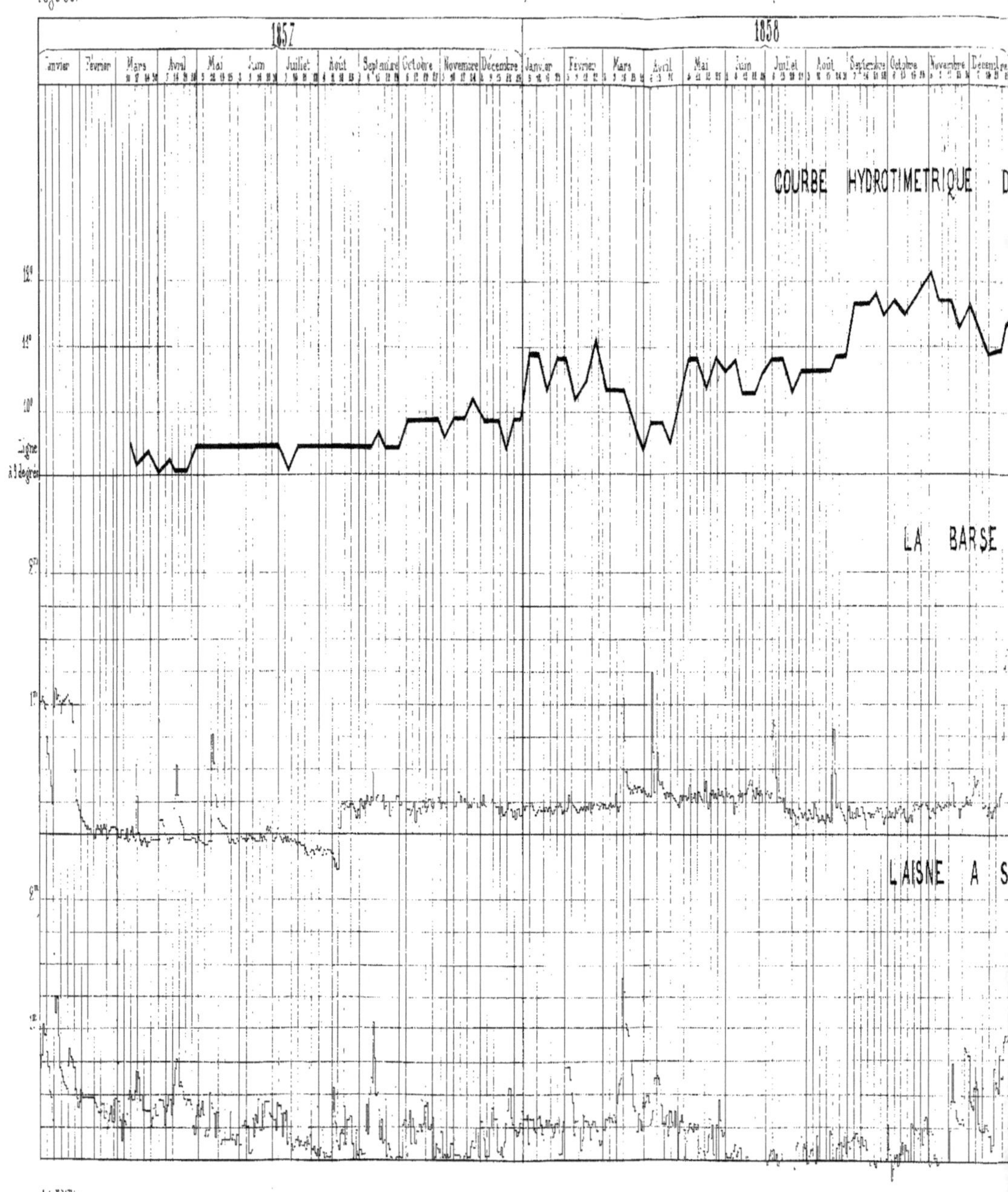

1857
1858
Janvier Février Mars Avril Mai Juin Juillet Août Septembre Octobre Novembre Décembre
Janvier Février Mars Avril Mai Juin Juillet Août Septembre Octobre Novembre Décembre
COURBE HYDROTIMETRIQUE D
LA BARSE
L'AISNE A S
15°
12°
10°
Ligne à 9 degrés
Imp. H.Millot

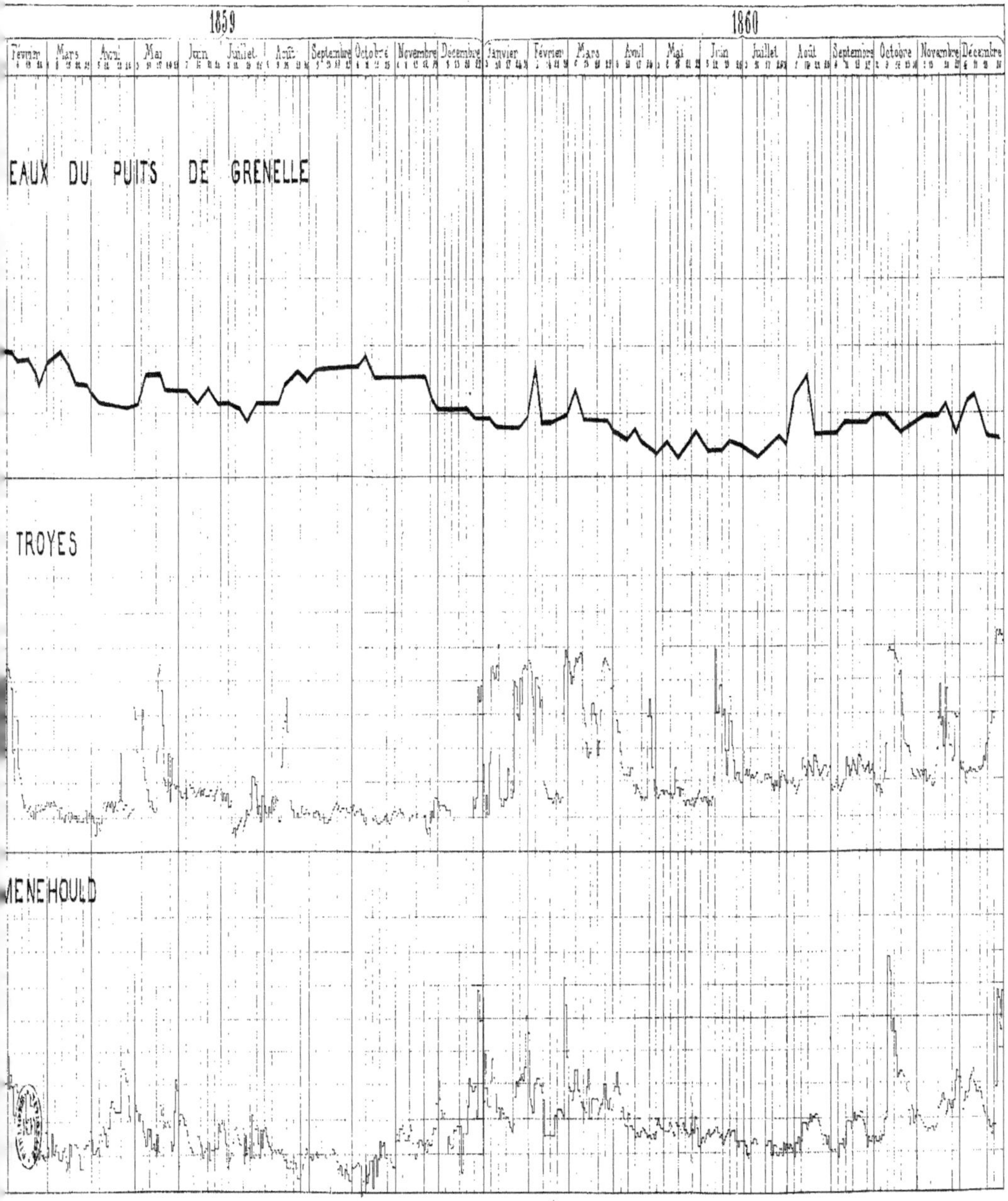

1859

1860

Février | Mars | Avril | Mai | Juin | Juillet | Août | Septembre | Octobre | Novembre | Décembre | Janvier | Février | Mars | Avril | Mai | Juin | Juillet | Août | Septembre | Octobre | Novembre | Décembre

EAUX DU PUITS DE GRENELLE

TROYES

MENEHOULD

Imp. Bradley à Paris.

J'ai fait tous les huit jours, depuis le 10 mars 1857 jusqu'au 31 octobre 1860, l'essai hydrotimétrique de ces eaux.

Les résultats de ces essais sont donnés dans le tableau suivant et sur la planche A.

TITRES HYDROTIMÉTRIQUES DE L'EAU DU PUITS DE GRENELLE

PUISÉE TOUS LES LUNDIS

1857. — ANNÉE SÈCHE.

10 mars	9.44
17 —	9.18
24 —	9.44
31 —	9.18
7 avril	9.44
14 —	9.18
21 —	9.18
28 —	9.44
5 mai	9.44
12 —	9.44
17 —	9.44
26 —	9.44
2 juin	9.44
9 —	9.44
16 —	9.44
23 —	9.44
30 —	9.44
7 juillet	9.18
14 —	9.44
21 —	9.44
28 —	9.44
4 août	9.44
11 —	9.44
18 —	9.44
25 —	9.44
1 septembre	9.44
8 —	9.44
15 —	9.69
22 —	9.44
29 —	9.44
6 octobre	9.87
13 —	9.87
20 —	9.87
27 —	9.87
3 novembre	9.48
10 —	9.87
17 —	9.87
24 —	10.11
2 décembre	9.87
9 —	9.87
15 —	9.38
22 —	9.87
29 —	9.87

1858 — ANNÉE TRÈS-SÈCHE

5 janvier	10.86
12 —	10.86
19 —	10.56
26 —	10.86
5 février	10.83
9 —	10.56
16 —	10.60
23 —	11.10
2 mars	10.56
9 —	10.56
16 —	10.56
23 —	9.87
30[4] —	9.57
6 avril	9.87
13 —	9.87
20 —	9.67
27 —	Eau perdue
4 mai	10.80
11 —	10.80
18 —	10.55
25 —	10.80
1 juin	10.62
8 —	10.80
15 —	10.55
22 —	10.55
29 —	10.62
6 juillet	10.80
13 —	10.80
20 —	10.55
27 —	10.62
3 août	10.62
10 —	10.62
17 —	10.62
24 —	10.89
31 —	10.89
7 septembre	11.70
14 —	11.70
21 —	11.79
28 —	11.52
5 octobre[2]	11.70
12 —	11.52
19 —	11.70
26 —	11.97

2 nov. 1858	12.45
9 —	11.70
16 —	11.70
23 —	11.54
30 —	11.70
7 décembre	11.25
14 —	10.89
21 —	10.98
28 —	11.25

1859. — ANNÉE SÈCHE

4 janvier	11.52
11 —	11.70
18 —	10.98
25 —	10.98
1 février	10.98
8 —	10.80
15 —	10.80
22 —	10.44
1 mars[3]	10.80
8 —	10.88
15 —	10.79
22 —	10.51
29 —	10.32
5 avril	10.32
12 —	10.23
19 —	10.25
26 —	10.25
3 mai	10.52
10 —	10.60
17 —	10.60
24 —	10.42
31[4] —	10.48
7 juin	10.48
14 —	10.28
21 —	10.43
28 —	10.19
5 juillet	10.19
12 —	10.09
19 —	9.89
26 —	10.19
2 août	10.19
9 —	10.19
16 —	10.50

1 Crue de la Seine du 5 au 31 mars. — 2 Essai fait le 5 octobre ; le flacon n'était pas bouché à l'émeri. — 3 La mousse était un peu haute. — 4 Bouteille avec un dépôt au fond.

Date	Titre	Date	Titre	Date	Titre
25 août 1855	10.67	24 janv. 1860	9.70	17 juill. 1860	9.50
30 —	10.57	31 —	9.79	24 —	9.69
6 septembre	10.67	7 février	10.54	31 —	9.50
13 —	10.67	14 —	9.73	7 août	10.26
20 —	10.67	21 —	9.79	14 —	10.45
27 —		28 —	9.98	23 —	9.50
4 octobre	10.77	6 mars	10.26	28 —	9.50
11 [1] —	10.86	13 —	9.88	4 septembre	9.50
18 —	10.57	20 —	9.88	11 —	9.79
25 —	10.57	27 —	9.88	18 —	9.79
1 novembre	10.57	3 avril	9.69	23 —	9.79
8 —	10.37	10 —	9.60	2 octobre	9.98
15 —	10.57	17 —	9.69	9 —	9.98
22 —	10.57	24 —	9.50	16 —	9.79
29 —	10.09	1 mai	9.40	23 —	9.69
6 décembre	10.09	8 —	9.50	30 —	9.79
13 —	10.09	15 —	9.51	6 novembre	9.98
20 —	10.09	22 —	9.50	13 —	9.98
27 —	9.89	29 —	9.69	20 —	10.08
		5 juin	9.50	27 —	9.50
1860. — ANNÉE HUMIDE.		12 —	9.50	4 décembre	10.08
		19 —	9.54	11 —	10.26
3 janvier	9.89	26 —	9.50	16 —	9.79
10 —	9.70	3 juillet	9.50	20 —	9.69
17 —	9.70	10 —	9.31		

[1] Erreur probablement.

Ce tableau fait voir que, dans les années sèches, les eaux sont notablement plus dures ; elles sont, au contraire, beaucoup plus pures à la suite des années ou des saisons humides. Ainsi la courbe des essais de la pl. A, présente toujours, au printemps, un minimum correspondant aux pluies d'hiver, et, en automne, un maximum correspondant aux sécheresses de l'été.

J'ai rapporté, sous la courbe des titres hydrotimétriques, les courbes des variations de niveau de deux cours d'eau du terrain crétacé inférieur, la Barse à Troyes, et l'Aisne à Sainte-Menehould [1].

On peut constater que toutes les fois que ces cours d'eau sont en crue persistante, quelques mois après il y a une dépression dans la courbe hydrotimétrique à Paris. Quand les crues se renouvellent souvent, la courbe hydrotimétrique est uniformément déprimée.

Le minimum des essais 9°, 18 correspond aux mois de mars

[1] Voy. pl. A

et avril 1857, et paraît être la conséquence des pluies continues de l'année 1856.

Le maximum 12°, 15 a été obtenu au commencement de novembre 1858 et est évidemment le résultat des sécheresses séculaires de 1857 et 1858.

L'année 1860 si constamment pluvieuse a produit dans la courbe une longue dépression qui s'est maintenue pendant toute l'année.

CHAPITRE VIII

DES SOURCES

Exposé historique. — Cette partie de mes études a été entreprise ou plutôt complétée en 1854, sur la demande de M. le préfet de la Seine. Il s'agissait de rechercher les sources dont il était possible de diriger les eaux vers Paris [1].

Lorsqu'on jette les yeux sur la carte du bassin de la Seine, il semble impossible au premier abord, d'arriver à une étude complète de toutes les sources qui produisent ce réseau si compliqué de petits cours d'eau. Cette étude serait en effet très-difficile si elle était faite sans méthode et sans tenir compte de la nature géologique et de la perméabilité du sol. Mais lorsqu'on fait quelques excursions géologiques, on est bientôt frappé de la régularité de la disposition des cours d'eau et des sources de chaque terrain.

Néanmoins la dérivation d'eaux de sources vers Paris est une des opérations les plus difficiles qui aient été entreprises par l'administration municipale. On s'est avant tout proposé de dis-

---

[1] Mon rapport en date du 8 juillet 1855 a été imprimé sous le titre : *Recherches statistiques sur les sources du bassin de la Seine qu'il est possible de conduire à Paris.* J'ai été énergiquement soutenu contre les attaques passionnées dont ces recherches ont été l'objet, par M. Haussmann, M. Dumas, président du conseil municipal, et M. Merruau, secrétaire général ; je ne dois pas l'oublier.

tribuer à la population parisienne, des eaux non-seulement aussi
pures chimiquement que celles de la Seine, mais encore limpides et fraîches en toute saison, et exemptes de ces souillures
qui troublent les eaux de rivière dans le voisinage des grandes
villes. Il était évident que des eaux de sources pouvaient seules
satisfaire à ces conditions; en outre, le volume d'eau à dériver,
ayant été fixé définitivement à 140,000 mètres par 24 heures
ou à 1,640 litres par seconde, il fallait le chercher dans de très-
grandes sources. Les petites sources des environs de Paris ne
pouvaient être utilisées.

Difficultés tenant à la disposition des lieux. — La lentille de
gypse qui s'exploite de Meulan à Château-Thierry, altère les
eaux de source dans toute cette étendue. Ce fait a été constaté
dès l'origine des études, en 1854, et les recherches ont dû être
reportées au delà de Château-Thierry, c'est-à-dire vers la limite
de la Champagne et de la Brie.

Les eaux à dériver devaient donc être prises à une grande distance de Paris.

Le bassin de la Seine est une vaste plaine; entre l'océan et le
pied de la chaîne de la Côte-d'Or, l'altitude du sol dépasse rarement 200 mètres; or les points les plus élevés à desservir à
Paris, la butte Montmartre et le tertre du Télégraphe à Belleville, se trouvent à 130 mètres. On comprend sans peine
quelle difficulté résulte de cette faible différence des altitudes des
points élevés de la ville, et des terrains d'où l'eau à dériver doit
provenir.

Le volume d'eau de source à dériver vers Paris étant considérable, il était évident *à priori* que les recherches de sources devaient être faites surtout dans les *terrains perméables*, puisque
les eaux de pluies ruissellent à la surface des *terrains imperméables* et ne peuvent y alimenter de grandes sources. Or les régions à terrains perméables rapprochées de Paris, le Senlissois,
le Soissonnais, la Beauce, ou donnent des eaux de mauvaise qua-

lité, ou sont à une trop basse altitude; mes recherches sous ce rapport devaient donc encore être reportées jusqu'à la craie blanche de la Champagne.

Enfin, la répartition des pluies sur le bassin de la Seine est très-peu favorable à l'alimentation des grandes sources. Les grandes pluies tombent sur le Morvan, dont les parties élevées reçoivent annuellement 1^m,80 de hauteur d'eau pluviale, et les parties basses 1 mètre environ. Les régions les plus pluvieuses après le Morvan sont la Champagne humide et la Normandie qui reçoivent 0^m,80 de hauteur de pluie.

Mais malheureusement le Morvan et la Champagne humide sont des terrains imperméables qui par conséquent alimentent mal les sources; les sources si abondantes des terrains perméables de la Normandie situées à 200 kilomètres en aval de Paris, ne sont pas faciles à dériver vers cette ville; on ne pouvait donc espérer trouver de grandes sources dans les régions les plus pluvieuses.

Ainsi tout concourait à rendre dispendieuse et difficile l'opération entreprise par l'administration municipale de Paris.

Le premier mémoire que j'ai présenté remonte au 8 juillet 1854. Il a été imprimé et on en a distribué quelques exemplaires; le reste a été brûlé en mai 1871. Toutes les sources du bassin de la Seine y étaient classées par grandes divisions géologiques et par ordre de pureté. Je n'ai rien eu depuis à changer dans cette classification générale.

Avant de proposer le choix d'un ensemble de sources, j'ai dû discuter les anciens projets de dérivation.

Travaux de Louis XIV. Aqueduc de Maintenon. — Celui qui méritait l'examen le plus sérieux, était l'aqueduc de dérivation de l'Eure, dont les travaux ont été commencés sous Louis XIV. En effet, les eaux de l'Eure sont très-pures chimiquement; on pouvait donc espérer trouver de bonnes sources dans cette vallée.

La prise d'eau de Louis XIV était à Courville, un peu en

amont de Chartres, à l'altitude de 164 mètres environ. Un examen sommaire des lieux faisait reconnaître l'impossibilité de dériver les sources situées à un niveau inférieur ; car en descendant à une plus basse altitude, un souterrain de plus de 25 kilomètres était nécessaire pour passer du bassin d'Eure à celui de la Seine. Il suffisait donc, pour se rendre compte de la possibilité de l'opération, de jauger l'Eure au-dessus de Courville. Le 21 avril 1854, c'est-à-dire dans une année qui était loin d'être très-sèche, et dans une saison où les sources ne sont jamais à leur plus bas débit, je reconnus que l'Eure, à Pontgoin, un peu en amont de la prise d'eau de Louis XIV, débitait au plus 540 litres d'eau par seconde ; on ne pouvait donc espérer trouver en amont des sources suffisantes. Je reconnus ainsi que l'aqueduc commencé par Louis XIV ne pouvait être continué par la ville de Paris.

Dérivations de la Bièvre et de l'Yvette, projets de Deparcieux et Perronet. — Dans trois mémoires présentés à l'Académie des sciences en 1762, 66 et 67, Deparcieux proposait de dériver à Paris les eaux de l'Yvette. Ces trois mémoires, remarquables à tous égards, ont valu à leur auteur une juste réputation.

Après la mort de Deparcieux, un arrêté du conseil d'État du 30 juillet 1769 désigna deux célèbres ingénieurs, Perronet et Chézy, pour continuer son œuvre. Un mémoire de Perronet, du 15 novembre 1775, fait connaître les principales dispositions du projet. On ajoutait l'eau de la Bièvre à celle de l'Yvette, et on pouvait conduire à Paris 27,833 mètres d'eau par 24 heures. La longueur du canal de l'Yvette était de 17352 toises (33820 mètres), celle du canal de la Bièvre de 1890 toises (5475 mètres). Ces canaux étaient découverts, sauf sur une longueur de 4309 mètres ; leur pente était de $0^m,208$ par kilomètre ; l'eau arrivait à Paris à l'altitude de $64^m,65$.

Le volume d'eau à dériver, jugé suffisant en 1775, ne l'était plus en 1854, et l'altitude de $64^m,65$ était trop basse. Même en réduisant la pente à $0^m,10$ par kilomètre, on n'arrivait pas à l'altitude 80 mètres, jugée nécessaire.

Un examen attentif des lieux me fit reconnaître qu'il n'y avait pas à compter sur un volume d'eau de source égal, à beaucoup près, à celui que Perronet et Chézy proposaient de puiser directement dans l'Yvette et dans la Bièvre.

Néanmoins, ces sources étant très-rapprochées de Paris et de bonne qualité, je fis jauger toutes celles qui sont situées dans ces deux vallées, et dans celles de l'Orge et de ses deux affluents, la Renarde et la Rimarde, à une altitude suffisante pour être jetées dans l'aqueduc d'Arcueil. Je reconnus que leur débit ne dépassait pas 10,000 mètres par 24 heures, et que pour les dériver il faudrait dessécher les pièces d'eau de tant de propriétés de luxe, qu'une pareille entreprise était impraticable ; néanmoins ce travail offrait un certain intérêt. Il a été détruit dans l'incendie de l'Hôtel de Ville.

Il ne fallait donc pas songer à faire revivre ces anciens projets ; je démontrais que les eaux de la Brie jusqu'à Château-Thierry étaient trop chargées de sels terreux ; qu'en amont de Château-Thierry il est difficile, sinon impossible, de trouver dans la nappe d'eau des argiles à meulières, des sources assez abondantes pour alimenter Paris. J'étais donc encore conduit à la limite de la Brie et de la Champagne ; je trouvais dans cette dernière contrée des eaux d'excellente qualité, plus pures et moins chargées de carbonate de chaux que celle des autres terrains calcaires du bassin de la Seine, plus agréables à boire que celles du granite, du green-sand et des sables de Fontainebleau.

Ainsi, c'était dans la craie blanche de la Champagne qu'il fallait chercher les sources destinées à l'alimentation de Paris, et, parmi ces sources, il convenait de choisir les plus pures, celles de la Somme-Soude, petit affluent de la Marne.

Le tracé de l'aqueduc suivait les coteaux de la rive gauche

de cette dernière rivière jusqu'en aval de Meaux. Là on passait
sur la rive droite et l'on arrivait à Paris sur la pente des buttes
Chaumont, à l'altitude de $85^m,50$. La longueur de l'aqueduc principal était de $159^k,50$; celle des aqueducs de prise d'eau, de
42 kilomètres, celle des siphons de 12 kilomètres. On devait
dériver 1000 litres d'eau par seconde ou 86400 mètres par
24 heures. La dépense était évaluée à 22 millions.

La conclusion générale de ce premier mémoire a été confir-
mée par les études postérieures. Les meilleures sources du
bassin de la Seine se trouvent bien dans la craie blanche de
Champagne et de Normandie ; mais les sécheresses extraordinaires de ces dernières années ont démontré que les sources
de la Somme-Soude étaient insuffisantes. Le débit de la rivière,
qui, aux plus basses eaux de 1855 était d'environ 1000 litres par
seconde, est tombé en mai 1855 à 1050 litres, en juin à 558 litres,
en juillet à 400 litres, en août à 260 litres, en septembre à
145 litres. C'était trop peu, et on a dû chercher ailleurs.

Mes recherches de sources dans toute l'étendue du bassin de
la Seine ont été complétées en 1855, et mes collaborateurs,
MM. les ingénieurs Rozat de Mandres et Ed. Collignon, ont
dressé à la même époque les plans et le nivellement de l'avant-
projet de l'aqueduc de la Somme-Soude.

En même temps, M. l'ingénieur Lesguillier préparait, sous ma
direction, un avant-projet de la dérivation des sources de la
Vanne. Cette première étude fut repoussée parce que l'on arrivait sur les hauteurs de Montrouge à l'altitude de 70 mètres,
jugée insuffisante pour une bonne distribution à Paris.

Je ne crois pas devoir m'étendre plus longtemps sur ces premières études. Ces considérations étaient nécessaires pour faire
comprendre comment on a été conduit à faire une étude complète des sources du bassin de la Seine.

Classification des sources du bassin de la Seine. — J'appelle *lieux de source* les surfaces ou les lignes de terrain où jaillissent les sources. Ces lieux sont toujours discontinus, cela est évident.

D'après ce qui a été dit des nappes d'eau souterraines (chapitre VII) les sources du bassin de la Seine se divisent en quatre classes, et chaque classe est elle-même formée de plusieurs subdivisions, suivant la nature du terrain.

1ʳᵉ *classe. Sources de terrains imperméables.* — Il n'y a pas de nappes d'eau, à proprement parler, dans les terrains imperméables ; le *lieu* des sources est donc la surface même du pays ; et comme la plus grande partie des eaux pluviales ruisselle à la surface du sol, les sources sont toujours très-petites et d'autant plus éloignées les unes des autres, que le terrain est plus imperméable. Ainsi dans le granite du Morvan, dont la surface est très-fendillée, les sources sont très-nombreuses et se montrent partout aussi bien au flanc des coteaux qu'au fond des vallées. Le *lias* de l'Auxois et du Nivernais étant un terrain très-argileux, et beaucoup plus imperméable que le granite, il ne donne naissance qu'à des sources bien plus petites encore, et très-éloignées les unes des autres ; de vastes contrées remarquablement fertiles, couvertes de belles prairies, sont absolument privées d'eau pendant l'été. Telle est la riche plaine d'Époisses dans l'Auxois. Les sources ou plutôt les suintements peu nombreux qu'on trouve çà et là, à de grandes distances les uns des autres, correspondent en général aux assises calcaires du terrain.

Des faits analogues se remarquent dans tous les autres terrains imperméables du bassin. Ainsi les sources sont très-nombreuses et très-petites dans les sablons limoneux du green-sand, et rares dans les argiles néocomiennes.

On remarque sur la carte de très-nombreux cours d'eau à la surface des terrains imperméables ; mais ces cours d'eau ne commencent pas nécessairement par une source, cela n'a même

presque jamais lieu dans les terrains les plus imperméables, tels
que le lias, les argiles néocomiennes.

2ᵉ classe. Sources des terrains entièrement perméables. —
Lorsque la surface d'une contrée est entièrement perméable,
toutes les eaux pluviales, qui ne sont pas enlevées par l'évaporation ou la végétation, profitent aux sources. Ainsi que je l'ai
fait voir au chapitre VII, les eaux ainsi absorbées s'abaissent en
nappes, discontinues dans les terrains calcaires, continues dans
les terrains sablonneux, vers les vallées les plus profondes, et alimentent, par de grandes sources, les rares cours d'eau disséminés
à la surface du pays.

Les *lieux* de sources, dans ces terrains, sont donc les prairies
humides et même tourbeuses qui tapissent le fond des grandes
vallées. Ces *lieux* sont représentés sur la carte par les lignes
mêmes qui figurent les cours d'eau. Il n'y a pas d'autres sources
dans ces contrées, et les autres parties du pays ; les vallées moins
profondes, les coteaux, les plateaux restent à sec en toute saison.
C'est un des caractères les plus frappants et les plus singuliers
des terrains perméables. Un examen sommaire de la carte fait voir
que ces *lieux* de sources sont très-écartés les uns des autres. Les
bassins qui les alimentent sont donc très-étendus, et on est porté
à conclure de là qu'on doit y trouver des sources considérables.

On rencontre en effet, de très-grandes sources, le long de tous
les ruisseaux des terrains oolithiques de la basse Bourgogne, de la
craie blanche de la Champagne et de la Normandie, des terrains
calcaires de la banlieue de Provins et des autres vallées de la Brie,
du Valois, du Tardenois, du Vexin français, du Soissonnais, des
calcaires de Beauce et des sables de Fontainebleau ; c'est donc
dans les sources du deuxième genre plus spécialement, qu'on a dû
chercher l'eau nécessaire à l'alimentation de Paris.

Si l'on suit un cours d'eau, qui a son origine dans un terrain
perméable, on trouve toujours une source à l'origine de la ligne

qui, sur la carte, figure le cours d'eau. Mais cette source n'est pas toujours pérenne ; habituellement même, elle tarit dans la saison sèche. C'est encore un des caractères remarquables des *lieux* de sources de la deuxième classe. J'indiquerai plus loin la position précise de ces sources éphémères. Plusieurs portent des noms caractéristiques, tels que la Peute-Gueule (la laide gueule), la Peute-Fosse (la laide-fosse), Fontaine-la-Sèche, ou de Gueule-Sèche.

3ᵉ classe. Niveaux d'eau. — Lorsqu'un terrain perméable repose sur un terrain imperméable, situé à un niveau supérieur à celui du fond d'une vallée, il s'établit, à leur plan de contact, ce qu'on appelle vulgairement *un niveau d'eau.* Toutes les eaux pluviales, qui pénètrent dans le sous-sol, s'arrêtent sur ce plan, et donnent naissance à *un lieu* de sources qui correspond à la ligne d'affleurement du terrain imperméable. Les *lieux* de sources de cette classe se développent donc aussi bien à flanc de coteau qu'au fond des vallées. Ces sources sont, en général, très-nombreuses et par suite, assez petites.

Ces *lieux* de sources se reconnaissent très-facilement sur la carte. Le plus éloigné de Paris et un des plus importants, se trouve à la ligne de contact du lias et du calcaire oolithique inférieur [1]. Un autre, plus développé encore, se voit à la ligne de contact de la craie blanche et du terrain crétacé inférieur [2], qui forme les limites des deux Champagnes, du Vexin normand et du pays de Bray. Un des plus importants est au contact du calcaire grossier et de l'argile plastique ; on le trouve très-développé, à la limite de la Brie et de la Champagne, dans la plupart des vallées du Soissonnais et dans la vallée de la Marne.

Enfin le *lieu* de sources de la troisième classe, le plus intéressant par son rapprochement de Paris, est celui qui se trouve au contact des marnes vertes et des meulières de la Brie. Il est désigné, sur la carte, par le petit liséré vert qui festonne toutes les vallées de la

---

[1] Teinte bleue de la carte (lias). Rayure bleue horizontale (terrain oolithique inf.).

[2] Rayure jaune (craie blanche). Teinte vert olive (terrain crét. inf.).

Brie, de la forêt de Fontainebleau et des environs de Versailles.

4° classe. Sources artésiennes. — Les sources artésiennes, c'est-à-dire celles qui sortent d'une nappe d'eau emprisonnée sous une couche de terrain imperméable en jaillissant par un puits ou cheminée, sont fort rares dans le bassin de la Seine.

Les plus importantes, les seules dont je parlerai, sont celles qui jaillissent dans le terrain néocomien. Les eaux absorbées par les terrains oolithiques sont si abondantes que lorsque ces calcaires s'enfoncent sous les terrains néocomiens, une partie de l'eau ainsi emprisonnée se fait jour au travers de cette masse argileuse. Telles sont les sources de la Barse à Vendœuvres, de la Laines à Soulaine, de la Voire à Somme-Voire, de Sommelonne de Brousseval. Suivant M. Tombeck, plusieurs de ces sources jaillissent de puits profonds qui descendent évidemment jusqu'au terrain jurassique.

Les quatre classes de sources du bassin de la Seine forment dix-sept subdivisions, suivant la nature du sol dans lequel les eaux s'infiltrent.

Terrains tertiaires.	1° Sources du calcaire de Beauce ou des sables de Fontainebleau recouverts par le calcaire de Beauce. 2° Sources des sables de Fontainebleau.	Sources de 2° classe.
	3° Sources du niveau d'eau des marnes vertes, partie gypsifère. 4° Sources du niveau d'eau des marnes vertes, partie non gypsifère.	Sources de 3° classe.
	5° Sources des terrains compris entre les marnes vertes et l'argile plastique.	Sources de 2° classe.
	6° Sources du niveau d'eau de l'argile plastique.	S. de 3° cl.
Terrains crétacés.	7° Sources de la craie blanche recouverte par les terrains tertiaires. 8° Sources de la craie blanche non recouverte par les terrains tertiaires.	Sources de 3° classe.
	9° Source du niveau d'eau du gault.	S. de 2° cl.
	10° Source du terrain crétacé inférieur.	S. de 1re cl.
	11° Source du calcaire à spatangues.	S. de 4° cl.

Terrains jurassiques.	12° Sources des calcaires oolithiques durs. 13° Sources des calcaires oolithiques marneux.	Sources de 2e classe.
	14° Source du niveau d'eau entre le calcaire à entroques et le lias.	Sources de 3e classe.
	15° Sources du lias. 16° Source de l'infra-lias.	Sources de 1re classe.
Terrains granitiques.	17° Sources des terrains granitiques.	S. de 1re cl.

Sources des calcaires de Beauce et des sables de Fontainebleau. Ces terrains étant perméables, les sources appartiennent à la deuxième classe, c'est-à-dire qu'elles sont toutes situées au fond des vallées les plus profondes, à peu de hauteur au-dessus de la ligne des thalwegs ; les vallées et les autres coteaux sont complétement secs et arides. Elles sont quelquefois très-importantes et alimentent à l'exclusion de toutes autres eaux, le pays d'Hurepoix et la partie de la Beauce, dont les versants sont dirigés vers la Seine au-dessus de Paris.

Sources du niveau d'eau des marnes vertes qui recouvrent le gypse. La plus grande partie des eaux pluviales absorbées par les sables de Fontainebleau sur la rive gauche de la Seine, et sur la rive droite, par les meulières et les calcaires de Brie, s'arrêtent sur les marnes vertes qui recouvrent le gypse, ou sur les marnes intercalées dans les terrains gypsifères ; elles alimentent des sources véritablement innombrables, qui donnent aux coteaux des vallées de la Brie et de la banlieue de Paris et de Versailles, leur caractère de fraîcheur et leur aspect pittoresque.

Sources des terrains perméables compris entre les marnes vertes et l'argile plastique. — Quoique les marnes blanches du calcaire de Saint-Ouen ne se laissent pas traverser très-facilement par l'eau, et quoique les sables moyens soient souvent peu perméables, néanmoins on ne trouve à flanc de coteau, dans ces terrains, qu'un très-petit nombre de sources. A l'affleurement des sables moyens des coteaux de la Marne, on voit quelquefois de faibles suintements, mais rien qui annonce un niveau d'eau régulier.

Les sources des calcaires de Saint-Ouen, des sables moyens et du calcaire grossier, se trouvent toutes au fond des vallées les plus profondes et à peu de hauteur au-dessus des thalwegs ; les vallées secondaires sont habituellement sèches et arides ; ces sources appartiennent donc à la deuxième classe. Elles sont, avec celles de la Beauce, les plus considérables de la partie tertiaire du bassin de Paris.

Les grandes sources du fond des vallées de la Brie, de la plaine Saint-Denis, de Sarcelles, de Gonesse, jaillissent des mêmes terrains. Il en est de même d'une grande partie des sources des affluents tertiaires de l'Oise, tels que l'Aunette, la Nonette, l'Authonne, la Thève, la Viosne, etc.

Sources du niveau de l'argile plastique. — Je comprendrai sous cette dénomination toutes les sources qui jaillissent au niveau de l'argile plastique, sous les sables du calcaire grossier, et celles qui sortent des diverses couches de sables qui alternent avec l'argile plastique.

Ces sources sont en assez petit nombre dans la vallée de la Seine proprement dite. Elles sont très-nombreuses dans la vallée de la Marne où elles alimentent la partie inférieure de l'Ourcq, et la Marne elle-même, entre Épernay et La Ferté-sous-Jouarre. Mais c'est surtout dans le bassin de l'Oise et notamment dans le Soissonnais qu'elles jouent un rôle très-important.

Ces sources étant soutenues par une couche d'argile très-compacte, se montrent au jour aussi bien sur le flanc des coteaux qu'au fond des vallées. Elles jaillissent donc souvent à un niveau très-élevé au-dessus du fond des vallées et y entretiennent une grande fraîcheur et une végétation des plus vigoureuses. C'est à ces eaux que les parcs de Nogent-l'Artaud, de Dormans et des environs de Château-Thierry doivent leurs beaux ombrages. Les coteaux du Soissonnais sont sillonnés par de petits ruisseaux très-nombreux qui tous ont la même origine. A Lusarche, les sources de l'argile plastique se montrent presque à chaque pas.

Sources de la craie. — Le niveau d'eau de l'argile plastique nous conduit jusqu'aux plaines crayeuses de la Champagne.

En effet, tous les coteaux à pente rapide qui séparent ces plaines des plateaux élevés de la Brie sont couronnés par des terrains argileux, d'où sortent une multitude de sources dont les eaux viennent presque toujours se perdre dans la craie. Les beaux villages enrichis par les excellents vignobles qui couvrent ces coteaux, ont pour la plupart une distribution d'eau de l'argile plastique.

Quelques-unes de ces sources, telles que celles de Vertus, sortent de la craie, mais néanmoins leur origine tertiaire ne saurait être contestée. La composition chimique de leurs eaux est absolument la même que celle des eaux des sources voisines des terrains tertiaires; de plus, il arrive parfois qu'elles se troublent à la suite des grandes pluies et alors elles sont chargées d'argiles tertiaires et non de détritus de craie blanche.

Les sources de la craie appartiennent à la deuxième classe, c'est-à-dire qu'elles sortent toutes à peu de hauteur au-dessus du thalweg des vallées les plus profondes; jamais on ne les trouve à flanc de coteaux.

Comme dans ces terrains très-perméables, les eaux pluviales s'écoulent rarement à la surface du sol et arrivent ordinairement aux thalwegs par des sources, chaque ruisseau a une origine parfaitement déterminée. C'est une source plus ou moins considé-rable qui habituellement porte le nom de *somme* et qui n'est pas pérenne.

On trouve de très-belles sources de la craie, non-seulement dans la Champagne proprement dite, mais encore dans les val-

lées des petits affluents de la rive gauche de l'Yonne, à partir
d'Auxerre, tels que le Tholon, le ruisseau de Saint-Vrain, de la
partie inférieure du Loing, depuis Montargis, et de ses principaux affluents, le Lunain et l'Orvanne. A partir de Meulan, de
chaque côté de la Seine, et même au fond de son lit, dans les
vallées des principaux affluents, l'Epte, l'Andelle, le Robec, Clère
et Caillly, le ruisseau de Lillebonne, la Mauldre, l'Eure et ses tributaires, la Blaise, l'Arve et l'Iton, jaillissent d'énormes sources
qui augmentent considérablement la portée d'étiage du fleuve.

*Niveau d'eau à la limite de la craie blanche et de la craie
marneuse ou du gault.* — La ligne de séparation de la Champagne sèche et de la Champagne humide forme un niveau
d'eau d'un développement très-considérable, où l'on trouve un
très-grand nombre de petites sources qui alimentent quelques
ruisseaux. Cette ligne passe à proximité d'Auxerre, de Troyes, de
Vitry-le-Français, de Sainte-Menehould, de Rethel et de Vouziers;
on trouve des sources du même genre dans le pays de Bray.

*Eaux du green-sand et en général du terrain crétacé infé-
rieur.* — Les sources des terrains crétacés situés au-dessous
du gault sont très-petites, mais extrêmement nombreuses;
elles se réduisent, pour la plupart, à des suintements qui se
font jour dans tous les ravins, tous les ruisseaux, tous les
fossés. Ces sources appartiennent essentiellement à la première
classe.

Les eaux des grandes sources des calcaires néocomiens, telles
que celles de Vendœuvres, de Soulaine, de Sommevoire, Som-
melonc, de Brousseval, me paraissent provenir des terrains jurassiques. Ces sources sont de véritables puits artésiens. Ces
sources appartiendraient donc à la quatrième classe.

Sources des terrains oolithiques. — Ces sources jouent un
rôle très-important dans l'alimentation de la Seine. Les affluents

du fleuve situés en amont des terrains crétacés doivent presque toutes leurs eaux aux sources des calcaires oolithiques; l'Yonne et ses tributaires font seuls exception et puisent une partie de leurs eaux dans les terrains granitiques et liasiques.

Les sources des terrains oolithiques appartiennent toutes à la deuxième classe : habituellement elles ne se trouvent pas à flanc de coteau ; elles sont situées à très-peu de hauteur au-dessus du thalweg des vallées les plus profondes. Les autres vallées présentent l'image de l'aridité la plus absolue; souvent elles sont cultivées jusqu'au fond, sans qu'on ait même réservé un simple fossé pour l'écoulement des eaux.

Dans les grandes masses marneuses des terrains oxfordien et kimméridien, on voit à peine quelques faibles suintements à flanc de coteau.

C'est ce qu'il est facile de vérifier dans le long escarpement que forment les marnes oxfordiennes entre Nuits-sous-Ravière et Chaumont; en suivant le développement de ces coteaux, qui coupent transversalement toutes les vallées principales à peu de distance de Laignes, Châtillon-sur-Seine, Brion-sur-Ource, Montigny-sur-Aube, Château-Villain, etc., on ne trouve aucune source en contact des calcaires lithographiques avec les marnes situées au-dessous, tandis qu'à leur pied, au fond des vallées, il existe des sources énormes, telles que celles d'Arlot (vallée de l'Armançon), de Laignes (vallée de la Laignes), de Courcelles-les-Rangs (vallée de la Seine), de Brion et de Thoires (vallée de l'Ource), de Montigny (vallée de l'Aube), de Château-Villain (vallée d'Aujon), de Condes (vallée de la Marne), etc.

Niveau d'eau au contact du calcaire à entroques et du lias. — Les calcaires oolithiques se terminent à leur base par le calcaire à entroques, le plus dur et le plus pur du bassin de la Seine, qui repose sur la masse puissante des argiles du lias. Il existe, au contact de ces deux terrains, une belle nappe d'eau d'où jaillit un grand nombre de sources.

Ce niveau d'eau se développe sur plusieurs centaines de kilomètres de longueur, dans l'Auxois (Côte-d'Or et Yonne), dans le Nivernais et dans la Haute-Marne (banlieue de Langres). Il alimente à leur origine plusieurs des principaux affluents du fleuve, l'Armançon, la Brenne, l'Ozerain, l'Oze, la Seine, l'Ource, l'Aube, la Marne.

Ces sources appartiennent à la troisième classe; car on les trouve aussi bien à flanc de coteau qu'au fond des vallées; elles donnent à la partie supérieure des vallées des terrains jurassiques que je viens de nommer, une fraîcheur et un aspect pittoresque bien rares dans ces contrées arides.

Sources du lias. — Ces sources sont très-petites et assez rares; beaucoup ne sont pas pérennes. Aussi, quoique les cours d'eau du lias soient presque aussi nombreux que ceux du granite, ces deux terrains présentent, dans la saison sèche, un aspect bien différent; le Morvan est toujours frais et humide, même dans les années les plus sèches; les plaines argileuses de l'Auxois qui l'entourent, quoique bien plus riches, sont presque aussi arides dans les années sèches, que les plateaux des calcaires oolithiques.

Les sources du lias en temps sec, ne fournissent donc, pour ainsi dire, point d'eau, au bassin de la Seine.

Elles appartiennent toutes à la première classe.

Sources des terrains granitiques. — Les eaux de la pointe septentrionale du plateau central de la France, désignée sous le nom de Morvan, sortent des terrains granitiques.

En général assez petites mais très-nombreuses, les sources du granite sont disséminées dans les bassins des principaux cours d'eau du Morvan, l'Yonne, la Cure et le Cousin.

Les sources du granite se trouvent partout, aussi bien à flanc de coteau qu'au fond des vallées. Elles ne sortent d'aucun niveau d'eau spécial ; elles appartiennent donc à la première classe.

Leurs eaux se distinguent par deux caractères qui leur sont particuliers. Elles forment parfois, à flanc de coteau, des marais souvent tourbeux (voyez *Introduction*, page 7).

CHAPITRE IX

—

Les substances minérales qui sont habituellement en dissolution dans les eaux de sources du bassin de la Seine, sont assez peu nombreuses. Les eaux des terrains granitiques, oolithiques et crétacés ne contiennent que du carbonate de chaux et quelques substances complétement innocentes, telles que la silice, l'alumine, etc, et quelque peu de chlorures.

Mais dans le lias et une grande partie des terrains tertiaires de la banlieue de Paris, une autre substance d'une très-mauvaise nature, le sulfate de chaux, vient s'ajouter à ces éléments. C'est notamment dans la partie des terrains gypsifères qui s'étend entre Meulan et Château-Thierry, que les eaux sont fortement sulfatées. En dehors de ces limites, les eaux des terrains tertiaires sont beaucoup meilleures.

On sait quelles sont les propriétés des carbonates et sulfates terreux en dissolution dans l'eau. Les premiers sels, presque toujours à l'état de bicarbonate, ont un premier inconvénient : ils engorgent les conduites de distribution d'eau. Lorsque l'excès d'acide carbonique qui tient le sel terreux en dis-

solution se dégage, ce sel devient insoluble, se dépose sur
les parois des conduites et y forme des croûtes plus ou moins
adhérentes.

Les carbonates terreux produisent aussi des incrustations
adhérentes dans les chaudières des machines à vapeur, et neu-
tralisent une partie du savon employé au blanchissage du
linge.

La plupart des savants français considèrent que le carbonate de chaux est nécessaire en petite quantité pour consti-
tuer une bonne eau potable. Les savants anglais et américains
admettent, au contraire, que les eaux les plus pures sont les
meilleures.

Les sulfates terreux rendent les eaux impropres à la plupart
des usages domestiques, quand ils s'y trouvent dans la proportion de plus de 15 centigrammes par litre. Ils durcissent les légumes pendant la cuisson, forment des dépôts très-adhérents dans
les chaudières à vapeur, et rendent les eaux dures et indigestes.
En outre, comme ils sont toujours accompagnés de carbonates,
l'action combinée des deux sels produit des grumeaux avec l'eau
de savon.

Action des tourbières sur les eaux de sources. — Il est une
autre substance très-répandue dans le bassin de la Seine, la
tourbe, qui agit sur les eaux, non pas dans l'intérieur du sol,
mais à leur sortie, soit aux sources, soit dans le lit même des
ruisseaux, et qui, sans leur donner des propriétés précisément
malfaisantes, peut les rendre impotables en leur communiquant
un mauvais goût.

La saveur que la tourbe et les autres substances organiques communiquent aux eaux, est quelquefois très-désagréa-
ble, quoiqu'elles soient très-pures. Les analyses de MM. Bouchardat et Vauquelin, et mes essais hydrotimétriques, prouvent
que les eaux du Morvan sont d'une pureté extrême. Elles

ont néanmoins quelquefois un goût herbacé si prononcé qu'elles sont réellement peu potables, et c'est probablement à la tourbe qu'elles doivent cette saveur fâcheuse.

Il ne peut être question ici des autres substances qu'on trouve dans un petit nombre de sources du bassin de la Seine. Je ne veux parler que des eaux douces ; les sources minérales sont d'ailleurs sans importance. Leur basse température annonce une origine superficielle, et la plupart des géologues s'accordent aujourd'hui pour attribuer l'origine des sulfures qu'elles contiennent à des dépôts récents de matières organiques.

Je ne m'occuperai donc ici que de l'action produite sur les eaux de sources par les sels terreux et la tourbe. Je considérerai comme étant de bonne qualité les eaux de sources qui ne sont pas trop altérées par ces substances, lorsque les populations qui en font usage sont saines et vigoureuses, ce qui est le cas général dans le bassin de la Seine.

Détermination des sels terreux. — J'ai constaté la proportion des sels terreux au moyen de l'hydrotimètre et d'analyses chimiques.

L'hydrotimètre est un instrument trop connu aujourd'hui pour que j'en fasse la description. Mes études n'ont peut-être pas peu contribué à en vulgariser l'emploi en France. D'après MM. Boutron et Boudet qui ont introduit parmi nous ce mode si simple d'analyse, un degré hydrotimétrique annonce qu'un mètre cube de l'eau essayée contient assez de sels terreux pour neutraliser un hectogramme de savon ordinaire. L'eau de Grenelle, dont le titre est de 9°,50 à 12°, neutralise par mètre cube à peu près un kilogramme de savon. L'eau de Seine qui marque de 18 à 20°, deux kilogrammes ; l'eau d'Ourcq qui donne de 30 à 34°, trois kilogrammes ; l'eau d'Arcueil qui marque près de 40°, de 3ᵏ,50 à 4 kilog.

Ces points de départ étant donnés, j'indique dans les tableaux suivants les résultats de mes essais sur les eaux de sources du bassin de la Seine; en suivant la classification des pages indiquée au chapitre VIII, pages 111 et 112.

1° Les sources des calcaires de Beauce et des terrains de Fontainebleau sortant toutes au-dessus des terrains gypsifères ne contiennent pas de sulfate de chaux.

DÉSIGNATION DES SOURCES	NOMS DES LOCALITÉS où se trouvent les sources OU DES RIVIÈRES qu'elles alimentent	IMPORTANCE DES SOURCES	TEMPÉRATURE DE L'EAU EN DEGRÉS CENTIGRADES	TITRE HYDROTIMÉTRIQUE		OBSERVATIONS
				Pour tous les sels de chaux et de magnésie	Pour les sulfates seulement	
1° Calcaires de Beauce ou sables de Fontainebleau recouverts par les calcaires de Beauce. Sources qu'on trouve principalement au fond de la partie supérieure des vallées de l'Écolle, l'Essonne, la Juine et l'Orge.						
Source à l'amont du château de la Porte	Commune d'Autruy, rivière de Juine.		»	19.50	0	
Source du parc	Id.		»	20.00	0	
Source en amont du moulin Apaux	Id.	Ces sources et beaucoup d'au-	»	19.00	0	
Source en amont du moulin de Glacros	Commune de Méréville, id.	tres du même	»	20.00	0	
Fontaine des Corps-Saints	Commune d'Étréchy, id.	genre forment	»	21.90	trac. seul	
S⁰ en amont } du moulin	Rivière d'Échmont affluent	un ensemble ex-	»	18.50	0	
S⁰ en aval } de Fontenottes	de la Juine.	trêmement im-	»	17.00	0	Ces eaux sont de bonne qualité, mais elles sont souvent altérées par la tourbe qui remplit le fond des vallées.
Fontaine Sainte-Apolline		portant et ali-	»	18.25	0	
Déversoir de l'étang de Moulineux	Rivière de Chalonettes, id.	mentent la Juine en amont	»	18.00	0	
Source de Garcenval	Source du ruisseau de Guillerval, id.	d'Étampes.	»	19.00	0	
Source des Boutards	La Louette, id.		»	25.50	0	
Source en amont du bois de Bouzaine	Le Juineteau, id.		»	20.00	0	
Source de l'Orge, à la Brosse	Rivière d'Orge.	Petite source.	»	17.50	0	
Source du parc de Pinceloup	La Rimarde, affl. d'Orge.	Id.	»	24.10	0	
Fontaine de Saint-Arnoult	Id.	Id.	»	25.00	quantité tr. notab.	

2° Lorsque les sables de Fontainebleau ne sont pas recouverts par les calcaires de Beauce et lorsque les eaux qu'ils absorbent ne s'altèrent pas au contact des marnes vertes, les sources sont encore moins chargées de sels terreux; mais la disposition des sables de Fontainebleau est telle, dans le bassin de la Seine, que dans ces conditions, ces terrains n'ont qu'une très-faible étendue et ne produisent, par conséquent, que des sources en général très-petites.

C'est notamment dans la partie supérieure de la petite rivière d'Eccole sur les rives gauches de la Renarde, de la Rimarde et de la Sallemouille, affluents de l'Orge, dans la vallée de la Bièvre en amont de Buc, et dans quelques-uns de ces amas de sablons épars sur les plateaux de la Brie, qu'on trouve ces petites sources qui donnent une eau excellente; mais malheureusement peu abondante.

Voici le résultat de mes essais hydrotimétriques.

DÉSIGNATION DES SOURCES	NOMS DES LOCALITÉS où se trouvent les sources OU DES RIVIÈRES qu'elles alimentent	IMPORTANCE DES SOURCES	TEMPÉRATURE DE L'EAU EN DEGRÉS CENTIGRADES	TITRE HYDROTIMÉTRIQUE Pour tous les sels de chaux et de magnésie	Pour les sulfates seulement	OBSERVATIONS
2° Sables de Fontainebleau non recouverts, ou recouverts par les argiles à meulières supérieures. — Sources qu'on trouve principalement à l'origine des vallées d'Ecolle, de l'Yvette et de la Bièvre, dans quelques affluents de l'Orge et autour des buttes de sables éparses sur le plateau de la Brie.						
Source du parc de Chambergeot	A Noisy-sur-École.	Petite source.	»	11.10	0	
Source de la Gloriettes, à Malassis, près Bonnelles. . . .			»	11.50	0	
Source de la rivière de Celle, ruisseau de la Celle.	Affluents de la Rimarde.	Ensemble de sources assez important.	»	7.50	0	
S° du ru de Forges, à Forges.			»	10.00	traces.	
Source du ru de Prédécelle, commune de Limours. . . .			»	13.00	comme dans eau de Seine	
Source de Saint-Vandrille, à St-Jean de Beauregard.	Sallemouille, affluent de l'Orge.		»	12.80	0	
Source du parc de Segrais . .	Vallée de la Renarde, id.	Assez belle source.	»	16.75	traces.	Les eaux des sables de Fontainebleau sont excellentes, mais en général les sources sont très-petites.
S° vers Sceaux-les-Chartreux.	Affluents de l'Yvette.	Tr. faib. sources non pérennes.	»	6.00	0	
S° vers Sceaux près Villiers. .			»	12.00	0	
Source du grand lavoir, à Buc.	Rivière de Bièvre.	Petite source.	»	9.80	0	
S° sortant d'un tuyau en fonte.	Fond de la vallée de Meudon	Id.	»	7.00	0	
S° de l'Ursine (la plus élevée).	Fond de la vallée de Châville	Tr. faib. source	»	8.50	0	
Source du Petit-Vin	Montagne d'Épiais, près	Id.	»	12.00	0	
Source du Haré	Pontoise.		»	22.00	0	
S° de St-Fiacre (la plus élevée).	Ru de Brinche, affluent de la Marne.	Faible source.	»	16.00	0	
Source dans les prés du Rouet.			»	15.00	0	
1re source de Rudevrou. . . .	Affluent du Petit-Morin, près Jouarre.	Assez fortes sources.	»	8.00	0	
2me —			»	10.00	0	

5° La grande lentille de gypse comprise entre Meulan et Château-Thierry, altère profondément la qualité de l'eau des sources de la banlieue de Paris et de la Brie, même lorsque ces sources appartiennent au niveau des marnes vertes et par conséquent sont au-dessus des gypses; mais cette lentille ne s'étend pas sous toute la surface des marnes vertes.

Le tableau suivant comprend les sources des terrains gypsifères.

DÉSIGNATION DES SOURCES	NOMS DES LOCALITÉS où se trouvent les sources OU DES RIVIÈRES qu'elles alimentent	IMPORTANCE DES SOURCES	TEMPÉRATURE DE L'EAU EN DEGRÉS CENTIGRADES	TITRE HYDROTIMÉTRIQUE Pour tous les sels de chaux et de magnésie	Pour les sulfates seulement	OBSERVATIONS
5° Niveau d'eau des marnes vertes et des marnes du gypse recouvertes soit par les sables de Fontainebleau soit par les argiles à meulières de Brie. En général, sources des coteaux de la Brie et de la banlieue de Paris.						
1° Région gypsifère des environs de Paris.						
Source à Lardy	Vallée de Juine.	Petite source.	»	44.00	0	Toutes les sources qui figurent à ce tableau, les plus rapprochées de Paris, donnent malheureusement les plus mauvaises eaux, sans contredit du bassin de la Seine.
S⁰ dans les coteaux d'Essonne	Vallée d'Essonne.	Id.	»	56.00	quantité tr. notab.	
Fontaine de Choisy-le-Roi	Vallée de la Seine.	Id.	»	52.00		
Source à Ablon	Id.	Id.	»	29.50	»	
Fontaine de Longjumeau	Vallée d'Yvette.	Id.	»	50.00	»	
Fontaine de Palaiseau	Id.	Id.	»	40.00	»	
Source du lavoir de Palaiseau	Id.	Id.	»	56.00	»	
Source au-dessous de Ht⁰-Roche.	Id.	Id.	»	44.00	»	
S⁰ dans les prés de Chevreuse.	Id.	Id.	»	26.00	7.00	
Sources de Rungis au regard 1.	Eau de l'aqueduc d'Arcueil. Vallée de Bièvre.	Grande source.	de 9.80 à 12	58.59	16.90	Excursion du 4 juin 1858. Eau très-agréable à boire, mais très-dure, peu propre aux usages domestiques.
Au regard d'amont du pont-aqueduc.		Id.		58.21	16.80	
Au réservoir de l'Observatoire.		Id.		57.65	17.50	
Lavoir public de Meudon.	Vallée de Val-Fleuri.	Petite source.	»	68.00	»	
S⁰ derrière le parc de Meudon.		Id.	»	48.00	»	
Fontaine publique à Châville.		Id.	»	plus de 56	»	
Fontaine de la ferme de Gaillon, à Châville.	Ruisseau de la vallée de Sèvres.	Id.	»	24.00	»	
Source de l'Ursine (la plus basse)		Id.	»	24.00	»	
S⁰ plus rapprochée de Châville.		Id.	»	plus de 55	»	
Fontaine du Roi, à Ville-d'Avray		Id.	»	50.00	»	
Font⁰ du Croissant, à Garches.	Sources de la banlieue de Saint-Cloud.	Id.	»	42.00	»	
Font⁰ de l'Abreuvoir, à Garches		Id.	»	56.00	»	
Borne-fontaine à Garches.		Id.	»	29.00	»	
Eau du château de Montretout.		Id.	»	60.00	»	
Source de mi-côte, machine de Marly.	Banlieue de Saint-Germain	Id.	11.70	48.00	»	
Source de Prunoy, machine de Marly.		Id.	12.30	48.00	»	

DÉSIGNATION DES SOURCES	NOMS DES LOCALITÉS où se trouvent les sources OU DES RIVIÈRES qu'elles alimentent	IMPORTANCE DES SOURCES	TEMPÉRATURE DE L'EAU EN DEGRÉS CENTIGRADES	TITRE HYDROTIMÉTRIQUE Pour tous les sels de chaux et de magnésie	Pour les sulfates seulement	OBSERVATIONS
Source de Feuillancourt, près Saint-Germain.	Banlieue de Saint-Germain	Id.	»	68.00	»	
Fontaine Dedout, à Épiais. . .	Près Pontoise.	Faible source.	»	24.00	»	
Source à Carnetin		Petite source.	»	50.00	»	
Fontaine du Pin.	Coteaux gypsifères au nord	Id.	»	88.00	»	
Fontaine de Livry	et à l'est de Paris.	Id.	»	68.00	»	
Fontaine de Villemomble. . .		Id.	»	59.00	»	
Source des Prés-Saint-Gervais .	Sources dites du Nord dont les eaux sont distribuées dans Paris.	Id.	»	76.00	a 58	a Moyenne des essais de toutes les sources ; les degrés obtenus ont varié de 75 à 85.
Source de Belleville.		Id.	»	135.00	b 116	b Moyenne des essais de toutes les sources ; variations de 124 à 140.
Source du parc de Mauperthuis.	Vallée d'Aubetin.	Id.	»	50.00	»	Source formant cascade
La grande fontaine à Touquin.	Vallée d'Yères.	Grande source.	»	50.00	»	Incrustations considér.
Fontaine de Lagny.		Petite source.	»	55.00	»	
Source à gauche du ruisseau de Maubué.		Id.	»	28.00	»	
Fontaine de Champs.		Id.	»	28.00	»	
Source à l'aval de Collégien. .		Id.	»	56.00	»	
Source de Coupvray	Vallée de la Marne, rive gauche.	Id.	»	25.00	»	
Source du parc de Montceaux, près Meaux		Id.	»	26.00	»	Ces essais ont été faits par M. Bozat de Maudres. A mesure qu'on s'éloigne de Paris, les eaux deviennent un peu meilleures.
S⁶ des Minceaux, près Meaux. .		Id.	»	24.00	»	
Source de l'Hermitage-Saint-Fiacre, près Meaux.		»	»	24.00	»	
Source de Sept-Sorts, près la Ferté.		»	»	27.00	»	
Fontaine de Pavant.		»	»	24.00	»	
Source de Noisy-le-Grand. . .	Vallée de la Marne.	»	»	28.00	»	Source du château, ancienne résidence de Mᵐᵉ de Maintenon.

Ces sources sont très-dures, mais néanmoins elles donnent des eaux d'autant meilleures qu'elles sont plus éloignées de Paris, parce que l'épaisseur de la lentille de gypse diminue.

4° Lorsque cette lentille a disparu, la qualité des eaux devient sensiblement meilleure, ainsi qu'on va le voir dans le tableau suivant :

DÉSIGNATION DES SOURCES	NOMS DES LOCALITÉS où se trouvent les sources OU DES RIVIÈRES qu'elles alimentent	IMPORTANCE DES SOURCES	TEMPÉRATURE DE L'EAU EN DEGRÉS CENTIGRADES	TITRE HYDROTIMÉTRIQUE Pour tous les sels de chaux et de magnésie	Pour les sulfates seulement	OBSERVATIONS
4° Même niveau d'eau, région non gypsifère						
Les sources de la Dhuis, au moulin de la Source. — 1re source	La Dhuis, affluent du Surmelin, bassin de la Marne, en am. de Chât.-Thierry.	Tr.-gr. source.	10.70	25.00	"	Ces belles sources, qui peuvent donner par 24 heures 24,000 m. c. d'eau excellente à boire, sont la propriété de la ville de Paris. Tr. nombreux essais. Voy. les analyses. Aujourd. les eaux de la Dhuis sont distribuées à Paris.
2e source			10.70	25.00	»	
3e source			10.70	25.00	»	
Source de Nogentel, près Château-Thierry		Petite source.	»	25.00	"	
Source de Nesle, près Château-Thierry	Vallée de la Marne.	Id.	»	50 00	»	
Source de la ferme de Ble-me, près Château-Thierry		Id.	"	50.00	»	
Source au-dessus de la Toilerie, près Château-Thierry		Id.	»	50.00	•	
Source de Montleçon	Vallée de la Dhuis, affluent de la Marne.	Id.	»	25.00	»	
Le Sourdon à St-Martin d'Ablois, (Épernay). — 1er essai, juin 1854	Vallée de Cubry, affluent de la Marne.	Tr.-gr. source.	10.40	20.00	»	Cette belle source, qui débite par 24 heures pas moins 8,000 m. c. d'une eau très-agréable à boire, pourrait être réunie à celle de la Dhuis, pour être dérivée vers Paris.
2e essai, janv. 18 5				20.00	»	
3e essai				21.00	"	
Source de Bifontaine	Vallée du Petit-Morin, près Montmirail.	Petite source.	»	26.90	traces.	
Grande Fontaine		Id.	»	24.50	id.	
Source de Montcoupot		Id.	»	29.24	0	
Source du Mont	Vallée de Bautheil, affluent de l'Aubetin.	Id.	»	24.00	»	
Source de l'Ourcq, forêt de Ris	Vallée de l'Ourcq.	Id.	»	55.00	»	
Source de Saint-Aubin, près Thomery		Id.	»	26.25	»	
Belle fontaine aux Basses-Loges		Id.	»	26.25	•	Eaux absorbées par les sables de Fontainebleau et soutenues par les marnes vertes qui les conduisent jusqu'au bord de la Seine.
Source de la Madeleine, aux Basses-Loges	Rive gauche de la Seine, banlieue de Fontainebleau.	Id.	»	20.10	»	
Fontaine de Samois		Id.	»	28.80	»	
Lavoir du moulin de Brosses		Id.	»	25.50	»	
Id.		Id.	»	19.60	»	
Sources de Montmort — 1re source	Vallée du Surmelin affluent de la Marne.	Grande source.	»	25.54	0	Essai du 15 avril 18.. Eaux excellentes. Ces sources sont la propriété de la ville de Paris et peuvent donner 4,000 m. par 24 heures.
2e source		Id.	»	19.81	0	
Source d'Orbais		Id.	»	22.78	»	Essai du 3 mai 18.. Ces sources peuvent être réunies aux précédentes et donner 6 à 7,000 m. c. d'eau par 24 h..
Source de Ville-sous-Orbais		Id.	»	24.18	•	

5° Ces sources qui appartiennent encore à la banlieue de Paris et aux régions les plus voisines, telles que le Valois; le bassin supérieur de l'Ourcq, les fonds de vallées de la Brie, subissent aussi l'influence des terrains gypsifères qui les couronnent. Mais cette influence est moins marquée que dans le niveau d'eau des marnes vertes, parce que les terrains gypsifères sont détruits sur beaucoup de points.

Néanmoins la plupart des sources contiennent du sulfate de chaux en quantité notable; et, en général, elles deviennent meilleures à mesure qu'on s'éloigne de Paris.

Ces sources conviennent bien moins que les précédentes à l'alimentation de Paris, parce qu'elles sont toutes situées au fond des vallées principales, et par conséquent à des niveaux trop bas pour qu'elles soient dérivées facilement vers cette ville.

C'est pour cette raison qu'on ne peut conduire à Paris les sources du fond de la vallée de l'Yères, telles que celle de Briant, près de Brunoy, et beaucoup d'autres qui, sous tous les autres rapports, sont dans des conditions favorables.

DÉSIGNATION DES SOURCES	NOMS DES LOCALITÉS où se trouvent les sources OU DES RIVIÈRES qu'elles alimentent	IMPORTANCE DES SOURCES	TEMPÉRATURE DE L'EAU EN DEGRÉS CENTIGRADES	TITRE HYDROTIMÉTRIQUE Pour tous les sels de chaux et de magnésie	Pour les sulfates seulement	OBSERVATIONS
Fontaine du lavoir de Sèvres	Vallée de Sèvres.	Petite source.	»	plus de 56	»	
Source de Busagny.	Vallée de la Viosne, près Pontoise.	Id.	»	31.00	5.00	
Même eau à son arrivée à Pontoise		Id.	»	29.00	5.00	
Sce de la Nonette, près Nanteuil.			»	28.00	tr. sens.	
Source de l'Aunette, à Ver		Toutes ces sources et celles qui les avoisinent dans les mêmes vallées forment un ensemble très-important.	»	52.00	quantité notable.	
Source de l'Onette, entre Rully et Bray	Sources de la Nonette et de ses affluents. Ruisseaux de la banlieue de Senlis.		»	29.00	tr. sens.	
Source de Saint-Urbain, faubourg de Senlis.			»	27.00	id.	
Source des Malades, à Villevert près Senlis.			»	50.00	id.	
Source de la Poterne, à Senlis.			»	42.00	10.55	
Source de la Butte d'Aulmont, près Senlis.			»	15.50	traces.	

5° Terrains perméables compris entre les marnes du gypse et l'argile plastique. Sources situées, en général, au nord et au nord-est de Paris, au fond des vallées de l'Ourcq et de ses affluents, de l'Authonne, de la Thève, de la Nonnette et autres affluents de l'Oise.

DÉSIGNATION DES SOURCES	NOMS DES LOCALITÉS où se trouvent les sources OU DES RIVIÈRES qu'elles alimentent	IMPORTANCE DES SOURCES	TEMPÉRATURE DE L'EAU EN DEGRÉS CENTIGRADES	TITRE HYDROTIMÉTRIQUE — Pour tous les sels de chaux et de magnésie	Pour les sulfates seulement	OBSERVATIONS
S^e en amont de Mortefontaine.	Vallée de la Thève.	Id.	»	23.00	id.	
Source de Bonville, près Crépy.			»	26.00	id.	
Source de Bouillant, près Crépy	Vallée d'Authonne.	Id.	»	26.00	id.	
Source du rû Saint-Martin, près Gillocourt.			»	29.00	id.	
S^e de la Beuvronne, à Nantouillet	Vallée de Breuvronne.	Grande source.	»	55.00	9.00	
S^e de la Biberonne, à Thieux..	Id.		»	45.00	16.00	
Source du Regard	Vallée de la Gergogne, affluent d'Ourcq.	Id.	»	28.00	»	Débit d'env. 5,500 m. c.
Source d'Armentières. . . .	Vallée d'Ourcq.	Id.	»	29.00	10.00	
Source du lavoir de Mauboué. .		Petite source.	»	27.00	»	
Source de Thorigny	Vallée de Marne.	Id.	»	27.00	»	
Source de Dampmard. . . .		Id.	»	27.00	»	
Source du parc de Mauperthuis au fond de la vallée. . . .	Vallée d'Aubetin.	Grande source.	»	26.00	quantité notable.	Eau agréable à boire.
Source de Chailly	Vallée du Grand-Morin.	Tr.-gr. source.	»	25.00	»	Cette source est la plus grande de celles que j'aie explorées dans le bassin de la Seine ; en octobre 1857 jour de ma visite, c.-à-d. après une très-grande sécheresse, elle débitait certainement plus de 50,000 m. c. d'eau par 24 h. Mais elle forme des dépôts sur les roues des usines qu'elle fait marcher, et est à une alti. un peu basse (87m).
Source du moulin au Comte. .	Id.	Id.	»	21 50	«	Eau excellente et très-belle source qui débitait 7 à 8,000 m. c. par 24 h. en octobre 1857. Son altitude est très-grande (155m environ).
Source du moulin des Fontaines.		Tr.-gr. source	»	24.00	»	Les sources du Durtein et de la Voulzie forment en amont de Provins un ensemble des plus importants. Jaugées les 6 et 8 nov. 1855, par M. l'ingénieur Lagrange, elles donnaient ensemble 67,000 m.c. d'eau p. 24 h. Cette eau est tr.-agréable à boire, et de plus elle est à un niveau tel qu'on pourrait l'introduire dans l'aqueduc de la Vanne. Mais ces sources font marcher des usines trop importantes pour qu'il soit possible de les dériver.
Source à l'aval du même moulin, rive droite.		Id.	»	24.00	»	
Source à l'aval du même moulin rive gauche	Sources du Durtein et de la Voulzie, affluents de la Seine, passant à Provins.	Id.	»	24.00	»	
Source à l'aval du même moulin, avant le moulin du Roi.		Grande source.	»	24.00	»	
Fontaines de la ville de Provins.		Petite source.	»	28.00	»	
Source supérieure de la Voulzie		Tr.-gr. source.	»	24.00	»	
Sources de Briant { 1re	Près de Brunoy, vallée d'Yères.	Grande source.	11.80	25.50	quantité notable.	On trouve au fond de la vallée d'Yères, en amont de Brunoy, plusieurs sources qui donnent des eaux abondantes et de bonne qualité, mais qui sont situées à un niveau trop bas pour alimenter Paris.
{ 2^e		Id.	»	25.00		
Source de Seine-Port, près Corbeil	Vallée de la Seine.	Id.	»	25.00	»	

6° Les sources du niveau d'eau de l'argile plastique, quoique à la base des terrains tertiaires, et par conséquent à une grande distance géologique des gypses, n'en subissent pas moins l'influence de ces terrains. On sait, en effet, que dans toutes les régions gypsifères du bassin de Paris, l'argile plastique est imprégnée de cristaux de sulfate de chaux.

Comme les précédentes, ces sources s'améliorent à mesure qu'on s'éloigne de Paris; néanmoins elles sont soumises à une autre cause d'altération assez fâcheuse; les lignites, par les pyrites qu'elles contiennent, y introduisent soit des principes acides, soit des sulfates. Les eaux de quelques puits artésiens de la Ferté-Milon qui sortent des terrains à lignites ne peuvent être employées dans des tanneries, parce qu'elles noircissent les peaux, ce qui prouve qu'elles contiennent des sels de fer solubles. En général, même lorsqu'on n'est plus dans les terrains gypsifères, les sources de l'argile plastique sont notablement plus dures que celles des deux genres qui précèdent.

DÉSIGNATION DES SOURCES	NOMS DES LOCALITÉS où se trouvent les sources OU DES RIVIÈRES qu'elles alimentent	IMPORTANCE DES SOURCES	TEMPÉRATURE DE L'EAU EN DEGRÉS CENTIGRADES	TITRE HYDROTIMÉTRIQUE Pour tous les sels de chaux et de magnésie	Pour les sulfates seulement	OBSERVATIONS
6° Sources du niveau d'eau de l'argile plastique, souvent très-élevées au-dessus des grandes vallées, très-nombreuses dans le Soissonnais, dans la vallée de la Marne en amont de Château-Thierry, et celle de la Seine vers Provins.						
Source d'un lavoir, près du viaduc.	A Meudon.	Petite source.	»	52.00	»	
Sources à fontaines de la ville.	Vallée de Seine.	Id.	»	29.15	quantité	
Poissy au pied des coteaux.		Id.	»	51.50	notable.	
Source de Chauvenet 1re s°..		Id.	»	50.00	»	
près Dormans. 2e s°..	Vallée de la Marne, près Dormans, et en amont.	Id.	»	50.00	»	En enble de sources très-important. — Eaux agréables à boire, mais un peu dures.
Source de la fosse Berthe. . .		Id.	»	50.00	»	
Source Hugo.		Id.	»	50.00	»	
Source du ru de Vassieux. . .		Id.	»	26.00	»	
Source près Bouquigny. . . .		Id.	»	28.00	»	
Source de Cramant.	Bord de la Champagne.	Id.	»	25.50	»	
Source de Villevenard	Vallée du Petit-Morin, vers Montmirail.	Id.	»	24.50	»	
Source du Vieux-Moulin.. . .		Id.	»	55.50	»	
Source du Failly.		Id.	»	24.70	»	

DÉSIGNATION DES SOURCES	NOMS DES LOCALITÉS où se trouvent les sources OU DES RIVIÈRES qu'elles alimentent	IMPORTANCE DES SOURCES	TEMPÉRATURE DE L'EAU EN DEGRÉS CENTIGRADES	TITRE HYDROTIMÉTRIQUE Pour tous les sels de chaux et de magnésie	Pour les sulfates seulement	OBSERVATIONS
Source du ruisseau Flavien, à Champigny-l'Hôpitau. . . .	Vallée de Seine, près Montereau.	Grande source.	»	28.50	»	
Source du parc de Mme Pontus à Vernou.		Petite source.	»	25.50	»	
Source de Nauchon, commune de Vernou		Tr.-gr. source.	»	20.40	»	
Source du parc de Bouzy-la-Briche	Vallée de Renarde, affluent d'Orge.	L'ensemble de ces sources est important.	»	20.50	quantité sensible.	Ensemble de sour... assez important... source de Clairfon... seule donnait le 20 a... 1837, 1,550 m. c. p. 2... Dans cette localit... sables de Fontaineb... reposent sur l'arg... plastique; les terra... intermédiaires, et p... conséquent les gyp... manquent, et les ea... sont de bonne qualité
Source en aval du même village			»	21.00		
Source Sainte-Julienne, près du val Saint-Germain.	Vallée de la Rimarde.		»	20.00	»	
Source de Clairfontaine. . . .	Vallée de la Rabette, affluent de la Rimarde.		»	20.50	»	
Source dite la Bernière . . .			»	25.50	»	
Source dite Sous-Beaumont. .			»	55.00	quantité notable.	
Source dite les Pinchevins. .			»	24.50	»	
Source du parc Carpentier. .			»	26.00	»	
Source du Petit-Moulin. . . .			»	25.80	»	
Source du marché Fontaine. .			»	25.00	»	
Source du Temple.			»	26.50	»	Ensemble de sour... considérable; d'après... renseignements donn... par M. l'ingénieur Sug... elles pourraient donn... au moins 50,000 m.... par 24 h. d'eau agréa... à boire; mais, comme... chiffres ci-contre... prouvent, elles sont... peu trop dures pour ê... acceptées à Paris.
Source de l'Épautray. . . .	Sources de la banlieue de Soissons, vallée de l'Aisne.	Grandes sources	»	26.50	»	
Source de Cornille.			»	25.00	»	
Source sous la maison Nivard.			»	26.00	»	
Source dite la Mare.			»	25.00	»	
Fontaine sans nom.			»	26.00	»	
Source du Longtour.			»	24.00	»	
Fontaine de Saint-Maurice . .			»	21.00	»	
Source dte la Pissotte. . . .			»	20.00	»	
Source de Cuffies			»	26.00	»	
Source de Saint-Nicodème . .			»	26.00	»	
Source de Démoucheaux . . .			»	26.00	»	
Source de Chouvigny.			»	80.00	beaucoup	Il y a beaucoup... goitreux à Luzarch... mais en général les... bitants ne boivent... de l'eau de puits. La va... lée est très-humide... ne doit pas être tr... saine à habiter.
Source de Chatelain.	Sources de la banlieue de Luzarches, vallée d'Ysieux, affluent d'Oise.	Ensemble de sources très-important.	»	54.00	quantité notable.	
Source de l'Hospice			»	50.50	»	
Sources de la Biche, 1re source. . . .			»	22.00	»	
2e source. . . .			»	25.00	»	

7° et 8° Les eaux de la craie couronnée par les terrains tertiaires sont moins pures que celles de la craie blanche des plaines de la Champagne. Il m'a donc semblé qu'il convenait de classer ainsi ces sources : 1° sources de la craie blanche couronnée par les terrains tertiaires ; 2° sources de la craie blanche des plaines de la Champagne.

A part cette cause d'altération, les eaux de la craie sont dans des conditions excellentes de pureté; lorsque les vallées ne sont pas tourbeuses, elles ne contiennent, pour ainsi dire, que du carbonate de chaux, et en petite quantité. Elles sont très-agréables à boire. Je crois que ce sont les meilleures eaux potables du bassin de la Seine.

Cela est tellement vrai, que dans la discussion passionnée qui a été provoquée par les projets de l'administration municipale de Paris, personne n'a jamais contesté la bonne qualité des eaux de la Champagne. On a dit, sans s'appuyer sur aucun fait, que les eaux de sources en général, engendraient toutes sortes de maladies : le goître, la carie des dents, le cancer de l'estomac; mais on a été d'accord sur un point : c'est que les eaux de la craie étaient très-agréables à boire.

DÉSIGNATION DES SOURCES	NOMS DES LOCALITÉS où se trouvent les sources OU DES RIVIÈRES qu'elles alimentent	IMPORTANCE DES SOURCES	TEMPÉRATURE DE L'EAU EN DEGRÉS CENTIGRADES	TITRE HYDROTIMÉTRIQUE Pour tous les sels de chaux et de magnésie	TITRE HYDROTIMÉTRIQUE Pour les sulfates seulement	OBSERVATIONS
Source du ru de Saint-Martin à Vertus. — Mai 1854.	Affluent de la Berle, bassin de la Somme-Soude.	Tr.-gr. source.	»	22.40	»	
15 janv. 1855. Ste Mère-de-Roi.			10.00	21.00	»	
Source de l'Église.			10.00	21.00	»	
5 septembre 1855. Source de l'Église.			10.50	25.00	»	
Source du Moulin des Mottes.	Vallée de la Berle.	Petite source.	10.80	20.00	»	Essai 24 oct. 1860. Essai 20 août 1861. Essais 31 août 1860. — Ces bell. sources et quelques autres de moindre importance des mêmes régions qui peuv. donner ensemble plus de 70.000^m cubes d'eau excellente sont aujourd'hui la propriété de la ville de Paris.
Source d'Armantières.		Tr.-gr. source.	»	18.00	0	
			10.56	17.40	»	
Source de Chigy.	Bassin de la Vanne affluent de l'Yonne.	Id.	12.00	20.00	»	
Source de Saint-Philibert.		Id.	10.66	19.50	»	
Source de Theil.		Id.	»	17.55	0	
Source de Noé.		Id.	11.60	18.50	»	
Source de l'Échevêtre, à Aix-en-Othe.		Id.	11.00	20.00	»	
Source de la Duée, à Aix-en-Othe.	Bassin de la Vanne affluent de l'Yonne.	Id.	11.00	20.00	»	Toutes ces sources et d'autres des mêmes régions pourraient être réunies aux précédentes dans un même aqueduc dont le débit serait fa-
Source de Vareilles.		Id.	11.60	18.80	0	
Source du Clos de Noé.		Grande source.	11.60	20.50	»	

7° La craie blanche couronnée par les terrains tertiaires. — Sources souvent très-grandes, toutes situées au fond des vallées les plus profondes, et disposées autour de Paris, suivant un cercle dont on va suivre les contours.

DÉSIGNATION DES SOURCES	NOMS DES LOCALITÉS où se trouvent les sources OU DES RIVIÈRES qu'elles alimentent	IMPORTANCE DES SOURCES	TEMPÉRATURE DE L'EAU EN DEGRÉS CENTIGRADES	TITRE HYDROTIMÉTRIQUE — Pour tous les sels de chaux et de magnésie	Pour les sulfates seulement	OBSERVATIONS
Source de Colmiers..	Affluents de l'Yonne, rive gauche près de Sens.	Tr.-gr. source.	12.00	21.50	(tr.à peine sensible.	…lement porté à 100 … même à 120 mille m… …es cubes.
Source de Bracy..		Id.	»	21.50	»	
Source de Maugerin..		Id.	12.00	20.50	»	
Source de Cochepie.	Ru Saint-Ange, près de Villeneuve-sur-Yonne.	Tr.-Gr. source.	»	19.89	»	Essai de M. l'ingé… Humblot. Cette sour… qui peut donner 10,0… m. c. par 24 h., est … propriété de la ville … Paris.
Sᵉ d'Esmans, près Montereau..	Vallée d'Yonne.	Grande source.	»	22.00	»	
Source du Moulin (1ʳᵉ source.		Grande source.	12.00	22.50	»	
du Grand-Bichot { 2ᵉ source.	Vallée de l'Orvanne affluent du Loing.	Id.	11.60	22.50	»	
Source du Moulin aux Moines..		Id.	15.00	22.50	»	
Source du Moulin de Launay..	Petite source,	»	25.00	»		Plusieurs de ces sou… ces pourraient être d… rivées vers Paris da… le même aqueduc qu… celles de la Vanne.
Source de l'Abîme, près Pi liers.		Grande source.	»	22.10	»	
Source de Villemer..	Affluents du Loing.	Tr.-gr. source.	»	21.50	»	
Fontaine carrée à Lorrez. . .	Le Lunain, aff. du Loing.	Grande source.	»	22.00	»	
Source de Chaintreauville près Nemours..	Vallée du Loing.	Tr.-gr. source.	»	20.60	»	
Gouffre de la prairie, près Nemours..	Id.	Id.	»	20.60	»	
Source de la Levrière, à Béru (Vexin normand).	Affluents de l'Epte.	Régions des gr. sources.	»	22.00	0	
Source de l'Aunette, à la Fosse (Vexin français).			»	21.80	0	
Source de Saint-Projet.. . . .	. Vallée d'Obton, affluent de la Vesgre.		»	17.00	0	
Source de l'Étang de France, à Verneuil.	Vallée d'Avre.	Régions de gr. sources	»	17.00	0	Eaux puisées du 1… au 10 septembre 1857.
Source de la Fosse-aux-Dames.	Vallée d'Iton.		»	18.50	0	
Source d'Hondouville.	Affluent d'Iton.		»	24.00	0	
Fontaine sous Jouy, aval de Sainte-Colombe..	Vallée d'Eure.		»	27.50	0	
Source de Cailly [1]	Vallées de Clère et Cailly.	Tr.-gr. Source.	»	21.00	0	
Source de l'Aubette..	Affluent du Robec.	Id.	»	25.20	»	
Source de la Clairette, à Deville..	Pays de Caux.	Id.	»	18.10	»	

Bassin de l'Eure.

8º La craie blanche de Champagne. — Sources réunies au fond des vallées principales.

DÉSIGNATION DES SOURCES	NOMS DES LOCALITÉS où se trouvent les sources OU DES RIVIÈRES qu'elles alimentent	IMPORTANCE DES SOURCES	TEMPÉRATURE DE L'EAU EN DEGRÉS CENTIGRADES	TITRE HYDROTIMÉTRIQUE — Pour tous les sels de chaux et de magnésie	Pour les sulfates seulement	OBSERVATIONS
Source de Somme-Sous. . . .	Sources situées le long de la Somme 1ᵉʳ bras de la Somme-Soude affluent de la Marne.	Régions de gr. sources.	»	14.00	0	Mai 1854.
Source près Conflans. . . .			11.00	13.00	»	15 janvier 1855.
Fontaine Rouge..			10.70	14.00	»	Septembre 1855.
Le Popelet.			11.50	14.00	»	Septembre 1855.
Le Mont.			»	12.00	0	Mai 1854.
			10.70	12.00	»	4 septembre 1855.

[1] D'après l'analyse de MM. Girardin et Preisser, le titre hydrotimétrique des eaux de sources de Fontaine-sous-Préau, que la ville de Rouen dérive en ce moment, serait sensiblement le même que celui de la source de Cailly.

DÉSIGNATION DES SOURCES	NOMS DES LOCALITÉS où se trouvent les sources ou DES RIVIÈRES qu'elles alimentent	IMPORTANCE DES SOURCES	TEMPÉRATURE DE L'EAU EN DEGRÉS CENTIGRADES	TITRE HYDROTIMÉTRIQUE		OBSERVATIONS
				Pour tous les sels de chaux et de magnésie	Pour les sulfates seulement	
Source de Soudé-Notre-Dame, mai 1854..	Sources situées dans la vallée de la Soude, 2e bras de la Somme-Soude, affluent de la Marne.	»	»	12.00	»	Ces eaux sont sans contredit les plus pures de toute la partie calcaire du bassin de la Seine et les plus agréables à boire de tout l'ensemble de ce bassin. C'est pour cela qu'on avait cru d'abord devoir les choisir pour les dériver vers Paris.
Source de Soudé-Notre-Dame, août 1855.		»	»	12.80	»	
Autre source de Soudé-Notre-Dame, août 1855.		»	»	14.00	»	
Source de Bucy-Lettré, 4 septembre 1855.		»	10.70	13.50	»	
Source de la Fontaine Coole. .	La Coole, affluent de la Marne.	Grande source.	»	13.50	*	
Source de la Vaure à Vaurefroy.	La Vaure, aff. de l'Aube.	Id.	»	16.70	"	
Source du Saule à Charmont..	La Barbuisse, affluent de l'Aube.	Id.	11.00	13.00	"	
Source des Grands-Cros, à Charmont.		Id.	»	13.00	"	Essai du 16 nov. 1857.
Source au-dessous de Marigny.	L'Ardusson, aff. de Seine.	Id.	»	13.00	"	
Source de l'Orvin à Somme-Fontaine.	L'Orvin, affluent de Seine.	Id.	»	12.00	»	
Source de Fontenottes, amont de Marcilly..	L'Orvin, affluent de Seine.	Id.	»	17.00	»	
Source du Moulin de Marcilly..		Id.	»	14.50	»	
Source à Bourdenay..		Id.	»	14.00	»	
Source fontaine fourche.. . .		Id.	»	»	»	
Source Nago, près Troyes. . .	Vallée de la Vienne, affluent de la Seine.	Id.	»	17.80	»	Essai du 6 nov. 1857.

9° Le grand niveau d'eau qui sépare la Champagne sèche de la Champagne humide, donne naissance à un très-grand nombre de sources de bonne qualité, mais néanmoins toujours un peu plus dures que celles de la craie blanche. Ici on commence à reconnaître nettement l'influence des terrains marneux qui donnent toujours des eaux notablement plus chargées de carbonate de chaux que les autres terrains calcaires. Cette influence, qui devient incontestable dans les terrains oolithiques, est moins évidente dans les terrains tertiaires, où les marnes alternent toujours avec les calcaires non marneux et réagissent ainsi sur toutes les eaux.

Nous n'avons essayé qu'un petit nombre de sources appartenant à ce niveau d'eau, qui est trop éloigné de Paris; ces sources sont très-nombreuses, mais rarement très-abondantes [1].

[1] Voy., chap. XII.

DÉSIGNATION DES SOURCES	NOMS DES LOCALITÉS où se trouvent les sources OU DES RIVIÈRES qu'elles alimentent	IMPORTANCE DES SOURCES	TEMPÉRATURE DE L'EAU EN DEGRÉS CENTIGRADES	TITRE HYDROTIMÉTRIQUE		OBSERVATIONS
				Pour tous les sels de chaux et de magnésie	Pour les sulfates seulement	
9° Niveau d'eau de la craie marneuse. — Les pricipales sources se trouvent à la limite de la Champagne sèche et de la Champagne humide, en Normandie à l'aval de Rouen, et dans le pays de Bray.						
Source de la ferme de Haute-Rivière..	La Vère, bassin de la Marne.	Régions de sources tr.-importantes	»	20.00	»	Ces essais sont trop peu nombreux.
Source du ru de Parfondeval. .			»	14.50	»	
Source du ru de Givry.. . . .	Affluent de l'Aisne.		»	18.50	»	
Source de Rivers et Vanichou, à Vanault-le-Châtel	Affluent de la Vère.		»	18.00	»	
Source du Fion, à Saint-Lumier-en-Champ	Affluent de la Marne.	Grande région de sources.	»	22.00	»	

10° et 11° La partie du terrain crétacé inférieur comprise entre le gault et le calcaire néocomien se compose de sable et d'argile toujours réfractaires. Les eaux qui en sortent sont donc très-peu chargées de sels terreux.

Les sources sont d'ailleurs assez petites. Dans mes recherches, je ne m'en suis pas beaucoup occupé, et je n'ai fait qu'un petit nombre d'essais.

D'ailleurs les forages exécutés à Paris reçoivent les eaux de tous les points de cette partie du bassin de la Seine ; ils suffisent donc pour faire apprécier la qualité de ces eaux.

Les grandes sources des calcaires néocomiens me paraissent de véritables puits artésiens jurassiques ; ces calcaires sont trop empâtés dans l'argile pour absorber beaucoup d'eau et donner naissance à de grandes sources ; il m'a donc paru nécessaire de classer ces sources à part.

DÉSIGNATION DES SOURCES	NOMS DES LOCALITÉS où se trouvent les sources OU DES RIVIÈRES qu'elles alimentent	IMPORTANCE DES SOURCES	TEMPÉRATURE DE L'EAU EN DEGRÉS CENTIGRADES	TITRE HYDROTIMÉTRIQUE		OBSERVATIONS
				Pour tous les sels de chaux et de magnésie	Pour les sulfates seulement	
10° Sources du terrain crétacé inférieur.						
Source du parc de Vaux.. . .	Vallée de la Seine près de Troyes.	Très-petite source.	»	7.00	»	
Source du bout Riflé..	Vallée du Thérain près de Beauvais.	Petite-source.	»	7.00	»	
Source de la pâture du marais.		Id.	»	12.00	»	
Le puits de Grenelle.		Id.	27.40	de 9.18 à 12.15	»	Voir le tableau des essais des eaux du puits de Grenelle. p. 99.
Le puits de Passy..		Tr.-gr. source.	27.40	9.74	»	
11° Sources du terrain néocomien.						
Source de Soulaines.	Vallée de la Laines, affluent de la Voire.	Tr.-gr. source.	»	24.10	0	Essais du 21 décembre 1865.
Source de Vendeuvre.	Vallée de la Barse affluent de la Seine.	Id.	»	22.19	0	

12° et 13° Les sources de la Bourgogne, si l'on fait abstraction du Morvan et de l'Auxois, sortent toutes des terrains oolithiques.

Le titre hydrotimétrique de ces sources, qui sont souvent très-considérables, et qui jouent un rôle très-important dans l'alimentation des principaux affluents de la Seine, est très-différent suivant qu'elles sortent de calcaires durs, tels que le terrain corallien et la grande oolithe, ou de calcaires marneux, tels que les terrains portlandien, kimméridien, oxfordien et la terre à foulon. Dans ce dernier cas, les eaux sont très-souvent incrustantes.

En général, les eaux des calcaires oolithiques sont d'une admirable limpidité et excellentes à boire, même lorsqu'elles contiennent une proportion un peu trop forte de carbonate de chaux.

Ces sources étant très-éloignées de Paris, je n'en ai essayé qu'un petit nombre [1].

DÉSIGNATION DES SOURCES	NOMS DES LOCALITÉS où se trouvent les sources OU DES RIVIÈRES qu'elles alimentent	IMPORTANCE DES SOURCES	TEMPÉRATURE DE L'EAU EN DEGRÉS CENTIGRADES	TITRE HYDROTIMÉTRIQUE		OBSERVATIONS
				Pour tous les sels de chaux et de magnésie	Pour les sulfates seulement	
12° Terrains oolithiques. — Les sources surgissent toutes au fond des vallées principales. — Eaux des calcaires non marneux.						
Sources du calcaire corallien.						
Source de la Place, près Châtel-Censoir.	Vallée d'Yonne.	Tr.-gr. source.	»	26.00	0	
Source de Rechimey.	Id.	Id.	»	22.50	0	
Source de Soulangy, près Tonnerre, vallée de l'Armançon.	Id.	Id.	»	21.00	0	
Source de Verpillières, vallée d'Ource.	Affluent de la Seine.	Id.	»	19.00	»	
Source de Morés, vallée d'Ource.		Id.	»	25.50	»	
Source de la grande Oolithe.						
Source de Saint-Moré.	Vallée de la Cure, affluent de l'Yonne.	Tr.-gr. source.	»	25.00	0	Eaux excellentes à boire, d'une limpidité admirable; de plus, très-grandes sources formant des groupes considérables au fond des grandes vallées.
Source du Moulinot, près d'Arcy.		Id.	»	21.00	0	
Source de la Douix, à Châtillon-sur-Seine.	Vallée de la Seine.	Id.	»	25.50	0	
Source de Courcelles-les-Bangs.		Id.	»	21.50	0	
Fontaine de Brion.	L'Ource, affluent de Seine.	Id.	»	21.50	»	
Source du puits de Bonnevaux.		S. non pérenne.	»	20.50	»	
Source de l'Abbaye de Condes.		Tr.-gr. source.	»	18.80	»	
Source de Bué, vallée de Suize.	Source de la banlieue de Chaumont vallée de la Marne.	Id.	»	19.80	»	
Fontaines de Chaumont.		Grande source.	»	20.00	»	
Source du château Paillot.		S. non pérenne.	»	19.00	»	
Source du Val des Écoliers.		Id.	»	17.50	»	
15° Eaux des calcaires marneux.						
Sources du terrain kimméridien.						
Source de Belombre.	Vallée de l'Yonne.	Tr.-gr. source.	»	28.00	0	
Fosse d'Yonne à Tonnerre.	Vallée d'Armançon.	Id.	»	26.00	»	
Fontaine des Dames, vers St-Parres.	Vallée de la Seine.	Petite source.	»	25.80	»	

[1] Voy. au chap. XII, l'étude complémentaire de ces sources.

DÉSIGNATION DES SOURCES	NOMS DES LOCALITÉS où se trouvent les sources OU DES RIVIÈRES qu'elles alimentent	IMPORTANCE DES SOURCES	TEMPÉRATURE DE L'EAU EN DEGRÉS CENTIGRADES	TITRE HYDROTIMÉTRIQUE		OBSERVATIONS
				Pour tous les sels de chaux et de magnésie	Pour les sulfates seulement	
	Sources du terrain oxfordien.					
Source de Bazarnes.	Vallée d'Yonne.	Tr.-gr. source.	»	28.00	0	
Source de Reigny, près Vermanton.	Vallée de Cure.	Id.	»	34.00	0	
Source d'Ancy-le-Franc. . . .	Vallée d'Armançon.	Id.	»	24.50	»	
Source de Thoires..		Id.	»	27.00	»	
Source de Belan-sur-Ource. . .		Id.	»	25.50	»	
Source de Préabbé, près Belan.		Id.	»	24.00	»	
Source de Riel-les-Eaux.. . . .	Vallée d'Ource, affluent de la Seine.	Id.	»	25.00	»	Ces eaux sont non moins limpides que les précédentes et sont presque aussi agréables à boire ; mais elles sont généralem. plus dures. Elles forment très-souvent des incrustations considérables sur les objets déposés dans le bassin des sources.
Source du Clos à Champigny, près Riel..		Grande source.	»	25.00	»	
Source Mompenti à Autricourt..		Id	»	28.00	»	
	Calcaires marneux de la terre à foulon.					
Fontaine d'Arlot.	Vallée d'Armançon,	Tr.-gr. source.	»	24.50	0	
Fontaine de Sainte-Barbe, près Montbard.	Vallée de Brenne, affluent de l'Armançon.	Grande source.	»	21.50	»	
Source du Rabutin, à Bussy-Rabutin.		Id.	»	21.50	»	

14° Le niveau d'eau compris entre le calcaire à entroques et le lias, très-peu éloigné du faîte de partage du bassin de la Seine, joue un rôle assez important dans l'alimentation de la partie supérieure de tous les grands cours d'eau de la Bourgogne. Son développement est considérable, et il donne naissance à une multitude de sources, petites en général, mais d'excellente qualité.

Le calcaire à entroques, à travers lequel s'infiltrent ces eaux, est de beaucoup le plus dur de toute la masse oolithique, et on n'y trouve aucun banc marneux.

DÉSIGNATION DES SOURCES	NOMS DES LOCALITÉS où se trouvent les sources OU DES RIVIÈRES qu'elles alimentent	IMPORTANCE DES SOURCES	TEMPÉRATURE DE L'EAU EN DEGRÉS CENTIGRADES	TITRE HYDROTIMÉTRIQUE Pour tous les sels de chaux et de magnésie	Pour les sulfates seulement	OBSERVATIONS
14° Niveau d'eau entre le calcaire à entroques et le lias.						
Sources à Périgny près Guillon (1° source) 15 sept. (2° source) 1855.	Vallée du Serein.	Faible source.	15.00	16.00	0	
Source de St-Ayeul.		Id.	15.00	16.50	»	
		Id.	»	20.00	»	Eaux excellentes, les meilleures après celles de la craie, de toute la partie calcaire du bassin de la Seine.
Source de Crépan, près Montbard..	Affluents de la Brenne, bassin de l'Armançon.	Ensemble de sources tr.-nombreuses mais petites.	»	17.00	»	
Source de la Douille, à Montbard..			»	19.00	»	
Fontaine de Darcey.			»	19.00	»	
Fontaine des Thermes, à l'usine de Vassy-lès-Avallon. . .	Ruisseau du Bouchet, affluent du Cousin.	Petite source.	»	19.50	»	
Fontaine d'Annay-la-Côte, près d'Avallon..	Id.	Id.	»	16.00	»	

15° et 16° Les sources du lias ne doivent pas être confondues avec celles de l'infralias ; elles sont donc séparées dans le tableau suivant. Ces sources sont très-petites, peu nombreuses et appartiennent à la 1re classe.

DÉSIGNATION DES SOURCES	NOMS DES LOCALITÉS où se trouvent les sources OU DES RIVIÈRES qu'elles alimentent	IMPORTANCE DES SOURCES	TEMPÉRATURE DE L'EAU EN DEGRÉS CENTIGRADES	TITRE HYDROTIMÉTRIQUE Pour tous les sels de chaux et de magnésie	Pour les sulfates seulement	OBSERVATIONS
15° Le lias. — Masse d'argile ou de calcaire argileux. — Sources peu importantes.						
Source de Chaumot, à l'usine de Vassy-lès-Avallon..	Le Bouchat, affluent du Cousin.	Petite source.	»	120.00	tr.-gr. quantité.	Lias supérieur. — Eau détestable altérée par des pyrites en décomposition.
Source de Montfaute.		Id.	»	32.00	»	Calcaires à gryphées cymbium. Eau assez agréable à boire.
Source de Vaire..	Vallée du Serein, près Guillon, Yonne.	Id.	»	26.00	»	
Fontaine ronde..		Id.	»	32.00	»	Calcaire à gryphées arquées. Eau agréable.
Fontaine de Savigny.		Id.	»	27.50	»	Calcaire à gryphées arquées, eau désagréable à boire.
Source du ru de Grenouille, près Champien.	Affluent du Cousin.	Id.	»	50.00	quantité tr.sens.	Calcaires à cardinies, lias inférieur, eau très-agréable.

DÉSIGNATION DES SOURCES	NOMS DES LOCALITÉS où se trouvent les sources OU DES RIVIÈRES qu'elles alimentent	IMPORTANCE DES SOURCES	TEMPÉRATURE DE L'EAU EN DEGRÉS CENTIGRAMES	TITRE HYDROTIMÉTRIQUE		OBSERVATIONS
				Pour tous les sels de chaux et de magnésie	Pour les sulfates seulement	
		Terrains arénacés de l'infra-lias.				
Source d'Orbigny, près d'Avallon..	Vallée du Cousin.	Petite source.	»	11.00	»	Eaux très-agréables à boire et d'excellente qualité.
Source de Menetoy, près Semur.	Le ru de Cernant, affluent de l'Armançon.	Id.	»	19.50	0	Essai du 20 avril 1859.

Il résulte des tableaux qui précèdent que les sources du lias supérieur sont détestables et au moins aussi chargées de sulfate de chaux que celles de la banlieue de Paris, ce qui tient probablement à la grande quantité de pyrites renfermées dans ces terrains.

Les eaux du lias moyen et inférieur sont meilleures, quoique très-dures encore; elles sont souvent désagréables à boire.

Les eaux des roches arénacées qu'on trouve à la base du lias sont, au contraire, d'excellente qualité.

17° Les fissures superficielles qui divisent les terrains granitiques absorbent une partie des eaux pluviales et donnent naissance à une multitude de petites sources d'une eau très-peu chargée de sels terreux, mais trop souvent altérées par la présence de la tourbe. Les eaux de ces sources se distinguent, par leur couleur blonde, de toutes les précédentes, qui sont d'un bleu azuré.

DÉSIGNATION DES SOURCES	NOMS DES LOCALITÉS où se trouvent les sources OU DES RIVIÈRES qu'elles alimentent	IMPORTANCE DES SOURCES	TEMPÉRATURE DE L'EAU EN DEGRÉS CENTIGRADES.	TITRE HYDROTIMÉTRIQUE		OBSERVATIONS
				Pour tous les sels de chaux et de magnésie	Pour les sulfates seulement	
17° Sources des terrains granitiques du Morvan.						
Source du ru d'Aillon.	Fontaine d'Avallon, vallée de Cousin.	Petite source.	»	2.25	0	Sources qui donnent les eaux les plus pures du bassin de la Seine.
Source de la Grenetière. . . .		Id.	»	2.00	0	
Source de la Grosse-mouille . .		Id.	»	2.25	0	
Fontaine Sainte-Marthe, Cousin-sous-Roche.		Faible source.	15.80	7.00	0	
Fontaine Bouchardat, à Cousin-la-Roche.	Vallée du Cousin, près d'Avallon.	Id.	15.60	7.00	»	
Fontaine de la Tour-au-Crible.		Id.	14.20	5.00	0	
Source des Pannats.		Id.	»	4.20	0	
Source dans le parc d'Orbigny.		Id.	15.60	5.00	»	
Source de Sébestre en face d'Orbigny.	Vallée de la Cure.	Id.	»	5.45	»	
Source de Champigny, à l'Huis-Baguin près Chastellux . .		Petite source.	»	3.45	»	

Classification des sources du bassin de la Seine par ordre de pureté. — En résumé, les eaux de source du bassin de la Seine se classent ainsi par ordre de pureté.

		DEGRÉS HYDROTIMÉTRIQUES	
1°	Sources du granite du Morvan.	de 2.00	à 7.00
2°	Sources des sables du green-sand et du terrain crétacé inférieur.	de 7.00	à 12.00
3°	Sources des grès de Fontainebleau.	de 6.00	à 22.00
4°	Sources de l'infra-lias.	de 11.00	à 19.50
	Sources de la craie blanche.	de 12.00	à 17.80
5°	Sources de la craie marneuse..	de 14.50	à 22.00
6°	Sources du calcaire à entroques.	de 16.90	à 21.50
7°	Sources du calcaire de Beauce.	de 17.00	à 25.00
	Sources de la craie recouverte de terrains tertiaires..	de 17.00	à 27.50
	Sources des calcaires oolithiques durs..	de 17.50	à 26.00
8°	Sources des marnes vertes, partie non gypsifère.	de 19.60	à 50.00
9°	Sources de l'argile plastique.	de 20.00	à 55.00
10°	Sources des calcaires oolithiques marneux..	de 21.50	à 54.00
11°	Sources des terrains tertiaires entre les marnes vertes et l'argile plastique.	de 21.50	à 46.00
12°	Sources du lias.	de 27.50	à 120.00
13°	Sources des marnes vertes, partie gypsifère.	de 25.00	à 155.00

Les eaux les plus pures sont naturellement celles des terrains arénacés, quel que soit leur âge, puisqu'on trouve des eaux presque au même degré de pureté dans le granite, le green-sand et les sables de Fontainebleau.

Viennent ensuite les eaux des calcaires non argileux, quel que soit leur état de dureté, puisqu'on trouve des eaux plus pures dans la craie, le plus mou des calcaires du bassin, que dans le calcaire à entroques, qui se rapproche de la fermeté du marbre.

Les calcaires marneux viennent ensuite; il semble que la marne favorise la dissolution du carbonate de chaux dans l'eau.

Puis, en dernière ligne, se trouvent les terrains gypsifères ou pyriteux, qui donnent les eaux les plus dures.

Le sulfate de chaux ne se trouve en quantité notable que dans les eaux de sources qui sortent des terrains tertiaires compris entre les marnes vertes et l'argile plastique inclusivement, et seulement dans la partie de ces terrains qui correspond à la grande lentille de gypse du bassin parisien. On en trouve aussi en quantité notable dans les petites sources du lias supérieur. Mais ces dernières sources ont si peu d'importance, qu'elles sont sans action sur les cours d'eau de la localité.

Les sources des terrains tertiaires situées au-dessus du niveau d'eau des marnes vertes, des terrains crétacés, oolithiques et granitiques, ne contiennent que des quantités insignifiantes de sulfate de chaux.

On trouvera au chapitre XI le tableau des analyses des eaux de diverses sources du bassin de la Seine, faites par plusieurs chimistes de Paris. On verra que ces analyses cadrent le plus souvent avec mes essais hydrotimétriques.

Le fait capital qui en résulte, c'est que ces eaux ne contiennent presque jamais de matières organiques en quantité nuisible. On doit dire qu'aucun des échantillons analysés ne provenait de terrains tourbeux.

CHAPITRE X

CE QUE DEVIENT LE CARBONATE DE CHAUX
DANS LES EAUX COURANTES

Le sulfate de chaux est assez soluble dans l'eau pour ne point faire de dépôts dans le lit des cours d'eau, mais il n'en est pas pas de même du carbonate de chaux.

Ce sel est insoluble dans l'eau à l'état de carbonate simple, et au contraire est soluble à l'état de bicarbonate ; mais ce dernier est si peu stable, que l'agitation de l'eau suffit pour faire dégager une partie de l'acide carbonique et produire un dépôt de carbonate insoluble qui encombre promptement les conduites.

M. l'ingénieur en chef des mines Gueymard a le premier attiré l'attention des ingénieurs sur cette question intéressante. Il est très-important de connaître la proportion de carbonate de chaux qui peut exister en dissolution dans l'eau, sans que cette eau soit incrustante.

Mes essais semblent démontrer que cette proportion est comprise entre 18 et 20 centigrammes de résidu solide de carbonate de chaux par litre, ou très-sensiblement entre 18 et 20 degrés hydrotimétriques ; c'est entre ces limites que se trouve le point de stabilité de la dissolution de bicarbonate de chaux, à la température ordinaire de l'air; en faisant bouillir l'eau pendant 20 minutes, il reste en dissolution environ 3 centigrammes de carbonate de chaux par litre, ce qui correspond à 3° de l'hydrotimètre.

J'ai profité pour faire ces essais des longues sécheresses de 1857 et de 1858.

Comme il n'avait pas plu depuis longtemps, lorsque les puisages ont été faits, les cours d'eau étaient alors alimentés exclusivement en eau de source; par conséquent, les rivières dont le cours était un peu étendu devaient déposer en route leur excès de carbonate de chaux, et la quantité qui y restait était à l'état stable, à la température ordinaire.

Les essais ont été faits, du reste, avec le plus grand soin et avec des liqueurs parfaitement titrées.

ESSAIS HYDROTIMÉTRIQUES DES EAUX DE RIVIÈRES

FAISANT VOIR QUE LE POINT DE STABILITÉ DU BICARBONATE DE CHAUX, DANS LES GRANDS COURS D'EAU, PARAIT CORRESPONDRE A 18° OU 20° DE L'HYDROTIMÈTRE

NOM DE LA RIVIÈRE	LOCALITÉS OU LE PUISAGE A EU LIEU	DATE DU PUISAGE	TITRE HYDROTIMÉTRIQUE DE L'EAU ESSAYÉE			OBSERVATIONS
			TOTAL	(A)	Différence	(A) correspond aux sulfates, chlorures et autres sels qui ne se déposent point par l'ébullition.
Seine.	Au bas du pont de l'Abbaye à Châtillon-s-Seine (Côte-d'Or)	27 août 1858	21.52	0	21.52	A très-peu de distance en amont des points de puisage, les 3 rivières étaient taries; elles étaient donc alimentées entièrement par les belles sources de la Douix, de Brion, de Thoires, ou d'autres analogues marquant pl. de 25°.
Id.	A Gomméville, vers la limite de la Côte-d'Or.	10 sept. 1858	21.71	0	21.71	
Ource.	Au bas du pont d'Autricourt, vers la limite de la Côte-d'Or.	8 sept. 1858	21.22	0	21.22	
Aube.	A Montigny id.	Id.	20.75	0	20.75	
Seine.	A l'aval du moulin de Bar-sur-Seine.	15 oct. 1857	18.60	0	18.60	Jusqu'à la vallée de l'Hozain, la Seine coule dans les terrains jurassiques.
Id.	En amont du confl. de l'Hozain.	Id.	18.60	0	18.60	
Hozain.	Id. avec la Seine. .	14 oct. 1857	21.50	0	21.50	Terrain crétacé inférieur et terrain jurassique supérieur.
Barse.	Id. Id.	4 oct. 1857	24.50	0	24.50	
Seine.	A Troyes..	Id.	18.60	0	18.60	
Aube.	A Arcis, dans la craie blanche.	7 oct. 1857	17.80	0	17.80	L'Aube coule dans les mêmes terrains que la Seine.
Seine.	A Nogent, entre l'Aube et l'Yonne..	15 oct. 1857	17.50	0	17.50	
Yonne.	A la sortie du Morvan (terrain granitique).	7 oct. 1857	1.10	0	1.10	
		24 juill. 1858	1.80	0	1.80	
Id.	Au pertuis du Manoir (avant le confluen de la Cure). . .	7 oct. 1857	16.00	0	16.00	L'Yonne, depuis le Morvan jusqu'à Auxerre, coule dans les terrains jurassiques.
		22 juill. 1858	15.57	0	15.57	

NOM DE LA RIVIÈRE	LOCALITÉS OÙ LE PUISAGE A EU LIEU	DATE DU PUISAGE	TITRE HYDROTIMÉTRIQUE DE L'EAU ESSAYÉE			OBSERVATIONS
			TOTAL	(A)	Différence	(A) correspond aux sulfates chlorures et autres sels qui ne se déposent point par l'ébullition.
Cure.	À la sortie du Morvan, au pont de Saint-Pères. . . .	8 oct. 1857	1.50	0	50	
		25 juill. 1858	2.16	0	2.16	
Id.	À l'amont du confluent d'Yonne vers Cravant..	14 oct. 1857	6.42	0	6.42	La Cure entre Saints-Pères et l'Yonne, coule dans les terrains jurassiques, mais sur une longueur moindre que l'Yonne.
		22 juill. 1858	6.66	0	6.66	
Yonne.	À Auxerre, à l'aval du confluent de la Cure..	8 oct. 1857	14.81	0	14.81	D'après M. Cambuzat, la proportion d'eau de Cure était plus forte le 31 juill. 1858 que le 8 oct. 1857.
		31 juill. 1858	11.88	0	11.88	
Serein.	En amont de son confluent avec l'Yonne..	27 juill. 1858	17.64	0.51	17.13	
Armançon.	En amont de son confluent avec l'Yonne..	Id.	17.19	0.06	17.13	
Yonne.	À Sens, entre l'Armançon et la Seine.	6 oct. 1857	14.81	0	14.81	
		29 juill. 1858	15.21	0.06	15.15	
Seine.	Au Port-à-l'Anglais, entre l'Yonne et la Marne.. . . .	15 oct. 1857	16.78	»	»	
		5 août 1858	16.78	0.95	15.85	
Marne.	À Chaumont.	5 oct. 1857	17.00	0	17.00	Depuis sa source jusqu'à Saint-Dizier, la Marne coule dans les terrains jurassiques.
		21 juill. 1858	17.64	0	17.64	
Id.	À Saint-Dizier, en aval des terrains jurassiques. . . .	31 juill. 1858	16.25	0	16.25	
Blaise.	En amont de son confluent avec la Marne..	oct. 1857	26.00	»	»	Les rivières de Blaise, d'Ornain et de Saulx coulent, dans la plus grande partie de leurs cours, sur le terrain jurassique.
		31 juill. 1858	25.40	2.76	20.64	
Ornain.	En amont de son confluent avec la Saulx..	oct. 1857	20.20	»	»	
		6 août 1858	20.70	0	20.70	
Saulx.	En amont de son confluent avec la Marne. ·	oct. 1857	21.22	»	»	
		6 août 1858	19.62	»	19.62	
Marne.	À Vitry, à l'aval du confluent de la Saulx..	oct. 1857	16.80	»	»	
		6 août 1858	16.58	0	16.58	
Id.	À Épernay, à la sortie de la Champagne.	22 juill. 1858	16.92	0.60	16.52	D'Épernay à Paris, les plateaux qui bordent les vallées de la Marne sont couverts de meulières de Brie. Le gypse commence à Château-Thierry.
Id.	À Château-Thierry, commencement du terrain gypsifère.	25 juill. 1858	17.28	1.03	16.25	
Id.	À la Ferté-sous-Jouarre. Id. .	Id.	18.00	1.41	16.59	
Id.	En amont du confl de la Seine, grande masse gypsifère.. .	15 oct. 1857	22.70	beauc.	»	
		5 août 1858	20.45	4.70	15.75	
Seine.	À Paris, en amont du pont d'Austerlitz, rive droite (côté de la Marne)..	15 oct. 1857	21.71	»	»	Les essais du 5 août 1858 ont été faits par une éclusée d'Yonne. On aurait eu des résultats de 0.50 à 1° plus forts si les essais avaient été faits après le passage de l'éclusée.
		5 août 1858	18.95	1.43	17.52	
Id.	À Paris, en amont du pont d'Austerlitz, rive gauche, côté de la Seine.	15 oct. 1857	17.77	0	17.77	
		5 août 1857	17.86	0.95	16.91	
Id.	À Paris, à la pointe de la Cité, sous le pont Louis-Philippe.	Id.	17.27	0.95	16.52	
Id.	À Paris, dans le petit bras.. .	15 oct. 1857	17.96	»	»	
		5 août 1857	17.08	0.95	16.15	
Id.	À Paris, dans le grand bras, à l'aval du pont Neuf. . . .	Id.	17.77	1.34	16.43	
Id.	À Paris, à l'estacade de la machine du Gros-Caillou.. . .	5 août 1857	18.46	1.54	16.92	
Id.	À Paris, à l'estacade des machines de Chaillot.	15 oct. 1857	18.85	»	»	
		5 août 1858	17.77	1.15	16.62	
Id.	À l'aval de Paris, à l'estacade des machines d'Auteuil.. .	Id.	18.46	1.15	17.31	
Id.	Au pont de Conflans, en amont du confluent d'Oise.. . . .	8 sept. 1858	19.00	»	»	
		22 juill. 1858	19.80	3.12	16.68	

NOM DE LA RIVIÈRE	LOCALITÉS OU LE PUISAGE A EU LIEU	DATE DU PUISAGE	TITRE HYDROTIMÉTRIQUE DE L'EAU ESSAYÉE			OBSERVATIONS. (A) correspond aux sulfates, chlorures et autres sels qui ne se déposent point par l'ébullition.
			Différence	(A)	TOTAL	
Oise.	A Hirson, à la sortie des terrains paléozoïques des Ardennes.	5 août 1858	4.00	0	4.00	En amont d'Hirson, tous les versants d'Oise appartiennent aux terrains paléozoïques des Ardennes.
Noirrieu.	A Tapigny, en amont de son confluent avec l'Oise. . . .	2 oct. 1858	15.87	0	15.87	Ruisseaux de la craie couronnée par des argiles rouges.
Oise.	A Travecy, en aval du Noirrieu, en amont de la Serre.	15 août 1858	19.15	0	19.15	Résultat qui paraît anormal.
Serre.	A Pont-à-Bucy, à 10 kilom. du confluent avec l'Oise. . . .	Id.	16.17	0	16.17	Ruisseau de la craie blanche et marneuse.
Oise.	A l'aval de la Fère et du confluent de la Serre et à l'entrée des terrains tertiaires.	Id.	14.89	0	14.89	Entre Hirson et la Fère, le bassin d'Oise, sauf quelques lambeaux jurassiques, est entièrement crétacé.
Id.	A l'aval du pont de Pontoise..	22 juill. 1858	22.05	1.52	20.75	
Seine.	Au pont de Poissy, à l'aval du confluent d'Oise..	8 sept. 1857 / 22 juill. 1858	19.20 / 20.25	» / 3.75	» / 16.50	
Id.	Au pont du Manoir, en amont du confluent d'Eure. . . .	12 sept. 1857 / 25 juill. 1858	18.75 / 19.17	» / 3.30	» / 15.87	
Blaise.	A Dreux, avant son confluent avec l'Eure.	sept. 1857	18.00	»	18.00	
Iton.	A Saint-Germain-de-Navarre, à l'amont d'Évreux.. . . .	Id.	19.00	»	19.00	
Eure.	Au bac, à Pinterville, à l'amont de Louviers.	Id.	19.00	»	19.00	
Seine.	A Pont-de-l'Arche, à l'aval du confluent d'Eure..	12 sept. 1857 / 25 juill. 1858	18.60 / 19.55	» / 2.40	» / 17.15	
Id.	Au pont de Brouilly, à l'entrée de Rouen..	12 sept. 1857 / 25 juill. 1858	18.60 / 19.44	» / 2.49	» / 16.95	

Ces essais, surtout ceux de 1858, ont été faits par un temps sec; par conséquent, toute l'eau des rivières provenait des sources. Or si l'on veut bien se reporter aux tableaux du chapitre IX, on reconnaîtra qu'à l'exception de celles du granite, des terrains crétacés et des sables de Fontainebleau, toutes les sources du bassin de la Seine donnent plus de 20° hydrotimétriques, la plupart plus de 23°, beaucoup plus de 30°. D'un autre côté, le titre hydrotimétrique dû au carbonate de chaux, dans toutes les rivières un peu importantes du bassin qui ne sont pas sous l'influence des terrains granitiques ou paléozoïques est compris entre 15°,87 et 19°; il faut en conclure que l'eau est incrustante, c'est-à-dire qu'elle se dépouille d'une partie de son carbonate de chaux lorsque son titre hydrotimétrique, déduction faite des sels sus-indiqués, dépasse 18 à 19°, et qu'au-dessous de cette limite, il n'y a pas d'incrustation à craindre. Si dans ces conditions, le bicarbonate de chaux reste stable dans une grande rivière où l'eau est constamment exposée et agitée à l'air, à plus forte raison le sera-t-il dans une conduite métallique, où le dégagement de l'acide carbonique est très-difficile.

Voici d'autres essais qui font voir que les eaux de sources deviennent incrustantes dès qu'elles dépassent, même de très-peu, la limite normale.

NOM DE LA SOURCE	LOCALITÉS OÙ LE PUISAGE A EU LIEU	DATE DU PUISAGE	TITRE HYDROTIMÉTRIQUE			OBSERVATIONS
			TOTAL	Sulfate	Carbonates	
Sources de Rungis.	À la source de Rungis, reg. n° 1.	4 juin 1858	58.59	16.80	21.79	Tout le monde sait que les eaux d'Arcueil sont incrustantes.
		21 nov. 1857	57.50	16.25	21.25	
	À la chute d'Arcueil en amont de l'aqueduc.	4 juin 1858	58.21	16.89	21.59	
	Au réservoir de l'Observatoire.	Id.	57.65	17.52	20.11	
Source du Rozoir.	À Dijon, eau de la distribution.	1er mai 1858	22.00	0	22.00	Dépôts de 2 millimètres dans les conduites posées depuis 20 ans.
Source de Sainte-Barbe.	À la source du bois de Chaumour, près Montbard. . . .	Id.	21.50	0	21.50	Une ancienne roue de moulin sur laquelle l'eau de la source passe encore est entièrement enveloppée de dépôts calcaires.
Source de Chailly.	Vallée du grand Morin entre Coulommiers et la Ferté-Gaucher..	5 oct. 1857	25.60	0	25.60	Les roues des deux usines que cette énorme source fait marcher sont recouvertes d'incrustations.
Canal de l'Ourcq.	Au bassin de la Villette. . . .	21 août 1858	51.00	8.05	22.95	L'eau de l'Ourcq est incrustante; une conduite de 0,06 posée depuis 50 ans à peine, rue Sainte-Apolline, et relevée en 1858, était entièrement obstruée par les dépôts calcaires.
	Au réservoir Monteeau.. . . .	Id.	51.00	8.55	22.65	

Expériences faites à l'aqueduc d'Arcueil. — Lorsqu'une eau est incrustante, c'est-à-dire lorsque son titre hydrotimétrique dépasse 20°, toute agitation qui favorise le dégagement d'acide carbonique accélère le dépôt. M. l'ingénieur Bazin a constaté qu'à Dijon, les dépôts formés par les eaux du Rozoir étaient beaucoup plus volumineux, à tous les points des conduites où le régime se modifie d'une manière quelconque, par exemple à la rencontre des robinets d'arrêts. Au jet d'eau du parc, l'épaisseur des dépôts s'élève à $0^m,01$ par an, tandis que, dans les conduites, elle est de deux à trois millimètres en 20 ans. L'eau perd 2°,50 hydrotimétriques par l'effet de ce jet d'eau.

J'ai fait à l'aqueduc d'Arcueil des expériences qui confirment cette loi. Cet aqueduc a son origine dans le niveau d'eau des marnes vertes à quelque distance et au nord du village de Rungis, sur le plateau compris entre la Seine, la Bièvre et l'Orge. La ville possède un terrain de 2^{hect},83 sur lequel les sources étaient sans doute apparentes autrefois. Ce terrain est entouré d'un aqueduc maçonné, disposé en carré, qui descend jusqu'à la meulière, n'a pas de radier et, par conséquent, intercepte tous les filets d'eau de ces sources. Cette propriété s'appelle le Grand carré.

Entre le regard n° 1, où débouche le Grand carré, et le château d'eau, situé à Paris, avenue de l'Observatoire n° 38, la distance est de 12,965^m; cette longueur est divisée en 27 parties par 26 regards et le château d'eau de l'Observatoire. Le regard n° 13 se trouve en tête du pont-aqueduc d'Arcueil, à 7,168 mètres des sources et à 5797 mètres du château d'eau.

L'altitude du radier au regard n° 1 est. . . . .   75^m,12

et à l'arrivée à l'Observatoire, de . . . .   56^m,88

la différence ou pente totale est donc de . . . . . .   18^m,24

elle est très-inégalement répartie : ainsi en tête de l'aqueduc d'Arcueil, sur une longueur de 243 mètres, elle est de 6^m,45.

Au regard n° 1, l'eau n'est pas incrustante. On ne trouve pas trace de dépôt sur les maçonneries, qui sont très-anciennes [1].

Mais l'aqueduc est disposé de manière à favoriser autant que possible le dégagement de l'acide carbonique. A chacun des 26 regards on a ménagé une petite chute de 0^m,10 environ, qui pro-

---

[1] Avant mon entrée au service, on supposait que les eaux de Rungis n'étaient point assez chargées de carbonate de chaux pour former des dépôts et que les incrustations calcaires étaient dues entièrement aux sources prises en route, en amont du pont aqueduc. Les essais du tableau qui précède font voir que cette opinion est erronée, puisque les expériences dont il est fait mention ci-dessous ont été faites à une époque de sécheresse où les sources intermédiaires ne coulaient pas.

duit une grande agitation dans l'eau ; au regard n° 13 en tête
du pont aqueduc, la chute est de $0^m,61$, et de plus, en raison
de la grande pente qui existe en amont de ce regard, la vitesse
de l'eau est considérable.

On conçoit facilement que tous ces changements brusques de
niveau produisent dans le régime de l'eau des perturbations
très-favorables au dégagement de l'acide carbonique ; l'eau devient donc de plus en plus incrustante à mesure qu'on s'éloigne
du regard n° 1. Voici comment je l'ai constaté.

En 1859, j'ai immergé en aval de chaque chute une petite
fascine composée de quelques brins de bouleau ; quatre mois
après, ces fascines ont été visitées.

Au regard N° 1, à l'origine de l'aqueduc, il n'y avait pas de
dépôt ;

Au N° 2, le dépôt n'était pas sensible ;

Aux regards suivants, les incrustations augmentaient progres-
sivement, et au pont aqueduc d'Arcueil, les brins de balais, pour
me servir d'une expression vulgaire, étaient entièrement pétri-
fiés, c'est-à-dire enveloppés de carbonate de chaux ; à partir de
là, les incrustations allaient en décroissant jusqu'au réservoir
de l'Observatoire, où les brins de bouleau étaient simplement
blanchis [1].

Après avoir fait cette expérience, j'ai pensé qu'il était peut-
être possible de ramener le carbonate de chaux à son point de
stabilité, en produisant dans l'eau une agitation assez grande
pour en dégager d'un seul coup tout l'excès d'acide carbonique.

J'ai profité pour cela de la chute de l'aqueduc d'Arcueil, que
j'ai rehaussée de manière à porter sa hauteur à 1 mètre ; j'ai
placé au-dessous de cette chute un grand récipient hémisphéri-

---

[1] Les eaux d'Arcueil sont encore assez incrustantes au regard de l'Observatoire pour ob-
struer promptement les conduites, mais seulement dans le voisinage du réservoir. La conduite,
posée en 1845, présentait après 18 ans de service un dépôt calcaire de $0^m,0525$ d'épaisseur.
Le dépôt augmente donc de 2 millimètres par an.

que en tôle tout criblé de petits trous, de sorte que l'eau tombait en pluie dans le petit bassin construit en dessous. Des brins de bouleau furent immergés à chaque regard et y restèrent pendant quatre mois; en amont de la chute, on constata les faits relatés ci-dessus, c'est-à-dire qu'il n'y avait aucune incrustation aux deux premiers regards, que les dépôts allaient en croissant jusqu'à la chute d'Arcueil; mais à partir de là, la décroissance était beaucoup plus rapide et il n'y avait plus traces de carbonate de chaux sur les brins de balai déposés au regard N° 24, en amont des fortifications, à 4531 mètres de la chute, et à plus forte raison au regard de l'Observatoire. Au moyen de l'appareil bien simple décrit ci-dessus, on avait fait disparaître la propriété incrustante des eaux d'Arcueil. Cet appareil a été retiré, et les incrustations se sont étendues de nouveau jusqu'à Paris.

Ces expériences démontrent que cette propriété est développée par les petites chutes établies à chaque regard, et surtout par la grande chute du regard N° 13; que la plus grande partie des dépôts s'opère entre Arcueil et Paris, et qu'on peut rendre les eaux non incrustantes à Paris en augmentant l'effet de la chute du pont aqueduc.

On peut donc diminuer la propriété incrustante des eaux, soit en s'opposant au dégagement de l'acide carbonique qu'elles contiennent, par exemple, en les emprisonnant dans une conduite forcée à leur sortie de la source, soit au contraire, en déterminant par l'agitation de l'eau le dégagement de l'excès l'acide carbonique, et par suite la formation complète des dépôts en des points où ils ont peu d'inconvénients [1].

Effet d'un filtre en gravier. — M. Dousse, propriétaire à Arcueil, était parvenu à ce résultat par le moyen suivant. Il faisait

---

[1] Depuis que cette partie de mon ouvrage a été écrite, l'aqueduc a été supprimé entre les fortifications et Paris. Le réservoir du château d'eau de l'Observatoire ne reçoit donc plus les eaux d'Arcueil. Ces eaux sont dirigées dans le réservoir du Panthéon, par une conduite forcée qui commence au regard n° 10.

passer l'eau de sa concession dans un amas de gravier; la division
de l'eau déterminait le dégagement de l'acide carbonique et le dépôt immédiat du carbonate de chaux sur les galets. Il est certain
qu'à la sortie de cette sorte de filtre d'un nouveau genre, l'eau
d'Arcueil n'était plus incrustante. J'ai visité minutieusement les
robinets de service du jardin de M. Dousse, la plupart étaient
fort anciens et garnis de mousse; on n'y remarquait aucun dépôt de carbonate de chaux, notamment ces barbes de capucin
qui ornent toutes les chutes d'une distribution d'eau incrustante.

J'ai rapporté cette expérience de M. Dousse, parce qu'elle
donne l'explication la plus rationnelle, d'un phénomène dont on a
constaté l'existence depuis longtemps dans la Seine, entre Paris
et Pont-de-l'Arche, et dans la Marne en amont de Paris.

*Incrustation des graviers au fond de la Seine. Falaise des ma-
riniers.* — Sur un très-grand nombre de points, le gravier qu'on
retire du lit de ces rivières avec la drague est empâté dans un
dépôt de carbonate de chaux. Les mariniers de la Seine donnent
le nom de *falaise* à ce singulier produit. Ils prétendent que les
hauts fonds formés par la falaise s'exhaussent d'une manière régulière; souvent ils affectent la forme conique ou hémisphéri-
que, comme le prouve le nom caractéristique de *Bosses-à-Manon*,
donné au plus connu d'entre eux qui, à l'aval de Vernon, formait
un véritable barrage dans le lit du fleuve. Les ingénieurs, depuis qu'on s'occupe sérieusement de l'amélioration de la navigation, ont enlevé des milliers de mètres cubes de falaise.

L'origine toute moderne de cette matière ne saurait être contestée puisqu'on y trouve toutes les coquilles fluviatiles actuellement vivantes, des ustensiles de diverses espèces et notamment
des épées; c'est un véritable travertin en voie de formation.

A quoi peut-on attribuer ce dépôt? Les eaux de la Seine ne
sont pas incrustantes, et si elles l'étaient les dépôts se formeraient
d'une manière uniforme dans toute l'étendue du lit. C'est donc à

l'action des sources qu'il faut attribuer ce phénomène; le lit de la Seine renferme, en effet, des sources énormes entre Paris et Pont-de-l'Arche.

Mais comment ces sources peuvent-elles être incrustantes à leur sortie même du sol? Je viens de dire que les eaux d'Arcueil n'acquéraient cette propriété qu'après un long trajet dans un aqueduc et au contact de l'air; ce qui n'aurait certainement pas lieu si on les mélangeait, à leur sortie de terre, avec 100 fois leur volume d'eau non incrustante, comme cela a lieu dans le lit de la Seine.

Mais les sources sous-pluviales sortent dans des conditions toutes particulières; leurs eaux se divisent en filets très-petits à travers des masses de gravier ; il se passe là quelque chose d'a-nalogue à ce que j'ai constaté chez M. Dousse; cette division de la masse d'eau favorise le dégagement de l'acide carbonique, et par suite le dépôt du carbonate de chaux, sur les aspérités des galets, des coquilles et autres objets qui tapissent le lit du fleuve.

On obtient des effets analogues par un moyen d'agitation quel-conque. Essai fait sur les eaux de la Dhuis. — Lorsque le titre hydrotimétrique correspondant au carbonate de chaux en disso-lution dans une eau de source dépasse 18 à 20°, on le ramène assez facilement à cette limite, même lorsque l'eau n'est pas incrustante au lieu du puisage. Voici l'expérience que j'ai faite en 1860 sur l'eau de la Dhuis.

Le titre hydrotimétrique de cette source à sa sortie de terre est 23°; on ne remarquait avant sa dérivation, ni dans son bassin, ni même sur la vieille roue du moulin qu'elle faisait marcher au-trefois, aucun dépôt de carbonate de chaux. Le 16 avril 1860, un litre de cette eau a été déversé d'une hauteur de 1^m,50 dans un autre récipient, le titre hydrotimétrique a été abaissé ainsi à 22°,90; la même eau, soumise 5 à 6 fois à la même opération, n'a plus donné, après un repos de 5 jours, que 21°,95.

Le **25** avril, après 6 autres projections et un repos de **2** jours, elle ne marquait plus que **24°**.

Le **26**, après 6 nouvelles projections et un repos de **24** heures, le titre était abaissé à **20°,90**, et enfin, après un repos prolongé jusqu'au **27** octobre, à **18°,52**.

Après toutes ces épreuves, on voyait dans l'eau quelques flocons blancs d'une matière qui très-probablement était composée de carbonate de chaux.

Ces expériences font voir combien il est difficile d'amener les eaux incrustantes à **18°**, limite à laquelle la dissolution de bicarbonate de chaux paraît parfaitement stable dans les rivières, tandis qu'on arrive assez facilement à **20°**.

On peut en conclure qu'on n'a pas d'incrustation à craindre dans la distribution des villes, lorsque le carbonate de chaux correspond à **20°** de l'hydrotimètre.

Cette longue discussion n'était pas inutile ; car il y a bien peu d'années qu'on est fixé sur la nature des incrustations formées par les eaux de sources. Pendant longtemps on les a attribuées au sulfate de chaux, et on donnait l'épithète de séléniteuses aux eaux incrustantes.

M. Dupuit, dans un ouvrage très-connu, publié en **1854**, faisait connaître, d'après l'*Annuaire des eaux de France*, la véritable nature de ces dépôts, qui ne contiennent que du carbonate de chaux ; mais il constatait en même temps qu'on ne savait rien, ou à peu près rien, sur les conditions dans lesquelles ils se formaient ; telle eau, très-chargée de carbonate de chaux, était moins incrustante qu'une autre eau beaucoup plus pure.

Je crois avoir démontré ci-dessus ce qui résultait, du reste, des indications théoriques, que pour rendre les eaux incrustantes, lorsqu'elles contiennent d'ailleurs du bicarbonate de chaux en quantité convenable, il suffisait de favoriser le dégagement de l'excès d'acide carbonique. Toute cause de dégagement de cet acide produit en même temps un d'pôt de carbonate de chaux, tant que la dissolution n'est point arrivée à son point de stabilité qui, pour l'eau froide, paraît être compris entre 18 et 20° de l'hydrotimètre.

MM. Boudet et Boutron, inventeurs de l'hydrotimètre, admettent que ce point de stabilité pour l'eau bouillante correspond à 3, et M. Robinet a constaté que la congélation produisait un départ presque complet des sels terreux en dissolution.

Lorsqu'on dispose d'un aqueduc suffisamment long, de 4 à 5^k par exemple, facilement accessible, et où l'on peut produire une chute de 1^m environ, on peut se débarrasser pratiquement de l'excès de carbonate de chaux, en faisant tomber l'eau en pluie sur des amas de cailloux ; on provoquera ainsi le départ de l'acide carbonique, et le dépôt se formera dans l'aqueduc, dont le dégravellement est facile.

C'est un fait capital constaté par mes expériences sur les eaux d'Arcueil.

Cette partie de mon ouvrage était écrite avant 1865, époque où les eaux de la Dhuis ont été dérivées à Paris. On a pris toutes les mesures nécessaires pour produire dans l'eau l'agitation qui facilite le dégagement de l'acide carbonique.

Un vaste regard a été ouvert à l'origine même de l'aqueduc, et on l'a rempli de blocs de meulière ; à la suite on a construit un double aqueduc, de sorte que l'on a pu former de distance en distance des amas de meulière, au travers desquels l'eau de la source passe sans que son niveau soit sensiblement augmenté et sans que les manœuvres nécessaires pour déplacer ces amas de meulière puissent interrompre le service ou altérer la pureté de l'eau, puisqu'on peut opérer successivement dans chacune des deux cunettes.

L'eau de la Dhuis passe, depuis 1865, dans l'amas de meulière du premier regard et de l'aqueduc double. La perturbation produite dans l'eau par ces meulières suffit pour diminuer notablement le titre hydrotimétrique, qui est de 23° degrés à la source même[1]. A l'arrivée à Paris, il est exactement le même que celui de l'eau de Seine puisée au réservoir de Passy, ainsi que le prouvent les titres hydrotimétriques suivants, que j'ai obtenus avec des liqueurs parfaitement vérifiées.

DATES	TITRES HYDROTIMÉTRIQUES	
	EAU DE SEINE — Réservoir de Passy	EAU DE LA DHUIS — Réservoir de Ménilmontant
30 avril 1866	20.02	20.68
7 mai	20.50	20.68
14 —	21.15	19.74
21 —	20.21	20.68
28 —	20.50	20.21
4 juin	20.02	19.85
11 —	19.74	20.68
18 —	19.27	19.74
25 —	19.27	19.55
2 juillet	20.49	19.74
9 —	19.27	19.74
16 —	19.74	19.74
25 —	20.51	20.80
30 —	20.51	20.04
6 août	20.21	19.74
13 —	20.61	20.21
20 —	20.21	20.21
27 —	21.07	20.21
3 septembre	21.55	19.78
10 —	21.95	20.04
17 —	21.21	17.78
24	21.50	20.04
1er octobre. 2 jours après la grande crue	21.50	20.90
8 — Gr. crue des sources	24.08	21.50
15 — Id.	24.60	20.90
22 — Id.	25.65	19.69
29 — Id.	24.94	20.21
A reporter	767.70	545.06
Report	767.70	545.06
5 nov. Gr. crue des sources	24.25	20.04
12 —	22.62	20.58
19 —	22.56	20.58
26 —	22.62	20.47
3 décembre. Crue de Seine	20.92	20.64
10 —	22.56	19.69
17 —	21.52	21.11
24 —	21.68	20.65
31 — Crue de Seine	21.58	20.68
7 janvier 1867. Crue	19.62	20.68
14 — Forte crue de Seine	17.07	21.58
21 —	21.58	20.85
28 — Fonte de neige	19.89	21.12
4 février	18.48	21.21
11 — Crue de Seine	18.57	21.47
18 —	19.62	21.12
25 —	21.50	21.65
4 mars	22.00	21.12
11 —	22.00	20.94
18 — Crue, fonte de neige	17.86	22.88
25 —	18.74	19.97
1er avril	17.78	21.91
8 —	20.06	21.21
15 —	20.24	21.46
22 —	20.24	21.44
29 —	21.16	21.44
6 mai	20.88	20.98
13 —	20.05	20.05
20 —	19.94	21.00
27 —	20.56	20.74
Totaux	1184.65	1171.40
Moyenne	20.79	20.55

Les résultats de ces essais confirment ce qui a été dit ci-dessus de l'action de l'agitation de l'eau pour favoriser le dépôt

[1] Voy. chap. IX, page 126.

du carbonate de chaux. Le titre hydrotimétrique de l'eau de la Dhuis s'abaisse de 23° à 20°,55 dans le trajet de la source à Paris, et devient sensiblement égal à celui de l'eau puisée au réservoir de Passy.

On voit sur ce tableau, qu'à la suite de la grande crue de 1866, et des pluies énormes tombées pendant l'automne et l'hiver de la même année, le titre hydrotimétrique de l'eau de la Dhuis s'éleva d'un degré environ. De plus, j'ai constaté qu'alors l'eau se troublait par l'action du chlorure de baryum, à peu près comme l'eau de Seine, ce qui n'a pas lieu pour l'eau puisée à la source. J'en conclus que l'aqueduc recevait une petite quantité d'eau extérieure dans la traversée des terrains imperméables gypsifères. Je fis construire un petit bateau avec lequel on pût circuler dans l'aqueduc, et on reconnut ainsi que les tranchées ouvertes entre la Ferté-sous-Jouarre et Paris, dans les marnes vertes, terrain imperméable, se remplissaient d'eau, que la pression de cette eau avait déterminé l'ouverture de quelques fissures dans l'enduit, et que les eaux très-sulfatées de la localité s'introduisaient par quelques petits jets dans l'aqueduc.

On voit aussi l'augmentation considérable du titre hydrotimétrique de l'eau de Seine due à la crue des grandes sources des terrains oolithiques, à la suite des pluies torrentielles du 30 septembre 1866, et l'abaissement du titre au commencement de chaque crue, c'est-à-dire au moment du passage des eaux du Morvan.

CHAPITRE XI

DES SOURCES QUI PEUVENT ÊTRE CONDUITES A PARIS

Les réservoirs qui doivent recevoir l'eau des sources destinées à l'alimentation de Paris sont situés, l'un à Ménilmontant, vers le haut de la rue de Saint-Fargeau, à l'altitude 108ᵐ, l'autre à Montrouge, à l'altitude 80ᵐ. Tout réservoir placé plus bas ne ferait qu'un service incomplet.

Dans ces conditions, la basse altitude du bassin de la Seine rend très-difficile l'entreprise de dérivation des sources.

En effet, si l'on examine ce bassin dans son ensemble, on reconnaît qu'entre le pied de la chaîne de la côte d'Or et de l'Océan, le sol s'élève rarement au-dessus de l'altitude 200ᵐ; on sait de plus, par l'étude qui précède, et l'on verra plus loin que les *lieux* de grandes sources se trouvent au fond des vallées principales, des terrains perméables, que, dans chaque vallée, la plus élevée de ces grandes sources tarit presque toujours dans les étés secs; les grandes sources *pérennes* sont donc bien plus basses encore que les plateaux.

Pente minimum des aqueducs. — L'aqueduc à construire pour dériver ces sources devait donc avoir une pente très-faible. La limite inférieure de la pente d'un grand aqueduc est évidemment celle qui détermine une vitesse telle que les parties limoneuses en suspension dans l'eau ne se déposent pas dans la cunette.

Pour que les matières limoneuses restent en suspension, il faut que la vitesse au fond et sur les parois soit au moins de $0^m,20$, et pratiquement, pour obtenir ce résultat, il faut une vitesse moyenne de $0^m,30$ à $0^m,40$. On obtient cette vitesse avec une pente de $0^m,10$ par kilomètre pour les grandes sections d'aqueducs, tels que ceux qu'exige la dérivation d'une grande quantité d'eau. Avec cette pente, on est certain que la cunette de l'aqueduc ne s'envasera jamais.

Charge minimum des conduites forcées. — Les vallées profondes du bassin de la Seine ne peuvent être franchies qu'en conduites forcées. En donnant aux tuyaux des diamètres compris entre 1 mètre et $1^m,10$, il faut, pour débiter 5 à 600 litres d'eau par seconde avec une seule conduite, une charge de $0^m,55$ à $0^m,60$ par kilomètre.

J'ai reconnu qu'avec ces données, les aqueducs de dérivation devaient avoir au minimum environ 15 mètres de pente pour 100 kilomètres. Pour dériver à Paris une source exigeant un développement d'aqueduc de 100 kilomètres, il faut donc qu'elle soit à 95 mètres d'altitude pour atteindre le réservoir de Montrouge, et à 123 mètres pour atteindre celui de Ménilmontant.

Or il est facile de reconnaître par l'examen des tableaux du chap. IX que les sources à choisir sont au moins à 100 kilomètres de Paris. En effet, on doit éliminer toutes celles qui sont situées dans la région où s'étend la grande lentille de gypse de Montmartre, c'est-à-dire entre Meulan et Château-Thierry. Cette première condition nous éloigne déjà de 100 kilomètres. Il faut aussi rejeter, comme étant à un niveau trop bas, toutes les sources dont l'altitude est moindre que 95 mètres, telles que celles de la Beauce près et en amont d'Étampes, quoique excellentes; celles du Valois ou du Senlissois, qui sont d'ailleurs un peu dures; celles du fond des vallées de l'Oise jusqu'à Guise, de l'Aisne jusqu'à Rethel, de l'Ourcq, de la Marne jusqu'à Vitry-le-François, du grand Morin jusqu'à la Ferté-Gaucher, de la Seine jusqu'à Troyes, de l'Yonne jusqu'à Auxerre, de l'Aube jusqu'à Arcis.

Parmi les petites rivières propres à la craie blanche de la Champagne, on écarte, faute d'altitude suffisante, les sources de la plus grande partie de la Serre et de son affluent la Souche, de la Retourne, de la Suippe, de la Vesle jusqu'à Reims, de l'Orvin et de l'Ardusson.

En procédant ainsi par voie d'élimination, et en se reportant aux tableaux du chapitre IX, on écarte encore, comme étant trop dures, les nombreuses sources soutenues par l'argile plastique, sous les plateaux du Soissonnais, dans les vallées de l'Aisne, de la Lette et de l'Ardon, et celles du Vexin français qui alimentent la Viosne et le Sausseron.

Les grandes sources du fond des vallées oolithiques de la basse Bourgogne sont à des altitudes suffisantes, et un très-grand nombre d'entre elles ne laissent rien à désirer sous le rapport de la pureté, de la limpidité et de la fraîcheur. On serait heureux de posséder à Paris des sources telles que celles de Châtillon-sur-Seine, de Brion-sur-Ource, de Laignes ; de la Dhuis à Bar-sur-Aube, etc.; mais ces sources sont bien éloignées, leur dérivation exigerait d'immenses travaux. Il n'aurait été raisonnable de les choisir, que si l'on n'en avait pas trouvé d'autres plus rapprochées de Paris.

Les sources peu nombreuses, mais considérables qui jaillissent dans le terrain néocomien entre la Seine et l'Aisne, telles que celles de Vendeuvres, Soulaines, Sommevoire, Brousseval, sont déjà beaucoup plus rapprochées de Paris; elles sont à une altitude suffisante pour être jetées dans le réservoir de Ménilmontant, et pourraient être dirigées vers Paris par les vallées du petit Morin ou de la Marne.

De longtemps sans doute, on ne songera pas à les dériver vers

Paris; il n'est pas impossible cependant qu'on aille les chercher un jour, car les sources qui peuvent alimenter les quartiers
hauts ne sont pas communes.

Personne ne proposera de dériver les sources du green-sand,
qui sont très-nombreuses, mais très-petites. On sait d'ailleurs que
les eaux qui s'infiltrent dans les sables verts du terrain crétacé
inférieur passent en partie sous Paris et qu'il est bien plus économique de les faire jaillir avec la sonde que d'aller les chercher avec un aqueduc.

Si l'on se reporte à l'aval de Paris, on retrouve en Normandie
les belles sources de la craie, aussi limpides et aussi pures qu'en
Champagne. Il ne serait pas impossible de trouver dans le pays
de Bray à la limite de la craie blanche et du green-sand, des
sources assez abondantes et assez élevées pour desservir Paris ;
à vol d'oiseau, ces sources sont un peu moins éloignées que
celles de la Champagne. Mais je n'ai pas même entrepris
cette étude ; les formidables siphons qu'exigerait la traversée de
l'Oise et de la plaine Saint-Denis m'ont fait reculer.

Je n'ai pas cru non plus devoir étudier la dérivation des sources qu'on trouve sur la rive gauche de l'Eure, dans les vallées de
la Blaise, de l'Avre et de l'Iton, quoiqu'elles soient très-pures et
d'excellente qualité[1]. Les difficultés de la dérivation seraient
énormes. Néanmoins si mes successeurs sont appelés à construire d'autres aqueducs, après avoir complété l'alimentation de
ceux de la Dhuis et de la Vanne, peut-être se dirigeront-ils du
côté d'amont, vers les vallées de l'Aube et de ses affluents, et du
côté d'aval vers le pays de Bray et la rive gauche de la vallée de
l'Eure.

Mes études se trouvaient donc resserrées, d'une part dans la
partie de la Brie renfermée dans une ligne brisée passant par

[1] Voy. chapitre IX, page 132.

Moret, les sources du Durtein près de Provins, la Ferté-Gaucher, Château-Thierry, Épernay, Vertus, Sézanne et Montereau, et d'autre part dans la partie de la Champagne sèche comprise entre les vallées de l'Yonne et de la Marne.

A la suite des premières recherches entreprises en 1854, j'avais proposé d'abord la dérivation des sources de la Somme-Soude, petite rivière de la craie blanche de Champagne qui tombe dans la Marne en aval de Châlons sur la rive gauche. Ce choix était justifié par la grande pureté des eaux de cette rivière, dont le titre hydrotimétrique est compris entre 12 et 14° [1].

Les analyses de M. Henri Deville confirmaient ce résultat. Les eaux de ces sources ne renferment qu'une petite quantité de carbonate de chaux et de chlorure de calcium.

Voici les résultats de ces analyses :

POIDS EXPRIMÉS EN GRAMMES DES SELS EN DISSOLUTION DANS UN LITRE D'EAU

DÉSIGNATION	SOURCES		
	DE LA SOMME A SOMME-SOUS	DU MONT AFFL. DE LA SOMME	DE LA SOUDE A SOUDÉ
Carbonate de chaux.	0.100	0.106	0.086
Chlorure de calcium.	0.040	0.020	0.052
Silice, alumine, oxyde de fer.	traces sensibles,	»	»
Matières organiques.	pas de traces.	traces à peine sensibles	traces à peine sensibles
Totaux.	0.140	0.126	0.118

Aucune source des terrains calcaires du bassin de la Seine ne donne de l'eau d'une telle pureté.

A ces eaux on adjoignit d'abord la source du Cubry, le *Sourdon*, qui jaillit du niveau d'eau des marnes vertes, à Saint-Martin-d'Ablois, près d'Épernay, puis plus tard la Dhuis. Le titre hydrotimétrique de l'eau du Sourdon est 20° [2].

[1] Voy. chapitre IX, p. 133.
[2] Voy. chapitre IX, p. 126.

Mes propositions furent acceptées par le préfet de la Seine et le conseil municipal; mais les sécheresses sans exemple dont nous sommes affligés depuis 1857 ne tardèrent pas à me donner tort [1]. Le débit de la Somme et de la Soude tomba, en 1858, au-dessous de 20 000 mètres cubes par vingt-quatre heures; en y adjoignant le Sourdon et la Dhuis, on ne pouvait dériver plus de 40 000 mètres d'eau, et on en demandait 86 000 ; il fallut renoncer à l'opération.

Choix des sources destinées aux quartiers hauts de la rive droite. — L'annexion de la zone suburbaine modifia les projets de la ville. Le volume d'eau, nécessaire aux nouveaux quartiers de la rive droite, était de 40 000 mètres par jour, et cette eau devait s'élever à l'altitude de 108 mètres. Les grandes sources de la Champagne ne pouvaient être dérivées à ce niveau; on dut resserrer les recherches dans la partie de la Brie, dont les limites ont été données ci-dessus.

Dans la vallée du Grand-Morin, on trouvait à une altitude convenable, entre la Ferté-Gaucher et Esternay, la source du *Moulin-au-Comte;* mais cette belle source, dont le titre hydrotimétrique [2] est 21°,50, ne débitait pas, en octobre 1857, plus de 6 000 mètres cubes d'eau par vingt-quatre heures, et il en fallait 40 000 mètres.

Un très-grand nombre de petites sources jaillissent, à une altitude convenable, dans la vallée du Petit-Morin, vers Montmirail. Mais leur titre hydrotimétrique est élevé [3] et leur débit insuffisant.

On a été conduit ainsi à choisir la Dhuis et les sources très-nombreuses de deux vallées voisines, le Verdon et le Surmelin.

Le titre hydrotimétrique de l'eau de la Dhuis est 25° ; cette eau est donc légèrement incrustante. Il en est de même des

[1] Voy. chap. VIII, p. 107.
[2] Voy. chap. IX, p. 128.
[3] Voy chap. IX, p. 129.

sources du Verdon et du Surmelin; mais il est possible d'atté-
nuer ce défaut en facilitant le dégagement de l'acide carbonique,
par les procédés indiqués ci-dessus [1].

L'eau de la Dhuis a été analysée à l'École des ponts et chaussées, par M. Mangon. Voici les résultats de cette analyse :

GAZ DISSOUS DANS UN LITRE D'EAU,

RAMENÉS A 0° SOUS LA PRESSION 0^m,760 (CENTIMÈTRES CUBES).

Acide carbonique.	25.4
Oxygène.	7.2
Azote..	15.6

POIDS EN GRAMMES DES SELS DISSOUS DANS UN LITRE D'EAU.

Argile, silice, etc..	0.010
Alumine et peroxyde de fer..	faibles traces.
Chaux..	0.128
Magnésie.	0.010
Alcalis.	0.009
Chlore.	0.005
Acide sulfurique..	0.005
Acide carbonique et matières non dosées. . . .	0.113
Eau combinée et matières organiques.	0.017
Total.	0.295

L'analyse de M. Mangon est à peu près d'accord avec mes essais
hydrotimétriques. En effet, d'après les indications de MM. Boutron et Boudet, un degré hydrotimétrique correspond à $0^{gr},0057$
de chaux et à $0^{gr},0042$ de magnésie; le titre hydrotimétrique
de l'eau de la Dhuis, déduit de l'analyse de M. Mangon, est
donc $\dfrac{0,1280}{0,0057} + \dfrac{0,0100}{0,0042} = 24,85$, nombre un peu plus grand que
le titre obtenu directement (25°).

Par des raisons qu'il est inutile d'exposer ici, les sources que
la ville possède dans les vallées du Verdon et du Surmelin n'ont
pu encore être jetées dans l'aqueduc de la Dhuis, quoique les

[1] Voy. chap. X, p. 146 et suiv.

travaux qu'il faudrait exécuter pour cela soient peu importants. La source de la Dhuis arrive donc seule à Paris aujourdhui ; elle donne environ la moitié de la portée totale de l'aqueduc.

Choix des sources destinées aux quartiers bas et moyens. Le volume d'eau à dériver par 24 heures, pour les besoins de ces quartiers de la ville, a été fixé à 100,000 mètres par jour, soit approximativement à 1160 litres par seconde.

Les plus grandes sources de la partie de la Brie située en dehors des terrains gypsifères, se trouvent en amont de Provins, au fond des vallées de la Voulzie et de son affluent le Durtein. Celles de ces sources qui sont au-dessus de l'altitude de 95 mètres, ne donnent pas ensemble plus de 5 à 600 litres d'eau par seconde. Ce débit est trop faible. De plus le litre hydrotimétrique de ces belles sources est 24°[1], et par conséquent est un peu élevé. J'ai donc dû renoncer à dériver ces sources, que j'avais désignées dans mon premier mémoire en 1854, et j'ai été conduit de nouveau à diriger mes recherches vers la Champagne.

J'ai fait connaître ci-dessus l'échec de la Somme-Soude ; la Vanne est la rivière de la craie blanche qui résista le mieux aux grandes sécheresses de ces dernières années. En 1860, je fus autorisé à acheter les plus belles sources de cette vallée, savoir : la *Bouillarde*, *Armantières*, le *Bime de Cérilly*, *Flacy*, *Chigy*, le *Maroy*, *Saint-Philibert*, *Malhortie*, *Caprais-Roy*, *le Miroir de Theil* et *Noé*. Le tableau suivant donne le débit de ces sources.

[1] Voy. chap. IX, page 128.

NOMS DES SOURCES	ALTITUDES	DÉBITS EXPRIMÉS EN LITRES PAR SECONDE											
		JANVIER	FÉVRIER	MARS	AVRIL	MAI	JUIN	JUILLET	AOÛT	SEPTEMBRE	OCTOBRE	NOVEMBRE	DÉCEMBRE
1866													
Le Bime de Cérilly	140	»	»	»	249	255	197	180	171	250?	221	202	»
La Bouillarde	115	»	»	»	50?	50?	50?	27	29	50?	50?	27?	»
Armantières	112	»	»	»	666	499	595	590	552	612	516	510	»
Le Maroy	92	»	»	»	62	48	52	42	51	60?	50?	50	»
Saint-Philibert	90	»	»	»	156	102	107	118	111	121	111	111	»
Malhortie	89	»	»	»	19	25	25	27	28	52	50?	24	»
Caprais-Roy et l'Auze	89	»	»	»	20?	20?	20?	20?	20?	25?	25?	20?	»
Le miroir de Theil	95	»	»	»	186	171	152	142	155	175	178	161	»
Noé	88	»	»	»	72	81	75	70	65	97	89	83	»
Sources et drains non jaugés	»	»	»	»	100	100	100	100	100	100	100	100	»
TOTAUX		»	»	»	1540	1509	1151	1112	1040	1482	1550	1288	»
1867													
La Lime de Cérilly	»	»	»	»	»	»	267	250	207	185	156	152	»
La Bouillarde	»	»	»	»	»	»	»	50?	50?	50	50	»	»
Armantières	»	»	»	»	907	»	747	698	559	480	599	»	»
Le Maroy	»	»	»	»	»	»	»	60?	60?	60?	61?	»	»
Saint-Philibert	»	»	»	»	»	»	»	124	121	120	122	»	»
Malhortie	»	»	»	»	»	»	»	50?	50?	24	24	»	»
Caprais-Roy et l'Auge	»	»	»	»	»	»	»	25?	25?	20	20	»	»
Le miroir de Theil	»	»	»	»	»	»	205	195	184	168	170	145	»
Noé	»	»	»	»	»	»	»	108	105	98	81	84	»
Sources et drains non jaugés	»	»	»	»	»	»	»	100	100	100	100	»	»
TOTAUX		»	»	»	907	»	1217	1618	1401	1285	1165	581	»
1868													
Le Bime de Cérilly	»	»	»	»	159	175	156	129	115	111	99	97	96
La Bouillarde	»	»	»	»	19	20	17	15	14	15	17	19	17
Armantières	»	»	»	»	512	507	271	260	242	198	181	155	252
Le Maroy	»	»	»	»	65	70	78	64	73	82	80?	70?	77
Saint-Philibert	»	»	»	»	120	104	100	94	100	110	109	114	106
Malhortie	»	»	»	»	50	59	24	25	17	20	16	19	25
Caprais-Roy et l'Auge	»	»	»	»	50?	50?	25?	25?	20?	20?	20?	20?	25?
Le miroir de Theil	»	»	»	»	157	148	157	128	125	121	112	114	106
Noé	»	»	»	»	88	91	79	72	69	64	58	62	62
Sources et drains non jaugés	»	»	»	»	100	100	100	100	100	100	100	100	100
TOTAUX		»	»	»	1078	1084	997	910	875	859	792	770	844
1869													
Le Bime de Cérilly	140	177	168	190	205	208	177	157	155	95	85	87	97
La Bouillarde	115	17	20	21	24	22	21	25	20	17	17	16	15
Armantières	111	599	558	419	445	559	572	557	503	225	251	250	228
Le Maroy	92	87	85	75	85	89	88	76	75	75	75	76	81
Saint-Philibert	90	108	108	111	115	116	107	105	102	99	100	102	102
Malhortie	89	29	24	24	25	25	24	24	25	20	19	17	17
Caprais-Roy et l'Auge	89	28	28	28	25	25	24	20	20	20	20	21	21
Le miroir de Theil	91?	158	144	176	168	155	157	146	151	105	115	109	117
Noé	86?	87	70	88	90	96	80	71	65	66	58	49	61
Sources et drains don jaugés	»	100	100	100	100	100	100	100	100	100	100	100	100
TOTAUX		1190	1105	1252	1278	1195	1150	1057	972	818	818	807	859

NOMS DES SOURCES	ALTITUDES	DÉBITS EXPRIMÉS EN LITRES PAR SECONDE											
		JANVIER	FÉVRIER	MARS	AVRIL	MAI	JUIN	JUILLET	AOUT	SEPTEMBRE	OCTOBRE	NOVEMBRE	DÉCEMBRE
1870													
Le Bîme de Cérilly......	136	155	205	175	126	126	113	129	110?	100	101	115	»
La Bouillarde........	113	14	15?	15?	15?	27	52	52	31	25	20	50	»
Armantières........	111	580	565	278	296	277	255?	255	225	185	190	206	»
Le Maroy..........	92	79	79	77	77	70	68	61	56	61	61	64	»
Saint-Philibert........	90	101	105	102	101	97	96	92	92	101	96	96	»
Malhortie........	89	20?	21	25	19	20	20	21	25	29	21	16	»
Caprais-Roy et l'Auge.....	89	19	20	19	19	19	18	17	19	20	19	19	»
Le miroir de Theil......	91?	119	145	119	114	98	97	90*	82*	72*	62*	69*	»
Noé............	86?	60	65	62	60	57	60	51	44	45	47	45	»
Sources et drains non jaugés.	»	100	100	100	100	100	100	100	100	100	100	100	»
TOTAUX.....		1015	1112	970	927	891	859	829	784	758	717	760	»
1871													
Le Bîme de Cérilly......	»	»	»	»	»	188	184	195	168	107	95	87	85
La Bouillarde........	»	»	»	»	»	29	51	55	50	29	26	20	25
Armantières	»	»	»	»	»	558	529	545	505	500	248	225	208
Le Maroy..........	»	»	»	»	»	69	70?	70?	67	65?	65	64	55
Saint-Philibert........	»	»	»	»	»	100	107	100	107	94	99	106	101
Malhortie..........	»	»	»	»	»	19	18	21	24	19	19	21	22
Caprais-Roy et l'Auge.....	»	»	»	»	»	25	20	20	20	18	20	19	18
Le miroir de Theil......	»	»	»	»	»	105	105	124	144	117	105	105	95
Noé............	»	»	»	»	»	67	67	63	60	52	50	45	44
Sources et drains non jaugés.	»	»	»	»	»	100	100	100	100	100	100	100	100
TOTAUX.....		»	»	»	»	1056	1029	1051	1025	911	825	799	749

Les nombres accompagnés de ? correspondent à des jaugeages non exécutés et représentent des débits probables ; ils sont introduits dans les colonnes pour concourir à la formation des totaux.

Ces sources n'ont pas été jaugées en 1868.

Les sources et drains non jaugés sont comptés pour leur débit minimum par seconde, savoir :

Source de Flacy, environ.................	20 litres.
Source de Chigy, environ.................	55 —
Drains de Saint-Philibert, environ............	20 —
Drain de Theil, environ	25 —
TOTAL........	100

A partir de 1869, le débit de la source d'Armantières a été notablement augmentée par les travaux de captation. C'est ce qui explique comment en 1870, année de la plus extrême sécheresse, son débit est plus grand qu'en 1868 année moins sèche. En 1870 la source de Theil a été notablement diminuée pendant l'exécution des travaux. Les chiffres marqués de * représentent les jaugeages correspondant et ne donnent que des résultats incomplets.

Discussion des débits des sources de la Vanne. — Les débits de la source du Maroy pour les années 1866 et 1867, sont beaucoup trop faibles, parce qu'ils ont été constatés avant l'exécution des travaux de captation ; c'est en 1868 que ces travaux ont été entrepris, et quoiqu'ils ne soient pas encore terminés, ils ont augmenté notablement le débit de cette source. On a obtenu des résultats analogues, en abaissant le niveau des sources du Bîme de Cérilly, d'Armantières, du Miroir de Theil et de Noé.

Le tableau fait voir clairement l'effet de l'altitude sur la pérennité des sources, dans les terrains perméables. Ne considérons que les grandes sources, Armantières, Saint-Philibert, le Miroir de Theil et Noé. La première située à **23** mètres environ au-dessus des autres, varie du printemps à l'automne, pendant les années humides 1866 et 1867, dans les rapports de $\dfrac{666}{332} = 2$ et $\dfrac{907}{399} = 2,77$.

Les rapports des débits de la plus variable des trois autres sources, le Miroir de Theil, sont notablement plus petits; ils sont pour ces mêmes années, $\dfrac{186}{133} = 1,40$ et $\dfrac{203}{145} = 1,46$.

Si nous prenons le plus grand débit des années humides, et le plus petit des années sèches, nous trouvons pour Armantières le rapport $\dfrac{907}{187} = 4,85$, et pour le miroir de Theil $\dfrac{203}{95} = 2,14$.

Si l'on remontait jusqu'à la source initiale, à Fontvanne, on trouverait des variations bien plus grandes encore; ainsi à la fin de l'automne de 1855, avant les sécheresses de ces dernières années, M. l'ingénieur Lesguillier trouvait qu'à Estissac, à une petite distance à l'aval de cette source, la Vanne débitait $1^{m},10$ par seconde, et l'on considérait cette portée comme un minimum; en 1858 ce débit s'est réduit presqu'à rien.

C'est en raison de ces grandes variations de débit des sources hautes, que nous avons arrêté nos acquisitions de sources à la Bouillarde, à peu près au milieu du cours de la Vanne, donnant la préférence aux sources basses du Maroy, de Saint-Philibert, du Miroir de Theil et Noé, qu'on ne peut conduire à Paris par le simple effet de la gravité, mais dont le débit est bien moins variable ; on peut d'ailleurs facilement les relever à un niveau convenable, avec des pompes mises en mouvement par des roues hydrauliques. Nous laisserons dans la Vanne assez d'eau pour faire tourner ces roues.

En outre, la ville possède en dehors et près de la vallée de la Vanne, à Villeneuve-sur-Yonne, la belle source de Cochepie, qui débite dans les plus grandes sécheresses, 230 litres d'eau par seconde.

Le plus petit débit des sources de la Vanne que la ville possède, correspond à l'année 1870, qui est la plus sèche des deux derniers siècles. En ne considérant que les mois de grandes consommations, c'est-à-dire mai, juin, juillet et août, voici quelle serait la portée minimum de l'aqueduc, si l'on se contentait d'ajouter à ces sources celle de Cochepie.

	LITRES PAR SECONDE.
Sources de la vallée de la Vanne, août 1870. .	784
Cochepie.	230
TOTAL.	1014

Il sera bien facile de trouver soit dans la vallée de la Vanne, soit sur le parcours de l'aqueduc, les 146 litres d'eau nécessaires pour compléter les 1160 litres que l'aqueduc doit porter par seconde.

Le titre hydrotimétrique de l'eau des sources de la Vanne varie de 17°,40 à 20° [1].

Le chlorure de baryum n'y produit point de trouble appréciable. On peut donc dire qu'elle est à peu près dépourvue de sulfate de chaux.

Analyses de l'eau des sources de la Vanne. — Les analyses suivantes faites par M. Mangon à l'École des ponts et chaussées, confirment les expériences hydrotimétriques.

[1] Voy. chap. IX, page 131.

EAUX PUISÉES LE 25 MARS 1862

GAZ DISSOUS RAMENÉS A ZÉRO ET A LA PRESSION 0^m,760 (CENTIMÈTRES CUBES PAR LITRE)

DÉSIGNATION	ARMENTIÈRES	CHIGY
Acide carbonique..	20.5	21.8
Oxygène.	6.4	5.6
Azote.	14.9	14.5
Totaux.	41.6	41.9

« Ces eaux sont limpides ; elles renferment seulement, en
« suspension, de très-faibles quantités de substances excessive-
« ment fines. L'analyse des substances solides contenues dans
« ces eaux a donné pour leur composition par litre les chiffres
« suivants. » (*Note de M. Mangon*) :

SUBSTANCES SOLIDES PAR LITRE

DÉSIGNATION	ARMANTIÈRES	CHIGY	SAINT-PHILIBERT	MALHORTIE	THEIL	NOÉ
	gr.	gr.	gr.	gr.	gr.	gr.
Résidu insoluble dans les acides faibles..	0.009	0.011	0.008	0.011	0.008	0.010
Alumine et peroxyde de fer.	0.001	0.002	0.001	0.001	0.001	0.001
Chaux.	0.099	0.119	0.087	0.094	0.096	0.101
Magnésie..	0.007	0.005	0.005	0.004	0.005	0.006
Alcalis..	0.007	0.007	0.006	0.006	0.006	0.006
Chlore..	0.002	0.005	0.002	0.002	0.005	0.002
Acide sulfurique.	0.007	0.009	0.008	0.008	0.007	0.007
Eau combinée et matières organiques..	0.008	0.009	0.007	0.007	0.004	0.013
Acide carbonique et matières non dosées.. . . .	0.075	0.098	0.070	0.072	0.075	0.074
Résidu total de l'évaporation d'un litre.	0.215	0.263	0.192	0.205	0.205	0.220

M. Wurtz, membre de l'Institut, a fait aussi une analyse de
l'eau des sources de la Vanne.

Voici la lettre qu'il écrivait à M. le préfet de la Seine, pour lui faire connaître le résultat de son travail.

Monsieur le Préfet,

Vous m'avez fait l'honneur de m'appeler, l'année dernière, à faire partie de la commission chargée d'inspecter, sur les lieux mêmes, les sources de la Vanne. Par l'organe de son rapporteur, M. le docteur Mélier, de regrettable mémoire, cette commission avait exprimé le vœu, qu'un de ses membres s'occupât du soin de rechercher, dans les eaux de ces sources, la présence de traces d'iode qui ont été signalées dans les eaux de la Seine. Un échantillon des eaux de la source de Saint-Philibert, m'ayant été adressé par les soins de M. l'ingénieur en chef Belgrand, j'ai pu y constater, dans deux opérations distinctes, la présence de traces d'iode.

Bien que je considère ce fait comme assez indifférent au point de vue de la salubrité, l'influence favorable que ces quantités infinitésimales d'iode exercent sur la santé ne me paraissant nullement démontrée, j'ai cru néanmoins devoir vous signaler ce résultat, qui est de nature à donner satisfaction à quelques personnes.

J'ai saisi avec empressement cette occasion, pour constater une fois de plus et par des expériences personnelles, la pureté de ces eaux qui ne laissent rien à désirer au point de vue de la composition, de la limpidité, de la fraîcheur.

Je transcris ici une analyse, qui en a été faite dans mon laboratoire et sous mes yeux, et qui s'accorde d'ailleurs avec celles qu'a publiées M. Hervé-Mangon.

COMPOSITION CHIMIQUE DES EAUX DE LA SOURCE DE SAINT-PHILIBERT
(VALLÉE DE LA VANNE).

40 litres d'eau, soumis à l'évaporation, ont laissé un résidu, lequel, séché à 150°, pesait : 9^{gr},006, soit par litre : 0^{gr},2253.

Ce résidu renferme :

	POUR LES 40 LITRES.	PAR LITRE.
Carbonate de chaux..	7^{gr}896	0^{gr}1974
— de magnésie.	0.082	0.0021
Alumine et traces d'oxyde de fer..	0.055	0.0014
Silice.	0.317	0.0079
Sulfate de chaux..	0.014	0.0004
Chlore.	0.1002	0.0025
Acide sulfurique (SO³)..	0.176	0.0044
Sodium avec traces de potassium..	0.188	0.0047
	8.8282	0.2208
Eau et perte.	0.176	0.0045
TOTAUX.	9.006	0.2253

Les traces de chlore, d'acide sulfurique et de sodium, signalées à   fin de l'analyse, sont contenues dans l'eau, à l'état de chlorure et de sulfate de sodi.m. Vous voudrez bien remarquer, monsieur le Préfet, la très-faible proportion de sulfate de chaux et de carbonate de magnésie qui est contenue dans cette eau. Celle-ci présente, à peu de chose près, la composition des eaux de la Seine.

Veuillez agréer, monsieur le Préfet, etc.

Signé : Ad. WURTZ.

Il est intéressant de comparer les analyses qui précèdent avec les deux suivantes faites par M. Poggiale

ANALYSE DE L'EAU DE LA SEINE PAR M. POGGIALE

DÉSIGNATION	PUISÉE LE 11 MARS 1853, L'EAU ÉTANT A LA COTE 4,21 DE L'ÉCHELLE DU PONT ROYAL	PUISÉE LE 4 AOUT 1853, L'EAU ÉTANT A LA COTE 0,90 DE L'ÉCHELLE DU PONT ROYAL
	gr.	gr.
Résidu argilo-siliceux..............	0.003	0.004
Alumine et peroxyde de fer..........	0.002	0.004
Chaux, magnésie.................	0.095	0.156
Alcalis......................	Traces très-sensibles.	Traces très-sensibles.
Chlore......................	0.006	0.008
Acide sulfurique.................	0.008	0.015
Acide carbonique................	0.076	0.111
Matières organiques..............	Quantité notable.	Quantité notable.
TOTAUX.........	0.190	0.276
Ammoniaque par litre.............	0.000.27	0.000.57
Acide nitrique constituant les nitrates.....	Quantité notable.	Quantité notable.

Le minimum des matières en dissolution dans l'eau de Seine correspond au régime d'hiver, parce qu'alors c'est l'Yonne qui domine, et que l'Yonne reçoit une forte proportion d'eau du terrain granitique, chimiquement pure.

La première analyse de M. Poggiale s'applique précisément à un échantillon d'eau puisé dans cette saison. Elle est chimiquement bien plus pure que l'autre, puisée en été, et l'analyse ressemble singulièrement à celle de nos eaux de source.

Limpidité des eaux des sources de la Vanne. — Les sources de la Vanne sont limpides, et cette limpidité est absolue. On voit les moindres objets, je dirais presque une épingle, au fond des bassins qui renferment ces sources ; il en était ainsi, avant les travaux de captation, à la source du Bîme de Cérilly, dont le bassin avait environ 4 mètres de profondeur.

Les terrains du bassin de la Vanne étant très-perméables, et les eaux pluviales ne ruisselant jamais à leur surface, les eaux extérieures ne peuvent troubler les sources, et leur limpidité est à peu-près constante, ce que prouve du reste l'état des cailloux qui tapissent le fond des bassins. Ces cailloux conservent tout l'éclat et la vivacité de leurs couleurs ; les plantes aquatiques y poussent avec une vigueur extraordinaire, ce qui tient à ce que la lumière pénètre sans obstacle jusqu'au fond. Le vert de leurs feuilles est toujours d'une grande pureté, et l'on ne remarque à leur surface aucun dépôt vaseux ou calcaire.

Cependant, au moment de leurs grandes crues, ces sources deviennent louches pendant quelques jours ; mais elles ne tardent guère à reprendre leur splendide limpidité.

Une seule, celle de Saint-Philibert, ne s'est jamais troublée depuis que la ville la possède.

Température des eaux de la Dhuis. — L'aqueduc de la Dhuis a 130 880 mètres de longueur. Beaucoup de personnes ont pensé que l'eau perdrait de sa fraîcheur dans ce long trajet. Les tableaux suivants prouvent que les plus grandes variations de température, dans le trajet des sources de Pargny à Paris, sont peu importantes.

NOMS DES MOIS ET DES STATIONS	1	2	3	4	5	6	7	8	9	10	11	12
1867												
Janvier { Pargny	10.7	10.7	10.7	10.7	10.7	10.7	10.7	10.7	10.7	10.7	10.7	10.7
Janvier { Ménilmontant	9.8	9.8	9.8	9.8	9.7	9.6	9.5	9.5	9.5	9.4	9.4	9.3
Février { Pargny	10.4	10.4	10.4	10.4	10.4	10.4	10.4	10.4	10.4	10.4	10.4	10.4
Février { Ménilmontant	8.9	8.9	8.9	8.9	8.9	8.9	8.9	8.9	8.9	8.9	8.9	8.9
Mars { Pargny	10.7	10.7	10.7	10.7	10.7	10.7	10.7	10.7	10.7	10.7	10.7	10.7
Mars { Ménilmontant	8.9	8.9	8.9	8.9	8.9	9.0	9.0	9.1	9.1	9.10	9.0	9.0
Avril { Pargny	10.7	10.7	10.7	10.7	10.7	10.7	10.7	10.8	10.8	10.8	10.8	10.8
Avril { Ménilmontant	9.0	9.0	9.1	9.1	9.1	9.1	9.2	9.2	9.3	9.3	9.3	9.4
Mai { Pargny	10.9	10.9	10.9	10.9	10.9	10.9	19.9	10.9	10.9	10.9	10.9	10.9
Mai { Ménilmontant	9.8	9.8	9.9	10.0	10.0	10.0	10.1	10.1	10.2	10.2	10.2	10.3
Juin { Pargny	10.5	10.5	10.5	10.5	10.5	10.5	10.5	10.6	10.6	10.6	10.6	10.6
Juin { Ménilmontant	10.7	10.7	10.7	10.7	10.8	10.8	10.8	10.9	10.9	11.0	11.1	11.1
Juillet { Pargny	10.5	10.5	10.5	10.5	10.5	10.5	10.5	10.6	10.6	10.6	10.6	10.6
Juillet { Ménilmontant	13.0	13.0	13.0	13.0	13.0	13.0	13.0	13.0	13.0	13.0	13.0	13.0
Août { Pargny	10.5	10.5	10.5	10.5	10.5	10.5	10.5	10.5	10.5	10.5	10.5	10.5
Août { Ménilmontant	13.4	13.4	13.4	13.5	13.5	13.5	13.5	13.5	10.5	13.5	13.7	13.7
Septembre { Pargny	10.5	10.5	10.5	10.5	10.5	10.5	10.5	10.5	10.5	10.5	10.5	10.5
Septembre { Ménilmontant	12.3	12.3	12.3	12.3	12.3	12.2	12.2	12.2	12.2	12.2	12.2	12.2
Octobre { Pargny	10.5	10.5	10.5	10.5	10.5	10.5	10.5	10.5	10.5	10.5	10.5	10.5
Octobre { Ménilmontant	12.0	12.0	11.8	11.8	11.8	11.8	11.7	11.7	11.7	11.7	11.7	11.6
Novembre { Pargny	10.5	10.5	10.5	10.5	10.5	10.5	10.5	10.5	10.5	10.5	10.5	10.5
Novembre { Ménilmontant	11.1	11.1	11.0	11.0	10.9	10.8	10.5	10.7	10.6	10.6	10.5	10.5
Décembre { Pargny	10.5	10.0	»	»	»	»	»	10.4	10.4	10.4	10.4	10.4
Décembre { Ménilmontant	»	»	»	»	»	»	»	»	»	»	»	»
1868												
Janvier { Pargny	10.4	10.4	10.4	10.4	10.4	10.4	10.4	10.4	10.5	10.3	10.3	10.5
Janvier { Ménilmontant	8.5	8.5	8.5	8.4	8.4	8.5	8.5	8.5	8.4	8.4	8.3	8.5
Février { Pargny	10.1	10.1	10.1	10.1	10.1	10.2	10.2	10.2	10.2	10.2	10.2	10.2
Février { Ménilmontant	8.5	8.5	8.5	8.5	8.5	8.5	8.3	8.5	8.5	8.5	8.5	8.5
Mars { Pargny	10.1	10.1	10.1	10.1	10.2	10.2	10.0	10.2	9.9	9.9	10.2	10.2
Mars { Ménilmontant	8.4	8.5	8.5	8.5	8.5	8.5	8.5	8.5	8.5	8.5	8.5	8.5
Avril { Pargny	10.5	10.5	10.4	10.4	10.4	10.4	10.4	10.4	10.4	10.4	10.4	10.4
Avril { Ménilmontant	8.8	8.8	8.8	8.8	8.8	8.8	8.8	8.8	8.8	8.9	8.9	8.9
Mai { Pargny	10.4	10.4	10.5	10.5	10.5	10.5	10.5	10.5	10.5	10.5	10.5	10.5
Mai { Ménilmontant	9.2	9.2	9.2	9.3	9.3	9.3	9.3	9.3	9.3	9.3	9.3	9.3
Juin { Pargny	10.6	10.6	10.6	10.6	10.6	10.6	10.6	10.6	10.6	10.6	10.6	10.6
Juin { Ménilmontant	10.9	11.0	10.0	11.1	11.2	11.3	11.3	11.3	11.3	11.3	»	11.3
Juillet { Pargny	10.6	10.6	10.6	10.6	10.6	10.6	10.6	10.6	10.6	10.6	10.6	10.6
Juillet { Ménilmontant	12.0	12.0	12.0	12.0	12.1	12.1	12.1	12.1	12.2	12.2	12.2	12.3
Août { Pargny	10.6	10.6	10.6	10.6	10.6	10.6	10.6	10.6	10.6	10.6	10.6	10.6
Août { Ménilmontant	12.6	12.6	12.6	12.6	12.6	12.6	12.6	12.6	12.6	12.6	12.6	12.6

DE LA DHUIS

15	16	17	18	19	20	21	22	23	24	25	26	27	28	29	30	31
10.7	10.7	10.7	10.7	10.7	10.7	10.7	10.7	10.7	10.7	10.7	10.4	10.4	10.4	10.4	10.4	10.4
9.2	9.2	9.2	9.2	9.2	9.2	9.2	9.2	9.2	9.2	9.2	9.2	9.2	9.2	9.2	9.2	9.1
10.4	10.4	10.7	10.7	10.7	10.7	10.7	10.7	10.7	10.7	10.7	10.7	10.7	10.7	»	»	»
8.9	8.9	8.9	9.0	9.0	9.1	9.1	9.1	9.1	9.1	»	»	»	»	8.9	»	»
10.7	10.7	10.7	10.7	10.7	10.7	10.7	10.7	10.7	10.7	10.7	10.7	10.7	10.7	10.7	10.7	10.7
9.1	9.1	9.1	»	»	»	»	»	»	»	8.7	8.6	8.6	8.8	8.9	8.9	9.0
10.9	10.9	10.9	10.9	10.9	10.9	10.9	10.9	10.9	10.9	10.9	10.9	10.9	10.9	10.9	10.9	»
9.4	9.4	»	9.5	9.4	9.4	9.4	9.5	9.5	9.5	9.6	9.6	9.7	9.7	9.7	9.8	»
10.9	10.9	10.9	11.1	11.1	11.1	11.1	11.0	11.0	11.0	11.0	11.0	11.0	11.0	11.0	11.0	11.0
10.3	10.3	10.4	10.4	10.4	10.4	10.4	10.5	10.5	10.5	10.5	10.5	10.6	10.6	10.6	10.6	10.6
10.6	10.6	10.6	10.6	10.5	10.5	10.5	10.5	10.7	10.6	10.5	10.5	10.5	10.5	10.5	10.5	»
11.5	11.5	11.4	11.4	11.4	11.4	11.4	11.4	11.4	11.5	11.5	11.5	11.5	11.6	11.6	11.7	»
10.6	10.6	10.6	10.6	10.6	10.5	10.5	10.5	10.5	10.7	10.6	10.6	10.6	10.6	10.6	10.6	10.6
13.1	13.1	13.2	13.2	13.3	13.3	13.3	13.3	13.5	13.5	13.5	13.5	13.4	13.4	13.4	13.4	13.4
10.5	10.5	10.5	10.5	10.5	10.5	10.5	10.5	10.5	10.5	10.5	10.5	10.5	10.5	10.5	10.5	10.5
13.7	13.7	13.7	13.7	13.7	13.7	13.7	13.7	13.7	13.7	13.7	13.7	13.7	13.7	13.7	13.7	13.7
10.5	10.5	10.5	10.5	10.5	10.5	10.5	10.5	10.5	10.5	10.5	10.5	10.5	10.5	10.5	10.5	»
12.2	12.2	12.2	12.2	12.2	12.2	12.1	12.1	12.1	12.1	12.1	12.1	12.1	12.1	12.1	12.1	»
10.5	10.5	10.5	10.5	10.5	10.5	10.5	10.5	10.5	10.5	10.5	10.5	10.5	10.5	10.5	10.5	10.5
11.5	11.4	11.4	11.4	11.3	11.5	11.5	11.5	11.3	11.2	11.2	11.2	11.2	11.2	11.2	11.2	11.2
10.5	10.5	10.5	10.5	10.5	10.5	10.5	10.5	10.5	10.5	10.5	10.5	10.5	10.5	10.5	10.5	»
10.5	10.5	10.4	10.4	10.4	10.3	10.5	10.5	10.5	10.5	10.5	10.5	10.5	»	»	»	»
9.7	9.7	10.0	»	»	»	»	»	»	»	»	»	10.4	10.4	10.4	10.4	10.4
7.3	9.5	9.5	9.5	9.5	9.5	9.5	9.5	9.5	9.5	»	»	»	»	»	»	»
10.1	9.9	9.9	10.1	10.1	10.1	9.9	9.9	9.9	10.1	10.1	10.1	10.1	10.1	9.8	9.9	9.9
8.5	8.5	8.5	8.5	8.5	8.5	8.5	8.5	8.5	8.5	8.5	8.5	8.5	8.5	8.5	8.5	8.5
10.0	10.0	10.2	9.9	9.9	9.9	10.3	10.3	9.9	10.3	10.3	10.3	10.3	10.3	10.3	»	»
8.5	8.5	8.5	8.5	8.5	8.5	8.5	8.5	8.5	8.4	8.4	8.4	8.4	8.4	8.4	»	»
10.2	10.2	10.2	10.2	10.2	10.2	10.3	10.3	10.3	10.3	10.3	10.3	10.3	10.3	10.3	10.3	10.3
8.5	8.5	8.5	8.5	8.5	8.5	8.5	8.5	8.5	8.5	8.5	8.5	8.6	8.6	8.7	8.7	8.7
10.4	10.4	10.4	10.4	10.4	10.4	10.3	10.3	10.3	10.3	10.3	10.3	10.3	10.3	10.3	10.4	»
9.0	9.0	9.0	9.0	9.0	9.1	9.1	9.1	9.1	9.1	9.1	9.2	9.2	9.2	9.2	9.2	»
10.5	10.6	10.6	10.6	10.6	10.6	10.6	10.6	10.6	10.6	10.6	10.6	10.6	10.6	10.6	10.6	10.6
9.6	9.6	9.8	9.9	10.0	10.3	10.3	10.3	10.4	10.4	10.4	10.5	10.6	10.7	10.7	10.8	10.9
10.6	10.6	10.6	10.6	10.6	10.6	10.6	10.6	10.6	10.6	10.6	10.6	10.6	10.6	10.6	10.6	»
11.4	11.4	11.5	11.5	11.5	11.6	11.7	11.7	11.8	11.8	11.8	11.8	11.9	12.0	12.0	12.0	»
10.6	10.6	10.6	10.6	10.6	10.6	10.6	10.6	10.6	10.6	10.6	10.6	10.6	10.6	10.6	10.6	10.6
12.3	12.3	13.3	12.3	12.3	12.3	12.4	12.5	12.5	12.5	12.5	12.5	12.5	12.5	12.5	12.5	12.5
10.6	10.6	10.6	10.6	10.6	10.6	10.6	10.6	10.6	10.6	10.6	10.6	10.6	10.6	10.6	10.6	10.6
12.6	12.6	12.6	12.6	12.6	12.6	12.6	12.6	12.6	12.7	12.7	12.8	12.8	12.8	12.8	12.8	12.8

NOMS DES MOIS ET DES STATIONS		1	2	3	4	5	6	7	8	9	10	11	12
1868 (SUITE)													
Septembre	Pargny	10.6	10.6	10.6	10.6	10.6	10.6	10.6	10.6	10.6	10.6	10.6	[illegible]
	Ménilmontant	12.6	12.6	12.6	12.6	12.6	12.6	12.6	12.6	12.6	12.6	12.6	[illegible]
Octobre	Pargny	10.6	10.6	10.6	10.6	10.6	10.6	10.6	10.6	10.6	10.6	10.6	[illegible]
	Ménilmontant	12.6	12.5	12.5	12.5	12.5	12.5	12.5	12.5	12.5	12.5	12.4	[illegible]
Novembre	Pargny	10.5	10.5	10.5	10.5	10.5	10.5	10.5	10.5	10.5	10.5	10.5	[illegible]
	Ménilmontant	11.8	11.7	11.6	11.6	11.5	11.5	11.4	11.4	11.4	11.4	11.3	[illegible]
Décembre	Pargny	10.5	10.5	10.5	10.5	10.5	10.5	10.5	10.5	10.4	10.4	10.4	[illegible]
	Ménilmontant	10.4	10.4	10.4	10.5	10.5	10.5	10.5	10.5	10.5	10.5	10.5	[illegible]
1869													
Janvier	Pargny	10.2	10.5	10.2	10.2	10.2	10.2	10.5	10.2	10.2	10.5	10.5	[illegible]
	Ménilmontant	10.2	10.1	10.0	10.0	10.0	10.0	9.9	9.9	9.9	9.9	9.9	[illegible]
Février	Pargny	10.1	10.2	10.2	10.2	10.2	10.5	10.5	10.5	10.5	10.5	10.5	»
	Ménilmontant	9.1	9.1	8.1	8.1	8.1	9.1	9.1	9.1	9.1	9.1	9.1	[illegible]
Mars	Pargny	10.5	10.5	10.5	10.5	10.5	10.5	10.5	10.5	10.5	10.4	10.4	[illegible]
	Ménilmontant	9.5	9.5	9.5	9.5	9.5	9.5	9.2	9.2	9.1	9.1	9.1	[illegible]
Avril	Pargny	10.5	10.5	10.5	10.5	10.5	10.5	10.5	10.4	10.4	10.5	10.6	[illegible]
	Ménilmontant	9.0	8.8	8.8	8.8	8.8	8.8	8.8	8.8	8.8	8.7	8.7	[illegible]
Mai	Pargny	10.7	10.7	10.6	10.6	10.6	10.6	10.6	10.6	10.6	10.6	10.6	[illegible]
	Ménilmontant	9.7	9.7	9.7	9.8	9.9	9.9	10.0	10.0	10.0	Réparation		
Juin	Pargny	10.8	10.6	10.6	10.6	10.6	10.6	10.6	10.6	10.6	10.6	10.6	[illegible]
	Ménilmontant	11.1	11.1	11.1	11.1	1.11	11.1	11.1	11.1	11.1	11.1	11.1	[illegible]
Juillet	Pargny	10.4	10.4	10.4	10.4	10.4	10.4	10.4	10.4	10.4	10.4	10.4	[illegible]
	Ménilmontant	11.4	11.4	11.4	11.4	11.4	11.4	11.5	11.5	11.5	11.5	11.5	[illegible]
Août	Pargny	10.4	10.4	10.4	10.4	10.4	10.4	10.4	10.4	10.4	10.4	10.4	[illegible]
	Ménilmontant	12.5	12.5	12.5	12.5	12.5	12.5	12.5	12.5	12.5	12.5	12.5	12.5
Septembre	Pargny	10.4	10.4	10.4	10.4	10.4	10.4	10.4	10.4	10.4	10.4	10.4	[illegible]
	Ménilmontant	11.6	11.6	11.6	11.6	11.6	11.6	11.6	11.7	11.7	11.7	11.7	11.7
Octobre	Pargny	10.4	10.4	10.4	10.4	10.4	10.4	10.4	10.4	10.4	10.4	10.4	[illegible]
	Ménilmontant	11.5	11.5	11.5	11.5	11.5	11.5	11.4	11.4	11.4	11.4	11.4	11.4
Novembre	Pargny	10.4	10.4	10.4	10.4	10.4	10.4	10.4	10.4	10.4	10.4	10.4	[illegible]
	Ménilmontant	10.7	10.6	10.5	10.4	10.4	10.4	10.5	11.1	10.1	10.1	10.0	10.0
Décembre	Pargny	10.6	10.6	10.5	10.5	10.5	10.5	10.5	10.5	10.5	10.5	10.5	10.5
	Ménilmontant	9.6	9.6	9.5	9.5	9.5	9.5	9.5	9.5	9.5	9.4	9.3	9.3

On reconnaît, à la simple inspection de ce tableau, que pendant les trois années 1867, 1868, 1869, la température de l'eau de la Dhuis, à son arrivée au réservoir de Ménilmontant, c'est-à-dire après un parcours de 130 880 mètres dans l'aqueduc, ne s'est jamais élevée à plus de 13°,70 en été (août 1867), ni abaissée au-dessous de 7°,30 en hiver (décembre 1867). Le

…	16	17	18	19	20	21	22	23	24	25	26	27	28	29	30	31
6	10.6	10.6	10.6	10.6	10.6	10.6	10.6	10.6	10.6	10.6	10.6	10.6	10.6	10.6	10.6	»
6	12.6	12.6	12.6	12.6	12.6	12.6	12.6	12.6	12.6	12.6	12.6	12.6	12.6	12.6	12.6	»
6	10.6	10.6	10.6	10.6	10.6	10.5	10.5	10.5	10.5	10.5	10.5	10.5	10.5	10.5	10.5	10.5
3	12.1	12.1	12.1	12.1	12.1	12.1	12.0	12.0	12.0	12.0	11.9	11.9	11.9	11.9	11.9	11.9
5	10.5	10.5	10.5	10.5	10.5	10.5	10.5	10.5	10.5	10.5	10.5	10.5	10.5	10.5	10.5	»
0	11.0	10.9	10.9	10.9	10.8	10.8	10.7	10.7	10.7	10.6	10.6	10.4	10.4	10.4	10.4	»
5	10.5	10.3	10.3	10.5	10.5	10.5	10.5	10.5	10.5	10.3	10.4	10.2	10.2	10.2	10.2	10.2
3	10.3	10.3	10.3	10.3	10.3	10.3	10.3	10.3	10.3	10.3	10.3	10.2	10.2	10.2	10.2	10.2
5	10.3	10.3	10.3	10.3	10.3	10.3	10.3	10.3	10.3	10.3	10.3	10.3	10.3	10.3	10.1	10.1
9	9.9	9.9	9.0	9.9	9.8	9.8	9.8	9.5	9.5	9.4	9.4	9.3	9.3	9.3	9.2	9.2
•	»	»	»	»	»	10.5	10.5	10.5	10.5	10.5	10.5	10.5	10.5	»	»	»
1	9.1	9.1	9.1	9.1	9.1	9.1	9.1	9.1	9.1	9.1	9.3	9.3	9.3	»	»	»
4	10.4	10.4	10.4	10.4	10.4	10.2	10.3	10.4	10.4	10.4	10.4	10.4	10.3	10.3	10.3	10.2
0	9.0	9.0	9.0	9.0	9.0	9.0	9.0	9.0	9.0	9.0	9.0	9.0	9.0	9.0	9.0	9.0
7	10.7	10.7	10.7	10.7	10.7	10.7	10.7	10.7	10.7	10.7	10.7	10.7	10.7	10.7	10.7	»
0	9.0	9.0	9.9	9.9	9.5	9.3	9.5	9.3	9.4	9.4	9.5	9.5	9.5	9.5	9.6	»
7	10.6	10.6	10.6	10.6	10.6	10.6	10.8	10.8	10.8	10.7	10.6	10.6	10.6	10.8	10.8	10.8
3	10.3	10.3	10.4	10.5	10.5	10.6	10.7	10.8	10.9	11.0	11.0	11.0	11.1	11.1	11.1	11.1
6	10.6	10.6	10.6	10.6	10.6	10.7	10.7	10.6	10.6	10.6	10.7	10.7	10.7	10.7	10.7	»
1	11.2	11.2	11.2	11.2	11.2	11.2	11.2	11.2	11.5	11.5	11.3	11.3	11.4	11.4	11.4	»
4	10.4	10.4	10.4	10.4	10.4	10.4	10.4	10.5	10.4	10.4	10.4	10.4	10.4	10.4	10.4	10.4
6	11.6	11.6	11.7	11.7	12.0	12.1	12.1	12.1	12.1	12.2	12.2	12.2	12.2	12.2	12.2	12.2
4	10.4	10.4	10.4	10.4	10.4	10.4	10.4	10.4	10.4	10.4	10.4	10.4	10.4	10.4	10.4	10.4
6	12.6	12.6	12.6	12.6	12.6	12.6	12.6	12.6	12.6	12.6	12.6	12.6	12.6	12.6	12.6	12.6
7	10.4	10.4	10.4	10.4	10.4	10.4	10.4	10.4	10.4	10.4	10.4	10.4	10.4	10.4	10.4	»
7	11.7	11.7	11.7	11.7	11.6	11.6	11.6	11.6	11.6	11.6	11.6	11.6	11.6	11.6	11.6	»
4	10.4	10.4	10.4	10.4	10.4	10.4	10.4	10.4	10.4	10.4	10.4	10.4	10.4	10.4	11.4	11.4
4	11.2	11.2	11.2	11.2	11.2	11.2	11.2	11.2	11.2	11.1	11.0	11.0	10.9	10.9	10.9	10.7
4	10.4	10.4	10.4	10.4	10.4	10.4	10.4	10.4	10.4	10.4	10.4	10.4	10.4	10.4	10.4	»
0	10.0	10.0	10.0	10.0	10.0	9.9	9.9	9.8	9.8	9.7	9.7	9.7	9.7	9.6	9.6	»
5	10.5	10.9	10.9	10.8	10.6	10.6	10.6	10.6	10.6	10.6	10.6	10.6	10.6	10.6	10.6	10.6
1	9.1	9.1	9.1	9.1	9.0	9.0	8.9	8.9	8.9	8.9	8.9	8.8	8.8	8.8	8.8	8.8

maximum a toujours eu lieu en août, et a varié, d'une année à l'autre, de 12°,60 à 15°,70. Le minimum a eu lieu en décembre ou en janvier, et a varié de 7°,50 à 8°,80.

Ces températures extrêmes sont encore celles de l'eau *fraîche*.

Aux sources de la Dhuis à Pargny, les limites de la tempéra

ture de l'eau sont plus rapprochées. Le maximum n'a pas dépassé 10°,70 ; le minimum n'est pas tombé au-dessous de 9°,70.

DES NOMS DE CERTAINES SOURCES.

On a conservé, dans le bassin de la Seine, quelques noms gallo-romains qui s'appliquent à certaines grandes sources ; en basse Bourgogne, c'est le nom de *Douix*, *Douille*, *Duée*, *Duis*, qu'on trouve le plus souvent. Nous citerons notamment les sources suivantes, auxquelles ce nom a été donné :

Source initiale de la Seine, à Saint-Germain-la-Feuille (Côte-d'Or), *Douix*.

La belle source de Châtillon-sur-Seine, *Douix*.

Grande source de l'hôpital de Bar-sur-Aube, *Dhuis*.

Source près de Montbard (Côte-d'Or), *Douille*.

Source près de Monthérie, vallée de la Renne, affluent de l'Aujon, *les Duits* [1].

Ce nom se trouve aussi en Champagne et en Brie.

Source dérivée à Bouilly (Aube), *Cro* (*creux*, *gouffre*) *de Dhuie*.

Grande source de Soulaines (Aube), *Dhuis* [2].

Source à Aix-en-Othe, vallée de la Vanne (Aube), *Duée*.

Source de Pargny, dérivée à Paris, bassin de la Marne (Brie), *Dhuis*.

Ces noms sont évidemment dérivés du mot latin *ductus* (aqueduc), dont nous avons tiré aussi le mot *conduite*.

Il y a une faute d'orthographe dans le mot *dhuis* : l'*h* devrait être supprimé.

On fait aussi usage, en basse Bourgogne et en Champagne, des noms suivants, qui s'appliquent toujours à la source initiale d'un cours d'eau.

---

[1] Écrivez *la Duits* et prononcez, comme en basse Bourgogne et en Champagne, *lé Duits*.
[2] Leymerie, *Statistique géologique de l'Aube*, p. 205.

Source de l'Arce (Aube), *Fontarce*.

Source de la Vanne (Aube), *Fontvannes*.

Grande source de Trannes, vallée d'Aube, *les Fonts* [1].

Il est évident que la première syllabe de ces noms est dérivée du mot latin *fons*. Ordinairement le village bâti près de la source porte le même nom.

En Champagne sèche, les noms des sources initiales commencent plus ordinairement encore par le mot *Somme*, suivi souvent du nom du cours d'eau.

Ainsi la source de la Suippes (Marne), porte le nom de *Sommesuippes*.

Source de la Vesles (Marne), *Sommevesle*.

Source de la Tourbe *(id.)*, *Sommetourbe*.

Source de la Bionne *(id.)*, *Sommebionne*.

Source de l'Yèvre *(id.)*, *Sommeyèvre*.

Source du Py *(id.)*, *Sommepy*.

Source de la Somme-Soude *(id.)*, *Sommesous*.

Source du Puits (Aube), *Sompuis*.

Source d'un ruisseau sans nom *(id.)*, *Somsois*.

Source de l'Orvin *(id.)*, *Sommefontaine*.

Les eaux pluviales ne ruisselant jamais à la surface du sol, ces sources sont bien en effet l'origine, le *sommet* de chaque ruisseau ; elles sont considérables dans la saison humide, mais toutes tarissent dans les étés secs.

Ce nom des sources initiales s'est étendu jusqu'en Champagne humide, où il n'a plus la même signification ; car le terrain étant imperméable, le cours d'eau remonte, en temps de pluie, plus haut que la source désignée sous le nom de *somme*. Telles sont : la source de l'Aisne (Meuse) *Sommaine* ; la

---

[1] Écrivez *la Font*, et prononcez comme en Champagne, *lé Font*.

source de la Voire (Haute-Marne), *Sommevoire*; la source d'un affluent de l'Ornel (Meuse) *Sommelonne*.

On doit encore considérer comme dérivant du même mot, les noms suivants : source de l'Ain, Champagne sèche (Marne), *Souain*. Source de la Laines, Champagne humide (Haute-Marne), *Soulaines*.

Il y a toujours près de ces sources un village ou un hameau qui porte le même nom. Ces noms de source ne sont usités qu'en Champagne.

Dans les terrains oolithiques et crayeux, les noms *Abîme, Bîme* s'appliquent aux sources qui jaillissent d'un gouffre; telles sont : à Balnot-la-Grange (Aube), *le Bîme*, source de la Marve; *le Bîme*, à Cérilly (Yonne), une des plus belles sources que la ville de Paris possède dans le bassin de la Vanne; *l'Abîme* près Pilliers, vallée de l'Orvanne (Seine-et-Marne). Dans la vallée de la Vanne, ce nom désigne un grand nombre de sources qui jaillissent dans les marais.

Les mots *Cro, Gouffre, Fosse,* ont la même signification. Ainsi on trouve *les cros*, à Charmont (Aube), vallée de la Barbuisse; *le Gouffre de la Prairie*, près de Nemours (Seine-et-Marne), vallée du Loing; *la Fosse-d'Yonne*[1], à Tonnerre, vallée de l'Armançon; *la Peute-Fosse* (la Laide-Fosse) vers les source de la Blaise. Ces sources jaillissent toutes d'une excavation profonde.

On trouve encore dans la même région et sur les bords de la Brie, des sources dont le nom dérive du mot *sourdre*.

Source de la Soude, affluent de la Somme-Soude, *Soudé-Notre-Dame*, et un peu plus bas sur le même ruisseau, *Soudron*.

Source du Cubry, bord de la Brie, près d'Épernay (Marne), *Sourdon*.

---

[1] On écrit aussi fosse Dionne.

Dans le Soissonnais, *les lieux dits* du cadastre, correspondant aux sources de l'argile plastique, portent, presque partout, les noms de *Soudray, Soudroy.*

Les noms *Armantière, Armance, Armançon*, s'appliquent indifféremment aux sources et aux cours d'eau. Ainsi on voit en Brie, dans la vallée d'Ourcq, en amont du port aux Perches, une grande source dont le nom est *Armantières.*

Principale source de la vallée de la Vanne (Aube), *Armantières.*

Source à l'origine du ruisseau d'Armance près de Vauban, (Nièvre), *Armance.*

Principale rivière de la Champagne humide, entre la Seine et l'Armançon, *Armance.*

Principale rivière de l'Auxois (Côte-d'Or), *Armançon.*

Je ne sais de quel mot ces noms sont dérivés, mais ils ont évidemment une origine commune. Les sources sont grandes et les rivières violentes. On écrit aussi *Armentières ;* ce mot serait-il dérivé du mot d'*Armentum* (troupeau)? On trouve toujours près des sources un village ou au moins une métairie, portant aussi le nom d'*Armentières*; les rivières d'Armance et d'Armançon traversent des contrées à *gras pâturages.* Si l'origine des noms de ces rivières est *Armentum*, il faudrait écrire *Armence, Armençon.*

CHAPITRE XII

DES COURS D'EAU PROPRES A CHAQUE TERRAIN

Je me propose de faire connaître dans les trois chapitres suivants les propriétés caractéristiques des cours d'eau issus de chaque terrain; j'ai déjà indiqué quelques-unes des ces propriétés, mais en me bornant à un simple énoncé.

Ainsi, dans les terrains imperméables, les cours d'eau sont presque innombrables; en remontant leur cours, on ne trouve pas nécessairement une source; leurs crues sont violentes et de courte durée; la réserve d'eau souterraine étant très-petite, les sources sont fort mal alimentées, et les rivières et ruisseaux tombent souvent à sec en été. Ils sont désignés par les industriels, sous le nom de *mauvais cours d'eau.*

Les émissaires des sources des niveaux d'eau coulent aussi sur des terrains imperméables; ils sont nombreux, mais peu violents, sont mieux alimentés en été, sans jamais être très-importants. Ils sont négligés par la grande industrie.

Les cours d'eau des terrains perméables sont au contraire très-peu nombreux; ils ruissellent toujours dans les vallées les plus profondes et commencent par une source. Le fond de ces vallées est *un lieu de source,* tantôt continu, tantôt discontinu.

Cette continuité des lieux de sources est soumise, suivant la nature du terrain, à certaines lois souvent très-régulières. Habituellement ces cours d'eau, lorsqu'il n'y a pas discontinuité dans le lieu de sources, sont abondamment alimentés l'été. Ils sont alors désignés, en industrie, sous le nom de *bons cours d'eau.*

Une étude détaillée m'a semblé nécessaire pour démontrer que ces lois s'appliquaient d'une manière générale à tous les cours d'eau du bassin de la Seine.

COURS D'EAU DES TERRAINS IMPERMÉABLES

GRANITE.

Morvan. Surface totale 1685 *kilomètres carrés.* — Le Morvan est un massif montagneux qui, sur une longueur de 55 kilomètres, s'abaisse de l'altitude 902 (Haut-Follin) à l'altitude 154 (vallée de la Cure, au pied de Vezelay). C'est donc une contrée dont les vallées ont de fortes pentes. Comme dans tous les terrains granitiques ou porphyriques, ces vallées sont étroites, ont de très-nombreuses ramifications, et le thalweg de chacune d'elles est toujours occupé par un ruisseau.

Le Morvan est la région la plus pluvieuse du bassin de la Seine ; les hauteurs moyennes annuelles de pluie varient, suivant l'altitude, de 1000 à 1800 millimètres ; de plus, c'est un immense lieu de petites sources, qui se montrent au jour partout, aussi bien à flanc de coteaux qu'au fond des vallées[1]. Le filet d'eau qui tombe en cascade au fond de chaque pli de terrain tarit assez rarement dans la saison sèche, parce que les petites sources qui l'alimentent alors sont elles-mêmes pérennes pour la plupart. Dans la saison humide, ces ruisseaux se gonflent rapidement à chaque pluie, et déterminent des crues violentes dans le cours d'eau principal[2].

---

[1] Voy. chap. VIII, p. 117.
[2] Voy. chap. XV.

Ils entretenaient autrefois de nombreux étangs, dont plusieurs subsistent encore aujourd’hui.

Les principaux cours d’eau du Morvan sont l’*Yonne*, la *Cure*, le *Cousin* et le *Serein*. Tous prennent naissance au pied de cette crête mamelonnée, qui forme la limite orientale de cette partie du bassin de la Seine.

L’*Yonne* se divise en plusieurs branches entre ces cônes de porphyre, et prend sa source au pied du plus élevé, le Haut-Follin. Elle se dirige du sud-est au nord-ouest, et sort du Morvan au bord de la forêt de Montreuillon ; ses tributaires sont très-nombreux, les principaux sont le R. de *Houssières* et l’*Anguisson*.

La *Cure* traverse le Morvan dans sa plus grande longueur ; elle prend sa source vers Gien, passe dans le grand étang des Settons, et sort du terrain granitique un peu en aval du village de Pierre-Pertuis, à quelques kilomètres en amont de la montagne de Vezelay.

Ses principaux affluents sont sur la rive droite les R. *de Mont-Sermage*, de *Gouloux* et de *Saint-Brisson*, et sur la rive gauche, les R. de *la Garenne*, de *Dun* et le *Chalaux*.

Le *Cousin* à son origine au-dessus des grands étangs de Champeau, qu’il traverse, ainsi que celui de Saint-Agnan. Dans cette partie de son cours, il porte aussi le nom de *Trinquelin*, et ne prend définitivement son nom de *Cousin*, qu’en aval de sa sa jonction avec son principal affluent, le *Tournessac*. Il sort du Morvan à Pontaubert, un peu au-dessous d’Avallon.

La *Serein* n’a pas sa source dans le Morvan ; mais il reçoit de cette contrée deux de ses principaux affluents, la *Baigne* et l’*Argentalet*, qui tous deux descendent du *plat pays de Saulieu*.

Les affluents de ces cours d’eau sont innombrables ; en comptant seulement ceux qui figurent sur la carte du bureau de la guerre (et tous n’y sont pas tracés), les tributaires de la Cure sont au nombre de **152**. La partie granitique du bassin de cette rivière ne dépasse pas 500 kilomètres carrés ; c'est un cours d'eau pour $3^{kc},3$.

Ces filets d'eau, qui coulent sur un fond de rocher en tombant de cascade en cascade, sont presque toujours limpides, et leur eau, d'un blond doré, forme le plus charmant contraste avec la verdure sombre des bruyères et le ton brun foncé des roches. Presque toujours, en remontant leur cours, on traverse un ou plusieurs de ces petits marais, nommés *vernis*[1] dans le pays, qui sont produits par les nombreuses sources du granite.

L'Yonne et la Cure sont soumises, dans le Morvan, à un régime artificiel qui ne permet guère, en temps sec, d'apprécier leur régime naturel. La Cure, surtout, reçoit plusieurs fois par semaine, des éclusées provenant du grand réservoir des Settons, situé en amont de Montsauche, à 10 kilomètres environ de sa source. Elle coule donc abondamment l'été.

Le Cousin et le Serein, au contraire, coulent en pleine liberté, car les lâchures des petits étangs et des usines disséminés sur leurs cours sont sans importance ; ils ne tarissent jamais à leur sortie du Morvan, à Pontaubert et à Toutry ; mais leur portée devient bien faible à la fin des étés secs. Quoiqu'il soit assez difficile de les jauger, parce que les usines marchent alors par éclusées, on peut affirmer que chacun de ces deux longs torrents ne porte pas alors 100 litres d'eau par seconde. La portée des plus grandes crues connues, celle de 1866 notamment, dépasse certainement 3 à 400 mètres cubes par seconde ; cette énorme masse d'eau est absolument perdue.

Les ruisseaux et rivières du Morvan sont habituellement limpides en été ; leurs eaux sont, non pas bleues comme celles des sources ordinaires, mais brunes, de la couleur de l'eau de lessive, lorsqu'elles sont en grandes masses, et d'un blond doré lorsqu'elles sont peu profondes et éclairées par le soleil.

---

[1] On donne dans le Morvan, le nom de *Verne* à l'Aulne, arbre qui peuple habituellement ces petits marais.

LIAS.

Auxois. Bassin de Corbigny. Vallée de la Marne au pied de Langres. Surface totale 2520 kilomètres carrés. Hauteur moyenne annuelle de pluie 732 millimètres. — Le lias se décompose en trois étages :

L'*infra-lias*, formé à sa base des plaquettes du calcaire à cardinies, surmontées d'une masse grisâtre d'argile schisteuse;

Le *lias moyen*, commençant par le calcaire à gryphées arquées, également recouvert d'une puissante masse d'argile;

Le *lias supérieur*, comprenant les calcaires à gryphées cymbium et à ciment de Vassy, et les marnes supérieures[1].

Le lias est le terrain le plus imperméable du bassin de la Seine; les sources y sont donc très-rares et très-petites[2]; entre ce terrain et le calcaire à entroques qui le recouvre, il y a un niveau d'eau qui alimente un cordon de sources très-important[3].

Les cours d'eau propres au lias sont donc alimentés, dans la saison sèche, soit par les sources issues de ce terrain, soit par le niveau d'eau du calcaire à entroques.

Le lias se divise en trois régions dans le bassin de la Seine : *le plateau de l'Auxois*, à l'est du Morvan; *le vassin de Corbigny*, à l'ouest, et *la vallée de la Marne près de Langres.*

Auxois. — Les cours d'eau qui reçoivent les sources issues du lias, sont très-mal alimentés dans la saison sèche; la plupart tarissent complétement quelques jours après la pluie. Les plus importants sont : l'*Armançon* et le *Serein.*

L'*Armançon* prend naissance un peu au-dessus de Pouilly, au sommet de la grande plaine de l'Auxois. Il touche le granite au fond du ravin dans lequel il coule, en amont et en aval de

---

[1] Voy. la coupe, p. 90.
[2] Voy. chap. VIII, p. 117.
[3] Voy. chap. VIII, p. 116.

Semur, depuis la Maison de Paille jusqu'à Genay; il quitte le *lias* vers Quincy, un peu en amont de son confluent avec la Brenne. Il reçoit quelques sources du granite et du calcaire à entroques, outre celles du lias; mais toutes ces sources tombent si bas en été, que le torrent se réduit à un maigre filet d'eau sous le pont de Semur.

Ses petits affluents sont extrêmement nombreux. Les plus importants sont les R. de *Vernet*, de *Laronce*, de *Chenot*, de *Cernant*, de *Foudron*, des *Vaux*, des *îles*, *Réglé*, de la *Brigandise*, d'*Acier*, de *Riome*, qui débouchent tous sur la rive gauche; sur la rive droite, on voit la *Brigantine* et la *Presle*, le *Ciallon*, les R. *des Haies*, de *Bierre*, de *Bellefontaine;* les autres sont de simples fossés sans nom qui, pendant l'été, cessent de couler après la pluie; et alors cette riche contrée manque d'eau, même pour l'alimentation du bétail; en temps de crue, tous ces torrents sont d'une violence extrême[1].

Après avoir quitté le lias, l'Armançon reçoit son principal affluent, la *Brenne*, beaucoup plus importante que lui, et surtout mieux alimentée en été, par les sources du calcaire à entroques; néanmoins, ces sources sont si nombreuses et si éparpillées, qu'elles ne coulent pas très-abondamment dans cette saison, et même se perdent dans les terres. Les ruisseaux qu'elles alimentent tombent alors assez bas, sans cependant jamais cesser de couler; les principaux sont : le *Vau* de *Darcey*, l'*Oze* et l'*Ozerain*. Parmi les tributaires de ces petites rivières, on compte de charmants ruisseaux dont quelques-uns portent des noms historiques; tels sont : le *Rabutin*, qui prend sa source près du château du fameux Bussy; la *Fontaine de l'Orme*, qui traverse le vieux couvent de Fontenay, aujourd'hui converti en papeterie, et tombe dans la Brenne, près de Montbard; d'autres, les R. de *Drenne*, de *Vaumerey*, de la *Combe-de-Pâques*, de *Bardin*, de *Saint-Cassien*, de *val*

[1] Voy. chap. XV.

Sambon, de *la Recluse*, de *Gissey*, de la *Fontaine-Salée*, de *Vau*, de *Dandarge*, d'*Éringe*, de *Fresne*, de *Lochère*, de *Saint-Remy*, ne sont remarquables que par les jolies sources qui les alimentent.

Le dernier affluent de l'Armançon provenant du lias, est le *Bornant*, dont les sources principales jaillissent dans un village qui, autrefois, s'appelait *Bierry-les-Belles-Fontaines*, et qui, depuis plus d'un siècle, a emprunté à une noble famille irlandaise, le nom d'*Anstrudes* qu'il porte aujourd'hui.

Le *Serein*, presque aussi important que l'Armançon, prend sa source dans les argiles du lias, vers le village de Beurey ; il coule au fond d'un ravin granitique jusqu'au pont de Guillon, et quitte le lias en aval du bourg de Lisle.

Ses nombreux affluents propres au lias, qui pour la plupart ne coulent qu'en temps de pluie, ne figurent pas sur la carte du bureau de la guerre, à l'exception des ruisseaux de *Thoisy-la-Berchère*, de *Mont-Saint-Jean*, de *Montlay*, de *Montbertaut*, de *Vieux-Château*, de *Sauvigny-le-Beuréal*, de *Savigny-en-terre-Pleine*, de *Cisery*, de *Perrigny*, de *Marmagne* et de *Saint-Colombe*.

On trouve sur le plan du cadastre une partie des ruisseaux non pérennes qui ne figurent pas sur la carte. Voici pour un seul canton de la plaine de l'Auxois, traversé par le Serein, les noms des affluents de cette rivière.

Canton de Guillon (*Yonne*)

Rive droite du Serein.

R. du bois Fouilloux.	Pas de source.
R. de Vignes.	id.
R. de Pérrigny et ses afiluents r. du champ Millier et de Pizy. .	Sources du niveau d'eau du calcaire à entroques.

R. Saint-Martin et ses affluents, r. du Vernet et de Talcy. . . { Fontaines de Savigny, de Marmeux et de Talcy.

Rive gauche du Serein.

R. du Sorbonnais et ses affluents, R. de Beauvais et du pont Lenaire.. . . . . } Pas de source.

R. de Savigny et son affluent, R. de Bollerupt. . . . . . Source de Ragny.

R. de Tronçois. Pas de source.

R. de Cisery et ses affluents, R. des prés Nivert, des prés aux Noix et de Chaumot. . . . . } Une seule source éphémère.

R. de Trévilly. Pas de source.

R. de Maison-Dieu et son affluent, R. de la prairie de Tréviselot. . id.

R. du Roseray. id.

R. de Sceaux. id.

C'est 23 cours d'eau pour une surface de terrain de 84 kilomètres carrés, soit un cours d'eau pour $3^{kil}, 65$.

On peut faire des calculs analogues pour toute la surface du lias. Outre ces cours d'eau dénommés sur le plan cadastral, il existe un grand nombre de fossés et ravins sans nom, toujours à sec en été. Il faut avoir vu une forte pluie tomber sur le bassin du Serein, pour se faire une idée de la rapidité avec laquelle tous ces tributaires apportent une crue dans le lit principal. Les habitants du pays disent que cette crue marche comme un mur mobile, qui s'avancerait en barrant tout le fond de la vallée.

Entre l'Auxois et le bassin de Corbigny, le Cousin reçoit deux affluents liasiques assez importants, le ru de *Grenouille* et le *Bouchat*. Trois autres débouchent dans la Cure, et je ne les nommerais pas, si deux ne rappelaient des souvenirs historiques. Le ru de *Bazoches* reçoit les eaux du hameau auquel notre illustre Vauban a emprunté son nom. Le ruisseau du *Grand-Jardin* débouche sur la rive gauche de la Cure, en passant à côté de cette charmante église de Saints-Pères, que domine le haut mamelon de Vezelay. Le dernier, le *Vau-de-Bouche*, n'a rien de remarquable que son extrême violence.

Bassin de Corbigny. — En quittant le Morvan à Montreuillon l'Yonne traverse le bassin liasique de Corbigny ; les affluents propres au lias qu'elle reçoit, sont : sur la rive droite, l'*Auxois* qui descend de Lormes, et sur la rive gauche, le R. *des Bouilles*, le *Beuvron* et ses affluents, *Cornet*, *Marcy*, *Eugénie* et *Sauzay* ; ces derniers cours d'eau sortent des sources du calcaire à entroques.

Banlieue de Langres. — Les vallées liasiques de la banlieue de Langres sont encore plus richement alimentées par le même niveau d'eau.

Le seul cours d'eau important propre au lias est, dans cette contrée, la *Marne*, qui prend sa source au pied de la ville de Langres ; elle a de nombreux affluents, issus pour la plupart des sources du calcaire à entroques.

Les ruisseaux et rivières du lias ne sont jamais limpides ; leurs eaux sont louches et d'un ton gris d'ardoise, même en temps de sécheresse ; ceux qui sont issus du niveau d'eau du calcaire à entroques, conservent sur une partie de leur cours, la limpidité des belles sources qui les alimentent, mais finissent par se troubler comme les autres.

TERRAIN CRÉTACÉ INFÉRIEUR.

Champagne humide. Puisaye. Surface totale **7185** *kilomètres carrés.* — Se compose de trois étages.

Étage inférieur. Terrain néocomien. — A la base, calcaire jaunâtre, disposé en assises très-irrégulières entremêlées de couches marneuses qui le rendent très-peu perméable (calcaire à spatangues). Au-dessus, argiles compactes, d'un gris bleuâtre, renfermant des lits composés de dalles de lumachelles calcaires. Au-dessus, argiles et sables bigarrés à couleurs vives, formant des veines et des taches qui se détachent sur un fond de couleur claire [1].

Étage moyen. Greensand. — A la base, sables souvent verdâtres (*grès verts*). Au-dessus, argile glaiseuse très-imperméable (*gault*).

Étage supérieur. — *Craie glauconieuse ou chloritée* [2].

La Champagne humide est une des régions pluvieuses du bassin de la Seine; la hauteur annuelle moyenne de pluie est de 671 millimètres. Mais, ce terrain étant presque entièrement imperméable, cette grande quantité d'eau ruisselle à la surface du sol, et s'écoule par des crues violentes sans être utilisée.

Comme dans le granite et le lias, les cours d'eau du terrain crétacé inférieur sont très-nombreux; ils se divisent en groupes naturels que je vais chercher à décrire.

Entre la limite sud-ouest du bassin et l'Yonne. Puisaye. — Les principaux cours d'eau auxquels ce groupe donne naissance sont : le *Loing* et son affluent l'*Ouanne*, le ru de *Beaulche* et le *Tholon*.

Le *Loing* n'y est engagé que dans sa partie supérieure, au-dessus de Saint-Fargeau, où il se divise en deux branches principales. Son origine se trouve un peu en amont de Saint-Sauveur; il quitte le terrain crétacé inférieur en aval de Saint-Fargeau.

L'*Ouanne* prend naissance dans une assez jolie source du terrain oolithique supérieur, près du village d'Ouanne. Elle quitte le terrain crétacé inférieur, en aval de Toucy. Elle reçoit de ce terrain deux affluents principaux, le *Branlin* et le *Four*.

Le ru de *Beaulche*, qui débouche dans l'Yonne, à l'aval d'Auxerre, n'est remarquable que par son extrême violence.

---

[1] *Statistique géologique de l'Aube.* — Leymerie.
[2] Cette dernière dénomination a été adoptée dans la coupe des puits artésiens de Paris.

Le *Tholon* entre à peine dans le terrain crétacé inférieur; il s'en détache par trois ou quatre rameaux sans importance, situés au nord de la route d'Auxerre à Toucy.

Entre l'Yonne et l'Armançon. — Cours d'eau sans importance.

Entre l'Armançon et la Seine. — Deux bassins principaux, occupés par l'*Armance* et l'*Hozain.*

Armance. — Au milieu du réseau de petits ruisseaux qui forment la tête de cette rivière il est fort difficile d'indiquer sa source; suivant M. Leymerie, elle se trouve au nord-est de Chaource, chef-lieu de canton. L'Armance débouche dans l'Armançon, près de Saint-Florentin.

Ses affluents sont très-nombreux. Voici les principaux :

Rive gauche. Ruisseau de la *Poterie,* le *Landion,* la *Mandrille,* ruisseau des *Grands-Buissons.*

Rive droite. Ruisseaux de *Bailly,* de *Tremagne,* de *Montigny,* d'*Auxon,* de *Courtaoul.*

Le réseau très-compliqué des affluents de ces ruisseaux sillonne les forêts de Chaource, d'Aumont et de Chamoy.

L'Armance est mal alimentée dans la saison sèche; en revanche, elle déborde continuellement en hiver, et couvre de ses eaux jaunâtres l'immense prairie qu'elle traverse entre Avreuil et Ervy.

Hozain. — Ce torrent coule en sens inverse de l'Armance, et tombe dans la Seine en amont de Troyes.

Il traverse d'abord le terrain oolithique supérieur et porte le nom de Marve; mais il se perd en route, et en réalité prend sa source et son nom d'Hozain, sur le finage de la commune de Lantage, dans le calcaire à spatangues (terrain néocomien). Il est donc propre au terrain crétacé inférieur. Il longe la forêt d'Aumont, d'où sortent la plupart de ses affluents. Ces ruisseaux sont alimentés par un grand nombre de torrents sans nom, de simples fossés sillonnant dans tous les sens le sol humide de cette forêt.

Comme l'Armance, l'Hozain, très-mal alimenté en été, déborde l'hiver à la moindre pluie.

4ᵉ groupe, entre la Seine et l'Aube. — Deux bassins principaux : celui de la *Barse*, affluent de la Seine, et de l'*Auzon*, affluent de l'Aube. En outre, quelques cours d'eau alimentent les grands étangs de la forêt d'Orient.

La *Barse*, en temps de pluie, prend naissance dans un ruisseau sans nom ; mais en temps sec, elle a son origine réelle un peu en aval, dans la belle source de Vendeuvre, et tombe dans la Seine au-dessous de Troyes. Ses principaux affluents sont : sur la rive gauche, la *Borderonne* et le ruisseau de la *Brebis*, et sur la rive droite, les ruisseaux de *Maugaley* et d'*Échelles*. Elle reçoit, en outre, les émissaires des immenses étangs de la forêt d'Orient et un très-grand nombre d'affluents plus petits.

L'*Auzon*, beaucoup moins important que la Barse, se divise en très-nombreux rameaux dans la forêt d'Orient, où il prend naissance.

5ᵉ groupe, entre l'Aube et la Marne. — Un seul bassin important, celui de la *Voire*.

La *Voire.* — Comme tous les torrents, cette rivière n'a pas d'origine bien déterminée ; mais elle prend réellement naissance, en temps sec, dans la belle source de Sommevoire. Ses affluents sont innombrables ; les principaux sont : sur la rive gauche, le *Ceffondez*, la *Laines* et la *Brevonne ;* sur la rive droite, la Voire reçoit principalement les émissaires d'immenses étangs.

La Blaise, en aval de Vassy, reçoit du terrain crétacé inférieur un grand nombre de petits affluents sans importance.

6e groupe, entre la Marne et l'Aisne. — Les cours d'eau propres au terrain crétacé inférieur ne sont pas moins nombreux dans ce groupe, que dans ceux qui précèdent; nous n'en nommerons que trois : la *Bruxenelle*, torrent très-violent, qui débouche sur la rive gauche de la Saulx, en amont de Vitry-le-François après avoir traversé la plaine du Perthois. *La Chée*, affluent de la rive droite de la Saulx, et enfin la *Vière*, affluent de la Chée.

7e Groupe. Bassin de l'Aisne. — L'Aisne est le plus important des cours d'eau du terrain crétacé inférieur. Elle prend sa source à Sommaine. La partie de son bassin, compris dans la Champagne humide, comprend la région connue sous le nom d'Argonne. Après avoir traversé Sainte-Menehould et Vouziers, l'Aisne quitte la Champagne humide en amont de Réthel, pour entrer dans la Champagne sèche. Ses principaux affluents, propres au terrain crétacé inférieur, sont sur la rive gauche : *l'Antes*, *l'Auve* et son affluent *l'Yèvre*, *la Bionne*, *la Tourbe*, *la Dormoise*, *l'Avègres*, *l'Indre*, et sur la rive droite : *la Biesme.* L'Aire, le principal affluent de l'Aisne, n'est pas propre au terrain crétacé; mais son affluent *la Buanthe* appartient à ce terrain, comme beaucoup d'autres ruisseaux qui, sur la rive opposée, descendent de la forêt d'Argonne.

8e Groupe. Entre l'Aisne et l'Oise. — Le terrain crétacé inférieur se réduit à de simples lambeaux qui donnent néanmoins naissance à de nombreux ruisseaux, dont les principaux sont : la *Malaquise*, affluent de la Serre, et le *Thon*, affluent de l'Oise.

J'ai nommé les principaux cours d'eau propres à la Champagne humide. Il serait absolument impossible de faire le même travail pour les petits affluents, ni même de les compter puisque aucune carte ne peut les comprendre tous. En ne tenant compte que de ceux qui figurent sur la carte du bureau de la guerre, on trouve sur le cours de l'Aisne seul, entre Sommaine et Réthel, sur la rive gauche, 64 et sur la rive droite, 151 ruisseaux, soit 195 cours d'eau pour les deux rives.

Si l'on entre dans plus de détails, et si l'on choisit, par exemple, la partie du bassin de la Biesme[1] comprise dans le département de la Meuse, on trouve, d'après la carte du bureau de la guerre, que cette rivière n'aurait que 14 affluents ; or d'après le tableau des cours d'eau du département de la Meuse, dressé par M. l'ingénieur Poincaré, les affluents de la Biesme sont au nombre de 63 ; la surface des versants correspondants, étant de 133 kilomètres carrés, on compte sur cette étendue un cours d'eau pour $2^{kc}10$, plus encore que dans le granite et le lias.

Il me paraît inutile de faire le même compte pour les autres groupes du terrain crétacé inférieur. Je me bornerai à dire, qu'à chaque cours d'eau dont le tracé figure sur la carte, se soudent, comme dans le bassin de la Biesme, d'innombrables ravins, fossés d'assainissement, qui deviennent de véritables ruisseaux en temps de pluie, mais qui tombent promptement à sec dès que le beau temps revient, en conservant cependant assez de fraîcheur et d'humidité pour entretenir dans leur lit une abondante végétation de joncs et de plantes aquatiques.

Avant la construction des routes, c'est-à-dire il y a une cinquantaine d'années, tout ce réseau de petits filets d'eau sillonnant un terrain sans consistance rendait réellement la circulation impraticable dans cette contrée ; je vois encore dans mon souvenir la carriole de ma grand'mère, embourbée dans les fondrières et les ravins des chemins du canton d'Ervy, ou prête à verser, en traversant à gué un affluent de l'Armance ou du Landion.

La Champagne humide a donc toujours été une excellente ligne

[1] La Biesme est un affluent de l'Aisne.

de frontière et de défense. C'est au milieu des ravins où coulent l'Aisne et ses affluents, que se trouvent les célèbres défilés d'Argonne.

Suivant M. l'ingénieur en chef Quilliard, qui a longtemps habité le département de la Marne et réside aujourd'hui à Troyes, les rivières et les ruisseaux de la Champagne humide « sont éminemment torrentiels ; ils ont de hautes eaux subites et considérables et des étiages très-faibles, quand ils ne sont pas nuls. La Barse et l'Hozain tarissent sur une grande partie de leur cours, ou du moins cessent de couler, ne conservant d'eau que dans les trous. »

M. Quilliard dit que, malgré les belles sources de Soulaine et autres analogues, la Voire n'est pas beaucoup plus richement alimentée; puis il ajoute : « L'Aisne, que j'ai eu dans mon service, se soutient beaucoup mieux, ce que j'ai attribué aux forts affluents qu'elle reçoit de la Craie, l'Auve, la Bionne, la Tourbe et la Dormoise. »

Les ruisseaux du *terrain crétacé inférieur*, comme ceux du *lias,* sont rarement limpides, même en été. L'eau reste presque constamment louche et d'un gris sale.

Au-dessus du terrain crétacé inférieur et au pied des coteaux de la craie blanche sous lesquels il s'enfonce, se trouve un niveau d'eau qui donne naissance à des sources très-nombreuses et en général assez petites. Il est, sur la carte, à la limite de la rayure jaune et de la teinte verte qui désignent la Champagne. Ces sources alimentent quelques-uns des affluents des rivières déjà nommées. Pour ne point entrer dans des détails inutiles, je me bornerai à étudier la partie de cette ligne de sources comprise dans le département de l'Aube.

Entre l'Armançon et la Seine, elle alimente cinq ou six affluents de l'Armance et la *Mogne*, le principal affluent de l'Hozain. Les villages se sont accumulés sur cette ligne, attirés par la pureté des eaux et la fertilité des terres. Dans les communes de Coursan, Montfey, Saint-Phal, Villeneuve-au-Chemin, Auxon, Chamoy, Montigny, Assenay, Crésantignes, Fayes, Saint-Jean-de-Bonneval, Lirey, Machy, Prunay, Villy-le-Maréchal, Longeville, Moussey, Saint-Pouange, Roncenay, Villemereuil, on ne compte pas moins de 50 à 60 sources pérennes dont plusieurs, notamment celles de Chamoy et d'Auxon, sont fort belles.

Entre la Seine et l'Aube, ces sources ne sont pas moins nombreuses. Ainsi on en compte plus de 10 dans les communes de Doches, Piney et Villehardoin.

Ces indications suffisent pour donner une idée de l'importance de ce niveau d'eau, qui traverse tout le bassin depuis le Loing jusqu'à l'Oise.

Les trois groupes de terrains imperméables dont il vient d'être question sont ceux qui alimentent les cours d'eau les plus violents du bassin de la Seine. Les autres terrains imperméables sont ou trop plats, pour que les eaux pluviales s'écoulent facilement à leur surface, ou trop peu étendus. Les cours d'eau auxquels ils donnent naissance sont donc relativement sans violence et contribuent dans une faible proportion à la formation des crues de la Seine.

TERRAINS TERTIAIRES IMPERMÉABLES.

Argile plastique. Hauteur annuelle de pluie 500 millimètres. — Je comprends dans l'argile plastique les sables inférieurs, les glaises et les lignites, jusqu'aux sables du calcaire grossier. La disposition de ces terrains est très-variable d'un point à un autre, comme on le voit, sous le sol même de Paris, dans les coupes des cinq grands puits artésiens de Grenelle, de Passy, de la place Hébert, du boulevard de la Gare et de la Butte-aux-Cailles.

L'argile plastique forme une étroite lisière, sur les bords des vallées du *Soissonnais,* de la *Champagne,* du *Vexin français* et au fond des vallées de la *Marne* et de l'*Ourcq ;* il est impossible de calculer la surface de cette lisière dont le développement en longueur est considérable.

Soissonnais. — La plupart des cours d'eau qui sillonnent le grand plateau compris entre Laon et Soissons prennent naissance dans le niveau d'eau de l'argile plastique. Il en est de même de ceux qui tombent dans l'Aisne, entre la Champagne et la vallée d'Oise. Les principaux collecteurs de ces nombreux ruisseaux sont la *Lette*, l'*Aisne*, la *Vesle* et l'*Ardre*. Le nombre de leurs affluents est de cent environ.

Beaucoup d'autres cours d'eau du même genre tombent dans l'Oise entre la Fère et Compiègne ; en tenant compte de leurs ramifications, leur nombre, d'après la carte, est de quarante environ. Plusieurs des petits affluents de l'Oise, en aval de Compiègne, l'*Authonne*, l'*Isieux*, le *Sauceron*, la *Viosne*, prennent naissance dans l'argile plastique.

Ces cours d'eau, comme on le voit, sont très-nombreux. Mais le terrain imperméable, l'argile plastique, ne formant qu'une étroite lisière au bord des vallées, ils sont sans violence et ne contribuent en rien à la formation des crues de l'Aisne ou de l'Oise. Le fond des vallées qu'ils arrosent est souvent tourbeux ; ils sont très-bien alimentés en été.

La figure 1 de la planche I donne la position des dix-huit sources des environs de Soissons dont le litre hydrotimétrique a été donné au chapitre IX[1]. Les numéros 3 et 4 s'appliquent à la source dite les Berniers, les numéros suivants aux autres sources, dans l'ordre du tableau ; ces dix-huit sources alimentent deux des ruisseaux du Soissonnais.

Bords de l'Oise. Vallée d'Ourcq. — Le fond de la vallée d'Ourcq est tapissé par l'argile plastique, depuis le confluent de la Savière jusqu'à la Marne. Mais cette surface est trop petite pour avoir une action quelconque sur les crues de la rivière ; de nom-

[1] Voy. chap. IX, page 150

(Les Sources sont indiquées par Numéros d'ordre)

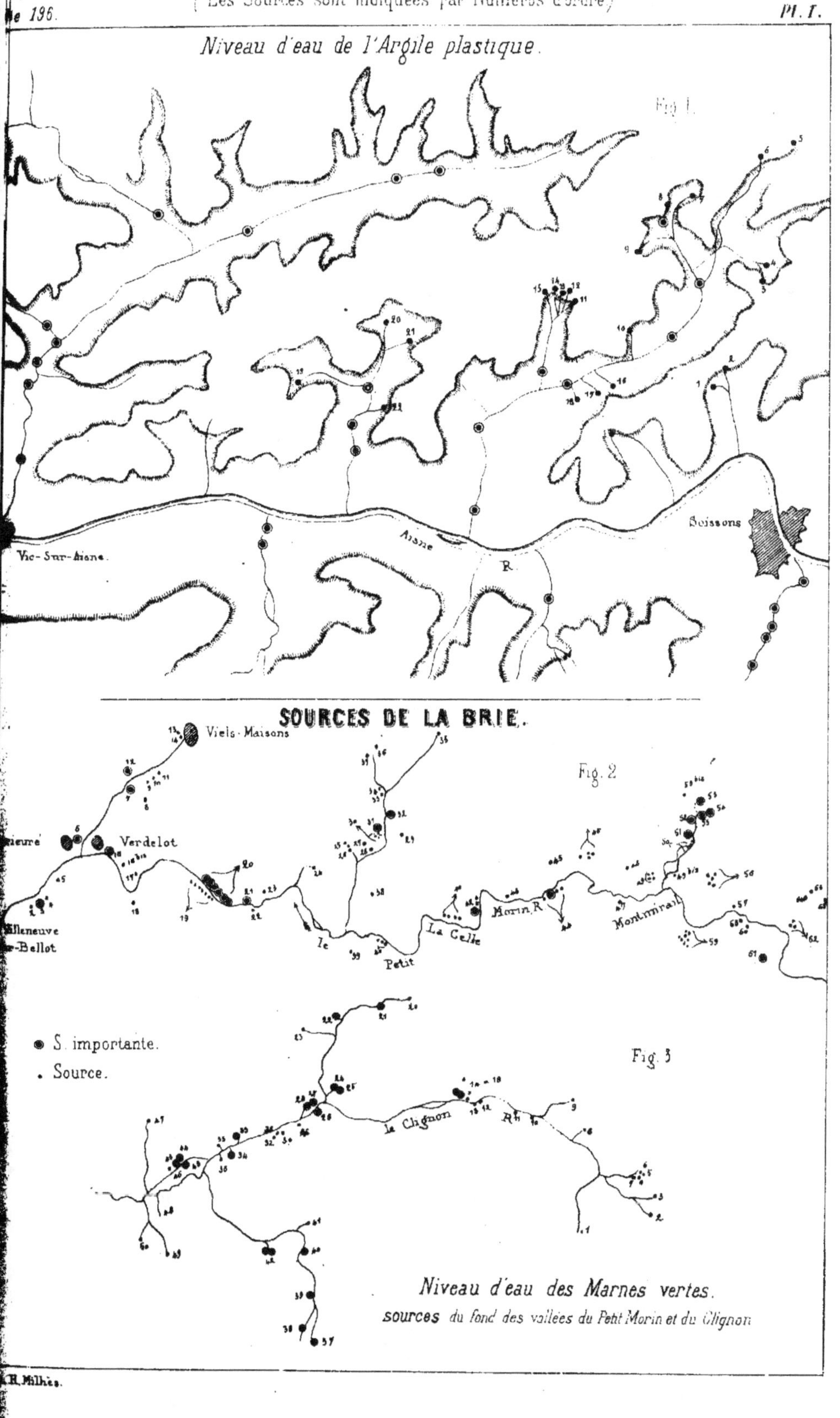
Niveau d'eau de l'Argile plastique.
Fig. 1.
Vic-Sur-Aisne.
Aisne
R.
Soissons
SOURCES DE LA BRIE.
Viels-Maisons
Fig. 2
Verdelot
Morin R.
La Celle
Montmirail
Villeneuve
-Bellot
le
Petit
S. importante.
Source.
Fig. 3
Le Chignon R.
Niveau d'eau des Marnes vertes.
sources du fond des vallées du Petit Morin et du Clignon
H.Milhès.

breuses petites sources jaillissent au pied des coteaux ; à la
Ferté-Milon, on trouve à quelques mètres au-dessous du sol, des
eaux artésiennes jaillissantes ; mais ces eaux souterraines ne
servent qu'à entretenir les vastes marais tourbeux qui bordent la
rivière ; elles ne donnent naissance à aucun ruisseau de quelque
importance.

Vallée de la Marne. — Depuis Épernay jusqu'à Nogent-l'Artaud, l'argile plastique se montre en affleurement sur les coteaux
qui bordent la Marne, et pénètre dans quelques vallées secondaires, notamment dans celle du Surmelin. Elle donne naissance à un grand nombre de sources, qui entretiennent une
admirable végétation dans ces vallées, mais qui ne sont pas
assez importantes pour alimenter des ruisseaux qui leur soient
propres.

Les jolies sources de Dormans sortent de l'argile plastique ;
elles font l'ornement du parc et du paysage, mais le cours de
leurs émissaires n'est pas assez étendu pour qu'il en soit fait
mention ici.

Bords de la Champagne. — La lisière de l'argile plastique
festonne le sommet des falaises crayeuses, qui séparent la Champagne de la Brie, entre Montereau et la montagne de Reims.
Il en sort des sources nombreuses ; plusieurs des charmants
villages qui s'étendent au pied des riches vignobles d'Épernay
sont pourvus de fontaines alimentées par l'argile plastique. Mais
très-peu de cours d'eau de quelque importance y prennent naissance. On peut néanmoins citer le *Durtein* et la *Voulzie*, deux
beaux ruisseaux qui se réunissent à Provins même, et dont les
magnifiques sources jaillissent de l'argile plastique.

J'hésite à attribuer la même origine au ruisseau de *Cubry*
qui passe à Épernay ; le Sourdon, très-belle source qui lui
donne naissance, paraît sortir du niveau d'eau des marnes vertes.

Le ruisseau qui descend de la montagne de Reims et tombe

dans la Marne entre Bisseuil et Mareuil, doit évidemment son origine à l'argile plastique.

Je ne dirai rien des lisières d'argile plastique qu'on retrouve vers les sources de l'Orge, le long de la vallée de la Mauldre, etc. Ce terrain y joue encore un rôle moins important que dans les autres régions dont il vient d'être question.

L'argile plastique, en raison du peu de largeur des bandes étroites qu'elle forme le long des vallées, n'a donc qu'un seul des caractères des terrains imperméables, la multiplicité des cours d'eau auxquels elle donne naissance.

Argiles du Gâtinais. Surface : 5700^{kc}. *Hauteur annuelle de pluie :* 522^{mm}. — Ce terrain tertiaire, d'une origine un peu incertaine, est imperméable, on n'en saurait douter, en voyant les nombreux étangs dont il est couvert; néanmoins quoique sa surface soit beaucoup plus grande que celle du Morvan, son action sur les crues de la Seine est très-faible, ce qu'on doit attribuer à son peu de relief. La surface tout unie des plateaux se prête mal au ruissellement des eaux pluviales, qui autrefois y restaient stagnantes, formant ces larges flaques d'eau sans profondeur qu'on nommait *gâtines*, et que les progrès de l'agriculture ont fait disparaître.

Les étangs qui restent aujourd'hui ne sont eux-mêmes que d'immenses gâtines ; on voit très-nettement sur la carte, à droite et à gauche de Montargis, cette singulière contrée parsemée d'étangs, dont les émissaires sont souvent si peu importants, qu'ils ne sont pas même tracés sur la carte du bureau de la guerre. L'argile du Gâtinais a du reste tous les autres caractères des terrains imperméables.

Les cours d'eau y sont nombreux : tous tombent dans le Loing ou dans l'Ouanne. A Montargis, le Loing reçoit le *Vernison* et le *Puiseaux* sur sa rive gauche; un peu en aval sur la même rive, la *Bezonde* ou *Rivière des Doigts.* Plus loin encore débouche le *Fusain.*

Sur la rive droite les cours d'eau sont moins nombreux et surtout moins importants. Je ne puis guère nommer ici que l'Averon, le *Bied* et le *Bez*; l'eau reste sur les plateaux, emmagasinée dans les étangs.

Si l'on entre dans plus de détails, on compte sur la rive gauche du Loing cinquante-deux cours d'eau figurés sur la carte, y compris les dix branches de l'Essonne, et soixante-deux étangs, et sur la rive droite, vingt-sept cours d'eau et soixante-seize étangs. En tout 79 cours d'eau et 138 étangs.

Argiles à meulières et marnes vertes. Brie. Surface 4470 kil.
Hauteur annuelle de pluie 575 millimètres?

Les glaises de Montmartre connues sous le nom de marnes vertes s'étendent sous cette contrée; c'est le terrain vraiment imperméable qui retient l'eau. Ces glaises sont recouvertes par les amas irréguliers des meulières, enveloppées elles-mêmes d'une marne grise demi-perméable. Souvent le limon rouge des plateaux, qui recouvre les plateaux, repose directement sur ces amas de meulières, et même pénètre dans leur masse.

Si le relief de la Brie était assez accidenté pour donner un rapide écoulement aux eaux pluviales, cette région trois fois plus étendue que le Morvan, et située en amont et aux portes de Paris, aurait une action désastreuse sur les crues du fleuve, cela n'est pas douteux. Mais ces plateaux sont tellement unis, que nos niveleurs en traçant l'aqueduc de la Vanne, se déplaçaient souvent de plusieurs kilomètres pour trouver une différence de niveau d'un mètre. Les eaux pluviales séjourneraient donc à la surface de la Brie et ce riche pays serait couvert de *gâtines*, si les amas de meulières n'exerçaient sur les eaux extérieures une action de drainage qui en absorbe une partie, et si l'industrie humaine n'était venue en aide à la nature; dans certaines régions, d'innombrables trous, restes d'anciennes carrières de meulières ou de marne, servent de récipient aux eaux pluviales. C'est vers ces mares que le fermier ou le forestier intelligents conduisent le sillon profond qui assainit le champ ou la forêt. Aujourd'hui les mares de la Brie sont toutes à sec. Avant la sécheresse de 1858 , elles étaient constamment remplies d'eau presque au niveau du plateau.

En outre, des rus profonds, souvent creusés de main d'homme, sillonnent ces plateaux dans tous les sens et aboutissent aux affluents des grands cours d'eau ; ils ne sont pas pérennes pour la plupart et ne figurent pas tous sur la carte ; ils contribuent comme les mares à l'assèchement de la contrée , et ont rendu possible le travail de ces dernières années , le drainage , qui a complété l'assainissement de la Brie.

Il résulte de l'ensemble de ces faits que les argiles à meulières sont devenues en quelque sorte un terrrain peutre , qui n'a pas une très-grande action sur les crues de la Seine. Néanmoins, lorsque les pluies sont très-persistantes, comme en 1866, ce réseau si compliqué de drainage, ne suffit plus pour absorber toutes les eaux pluviales, qui s'écoulent alors à la superficie, et les cours d'eau propres à la Brie éprouvent des crues assez violentes. Cependant jamais cet effet n'a lieu à la surface des argiles à meulières, situées sur la rive gauche de la Seine.

Deux rivières principales, la Marne et la Seine traversent la Brie.

Les cours d'eau propres à ce terrain sont nombreux comme ceux de tous les terrains imperméables. Les principaux sont : entre la Seine et la Marne, l'*Yère*, le *Grand-Morin* et son affluent l'*Aubetin*, le *Petit-Morin* qui prend naissance dans la craie blanche, en Champagne, le ru de *Vergès*, le *Surmelin* et son affluent la *Dhuis*; sur la rive gauche de la Marne, le *Clignon* et l'*Ourcq* prennent naissance dans les argiles de Brie.

Les affluents de ces cours d'eau sont extrêmement nombreux; ne comptons que ceux qui tombent dans la Marne entre le Petit-Morin et le Grand-Morin; nous trouvons les ruisseaux dont les noms suivent : R. de *Sept-Sorts*, de *Péreuse* et un affluent, de

Sammeron et un affluent, les deux R. de *Montretout*, les R. d'*Arpentigny*, de *Saint-Jean* et deux affluents, de *Montceaux* et deux affluents, de *Brinches* et six affluents, de la *Fontaine*, de *Voisins*, soit 23 cours d'eau pour une surface de terrain qui ne dépasse pas 100 kilomètres carrés ; c'est donc un cours d'eau pour 4$^{k c}$50.

Les rivières principales sont bien alimentées en été, non pas par les sources du niveau d'eau des marnes vertes, qui sont très-nombreuses mais peu importantes, mais par les grandes sources du fond des vallées, telles que celles de Chailly, du Moulin-au-Comte, de Mauperthuis, etc. Ces cours d'eau ont donc un double caractère. A la suite des pluies très-persistantes, ils sont violents et tiennent ainsi de la nature des *torrents*. Dans les années ordinaires, ils deviennent lieux de grandes sources et passent à l'état de *cours d'eau tranquilles*. En réalité, ils forment une classe de cours d'eau intermédiaires.

Le *Durtein* et la *Voulzie*, que j'ai attribués à l'argile plastique, rentrent dans cette catégorie de cours d'eau neutres. Ils sont d'une certaine violence dans les grandes pluies, mais sont surtout *lieux* de grandes sources.

Les figures 2 et 3 de la planche n° 1 donnent la disposition des sources dans les vallées de la Brie.

Le *Petit-Morin* (fig. 2), entre un point pris un peu en amont de Montmirail, jusqu'à Villeneuve-sur-Bellot, reçoit 113 sources réparties en 65 groupes. Celles qui sont situées le long de son cours appartiennent soit à l'argile plastique, soit aux terrains perméables compris entre les marnes vertes et l'argile plastique ; celles qui s'éloignent de son cours, et qui généralement sont groupées au fond des vallées secondaires, appartiennent au niveau d'eau des marnes vertes. Les rus des plateaux, qui restent à sec pendant la plus grande partie de l'année, s'étendent au-dessus de la plus élevée des sources de chaque groupe.

La figure 3 représente les 50 sources disséminées le long du

Clignon, principal affluent de l'Ourcq. La disposition est identiquement la même que sur la figure n° 2 : les sources qui, à partir du n° 10, sont disposées le long du cours d'eau principal, appartiennent aux terrains perméables compris entre le gypse et l'argile plastique; celles qui s'écartent du ruisseau principal, et se groupent au fond des vallées secondaires, appartiennent au niveau d'eau des marnes vertes. Ces dispositions s'appliquent à toutes les vallées de la Brie.

Argiles tertiaires du Perche. Origine des bassins de l'Eure et de la Rille. Surface 1025 kilomètres carrés. Hauteur annuelle de pluie 500 millimètres? — Ce terrain donne naissance à 60 cours d'eau environ, tous affluents de l'Eure, de la Blaise, de la Mouvette, de l'Avre, de l'Iton, de la Rille et de la Charentonne; ces 60 cours d'eau troublent un peu la tranquillité des crues de l'Eure et de la Rille, mais cependant sans leur donner un caractère violent.

Terrain crétacé inférieur. Pays de Bray. Surface 614 kil. c. Hauteur de pluie 643 millimètres. — Cette contrée, complétement séparée des autres terrains imperméables, est sans action sur les crues du fleuve, quoique ses cours d'eau soient violents et torrentiels : voilà pourquoi je n'en ai rien dit en parlant des autres cours d'eau du terrain crétacé inférieur, qui ont au contraire une action considérable sur les crues de la Seine.

La principale rivière, l'Epte, traverse le pays de Bray dans toute sa longueur, et y reçoit de nombreux affluents ; puis elle passe dans une longue vallée crayeuse entre le Vexin français et le Vexin normand, et débouche en Seine en amont de Vernon. Ses crues, qui sont torrentielles, ont une avance considérable et sont complétement écoulées quand celles du fleuve arrivent au confluent.

L'Andelle et l'Avelon, moins importants que l'Epte, naissent aussi dans le pays de Bray.

CHAPITRE XIII

COURS D'EAU DES TERRAINS PERMÉABLES.

Voici les principaux caractères de ces cours d'eau, que j'ai désignés sous le nom de *cours d'eaux tranquilles*.

Les eaux pluviales absorbées par le sol cheminent souterrainement, laissant à sec la plupart des vallées secondaires, avant d'arriver aux vallées les plus profondes, où elles jaillissent dans des sources; les cours d'eau sont donc *rares*, puisque la plupart des vallées restent à sec.

Le fond des vallées profondes étant habituellement plat[1], les sources jaillissent en un point quelconque de sa surface, y entretiennent une grande humidité, souvent même des *marais tourbeux*, qui contrastent avec l'aridité des coteaux voisins et des vallées secondaires.

Les émissaires qui relient ces sources au cours d'eau principal sont ordinairement très-courts, mais quelquefois très-importants par l'abondance de leurs eaux ; quand la vallée est marécageuse, leur nombre est indéfini, car tout fossé ouvert à travers le marais donne lieu à un écoulement d'eau. Si au contraire la vallée est tapissée de graviers arides, les sources sont presque

[1] Voy. chap. V, page 79.

toutes dans le lit même du cours d'eau principal et le nombre
des émissaires est nul ou très-petit. Je ne tiendrai donc pas
compte, dans l'énumération des cours d'eau, du nombre de ces
émissaires.

Je considérerai le fond de chaque vallée principale comme *un
lieu de sources*, que je désignerai par le nom même du cours
d'eau principal. Ainsi je dirai : *La Vanne est un lieu de sources*;
et non : *Le fond de la vallée de la Vanne est un lieu de sources*, et il
sera bien entendu que cette désignation s'appliquera non-seulement aux sources qui jaillissent au fond de cette rivière, mais
encore à toutes les sources disséminées au fond de la vallée, le
long de son cours.

Des sources éphémères. — En remontant le cours d'une rivière
propre à un terrain perméable, on arrive toujours à une source
initiale, en amont de laquelle il n'y a plus de cours d'eau. Mais
cette source, de même que beaucoup d'autres disséminées le long
du cours d'eau, n'est pas toujours pérenne ; certaines sources très-
abondantes en hiver, tarissent toujours en été ; je les désignerai
sous le nom de *sources éphémères*.

Je ne classe pas dans les sources éphémères, les grandes
sources qui tarissent seulement dans les années extraordinairement sèches, telles que 1858, 1865, 1868, 1870. Ce nom
est réservé uniquement, je le répète, aux sources qui coulent
seulement en hiver et tarissent toujours en été, pour peu que la
saison soit sèche. Ces sources sont distribuées avec une certaine
régularité dans quelques terrains perméables.

Il existe à Chamoux, petit village du département de l'Yonne,
situé sur la route de Vézelay à Clamecy, une sorte de fosse
nommée la *Peute-gueule* (la Laide-Gueule), qui est habituellement
à sec; mais à la suite des grandes pluies d'hiver, il en sort parfois
un véritable torrent qui inonde toute la vallée. Cet écoulement
anormal ne dure pas beaucoup plus longtemps que la pluie qui

le produit. Cette fosse est ouverte dans le calcaire marneux de la terre à foulon (calcaire oolithique inférieur).

Un fait analogue se remarque dans le même terrain, au moulin de Champreau, près de l'Isle-sur-Serein (Yonne) ; à la suite des grandes pluies, en hiver, le fond d'une vallée très-étroite donne naissance à une multitude de sources, qui coulent à peine pendant quelques jours, et produisent alors un tel volume d'eau, que j'ai vu la route voisine complétement coupée et détruite par le torrent qui en sortait.

Ces sources éphémères du terrain oolithique inférieur sont nombreuses, mais il est difficile d'indiquer leur position, parce que les vallées de ce terrain sont étroites et profondes, même dans la partie marneuse de la terre à foulon ; les sources éphémères et pérennes sont donc entremêlées ; c'est ainsi qu'à Chamoux la Peute-Gueule est très-peu éloignée de la source pérenne qui alimente le pays. Les sources pérennes de la terre à foulon sont d'ailleurs sujettes à des crues énormes : suivant M. l'ingénieur Tarbé, la source d'Arlot, qui est située dans la vallée de l'Armançon, et alimente le canal de Bourgogne à son entrée dans le département de l'Yonne, débite 30,000 mètres par 24 heures en basses eaux. Lorsqu'elle est en crue, elle donne dans le même temps jusqu'à 800,000 mètres.

Les sources éphémères sont très-nombreuses dans les calcaires marneux du terrain oxfordien, et sont disposées avec une certaine régularité. Les vallées oxfordiennes sont beaucoup plus larges que celles de l'oolithe inférieure ; de plus, de nombreux vallons secondaires très-profonds, sillonnent les plateaux voisins. Ces vallons sont tous à sec l'été ; à leur jonction avec la vallée principale on remarque quelquefois des sources pérennes ; en remontant un peu plus haut, on trouve des sources qui tarissent en automne ; enfin à un point plus élevé de leur thalweg, jaillissent les sources éphémères qui

ne coulent que pendant les grandes pluies des années humides[1]. Ces sources sont, pour la plupart, très-considérables.

Les marnes à gryphées virgules du terrain kimméridien, donnent également naissance à de nombreuses sources éphémères;
les vallées de ce terrain étant étroites comme celles de la terre
à foulon, ces sources sont entremêlées avec les sources pérennes.

Sources éphémères de la craie blanche. — Comme dans les
terrains oolithiques on trouve dans la craie blanche, des sources
éphémères qui y occupent une position régulière; elles forment
l'origine des cours d'eau. Telles sont les sources qui, dans cette
contrée, portent le nom de *Somme,* Sommesous, Sommepuits,
Sommevesle, Sommepy, Sommefontaine, etc.; elles sont comme
je l'ai déjà dit, toutes tarissables l'été et il en est de même d'un
certain nombre de sources placées à l'aval jusqu'à une source
qui est réellement la tête du ruisseau pérenne[2].

Si ces dispositions des sources éphémères des terrains oolithiques et de la craie blanche sont différentes, il n'en est pas
moins vrai qu'elles tiennent au même fait hydrologique.
Lorsque le niveau des nappes souterraines s'élève en hiver,
les sources se montrent au jour à des points plus élevés des
thalwegs, qui deviennent de véritables déversoirs du trop plein
de ces nappes. Il faut pour cela que la vallée soit profonde et
que sa pente soit moindre que celle de la nappe d'eau.

Ces déversoirs remontent dans quelques vallées secondaires
des terrains oxfordiens, qui sont très-profondes et à faibles pentes.
Mais dans la craie blanche de la Champagne, les vallées secondaires, qui sont de simples dépressions du sol, n'atteignent pas
souvent les nappes d'eau et restent habituellement sèches en
toute saison; les sources ne se rencontrent donc généralement

---

[1] Voy. planche II, page 213.
[2] Voy. chap. VII, page 93.

que sur les thalwegs des vallées principales, et à l'origine du cours d'eau; lorsqu'il y a un affluent, la source initiale et un certain nombre d'autres situées en aval sont également éphémères.

Les sources de la craie en Normandie sont rarement éphémères, ce qui tient à la plus grande humidité du climat et à la disposition des vallées, qui sont toutes à pente très-rapide, dans leur partie sèche. Ainsi la vallée du *Robec*, près de Rouen, a 60 mètres de pente totale sur la longueur de sa partie humide; en amont des sources de *Fontaine-sous-Préau*, origine de la rivière, la pente devient plus grande encore et ne coupe jamais la nappe souterraine; il n'y a donc pas de sources éphémères.

Je ne connais pas d'autres terrains perméables dans le bassin de la Seine, qui donnent des sources éphémères disposées régulièrement, comme celles dont il vient d'être question.

En résumé, ces sources se trouvent surtout dans les calcaires marneux de la basse Bourgogne, et dans la craie blanche de Champagne; elles ont une influence considérable sur le régime des cours d'eau de cette contrée; c'est pourquoi j'ai dû en faire mention dans cet ouvrage.

TERRAINS OOLITHIQUES.

Surface 13,950 kilomètres carrés. Hauteur annuelle de pluie 847 millimètres. — Ces terrains forment les parties de la Bourgogne et de la Lorraine, comprises dans le bassin de la Seine; c'est, avec le Morvan, la seule région montueuse de ce bassin. Ils se divisent en sept groupes dont quatre sont très-perméables, et trois demi-perméables. Ces derniers sont : *la terre à foulon, le terrain oxfordien, le terrain kimméridien.*

Les groupes de terrains perméables sont : *le calcaire à entroques, la grande oolithe, le terrain corallien, et le terrain portlandien.*

Calcaire à entroques et terre à foulon. (Inferior oolite, fullers-earth des Anglais.) *Bourgogne.* — La terre à foulon, composée de marnes grises et de calcaires marneux, est demi-perméable, le calcaire à entroques est au contraire d'une extrême perméabilité; ces terrains sont presque partout disposés l'un au-dessus de l'autre, le calcaire à entroques à la base, et la terre-à-foulon un peu en retraite au-dessus. Voilà pourquoi je ne les sépare pas; sur le périmètre de l'Auxois et du bassin de Corbigny, ils se développent en longs festons, au sommet des coteaux qui limitent ces plaines, mais leur étendue en largeur est médiocre; dans cette position, au point de vue hydrologique, ils servent simplement de filtre, au cordon de petites sources du niveau d'eau du calcaire à entroques [1]; mais vers les limites de l'Auxois, avant de plonger sous la grande oolithe, au fond des grandes vallées, ils donnent naissance à de limpides ruisseaux et à des sources énormes. Tel est, dans la vallée d'Yonne, le ruisseau d'*Armance,* qui prend naissance à Vauban, dans la belle source d'Armance; telle est encore, dans la vallée d'Armançon, la grande source d'*Arlot,* qui jaillit près de Nuits-sous-Ravière, et, dans la vallée de la Brenne, les sources qui alimentent les limpides étangs de *Saint-Remy* et de la *fontaine de l'Orme,* près de Montbard.

Le calcaire à entroques et la terre à foulon ne forment plus, dans les autres vallées de la chaîne de la côte d'Or, que des boutonnières étroites, mais très-importantes au point de vue hydrologique. C'est là en effet que naissent plusieurs rivières qui jouent un rôle considérable dans le régime du fleuve, la *Laignes,* la *Seine* elle-même, l'*Ource,* l'*Aube,* l'*Aujon,* la *Suize,* le *Rognon.* En remontant le cours de ces rivières et de leurs affluents, on n'arrive pas à un fossé, ou à un ravin, ou même au sillon d'un champ, comme dans les

____

[1] Voy. chap. XII, page 185.

terrains imperméables, mais à une source pérenne ou éphémère. Les eaux pluviales ne ruissellent presque jamais à la surface de leurs versants.

Il serait facile de faire la nomenclature complète de ces cours d'eau et de leurs affluents, mais en procédant ainsi, je sortirais des limites de cet ouvrage ; je suivrai donc la même méthode que ci-dessus ; j'en choisirai trois, la *Laignes*, la *Seine* et l'*Ource*, et j'en ferai l'étude détaillée.

La *Laignes* prend naissance dans le groupe des sources de Cessey et la grande fontaine de Jour, qui jaillissent de la terre à foulon[1].

Sur un parcours de 15 à 20 kilomètres, c'est un ruisseau des plus simples, car elle n'a d'autres affluents que les émissaires des sources de Cessey et de Jour ; l'émissaire des sources d'Étormay, qui naissent près de là, se perd avant d'atteindre son cours. Le débouché mouillé de ses ponts, correspondant aux plus grandes crues, se maintient, depuis la source de Jour jusqu'à Villaines-en-Duesmois, entre 5 et 7^m carrés ; mais il va en décroissant depuis la sortie de ce village, où il tombe à 1^m,15, et enfin la rivière se perd dans la grande oolithe, au hameau de Vaugimois. A l'aval, la vallée reste à sec en hiver comme en été, sur plus de 20 kilomètres de longueur, ainsi qu'il sera exposé ci-dessous.

La Seine. — Le cours de la Seine commence dans un groupe de petites sources sortant de la terre à foulon, sur le territoire de Saint-Germain-la-Feuille (Côte-d'Or). Les Romains y avaient érigé des constructions assez considérables, dans les ruines desquelles on a trouvé de nombreuses médailles et autres objets, qu'on peut voir au musée de Semur. Dans ces dernières années, la ville de Paris a fait renfermer ces sources dans des bassins ornés de statues.

---

[1] Ces localités font partie du canton de Baigneux-les-Juifs (Côte-d'Or), et se trouvent à peu de distance de la route de Châtillon à Dijon.

La Seine est, à sa naissance, un des plus petits ruisseaux de son bassin ; car à quatre kilomètres de sa source, elle passe à Courceau sous un pont dont la section mouillée est de 1^{mc} ; entre Billy et l'ancien couvent d'Oigny, le fleuve reçoit l'émissaire d'autres sources provenant du niveau d'eau du calcaire à entroques. La vallée qui s'ouvre entre les rochers de ce calcaire prend un caractère des plus sauvages et des plus pittoresques ; le fleuve naissant est devenu un joli ruisseau qui, au bas de Quemigny, passe sous un pont dont la section mouillée est de 10^{mc}.

La Coquille. — Le vallée change de caractère et s'élargit en s'ouvrant dans le lias. La Seine reçoit alors, un peu en amont de Cosne, son premier affluent important *la Coquille;* le débouché mouillé du pont de Cosne, situé un peu à l'aval du confluent, est de 25^{mc}. La Coquille apporte donc un tribut notable au fleuve. Elle naît en amont du village d'Étalante, dans une source assez forte pour faire marcher un moulin. A Aignay-le-Duc, un peu plus bas, se trouve la première grande source du cours du fleuve. Le débouché mouillé du pont d'Aignay est de $11^{m.c.}$ Plus bas, la Coquille ne mouille que $6^{m.c.}$ sous le pont de Beaunotte. Avant de se jeter dans la Seine, elle reçoit un affluent, le *Révinson,* alimenté aussi par les sources de la terre à foulon.

Après avoir reçu la Coquille, la Seine continue son cours dans le même terrain jusqu'à Aisey-le-Duc, sans rencontrer d'autre affluent que le petit ruisseau de *Saint-Marc,* qui débouche sur la rive gauche ; à Aisey se trouve le confluent d'un beau ruisseau.

Le *Brevon* prend sa source à Échalot, puis, après un cours de 6 kilomètres, se perd complétement ; il renaît dans une source de la *terre à foulon,* passe par Beaulieu, l'étang de Rochefort[1],

---

[1] D'où vient ce dicton local :

A Rochefort-sur-Brevon,
Pierre qui corne au bout du pont.

Busseau, Brémur et tombe, sur la rive droite en Seine, à Aisey. Le débouché mouillé de ses ponts s'élève de 4 à 10^{mc}.

A l'aval du Brevon, la Seine ne reçoit plus aucun affluent jusqu'à la grande oolithe, qu'elle rencontre à 15 à 20 kilomètres en amont de Châtillon, entre les villages de Nod et de Chamesson ; le débouché mouillé du pont de Chamesson, considéré comme insuffisant, est de 61^m carrés.

Ource. — Cette rivière prend sa source sur le territoire de Beneuvre, canton de Recey (Côte-d'Or), dans les calcaires marneux de la terre à foulon ; jusqu'à Recey, c'est un petit cours d'eau, car bien qu'elle ait reçu le tribut de sept affluents, dont les principaux sont les ruisseaux de la *Gramme*, du *Val-d'Arce* et de *Changey*, bien que son bassin soit de 138 kilomètres carrés, le débouché mouillé du pont de Recey est de 12^{mc} seulement. Avant d'arriver à Voulaines, l'Ource reçoit un cours d'eau presque égal à elle-même, la *Digeanne*, puis, un peu en aval, le ruisseau du *Val-des-Choux* : la Digeanne n'a qu'un seul affluent, le ruisseau de *Villarmon*.

Le débouché mouillé du pont de l'Ource à Vanvey, en aval du val du Choux, est de 48^{mc}. La rivière entre ensuite dans la grande oolithe.

En somme, l'ensemble des bassins de la Laignes, de la Seine et de l'Ource, correspondant aux vallées ouvertes dans la terre à foulon, recouverte par la grande oolithe, occupe une surface de 920 kilomètres carrés. Le nombre total et complet des cours d'eau éparpillés sur cette surface est de 25, soit de 1 cours d'eau par 36 kilomètres carrés.

On pourrait faire une description analogue des autres rivières qui entrent dans la grande oolithe après avoir pris naissance dans la terre à foulon : le ruisseau de *Courbecharme*, l'*Aubette*, l'*Aube*, l'*Aujon*, la *Suize* et le *Rognon ;* ces ruisseaux, alimentés uniquement par des sources, sont d'une admirable limpidité ; ils ne sont jamais violents. La plupart sont alimentés par des sources incrustantes. Je citerai notamment : la source du Val-des-Choux, qui a formé de grands dépôts de tufs, au milieu des belles ruines du vieux couvent de ce nom, au travers desquelles elle se fait jour ; les sources de Rolampont, près de Langres, qui ont créé de véritables montagnes de tuf, etc.

Bourgogne. La grande oolithe. — Les branches assez nombreuses que forment les ruisseaux issus de la terre à foulon se réunissent avant de quitter ce terrain, aux troncs de treize cours d'eau principaux, l'Yonne, la Cure, le Sercin, l'Armançon, la Seine, l'Ource, le Courbecharme l'Aubette, l'Aube, l'Aujon, la Suize, la Marne et le Rognon, qui traversent la grande oolithe.

Quoique infiniment plus développée que la terre à foulon, cette puissante formation n'a aucun cours d'eau qui lui soit propre ; les treize rivières ou ruisseaux dénommés ci-dessus, la traversent sans recevoir aucun affluent ; bien loin de là, tous s'y épuisent ou même s'y perdent totalement en été.

C'est ainsi que la Laignes, après avoir pris naissance dans la terre à foulon, se perd, ainsi que je viens de le dire, à 15 ou 20 kilomètres de sa source, à Vaugimois, et laisse sa vallée sèche en toute saison sur près de 20 kilomètres, jusqu'à Bissey-la-Pierre, où finit la grande oolithe.

Le grand plateau de 785 kilomètres carrés, occupé par ce dernier terrain entre l'Armançon, la Seine et les terrains oxfordiens, est absolument dépourvu d'eau courante, puisque la vallée principale, celle de la Laignes, sauf sur une longueur de 20 kilomètres vers ses sources, est constamment à sec l'hiver comme l'été. C'est la plus grande surface d'un seul tenant du bassin de la Seine, qui soit dans ce cas.

Dans les étés secs, tarissent également dans la grande oolithe :

1° Le *Serein*, entre Grimault et Noyers, sur une longueur de 4 à 5 kilomètres;

2° La *Seine*, entre Buncey et Châtillon, sur une longueur de 4 kilomètres environ;

3° L'*Ource*, entre Crépan et Brion, sur 5 kilomètres;

4° Le *Courbecharme*, qui ne coule presque jamais dans la partie moyenne de son cours;

5° L'*Aujon*, entre Coupray et Château-Villain;

6° La *Suize*. Cette rivière tarit vers le milieu de son cours au-dessus de Villiers, puis renaît dans une belle source à Rocvilliers, disparaît encore et renaît successivement au Gargebin, au val Barisien et à Buxereuilles.

7° Le *Rognon*, entre la Crête et Andelot.

Les autres rivières qui ne tarissent pas entièrement, en traversant la grande oolithe, s'y affaiblissent toutes; ainsi, d'après M. l'ingénieur en chef Quilliard, le débit des grandes eaux de la *Marne* est à Foulaine de 45, et en aval, à Chaumont seulement, de 25 mètres cubes par seconde.

Le débouché mouillé des ponts n'augmente pas dans la traversée de la grande oolithe, ce qui prouve que ce terrain ne donne même pas de sources éphémères.

La grande oolithe, avant de s'enfoncer sous les marnes oxfordiennes, laisse échapper une partie des eaux pluviales qu'elle a absorbées, par une ou plusieurs sources énormes qui donnent un nouveau cours aux rivières taries; voici les noms des sources principales :

1° Vallée du Serein, les *sources de Noyers*.

2°   —   de l'Armançon, la *grande fontaine* à Ancy-le-Franc.

3°   —   de la Laignes, la grande source de *Laignes*.

4°   —   de la Seine, l'admirable *Douix* à Châtillon-sur-Seine.

5°   —   de l'Ource, les sources énormes de *Brion* et de *Thoires*.

6° Vallée de l'Aube, les belles sources de *Boudreville*, de *Veuxaules*, de *Montigny*.

7° — de l'Aujon, les sources du *parc de Château-Villain* et *de Marmesse*.

8° — de la Suize, la grande source de *Bué* à Buxereuilles.

9° — du Rognon, grande source à l'aval d'Andelot.

En somme, la grande oolithe établit une discontinuité dans les *lieux* de sources des vallées de la Bourgogne, et ce n'est qu'en approchant de la limite du terrain oxfordien qu'on les retrouve.

Basse Bourgogne. Terrain oxfordien (oxford-clay des Anglais). — Toutes les rivières dont il a été question ci-dessus renaissent bien plus puissantes, à l'aval des sources de la grande oolithe. En sortant de la terre à foulon, ce sont de *jolis ruisseaux* peu importants par leurs débits. En traversant la grande oolithe, elles s'épuisent ou même tarissent. En entrant dans les marnes oxfordiennes, elles passent à l'état de *bons cours d'eau* et alimentent de puissantes usines.

Le terrain oxfordien forme un grand escarpement ou gradin, qui s'étend presque en ligne droite, du sud-ouest au nord-est, à partir de Clamecy, du côté du bassin de la Loire, jusqu'à la limite des versants de la Seine, vers le bourg d'Andelot, du côté du bassin de la Meuse; cette ligne passe près de Châtillon-sur-Seine et de Chaumont. On reconnaît de loin cet escarpement, aux nombreux ravins qui sillonnent les marnes oxfordiennes, terrain sans consistance et impropre à toute culture, si ce n'est à celle de la vigne et des arbres résineux. A la base de l'escarpement, se trouve une couche bleuâtre plus argileuse, avec laquelle on fait, dans le pays, de la mauvaise tuile et de la brique plus mauvaise encore.

Sur ce long développement de collines, on ne trouve, pour ainsi dire, aucune source à flanc de coteau. Ce terrain marneux, qui n'a guère moins de 100^m d'épaisseur, n'est donc pas

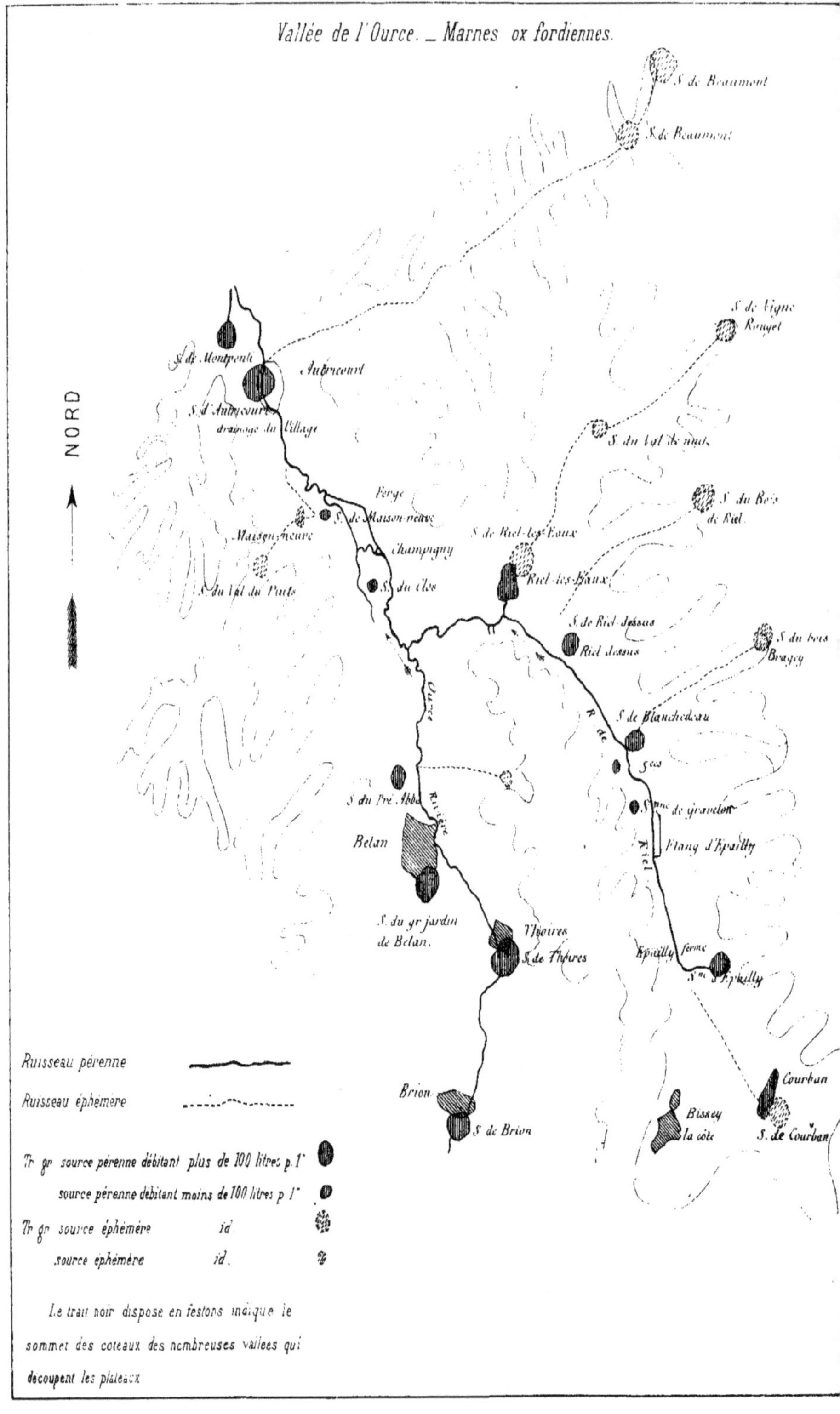
Vallée de l'Ource. _ Marnes oxfordiennes.
NORD
S. de Beaumont
S. de Beaumont
S. de Ligne Rouget
S. de Montperti
Autricourt
S. d'Autricourt
drainage du Village
S. du Lot de nuit
S. du Bois de Riel
Forge
Maison-neuve
S. de Maison-neuve
S. de Riel-les-Eaux
Maison-neuve
Champigny
Riel-les-Eaux
S. du Lot du Puits
S. du Clos
S. de Riel dessus
Riel dessus
S. du bois Bragey
S. de Blanchedeau
R. de
Sées
S. du Pré Abbé
Rivière
S. me de gravelon
Étang d'Épailly
Belan
Riel
S. du gr jardin de Belan.
Thoires
S. de Thoires
Épailly ferme
S. me d'Épailly
Brion
Courban
Bissey la côte
S. de Brion
S. de Courban
Ruisseau pérenne
Ruisseau éphémère
Tr gr source pérenne débitant plus de 100 litres p. 1"
source pérenne débitant moins de 100 litres p. 1"
Tr gr source éphémère   id.
source éphémère   id.
Le trait noir disposé en festons indique le
sommet des coteaux des nombreuses vallées qui
découpent les plateaux

imperméable; car s'il l'était, il y aurait un niveau d'eau et des sources, au plan de contact des marnes et des assises minces de calcaire qui couronnent le gradin.

C'est ce gradin qui forme la limite des deux régions qu'en basse Bourgogne, on nomme la *Montagne* et la *Vallée*.

Il suffit de jeter les yeux sur la carte pour reconnaître que le terrain oxfordien ne donne pas naissance à un grand nombre de cours d'eau; c'est surtout par les grandes sources disposées au fond des vallées principales, que les rivières reprennent de la force en traversant ce terrain.

La planche n° 2 donne la pénétration de la vallée de l'Ource, dans le gradin du terrain oxfordien. En plan, cette partie de la vallée figure un vaste entonnoir, dont l'entrée, au droit de Brion, entre Courban et un village nommé Mosson, qui n'est pas figuré sur la planche, n'a pas moins de 10 kilomètres de largeur; puis la vallée se rétrécit jusqu'à Autricourt, où sa largeur est réduite à moins d'un kilomètre. La grande oolithe, surmontée d'un terrain non moins perméable qu'elle, le calcaire kellowien, pénètre dans l'entonnoir jusqu'au village de Belan. Le trait, disposé en feston à droite et à gauche, représente la crête des coteaux des nombreuses vallées secondaires qui découpent les marnes oxfordiennes.

L'Ource, dans l'étendue de la planche, n'a qu'un seul affluent pérenne, le ru de *Riel-les-Eaux*. Mais elle a un grand nombre d'autres tributaires, habituellement à sec, indiqués par un trait pointillé.

Ces cours d'eau diffèrent essentiellement de ceux des terrains imperméables, qui tarissent aussi en temps sec; en remontant jusqu'à leur origine, on trouve toujours une source, éphémère à la vérité, et, lorsqu'ils *coulent, c'est de l'eau de source qu'ils débitent.*

Les sources pérennes sont au fond des vallées de l'Ource et du ru de Riel, et les sources éphémères, dans les vallées secondaires [1]. Voici l'énumération de ces deux sortes de sources.

Fin de la grande oolithe. Terrain très-perméable.

Vallée d'Ource.

Brion. — Source considérable débitant plus de 300 litres par seconde. L'Ource tarit en amont, dans la saison sèche.

Thoires. — Source aussi grande.

Belan. — Source du grand Jardin. Source du Village. Fontaine de Préabbé.

A l'aval de Belan, l'Ource est devenue un excellent cours d'eau, qui débite plus d'un mètre cube par seconde, dans les saisons sèches ordinaires.

Terrain oxfordien demi-perméable.

Bissey-la-Côte. — Grande source éphémère.

Vallée du ru de Riel.

Courban. — Grande source éphémère. Sources d'Épailly, de Gravelon.

Riel-les-Eaux. — Source de Blanchevau.

Source éphémère du bois Bragey.

Source de Riel-Dessus.

Source épnémère des bois de Riel.

Source de Riel-les-Eaux. Source éphémère.

Source éphémère du Val-de-Nuit.

Source éphémère de Vigne-Rouget.

Vallée d'Ource.

Source du clos.

Autricourt. — Source des prés de la Maison-Neuve.

Source éphémère   id.

---

[1] Voy. page 205.

Source éphémère du Val-du-Puits.

Source du village d'Autricourt.

Source éphémère de Beaumont.

Grande source de Monpenti.

Le terrain oxfordien se prolonge au delà de Grancey, village situé à 3 kilomètres environ d'Autricourt. Il y a encore de nombreuses sources pérennes le long de la rivière.

Toutes les vallées principales qui coupent le gradin du terrain oxfordien sont disposées de la même manière que celle de l'Ource; je me bornerai donc, pour chacune d'elles, à nommer les cours d'eau pérennes peu nombreux, propres au terrain oxfordien; il sera sous-entendu que ces cours d'eau sont renforcés par de nombreuses sources pérennes, qui soutiennent la rivière principale en temps sec, et de non moins nombreuses sources éphémères, qui ne coulent qu'en temps de crue.

Vallée d'Yonne. — Rive gauche : *Andries*, alimenté par les grandes sources de Druyes. Rive droite : *Ru de Brosses*, alimenté par les sources de Fontenille.

Vallée de la Cure. — Pas d'affluent pérenne. Le ruisseau de Joux-la-Ville,.qui figure sur la carte, est à sec l'été; il est alimenté par des sources éphémères.

Vallée du Serein. — Même observation pour le ru de Lichères.

Vallée de l'Armançon. — Même observation; le ru de Gland n'arriverait pas en temps sec jusqu'à l'Armançon, s'il ne renaissait en route dans les sources du parc de Tanlay, qui n'appartiennent pas au terrain oxfordien.

Vallée de la Laignes. — Même observation. Les rus de Marcenay, de Griselle, de Nicey et de Sennevoy, n'arrivent pas en temps sec jusqu'à la Laignes.

Vallée de la Seine. — Pas d'affluent pérenne.

Vallée de l'Ource. — Voir le détail donné ci-dessus.

Vallée de l'Aube. — Pas d'affluent pérennne.

Vallée d'Aujon. — Deux grands affluents propres à l'oxfordien, le *ru de Vaudrimont* et la *Renne.*

Vallée de la Blaise. — Cette belle rivière prend sa source dans la terrain oxfordien à Gillancourt, un peu en amont du bourg de Juzennecourt.

Vallée de la Marne. Pas d'affluents importants propres au terrain oxfordien.

Vallée du Rognon. Ru d'Orquevaux.

Toutes les rivières du bassin de la Seine sont devenues de bons cours d'eau à l'aval du terrain oxfordien, et il est bien démontré par l'exposé qui précède, qu'elles doivent cette excellente alimentation, non pas à des affluents propres au terrain oxfordien, mais à d'énormes sources provenant de la grande oolithe et des marnes oxfordiennes.

Terrains *corallien, kimméridien et portlandien.* — Je ne séparerai pas ces trois assises supérieures des calcaires oolithiques, bien qu'elles aient des propriétés hydrologiques très-différentes; mais comme les deux premières se développent suivant deux longues bandes assez étroites, perpendiculaires à la direction générale des cours d'eau, il serait très-difficile de décrire séparément chaque tronçon de rivières correspondant à ces zones.

Le terrain *corallien* (Coral-rag des Anglais) se compose presque exclusivement d'assises calcaires ; à peine trouve-t-on dans la partie moyenne quelques parties marneuses. La pierre à coraux proprement dite se trouve à peu près au milieu de la formation, qui, suivant M. Leymerie, n'a guère moins de 188^m de puissance.

Les assises *kimméridiennes* (Kimmeridge-clay des Anglais) se composent à la base de marnes assez argileuses, mais peu épaisses, remarquables par l'abondance d'une petite coquille, la *gryphée virgule;* au-dessus de cette première couche, s'élèvent des assises d'un calcaire blanchâtre, gélif, très-peu dur et très-fissuré, alternant avec des marnes grises.

Le terrain *portlandien* (Portland-Stone des Anglais) est entièrement formé, en Bourgogne, d'un calcaire gris, peu dur, très-gélif et impropre à tout usage industriel; on y exploite, au contraire, en Lorraine, de belles assises de pierre de taille (pierre de Savonnière); quelquefois on trouve à sa base des assises marneuses. L'épaisseur des terrains kimméridiens et portlandiens atteint, dans l'Aube, suivant M. Leymerie, 183ᵐ au maximum.

Les terrains coralliens et portlandiens ne sont pas moins perméables que la grande oolithe; on n'y trouve aucun cours d'eau qui leur soit propre; ceux des terrains supérieurs s'y épuisent et même y tarissent. Le *lieu* de sources des vallées profondes est d'abord interrompu dans leur traversée, puis se retrouve en amont des terrains moins perméables sous lesquels ils disparaissent.

Les marnes kimméridiennes, peu développées dans la partie sud-ouest du bassin, en basse Bourgogne, ne sont guère plus imperméables que les marnes oxfordiennes. C'est un terrain dans lequel les sources se trouvent rarement à flanc de coteau, et qui, en somme, ne donne naissance qu'à des rivières peu importantes; mais en se dirigeant vers le nord-est, le terrain devient de plus en plus argileux, et, dans la Lorraine, on y trouve des cours d'eau considérables. J'étudierai donc séparément les cours d'eau de la basse Bourgogne et de la Lorraine.

Basse Bourgogne. — Les rivières provenant des terrains supérieurs, sont devenues trop puissantes, après avoir reçu les sources de la grande oolithe et du terrain oxfordien, pour être absorbées par les calcaires corallien et portlandien. Ainsi, dans cette traversée, le débouché mouillé des ponts de la Seine croît au-dessous du confluent de chacun de ses tributaires. A Mussy, à la

sortie du terrain oxfordien, ce débouché est de 69^m; au-dessous
du confluent de la Laignes, il s'élève à 98^m; au-dessous de Bar-
sur-Seine, en aval des confluents de l'Ource et de l'Arce, il croît
encore et monte à 125^m; puis il reste stationnaire dans toute la
traversée du terrain portlandien.

L'épuisement produit par les terrains perméables n'est donc
pas très-sensible; mais si nous considérons les petites rivières
propres aux trois dernières assises des terrains oolithiques, nous
retrouverons les mêmes phénomènes signalés ci-dessus.

Choisissons comme exemples la *Sarce* et la *Marve*, petites rivières du département de l'Aube, qui débouchent sur la rive gauche de la Seine, au-dessous de Bar-sur-Seine.

Sarce. — Le terrain corallien, avant de s'enfoncer sous les
marnes kimméridiennes, laisse échapper par regorgement une
partie des eaux qu'il a absorbées; il en résulte deux grandes
sources, assez fortes pour faire marcher chacune un moulin, l'une
sur la commune de Channe, l'autre sur la commune de Brage-
logne. Ces sources forment l'origine de la Sarce.

D'autres sources jaillissent dans les mêmes conditions au fond
de la vallée, sur le territoire des communes de Beauvoir et de
Bagneux; puis le terrain corallien disparaît sous les marnes
kimméridiennes, sur le territoire d'Avirey, et dans ces marnes, on
remarque plusieurs sources, les unes pérennes, les autres éphémères, exactement comme dans le terrain oxfordien.

Le terrain demi-perméable disparaît lui-même sous le calcaire
portlandien, qui est très-perméable, et la Sarce s'y perd en été;
son lit reste à sec dans la traversée de ce terrain, sur le territoire
des communes d'Arelles et de Villemorien, où l'on ne trouve
que des sources éphémères.

Mais avant de disparaître sous les argiles néocomiennes, le calcaire de Portland rend, par regorgement une partie des eaux
qu'il a absorbées, et la Sarce renaît à mi-chemin entre Villemorien et Jully, dans deux groupes de sources importantes

Avant de tomber dans la Seine, la Sarce reçoit encore deux autres sources sur le territoire de Virey.

Cette rivière n'éprouve que des crues insignifiantes, car le débouché mouillé de ses ponts varie de 1^m,92 à 5^m,72.

Marve. — Prend naissance sur le territoire de Balnot-la-Grange, dans une source portant le nom de *Bîme,* ce qui veut dire qu'elle sort d'un gouffre. On trouve au fond des puits du village, à 10^m de profondeur, une argile bleuâtre qui appartient certainement au terrain kimméridien, et sur laquelle les eaux pluviales s'arrêtent ; c'est le fond du Bîme.

La Marve coule dans une vallée perméable ouverte dans le terrain portlandien ; elle ne tarde pas à s'y perdre et son lit est toujours à sec sur le territoire de Pargues. Mais avant de disparaître sous les argiles néocomiennes, le terrain portlandien rend par regorgement une partie des eaux absorbées, et la rivière renaît dans des sources pérennes sur le territoire de Praslin et de Lantage; seulement elle perd son nom de *Marve* et prend celui d'*Hozain*[1].

Nous constatons donc, sur le parcours de ces petites rivières, les mêmes phénomènes d'absorption et de regorgement, que nous avons déjà signalés dans la traversée de la grande oolithe et du terrain oxfordien.

Tous les autres cours d'eau de la basse Bourgogne, propres aux trois derniers étages des calcaires oolithiques, sont soumis aux mêmes lois.

Ainsi le ruisseau de *Brosse* prend sa source dans les marnes de la terre à foulon; il se perd dans le terrain corallien, au village de Brosse, et sa vallée reste toujours à sec jusqu'à l'Yonne.

Le ru de *Lichère,* affluent du Serein, se perd aussi dans le calcaire corallien.

---

[1] Voy. chap. XII, page 190. L'Hozain devient ainsi un cours d'eau propre au terrain crétacé inférieur.

Le ru de *Gland*, affluent de l'Armançon, se perd dans le même terrain et renaît dans les sources du parc de Tanlay, qui sortent des marnes kimméridiennes.

Le *Landion*, affluent de l'Armance, prend naissance sur le territoire d'Étourvy, dans plusieurs sources, dont une très-abondante; il se perd pendant trois mois d'été, dans le terrain portlandien en amont de Turgy, où il renaît dans une source que le même terrain alimente, avant de disparaître sous le terrain néocomien.

L'Arce. — Joli ruisseau qui prend naissance, une première fois, au village de Fontette, dans cinq petites sources; il se perd à peu de distance et renaît une seconde fois dans une source nommée *Fontarce*, qui jaillit sur le territoire de Saint-Usage.

L'Arce coule à peu près constamment dans le terrain kimméridien et se jette dans la Seine un peu en amont de Bar-sur-Seine, sur le territoire de Merrey.

Le Landion. — Affluent de l'Aube, naît dans l'étang de Bligny, alimenté par les marnes kimméridiennes; il se perd en entrant dans le calcaire portlandien, et renaît sur le territoire de Dolancourt, près de la vallée d'Aube, dans deux sources du même terrain, qui bientôt plonge sous le terrain néocomien.

Plusieurs torrents du terrain crétacé inférieur, le *Ceffondez* affluent de la *Voire*, la *Voire* elle-même, commencent leur cours dans le terrain oolithique supérieur; mais la plupart y sont à sec l'été.

En se rapprochant de la Lorraine, les marnes de kimméridge deviennent beaucoup plus imperméables. Les cours d'eau propres à ce terrain sont aussi plus importants.

Entre l'Aube et la Marne coule la *Blaise*, affluent de la Marne, charmante rivière qui prend sa source dans les marnes oxfor-

diennes, sur le territoire de Gillancourt, se perd l'été sur 15 kil.
environ dans le corallien, renaît à Blaise, dans une grande
source, avant d'entrer dans le kimméridien, traverse le portlandien, entre vers Vassy dans le terrain crétacé inférieur, et tombe,
en Marne, dans la plaine du Perthois, à peu près à mi-chemin
entre Saint-Dizier et Vitry-le-François. De toutes les rivière des
derniers étages du terrain oolithique décrites jusqu'ici, la Blaise
est la plus importante; car à l'aval de Vassy, à la sortie de ces
terrains, on y trouve un pont dont le débouché mouillé est de 59^{mc}.
Elle ne reçoit aucun affluent des terrains corallien et portlandien.
Les marnes kimméridiennes elles-mêmes n'y donnent naissance
qu'à un seul ruisseau, le Blaiseron. La Blaise est donc un lieu
de sources. Les principales sont les sources de Blaise, Courcelles,
Montreuil, Augecourt, Brousseval et Vassy. (Tombeck.)

La Marne reçoit *onze ruisseaux* propres aux deux derniers
étages du terrain oolithique, dont le plus important, le *Rongeant*,
débouche en aval de Joinville, et se divise lui-même en trois
bras, en amont du bourg de Poissons.

Pour nous rendre compte du nombre des cours d'eau propres
aux terrains oolithiques, dans la traversée de la Bourgogne, considérons simplement le bassin de la *Seine* en amont du terrain
crétacé inférieur, c'est-à-dire du village de Courtenot, près de
Bar-sur-Seine. La surface du bassin est de 2500^{kc}; le nombre
des affluents, y compris les émissaires des sources éphémères,
est de 55. C'est donc un cours d'eau par 45 kilom. carrés.

Lorraine. — On ne trouve plus en Lorraine, sur le versant de
la Seine, que les trois étages supérieurs du terrain oolithique.
Les cours d'eau principaux qui sont propres à ces terrains, la
Saulx, l'*Ornain* et l'*Aire* comptent parmi les plus importants [1].

---

[1] La description de ces trois rivières est extraite d'un excellent travail de M. l'ingénieur
Poincaré.

La Saulx. — Naît dans les marnes de kimméridge sur le territoire de Germay ; toutefois elle n'a guère d'importance vers l'origine de son cours, car le débouché mouillé du pont de Montiers, à 15 kilomètres environ en aval des sources, ne dépasse pas 8^m, et le débit de ses plus grandes crues 15^m. A sa sortie des marnes kimméridiennes jusqu'à Mogneville, la Saulx coule dans une vallée ouverte dans le calcaire portlandien, couronné çà et là par des lambeaux du terrain crétacé inférieur. Le débit de ses plus grandes crues, au confluent du ruisseau de Trémont, où elle quitte les terrains oolithiques, est de 90^{mc} par seconde.

Elle ne tarit pas entièrement en temps de sécheresse dans la traversée du terrain portlandien, mais sa portée devient très-faible et tombe à 100 litres par seconde à Montiers, et à 220 litres, au confluent du ru de Trémont. En eaux ordinaires, son débit est de 600 litres par seconde au premier point, et de 2,500 litres au second.

Son cours, un peu ramifié dans les marnes de kimméridge, est plus simple dans le terrain portlandien. Sur une longueur de 52 kilomètres, entre Montiers et le confluent du ruisseau de Trémont, on compte cinq affluents dont le cours dépasse 2 kilomètres, et 32 ravins donnant écoulement aux eaux torrentielles provenant de lambeaux du terrain crétacé inférieur. Le plus grand des affluents est le ruisseau d'Orge, dont la longueur est de 23,520^m, à sec en temps ordinaire, avant sa jonction avec la Saulx, et qui, dans les plus grandes crues, porte 25 mètres cubes d'eau par seconde.

La faible portée de la Saulx en temps d'étiage prouve qu'elle ne reçoit pas de très-grandes sources ; et en effet la plus importante signalée dans le travail de M. Poincaré, celle du ruisseau de Nant, ne débite pas plus de 35 litres par seconde en eaux moyennes ; les petites sources sont très-nombreuses.

En sortant des terrains oolithiques, la Saulx traverse le terrain crétacé inférieur, les grandes alluvions de la plaine du Perthois et débouche sur la rive droite de la Marne, à l'aval de Vitry-le-François.

L'Ornain. — Prend naissance au confluent des deux petites rivières, la Maldite et l'Ognon ; la première, située à droite, a 9,870^m de longueur ; la seconde, débouchant à gauche, a 11,280^m. En temps d'étiage, ces ruisseaux sont à sec : la Maldite ne coule même jamais sur le dernier kilomètre ; ils se perdent dans le terrain corallien, qui occupe le fond de la vallée. En grandes eaux, ils débitent, le premier 20^{mc}, et le second 40^{mc} d'eau par seconde.

L'Ornain ne tarit pas à leur confluent ; il débite en basses eaux 0,^{mc}35 et en grandes eaux 70 mètres cubes d'eau par seconde. Son lit, jusqu'à Bar-le-Duc, est ouvert presque entièrement dans les marnes kimméridiennes, et il résulte de là que ses affluents sont beaucoup plus nombreux que ceux de la Saulx ; on en compte 144 sur une longueur de 62400^m, entre le confluent de l'Ognon et l'embouchure du canal dérivé à Bar.

Les affluents de la Maldite et de l'Ognon sont au nombre de 10. Sur ces 154 ruisseaux[1] il y a en quatre dont la longueur dépasse 10 kilomètres, savoir : le ru de Malval, la Barbouze, le ru d'Ormanson et l'Ognon ; vingt-neuf ont un cours de plus de 2 kilomètres de longueur. C'est un cours d'eau par 5^{kmc},3.

Par le nombre et l'importance de ses affluents, l'Ornain se rapproche donc des torrents ; nous verrons plus loin qu'il y tient aussi par la forme de ses crues et l'état de ses eaux.

En ne déduisant pas les prises d'eau qui diminuent sa portée, l'Ornain à Bar, débite en basses eaux 0^{mc}80, et en grandes crues 130^{mc} par seconde. La surface de ses versants est de 811 kilomètres carrés. Le débouché mouillé du pont de Bar est de 76^m carrés.

En aval de Bar sur une longueur de 7 kilomètres, l'Ornain coule dans le terain portlandien. Son cours devient beaucoup plus sim-

---

[1] Ce nombre ne comprend ni les canaux de dérivation des usines, ni les autres canaux creusés de main d'homme.

ple et ses affluents peu nombreux : puis il entre dans le terrain
crétacé inférieur, traverse les grèves du Perthois, et débouche
dans la Saulx vers Étrépy, au milieu de cette plaine.

L'Aire. — Prend sa source sur le finage de Saint-Aubin, dans
les marnes kimméridiennes recouvertes par le calcaire de Portland. Elle quitte bientôt ce terrain pour entrer dans le calcaire
corallien (calcaire à astartes), où elle se perd en été, sur une longueur de 30 kilomètres.

Elle renaît à l'aval du bourg de Pierrefitte, en rentrant dans les
marnes kimméridiennes. Elle quitte de nouveau cette formation,
à 6 kilomètres en aval du confluent de son principal affluent de
gauche, l'*Ezerule*, et coule dans le terrain portlandien jusqu'au
confluent de la *Couzance*, son principal affluent de droite ; elle y
fait aussi des pertes considérables et coule à peine l'été. A l'aval
du confluent de la Couzance, l'Aire reçoit de nombreux affluents
du terrain crétacé inférieur, et n'a plus qu'un seul affluent important, l'*Agron*, provenant des terrains jurassiques, puis tombe
dans l'Aisne à l'aval du bourg de Grand-Pré. Le nombre des affluents de l'Aire est, proportionnellement à la surface du bassin,
au moins aussi grand que celui des affluents de l'Ornain.

L'Aire est la seule rivière propre aux terrains oolithiques qui
ait franchement le caractère torrentiel, j'en donnerai plus d'une
preuve. Les marnes kimméridiennes, dans lesquelles tous ses
affluents importants prennent naissance, sont donc devenues
entièrement imperméables.

La surface de ses versants, en amont du confluent de la
Couzance, est de 340 kilomètres carrés ; la longueur de son cours
de 80 kilomètres. Son débit d'étiage est très-faible, de $0,^{mc}25$
seulement ; ses crues sont fortes et leur portée atteint jusqu'à
110 mètres cubes par seconde. Le débouché mouillé du pont de
Neuvilles, à l'aval du confluent de la Couzance, est de 110 mètres carrés.

L'Aire est de beaucoup le plus violent des cours d'eau des terrains oolithiques.

Je terminerai cette description des cours d'eau propres aux terrains oolithiques par quelques considérations sur ces gouffres aquifères qu'on désigne dans le pays sous le nom de *Bîmes*, et qu'on remarque çà et là dans les terrains portlandien et néocomien.

Dans le département de l'Aube[1], entre la petite rivière d'Arce et la limite du terrain néocomien, on voit, dans la commune de le Puits, un *puits* au fond duquel passe d'habitude un courant d'eau; en temps de grandes eaux, le puits déborde et devient une véritable source éphémère.

Un fait du même genre m'a été signalé par M. Tombeck; à Curmont (Haute-Marne), près de la Blaise, on remarque, au fond d'un puits creusé dans le terrain corallien, un courant d'eau considérable; à la suite des grandes pluies, ce puits déborde et débite un grand volume d'eau, qui tombe dans la Blaise.

A Trannes, au fond de la vallée d'Aube, à la limite où le terrain portlandien disparaît sous le terrain néocomien, il existe une fontaine connue sous le nom de *les Fonts;* cette fontaine se compose de deux sources énormes, sortant de gouffres dont la profondeur est inconnue; elle alimente à elle seule le bief d'un moulin[2].

C'est à peu de distance de cette ligne de séparation du terrain jurassique supérieur et du terrain crétacé inférieur, que se trouvent ces gouffres de le Puits et de Trannes, et les grandes sources de Vendeuvres, Soulaines, Sommevoire, Sommelonne, Brousseval[3], qui elles-mêmes sortent de gouffres. N'est-il pas évident que ces sources, les unes pérennes, les autres éphé-

---

[1] Leymerie, Statistique géologique de l'Aube.
[2] *Ibid.*
[3] Voy. chap. IX et XI, pages 134 et 158.

mères, ont la même origine et sont dues au regorgement des eaux absorbées par le terrain portlandien ?

Suivant M. Leymerie, le canton de Soulaines (Aube) est remarquable par des effondrements, qui ont produit çà et là, sur le territoire des communes de Ville-sur-Terre, Fresnay et Lévigny, des *trous* ou *abîmes* souvent très-considérables. C'est toujours dans le calcaire néocomien qu'on remarque ce phénomène ; les sables qui existent sous le calcaire à spatangues sont entraînés par des courants d'eau souterrains ; les couches de ce calcaire forment donc, au-dessus du vide, une croûte qui produit ces entonnoirs, en s'effondrant sous son propre poids [2].

Ces phénomènes sont du même ordre que ceux que j'ai signalés ci-dessus, en décrivant les sources de la grande oolithe et du terrain corallien ; seulement la couche demi-perméable qui recouvre ces derniers terrains lorsqu'ils disparaissent sous le sol, est très-épaisse et forme de hautes collines que les eaux absorbées traversent difficilement. Les gouffres ou bîmes ne se produisent donc que le long du thalweg des vallées profondes, et donnent naissance à ces grandes sources dont il a été question ci-dessus. Le terrrain néocomien forme au contraire le fond d'un fossé, sous lequel s'enfonce le terrain portlandien avec toutes les eaux qu'il a absorbées ; ces eaux remontent à la surface du sol en crevant la mince croûte de terrain argileux qui les emprisonne, à mesure que les fissures dans lesquelles elles circulent deviennent plus rares et plus étroites, comme cela a toujours lieu dans un terrain calcaire qui s'enfonce sous un autre terrain.

Résumé. — Ces dernières lignes sont le résumé de la description et de la discussion des cours d'eau propres aux terrains oolithiques de la Bourgogne et de la Lorraine. Les phéno-

---

[1] Voy. Statististique géologique de l'Aube. p. 466.

mènes, si compliqués en apparence, que j'ai cherché à faire connaître, se réduisent en somme à deux. Les cours d'eau naissent tous dans ces bandes étroites de terrain demi-perméable, qui sont indiquées sur la carte par une teinte plate bleue recouverte par une rayure bleue; ils sont fortement épuisés, ou même se perdent entièrement en été, en traversant le terrain désigné simplement par une rayure bleue, situé en aval du terrain dans lequel ils ont leur source; puis ils renaissent dans les grandes sources que le terrain perméable laisse échapper, avant d'atteindre la formation marneuse ou argileuse sous laquelle il disparaît. Cette loi est d'une grande simplicité et se vérifie dans toute l'étendue de la Bourgogne et de la Lorraine.

Les terrains marneux deviennent de plus en plus argileux et imperméables à mesure qu'on s'approche de la Lorraine; dans cette province, les cours d'eau propres aux calcaires oolithiques prennent en grande partie les caractères des torrents.

Les rivières propres aux calcaires oolithiques sont d'une remarquable limpidité; en été, leurs eaux sont habituellement d'une couleur bleue azurée.

LA CRAIE BLANCHE.

Surface totale 14,925 kilomètres carrés. — Je désigne sous le nom de *craie blanche* tout le terrain compris entre la craie glauconieuse et les terrains tertiaires; les différentes divisions introduites entre ces limites par les géologues sont sans importance pour ce qui concerne l'étude des eaux courantes.

La craie blanche est le terrain le plus étendu du bassin de la Seine; tantôt elle occupe toute la surface du sol (plaines de la Champagne), tantôt elle est recouverte par un autre terrain qu'elle draine énergiquement; dans ce cas, elle est toujours apparente sur les flancs des vallées (pays d'Othe, Picardie, Beauce, Normandie). Mais quelle que soit la disposition des lieux, son action est toujours la même, et on n'observe plus dans les localités désignées ci-dessous les phénomènes compliqués, qui ont exigé une longue description des cours d'eau propres aux terrains oolithiques.

J'ai déjà nommé les principaux cours d'eau propres à la craie blanche[1]; il me reste à faire connaître leur régime spécial; je procéderai comme j'ai fait ci-dessus; je ferai connaître pour chaque région les caractères d'un ou deux cours d'eau, et je généraliserai cette étude en nommant simplement les autres rivières ou ruisseaux soumis au même régime.

Pays d'Othe. Hauteur annuelle de pluie 585 millimètres. La Vanne. — Cette rivière, une des mieux alimentées de la Champagne, coule dans les départements de l'Aube et de l'Yonne, entre des collines crayeuses couronnées soit par des terrains tertiaires formés d'argiles sableuses imperméables, soit par le limon rouge des plateaux.

Ces plateaux sont très-boisés (forêt d'Othe) et contrastent sous ce rapport avec les coteaux arides et dénudés qui les supportent; de plus, la craie les draine si énergiquement, qu'en réalité les eaux pluviales ne ruissellent sur la pente rapide des coteaux que dans des cas fort rares. La rivière et ses affluents, peu nombreux, ont donc le même régime que s'ils coulaient dans un terrain entièrement perméable.

La superficie du bassin de la Vanne est de 965 kilomètres carrés, dont 665 sont formés de craie blanche, et 300 de terrain tertiaire et de limon rouge. La rivière se dirige sensiblement de l'est à l'ouest, et tombe dans l'Yonne un peu en amont de Sens.

Le fond de la vallée principale est large et plat, et d'après la loi exposée dans l'introduction, il doit être occupé, et, en effet, est

[1] Voy. chap. Ier, page 33.

occupé par des marais tourbeux [1]; la surface totale de ces marais
est, d'après M. l'ingénieur Lesguillier, de 2,175 hectares; deux des
vallées des affluents, celles de la Nosle et de l'Alain, sont aussi
occupées par des prairies tourbeuses. C'est la preuve la plus incontestable de la perméabilité de l'ensemble du bassin de la Vanne;
la tourbe s'est produite, quoique les plateaux soient couronnés
par des terrains tertiaires imperméables, parce que ces plateaux
sont drainés par la craie.

Les affluents de la Vanne sont peu nombreux; on en compte
deux sur la rive droite : le Bétro et l'Alain, et sept sur la rive
gauche : les ruisseaux de Maussanes et de Vauchassis, l'Ancre [2],
la Nosle et les ruisseaux de Cérilly, de Vanne et de Vareilles.

Le ru de Maussanes n'est pas pérenne; le ruisseau de Vauchassis
tarit également l'été, mais coule abondamment l'hiver. L'Ancre
est pérenne, mais peu important : il traverse les communes de
Bercenay et de Chennegy et est alimenté par trois ou quatre
sources dont une assez abondante. La Nosle est le plus important des tributaires de la Vanne; il prend naissance dans une
très-grande source, en amont du village de Saint-Mards-en-Othe,
sur le territoire duquel on trouve encore d'autres sources; l'une
est éphémère, et cependant assez importante pour avoir été
utilisée autrefois au flottage des bois.

Sur le territoire d'Aix, la Nosle reçoit deux belles sources, la
Duée et l'Échevêtre, qui débitaient, lorsque je les ai visitées
en octobre 1855, chacune 100 litres d'eau par seconde. Depuis
les sécheresses séculaires de ces dernières années, leur débit
en basses eaux est tombé, à très-peu de chose, à peine à 20 litres
par seconde pour les deux sources.

Le ru de Cérilly prend naissance dans la belle source du
Bime, qui appartient à la ville de Paris. On trouve cependant en
amont deux sources pérennes, celles de Fournaudin et du Jardin,

---

[1] Voy. introduction, page 14, 15 et 16, et notamment la coupe du marais de la Vanne.
[2] M. Leymerie écrit le Lancre.

mais dont les émissaires se perdent en route. En aval du Bîme, on rencontre la fontaine Saint-Martin à Rigny-le-Ferron, et la source de Bérulle, dont l'émissaire se perd en route. Le ru de Cérilly ne produit pas de tourbe; il arrose sur tout son parcours d'excellentes prairies.

Le ru de Vanne coule à peine.

Le ru de Vareilles est alimenté par une source unique, le Bîme de Vareilles.

Le premier affluent de la rive droite, le Bétro, est à sec la moitié de l'année; il y a cependant quelques sources pérennes vers le bas de la vallée.

Le second affluent de la même rive est l'Alain; il est alimenté principalement par les nombreuses sources du marais de Lailly.

En somme, pour une surface de 965 kilomètres carrés, le bassin de la Vanne comprend 10 cours d'eau, soit 1 cours d'eau pour 96^{kc}50. Cette rareté des eaux courantes est un des caractères les plus essentiels des terrains perméables.

La Vanne et ses affluents sont alimentés uniquement par des sources; les eaux pluviales qui, de loin en loin, à la suite d'orages tout à fait extraordinaires, ruissellent à la surface de leurs versants, sont absolument sans action sur leur régime. Ces vallées sont donc des *lieux de sources*, comme cela doit être, puisque le bassin est perméable.

Nous avons déjà nommé celles de ces sources que la ville de Paris possède, mais elles sont loin d'être les seules.

En amont des prises d'eau de la ville, la Vanne traverse le territoire des communes de Fontvanne, Estissac, Neuville, Villemaur et Saint-Benoît.

La source de la rivière est à Fontvanne; elle ne tarit pas, mais n'est pas importante.

En aval, on compte quatre à cinq sources assez abondantes.

Les sources de la ville de Paris se divisent en deux groupes :

les sources hautes qui seront dérivées par le simple effet de la gravité, les sources basses qui seront relevées par des machines.

Les sources hautes de la ville de Paris sont : le Bîme, la Bouillarde et Armantières ; ces dernières jaillissent sur le territoire de Courmononcle ; la plus importante des trois sources d'Armantières est la fontaine de l'Éting [2].

Le second groupe comprend toutes les autres sources abondantes des bords de la Vanne qui ne jaillissent pas dans les marais, savoir : Flacy, Chigy, le Maroy, Saint-Philibert, Malhortie, Theil et Noé.

Débit de la Vanne. — Avant les sécheresses de 1857, M. Lesguillier a fait une étude très-complète du régime de la Vanne, à l'appui d'un d'un projet de desséchement des marais.

D'après les jaugeages de cet ingénieur, les débits par seconde. en divers points de la rivière, étaient les suivants en temps d'étiage :

A Éstissac (près de la source)	1ᵐ,10	A Molinons	3ᵐ50
A Villemaur	1ᵐ,50	A Foissy	3ᵐ90
A Saint-Benoît	1ᵐ,80	A Chigy	4ᵐ,00
A Villaine	2ᵐ,50	A Pont-sur-Yonne	4ᵐ,40
A Bagneaux	5ᵐ,00	A Theil	4ᵐ,80
A Villeneuve	5ᵐ,40	A Malay-le-Roi	5ᵐ,00

M. Lesguillier estimait que, dans les grandes crues, la portée de la rivière était : à Estissac 2ᵐ50, à Villeneuve 9ᵐ50, à Malay-le-Roi 14ᵐ00.

Les quatre principaux affluents donnaient en basses eaux et par seconde : la Nosle 0ᵐᶜ430, l'Alain 0ᵐᶜ350, Cérilly 0ᵐᶜ220, Vareilles 0ᵐᶜ160. Mais depuis les grandes sécheresses, ces débits ont bien diminué; la Nosle est tombée à 200·litres, l'Alain à 150, Cérilly à 100, Vareilles à 40 litres.

Le tableau suivant donne les débits de la Vanne pour tous les mois des dernières années. Les jaugeages ont été faits à Malay-

[1] Écrivez : de l'Étang et prononcez comme en Champagne, de l'Éting.

le-Roi, en aval des grandes sources, et à quelques kilomètres du
confluent de la Vanne et de l'Yonne.

DÉBITS DE LA VANNE EN AVAL DU MOULIN DE MALAY-LE-ROY, LITRES PAR SECONDES.

ANNÉES.	JANVIER.	FÉVRIER.	MARS.	AVRIL.	MAI.	JUIN.	JUILLET	AOÛT.	SEPTEMBRE.	OCTOBRE.	NOVEMBRE.	DÉCEMBRE.
1866	»	»	»	6.754	5.418	6.524 / 1.726	4.942	5.270	»	6.650	6.580	»
1867	»	»	»	»	»	»	»	»	»	»	»	3.715
1868	5.021	»	»	4.284	5.991	3.878	5.405	2.555	5.868	4.141	5.468	5.704
1869	4.595	4.856	5.458	»	6.689	4.126	5.525	5.012	5.066	5.581	4.055	5.854
1870	5.051	5.194	4.516	5.652	2.858	2.445	1.905	2.799	2.690	2.551	5.215	5.451
1871	5.546	5.874	4.174	5.505	5.124	5.610	5.010	5.252	2.615	5.261	»	»

Pendant ces six années, la Vanne est restée au-dessous du
débit d'étiage donné par M. Lesguillier, excepté en 1866, année
très-humide.

L'époque des basses eaux ne correspond pas, comme celui des
sources et rivières non tourbeuses, aux mois de *septembre*
et *octobre*, mais aux mois chauds de juin, juillet et août. Ainsi
le plus bas débit accusé par le tableau qui précède est celui de
juillet 1870, 1,905 litres par seconde. Voici l'explication de ce
fait. Le marais de la Vanne est en relation constante avec les
sources ou la rivière elle-même; ce qu'il perd par l'évaporation
lui est donc rendu immédiatement, soit par les sources, soit par
la Vanne. Dans le bassin de la Seine, le produit maximum de l'é-
vaporation correspondant aux mois chauds est en 24 heures et par
mètre carré de $0^{mc}005$, soit, pour 2,173 hectares, de $100,000^{mc}$;
c'est une partie considérable du débit de la rivière et la portée
minimum correspond, dans les années chaudes, *à ces pertes
dues à l'évaporation*. La moindre pluie relève le débit. *Il
doit en être ainsi dans toutes les rivières qui traversent des
marais tourbeux; leur débit minimum correspond aux mois
chauds.* Il n'en est pas de même pour les rivières qui coulent

dans des vallées bien drainées ; l'action de l'évaporation sur le lit du cours d'eau est négligeable, parce que la surface de ce lit est très-petite relativement au volume d'eau débité, et la saison des basses eaux est la même pour celle des sources ; elle a lieu en *septembre* et *octobre*.

Il arrive parfois qu'à la suite d'orages extraordinaires, l'eau ruisselle à la surface du bassin de la Vanne. Ainsi, dans la nuit du 15 au 16 août 1868, l'eau tombée sur les plateaux tertiaires a été si abondante, qu'elle n'a pas été absorbée entièrement par les coteaux crayeux et qu'elle a ruisselé sur les pentes. Les tranchées de l'aqueduc, alors en construction, ont été envahies , il en est résulté quelques avaries peu sérieuses. Le phénomène a été de trop courte durée pour avoir une action appréciable sur le régime de la rivière.

Ce qui vient d'être dit pour la Vanne s'applique à tous les affluents de l'Yonne et du Loing, dans la traversée de la craie blanche couronnée par les terrains tertiaires du pays d'Othe et du bas Gâtinais, savoir :

Rive droite de l'Yonne. — Pays d'Othe, les rus *Saint-Ange*, de *Saint-Clément*, de *Soucy*, de *Saint-Martin* et de *l'Oreuse*.

Rive gauche de l'Yonne. — Bas Gâtinais ; le *Tholon*, les rus de *Bracy*, de *Collemier*, de *Nailly* et d'*Esmans*.

Vallée du Loing. — Bas Gâtinais. Le *Lunain* et l'*Orvanne*.

Ces ruisseaux, beaucoup moins importants que la Vanne, n'ont pour la plupart pas produit de tourbières ; plusieurs servent à l'irrigation de bonnes prairies.

Champagne sèche. Hauteur annuelle des pluies 489 milli-mètres[1]. — Je décrirai comme ci-dessus l'un des plus importants cours d'eau propres à cette partie de la craie.

La Somme-Soude. — Cette rivière coule sensiblement du sud

---

[1] Ce nombre est un peu faible.

au nord ; elle prend sa source à Sommesous et reçoit quatre affluents, deux sur la rive droite, le *Mont* et la *Soude*, deux sur la rive gauche, le *Popelet* et la *Berle*. Ce dernier se divise lui-même en deux branches, la *Berle* et le ru *Saint-Martin*, qui descend de Vertus. En amont du confluent de la *Soude*, la rivière porte le nom de Somme. Le bassin de la Somme-Soude est composé entièrement de craie blanche ; sa surface est de 494 kil. carrés. Il y a donc un cours d'eau pour 99 kilomètres carrés.

Jusqu'au confluent de la Soude, la rivière traverse des prairies de très-médiocre qualité, marécageuses, sinon tourbeuses. Les prés de la Soude sont un peu meilleurs ; à l'aval du confluent, la rivière traverse de véritables tourbières.

Les sources initiales de la Somme (*Sommesous*), de la Soude (*Soudé-Notre-Dame*), de la Berle (*Bergère*) sont éphémères et tarissent dans la saison chaude.

Les lits des trois rivières restent à sec : celui de la Somme, jusqu'à la fontaine Rouge, et dans les sécheresses extrêmes, jusqu'au Popelet, celui de la Soude jusqu'à la source de Bussy-Lettré. En 1858, la Soude a tari en amont et en aval de cette source. A la même époque, on a semé des choux dans le lit de la Berle jusqu'au confluent du ru Saint-Martin.

Le Popelet et le Mont ne tarissent jamais et donnent une eau excellente. Ils forment les sources principales de la Somme. La source de Bussy-Lettré est la plus importante du bassin de la Soude, et enfin les sources de l'*Église* et *Mère-de-Roi*, qui jaillissent dans l'intérieur du bourg de Vertus, alimentent à elles seules la rivière de Berle en temps sec.

J'ai donné ci-dessus le débit de la Somme-Soude ; avant 1857, on évaluait ce débit à 1000 litres par seconde au moins, en basses eaux. En septembre 1858, il est tombé à 143 litres. Cette rivière est donc bien plus sensible que la Vanne à l'action de la sécheresse, ce qui n'a rien d'étonnant puisque son bassin est beaucoup plus plat.

C'est aussi à la même cause qu'il faut attribuer le défaut de pérennité des sources initiales.

Sous tous les autres rapports, la Somme-Soude ressemble à la Vanne. C'est ce qui ressort de la discussion qui précède.

Les autres cours d'eau propres à la Champagne sèche présentent les mêmes caractères que la Somme-Soude : Rares affluents, sources initiales éphémères, sources pérennes importantes au fond des vallées, prairies tourbeuses, etc. : tels sont les caractères de l'*Orvin*, l'*Ardusson*, la *Barbuisse*, le *Puits*, l'*Huitrelle*, l'*Herbisse*, la *Superbe*, la *Coole*, le *Fion*, la *Moivre*, la *Retourne*, la *Suippe*, la *Vesle*, la *Souche* et autres rivières et ruisseaux de la Champagne sèche. Je ne nomme pas la Serre, qui appartient plutôt à la craie marneuse.

Picardie, Normandie, Beauce. — Les parties de la carte rayées en jaune correspondant à la *Picardie*, au *Vexin normand*, au *pays de Caux*, et la partie de la *Beauce* située sur la rive gauche de l'Eure donnent naissance à des cours d'eau peu nombreux, qui tous appartiennent à la craie blanche et sont des *lieux* de sources. La craie est recouverte d'une épaisse couche de limon rouge qui forme de grands plateaux presque dépourvus de pente. Aucun cours d'eau n'est propre à ces plateaux; toutes les eaux courantes jaillissent dans une source de la craie blanche.

Étudions le plus intéressant de ces cours d'eau, la petite rivière de *Cailly*, qui débouche sur la rive droite de la Seine, à l'aval de Rouen.

Cailly. — Cette charmante rivière se divise à son origine en deux branches; l'une, qui coule sensiblement de l'est à l'ouest, prend naissance sur le territoire de Cailly ; l'autre, qui coule du nord au sud, a sa source dans la commune de Clères.

La branche principale, celle de Cailly, à 16,500^m de longueur;

la branche de Clères, 9,550ᵐ; la longueur du tronc commun entre le confluent et la Seine est de 15,975ᵐ.

Ces rivières coulent dans des vallées ouvertes entièrement dans la craie blanche. Au-dessus des coteaux s'étend le plateau du pays de Caux, dont la surface est recouverte d'une couche épaisse de limon. Elles doivent à peu près toute leur alimentation aux sources de la craie disséminées au fond des vallées, et aux eaux pluviales qui, dans des cas très-rares, à la suite de grandes fontes de neige, ruissellent en petite quantité à la surface des coteaux crayeux. Le volume d'eau qui s'écoule à la surface des limons du pays de Caux est tout à fait négligeable. La surface totale des versants est de 365 kilomètres carrés.

La vallée de Cailly est un lieu de très-grandes sources : on en compte vingt groupes qui sont disséminés au pied des coteaux, de chaque côté des vallées.

La source la plus importante est la fontaine *Mulot*, à Maromme, qui débite 220 litres par seconde en temps ordinaire; Viennent ensuite : le groupe des sources de *Noël*, à Clères, qui donne 190 litres; la source de *Germiny*, 175 litres, etc. En somme, la branche de Cailly porte 820 litres par seconde, celle de Clères 710 litres, et le tronc commun 2,800 litres. En 1870, le débit est tombé à 1750 litres.

Cailly fait marcher de nombreuses usines; cela se comprend sans peine ; dans un centre industriel aussi actif que celui de Rouen, il n'y a pas de forces perdues : sur la pente totale de la rivière et des émissaires des sources, 164ᵐ,75 sont utilisés. Les cours d'eau sont donc divisés en biefs. Les variations de niveau des crues sont effacées par les vannes de décharge des usines.

Ces chutes sont si précieuses, que la moindre retenue n'est pas tolérée en amont des ponts. Il en résulte que les débouchés mouillés de ces ponts sont hors de toute proportion avec le volume d'eau à débiter. Le débouché mouillé du pont de la grande route, au-dessous de Deville, est de 30 mètres carrés et la rivière en ce point ne débite jamais plus de 6 mètres cubes par seconde.

Les vallées de Clères et de Cailly donnent seules de l'eau; les autres vallées latérales restent à sec en toute saison.

Cailly n'a donc qu'un seul affluent, Clères ; et dans ce bassin de 365 kilomètres carrés, on ne compte que deux cours d'eau, soit un cours d'eau pour 183 kilomètres carrés[1].

Le régime de Cailly s'applique à tous les cours d'eau du pays de Caux, de la Picardie, du Vexin normand, et de la partie de la Beauce située sur la rive gauche de l'Eure. Partout rares cours d'eau dépourvus d'affluents, tous *lieux de source* commençant par une source. En Normandie et sur la rive droite de l'Eure, les prairies qui bordent les cours d'eau ne sont pas tourbeuses; elles sont simplement humides et quelquefois marécageuses; en Picardie, au contraire, elles sont très-souvent tourbeuses.

Pays de Caux. — Entre l'Andelle, la Seine et l'Océan. *Surface totale 2020 kil. carrés, hauteur annuelle de pluie 807 millimètres.*

Nombre des cours d'eau 16, soit un cours d'eau pour 126 kil. carrés.

Noms des principaux cours d'eau : *Héron, Crevon, Aubette* et *Robec, Clères* et *Cailly, Bolbec* et *Lillebonne.*

Vexin normand. — Entre l'Epte, la Seine, l'Andelle et le pays de Bray. *Surface totale 1190 kil. carrés, hauteur annuelle de pluie 649 millimètres*[2].

Nombre des cours d'eau 16, y compris l'Andelle. Soit un cours d'eau par 74 kil. carrés.

Noms des principaux cours d'eau : l'*Andelle*, la *Lieure*, affluent de l'*Andelle*, la *Lévrière* et la *Bonde*, affluent de l'Epte, *Gambon*, affluent de la Seine.

Si nous examinons l'un quelconque de ces cours d'eau, la

---

[1] Renseignements donnés par M. l'ingénieur en chef Lechalas.

[2] Nous n'avons pas d'observations dans le Vexin normand ; le nombre donné ici est celui du pays de Bray, qui y touche.

Lévrière, par exemple, nous lui trouverons les mêmes caractères spécifiques qu'à Cailly ou aux ruisseaux de la Champagne.

Source initiale éphémère, fontaine *du Houx*, en amont de Bezu. Première source pérenne à 500 mètres en aval; sources nombreuses le long de son cours; un affluent unique, la *Bonde*; débit presque constant, en hiver comme en été, d'environ 1,000 litres par seconde, au débouché dans l'Epte [1].

Beauvaisis et *Picardie*, partie comprise entre le Vexin français, le pays de Bray, l'Oise et la Matz. *Surface totale* 2850 kil. carrés; *hauteur annuelle de pluie 558 millimètres.*

Nombre des cours d'eau 30, soit un cours d'eau par 95 kil. carrés.

Noms des principaux cours d'eau : le *Méru*, le *Thérain*, la *Brèche*, l'*Aré*.

Beauce. Partie située entre la rive gauche de l'Eure et la limite du bassin de la Seine, et *plateaux compris entre la Seine et l'Eure* à partir de Mantes, *surface totale*, déduction faite de la partie des argiles du Perche comprises dans le bassin de la Seine, 7710 kil. carrés; *hauteur annuelle de pluie, 567 millimètres.*

Nombre de cours d'eau, l'Eure comprise, déduction faite des branches situées dans les argiles du Perche, 54; soit un cours d'eau par 143 kil. carrés.

Noms des principaux cours d'eau : la *Rille* et son affluent la *Charentonne*, l'*Eure*; l'*Iton*, l'*Avre* et son affluent la *Mouvette*, et la *Blaise*, affluents de l'Eure.

La Rille, l'Eure, l'Avre et la Blaise ont leur origine dans les argiles du Perche. Elles ont donc une certaine violence en temps de crue[2]; en temps d'étiage, au contraire, elles doivent presque toute leur alimentation aux sources de la craie.

---

[1] Renseignements donnés par M. l'ingénieur de Fontanges.
[2] Voy. chap. XIV.

Dans la forêt d'Évreux, l'Iton se divise en deux branches, dont l'une passe par la petite ville de Conches, et l'autre par Damville. La première se perd et reparaît plusieurs fois dans la forêt de Breteuil, la seconde tarit également au-dessous de Damville ; jamais l'Iton ne coule, même en temps de grandes pluies, dans les parties de son lit, où il se perd ainsi ; il renaît près de Conches, dans une belle source nommée la *Fosse-aux-Dames* ; une ligne droite, tirée de Conches à Chartres, coupe toutes les rivières, l'Avre, la Blaise et l'Eure, en aval d'une partie de leur lit, où elles s'épuisent, sans cependant tarir comme l'Iton. Les ingénieurs m'ont affirmé notamment que la portée de l'Eure diminuait d'une manière sensible en amont de Chartres.

Les cours d'eau de la craie sont alimentés par des sources parfaitement limpides, mais la plupart ne conservent pas cette limpidité ; toutes les rivières de Champagne sont légèrement louches ; l'Eure est toujours un peu louche à Louviers. Les rivières de Normandie restent plus limpides, quand elles ne sont pas troublées par les déjections de l'industrie.

TERRAINS TERTIAIRES PERMÉABLES.

Sables inférieurs, calcaire grossier. — *Soissonnais, Vexin français. Surface totale* 4,637^{kq}, *hauteur annuelle de pluie* 600 *millimètres.* — Ces terrains n'ont pas de cours d'eau qui leur soient propres ; les ruisseaux appartiennent au niveau d'eau de l'argile plastique, et ont été décrits ci-dessus[1].

Marnes lacustres au-dessus du calcaire grossier. Sables moyens, calcaires et marnes lacustres de Saint-Ouen. Gypse. Hauteur annuelle de pluie 600 *millimètres.* — Ces terrains sont demi-perméables pour la plupart. On y trouve donc un assez grand nombre de petits ruisseaux, tous alimentés par des sources et commençant par une source ; voici les contrées qu'ils occupent.

---

[1] Voy. chap. XII, p. 195 et suivantes.

Tardenois, Valois, Senlissois, plaine Saint-Denis, partie supérieure de la vallée d'Ourcq jusqu'à Mareuil. Plateaux compris entre la rive droite de l'Ourcq et celle de son affluent la Savières, la rive gauche de la Marne, la Seine et l'Oise. *Surface de la contrée 2,893ᵏᵍ.* Nombre de cours d'eau 80, soit un cours d'eau par 35 kil. carrés.

Les principaux de ces cours d'eaux, sont : l'*Ourcq* et ses affluents, la *Savières*, la *Collinance* et la *Gergogne*, la *Thérouanne*, la *Beuvronne*, affluents de la Marne, les ruisseaux de la plaine Saint-Denis, la *Morée*, la *Mollette*, le ruisseau de *Montfort*, la *Crould*, le *Rouillon*, la *Rome*, le ruisseau d'*Enghien*, affluents de la Seine, la *Presles*, l'*Isieux*, la *Thêve* et la *Nonette*, affluents de l'Oise. Beaucoup de ces cours d'eau reçoivent une partie de leur alimentation, du niveau d'eau de l'argile plastique, ce qui augmente considérablement leur nombre et leurs ramifications.

Sables de Fontainebleau, calcaires de Beauce. — Ces terrains, d'une extrême perméabilité, sont très-peu riches en cours d'eau. Quoique les sables de Fontainebleau se montrent çà et là en lambeaux épars sur les plateaux de la Brie, je ne m'occuperai ici que de la seule région où ces terrains aient quelque étendue et des cours d'eau qui leur sont propres. .

Hurepoix et partie de la Beauce située sur la rive droite de l'Eure, entre Fontainebleau et Chartres. *Surface totale 4,400 kil. carrés, hauteur annuelle de pluie 500 millimètres.*

Nombre total des cours d'eau 19, soit un cours d'eau par 231 kil. carrés.

Les principaux cours d'eau sont l'*Écolle*, l'*Essonne* et son affluent la *Juine*, l'*Orge* et ses affluents la *Renarde* et la *Rimarde*, la *Voise* et la *Vègres*.

Le nombre de ces cours d'eau est augmenté par la présence du

niveau d'eau de l'argile plastique, qui se montre vers les sources
de l'Orge.

Les autres cours d'eau doivent leur alimentation aux sources
du calcaire de Beauce et des sables de Fontainebleau. Le plus
important d'entre eux est la *Juine,* et ses sources ont été nommées ci-dessus[1]. L'Essonne et la Juine sont bordées de marais
tourbeux ; dans la vallée de la Juine, la tourbe commence au
point même où jaillit la plus élevée des sources.

On estimait autrefois que la portée par seconde de l'Essonne
à l'aval du confluent de la Juine, était de $4^{mc},50$ en basses eaux.
Par suite des dernières sécheresses, elle ne débite plus aujour-
d'hui que $2^{mc},8$; l'Orge peut donner environ $0^{mc},80$ par seconde.

Plages de gravier des vallées du terrain *crétacé. Surface* 5875^{kq}.
— Ces terrains, qui forment, au fond des vallées de l'Armançon, de la Seine, de l'Aube et de la Marne, des plaines de 6 à
30 kilomètres de largeur, telles que celles de Saint-Florentin,
de Joigny, de Villeneuve-la-Guyard, de Vaudes, de Brienne, du
Perthois, de Poses, etc., ne peuvent être oubliés ici. Comme
tous les autres terrains perméables, ces terrains se distinguent
par la rareté des cours d'eau ; on peut même dire qu'il n'y en a
pas qui leur soient propres.

Mais si l'on ouvre une tranchée un peu profonde, dans ces graviers en apparence si arides, on y trouve toujours de l'eau courante ; je citerai comme exemple, les tranchées du chemin de fer
de Paris à Lyon, dans la plaine de Villeneuve-la-Guyard (Yonne),
qui partout descendent dans cette nappe d'eau ; avec un peu
de soin, en régularisant ces chambres d'emprunt, on créerait
le long de la voie ferrée, un charmant ruisseau d'eau; limpide.

C'est ce qui a été fait à Remennecourt (Meuse), dans le grand
delta d'alluvions compris entre l'Ornain et la Saulx. Cette plaine
est absolument aride, et composée de grève calcaire recouverte

---

[1] Voy. chap. IX, p. 122.

d'une mince couche de limon rouge; on y a ouvert, pour alimenter le canal de la Marne au Rhin, une tranchée qui, depuis longtemps déjà, n'a cessé de donner en abondance de l'eau parfaitement limpide. Lorsque j'ai visité cette plaine, ce joli ruisseau donnait 180 litres d'eau par seconde.

On construit en ce moment le canal de Troyes à Bar-sur-Seine; M. l'ingénieur en chef Quilliard, en creusant la rigole qui doit puiser dans la Seine l'eau d'alimentation de ce canal, a trouvé en route toute l'eau nécessaire, dans les grèves de la plaine de Vaudes.

Beaucoup de personnes croient que cette nappe d'eau provient de la rivière qui traverse ces plaines; cela n'est pas possible, puisque son niveau est toujours plus élevé que celui de la rivière[1].

Limon des plateaux drainés par un terrain perméable. Ces limons occupent dans le Soissonnais, le Valois, le Beauvaisis et la Picardie, les Vexins français et normand, le pays de Caux et la Beauce une surface de plus de 25,000 kil. carrés et n'ont pas de cours d'eau qui leur soient propres; les rares ruisseaux qui sillonnent ces plaines appartiennent tous soit à la craie, soit au niveau d'eau de l'argile plastique, soit aux calcaires et marnes tertiaires demi-perméables, qui drainent ces limons.

C'est ce qui distingue ces riches contrées, de la Brie, région non moins fertile, mais imperméable, et qui, insuffisamment drainée, serait frappée de stérilité, si les limons qui couvrent sa surface n'étaient assainis par les rus et les mares, qui reçoivent toutes les eaux de superficie.

Une des propriétés les plus importantes des terrains perméables et imperméables, les variations du nombre des cours d'eau, a été étudiée dans les deux chapitres qui précèdent; la répartition des cours d'eau dans ces différents terrains est donnée dans le tableau suivant :

[1] Voy. chap. XXIV

TERRAINS IMPERMÉABLES.

		KILOM. Q.
Granite,	un cours d'eau pour	5,3
Lias,	id.	3,5
Terrain crétacé inférieur,	id.	2,1
Argiles à meulières de Brie,	id.	4,5
Marnes kimméridiennes de la Lorraine	id.	5,5

TERRAINS PERMÉABLES.

Calcaires oolithiques.	Basse Bourgogne,	un cours d'eau pour	45
Craie blanche.	Bords de l'Yonne,	id.	96
	Champagne sèche,	id.	99
	Pays de Caux,	id.	126
	Vexin normand,	id.	74
	Picardie et Beauvaisis.	id.	95
	Bassin d'Eure,	id.	143

Sables du Soissonnais, calcaire grossier, pas de cours d'eau.

Marnes lacustres demi-perméables, au-dessus du calcaire grossier, un cours d'eau pour 35

Sables de Fontainebleau, calcaire de Beauce, id. 251

Plages de graviers du fond des vallées, pas de cours d'eau.

Limons de plateaux drainés par un terrain perméable, id.

Les cours d'eau sont donc très-nombreux dans les terrains imperméables, très-rares dans les terrains perméables. Ainsi se trouve démontrée cette loi importante simplement énoncée ci-dessus[1].

De plus, les cours d'eau des terrains imperméables sont dépourvus de bonnes sources et sont presque à sec l'été.

Les cours d'eau des terrains perméables sont au contraire des *lieux de sources*, et par conséquent sont généralement bien alimentés en été; ils sont souvent bordés de marais; ils commencent tous par une source pérenne ou éphémère. Ces *lieux de sources* sont souvent interrompus sur de grandes longueurs, dans les terrains très-perméables tels que la grande oolithe, les terrains corallien et portlandien.

[1] Voyez ch. IV, page 75.

CHAPITRE XIV

RÉGIME DES COURS D'EAU DÉCRITS DANS LES CHAPITRES XII ET XIII

ORGANISATION DU SERVICE HYDROMÉTRIQUE

En vertu de la décision ministérielle du 3 février 1854, des observations régulières sont faites sur le régime de la Seine et de ses affluents. On constate notamment les variations de niveau des cours d'eau de chaque espèce, et à cet effet, des échelles hydrométriques sont aujourd'hui établies à 37 stations ; en temps ordinaire, lorsque les variations de niveau sont faibles, la hauteur de l'eau est constatée une fois par jour ; elle est prise de 3 heures en 3 heures lorsque le cours d'eau est en crue ; les nombres obtenus sont rapportés sur une feuille mensuelle qui est transmise, dès qu'elle est remplie, au bureau central à Paris.

C'est au moyen de ces observations que sont dressées les courbes des variations de niveau du cours d'eau.

A partir du 1ᵉʳ mai 1854, ces courbes ont été gravées ; elles remplissent chaque année deux feuilles qui sont distribuées aux ingénieurs et chefs de service, et qui sont reproduites dans l'atlas joint à cet ouvrage.

Sur la première figurent les petits cours d'eau dont les bassins ont moins de 1,500 kil. carrés de superficie; sur la seconde, les grands cours d'eau qui ont plus de 1,500 kil. carrés de versants.

Les petits cours d'eau ont eux-mêmes été divisés en deux classes, d'après les données qui précèdent : *les cours d'eau tranquilles* dont les bassins sont composés de terrains perméables, *les torrents* dont les bassins sont formés de terrains imperméables.

On a fait en sorte que le bassin de chaque cours d'eau, dont on relève les variations de niveau, soit composé d'un seul terrain. Les petits torrents, sur lesquels on fait des observations, se classent donc ainsi : cours d'eau du *terrain granitique*, du *lias*, du *terrain crétacé inférieur*, des *argiles de Brie*[1]. Les cours d'eau tranquilles comprennent les rivières et ruisseaux des *terrains oolithiques*, de *la craie blanche*, des *sables de Fontainebleau* et des *calcaires de Beauce*.

Il suffit de jeter les yeux sur les courbes des variations de niveau, pour reconnaître que chaque espèce de terrain produit des cours d'eau soumis à des lois différentes.

La seconde feuille comprend les grands cours d'eau. La plupart des bassins sont plus complexes que ceux des petits cours d'eau ; ils se composent de plusieurs terrains, les uns perméables, les autres imperméables J'ai néanmoins donné le nom de *rivières tranquilles* à celles dont les bassins ne comprennent pas une étendue de terrains imperméables suffisante pour que le régime soit violent, et le nom de *rivières torrentielles* à celles dans les bassins desquelles les terrains imperméables exercent une influence dominante. L'examen des courbes fera connaître que cette classification est parfaitement rationnelle.

---

[1] J'ai eu le tort en commençant ces études de ne pas faire d'observations sur les cours d'eau des argiles du Gâtinais et des terrains perméables du Valois et du Tardenois ; cette lacune est comblée aujourd'hui.

En parcourant les feuilles gravées de l'atlas, on se rendra facilement compte du régime de chaque genre de cours d'eau. Je me bornerai donc à en exposer sommairement ici les lois les plus importantes.

COURBES DES CRUES.

Pour bien comprendre ce qui va suivre, il faut se rappeler que sur l'atlas, la teinte noire indique les *eaux troubles*, les hachures les *eaux louches*, et le pointillé, les *eaux claires*. Sur les figures détachées en planches dans le texte, on a conservé ces indications ; mais les échelles sont plus grandes, la durée d'un jour est représéntée par un millimètre, les hauteurs d'eau sont rapportées à l'échelle de 0^m,01 pour 1^m.

Crues des cours d'eau tranquilles. (Planche III.) — Les formes des crues des cours d'eau tranquilles varient avec la nature géologique du terrain.

Terrains oolithiques. — Les crues tranquilles qui montent le plus rapidement sont celles qui sont produites par les terrains oolithiques.

Les cinq premières figures de la planche III donnent un spécimen des variations de niveau de ces cours d'eau en temps de crues. L'examen de ces figures fait voir que les maximum des courbes sont à peine de 4 à 5 jours en retard sur ceux des cours d'eau torrentiels[1]. On reconnaît en outre la loi formulée ci-dessus[2] : les marnes du terrain kimméridien deviennent de plus en plus argileuses et imperméables à mesure qu'on se rapproche de la Lorraine. Ainsi, les figures 4 et 5 font voir que l'Ornain et la Saulx, cours d'eau de cette dernière contrée,

---

[1] Voy. planche IV.
[2] Voy. chap. XIII, p. 222.

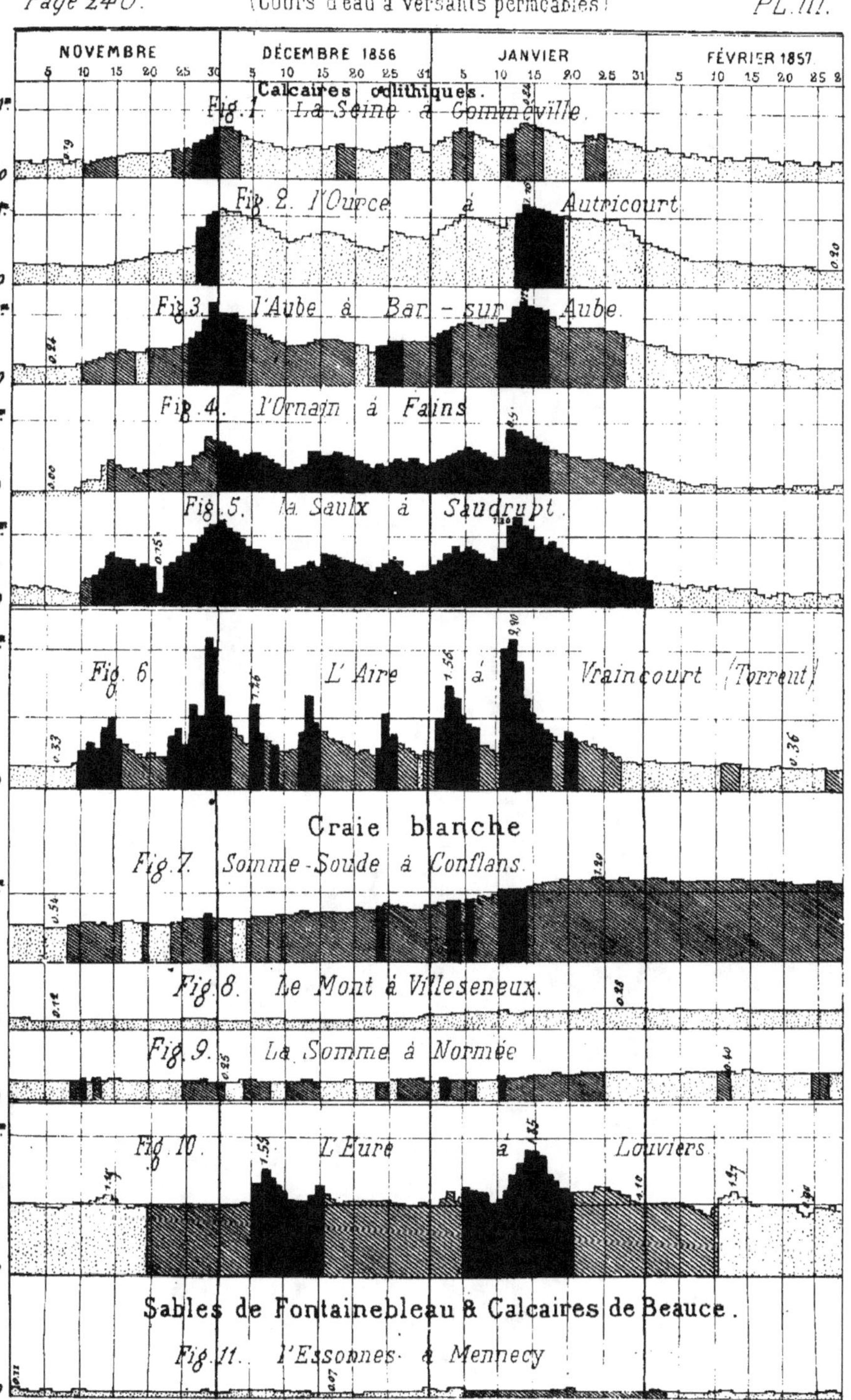

Eau claire.
Eau louche.
Eau trouble.
FORME DES CRUES DES COURS D'EAU TRANQUILLES.
Page 248.
(Cours d'eau à versants perméables)
PL. III.
NOVEMBRE
DÉCEMBRE 1856
JANVIER
FÉVRIER 1857
Calcaires oolithiques.
Fig. 1. La Seine à Gommeville.
Fig. 2. l'Ource à Autricourt
Fig. 3. l'Aube à Bar-sur-Aube.
Fig. 4. l'Ornain à Fains
Fig. 5. la Saulx à Saudrupt.
Fig. 6. L'Aire à Vraincourt (Torrent)
Craie blanche
Fig. 7. Somme-Soude à Conflans.
Fig. 8. Le Mont à Villeseneux.
Fig. 9. La Somme à Normée
Fig. 10. L'Eure à Louviers
Sables de Fontainebleau & Calcaires de Beauce.
Fig. 11. l'Essonnes à Mennecy

ont leurs eaux beaucoup plus souvent troubles que la Seine, l'Ource et l'Aube, rivières de la basse Bourgogne, et l'examen de l'atlas démontre qu'il en est toujours ainsi. La figure 6, qui représente la forme des crues de l'Aire, prouve que cette rivière de la Lorraine est *torrentielle*, ce qui tient non-seulement à ce que les terrains marneux de cette contrée sont plus imperméables, mais encore à ce que la vallée de l'Aire est ouverte *longitudinalement* dans un de ces terrains marneux, tandis que les cours d'eau de la Bourgogne les coupent *transversalement*.

Les crues représentées par les figures 1, 2, 3, 4, 5 et 6, sont incomparablement moins tranquilles que celles des figures 7, 8, 9 et 11; cela tient à ce qu'une partie notable des eaux pluviales ruisselle à la surface des terrains demi-perméables de la formation oolithique, c'est-à-dire des calcaires marneux de la terre à foulon, des terrains oxfordien et kimméridien, et en outre au gonflement des sources éphémères, qui sont beaucoup plus nombreuses dans les terrains oolithiques que dans les autres terrains perméables.

En effet, dans certaines rivières des calcaires oolithiques, notamment dans la Seine, l'Ource et l'Aube, on voit des crues qui sont entièrement limpides. La figure 2 donne, du 31 octobre 1856 au 12 février 1857, un curieux spécimen d'une de ces crues limpides qui sont dues uniquement au gonflement des nappes souterraines. J'ai vu souvent les prairies qui longent l'Ource submergées, sur près d'un kilomètre de largeur, par une eau tellement limpide qu'on distinguait facilement jusqu'au moindre brin d'herbe. C'est ce que j'ai constaté notamment pendant le grand débordement de septembre 1866.

Les figures mettent en évidence un autre caractère de ces crues, qui prouve qu'elles sont dues principalement au gonflement des sources : elles sont toujours de longue durée et elles montent lentement et régulièrement.

---

¹ Voy. chap. XIII.

La craie blanche. — Les cours d'eau de la craie blanche sont plus tranquilles encore que ceux des terrains oolithiques ; ainsi les six crues éprouvées par les cours d'eau de ces derniers terrains, du 10 novembre 1857 au 31 janvier 1857 (fig. 1, 2, 3, 4, 5), sont remplacées pour la Somme-Soude, cours d'eau de la craie (fig. 7), par une crue unique qui monte pendant deux mois, s'élève de la cote $0^m,54$ à la cote $1^m,20$, et descend bien plus lentement encore. Le nombre des jours d'eau trouble est insignifiant. Deux autres cours d'eau de la craie, le Mont et la Somme (fig. 8 et 9), sont plus réguliers encore que la Somme-Soude ; leurs crues sont presque toujours limpides et tellement tranquilles, qu'elles paraissent monter d'une manière continue pendant des mois entiers.

L'Eure, à Louviers (fig. 10) est moins tranquille que les autres cours d'eau de la craie ; ce qui tient à la présence des argiles du Perche vers ses sources.

Calcaires de Beauce et sables de Fontainebleau (fig. 11). — Les crues les plus tranquilles du bassin de la Seine sont celles des terrains perméables tertiaires ; ces crues sont si peu prononcées, qu'on les efface complètement par des manœuvres de vannes de décharge.

Crues des cours d'eau torrentiels. (Planche IV.) — Ces crues ont un caractère commun : elles sont très-brusques, très-élevées et de très-courte durée. Néanmoins elles sont loin d'être soumises aux mêmes lois ; ainsi dans certains terrains, les eaux s'écoulent librement sans rencontrer d'obstacle ; dans d'autres, il reste encore de nombreux étangs, où les eaux superficielles viennent s'emmagasiner ; enfin d'autres terrains imperméables forment de grands plateaux, presque entièrement dépourvus de pente, à la surface desquels les eaux pluviales s'écoulent difficilement.

Dans la première catégorie il faut ranger : le *terrain grani-*

FORME DES CRUES DES TORRENTS.

Cours d'eau à versants imperméables.

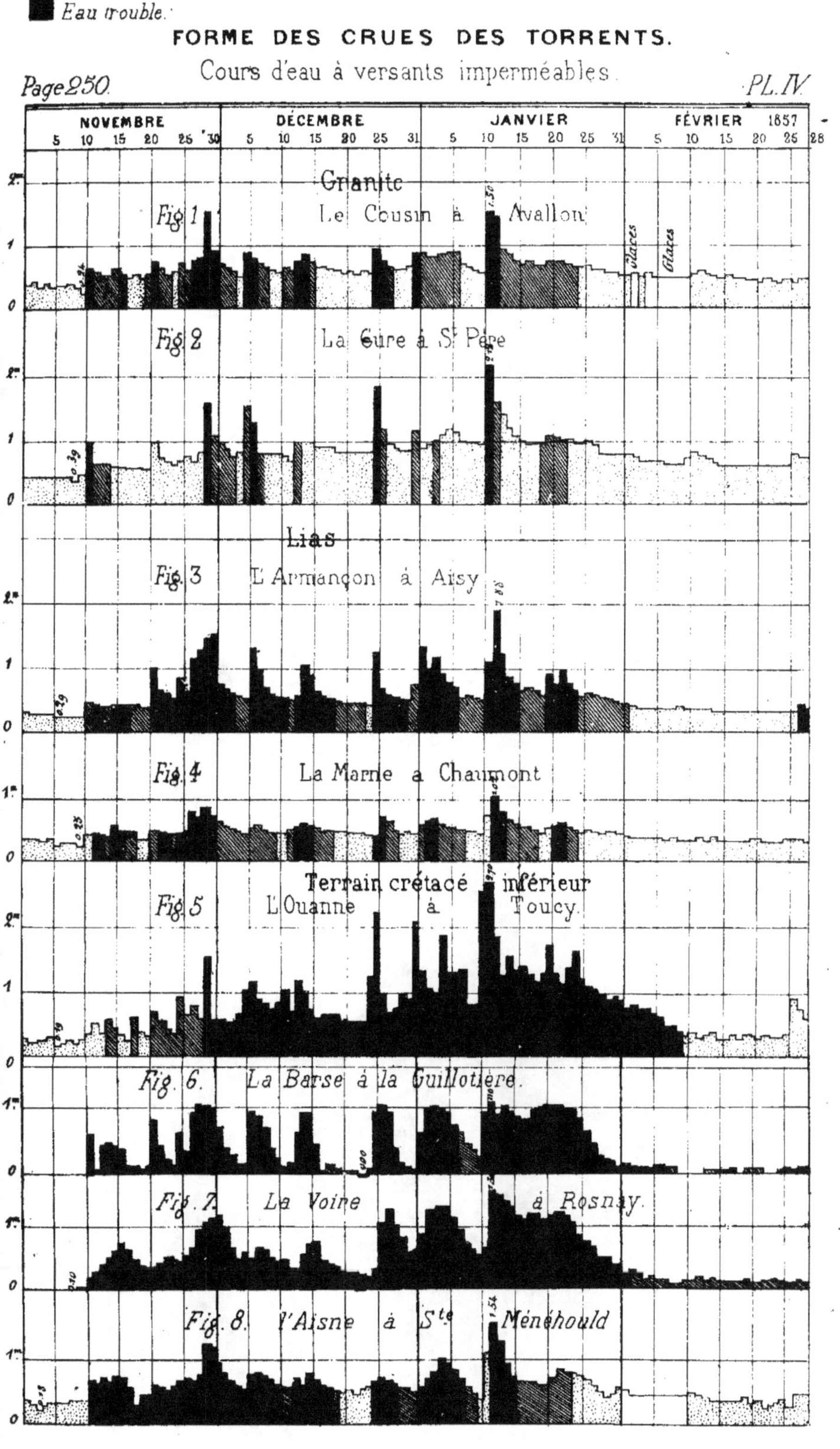

tique (quoiqu'il reste d'assez nombreux étangs dans le Morvan), le *lias* et une partie du terrain *crétacé inférieur*.

Les figures 1 et 2 s'appliquent au Cousin et à la Cure, rivières du granite ; les figures 3 et 4, à l'Armançon et à la Marne, rivières du lias, et enfin la figure 5, à l'Ouanne, rivière du terrain crétacé inférieur.

Ces figures prouvent que les crues de ces cours d'eau montent très-rapidement et souvent à une très-grande hauteur, mais que leur partie élevée se soutient rarement plus de 1 à 2 jours. La crue moyenne qui vient ensuite est rarement très-importante.

La deuxième catégorie comprend les cours d'eau d'une partie du terrain *crétacé inférieur* et des *argiles du Gâtinais*, où il y a encore de nombreux étangs.

Les figures 6, 7 et 8 s'appliquent aux crues de la Barse, de la Voire et de l'Aisne, rivières du terrain crétacé inférieur qui traversent des régions à grands étangs.

Les eaux pluviales qui ne s'emmagasinent pas dans les étangs font monter très-rapidement le niveau de ces cours d'eau ; mais une crue moyenne assez longue, et souvent très-élevée, suit cette première partie de la crue torrentielle.

Enfin les terrains de la troisième catégorie couvrent les plateaux de la Brie et des bords de l'Yonne ; ils n'ont pas une influence très-grande sur les crues du fleuve.

Je n'ai pas reproduit leurs crues dans la planche, qui se trouvait trop chargée[1].

État des eaux. — La planche IV fait voir que le granite est le terrain imperméable qui donne le moins d'eau trouble et louche. Chaque crue reste à peine troublée pendant 3 à 4 jours.

Viennent ensuite les eaux du lias, qui restent troubles pendant une longue partie de la crue, puis enfin celles du terrain crétacé inférieur, qui restent troubles pendant toute la durée de la crue.

---

[1] Voy. dans l'atlas les crues du Grand-Morin.

252 LA SEINE.

Les tableaux suivants donnent pour 12 années l'état de limpidité des eaux courantes du bassin de la Seine dans chaque terrain.

L'eau est notée comme *claire*, lorsqu'elle laisse voir distinctement un objet blanc d'un décimètre carré, plongé sous une couche d'eau de $0^m,50$ d'épaisseur ; comme *louche*, lorsque cet objet se distingue encore, mais d'une manière confuse ; et enfin comme *trouble*, lorsqu'il cesse d'être visible.

L'eau de rivière n'est jamais limpide, c'est-à-dire assez transparente, pour qu'un objet blanc de petite dimension, placé à une profondeur de 3 à 4 mètres, y soit complétement visible. Il est très-rare que l'eau d'un ruisseau, même lorsqu'il est alimenté par une grande source, conserve longtemps ce degré de transparence.

L'état des eaux est constaté chaque jour par les observateurs du service hydrométrique.

Les résultats obtenus sont indiqués aux tableaux suivants.

PETITS COURS D'EAU

DU TERRAIN GRANITIQUE (MORVAN)

DÉSIGNATION		1855	1856	1857	1858	1859	1860	1861	1862	1863	1864	1865	1866	TOTAUX	MOYENNES 1855-1866		
															Claire	Louche	Trouble
Le Cousin à Avallon	Eau claire. .	221	255	522	529	522	286	357	325	359	345	350	504	5695	507.92		
	— louche .	91	85	34	19	50	55	20	22	14	9	24	52	428		35.67	
	— trouble.	55	48	12	17	15	27	8	18	12	12	11	29	240			21.67
La Cure à Saint-Père.	Eau claire. .	266	276	325	357	522	282	345	322	527	551	322	288	5745	511.92		
	— louche..	76	64	30	20	52	60	12	25	26	26	29	61	461		38.42	
	— trouble.	27	26	18	2	11	24	8	18	12	9	14	16	179			14.92
Moyennes générales des eaux du terrain granitique.															509.92	37.04	18.29

PETITS COURS D'EAU DU LIAS.

DÉSIGNATION		1855	1856	1857	1858	1859	1860	1861	1862	1863	1864	1865	1866	TOTAUX	Claire	Louche	Trouble
L'Armançon à Aisy.	Eau claire.	149	134	180	258	229	110	297	216	225	221	254	81	2554	196.16	»	»
	— louche..	85	86	82	59	70	104	35	74	52	61	50	80	819	»	68.25	»
	— trouble.	131	146	103	48	66	152	52	75	88	84	81	204	1210	»	»	100.87
La Marne à Chaumont.	Eau claire.	254	178	319	284	286	176	289	259	285	307	264	191	3072	256.00	»	»
	— louche..	65	19	31	58	59	101	55	74	56	46	72	99	794	»	45.92	»
	— trouble.	68	89	15	25	40	89	25	52	24	15	29	75	520	»	»	43.33

Moyennes générales des eaux du lias. . . . . 226.08 | 67.09 | 72.08

DES TERRAINS OOLITHIQUES.

DÉSIGNATION		1855	1856	1857	1858	1859	1860	1861	1862	1863	1864	1865	1866	TOTAUX	Claire	Louche	Trouble
La Seine à Gomméville.	Eau claire.	»	290	329	324	315	265	329	329	282	359	307	271	3576	281.33	»	»
	— louche..	»	37	26	16	52	67	25	25	55	24	58	62	405	»	33.58	»
	— trouble.	»	59	10	25	20	56	15	11	50	5	20	32	259	»	»	19.92
L'Ource à Autricourt.	Eau claire.	293	302	312	314	306	294	334	365	»	300	300	301	3485	290.25	»	»
	— louche.	9	15	»	»	33	37	31	»	»	4	»	»	151	»	12.58	»
	— trouble.	61	49	25	21	4	33	»	»	»	»	5	3	198	»	»	16.50
L'Ornain à Fains.	Eau claire.	171	190	278	212	162	176	203	143	130	230	185	179	2291	190.92	»	»
	— louche..	140	69	62	73	88	76	65	79	67	28	28	18	795	»	66.08	»
	— trouble.	54	107	25	48	115	114	97	141	168	99	154	168	1290	»	»	107.50
La Saulx à Saudrupt.	Eau claire.	205	194	320	243	278	221	298	303	346	349	284	241	3256	271.33	»	»
	— louche..	74	24	»	1	5	8	»	16	1	30	41	51	249	»	20.75	»
	— trouble.	86	148	43	119	81	157	67	44	18	17	40	75	878	»	»	73.16

Moyennes générales des eaux des terrains oolithiques. . . . 235.45 | 53.25 | 51.27

DU TERRAIN CRÉTACÉ INFÉRIEUR.

DÉSIGNATION		1855	1856	1857	1858	1859	1860	1861	1862	1863	1864	1865	1866	TOTAUX	Claire	Louche	Trouble
L'Ouanne à Toucy.	Eau claire.	275	203	296	335	294	17	195	189	246	361	280	115	2856	236.33	»	»
	— louche..	19	49	25	6	62	228	154	112	16	5	45	64	785	»	65.25	»
	— trouble.	71	111	46	6	9	121	16	64	103	»	51	186	764	»	»	65.67
La Barse à la Guillotière.	Eau claire.	11	»	27	235	256	113	282	220	300	29?	289	179	2205	183.58	»	»
	— louche..	158	113	179	17	»	»	»	»	»	»	»	»	467	»	38.92	»
	— trouble.	196	233	159	95	129	233	85	145	65	73	76	186	1715	»	»	142.75
La Voire à Rosnay.	Eau claire.	»	»	»	»	»	»	»	»	»	»	»	»	»	»	»	»
	— louche.	114	166	227	203	178	90	227	297	140	148	260	75	2215	»	184.58	»
	— trouble.	251	200	138	70	187	276	158	68	225	218	105	292	2168	»	»	180.66
L'Aire à Vraincourt.	Eau claire.	252	184	201	294	216	201	264	311	298	327	305	216	3049	254.08	»	»
	— louche..	86	110	100	42	94	75	65	35	46	29	37	100	815	»	67.91	»
	— trouble.	47	72	64	29	55	90	58	21	21	10	25	49	519	»	»	43.25
L'Aisne à Sainte-Menehould.	Eau claire.	248	191	242	237	251	179	268	290	267	277	202	147	2779	231.58	»	»
	— louche..	52	45	52	36	43	57	41	20	21	42	91	105	606	»	50.50	»
	— trouble.	65	132	71	92	91	150	56	53	71	47	69	115	992	»	»	82.66
L'Epte à Gisors.	Eau claire.	252	168	216	258	203	108	251	253	317	267	239	215	2749	229.08	»	»
	— louche..	97	110	98	72	70	98	76	74	25	59	50	69	896	»	74.66	»
	— trouble.	36	88	51	35	90	160	38	56	25	40	56	85	738	»	»	61.50

Moyennes générales des eaux des terrains crétacés inférieurs. . . . . 189.41 | 80.50 | 95.75

DÉSIGNATION		1855	1856	1857	1858	1859	1860	1861	1862	1863	1864	1865	1866	TOTAUX	MOYENNES 1855-1866 Claire	Louche	Trouble
PETITS COURS D'EAU DE LA CRAIE BLANCHE.																	
Somme-Soude à Conflans.	Eau claire. .	92	95	155	311	195	64	162	145	181	251	242	144	2051	169.25	»	»
	— louche..	270	263	202	54	169	296	195	216	179	109	108	208	2271	»	189.25	»
	— trouble.	5	8	10	»	5	6	8	4	5	6	15	15	81	»	»	6.75
Le Mont à Villeseneux.	Eau claire. .	365	366	365	365	365	366	365	365	365	366	365	365	4385	365.25	»	»
	— louche..	»	»	»	»	»	»	»	»	»	»	»	»	»	»	»	»
	— trouble.	»	»	»	»	»	»	»	»	»	»	»	»	»	»	»	»
La Somme à Normée.	Eau claire. .	279	262	286	318	302	275	284	304	298	316	265	256	3445	286.92	»	»
	— louche..	2	104	77	47	65	91	78	59	62	47	92	100	822	»	68.50	»
	— trouble.	84	»	2	»	»	»	3	2	5	3	10	9	118	»	»	9.83
L'Orvin à Marcilly[1]	Eau claire. .	351	365	355	155	365	366	365	365	365	366	365	365	4109	342.42	»	»
	— louche..	»	»	30	»	»	»	»	»	»	»	»	»	30	»	2.50	»
	— trouble.	»	»	»	47	»	»	»	»	»	»	»	»	47	»	»	3.92
Moyennes générales des eaux de la craie blanche..															290.96	65.06	5.15
DE L'ARGILE DU PERCHE.																	
L'Eure à Louviers.	Eau claire. .	154	106	128	157	257	178	270	312	304	315	285	193	2637	219.73	»	»
	— louche..	225	216	210	198	85	115	80	48	55	56	51	142	1459	»	121.58	»
	— trouble.	8	44	27	10	23	75	15	5	6	17	31	28	287	»	»	23.92
DES TERRAINS ÉOCÈNES.																	
Le Grand-Morin[2] et l'Ourcq.	Eau claire. .	200	282	296	328	305	288	278	215	258	311	225	146	3218	268.17	»	»
	— louche..	49	55	41	17	56	57	52	101	51	24	22	155	596	»	49.67	»
	— trouble.	26	51	28	9	24	41	5	51	27	18	»	66	342	»	»	28.50
DES TERRAINS MIOCÈNES.																	
L'Essonne[3] à Mennecy.	Eau claire. .	314	352	354	365	365	240	275	287	315	342	289	269	3713	309.42	»	»
	— louche..	9	14	31	»	»	5	87	71	52	24	76	96	463	»	38.58	»
	— trouble.	7	»	»	»	»	»	5	7	25	»	»	»	42	»	»	3.50

[1] Il manque 56 jours d'observations pour l'Orvin, de sorte que les moyennes ne forment plus une année complète de 365 jours.

[2] Plusieurs jours d'interruption en 1858, 1861 et 1865, par conséquent moyennes incomplètes.
Sur l'Ourcq en 1864, 15 jours d'eau basse, du 12 au 15 mai, pour lesquels l'observateur n'a pas noté le degré de limpidité de l'eau.

[3] Plusieurs mois d'interruption. — (Moyennes incomplètes.)

Ces observations sont résumées dans le tableau suivant, qui donne le nombre moyen de jours d'eau claire, louche et trouble des cours d'eau de chaque terrain.

DÉSIGNATION	1855-66 (12 ANS) NOMBRE MOYEN ANNUEL DE JOURS D'EAU		
	CLAIRE	LOUCHE	TROUBLE
Cours d'eau des terrains miocènes.	509.42	58.58	5.50
— — granitiques.	509.92	57.04	18.29
— de la craie blanche.	290.96	65.06	5.13
— des terrains éocènes.	268.17	49.67	28.50
— — oolithiques.	258.45	55.25	54.27
— — liasiques.	226.08	67.08	72.08
— de l'argile du Perche.	219.75	121.58	25.92
— du terrain crétacé inférieur.	489.11	80.50	95.75

Sur les douze années d'observation, huit, 1857, 1858, 1859, 1861, 1862, 1863, 1864 et 1865 ont été des années de sécheresse extraordinaire; les nombres de jours d'eau claire sont donc trop grands, et ceux d'eau louche et d'eau trouble trop petits. On se rapprocherait probablement beaucoup de la vérité en retranchant les cinq années les plus sèches, c'est-à-dire 1858, 1861, 1863, 1864 et 1865.

Les ruisseaux du terrain crétacé inférieur sont ceux qui donnent les eaux les moins claires. La Marne, le principal cours d'eau de ce terrain, est aussi le plus impur des grands affluents de la Seine.

Les rivières du terrain oolithique seraient beaucoup mieux classées, si l'on n'y avait pas compris celles de la Lorraine; il résulte en effet de l'examen du tableau, que les nombres de jours d'eau trouble ou louche de l'Ornain et de la Saulx, sont beaucoup plus grands que ceux qui correspondent à la Seine et à l'Ource[1].

GRANDS COURS D'EAU

DÉSIGNATION		1855	1856	1857	1858	1859	1860	1861	1862	1863	1864	1865	1866	TOTAUX	MOYENNES 1855-1866		
															Claire	Louche	Trouble
La Seine à Bray.	Eau claire.	200	164	297	552	241	95	258	222	109	222	250	62	2580	245	»	»
	— louche.	49	132	42	29	70	155	95	85	125	115	77	156	1086	»	90.50	»
	— trouble.	26	70	26	4	54	158	32	60	75	29	58	167	717	»	»	59.75

[1] Voy. chapitre XII, pages 225-229.

DÉSIGNATION		1855	1856	1857	1858	1859	1860	1861	1862	1863	1864	1865	1866	TOTAUX	Claire	Louche	Trouble
															MOYENNES 1855-1856		
L'Yonne à Clamecy.	Eau claire..	267	249	529	551	525	505	540	549	552	555	541	242	5801	516.75	»	»
	— louche..	55	45	25	11	27	55	11	16	14	10	16	59	296	»	24.67	»
	trouble.	45	54	15	25	15	50	14	50	19	5	8	54	286	»	»	25.83
L'Yonne à Sens.	Eau claire..	255	220	520	522	272	177	516	277	278	515	205	219	3442	270.17	»	»
	— louche..	91	88	52	19	62	105	76	72	55	45	54	94	741	»	61.75	»
	— trouble.	59	58	15	24	51	86	15	16	57	10	21	52	400	»	»	35.33
La Seine à Montereau.	Eau claire..	122	122	296	290	211	157	280	247	229	278	274	129	2615	217.92	»	»
	— louche..	178	149	66	45	100	109	68	87	105	6	62	185	1217	»	101.42	»
	-- trouble.	63	95	5	52	54	120	18	51	51	21	29	55	552	»	»	45
Le Loing à Nemours.	Eau claire..	205	226	515	538	270	256	280	286	241	245	290	184	5222	268.50	»	»
	— louche..	49	60	24	2	62	89	45	58	95	25	55	106	648	»	54	»
	— trouble.	25	80	26	5	55	41	40	21	29	»	49	75	415	»	»	51.42
La Marne à Saint-Dizier.	Eau claire..	28	55	12	76	2	»	125	557	49	22	»	18	695	57.92	»	»
	-- louche..	65	25	95	59	27	»	»	»	140	207	298	272	1256	»	104.67	»
	— trouble.	272	508	258	290	556	566	240	28	185	47	67	75	2452	»	»	202.67
La Marne à la Chaussée.	Eau claire..	129	181	260	200	140	58	207	111	92	46	»	»	1564	115.67	»	»
	-- louche..	181	159	149	129	172	281	150	222	219	502	584	559	2677	»	225.08	»
	— trouble.	55	46	16	56	55	27	8	52	24	18	1	26	542	»	»	28.50
La Marne à Chalifert.	Eau claire..	101	118	276	279	167	97	254	226	201	201	267	58	2208	184	»	»
	— louche..	205	77	45	59	104	128	85	105	115	165	8	144	1250	»	102.50	»
	— trouble.	61	171	44	27	98	141	48	56	46	»	90	185	945	»	»	78.75
La Seine à Paris.	Eau claire..	51	200	515	505	214	167	271	216	225	277	294	170	2701	225.08	»	»
	— louche..	206	68	18	12	50	72	55	64	61	56	27	87	754	»	61.47	»
	— trouble.	108	98	54	48	101	127	61	85	81	55	44	105	918	»	»	79
L'Aisne à Pontavert.	Eau claire..	147	461	214	236	181	121	205	209	186	258	246	60	2254	186.17	»	»
	— louche..	107	46	66	43	57	57	52	45	62	59	52	22	608	»	50.67	»
	— trouble.	111	159	85	56	127	188	198	111	117	89	87	285	1541	»	»	128.42
L'Oise à Venette.	Eau claire..	117	128	176	146	66	72	119	54	51	125	200	24	1258	104.83	»	»
	— louche..	140	117	127	169	185	121	155	199	188	151	160	124	1816	»	151.33	»
	— trouble.	108	121	62	50	114	175	111	112	146	80	5	218	1500	»	»	108.33
La Seine à Poissy.	Eau claire..	92	159	229	267	162	78	215	212	159	202	264	154	2215	184.42	»	»
	— louche..	182	62	89	55	95	146	70	54	102	107	25	106	1090	»	90.83	»
	— trouble.	91	165	47	45	108	142	80	102	64	57	76	105	1080	»	»	90
La Seine à Mantes.	Eau claire..	211	186	515	520	217	151	257	246	244	207	295	161	2898	241.50	»	»
	— louche..	125	108	29	56	105	152	78	85	78	51	50	121	976	»	81.33	»
	— trouble.	51	72	25	9	45	85	50	54	45	18	49	85	509	»	»	42.42

D'après ce tableau, les grands cours d'eau du bassin de la Seine doivent être classés dans l'ordre suivant, au point de vue de la limpidité.

DÉSIGNATION	MOYENNES 1854-1866		
	CLAIRE	LOUCHE	TROUBLE
1. L'Yonne à Clamecy..	315.76	21.67	25.85
2. Le Loing à Nemours.	268.50	54	54.42
3. L'Yonne à Sens.,	270.17	61.75	35.53
4. La Seine à Mantes.	211.50	81.55	42.42
5. La Seine à Bray.	215.00	90.50	59.75
6. La Seine à Paris..	225.08	61.17	79.00
7. La Seine à Montereau.	217.92	101.42	46.00
8. La Marne à Chalifert..	184.00	102.50	78.75
9. L'Aisne à Pontavert.	186.17	50.67	128.42
10. La Seine à Poissy.	181.42	90.85	90.00
11. La Marne à la Chaussée..	115.67	225.08	28.50
12. L'Oise à Venette.	101.85	151.53	108.53
13. La Marne à Saint-Dizier.	57.92	104.67	202.66

Comme pour les petits cours d'eau, les nombres moyens de jours
d'eau claire sont trop grands, et ceux d'eau trouble et d'eau louche
trop petits ; on se rapprocherait beaucoup de la vérité, en retranchant les années d'extrême sécheresse 1858, 1861, 1863, 1864 et
1865, ce qui est facile à faire au moyen du tableau qui précède.

Il y a une grande incertitude sur les nombres de jours d'eau
trouble ou d'eau louche : ce qu'un observateur classe comme
eau louche, est classé par un autre comme eau trouble, et réciproquement. Les nombres de jours d'eau claire sont, au contraire, assez exacts.

En général, en pratique, il ne faut tenir compte que de la
somme des nombres de jours d'eau trouble et louche, ou, ce qui
revient au même, du nombre de jours d'eau claire.

On est frappé en jetant les yeux sur le tableau qui précède, du
petit nombre de jours d'eau claire de la Marne à Saint-Dizier.
M. l'ingénieur en chef Quillard, qui a longtemps habité Vitry-le-
Français, m'a donné l'explication de ce fait ; les nombreux pa-
touillets qui servent à laver les minerais de fer du département
de la Haute-Marne, versent dans la rivière d'une manière presque continue, une énorme quantité de bouc. Cette circonstance
et la grande étendue du terrain crétacé inférieur dans le dépar-

tement de la Marne, font comprendre la persistance des eaux troubles et louches de cette rivière.

Les troubles de la Marne sont, comme on l'a dit plus haut, une des causes de l'absence des tourbes dans la vallée, et de la grande fertilité des terrains qui bordent la rivière.

Variation du titre hydrotimétrique de la Seine à Paris [1]. — On constate tous les jours le titre hydrotimétrique de l'eau de la Seine puisée au pont Royal à Paris ; la courbe des variations hydrotimétriques est rapportée et gravée sur la feuille des grands cours d'eau. On constate ainsi que le titre hydrotimétrique de l'eau s'abaisse quand le niveau du fleuve s'élève ou, en d'autres termes, *que la courbe hydrotimétrique est inverse de celle des crues.*

Si l'on compare cette dernière à la courbe des températures, on remarque qu'en général elle est inverse en hiver, et que le contraire a lieu l'été, ce qui se comprend sans peine ; car en hiver, la température de l'eau s'élève presque toujours, comme elle s'abaisse l'été, quand le fleuve est en crue.

On ne comprend pas aussi facilement pourquoi les courbes hydrotimétriques et celles des variations de niveau ont leurs maxima et leurs minima dirigés en sens inverse. Cette explication se déduit simplement des faits exposés ci-dessus ; les rivières qui descendent du Morvan jettent dans le fleuve, en temps de crue, un volume d'eau considérable ; les autres terrains imper-

---

[1] La liqueur hydrotimétrique dont je me sers est celle du commerce vérifiée par le procédé suivant. MM. Boutron et Boudet appellent *normale* la dissolution, dans un litre d'eau, de $0^{gr},25$ de chlorure de calcium fondu ; le titre hydrotimétrique de cette dissolution est 22° ; je remplace cette liqueur par une dissolution équivalente de chlorure de baryum, que M. Mangon a bien voulu préparer. Avant d'employer la liqueur hydrotimétrique du commerce, je l'essaye avec la *dissolution normale*, et je lui donne un coefficient ; tous les titres hydrotimétriques obtenus avec la liqueur essayée sont multipliés par ce coefficient. Supposons par exemple que le titre de la dissolution normale obtenu avec la liqueur du commerce soit 24° ; le coefficient sera $\frac{22}{24} = 0.924$; il est évident qu'en multipliant par 0.925, le titre d'une eau obtenu avec cette liqueur, on aura le titre exact de cette eau.

méables donnent aussi beaucoup d'eaux torrentielles, qui passent à Paris au moment du maximum des crues.

Or le titre hydrotimétrique des eaux des rivières du Morvan, telles que l'Yonne et la Cure, ne dépasse pas 1 à 2° ; le titre hydrotimétrique des eaux des autres terrains imperméables, qui en temps de crue ruissellent à la surface du sol, est sans doute plus élevé que celui des eaux du granite, mais beaucoup moins que celui des sources calcaires[1]. Il en résulte tout naturellement que quand les eaux torrentielles, et notamment celles du Morvan, deviennent plus abondantes, c'est-à-dire quand le fleuve entre en crue, le titre hydrotimétrique s'abaisse.

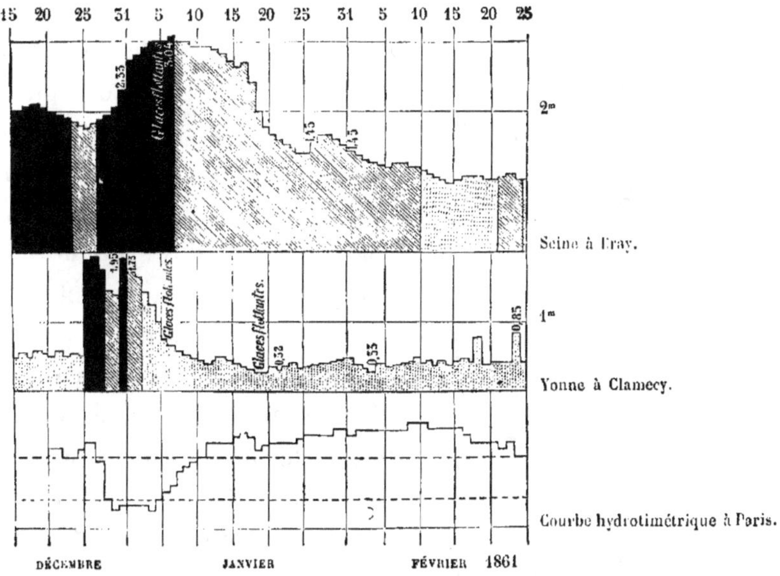

Dans l'intervalle des crues, au contraire, surtout en hiver, les eaux des grandes sources calcaires sont beaucoup plus abondantes que celles des terrains imperméables et surtout que celles du granite, et alors le degré hydrotimétrique s'élève.

[1] Voy. chap. X, tableaux des pages 143, 144, 145.

Si l'on compare la courbe des variations de niveau de l'Yonne

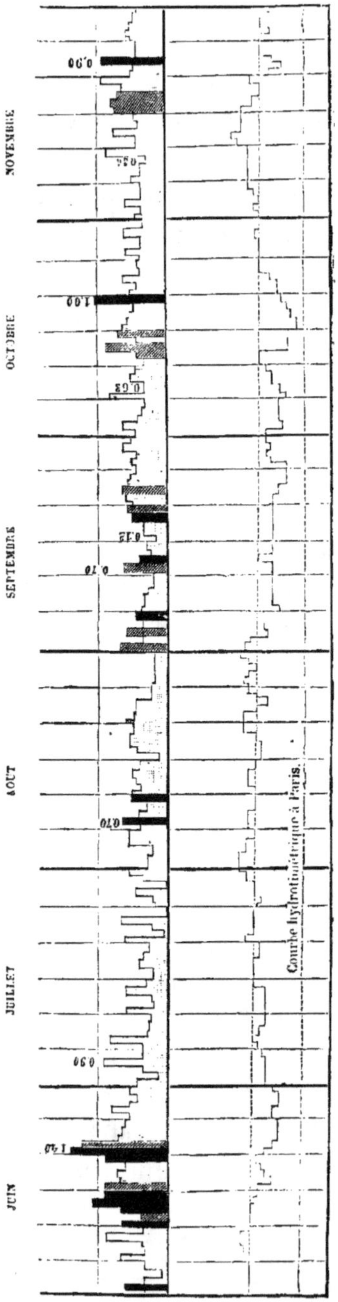

L'Yonne à Clamecy. — Torrent. — Superficie du bassin, 856 kilomètres carrés.

à Clamecy, à la courbe hydrotimétrique de la Seine à Paris, on reconnaît que chaque maximum de la première donne lieu, 3 ou 4 jours après, à un minimum de la dernière; c'est ce qu'on voit très-bien sur la figure (page 259) de la crue de décembre 1860 — janvier 1861, de la Seine à Bray, de l'Yonne à Clamecy et de la courbe hydrotimétrique de la Seine à Paris.

Le minimum de la courbe hydrotimétrique correspond au maximum des crues; son maximum a lieu le 10 février, quand les eaux deviennent claires à Bray, c'est-à-dire quand les eaux de sources dominent.

Il me paraît inutile de multiplier ces exemples; on peut vérifier l'exactitude de la loi sur toutes les feuilles de l'atlas, surtout dans les hivers humides tels que 1854-55, 1859-60, 1860-61, 1866-67.

Les éclusées de l'Yonne produisent des effets analogues (fig. ci-contre). Ces éclusées sont des crues produites artificiellement dans les basses eaux d'été, pour soutenir la navigation. Celles de

Eau louche.
Eau trouble.
Page 263.

ACTION DES PLUIES D'ÉTÉ SUR LES COURS D'EAU.

PL.

MAI   JUIN   JUILLET   AOÛT   SEPTEMBRE
5 10 15 20 25 31   5 10 15 20 25 30   5 10 15 20 25 31   5 10 15 20 25 31   5 10 15 20 25

Hauteur totale 43 mm 20   9 mm   88 mm 80   36 mm 80   59 mm
30 mm
20
10
0
Fig. 1.   Chanceaux   Pluie

39 mm 90   48 mm 90   78 mm 30   32 mm 30   53 mm 60
20 mm
10
0
Fig. 2.   Chatillon   sur   Seine   Pluie

Crues correspondantes de la Seine et de l'Ource, cours d'eau tranquilles
Fig. 3.   La Seine à Gomméville

Fig. 4.   l'Ource à Autricourt

Hauteur de P 61 mm 40   147 mm 97   166 mm 77   32 mm 35   143 mm 73
Terrains Imperméables
Fig. 5   Les Settons (Morvan)
Pluie.
80 mm
70
60
50
40
30
20
10
0

Fig. 6.   Le Cousin à Avallon _ Torrent

Variations de niveau dues aux lâchures de l'étang des Settons
Fig. 7   La Cure St Père _ Torrent

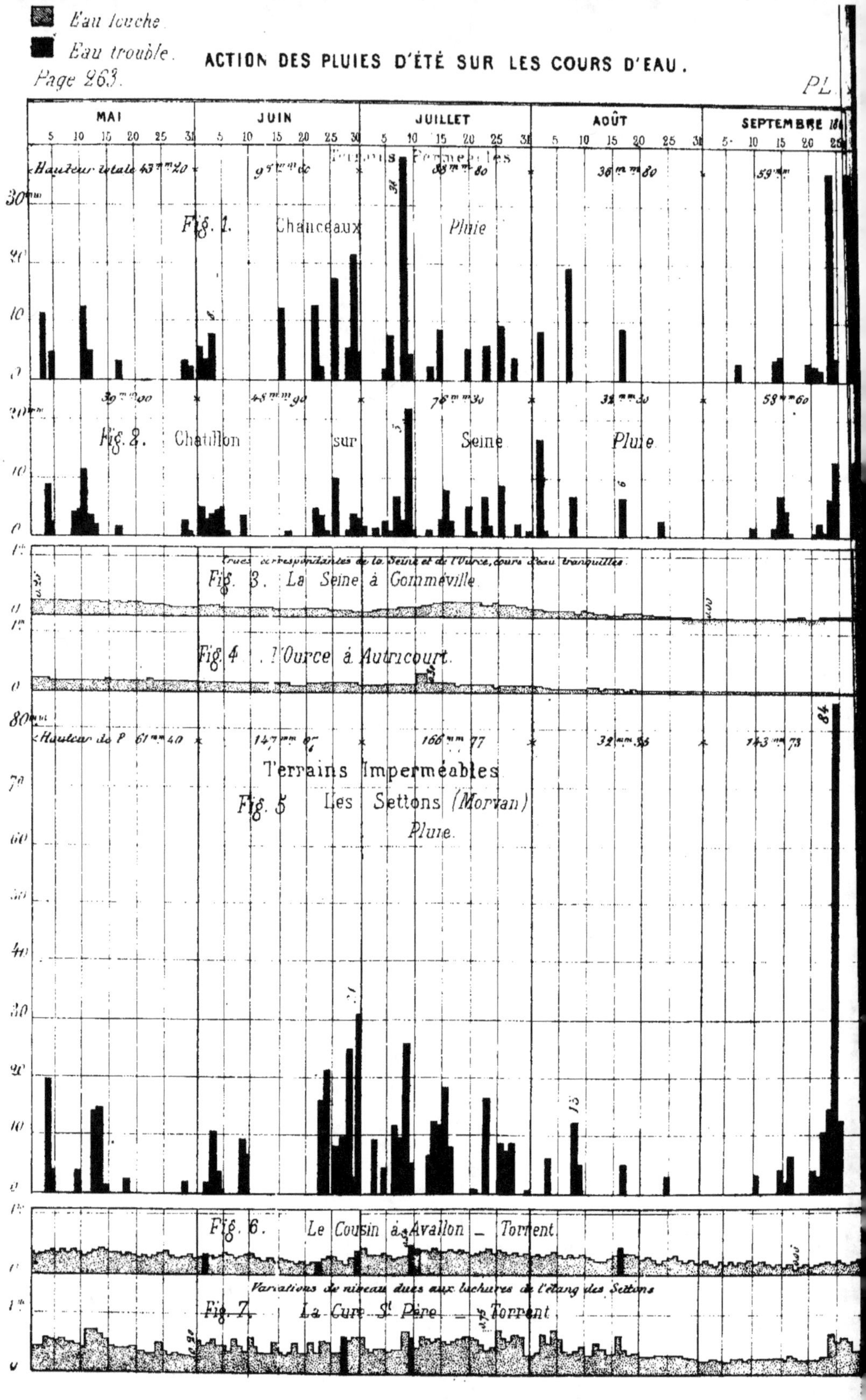

l'Yonne, proviennent presque entièrement des terrains granitiques et sont par conséquent, peu chargées de calcaires; elles produisent à Paris, les nombreuses dépressions de la courbe hydrotimétrique qu'on remarque sur la figure.

Les parties de la figure teintées en noir ou couvertes de hachures, sont des crues naturelles; elles produisent le même effet que les éclusées.

La loi est difficile à vérifier d'une manière complète sur la figure, parce qu'il arrive des éclusées et des crues des terrains calcaires, en même temps que des éclusées et des crues de l'Yonne.

J'ai simplement voulu faire voir que les variations quotidiennes, si singulières en apparence, qu'on remarque dans la courbe hydrotimétrique de Paris, s'expliquent tout naturellement par les petites crues artificielles, produites par les éclusées en divers points du fleuve et notamment dans l'Yonne, crues qui proviennent en grande partie du Morvan et amènent à Paris des eaux chimiquement pures.

CHAPITRE XV

DES CRUES D HIVER ET DES CRUES D'ÉTÉ

Définitions. — J'appelle *point de saturation*, l'état d'imbibition des terrains perméables, au moment où les eaux pluviales commencent à profiter aux nappes souterraines, et *point de ruissellement*, l'état d'imbibition des terrains imperméables, au moment où les eaux pluviales commencent à ruisseler à leur surface.

Dans toute la discussion qui va suivre, je diviserai l'année en deux saisons seulement : *la saison chaude* ou *l'été*, comprenant les mois de mai, juin, juillet, août, septembre et octobre, et *la saison froide* ou *l'hiver*, comprenant les six autres mois de l'année. Il ne faudra pas donner un autre sens aux mots *été* et *hiver*, que pour abréger, je substituerai souvent aux mots *saison chaude* et *saison froide*.

J'ai formulé ainsi cette loi de Dausse [1] : *les pluies de la saison chaude ne profitent pour ainsi dire point aux cours d'eau.* Au point où je suis arrivé, je puis en démontrer l'exactitude aussi bien pour les cours d'eau tranquilles que pour les torrents. Il résulte d'abord de l'ensemble des observations faites sur le bassin de la Seine [2], que les *cours d'eau tranquilles,* c'est-à-dire ceux qui

[1] Voy. chap. III. p. 65.
[2] Voyez l'atlas.

sont alimentés uniquement par des sources, entrent en crue en même temps que les *torrents* dont les bassins sont assez étendus, pour qu'ils ne soient pas soumis à l'action des averses locales ; il faut pour cela, que ces bassins aient au moins deux ou trois cents kilomètres carrés de surface ; lorsque cette condition est remplie, le point de saturation est obtenu en même temps que le point de ruissellement ; seulement on le comprend sans peine, la crue du *cours d'eau tranquille* monte bien plus lentement que celle du *torrent*.

Si l'on jette les yeux sur l'atlas, on verra d'une manière générale qu'en été, c'est-à-dire dans la saison la plus pluvieuse, les crues des cours d'eau sont beaucoup plus rares et moins élevées qu'en hiver.

Ainsi, quoique les mois de mai, juin, juillet et septembre 1861 aient été pluvieux, les cours d'eau n'ont éprouvé que des crues très-faibles. Il est tombé d'assez fortes pluies en juin et juillet, sur la vallée de la Seine, entre Chanceaux et Châtillon (pl. V, fig. 1 et 2), et ces pluies n'ont produit que de très-petites crues dans la Seine et dans l'Ource, à Gomméville et à Autricourt, un peu en aval de Châtillon (fig. 3 et 4) ; ces crues ont atteint leur maximum, dans les deux rivières, le 10 et le 15 juillet ; de plus elles ont été produites entièrement par des eaux de sources, puisque les deux rivières sont restées limpides ; et en effet les bassins de la Seine et de l'Ource, en amont des lieux d'observation, sont entièrement perméables. Le *point de saturation* a donc été obtenu, mais très-faiblement.

Les torrents du Morvan sont restés aussi calmes, quoique les pluies de cette contrée aient été plus fortes encore. Il est tombé beaucoup de pluie à la station des Settons (Morvan) en juin et juillet 1861 ; en septembre (fig. 5), on en a recueilli en 6 jours 135^{mm}. Le Cousin et la Cure (fig. 6 et 7), malgré ces grandes pluies, n'ont éprouvé que des variations de niveau insignifiantes. L'eau du Cousin a été louche pendant 3 jours seulement dans le mois de juin, pendant 2 jours en juillet, et trouble un seul jour vers le 16 août; l'eau de la Cure a été louche pendant 2 jours seulement; par conséquent le point de ruissellement a été atteint, mais faiblement, puisque les crues ont été insignifiantes. On voit, en comparant les variations de niveau des deux torrents (fig. 6 et 7) à celles des cours d'eau tranquilles (fig. 4 et 5), que les crues ont passé par les mêmes phases, et surtout qu'elles ont été très-faibles malgré l'abondance des pluies. L'effet de la saison ne saurait être contesté.

Les figures de la planche V font ressortir un autre fait très-important : En mai 1861, il tombe 43 millimètres de pluie à Chanceaux, 39 à Châtillon-sur-Seine et 61 aux Settons; en juin les pluies sont plus abondantes encore, on en compte 96 millimètres à Chanceaux, 49 à Châtillon et 147 aux Settons; et cependant bien loin d'entrer en crue, la Seine, l'Ource, le Cousin et la Cure, décroissent lentement pendant ces deux mois et même pendant les premiers jours de juillet; les petites crues de ce dernier mois sont déterminées par les fortes pluies du 9 juillet. Il est évident cependant que la terre a été amenée à son point de saturation par les pluies très-fréquentes de juin ; lorsque ces *pluies préparatoires* n'existent pas, les crues d'été n'ont jamais lieu; c'est par cette raison que la pluie énorme tombée aux Settons, sur la fin de septembre, n'a produit de crue ni dans le Cousin ni dans la Cure ; les pluies préparatoires manquant, le point de saturation n'a pu être obtenu. C'est presque toujours l'absence ou l'insuffisance des pluies préparatoires, qui rend les crues d'été si rares et si faibles; il suffit de deux ou trois jours de chaleur entre deux groupes de pluies, pour que l'évaporation dessèche la surface du sol ; une nouvelle *préparation* devient nécessaire; c'est ce qu'on peut vérifier en comparant les feuilles des pluies d'été, aux courbes des crues. Par exemple, en 1866, les pluies continues de la fin de mai et du commencement de juin préparent le sol ; le point de saturation est obtenu, et les petits cours d'eau torrentiels ou tranquilles commencent à entrer en crue; mais une sécheresse de six jours

Eau claire
Eau louche
Eau trouble

Page 265. Action des pluies d'hiver sur les cours d'eau. Pl. V

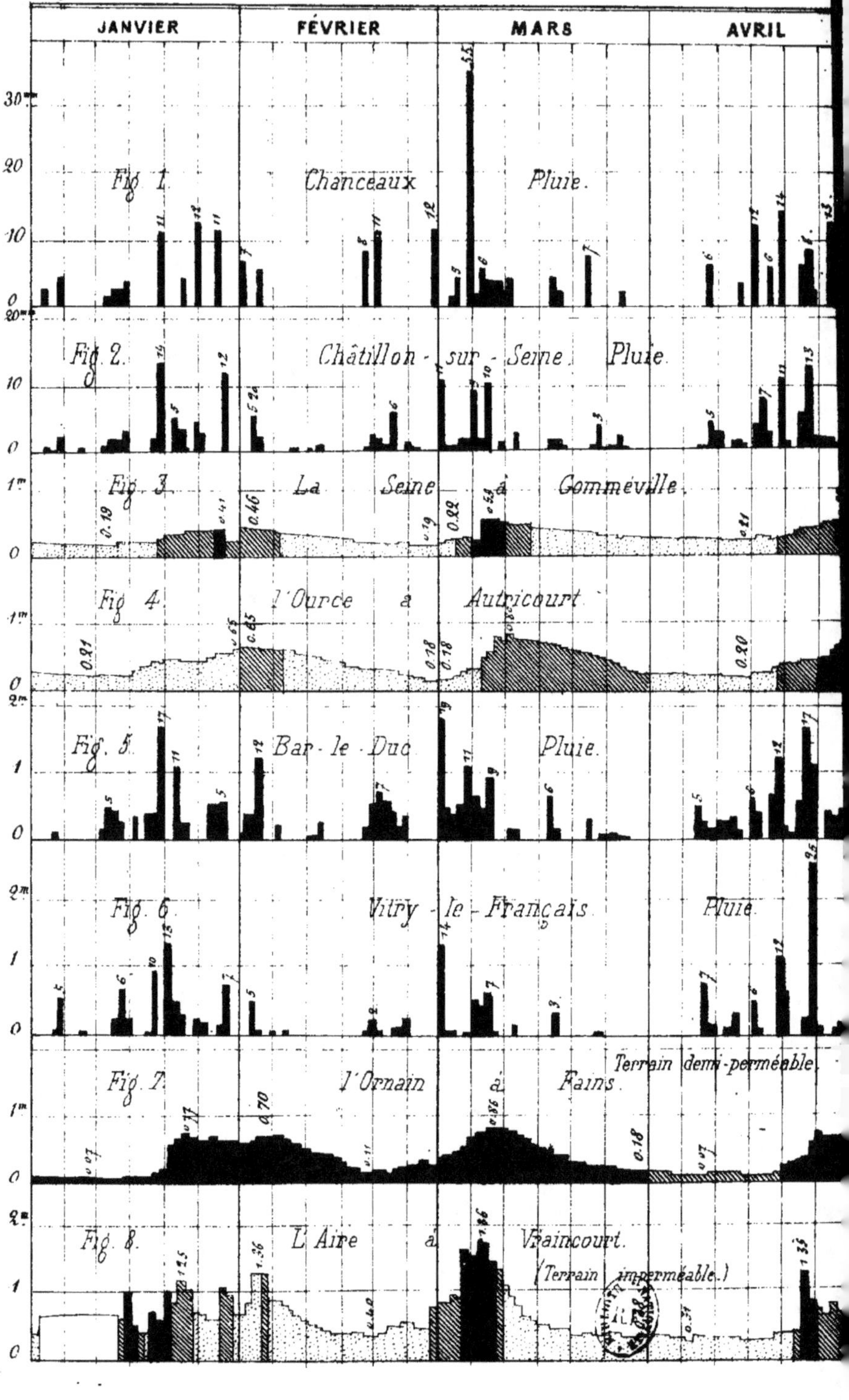

suffit pour détruire cette préparation et paralyser l'effet des grandes pluies du milieu de juin ; les pluies continuelles de la fin de ce mois et du commencement de juillet, amènent encore le sol à l'état de saturation et une nouvelle croissance d'eau : une sécheresse de quelques jours détermine une décrue, et c'est seulement à partir du milieu de juillet, que des pluies continues qui se prolongent en août et septembre, préparent le phénomène extraordinaire dont je parlerai bientôt.

On comprend donc facilement combien cette action incessante de l'évaporation, rend rares et faibles les crues d'été.

Au contraire des pluies même assez faibles, déterminent presque toujours des crues, dans les mois de novembre, décembre, janvier, février, mars, avril et mai.

Quoique les vingt premiers jours de 1868 aient été peu pluvieux, des pluies assez ordinaires tombées dans les dix derniers jours de janvier, à Chanceaux et à Châtillon-sur-Seine (pl. VI, fig. 1 et 2), déterminent, sans aucune préparation du sol, des crues prononcées dans la Seine, à Gomméville, et dans l'Ource, à Autricourt, rivières tranquilles (fig. 3 et 4) ; le sol est donc resté saturé, malgré le peu d'importance des pluies du commencement du mois. Des crues analogues se sont produites, et dans des conditions semblables, au commencement de mars et à la fin d'avril.

Les mêmes dispositions de pluies, tombées à Bar-le-Duc et à Vitry-le-Français (fig. 5 et 6), déterminent, sans aucune préparation du sol et aux mêmes époques, des crues prononcées dans l'Ornain, rivière à versants demi-perméables, et dans l'Aire, rivière à versants imperméables (fig. 7 et 8). Le point de ruissellement a donc été atteint en même temps que le point de saturation dans la Seine et dans l'Ource.

Ces exemples me paraissent démontrer suffisamment que les pluies d'été, quoique de beaucoup les plus abondantes, sont presque sans action sur le régime des sources et des rivières, et que les fortes crues sont toujours dues aux pluies ou aux fontes de neige des mois de novembre, décembre, janvier, février, mars et avril.

L'état de saturation du sol est essentiellement discontinu en été et presque continu en hiver ; cette différence tient à l'action de l'évaporation, qui est considérable dans la saison chaude et presque nulle dans la saison froide.

Il résulte de là que les grandes crues de la Seine et de ses affluents sont très-rares en été et ont lieu surtout en hiver.

Des grandes crues d'été. — M. Dausse a reconnu qu'à Paris le fleuve ne s'élevait presque jamais, entre le mois de juin et de novembre inclusivement, au-dessus de la cote $3^m,50$ à l'échelle du pont de la Tournelle. En examinant les courbes de variations de niveau de la Seine à Paris, depuis 1752, on ne reconnaît que quatre exceptions à cette règle, une dans le dix-huitième siècle, trois dans le dix-neuvième.

Le 15 juin 1757, la Seine s'éleva au pont de la Tournelle, à la cote $3^m,95$; je n'ai aucun détail sur les pluies qui ont produit cette crue.

Le 16 et le 20 juillet 1816, le fleuve atteignit à la même échelle, la cote $3^m,59$. M. Dausse attira l'attention sur cette crue, qui s'explique par l'extrême abondance des pluies d'été ; on sait en effet, que l'été de l'année 1816 fut tellement pluvieux, qu'il fut à peu près impossible de rentrer les récoltes, et qu'il s'en suivit en 1817, une famine horrible dont on n'a vu depuis aucun autre exemple.

Le 4 juin 1856, la Seine s'éleva à la cote $4^m,10$, et le 8 à la cote $3^m,70$ à l'échelle du pont de la Tournelle. Cette crue a été simplement la suite de la grande crue du mois de mai qui a atteint la cote $4^m,90$; la saison humide s'est prolongée un peu au delà de sa limite ordinaire.

Le 29 septembre 1866, c'est-à-dire dans la saison où les cours

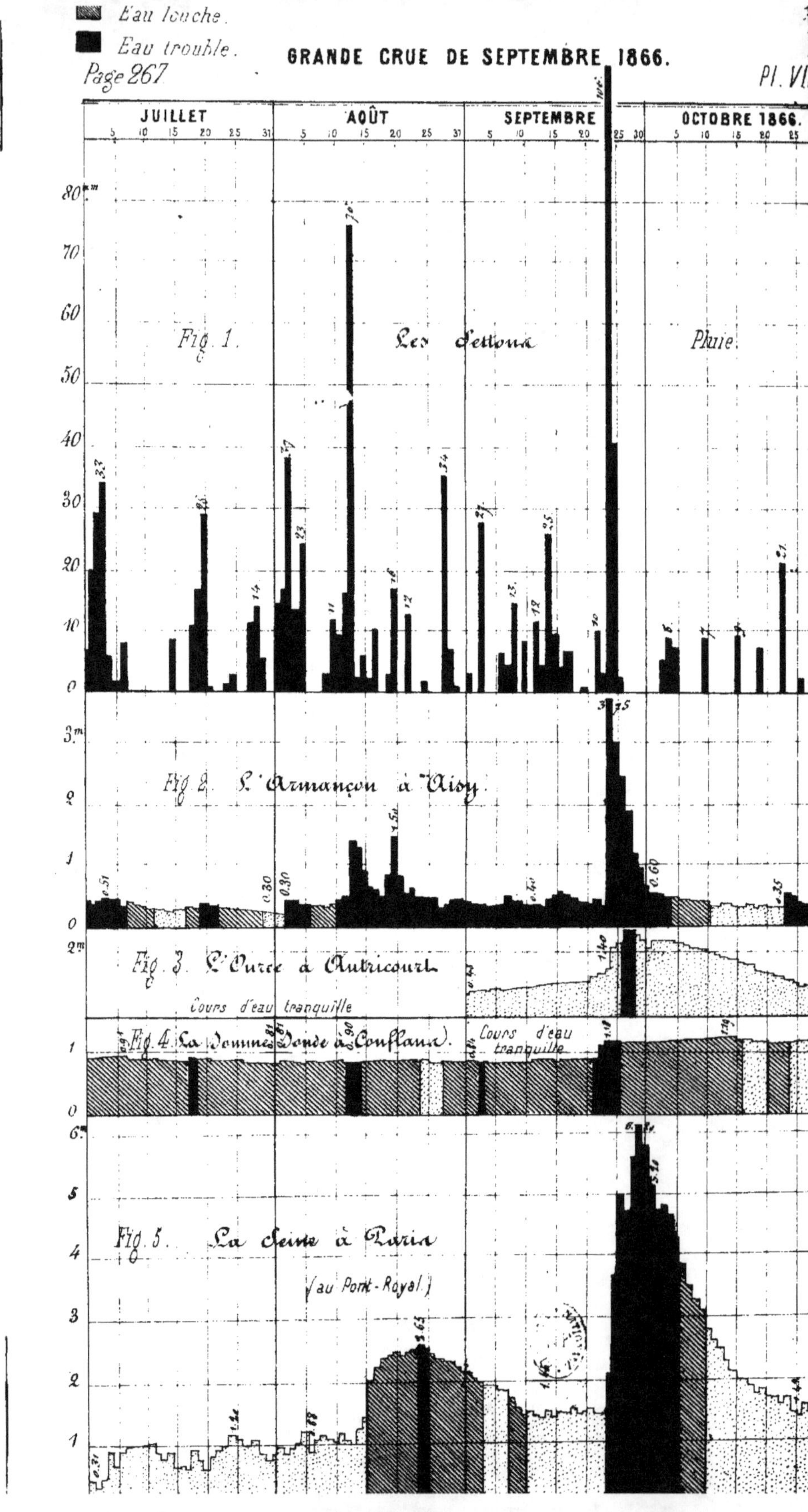

Eau louche.
Eau trouble.
Page 267
GRANDE CRUE DE SEPTEMBRE 1866.
Pl. VII
JUILLET
AOÛT
SEPTEMBRE
OCTOBRE 1866.
Fig. 1.
Les Settons
Pluie.
Fig. 2. L'Armançon à Aisy.
Fig. 3. L'Ource à Autricourt.
Cours d'eau tranquille
Fig. 4. La Somme-Soude à Conflans.
Cours d'eau tranquille
Fig. 5. La Seine à Paris.
(au Pont-Royal.)

d'eau du bassin de la Seine sont habituellement à leur plus bas niveau, le fleuve s'éleva à la cote $5^m,21$ à l'échelle du pont de la Tournelle ; c'est un fait dont nous ne retrouvons aucun exemple en été ; car la grande crue de juillet 1615 dont parle le père Cotte paraît apocryphe[1].

Nous avons publié, M. Lemoine et moi, un mémoire sur la crue de 1866.

Une particularité très-remarquable de ce phénomène, c'est qu'il a été produit par une seule crue des affluents. Jamais les débordements extraordinaires de la Seine, c'est-à-dire ceux qui dépassent 7 mètres à l'échelle du pont de la Tournelle, ne sont produits par une seule crue des affluents[2], et il est fort rare qu'il en soit ainsi, pour une crue aussi élevée que celle de 1866. On n'en trouve que cinq exemples depuis 1732 :

du 24 au 28 février 1784 la Seine, par l'effet d'une seule crue des affluents, s'est élevée à. . . . . $6^m,15$

du 30 au 31 janvier 1795 à. . . . . $5^m,56$

du 25 au 26 janvier 1830 à. . . . . $5^m,70$

du 4 au 8 mai 1836 à. . . . . $5^m,62$

du 23 au 29 septembre 1866 à. . . . . $5^m,20$

En 1866, les pluies préparatoires commencèrent dès le milieu de juillet (pl. VII, fig. 1), et continuèrent presque sans interruption jusqu'au cataclysme. Il résulta de là que non-seulement le sol resta constamment au point de saturation, mais que la plupart des affluents entrèrent plusieurs fois en crue. Les *torrents* en éprouvèrent de trois à cinq ; les eaux de l'Armançon restèrent troubles, du 10 août jusqu'à la grande crue (fig. 2); il en fut de même de plusieurs des affluents propres au terrain crétacé inférieur.

Les affluents tranquilles des terrains oolithiques débordèrent

---

[1] Voyez chap. XVIII.

[2] *Ibidem.*

vers le milieu de juillet et surtout en août. La récolte des foins
n'était pas enlevée, et fut perdue dans les vallées de la Seine, de
l'Ource et de l'Aube.

Le débordement de ces trois rivières dura jusqu'à la grande
crue, et les eaux, devenues parfaitement limpides, ne ces-
sèrent de couvrir les prairies. La crue des cours d'eau propres
à la craie blanche fut, suivant la règle, à peu près insignifiante
(fig. 4).

La Seine, à Paris (fig. 5), se maintint, dans le cours de juillet
et les quinze premiers jours d'août, un peu au-dessous de la
cote de 1 mètre à l'échelle du pont Royal[1]. A partir du 15 août,
la cote 2 mètres fut dépassée ; le fleuve s'éleva à $2^m,65$, puis re-
descendit vers le 10 septembre à la cote $1^m,50$, à laquelle il se
maintint.

J'étais à la campagne sur les bords du Serein, un des cours
d'eau les plus violents du bassin de la Seine[2], lorsque commencèrent les pluies de la fin de septembre et le grand débordement
qui en fut la conséquence.

La propriété de M. de Labrosse mon beau-père se trouve sur
le territoire de Guillon, près d'Avallon (Yonne), à l'extrémité de
la plaine de l'Auxois dont il a été souvent question dans cet ouvrage. Cette plaine est occupée entièrement par le *lias*, le terrain
le plus imperméable du bassin ; le Serein la traverse dans sa plus
grande longueur, et quoique le pays soit bien peu accidenté, les
eaux pluviales y affluent, avec une rapidité dont on n'a pas d'idée,
lorsqu'on n'a pas été témoin du phénomène. La pluie torrentielle
qui produisit la crue, commença à tomber le dimanche 23 septembre vers 10 heures du matin, avec une intensité sans exemple,
et continua, sans interruption, jusqu'au lendemain à 10 heures
du soir.

---

[1] On admet généralement que la cote $0^m,57$ de l'échelle du pont Royal correspond à la
cote 0 de l'échelle du pont de la Tournelle.

[2] Voyez chap. XII.

Les flancs de la colline de Montfaute, que j'avais sous les yeux, ne tardèrent pas à se couvrir d'eau ; chaque sillon devint le lit d'un petit torrent, qui se précipitait avec violence vers le fond de la vallée ; la rivière croissait à vue d'œil, le lendemain 24 elle débordait ; à 10 heures il y avait 1 mètre d'eau dans le jardin, et les murs du potager étaient renversés sur une longueur de 30 mètres environ ; l'eau s'élevait bientôt au-dessus des espaliers ; La chute du déversoir du moulin, dont la longueur est de 89ᵐ, était absolument effacée. Je constatai que les arbres arrachés en amont, arrivaient à ce déversoir, en flottant avec une vitesse qui excédait 3 mètres par seconde ; il fallait courir pour les suivre. Bientôt tout le parc était envahi : le hameau de Courterolles, dont la propriété de M. de Labrosse fait partie, était entouré d'eau et il n'était plus possible d'en sortir. A 10 heures du soir, la crue atteignait sa hauteur maximum et, suivant mon estime, le torrent qui, dans cette saison, est habituellement presque à sec, qui, en raison des pluies préparatoires, débitait, le 23, environ 1 mètre cube d'eau par seconde, n'en portait pas le 24, moins de 300 mètres cubes.

Le lendemain 25, le niveau de l'eau avait déjà bien diminué et le 26 au matin, la rivière était entièrement rentrée dans son lit. Le débordement avait duré quarante-huit heures environ ; il avait commencé vingt et une heures après la pluie, et cessait trente-trois heures après le rétablissement du beau temps. Le 25 au matin, tout ruissellement à la surface des terres ayant cessé, le torrent, mal soutenu par les petites sources de son bassin [1], rentrait naturellement dans son lit.

Cette rapide description s'applique aux crues de toutes les rivières torrentielles du bassin de la Seine.

Les pluies qui déterminèrent cette grande crue furent énormes et tombèrent sur toutes les parties du bassin, sans discontinuité pendant trois jours, faibles d'abord, puis ensuite très-

---

[1] Voy. chap. XII, p. 186 et suivantes.

violentes. Voici les hauteurs de pluie constatées aux diverses stations d'observation; ces hauteurs sont exprimées en millimètres.

DÉSIGNATION	PLUIE PRODUISANT LA CRUE	PLUIES PRÉPARATOIRES		
		JUILLET	AOUT	SEPTEMBRE
BASSIN D'YONNE				
Les Settons.	151	195	508	156
Château-Chinon.		48	160	44
La Collancelle.	126	69	147	48
Pannetière.	121	96	156	76
Clamecy.	81	157	107	54
Vézelay.	101	125	214	90
Avallon.	95	75	122	39
Auxerre.	88	105	108	50
BASSIN DU SEREIN ET DE L'ARMANÇON				
Saulieu.	151	91	157	74
Ponilly.	97	58	98	79
Grobois.	105	58	106	70
Thenissey.	105	75	158	80
Marigny.	116	68	155	61
Semur.	121	»	»	»
Montbard.	104	85	165	46
Tonnerre.	89	74	88	43
Chablis.	75	97	105	41
BASSIN DE L'YONNE AU-DESSOUS DU CONFLUENT DE L'ARMANÇON				
Laroche.	102	87	110	60
Sens.	86	62	115	41
Saint-Martin.	85	65	128	45
BASSIN DE LA SEINE PROPREMENT DIT				
Chanceaux.	124	125	179	97
Châtillon-sur-Seine.	101	108	127	58
Bar-sur-Seine.	79	154	156	71
Vendœuvre.	64	87	66	58
Chaumesnil.	55	50	56	55
Barberey.	75	80	60	27
Conflans.	81	55	97	52
BASSIN DU LOING				
La Jacquinière.	82	»	»	»
La Salvonnières.	84	»	»	»
Toucy.	102	115	160	106

Les autres parties du bassin donnèrent des hauteurs de pluie moindres ; le maximum pour le bassin de la Marne fut obtenu à Vassy, et s'éleva à 82 millimètres, le minimum à Langres (plateau) ne dépassa pas 44 millimètres ; dans le bassin d'Oise, le maximum (Hirson) fut 69 millimètres, le minimum (Beauvais) 21 millimètres ; dans le bassin de la Seine, au-dessous du confluent d'Yonne jusqu'à Paris, maximum (Courbeton près Montereau) 81 millimètres, minimum (Paris) 35 millimètres ; bassin de la Seine au-dessous de Paris, maximum (Yvetot) 38 millimètres, minimum (Rouen) 22 millimètres.

Le 24 septembre, les affluents de l'Yonne atteignirent le niveau de leurs plus grandes crues connues. Le Cousin, à Avallon, s'éleva à la côte à $2^m,50$; la Cure, à Saint-Père, à $2^m,55$; l'Armançon, à Aisy, à $3^m,75$; l'Yonne, à Clamecy, à $3^m,15$, et à Sens à $4^m,30$; le Loing, à Nemours, à $2^m,30$; le Cousin et la Cure restèrent à $0^m,50$ au-dessous du niveau de la crue de mai 1836 ; l'Armançon dépassa ce niveau de $0^m,50$; la Marne, sous l'influence du Grand-Morin seul, montait à Chalifert, à $2^m,92$; mais ses autres affluents restèrent au-dessous du niveau de leurs plus grandes crues connues, et cela s'explique facilement, puisque l'intensité de la pluie fut bien moindre, sur les bassins de la Marne, de l'Oise et de la basse Seine, que sur les bassins de l'Yonne et de la haute Seine.

Il était important de constater ce qui se passait, dans la partie des terrains perméables où la pluie était tombée avec une grande intensité. Dès que le temps le permit, je montai sur le plateau de Montfaute, dont la surface de 200 hectares environ, est formée de calcaire à entroques très-perméable. Tout y était sec et aride comme à l'ordinaire. Mais le chapeau de calcaire à entroques repose sur les argiles du lias, terrain très-imperméable. Je reconnus que les eaux emmagasinées dans la masse calcaire, s'écoulaient rapidement par une multitude de sources éphémères, disposées autour de la montagne.

Le 26 septembre, les routes étant devenues praticables, je

traversai les quatre faîtes de calcaires oolithiques qui séparent les vallées du Serein, de l'Armançon, de la Laignes, de la Seine et de l'Ource. En montant sur le premier faîte, je rencontrai d'abord, près de la ferme de Montelon, le niveau d'eau du *lias* et *du calcaire à entroques*[1] ; comme à Montfaute, des sources éphémères très-abondantes remplaçaient les petites sources pérennes de la localité. Entre les villages de Santigny et Vassy-sous-Pisy, la route coupe la ligne de contact du calcaire à entroques et de la terre à foulon, terrain demi-perméable. Habituellement, ce plateau est absolument aride, et je ne pense pas que, de mémoire d'homme, on y ait vu ruisseler une goutte d'eau. Le 26 septembre, le thalweg de la petite vallée que suit la route, était occupé par un limpide ruisseau dont la source jaillissait au milieu d'un champ pierreux. Une dépression du voisinage était remplie d'une eau parfaitement limpide, qui y formait un petit lac.

De ce sommet, je descendis dans la vallée de l'Armançon, en suivant celle du *Bornant*, qui y débouche à Aisy, près de la station du chemin de fer de Paris à Lyon. Dans ce trajet, on trouve d'abord, entre Vassy-sous-Pisy et Anstrude, le niveau d'eau du calcaire à entroques, d'où jaillissent les belles sources du Bornant. Ces sources étaient en forte crue, et à Anstrude, le Bornant ne débitait guère moins de 1 m. c. d'eau par seconde. A 3 kilomètres d'Anstrude, au moulin de Chevigny-le-Désert, le lias et le calcaire à entroques s'enfoncent sous la terre à foulon ; les masses puissantes de la grande oolithe s'élèvent au-dessus.

Habituellement, une jolie source sort de la terre à foulon, dans un bassin de forme rectangulaire situé au bas du moulin ; le reste du coteau est aride. Le 26 septembre, il n'en était plus ainsi : de grandes sources bouillonnaient au pied des coteaux, la petite source du moulin de Chevigny alimentait un fort ruisseau ; le fossé de la route, ordinairement à sec, était entièrement

---

[1] Voy. chap. IX et XII, p. 157 et 187.

rempli d'une eau limpide, qui débordait sur la chaussée ; chaque strate du calcaire marneux de la terre à foulon, versait dans le fossé une mince lame d'eau. Au pied de la ferme de Bornant, cinq grandes sources jaillissaient, en s'élevant au-dessus du sol, comme les panaches des fontaines de la place de la Concorde. La portée du ruisseau de Bornant, qui, en temps ordinaire, ne dépasse pas quelques centaines de litres, s'élevait ce jours-là, à plusieurs mètres cubes. Les prairies étaient submergées, et l'eau limpide qui les recouvrait, laissait voir jusqu'au moindre brin d'herbe.

A Aisy, l'Armançon était encore débordé, et couvrait d'eau fangeuse tout le fond de la vallée ; néanmoins son niveau s'était déjà abaissé de plus d'un mètre.

On s'élève sur le plateau qui sépare lesvallées de l'Armançon et de la Laignes, en suivant en chemin de fer la petite vallée de Nuits-sous-Ravières ; la terre à foulon donnait naissance, dans cette vallée comme dans celledu Bornant, à de nombreuses sources éphémères [1]. Mais bientôt les assises fendillées de la grande oolithe, remplaçant les calcaires marneux, le reste de la vallée était parfaitement sec, jusqu'au plateau de Sennevoy.

Sur ce plateau, les calcaires kellowiens à minerai de fer recouvrent la grande oolithe ; c'est sous ces calcaires moins perméables que s'opère le regorgement des eaux pluviales absorbées par la grande oolithe, et que jaillissent les grandes sources de Laignes, de Châtillon-sur-Seine, Brion-sur-Ource, etc. [2].

Néanmoins, en temps ordinaire, la plupart des vallées de cette contrée restent à sec, au moins pendant l'été, et plus d'une localité mérite le nom de *Fontaines-les-Sèches* [3], qu'on a donné

---

[1] D'après une note de l'ingénieur en chef de la Côte-d'Or, la route était submergée et la section de la nappe d'"eau était de 11^m,75 environ.

[2] Voy. chap. XIII, p. 215.

[3] Faute d'orthographe de la carte ; écrivez : *Fontaine-la-Sèche* et prononcez comme les Bourguignons, *Fontaine-lé-Sèche*.

à l'une d'elle. Mais, le 26 septembre, un volume d'eau considérable regorgeait dans chaque vallée, à la ligne de contact des deux terrains. La Laignes était en forte crue, les sources éphémères de Bissey-la-Pierre [1], couvraient la petite prairie située au-dessous du village.

Les vallées de la grande oolithe, qui débouchent dans celle de la Seine vers Sainte-Colombe, étaient sèches comme à l'ordinaire.

La Seine était en grande crue, et l'eau était à peine louche.

Le trajet de la vallée de la Seine à celle de l'Ource, ne présentait rien de particulier. La petite vallée du Creux-Minchard, ouverte dans la grande oolithe, était à sec. Mais, entre Brion et Grancey, les sources éphémères des marnes oxfordiennes [2], coulaient abondamment, à en juger par celles du ru de Riel-les-Eaux. Le ponceau à trois ouvertures, sur lequel la route franchit le ruisseau, était insuffisant, et l'eau menaçait de passer sur la chaussée [3].

L'Ource était débordée sur la prairie de Champigny, la crue, aussi forte que celle du 4 mai 1836, atteignait la limite des plus grandes eaux connues; le passage de l'eau trouble ne durait que deux jours (plan. VII, fig. 3). Le 26, à quatre heures du soir, à mon arrivée, la rivière atteignait son niveau maximum. Le lendemain, 27, la limpidité de l'eau était parfaite, et un chasseur du pays tirait à balle sur les truites, qu'on voyait se promener sur la prairie.

Les eaux se retirèrent lentement. Le débordement ne dura pas moins d'un mois, à partir du 26 septembre (fig. 2).

J'ai constaté, dans cette excursion, que la grande oolithe, terrain très-perméable, ne produisait de sources éphémères que dans le voisinage des lieux, où elle disparaît sous le terrain

---

[1] Le débouché mouillé du pont de la route ne dépassait pas $0^m{,}56$.
[2] Voy. chap. XIII, page 215 et la planche n° II.
[3] Le débouché du pont de Riel-les-Eaux était de $3^m{,}57$.

kellowien à minerai de fer; que les terrains demi-perméables, la terre à foulon, les marnes oxfordiennes, donnaient de toutes part naissance à de grandes sources, même en des points où jamais de mémoire d'homme on n'en avait vu jaillir.

On ne comprend pas facilement *a priori*, comment une petite rivière comme l'Ource, dont le bassin, en amont de Champigny, n'a pas plus de 520 kilomètres carrés de surface, a pu débiter par seconde 60 mètres carrés d'eau de source. Ce chiffre n'est cependant pas trop grand, car le débouché mouillé du pont de Belan en amont de Champigny, était au moment où je le traversais, de 43 mètres carrés, et la vitesse moyenne d'écoulement atteignait $1^m,50$. La Seine, à Châtillon, débitait au moins 66 mètres cubes par seconde, la Laignes 18 mètres, etc. Toutes ces eaux étaient parfaitement limpides, deux ou trois jours après le maximum de la crue, ce qui prouve qu'elles étaient sans mélange d'eaux torrentielles. Pour avoir l'explication de ce fait étrange, il faut se reporter à ce qui a été dit ci-dessus, des sources éphémères qui jaillissent des marnes demi-perméables des terrains oolithiques [1]. Il ne faut pas oublier qu'il était tombé, en quelques jours, sur les pentes de la grande oolithe, plus de 700 millions de mètres cubes d'eau pluviale, dont pas une goutte n'avait ruisselé à la surface du sol. On comprend donc l'immense regorgement qui se fit aux lignes de contact de la grande oolithe et des terrains demi-perméables.

On a évalué à 800 mètres cubes par seconde, le débit de l'Armançon. La Cure, l'Yonne et le Serein n'ont certainement pas donné en moyenne moins de 500 mètres cubes par seconde; les quatre rivières débitaient donc ensemble 2,300 mètres cubes par seconde, et cependant la Seine à Paris, qui recevait en outre le Loing, la Marne et les cours d'eau tranquilles de la Bourgogne et de la Champagne, ne débitait pas plus de 1,250 mètres cubes. Cette anomalie apparente sera expliquée ci-dessous [2].

[1] Voy. chap. XIII, p. 204.
[2] Voy. chap. XVI, p. 285.

La crue d'été de 1866 est un phénomène séculaire, et j'ai cru devoir faire l'exposé rapide des faits les plus importants, que j'ai vus de mes yeux ; il était surtout nécessaire de faire comprendre la longue préparation du sol, qui doit précéder une telle crue. Si le commencement du mois de septembre avait été sec, les pluies diluviennes de la fin de ce mois auraient été sans action très-marquée sur les cours d'eau.[1]

Si les grandes crues d'été sont rares, les petites crues sont au contraire assez communes dans cette saison. Les mariniers donnent le nom de *bouillon de mai* à une de ces petites crues, qui a lieu presque tous les ans dans le cours de ce mois, et qu'on attribuait, je ne sais pourquoi, à la fonte des neiges du Morvan[2].

Si l'on ne considère que le dix-neuvième siècle, on compte quatre années, 1842, 1858, 1865 et 1870, qui ont été absolument exemptes de crues d'été ; quatre autres années, 1802, 1803, 1818 et 1840, n'ont subi dans cette saison que le bouillon de mai. Le point de saturation est donc obtenu presque tous les ans dans la saison sèche ; mais cet état d'imbibition du sol est de très-courte durée.

Je crois donc avoir démontré complétement la loi de Dausse :
Les pluies d'été ne profitent pour ainsi dire pas aux cours d'eau ;
Les crues d'été de la Seine dépassant 3^m,50 à l'échelle du pont de la Tournelle, sont des phénomènes très-rares.

---

[1] Voy. *Annales des Ponts-et-Chaussées*, 1868, Mémoire sur la crue de 1866.
[2] Il est rare qu'il y ait de la neige en mai dans le Morvan.

CHAPITRE XVI

Le bassin de la Seine est très-bien disposé pour l'étude des lois d'écoulement des eaux courantes ; les terrains imperméables y occupent une étendue de 19440 kilom. q.; cette surface se divise en deux, l'une de 9705 kilom. q., comprend les terrains actifs, tels que le granite, le lias, le terrain crétacé inférieur, qui ont une grande influence sur les crues, l'autre de 9735 kilom. q., comprend les terrains neutres, tels que les argiles de Brie, du Gâtinais, etc., qui trop plats, donnent peu d'eau aux rivières. La superficie des terrains perméables est de 59210 kilom. q.[1], et ces terrains, ont une action importante sur les crues.

Quoique les terrains perméables soient de beaucoup les plus étendus, néanmoins les eaux torrentielles ont aussi une influence très-marquée sur les crues du fleuve.

Le bassin de la Seine est donc un excellent champ d'étude, pour ce qui concerne les eaux courantes.

Je donne le nom de *cours d'eau mixtes*, aux rivières dont les

---

[1] Voy. chap. VI p. 76.

bassins comprennent une étendue notable de ces deux sortes de terrain. La plupart des grands affluents de la Seine sont des cours d'eaux mixtes, comme la Seine elle-même ; deux, l'Yonne et la Marne, ont un caractère torrentiel des plus prononcés ; en examinant la carte on voit, que les terrains imperméables occupent une partie considérable de leurs bassins.

Les terrains imperméables sont aussi très-étendues dans la vallée du Loing ; mais ils y ont peu de relief, les eaux s'écoulent mal à leur surface, ou s'emmagasinent dans de nombreux étangs. Les crues de cette rivière, quoiqu'elles aient les principaux caractères des crues torrentielles, sont donc peu violentes.

Les bassins de l'Oise et de l'Epte ne renferment qu'une médiocre étendue de terrains imperméables, qui suffisent néanmoins pour donner à leurs crues un caractère torrentiel assez marqué.

Dans les vallées de l'Ource, de l'Aube et de la Seine elle-même, en amont de Montereau, ces terrains ont si peu d'importance, que les crues ont à peu près complétement le caractère des crues tranquilles.

Je puis maintenant formuler d'une manière très-générale les lois qui régissent les crues de ces différents cours d'eau, et même étendre ces lois au delà des limites du bassin de la Seine, à une grande partie de la France.

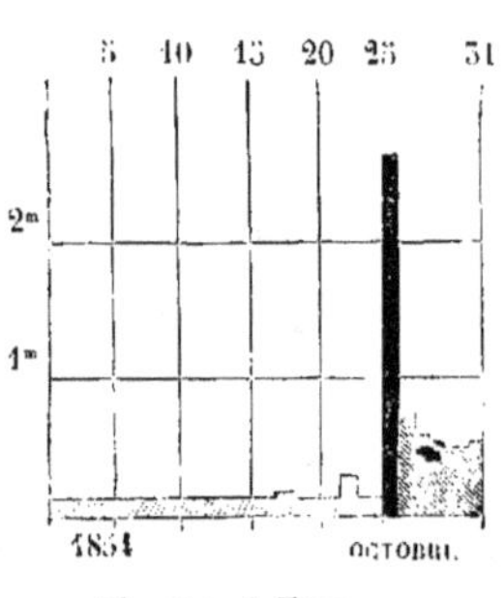

1° Loi fondamentale. — Les crues des petits torrents (bassins imperméables) sont très-élevées ; leur durée est très-courte, rarement de plus d'un ou deux jours. Ainsi la crue de l'Ouanne à Toucy, figurée ci-dessus, n'a duré qu'un jour.

Les crues des petits cours d'eau tranquilles (bassins perméables) sont peu élevées ; leur durée est très-longue, toujours de plus de quinze jours. Telles sont les crues de l'Ource figurée ci-dessous.

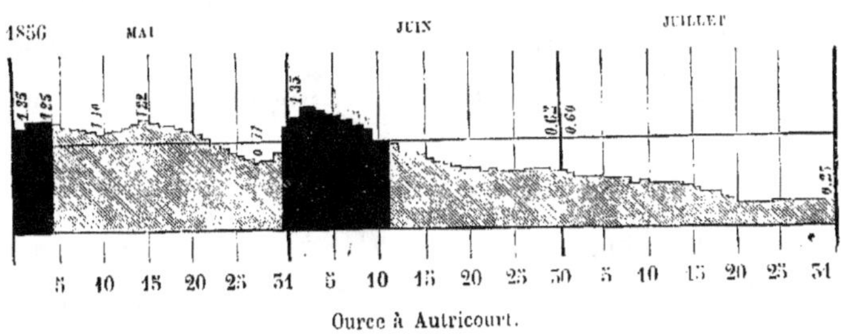

Ource à Autricourt.

La crue d'un torrent se divise en deux parties : à la suite de la crue élevée et de courte durée, qui correspond au passage des eaux torrentielles, vient une seconde crue beaucoup plus longue, qui correspond au passage des eaux tranquilles.

Ainsi, dans la figure de la page 278, la crue torrentielle de l'Ouanne à Toucy est suivie d'une longue crue moyenne.

C'est de cette loi bien simple que découlent toutes les autres.

Voyons d'abord ce que devient une crue au fur et à mesure que le cours d'eau s'allonge.

Cours d'eau torrentiels, terrains imperméables. — Tant que la pluie tombe, la crue torrentielle qu'elle produit s'accroît à la rencontre de chaque confluent ; mais lorsque la pluie cesse, il peut se faire que la partie torrentielle de la crue de l'affluent, soit déjà écoulée lorsque arrive la crue du cours d'eau principal, dont par conséquent la portée cesse de s'accroître.

Cet effet se produit dès que le retard de la crue principale, est plus grand que la durée de la crue de l'affluent.

La durée de la crue des petits torrents étant de vingt-quatre à quarante-huit heures à peine, la portée torrentielle de la crue d'une grande rivière ne profite pas de celle de ses petits affluents, au confluent desquels elle n'arrive que quarante-huit heures après la fin de la pluie, puisqu'alors les crues de ces affluents sont déjà écoulées.

La crue tranquille qui suit, s'accroît au contraire à chaque confluent, puisque sa durée est très-longue.

D'après cela, la crue torrentielle, la grande crue, tend à s'affaisser et sa portée maximum cesse de s'accroître et peut même diminuer, malgré l'incessante augmentation de la crue tranquille

2° *Il y a dans chaque grande vallée à versants imperméables, un point où les crues cessent de s'accroître.* — C'est le point à l'aval duquel la crue du cours d'eau principal passe aux confluents, sans rencontrer les crues des affluents qui sont déjà écoulées.

Ce point est d'autant plus éloigné de l'origine du fleuve, que la région est plus montueuse, non-seulement parce que les pluies y sont plus persistantes, mais encore parce que, en raison de la plus grande déclivité des thalwegs, la crue torrentielle, dans un temps donné, a parcouru plus de chemin en pays de montagne qu'en pays plat.

Cette loi, qu'on pourrait appeler providentielle, est celle qui préserve les vallées des grands cours d'eau torrentiels, comme la Loire, par exemple, d'une ruine totale à chaque grande crue. En effet, quand la crue de la Loire arrive au bec d'Allier, la crue d'Allier, qui a de l'avance, est déjà écoulée en partie ; à plus forte raison en est-il de même aux confluents du Cher, de la Vienne et de la Maine. Qu'arriverait-il si les portées de toutes ces crues, déjà si redoutables dans leur isolement, s'ajoutaient à chaque confluent ?

D'après la loi formulée ci-dessus, le point où les plus grandes crues connues cessent de s'accroître, est plus éloigné de l'origine de la vallée, dans les pays montueux que dans les pays plats ; à étendue égale des versants, la portée torrentielle des grandes crues, y est donc beaucoup plus considérable.

Ainsi, l'Yonne, qui est un torrent comme la Loire, est peu dangereuse, parce que la partie montueuse de son bassin, le

Morvan, est peu étendu, tandis que les crues désastreuses de la Loire, prennent naissance dans un des plus grands massifs montagneux de la France. A étendue égale des deux bassins, l'Yonne, à La Roche, débite au plus 1200 m. c. par seconde ; la Loire, à Roanne, en débite de 5 à 7000 m. c.

3° Dans un grand cours d'eau torrentiel, une crue extraordinaire peut être produite par un phénomène météorologique unique n'agissant que sur une partie restreinte du bassin.

Cette fraction du bassin n'est pas nécessairement celle qui comprend l'origine du fleuve.

Ainsi dans le bassin de la Loire, une des plus fortes crues connues à Saumur, celle du 17 janvier 1843, a été évidemment produite par les grands affluents, qui débouchent dans le fleuve entre Tours et Saumur, puisque la crue a été très-faible à Nevers et à Roanne.

Le point de départ de la crue désastreuse d'octobre 1846, était à la partie supérieure du bassin, puisque les affluents à l'aval du bec d'Allier n'ont éprouvé que des crues moyennes.

La crue de juin 1856, avait son origine dans la partie moyenne ; la Haute-Loire et l'Allier ont donné faiblement.

Les crues extraordinaires d'un grand cours d'eau torrentiel, pouvant être produites par un phénomène météorologique unique, n'agissant que sur une partie restreinte du bassin, sont par conséquent et malheureusement, très-fréquentes,

Nous citerons encore la Loire, qui en vingt-quatre ans, de 1843 à 1866, a éprouvé quatre crues désastreuses.

4° La durée des crues torrentielles, va en croissant, depuis les sources du fleuve jusqu'à la mer. — Les crues des affluents d'un grand cours d'eau torrentiel, passant l'une après l'autre à chaque confluent, produisent une crue unique qui est d'autant plus longue qu'on est plus éloigné des sources.

Ainsi une grande crue de la Loire à Saumur, qui se compose
de la succession des crues de la Vienne, du Cher, de l'Allier, de
la Haute-Loire, etc., dure souvent trois semaines, tandis qu'à
Roanne, une crue dont la portée maximum n'est guère moindre,
dure à peine un ou deux jours.

M. Lombardini a constaté des faits du même genre dans la
vallée du Pô; les crues de ce fleuve durent de trois à quatre jours
dans la partie supérieure, en amont du Tessin, et de quinze à
vingt jours dans la partie inférieure.

Cours d'eau tranquilles. Terrains perméables. — La durée
des crues des petits cours d'eau tranquilles étant de quinze jours
au moins, et souvent de plus d'un mois, les portées maximum
des crues de deux affluents s'ajoutent à chaque confluent, quel
que soit d'ailleurs le retard produit par la différence de longueur des deux cours d'eau, d'où résultent les lois suivantes.

*5° La portée maximum de la crue d'un grand cours d'eau
tranquille s'ajoute, à chaque confluent, à la portée maximum
de la crue de tout affluent tranquille.*

La portée des crues des cours d'eau tranquilles va donc en
croissant depuis leur origine jusqu'à la mer.

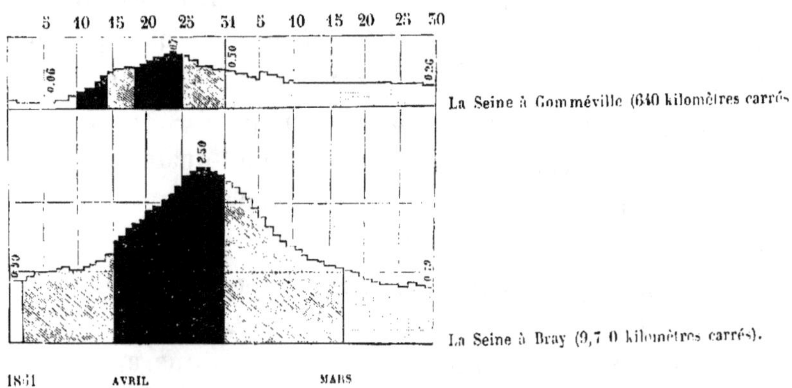

Le diagramme ci-dessus fait voir que la crue de la Seine à

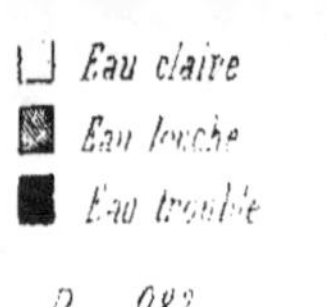

LOIS D'ÉCOULEMENT DES CRUES.

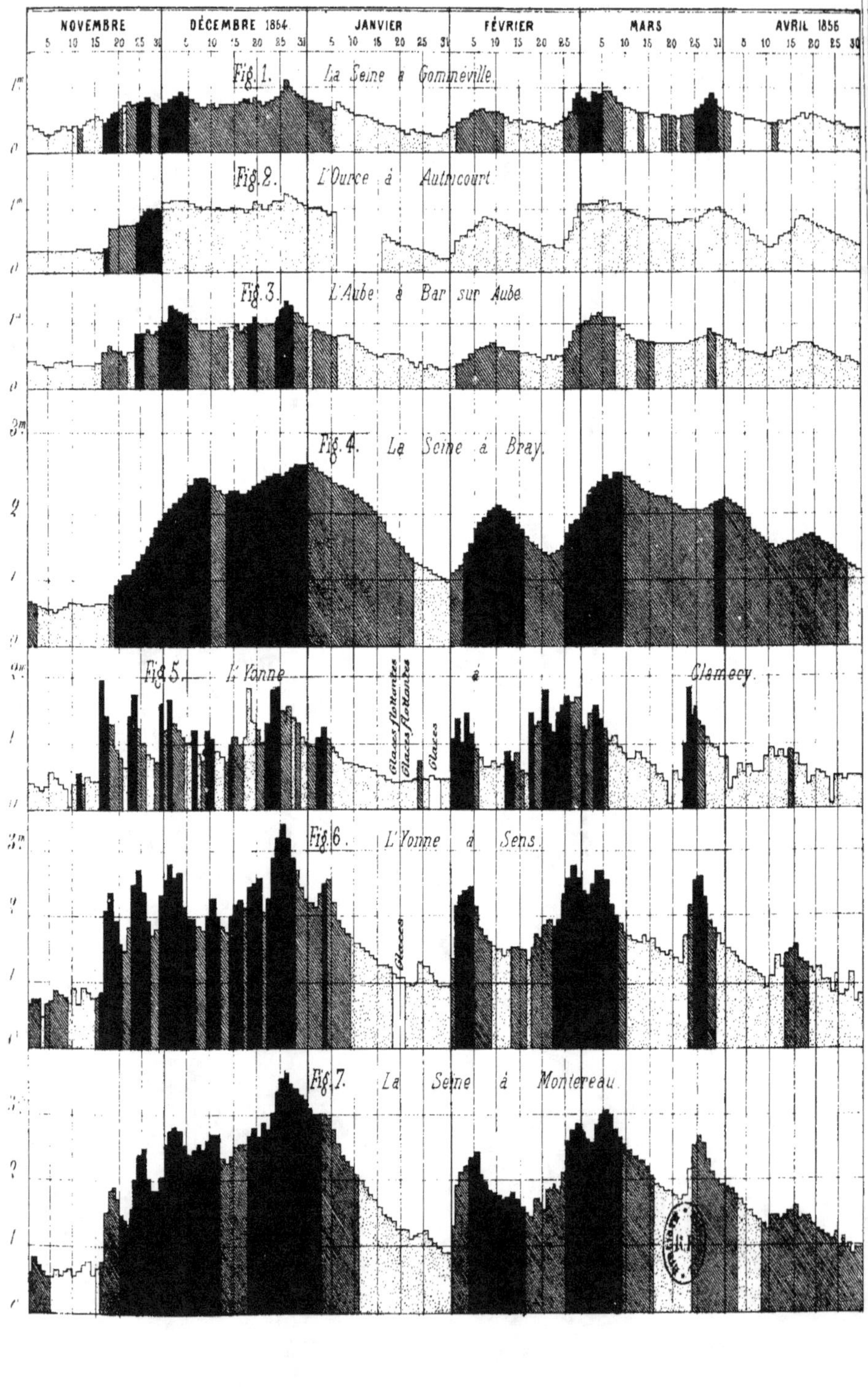

Page 983.

PL. VIII.

Gomméville, dont le bassin n'a que 640 kilomètres carrés est sensiblement aussi longue que la crue de la Seine à Bray, dont le bassin à 9,700 kilomètres carrés ; donc la portée du fleuve s'est ajoutée à chaque confluent, à celle des affluents tranquilles.

6° *Dans les terrains perméables, les crues de tous les affluents concourent à augmenter la portée de la crue principale.*

7° *La durée des crues de ces cours d'eau ne s'accroît pas notablement à mesure qu'il s'allongent.*

La Seine à Gomméville, l'Ource à Autricourt, l'Aube à Bar-sur-Aube, sont des cours d'eau tranquilles ; leurs crues, d'après la loi fondamentale, doivent donc être de longue durée : il en est ainsi, en effet, d'après les figures 1, 2 et 3 (pl. VIII), qui représentent les nombreuses crues de ces trois cours d'eau, pendant l'hiver 1854-1855.

La Seine reste un cours d'eau tranquille jusqu'à Bray, et l'écoulement des crues, se fait conformément aux 5e, 6e et 7e lois, car la durée de chaque crue de la Seine à Bray (fig. 4), est la même que celle des crues correspondantes des affluents ; par conséquent les portées de ces crues se sont ajoutées à chaque confluent.

Des cours d'eau mixtes. — La plupart des fleuves renferment la fois, dans leurs bassins, des terrains perméables et imperméables ; cette circonstance peut modifier les lois d'écoulement de leurs crues.

Lorsque l'étendue des terrains imperméables est considérable, on peut toujours négliger les eaux tranquilles. Il est bien évident, par exemple, que les crues des affluents tranquilles du bassin de la Loire, le Clain, le Loir, etc., n'ont pas une grande action sur les crues du fleuve.

Je ne considérerai donc ici que les cours d'eau mixtes, tels que la Seine, dans lesquels les versants perméables ont une étendue telle, qu'il est impossible de les négliger.

8° Les crues d'un torrent qui rencontre un cours d'eau tranquille passent toujours les premières au confluent. — Lorsqu'à un confluent se réunissent un cours d'eau tranquille et un cours d'eau torrentiel, la crue torrentielle de ce dernier passe toujours la première ; la portée de la crue tranquille qui la suit s'ajoute à la portée de la crue du premier cours d'eau.

Si le torrent est très-petit, sa crue s'affaisse en arrivant dans le lit du fleuve et ne trouble pas la régularité de son régime.

Ainsi les crues de l'Yonne (torrent) passent à Montereau quatre jours avant les crues de la Seine (cours d'eau tranquille).

La Barse et l'Hozain (petits torrents), sont sans influence marquée sur les crues de la Seine. Les courbes des crues du fleuve à Bray (pl. VIII, fig. 4) sont aussi régulières que si les deux torrents n'existaient pas.

Des crues successives. — Je n'ai décrit jusqu'ici que les effets produits sur le régime d'un cours d'eau par une crue unique des affluents ; ces effets se compliquent beaucoup si ces phénomènes se renouvellent à de courts intervalles.

9° Petits torrents. — *La durée des crues étant très-courte, la crue précédente est presque toujours écoulée, quand arrive*

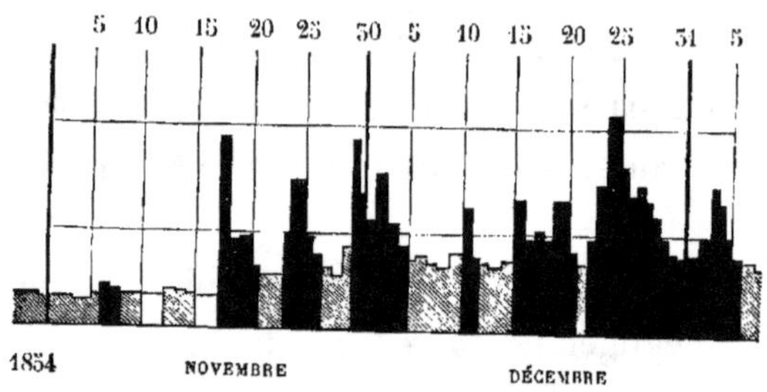

L'Armançon à Aisy.

la crue suivante. Ces crues sont donc presque toujours indépendantes les unes des autres.

Le diagramme ci-dessus représente les neuf crues successives qu'éprouva l'Armançon, en novembre et en décembre 1854 ; ces crues sont aussi très-bien marquées sur la figure 5 de la planche VIII, qui représente les variations de niveau de l'Yonne à Clamecy, à la même époque; elles sont nettement séparées les unes des autres.

10° *Grands cours d'eau torrentiels.* — *Les coïncidences des crues torrentielles successives sont possibles, mais rares.* Ainsi on comprend très-bien que si tous les affluents de la Loire éprouvaient deux crues, l'une le 1ᵉʳ, l'autre le 6 d'un mois quelconque, la crue partie le 1ᵉʳ de la Haute-Loire pourrait arriver au confluent de la Vienne, non pas avec la crue correspondante de cet affluent, mais avec celle du 6.

11° *Il peut donc y avoir des coïncidences; néanmoins, il est à peu près impossible que cela ait lieu pour deux crues extraordinaires,* parce que deux phénomènes météorologiques capables de produire ces grands cataclysmes, ne se succèdent presque jamais à de courts intervalles. Mais on comprend que la coïncidence d'une crue médiocrement élevée, avec une crue extraordinaire, puisse encore produire des effets désastreux.

Il y a eu des complications de ce genre dans la crue de la Loire de juin 1856.

Cours d'eau tranquilles. — Si les coïncidences des crues successives sont l'exception dans les rivières torrentielles, elles sont la règle dans les cours d'eau tranquilles.

12° *Les portées des crues successives d'un cours d'eau tranquille s'ajoutent les unes aux autres souvent pendant un ou deux mois.* Il arrive même parfois que ces crues ne paraissent former qu'une crue unique n'ayant qu'un seul maximum.

Les crues des cours d'eau tranquilles produites par des phénomènes successifs, sont donc généralement plus élevées que celles produites par un phénomène unique.

C'est ce que fait voir le diagramme ci-dessous.

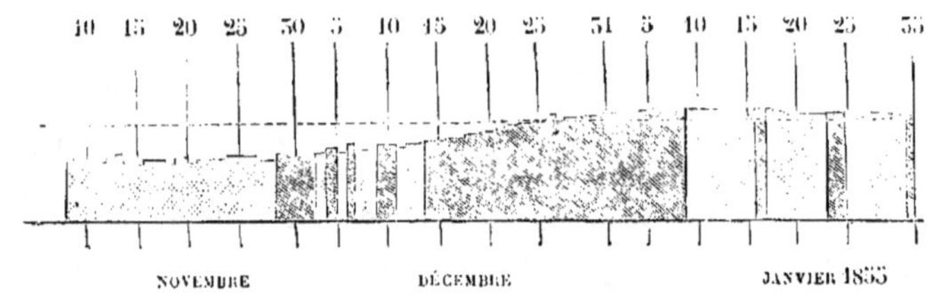

Somme-Soude à Conflans.

La Somme-Soude, à Conflans, a été soumise pendant les mois de novembre, décembre et janvier, aux influences météorologiques qui, pendant l'hiver 1854-1855, ont produit les crues successives discutées ci-dessus ; et cependant elle semble n'avoir éprouvé qu'une crue unique. Les figures de la planche VIII permettent de faire la même vérification. Les neuf crues distinctes des affluents torrentiels, en novembre, décembre et janvier (fig. 5), sont remplacées, sur la figure 4 (Seine à Bray), par une crue unique n'ayant que deux maxima.

13° *Il résulte de là que les crues extraordinaires d'un grand cours d'eau tranquille, sont toujours produites par des phénomènes successifs,* tels que grandes chutes de neige s'emmagasinant à la surface du sol et fondant tout à coup, ou grandes pluies se succédant à cinq ou six jours d'intervalle ; on comprend alors combien ces crues doivent être rares, puisqu'il faut, pour qu'elles aient lieu, que les mêmes phénomènes se reproduisent plusieurs fois, à de courts intervalles.

Cours d'eau mixtes. — Les mêmes coïncidences ont lieu au confluent d'un cours d'eau tranquille et d'un torrent.

14° *Si plusieurs crues successives se présentent, la 1ʳᵉ crue du torrent passera la première; mais la 2ᵉ, la 3ᵉ, etc., pourront coïncider avec la 1ʳᵉ, la 2ᵉ, etc., du cours d'eau tranquille.*

15° *Le maximum d'une crue extraordinaire d'un cours d'eau mixte, correspond habituellement à une crue torrentielle, arrivant à la suite d'un grand nombre de crues successives;* ces deux dernières lois se vérifient sur les figures 4, 5, 6 et 7 de la planche VIII. Les crues successives et distinctes de l'Yonne à Clamecy, se voient encore très-bien sur les figures des crues de l'Yonne à Sens; ces dernières sont cependant de plus longue durée, parce que les crues de la Cure, du Serein, de l'Armançon et de l'Yonne, ne passent pas en même temps à Sens; à Montereau (fig. 7) la première crue de l'Yonne passe d'abord; elle est soutenue par la crue tranquille de la Seine qui vient ensuite, et qui donne à la deuxième crue de l'Yonne, le temps d'arriver avant la décrue; la troisième crue de l'Yonne passe dans des conditions semblables, de telle sorte que la crue à Montereau, s'élève un peu plus à chaque passage de crue torrentielle; il faut donc plusieurs de ces crues successives, pour former une crue extraordinaire; d'où il résulte que ces crues extraordinaires sont très-rares.

Ces lois ne s'appliquent qu'aux cours d'eau d'une étendue médiocre comme ceux du nord de la France, dont les crues parcourent en huit ou dix jours au plus, toute la distance comprise entre les sources les plus éloignées et la mer.

Si, par la pensée, on se figure un bassin de fleuve assez étendu, pour qu'une crue, partie des points les plus éloignés, n'arrive à la mer qu'au bout d'un temps très-long, il y aura un point du bassin à partir duquel la portée des plus grandes eaux connues cessera de s'accroître, quelle que soit d'ailleurs la perméabilité des terrains d'amont; et ce point se trouvera à l'amont du premier confluent des tributaires tranquilles, dont les crues sont toujours écoulées lorsque arrive la crue du cours d'eau principal.

Ainsi, on comprend très-bien qu'à partir d'un certain point, les crues des affluents inférieurs de l'Amazone ou du Mississipi, soient toujours écoulées, quand la crue du fleuve atteint son maximum à leur confluent.

Ces crues des grands fleuves sont donc toujours de très-longue durée et paraissent soumises, suivant les saisons, à des lois d'une régularité presque complète, quelle que soit d'ailleurs la nature de leurs versants, soit que les eaux pluviales s'écoulent par les sources, soit qu'elles ruissellent à la surface du sol.

C'est à Paris que la crue de la Seine prend sa forme définitive. — Les affluents situés à l'amont de Paris donnent à la figure des crues du fleuve sa forme définitive ; c'est ce qu'on voit très-nettement, en comparant les courbes des variations de niveau de la Seine, aux stations de Gomméville, de Bray, de Montereau, de Paris, de Poissy et de Mantes (planches VIII et IX).

La crue de l'Oise, ayant à peu près la même figure que celle de la Seine à Paris, ne la déforme pas, quoiqu'elle augmente notablement sa portée.

Les autres affluents inférieurs, l'Epte, l'Andelle et l'Eure, sont sans action sur la forme des crues du fleuve ; le plus considérable des trois, l'Eure, ne débite pas, d'après M. l'ingénieur de Saint-Claire, plus de 100 mètres cubes d'eau par seconde, dans les plus grandes crues [1]. Mais néanmoins, suivant la 5ᵐᵉ loi, la portée des crues du fleuve va en croissant jusqu'à Rouen.

[1] La superficie du bassin de l'Eure est très-sensiblement la même que celle du bassin de la Loire à Roanne (6,400 kilomètres carrés). Ce dernier fleuve a débité dans la crue d'octobre 1846, 7,290 mètres cubes par seconde (jaugeage de M. l'ingénieur Vauthier), ou, d'après le jaugeage des ingénieurs de la navigation, au moins 5,000 mètres cubes ; il faut dire aussi, qu'une crue de l'Eure à Louviers dure un mois, tandis que la partie élevée de la crue de la Loire, en octobre 1846, s'écoulait à Roanne, en vingt-quatre heures environ.

Relations de ces crues avec celles de l'Oise.

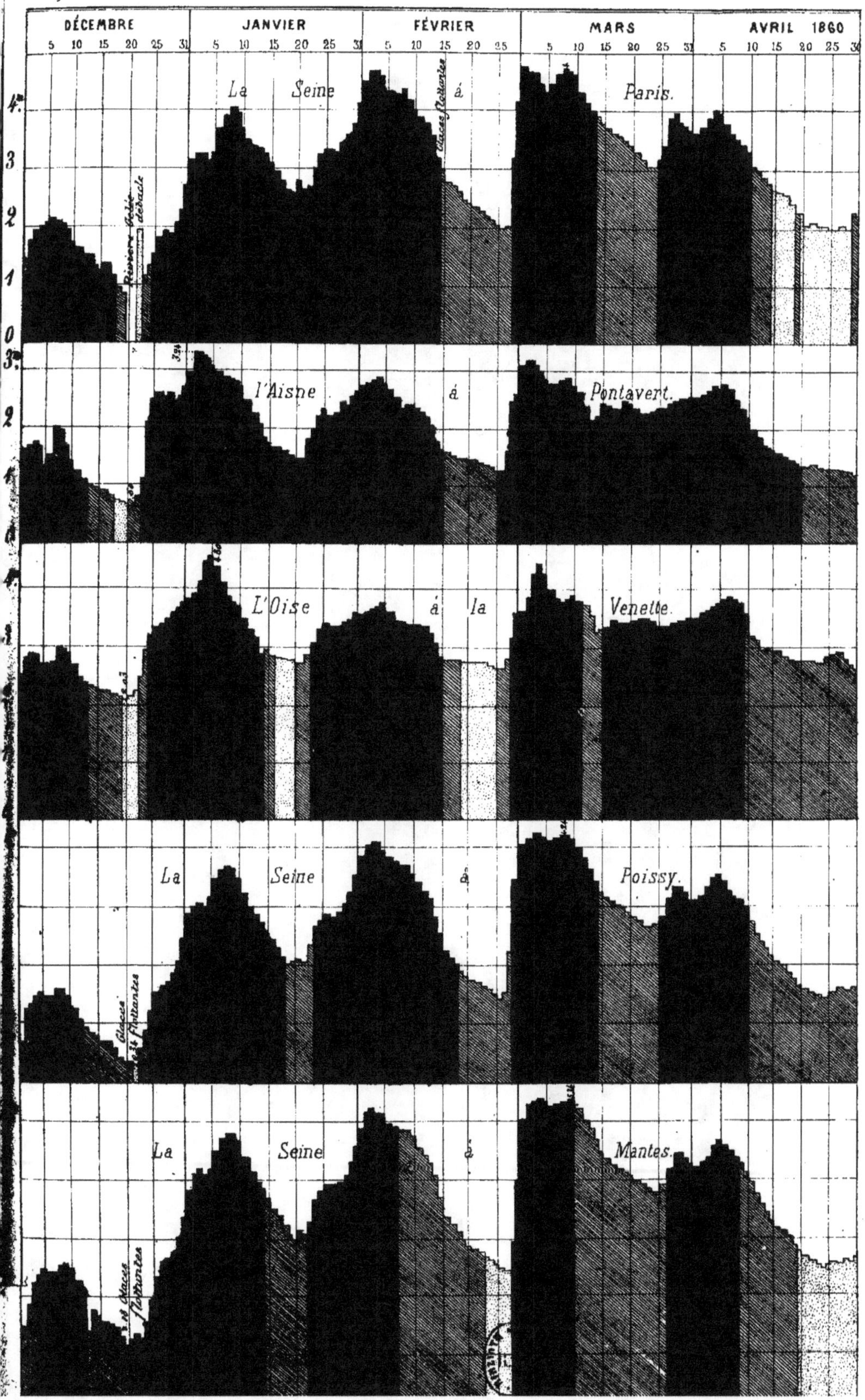
DÉCEMBRE
JANVIER
FÉVRIER
MARS
AVRIL 1860
La Seine à Paris.
l'Aisne à Pontavert.
L'Oise à la Venette.
La Seine à Poissy.
La Seine à Mantes.
Rivière gelée
débâcle
Glaces flottantes
Glaces
Glaces flottantes

CHAPITRE XVII

C'est donc à Paris qu'il est intéressant d'étudier les crues du fleuve, puisque c'est là qu'elles prennent leur forme et leur caractère définitifs.

L'atlas renferme les feuilles gravées des variations de niveau des cours d'eau, depuis le 1ᵉʳ mai 1854 jusqu'au 30 avril 1870; Voici les principaux faits qui résultent de la discussion de ces courbes.

Ordre du passage, à Paris, des eaux des différents terrains. — Une crue torrentielle, partie des points les plus éloignés du bassin, passe à Paris en trois ou quatre jours; la crue correspondante des cours d'eau tranquilles est au moins de quatre ou cinq jours en retard; c'est ce qu'on peut vérifier facilement en comparant les courbes des crues de l'Yonne à Sens et de la Seine à Bray, de la Marne à Saint-Dizier et de la Somme-Soude à Conflans.

Lorsque le fleuve entre en croissance, les eaux torrentielles passent donc les premières sous les ponts de Paris, les eaux tranquilles viennent ensuite et soutiennent la crue.

19*

Si un nouveau phénomène produit une seconde crue, pendant que la première s'écoule, il fait croître le fleuve d'une manière qu'on peut considérer comme continue, si l'on fait abstraction des petites décroissances partielles qui ont lieu quelquefois après le passage des eaux torrentielles; de sorte que si les affluents éprouvent, dans l'intervalle d'un mois, sept à huit crues successives, le fleuve à Paris peut monter d'une manière presque continue, pendant tout le mois, comme s'il éprouvait une crue unique.

Si l'on considère le bassin de la Seine dans son ensemble, on reconnaît, en discutant les courbes de l'atlas, que les terrains imperméables, dont les cours d'eau déterminent toujours le maximum des crues du fleuve, sont le granite, le lias, le terrain crétacé inférieur, les argiles du Gâtinais, de la Brie et de Montmorency, les argiles des sources de l'Eure et de la Rille. Les terrains perméables, dont les cours d'eau soutiennent les crues du fleuve, sans jamais déterminer le maximum de ces crues, sont les calcaires oolithiques; leurs crues passent, sous les ponts de Paris, quatre à cinq jours après les crues torrentielles. Les autres terrains perméables, la craie blanche, les calcaires et sablons éocènes, l'argile à silex et les limons des plateaux drainés par la craie, les sables de Fontainebleau et les calcaires de Beauce, donnent naissance à des cours d'eau si tranquilles qu'ils sont absolument sans action sur les crues du fleuve.

En somme, l'étendue du bassin de la Seine étant, en nombre rond, de. . . . . 79000$^{kq.}$
et les terrains, qui ont une action sur les crues, occupant une surface de. 34000
les terrains qui sont sans action sur les crues forment une surface de. . . . . 45000$^{kq.}$

Il n'a pas été possible, jusqu'ici, d'annoncer les crues au moyen d'observations pluviométriques. Les pluies d'été sont presque sans action sur les cours d'eau ; les pluies d'hiver, au contraire, déterminent presque toujours des crues. Entre ces deux états extrêmes, il y a un nombre infini de rapports différents de la pluie au régime des cours d'eau, dont la loi nous échappe.

Je reçois, en même temps, les annonces des crues des cours d'eau torrentiels et des pluies qui les produisent ; il est donc bien plus rationnel de se servir des premières que des dernières, pour annoncer les crues de la Seine et de ses grands affluents, puisque l'incertitude dans laquelle on se trouve, lorsqu'on cherche une relation entre la pluie et les variations de niveau des cours d'eau, disparaît dès qu'on fait usage des annonces de crues toutes formées des petits affluents torrentiels.

En outre, tous les cours d'eau d'un même grand bassin entrent en crue en même temps et avec la même intensité relative ; il suffit donc, pour obtenir une bonne relation entre les crues du fleuve et celles des petits affluents torrentiels, d'un assez petit nombre de points d'observations sur ces derniers cours d'eau.

Détermination de la hauteur des crues à Paris, et du nombre de jours correspondant au passage d'une crue des affluents. — Voici les affluents que j'ai choisis pour annoncer les crues à Paris.

Pour le Morvan et l'Auxois (granite et lias), l'*Yonne* à Clamecy, le *Cousin* à Avallon, l'*Armançon* à Aisy. Pour le lias de la vallée de la Marne, la *Marne* elle-même à Chaumont.

Pour la Lorraine et la Champagne humide (marnes de kimmeridge et terrain crétacé inférieur), la *Marne* à Saint-Dizier, l'*Aire* à Vraincourt, l'*Aisne* à Sainte-Menehould.

Je néglige, on le voit, les argiles du Gâtinais et les argiles de la Brie, dont les crues sont toujours passées quand arrivent les eaux torrentielles qui déterminent le maximum de la crue du fleuve à Paris. Ces plateaux dépourvus de pente n'ont qu'une faible action sur les variations de niveau du fleuve. Cependant à la suite de pluies très-persistantes, comme celles de l'été de 1866

292 LA SEINE.

et de l'automne de 1872, les cours d'eau de la Brie et notamment le Grand-Morin, peuvent déterminer dans la Seine une crue peu élevée qui arrive sous les ponts de Paris, le jour même où elle est signalée, et que, par conséquent, il est difficile d'annoncer.

Le tableau suivant donne la relation qui existe entre les crues des différents cours d'eau indiqués ci-dessus et celles de la Seine à Paris.

TABLEAU DES HAUTEURS MOYENNES DES CRUES *de l'Yonne à Clamecy, du Cousin à Avallon, de l'Armançon à Aisy, de la Marne à Chaumont, de la Marne à Saint-Dizier, de l'Aire à Vraincourt, de l'Aisne à Sainte-Menehould.* HAUTEURS CORRESPONDANTES DES CRUES DE LA SEINE A PARIS ET DURÉE DE CHAQUE CRUE.

DATES DE LA PREMIÈRE DES CRUES TORRENTIELLES		NOMBRE DE		HAUTEURS MOYENNES DES CRUES TORRENTIELLES	HAUTEURS TOTALES DES CRUES CORRESPONDANTES A PARIS	RAPPORTS DE CES HAUTEURS		OBSERVATIONS
		Crues torrentielles	Jours de crues à Paris					
1	**2**	**3**	**4**	**5**	**6**	**7**	**8**	**9**
1854	24 octobre	2	5	0m54	1m05	1.94	»	Sans décrue.
	17 novembre	1	5	0.65	1.55	2.11	»	Id.
	25 novembre	1	5	0.81	1.45	»	1.76	Après une décrue
	29 novembre	2	6	1.20	1.20	»	1.03	Id.
	6 décembre	2	5	0.55	0.40	»	0.74	Id.
	15 décembre	3	12	1.70	1.90	»	1.11	Id.
1855	1er février	2	6	1.20	2.40	2.00	»	Sans décrue.
	20 février	2	6	1.51	2.90	1.92	»	Id.
	25 mars	1	5	0.69	1.55	1.95	»	Id.
	20 juin	2	6	0.58	0.70	1.84	»	Id.
	10 juillet	1	2	0.54	0 78	2.29	»	Id.
	5 octobre	2	6	0.63	1.50	2.28	»	Id.
	26 octobre	1	5	0.85	1.60	1.95	»	Id.
	11 décembre	3	7	0.83	1.50	»	1.77	Après une décrue.
1856	7 janvier	1	5	0.57	1.00	1.76	»	Sans décrue.
	15 janvier	4	12	1.11	1.90	»	1.71	Après une décrue.
	14 mars	2	6	0.58	1.10	1.89	»	Sans décrue.
	9 avril	2	7	0.93	2.10	2.21	»	Sans décrue.
	26 avril	2	8	1.10	1.70	»	1.54	Après une décrue.
	9 mai	2	8	1.21	2.32	»	1.90	Après une petite décrue.
	50 mai	1	5	1.07	1.98	»	1.85	La décrue étant presque arrêtée.
	10 novembre	2	8	0.50	1.00	2.00	»	Sans décrue.
	20 novembre	3	9	1.54	2.00	»	1.49	Après décrue.
	4 décembre	1	4	0.40	0.40	»	1.00	Id.
	24 décembre	1	5	0.44	0.90	2.04	»	Décrue arrêtée.
	51 décembre	1	4	0.50	1.00	»	2.00	Après petite décrue.
1857	10 janvier	1	7	0.90	1.50	»	1.67	Id.
	A reporter	48	155			28.16	19.54	

Annotations marginales (accolades) : pour les crues des 25 novembre, 29 novembre, 6 décembre et 15 décembre 1854 : « Grande crue du 29 décembre 1854. » — pour les crues d'avril et mai 1856 : « Grandes crues des 16 mai et… » — pour les crues de novembre 1856 à janvier 1857 : « Grande crue du 13 janvier 1857. »

| DATES DE LA PREMIÈRE DES CRUES TORRENTIELLES | NOMBRE DE | | HAUTEURS MOYENNES DES CRUES TORRENTIELLES | HAUTEURS TOTALES DES CRUES CORRESPONDANTES A PARIS | RAPPORTS DE CES HAUTEURS | | OBSERVATIONS |
| | Crues torrentielles | Jours de crues à Paris | | | | | |
1 — 2	3	4	5	6	7	8	9
Report. . . .	48	155			28.16	19.54	
1858 3 mars.. . . .	3	12	1.50	2.30	1.77	»	Sans décrue.
5 avril.. . . .	1	5	0.60	1.40	2.33	»	Id.
24 décembre. .	2	7	1.40	2.80	2.00	»	Id.
1859 29 janvier.. . .	3	8	0.90	1.85	2.05	»	Id.
26 novembre. .	2	8	0.70	1.65	2.34	»	Id.
21 décembre. .	3	8	1.45	3.10	2.13	»	Id.
1860 21 janvier.. . .	3	11	1.35	2.40	»	1.78	Après décrue.
26 février.. . .	1	3	1.04	1.77	»	1.70	Après décrue presque arrêtée.
12 juin.	2	7	0.91	1.85	2.03	»	Sans décrue.
10 octobre.. . .	2	6	0.85	2.10	2.47	»	Id.
25 décembre...	1	3	1.46	2.95	2.04	»	Id. } Gr. crue du 4
31 décembre. .	1	5	0.73	1.30	»	1.78	Petite décrue. } janvier 1861.
1861 12 mars.. . . .	2	8	1.01	2.35	2.33	»	Sans décrue.
1862 9 janvier.. . .	1	6	0.83	1.40	1.65	»	Id.
24 février.. . .	2	7	1.35	2.20	»	1.63	Après décrue.
11 décembre.. .	1	4	0.55	1.05	1.91	»	Sans décrue.
30 décembre. .	2	8	0.97	1.50	»	1.54	Après décrue.
	80	271			53.21	27.97	

Nombre de jours de crue, à Paris, correspondant à une crue des affluents torrentiels : $\dfrac{271}{80} = 3,39$.

Rapport de la hauteur de la crue, à Paris, à la hauteur moyenne de la crue correspondante des affluents torrentiels, quand la crue n'est pas précédée d'une décrue : $\dfrac{53,21}{26} = 2,05$; quand elle est précédée d'une décrue : $\dfrac{27,97}{18} = 1,55$ [1].

[1] On a complété ces calculs jusqu'au 30 avril 1869 et on a trouvé les moyennes suivantes peu différentes de celles données ci-dessus :

Nombre de jours de crue, à Paris, correspondant à une crue des affluents torrentiels 3ʲ,40.

Rapport de la hauteur de la crue, à Paris, à la hauteur moyenne de la crue des 7 affluents torrentiels quand la crue n'a pas été précédé d'une décrue, 1,99.

Quand la crue est précédé d'une décrue, 1,46.

Ces nombres diffèrent trop peu de ceux qui précèdent pour qu'il m'ait paru utile de modifier ces derniers.

Deux des torrents sur lesquels on fait des observations, l'Aire et l'Aisne, n'appartiennent pas à la partie du bassin de la Seine située en amont de Paris, mais sont assez rapprochés des affluents de la Marne, pour que les résultats constatés soient applicables aux crues de cette rivière.

Ainsi, d'après ce tableau, le nombre de jours de crues, à Paris, correspondant au passage d'une crue torrentielle, est en moyenne de 3,59. Habituellement ce nombre est 3 ou 4. Pour 5 crues sur 81, il s'est élevé à 5 ; mais un des jours au moins n'a donné qu'un accroissement presque insignifiant.

La réciproque est également démontrée : lorsque le fleuve, à Paris, monte six à huit jours de suite, on peut en conclure que les affluents ont éprouvé au moins deux crues ; lorsqu'il monte pendant neuf à douze jours, qu'ils en ont éprouvé au moins trois, et ainsi de suite.

Quand on examine une série de courbes représentant les crues de la Seine, à Paris, on peut donc se rendre compte approximativement du nombre de crues des affluents, ou des phénomènes météorologiques successifs qui ont produit cette crue.

La hauteur de crue, à Paris, correspondant à une crue torrentielle, lorsque celle-ci n'arrive pas au moment d'une décrue, est égale à la hauteur moyenne de la crue des sept cours d'eau sur lesquels se font les observations, multipliée pratiquement par 2. En se servant de ce coefficient, les plus grandes erreurs commises, dans le calcul de la hauteur des crues, ne dépassent pas $0^m,60$.

Lorsqu'il y a décroissance, le coefficient se réduit à 1,55. Mais les écarts, entre les hauteurs de crues annoncées et celles observées, sont beaucoup plus grands que dans le cas précédent, et l'on comprend sans peine qu'il doit en être ainsi.

C'est au moyen de ces données que, depuis 1854, les crues de la Seine sont annoncées deux ou trois jours à l'avance.

Les observateurs de Clamecy, d'Avallon, d'Aisy, de Chaumont, de Saint-Dizier, de Vraincourt et de Sainte-Menehould envoient tous les jours des télégrammes indiquant les cotes observées. Les bulletins sont reçus par un agent spécial, qui, s'il y a crue, calcule la montée correspondante à Paris et transmet les avis aux ingénieurs, à la marine de Rouen, au préfet de police, etc.

Anomalies produites par les manœuvres des barrages avant 1866. — Les grands affluents, en amont de Paris, étaient soumis, en été, à un régime d'éclusées; c'est-à-dire qu'à certains jours on lâchait l'eau retenue par les barrages; ce qui produisait une petite crue artificielle, qu'on nommait *éclusée*, très-utile pour faire écouler les trains de bois et les bateaux. Lorsqu'on fermait les pertuis, après l'écoulement de cette crue, on produisait l'effet inverse, c'est-à-dire que les rivières restaient presque à sec au-dessous des barrages. Cet état se nommait *affameur*.

La figure ci-contre fait voir l'effet des *éclusées* et des *affameurs* sur les courbes des variations de niveau de la Seine à Bray, pendant le temps des basses eaux. Des effets analogues étaient produits sur la Cure et sur l'Yonne.

Les éclusées ressemblaient à de petites crues torrentielles se reproduisant tous les deux ou trois jours.

Lorsque l'arrivée d'une faible crue naturelle coïncidait avec celle d'une éclusée, la portée de cette crue était augmentée, et, par conséquent, elle était plus élevée que le calcul ne l'indiquait; si la crue coïncidait avec une affameur, elle disparaissait complétement. On ne pouvait donc annoncer avec certitude la hauteur des petites crues d'été.

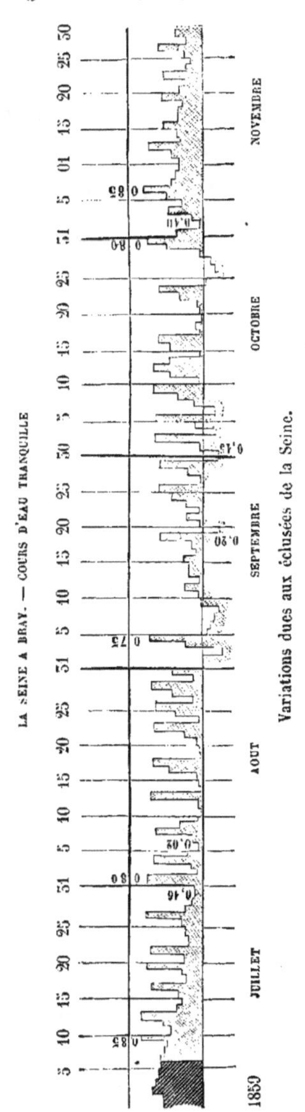

Aujourd'hui, cela est plus difficile encore; les éclusées de l'Yonne, de la Cure et de la Seine au-dessus de Montereau, ne sont pas encore supprimées ; et de plus les barrages de l'Yonne et de la Seine restent debout tant que la crue n'est pas trop forte ; les petites crues peuvent ainsi se répartir dans les biefs successifs, et ne peuvent être annoncées avec exactitude. On se contente donc de signaler les petites crues sans indiquer leur hauteur, et ces signalements ont une grande importance pour les ingénieurs, parce qu'ils ont lieu surtout en été, et que c'est dans cette saison que tous les travaux en rivière s'exécutent.

CHAPITRE XVIII

DES GRANDS DÉBORDEMENTS DE LA SEINE A PARIS

La Seine étant un cours d'eau mixte, qui se rapproche plus, par son régime, des cours d'eau tranquilles que des torrents, les crues extraordinaires y sont des phénomènes fort rares.

En effet, on compte plusieurs crues successives des affluents, à chaque grande crue ordinaire, comme celles de décembre 1854, ou de janvier 1861. Pour que le fleuve s'élève aux plus hautes limites connues, il faut donc un concours de circonstances qui se reproduit rarement. Aussi compte-t-on à peine deux ou trois de ces crues extraordinaires par siècle.

M. Maurice Champion a fait l'historique des grandes crues des cours d'eau de la France, et notamment de la Seine, au moyen âge[1]. Il semble qu'à ces époques reculées les inondations, à Paris, étaient beaucoup plus nombreuses et plus désastreuses qu'aujourd'hui ; mais il ne faut pas perdre de vue que le sol de Paris était alors bien moins élevé. A l'origine de la grande cité, les rues étaient aussi submersibles que les prairies de Maisons-Alfort ; les grandes crues ordinaires de la Seine produisaient donc des débordements dans la ville.

[1] *Les inondations en France depuis le sixième siècle jusqu'à nos jours.*

Mais, depuis, cette plaine basse s'est exhaussée peu à peu, et aujourd'hui, dans toutes nos fouilles d'égout, nous la trouvons recouverte de deux à trois mètres de décombres.

« Le moyen le plus sûr et le plus simple de mettre Paris à l'abri des inondations, a dit Égault, est celui que le temps a procuré naturellement, c'est-à-dire l'exhaussement du sol. De très-grands remblais couvrent déjà la vaste prairie sur laquelle Paris s'est élevé; avant un siècle peut-être, cette capitale ne sera point incommodée des plus grands débordements. »

Suivant Bonamy, il suffirait d'exhausser le sol de deux pieds pour préserver Paris des débordements [1].

Si Bonamy entend que le sol de Paris devrait être relevé de deux pieds en moyenne, il a peut-être raison; mais qu'il est loin de compte s'il parle seulement des points bas!

Les inondations désastreuses qui désolaient Paris au moyen âge n'étaient donc point dues à des crues extraordinaires; il paraît certain que ces derniers cataclysmes étaient aussi rares qu'aujourd'hui.

Les observations précises sur les hauteurs des crues extraordinaires de la Seine, ne remontent pas au delà de 1649; dans le mémoire d'Égault, le livre de M. Maurice Champion et les travaux de divers autres auteurs, on ne trouve que des indications vagues, qui ne peuvent donner aucune idée de la hauteur même des crues. Je viens de dire que le sol de Paris était alors beaucoup plus bas qu'aujourd'hui, et jusqu'au seizième siècle, de grandes crues ordinaires, comme celles de février 1850, de décembre 1854, de janvier 1861, de septembre 1866, devaient s'élever, dans les quartiers bas, jusqu'aux fenêtres du rez-de-chaussée des maisons et causer des ravages incalculables. Il ne faut voir dans ces désastres que l'effet ordinaire de l'imprévoyance humaine.

____

[1] *Mémoires sur la crue de* 1740.

On trouve, à Maisons-Alfort, à Auteuil, Grenelle, Bercy, des constructions récentes tout aussi submersibles.

Il est donc très-difficile, pour ne pas dire impossible, en lisant les récits du moyen âge, de distinguer les crues extraordinaires de la Seine, des grandes crues ordinaires.

Le père Cotte parle d'une crue, survenue le 11 juillet 1615, qui aurait atteint, à l'échelle du pont de la Tournelle, la hauteur énorme de 9^m,04. On ne trouve aucune autre mention de cette crue. Sauval, qui décrit la crue et la débâcle de 1616, dont il fut témoin, ne parle pas de celle de juillet 1615. M. Champion, qui a fait de si consciencieuses recherches sur ces cataclysmes, considère cette crue comme apocryphe.

Ce phénomène se serait d'ailleurs produit dans une saison où jamais le niveau de la Seine ne peut s'élever à une grande hauteur. La plus grande crue d'été des deux derniers siècles, celle de septembre 1866, s'est élevée à la cote 5^m,20 à l'échelle du pont de la Tournelle [1] ; il y a loin de cette cote à celle de 9^m,04.

Il paraît bien probable que cette crue est purement imaginaire [2].

C'est à Deparcieux que nous devons les premières indications précises sur les crues de la Seine. Dans un excellent mémoire, inséré parmi ceux de l'Académie en 1764, il a relevé la hauteur des repères des grandes crues, qui se trouvaient alors en divers points de Paris. Ces repères ont disparu, mais le mémoire de Deparcieux reste.

---

[1] Voy. chap. XV, p. 267.

[2] Voilà ce que dit le père Cotte dans un mémoire publié dans le *Journal de physique* en 1799.

« Voici les années d'inondation dont Deparcieux a recueilli les notes d'après les repères qui ont été tracés dans le temps..... 11 juillet 1615 ; février 1649 ; janvier 1651 ; février 1658 ; etc. »

J'ai lu avec attention le mémoire de Deparcieux ; il n'y est pas question de la crue de 1615. Le père Cotte donne la hauteur de 9^m,04 de la crue et n'en parle plus dans la suite de son mémoire.

Bonamy et Bralle ont décrit les inondations de 1740 et de 1802.

M. l'ingénieur en chef Égault a publié, en 1814, un mémoire dans lequel il donne quelques renseignements précieux sur les grandes crues, depuis 1764 jusqu'à 1807.

Dates et hauteurs des grands débordements de la Seine. — Voici, d'après ces mémoires et les observations régulières faites depuis 1752 à la Préfecture de police, les hauteurs des crues extraordinaires de la Seine, à l'échelle du pont de la Tournelle, à partir de 1649, en ne tenant compte que de celles qui ont dépassé la cote 7 mètres.

1° Février 1649 (Deparcieux), 9 pouces au-dessous de celle de 1740, soit $7^m,90 - 0^m,25 = 7^m,66$;

2° 25 janvier 1651 (Deparcieux), $2^p 9^{lig}$ au-dessous de celle de 1740, soit $7^m,90 - 0^m,07 = 7^m,83$;

3° 27 février 1658 (Deparcieux), $33^l 1/2$ au-dessus de celle de 1740, soit $7^m,90 + 0^m,91 = 8^m,81$;

4° Crue de 1690 (Deparcieux), 13 pouces au-dessous de celle de 1740, soit $7^m,90 - 0^m,35 = 7^m,55$;

5° Mars 1711, $10^p 1/2$ au-dessous de celle de 1740 (Deparcieux), soit $7^m,90 - 0^m,28 = 7^m,62$;

6° 26 décembre 1740 (Bonamy), $7^m,90$;

7° Février 1764 (Pasumot), $7^m,09$; suivant Buache, $7^m,53$;

8° 3 janvier 1802, registre de la Préfecture de police, $7^m,32$; suivant Bralle, $7^m,45$.

Depuis le 3 janvier 1802, la Seine ne s'est pas élevée, à Paris, à la cote 7 mètres de l'échelle du pont de la Tournelle.

En 224 ans, la Seine n'a donc éprouvé que 9 crues extraordinaires, soit environ une crue par 25 ans.

Quatre des débordements ont eu lieu dans la dernière moitié du dix-septième siècle, trois dans le dix-huitième; on n'en compte plus qu'un seul dans le dix-neuvième siècle.

Il semble donc que les crues extraordinaires aient été beaucoup plus fréquentes autrefois qu'aujourd'hui, ce qui indiquerait un changement dans le régime du fleuve. Je démontrerai que ce régime n'a pas varié.

Les crues extraordinaires des cours d'eau mixtes du genre de la Seine sont dues soit à plusieurs crues des affluents, se succédant à des intervalles rapprochés, soit à la fonte subite d'une grande quantité de neige accumulée sur toute la surface du bassin[1].

Je vais faire voir que tous les grands débordements de la Seine, dont nous connaissons les détails sont dus à l'une ou l'autre de ces deux causes.

Crue du 27 *février* 1658, *la plus grande connue.* — Mon collaborateur et ami, M. l'ingénieur Emmery, a trouvé, à Vernon (Eure), des renseignements précis sur la plus grande crue connue de la Seine, celle de 1658; voici la courbe de cette crue, que j'ai pu rapporter au moyen de ces renseignements.

On lit dans les registres de l'état civil de Vernon :

« 24 *février* 1658. Ce jour, la rivière de Seyne se déferma de glaces, ayant été cinq semaines glacée par la rigueur des gelées, qui avaient renforcé par plusieurs fois depuis Noël dernier, ce qui a mis beaucoup de personnes en péril de mourir de froid, d'autres qui en sont mortes, et de là s'est ensuivi un grand débordement d'eau en la nuit du 25°, d'où la rivière est venue jusqu'à l'image de Nostre-

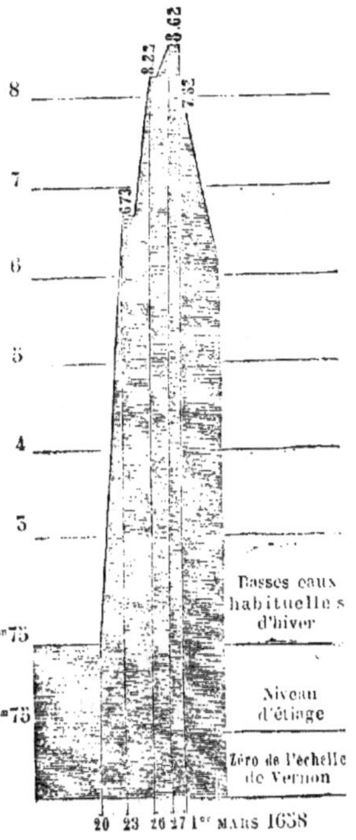

Crue de la Seine à Vernon.

<hr>

[1] Voy. chap. XVI, p. 286.

Dame des Neiges, et a commencé à diminuer sur le soir de ce 24 février 1658, et, le 25ᵉ, elle a recommencé à croistre à vue d'œil; le 26ᵉ, la queue est venue jusqu'au premier pilier de derrière le chapitre.

« Le 27ᵉ, la rivière entre jusque dans cette église, où s'est fait procession générale, avec exposition du Saint-Sacrement, pour demander pardon à Dieu, vu que la nuit dernière sept arches du pont, par l'effort de l'eau, ont été emportées.

« Le 28ᵉ et dernier jour de février, l'on a dit et chanté la messe de la Mère-Dieu, en la chapelle de Nostre-Dame de Consolation, à l'entrée du chœur, à cause que l'eau a empêché que l'on pût approcher de l'autel de la Mère-Dieu et a environné le chœur, de sorte qu'il a été besoin de faire un établissement d'ais, pour aller de la sacristie dans le chœur, et l'eau est venue jusque dans la chapelle Saint-Pierre, et emporta encore, ce même jour, deux arches du pont et a inondé la grande rue jusqu'au marché de devant Nostre-Dame, l'hôtel-Dieu, la rue du Pont, la rue de la Boucherie et la porte de l'eau jusqu'à la chapelle de Saint-Pierre, par derrière le chapitre. Elle a commencé à décroistre et à diminuer le 1ᵉʳ jour de mars 1658.

« Le baptême, le 1ᵉʳ jour de mars, étant remarqué pour ce que les cérémonies et exorcismes se firent au grand portail de céans, parce que celui de Saint-Sauveur estoit environné d'eau jusqu'au troisième degré.

« Le dimanche 5ᵉ jour de mars, on a célébré la messe du Rosoir en la chapelle de la Mère-Dieu, l'eau s'étant retirée.

« Le 6 mars, mardy gras, deux arches, les plus fortes du pont, tombèrent dans l'eau, et le jour des Cendres, un beau moulin de Saint-Jean-Guay fut aussi perdu en tombant dans l'eau. » (*Registre de l'état civil de la ville de Vernon*, 1658.)

On voit encore à Vernon les inscriptions suivantes :

<table>
<tr><td>

Inscription gravée sur le premier pilier à gauche du portail de l'église Notre-Dame de Vernon, faisant l'angle de la rue du Sauveur.

</td><td>

Inscription gravée sur le cinquième pilier de droite de l'église Notre-Dame de Vernon, dans la rue du Chapitre.

</td></tr>
<tr><td>

L'AN MIL SIX CENS-CINQUANTE HUICT
CE DERNIER JOUR DE FEUVRIER
L'EAU A VERNON LE PONT ROMPIT!
ET VINT AU PIED CE PILIER.

</td><td>

L'AN MIL SIX CENTS-CINQUANTE-HUICT
HUICT DÉGRETZ DES POISSONS, LA SEINE
BRISANT CE PONT, O! TRISTE BRUIT!
ESTANDIT ICI SON DOMAINE.

</td></tr>
</table>

Le tableau suivant donne des cotes relevées à Vernon par M. Emmery.

| | | HAUTEUR DE L'EAU DU FLEUVE | |
DATES	DÉSIGNATION	AU-DES-US DU ZÉRO DE L'ÉCHELLE DU PONT DE VERNON	AU-DESSUS DE L'ÉTIAGE
26 janvier 1651	Petite porte du chapitre..	7^{m}40	6^{m}65
Id.	Degrés du portail Saint-Sauveur.	7.52	6.57
25 février 1658	Image de Notre-Dame-des-Neiges.	6.73	5.98
26 février 1658	Premier pilier de derrière le chapitre.	8.22	7.47
28 février 1658	Établissement d'ais de la sacristie dans le chœur. Eau devant l'autel de la Mère-Dieu et devant la chapelle Saint-Pierre.	8.62	7.87
Id.	Grande-Rue. — Marché devant Notre-Dame. . . .	8.61	7.86
1er mars 1658	Troisième degré du portail Saint-Sauveur.. . . .	7.82	7.07
Id.	Zéro de l'échelle du pont de Vernon..	»	0.75

Je trouve d'autres renseignements précieux sur l'hiver de 1658 dans le journal d'un voyage à Paris de deux jeunes gens d'une grande famille hollandaise, MM. de Villiers [1].

Le commencement de l'hiver avait été très-doux. « Le 25 (décembre), nous fusmes à Charenton : c'était le jour de Noël, et il fit si beau et le temps estait si pur et si peu froid, que l'on eust creu d'estre au mois de may, si l'on n'eust veu les arbres sans feuilles et la campagne sans verdure. »

L'hiver fut cependant des plus rudes.

« Le 20 (février), le temps commença à se radoucir, après qu'une quinzaine de jours il avait fait un si grand froid, que de

[1] Publié par M. Faugère en 1862.

mémoire d'homme, on n'en avait jamais senti un pareil. Aussi la
Seine en a été prise trois ou quatre jours, et on a veu du monde
qui l'a traversée d'un bord à l'autre, en passant dessus la glace
qui avait arrêté son agréable cours. Les lettres d'Avignon portent
que le Rhosne y a aussi esté pris, et que le vice-légat en avait
passé le premier bras en carrosse. »

« On escrit d'Amiens que les neiges y ont esté de la hauteur
d'un homme, qu'il y est tombé de la grêle d'une si horrible
grosseur, que ceux qui en avaient été frappés étaient morts ; que
quantité de personnes, s'estant retirées dans une maison pour
se sauver du grand débordement des eaux, y avaient été
noyées. »

Ainsi la fonte de neige fut si subite, que, non-seulement les
cours d'eau torrentiels, mais encore les rivières les plus tranquilles, celles de la craie, comme la Somme à Amiens, éprouvèrent des crues désastreuses.

La crue de la Seine atteignit son maximum à Paris le 27, un
jour plus tôt qu'à Vernon.

Débordement à Paris, le 27 février 1658. — « Le 27, par le
dégel, il se forma ici un grand déluge, et la rivière déborda de
telle façon, que nos plus belles rues, les plus grandes et les plus
fréquentées, comme celles de Saint-Martin, Saint-Denis, Saint-
Antoine et plusieurs autres furent remplies d'eau en beaucoup
d'endroits. On n'y peut aborder la plupart des maisons qu'en
bateau, et, au lieu d'entrer par la porte, on est souvent obligé de
passer par les fenêtres.

« Mais cette incommodité vient d'être suivie d'un fort grand
malheur, puisque la violence de l'eau emporta cette nuit une
partie du pont Marie. Il servait de passage à l'isle Notre-Dame,
et avait sur les deux costez de belles maisons, où demeuraient
quantité d'artisans..... vingt-deux maisons en sont péries et abis-
mées dans l'eau avec un tel fracas et un tel bruict, que toute
l'isle et tous les lieux circonvoisins en ont esté alarmés et

croyaient estre enveloppés dans la ruine. Elle a surpris une grande partie de ceux qui habitaient le pont, et on tient qu'il y a eu près de cent vingt personnes de submergées. »

On trouvera dans l'ouvrage de M. Champion, des détails non moins intéressants sur cette formidable crue.

D'après le père de Thoulouse, dont la relation a été copiée par Bonamy, la Seine aurait commencé à déborder dès le 19 février, le lendemain du dégel. Elle se serait répandue dans les prés de l'abbaye Saint-Victor, le vendredi 22 après vêpres; la rivière aurait crû jusqu'au 27 à cinq heures du soir.

Il y a eu à Vernon d'abord quatre jours de crue, du 20 au 23 février, puis décroissance le 24, puis quatre autres jours de crue, du 25 au 28. Il y a donc eu deux crues des affluents [1], dont la première a été le résultat d'une grande fonte de neige accompagnée d'une débâcle; la deuxième a été sans doute produite par des pluies. Il est évident, du reste, que les choses se sont passées à Paris comme à Vernon.

L'origine et les diverses circonstances de l'écoulement de la plus grande crue de la Seine sont donc assez bien connues.

Deparcieux a calculé la hauteur de la crue, au moment de son maximum, d'après l'inscription d'une tablette de marbre scellée dans le cloître des Célestins; il a constaté qu'elle s'était élevée à 33ᵖ 1/2 au-dessus de celle de 1740; ce qui donne, à l'échelle du pont de la Tournelle, la cote 8ᵐ,81.

Méraldi (*Mémoires de l'Académie*, 1740, page 613) prétend à tort que le niveau de la crue a été considérablement relevée, à Paris, par la chute du pont Marie. Deparcieux a constaté, au couvent de Saint-Nicaise, à Meulan, à peu près la même différence qu'à Paris entre les hauteurs des crues de 1658 et de 1740 (30 ou 31 pouces); à Poissy, il a trouvé cette différence égale à 30 pouces.

[1] Voy. chap. XVII, p. 294.

La hauteur observée à Paris est donc bien la hauteur naturelle de ce grand débordement.

Crue de 1740. — La crue de 1740 est mieux connue que celle de 1658 ; Buache, Bonamy et Deparcieux en ont donné une description complète.

Voici d'abord les principaux traits du récit de Bonamy, qui peuvent intéresser la science [1].

« Les vents qui avaient soufflé constamment de la partie du sud ou de l'ouest, pendant près de six semaines, depuis la fin du mois d'octobre jusqu'au mois de décembre, avaient causé dans l'air une température qui avait occasionné la fonte des neiges ; elles étaient tombées en grande quantité dès le commencement du mois d'octobre..... C'est à ces fontes et aux pluies fréquentes qu'il faut attribuer l'inondation que nous avons vue. La Seine commença à croître considérablement le 7 décembre 1740, etc. »

Dans son rapport sur l'inondation de l'an X, Bralle s'exprime ainsi sur les causes de l'inondation de 1740 :

« Une grande quantité de neige couvrait, dès le commencement d'octobre, tous les pays traversés par la Seine et par les rivières qui y affluent ; le mois de décembre avait été extraordinairement pluvieux pendant tout le temps du dégel. »

La Seine a donc commencé à croître à la suite d'une grande fonte de neige ; des crues successives des affluents déterminées par de fortes pluies ont porté la crue à son maximum et l'ont soutenue pendant longtemps.

L'inondation était du reste générale en France. « Les neiges qui étaient sur nos montagnes du Dauphiné et d'Auvergne ont fondu et ont augmenté ici sensiblement toutes les rivières. Cela est venu à un tel excès qu'il y a eu inondation générale dans le royaume. » (*Journal de l'avocat Barbier.*)

---

[1] *Mémoire de l'Académie des inscriptions*, années 1741, 1743, t. XVII, p. 676 et suivantes. Voyez pour les détails historiques, la Relation de Champion, t. I*er*, p. 125 et suivantes.

Les hauteurs de pluie constatées en 1740 à l'Observatoire de Paris, sont les suivantes :

	MILLIMÈTRES.		MILLIMÈTRES.
Janvier	12.8	Juillet	91.1
Février	9.8	Août	68.0
Mars	9.9	Septembre	27.8
Avril	52.3	Octobre	49.6
Mai	62.0	Novembre	57.5
Juin	15.8	Décembre	156.9
TOTAL	152.6	TOTAL	450.9

TOTAL GÉNÉRAL. . . . . 585.5 [1]

On sait que la hauteur annuelle moyenne de pluie tombée à Paris de 1816 à 1845 est : Sur la terrasse de l'Observatoire, $509^{mm},91$, dans la cour $575^{mm},57$.

La même moyenne dans la cour, est pour le premier semestre $272^{mm},55$, pour le second $303^{mm},02$.

Le rapprochement des chiffres qui précèdent, fait voir que l'année 1740 n'a pas été excessivement humide, que le premier semestre a été très-sec, et le second, surtout vers la fin, extraordinairement pluvieux. C'est donc, à une mauvaise répartition des pluies annuelles, plutôt qu'à leur abondance extraordinaire, qu'il faut attribuer ce grand débordement.

Voici, d'après le mémoire de Bonamy, le tableau des hauteurs de l'eau à l'échelle du pont de la Tournelle pendant les mois de décembre 1740 et janvier 1741.

	DÉCEMBRE 1740.	JANVIER 1741.		DÉCEMBRE 1740.	JANVIER 1741.
1	2^m71	6^m73	12	8.87	5.82
2	2.68	5.96	13	5.52	5.58
3	2.60	5.52	14	6.06	5.58
4	2.65	5.57	15	6.01	5.17
5	3.09	5.50	16	5.96	5.06
6	3.84	5.71	17	5.90	5.12
7	4.44	5.82	18	5.87	5.12
8	4.71	5.85	19	5.88	4.95
9	5.25	5.90	20	5.79	4.82
10	5.14	5.95	21	5.95	4.74
11	4.30	3.96	22	6.20	4.22

[1] Méraldi, *Mémoires de l'Académie*, 1740 p. 615.

	DÉCEMBRE 1740.	JANVIER 1741.		DÉCEMBRE 1740.	JANVIER 1741.
23..	6.82	3.68	28..	7.66	2.76
24..	7.56	3.58	29..	7.72	2.76
25..	7.80	2.22	30..	7 55	2.98
26..	7.90	2.92	31..	7.20	3 30
27..	7.74	2.70			

La courbe correspondante est rapportée ci-dessous. Le nombre des jours de crue ayant été de quinze à Paris, l'inondation a été produite par cinq crues des affluents [1]. J'ai figuré page 309 la hauteur moyenne probable de la partie torrentielle des crues des cours d'eau, sur lesquels je fais des observations.

Les publications de Méraldi, Bonamy et Bralle dont j'ai donné des extraits, font connaître suffisamment les phénomènes météorologiques qui ont produit cette crue.

Les mois de juillet, août, septembre, octobre et novembre avaient été pluvieux. On était en hiver et l'état de saturation du sol était permanent [2]; avant le débordement, la Seine, au pont de la Tournelle, était à la cote $2^m,60$; la moindre crue des affluents dans ces conditions devait déterminer une forte crue à Paris; or il y a eu non pas une, mais cinq crues successives des affluents!

La première partie de la crue a été produite par une fonte de neige *sans débâcle;* le reste a été le résultat des grandes pluies de décembre.

La montée totale de la crue a été de $7^m,90 - 2^m,60 = 5^m,30$; cette montée est très-grande, mais elle a été produite par cinq crues des affluents; les montées des crues, 1784, 1795, 1830, 1836, 1866, qui ont dépassé 4 mètres et qui sont dues à une seule crue des affluents, sont bien plus extraordinaires.

La débâcle survenue le 10 janvier, dans la décrue, lorsque la Seine était encore à la cote $5^m,37$ est un phénomène heureusement très-rare, mais qu'on ne peut discuter ici, faute de documents suffisants.

---

[1] Voy. chap. XVII, p. 294.
[2] Voy. chap. XV, p. 266.

La crue de 1740 est, par sa grandeur, la seconde des grandes crues de la Seine. Chacun des phénomènes météorologiques qui l'ont produite, a été très-ordinaire, et peut se renouveler presque tous les hivers. Il n'y a eu d'extraordinaire, que l'ordre dans lequel ces phénomènes se sont manifestés.

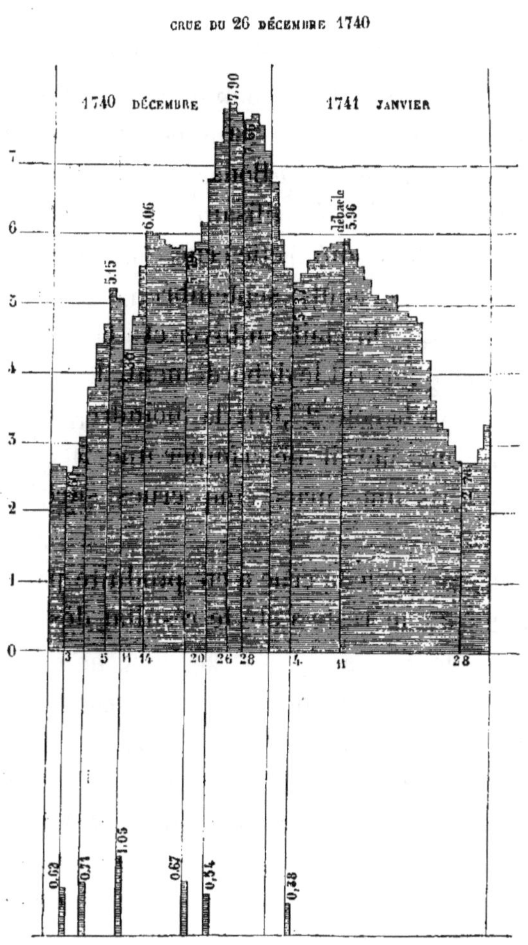

Hauteurs moyennes probables des crues torrentielles des petits affluents.

Crue du 13 nivôse an X (3 janvier 1802). — Je terminerai l'histoire des crues extraordinaires de la Seine, par la description

de la dernière qui ait affligé Paris, celle du 13 nivôse an X
(3 janvier 1802).

Nous avons un récit très-circonstancié de cette crue, dû à
Bralle, ingénieur hydraulique en chef du département de la
Seine[1]. J'ai eu le bonheur de trouver à la bibliothèque des
Ponts-et-Chaussées, cette brochure qui est devenue fort rare.

Causes de l'inondation. — Bralle n'est pas plus explicite que
Bonamy sur les causes du cataclysme ; les observations man-
quaient, et les hommes les plus compétents en étaient réduits,
après coup, à de simples conjectures.

« L'inondation de l'an X, présente un caractère et des circonstances qui méritent de fixer l'attention des savants ; cette
inondation, presque aussi considérable que celle de 1740, qui
ne l'a surpassée que de 45 centimètres, paraît cependant ne pas
avoir la même origine.

« L'hiver de 1739 avait été très-long et très-rigoureux ; une
grande quantité de neige couvrait la terre dès le commencement d'octobre....... En l'an X, au contraire, il n'y avait presque point eu de neige ; à la vérité, des pluies assez fréquentes
étaient tombées, pendant les six mois qui avaient précédé
l'inondation ; mais elles avaient été si peu abondantes, que
dans le cours de ces six mois, la Seine ne s'était point soutenue à un mètre au-dessus des plus basses eaux de 1719 (zéro de
l'échelle du pont de la Tournelle).......... Ce fut en brumaire
seulement que les eaux s'élevèrent au-dessus du second mètre ;
et le dernier jour de ce mois (21 novembre 1801), elles n'étaient
qu'à 1^m,83. »

« Le 10 frimaire (1er décembre) la gelée commençait à se faire
sentir ; mais l'eau montait toujours. »

Dans la longue description qu'il fait de la crue, Bralle ne

---

[1] *Précis des faits et observations relatifs à l'inondation qui a eu lieu dans Paris, en frimaire
et nivôse de l'an X de la République française, rédigé par le citoyen Bralle, ingénieur hydraulique en chef eu département de la Seine.*

donne plus aucun détail, ni sur les pluies ni sur les chutes de neige, qui ont prolongé le phénomène pendant un temps aussi long ; car la crue dans sa période croissante, a duré quatre-vingts jours, du 15 octobre 1801 au 3 janvier 1802.

Hauteur maximum de la crue, débâcle au moment de ce maximum. — Je n'ai trouvé dans les Mémoires de l'Académie, aucune indication, sur les hauteurs de pluie constatées en 1801, à l'Observatoire de Paris.

L'inspecteur général des ports constata, que le 13 nivôse à une heure du matin, l'eau marquait $7^m,45$ à l'échelle du pont de la Tournelle ; à la pointe du jour elle n'était plus qu'à $7^m,32$, « et pour comble de malheur, ajoute Bralle, la rivière charriait fortement. »

« L'île de la Fraternité (Saint-Louis) est couverte dans sa partie orientale de $0^m,50$ d'eau et la pensée ne se reporte qu'avec effroi vers l'estacade, trop basse de plus de $0^m,71$ pour être au niveau des glaces qui la franchissent. »

Cette débâcle survenant au moment du maximum de cette énorme crue, doit être signalée comme un fait des plus extraordinaires. La débâcle de l'an X fut très-violente.

« Dix-huit chantiers bordant le quai Saint-Bernard, étaient inaccessibles, et les glaces réunies en masses énormes, fracassaient ou entraînaient, tout ce que le débordement semblait avoir respecté. »

Courbe de la crue. Discussion. — La figure suivante indique toutes les phases de la crue : elle a été rapportée d'après les registres de la navigation, qui donnent pour tous les jours, depuis 1732, la cote d'eau à l'échelle du pont de la Tournelle. Comme cette cote n'est relevée qu'une fois par jour, dans la matinée, le maximum a été indiqué sur ces registres, ainsi que l'indique le récit de Bralle, à $7^m,32$; d'après le même récit, je l'ai rétablie à $7^m,45$.

La Seine qui, le 15 octobre, est à la cote 0m,41 au pont de la la Tournelle, s'élève graduellement, par l'effet des petites pluies dont parle Bralle, à l'altitude 2m,50 environ. Le nombre des jours de crue étant de douze, les crues correspondantes des petits affluents sont au nombre de trois ou quatre. J'indique la hauteur probable de la partie torrentielle de ces crues, ainsi que celles des autres oscillations, que ces affluents ont dû éprouver, pendant toute la durée du débordement.

CRUE DU 13 NIVÔSE AN X (3 JANVIER 1802).

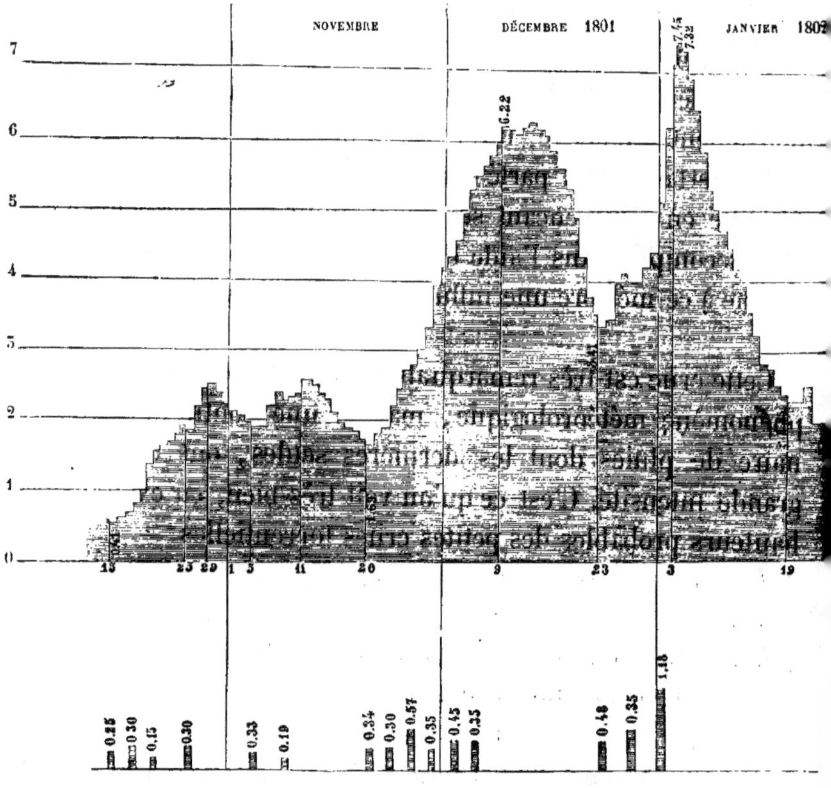

Hauteurs moyennes probables des crues torrentielles des petits affluents.

Après une petite décrue qui, dans les premiers jours de novembre, fait descendre le fleuve un peu au-dessous de 2 mètres, deux nouvelles petites crues des affluents, le ramènent vers la

:ote $2^m,60$; à partir de ce jour, nouvelle décrue jusqu'au 20, où le fleuve tombe à $1^m,69$.

Là commence le grand débordement. Six crues des affluents font monter le fleuve d'une manière continue pendant dix-neuf jours à $6^m,22$, niveau atteint le 13 décembre ; les désastres sont d'autant plus effroyables que ce niveau se maintient presque sans variation pendant six jours. La grande gelée dont Bralle ne parle pas, mais qui est nécessaire pour expliquer la débâcle du 3 janvier, abaisse rapidement le niveau des eaux qui, le 23 décembre, tombe à $3^m,41$.

La dernière phase de la crue commence le lendemain. Bralle ne parle ni de neige ni de pluie ; il est probable que les trois crues torrentielles des affluents, qui déterminèrent ce nouveau mouvement du fleuve, furent produites par des pluies ; Bralle aurait certainement parlé de la neige, s'il en était tombé, car il s'étonne en commençant son récit qu'un pareil cataclysme ait pu s'accomplir sans l'aide de la neige. Aujourd'hui encore, on attache à ce météore une influence qui ne paraît pas justifiée.

Cette crue est très-remarquable ; elle n'est due à aucun grand phénomène météorologique, mais à une continuité extraordinaire de pluies dont les dernières seules, ont dû avoir une grande intensité. C'est ce qu'on voit très-bien, en examinant les hauteurs probables des petites crues torrentielles.

Ces quinze petites crues sont séparées en quatre groupes, par des intervalles de huit, onze et dix-huit jours, qui correspondent aux décrues indiquées sur la figure ; mais on était en hiver, et malgré les longs intervalles qu'on remarque entre les groupes de petites crues, le sol restait saturé, et le fleuve rentrait en crue à chaque nouveau phénomène météorologique. Si ces intervalles avaient été réduits à cinq ou six jours, la crue du fleuve aurait atteint une hauteur de beaucoup supérieure à celle du 27 février 1658.

Les deux dernières crues de la Seine, dont je viens de parler, sont donc dues à une série de phénomènes qui, considérés chacun isolément, n'ont rien eu d'extraordinaire, mais dont l'arrangement, dont nous ne connaissons pas la loi et qui nous semble purement fortuit, a seul donné lieu à l'inondation.

C'est, je le répète, ce qui distingue les crues de la Seine et des autres cours d'eau mixtes ou tranquilles, des crues de la Loire, du Rhin, du Rhône, de la Garonne et autres fleuves torrentiels. Les crues extraordinaires de ces derniers, étant presque toujours dues à un phénomène météorologique unique, agissant sur une partie restreinte du bassin, n'exigent point, pour se produire, une série de circonstances fortuites ; aussi sont-elles très-fréquentes, tandis que les grandes crues de la Seine sont extrêmement rares.

Calcul de la probabilité du retour des grandes crues de la Seine.—D'après ce qui précède, certains arrangements 2 à 2, 3 à 3, 4 à 4, etc., des crues des petits affluents de la Seine, peuvent produire une inondation extraordinaire à Paris, et la probabilité du retour de chacun d'eux peut être déterminée ; prenons par exemple la crue de 1658.

D'après la figure de ce débordement, il a été produit à Vernon et à Paris par huit jours de crue ; il est donc dû à deux crues successives des affluents. La première a été une débâcle qui a dû donner 5 mètres de crue environ à Paris. En admettant ce chiffre, la seconde aurait donné $3^m,90$ de crue à peu près.

Or une crue de $3^m,90$ surmontant une crue de 5 mètres, a dû donner le même accroissement de débit que cette crue de 5 mètres ; les deux phénomènes météorologiques qui ont déterminé ces crues, sont donc d'égale intensité.

Depuis 1732 il n'y a eu que cinq crues de la Seine, dont la montée, due à une seule crue des affluents, ait dépassé 4 mètres au pont de la Tournelle.

Ces crues sont désignées ci-dessous :

	MONTÉES DES CRUES.	HAUTEUR DES CRUES.
Du 23 au 28 février 1784	4.55	6.15
Du 30 au 51 janvier 1795	4.20	5.56
Du 25 au 26 janvier 1830	4.50	5.70
Du 8 au 23 mai 1836	4.20	5.62
Du 25 au 29 septembre 1866	4.60	5.20

Les crues de 1795 et 1830 sont dues à des débàcles, dont on ne doit pas tenir compte dans la discussion du régime naturel de la Seine.

Les phénomènes météorologiques, qui ont produit la crue de 1658, se manifestent donc encore de nos jours. Ils se sont renouvelés trois fois, de 1732 à 1872, en cent quarante années, dans les crues de 1784, 1836 et 1866, soit une fois tous les quarante-sept ans, et ils ont été séparés par des intervalles de trente-cinq ans en moyenne; mais pour qu'il en résulte une crue semblable à celle de 1658, il faut qu'ils se produisent à cinq à six jours au plus l'un de l'autre; la probabilité de ce rapprochement est très-petite, et, par des calculs qu'il me paraît inutile de reproduire ici, on démontrerait que le retour de la crue de 1658, dans les mêmes conditions, c'est-à-dire par l'effet de deux crues seulement des affluents, exigerait des milliers d'années.

Les arrangements des crues des affluents qui peuvent donner une inondation extraordinaire de la Seine sont nombreux; mais la probabilité du retour de chacun d'eux ne doit pas être beaucoup plus grande que celle de la crue de 1658; les grands débordements de la Seine sont donc des phénomènes très-rares.

Néanmoins, *les arrangements de crues très-ordinaires* qui produisent ces débordements, sont possibles tous les ans; les grands cataclysmes qui en sont la conséquence, peuvent donc se renouveler plusieurs fois dans un siècle, et pas du tout dans un autre, sans qu'on puisse en conclure qu'il y ait rien de changé dans le régime du fleuve. Ceux qui voient les choses autrement, raisonnent comme ces joueurs qui spéculent sur un arrangement des numéros d'une loterie; de ce qu'une certaine combinaison aurait enrichi un joueur heureux, on serait très-mal fondé à faire des spéculations sur le retour de cette combinaison, qui est un fait purement fortuit. Je ne veux pas dire que le régime des fleuves, ne soit pas soumis à des lois météorologiques qu'on découvrira peut-être un jour; mais il est certain qu'aujourd'hui nous ne savons absolument rien de ces lois, surtout pour les rivières dont les débordements sont produits, comme ceux de la Seine, par des arrangements de crues très-ordinaires des affluents.

J'insiste sur ce point, parce qu'on a soutenu, dans ces dernières années, que le régime de la Seine était changé, en se basant uniquement sur la rareté de plus en plus grande et sur la diminution de hauteur des inondations.

Tout ce que je viens de dire pour démontrer que rien n'est changé dans le régime de la Seine, ressort plus évidemment encore, quand on examine ce qu'il aurait fallu pour convertir une des dernières grandes crues ordinaires de la Seine, en inondation extraordinaire.

Prenons par exemple, la crue du 4 janvier 1861. Cette crue a été produite par deux crues des affluents; la première est survenue les 25 et 26 décembre 1860, à la suite d'une fonte de neige; la montée moyenne des affluents observés a été de $1^m,46$, la montée correspondante de la crue à Paris a été de $2^m,90$.

La deuxième crue des affluents a été produite par des pluies, et sa hauteur moyenne pour les cours d'eau observés, a été de $0^m,73$; il en est résulté, à Paris, une nouvelle montée de $1^m,40$. Chacune des deux montées de la crue à Paris, a été, suivant la règle[1] à très-peu près égale, à la montée moyenne des affluents multipliés par deux. La cote maximum constatée le 4 janvier a été, au pont Royal, $6^m,42$.

Que fallait-il pour élever cette crue à la hauteur d'une inondation extraordinaire? Quelques nouvelles crues des affluents

---

[1] Voy. chap. XVII, p. 293.

dans les premiers jours de janvier. Ainsi, une crue moyenne de $0^m,68$ des affluents, survenue le 4 janvier, aurait probablement fait monter le fleuve, le 7, à $7^m,78$, hauteur de la crue de 1802 au pont Royal, d'après Égault.

Une autre crue de $0^m,20$ survenue le 7, aurait donné le 10, la cote de 1740, qui suivant Buache, était de $8^m,20$. Enfin, une dernière crue des affluents, de $0^m,45$, survenue le 10, aurait produit le 13 la hauteur de la crue de 1658, qui, d'après le père Cotte, était, au pont Royal, de $9^m,10$. Chacune de ces crues est très-ordinaire, et il ne se passe pas d'hiver, sans qu'il s'en produise plusieurs souvent beaucoup plus grandes.

A chaque crue de la Seine, un arrangement analogue à celui décrit ci-dessus, et par suite *un grand débordement, sont possibles sans qu'il se produise aucun phénomène météorologique qui attire l'attention;* mais la probabilité de ces arrangements est si petite qu'elle ne doit causer et ne cause en effet aucune inquiétude. Il n'en est pas de même des grands débordements des fleuves torrentiels, qui sont toujours dus à un seul phénomène météorologique, et qui par conséquent sont toujours à craindre.

Crue du 4 janvier 1861 (au pont Royal).

Crues de débâcles. — Les arches des anciens ponts de la Seine étaient très-petites, et, dans les fortes gelées, les glaces s'accumulaient facilement en amont, et y formaient de véritables barrages. Chacun de ces barrages déterminait, en amont des ponts, une retenue d'eau plus ou moins grande ; et, au moment de la débâcle, cette retenue brusquement lâchée, augmentait la hauteur de la crue d'aval, qui croissait ainsi de pont en pont, d'une manière extra-naturelle.

L'accroissement de hauteur qui en résultait à Paris était quelquefois considérable.

Ainsi, en janvier 1795, la rivière, prise de glace depuis le 25 décembre 1794, par des eaux très-basses, était tombée à un niveau très-voisin du zéro de l'échelle de la Tournelle. Le dégel et la débâcle, survenus le 27, firent monter en deux jours le niveau de l'eau, à la cote énorme de 5^m,36 ; deux jours après, il tombait à 3^m,75, et le 1er février à 3^m,45. De telles oscillations ne peuvent s'expliquer, que par la lâchure brusque des retenues, produites à chaque pont par les barrages de glaces.

Des faits du même genre se produisaient à chaque grande débâcle. Au fur et à mesure qu'on a agrandi les arches des ponts, pour les besoins de la navigation, la hauteur des montées dues aux grandes débâcles a été en diminuant. Ainsi, depuis 1830, aucune débâcle n'a donné lieu à une crue qui ait attiré l'attention, et cependant il y a eu des froids très-extraordinaires, par exemple ceux de l'hiver 1871-1872, qui ont déterminé la prise complète du fleuve.

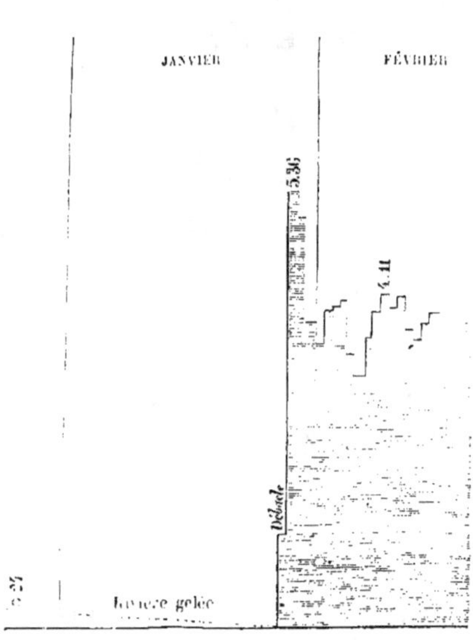

Débâcle de janvier 1795.

Crue de Février 1658.
Crue de Décembre 1740.
Crue de Janvier 1802.
Levallois-Perret
Neuilly
le Pré St Gervais
Pantin
Montrouge
Vanves
Hospice Devillas
Mon de Retraite des Ménages
Cimetière du Sud
Cimetière de l'Est
Père Lachaise
Porte de St Ouen
Porte de Clignancourt
Pte de la Chapelle
Porte de la Villette

Jusqu'en 1830, les débâcles étaient considérées comme des phénomènes très-redoutables; des mesures étaient prises à chaque pont, pour en empêcher la rupture.

Depuis 1830, beaucoup de ponts ont été reconstruits avec des ouvertures plus grandes; des arches marinières ont été pratiquées dans les vieux ponts restés debout; les débâcles s'effectuent dont aujourd'hui, avec une grande facilité; à peine sur les feuilles des variations de niveau de la Seine, les distingue-t-on des autres crues.

Il est donc très-possible, que la hauteur de certaines crues des dix-septième et dix-huitième siècles ait été augmentée par cette cause extra-naturelle, et que le retour des grands débordements de la Seine, à Paris, soit devenu un peu moins fréquent, par la diminution des crues de débâcles dans les temps modernes, mais sans que le régime naturel du fleuve soit réellement changé.

Moyens de préserver Paris des inondations. — Paris est donc sous la menace incessante d'une inondation, pareille à celles des dix-septième et dix-huitième siècles; le danger est peu imminent, sans doute; le souvenir des derniers désastres est même si éloigné de nous, que ceux qui parlent de précautions à prendre pour en empêcher le retour risquent fort d'être traités comme des rêveurs et des visionnaires.

Il n'en était point ainsi dans les dix-septième et dix-huitième siècles, où les inondations, beaucoup plus fréquentes, préoccupaient vivement l'attention publique.

La carte de la planche X donne les parties de la ville qui seraient encore submergées, avec le relief actuel de Paris, si les crues de 1658, 1740 et 1802 se reproduisaient aujourd'hui.

Les limites des deux dernières inondations tracées sur la carte de Paris, par Buache et Bralle, sont à une assez grande distance de ces tracées, par suite du relèvement progressif du sol.

La crue de 1658, si on la laissait se développer librement, couvrirait encore 1,166 hectares; celle de 1740, 720 hectares; celle de 1802, 455 hectares.

Pour se faire une idée de ces désastres, il faut se figurer les quartiers de la rive droite, submergés depuis Bercy, jusqu'à la rue du faubourg Saint-Antoine et jusqu'au canal Saint-Martin, et depuis la place de la Concorde, jusqu'aux fortifications, avec 2 ou 3 mètres d'eau dans les rues basses d'Auteuil et de Bercy. Qu'on imagine ce lac, se développant sur le tracé de l'ancien égout de ceinture, à travers le faubourg Saint-Honoré et le quartier de la Madeleine, jusqu'au boulevard de Sébastopol. Sur la rive gauche, les quais de la Gare, d'Austerlitz, la vallée de la Bièvre, les rues de Seine, de Lille, de Verneuil, de l'Université, l'esplanade des Invalides, le Gros-Caillou et Grenelle seraient entièrement noyés, avec 2 ou 3 mètres d'eau aux points bas, notamment à la Chambre des députés, au Ministère des affaires étrangères, à Grenelle; les caves à deux étages des boulevards de Sébastopol, Malesherbes et de la rue de Rivoli, seraient remplies d'eau jusqu'au rez-de-chaussée.

On aura ainsi une idée de la difficulté pratique de l'application du remède héroïque, proposé par les anciens ingénieurs, qui consistait à relever convenablement le sol de la ville; l'administration municipale sait à quoi s'en tenir sur ce point; elle n'ignore pas que, pour relever de 2 à 3 mètres sur certains points, et peut-être en moyenne de 1 mètre, le sol de la ville sur une surface de 1,000 à 1,200 hectares, il faudrait payer aux propriétaires des indemnités qui absorberaient tout le budget municipal pendant plusieurs années.

Le moyen proposé au dix-septième siècle, qui consistait à creuser un grand canal de décharge au nord de Paris, en suivant à peu près le tracé actuel des canaux Saint-Martin et Saint-Denis, exigerait aujourd'hui des dépenses énormes. M. l'ingénieur en chef Vaudrey, sur la demande de M. Haussmann, a dressé le projet de ce canal; le montant du détail estimatif dépassait **50 000 000 fr.**

On sait que l'administration municipale a fait construire deux grands égouts collecteurs le long des quais des rives de la Seine ; ces galeries se déchargent dans le fleuve au-dessous des ponts d'Asnières; des déversoirs sont ménagés dans les murs de quai sur leur tracé, pour jeter en Seine l'eau des grandes averses.

Pour que Paris soit préservé des débordements, il faut :

1° Que ces égouts soient prolongés tous deux jusqu'aux fortifications de l'amont à l'aval de Paris;

2° Que la ligne des quais soit rendue insubmersible par les plus grandes crues de la Seine, ce qui ne présente pas de difficultés bien sérieuses;

3° Que tous les déversoirs des égouts soient fermés par de solides portes de flot [1].

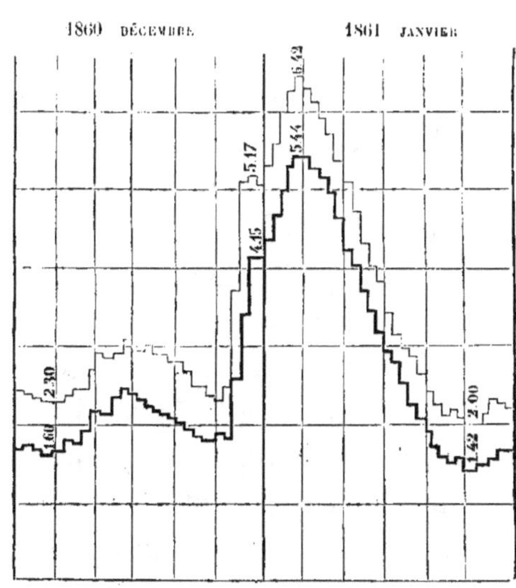

Crue de la Seine du 4 janvier 1861 (trait fin pont Royal, trait fort pont d'Asnières).

Cette figure représente la plus grande crue de la Seine

[1] Ce travail est effectué pour les égouts de la rive gauche.

observée depuis que le service hydrométrique existe, c'est-à-dire depuis le 1ᵉʳ mai 1854, celle du 4 janvier 1861. Elle est rapportée à deux échelles, celles du pont Royal et du pont d'Asnières.

D'après le nivellement de la Seine, le zéro de l'échelle du pont Royal est à l'altitude de 24,48; le zéro de l'échelle d'Asnières à l'altitude de 23,06.

La crue du 4 janvier 1861 s'est élevée à 6ᵐ,42 au pont Royal, soit à l'altitude de 30,90, et au pont d'Asnières à 5ᵐ,44, soit à l'altitude de 28,50; différence des deux altitudes 2,40.

Il est probable que cette différence, qui va en diminuant pour les crues moindres, irait en augmentant pour les crues plus élevées, puisque la Seine, resserrée entre les quais à Paris, peut s'épandre sur la plaine d'Asnières; admettons qu'elle reste constante, hypothèse la plus défavorable. La crue de février 1658 s'étant élevée au pont Royal à 9ᵐ,10, d'après le père Cotte, ou à l'altitude 33ᵐ,58, elle aurait atteint au pont d'Asnières, l'altitude 33ᵐ,58—2ᵐ,40 = 31ᵐ,18.

Par hypothèse, cette crue ne pourrait ni franchir les quais rendus insubmersibles, ni pénétrer dans les égouts, les ouvertures actuelles étant fermées par des portes de flot; elle n'arriverait donc dans les rues de la ville qu'en refoulant l'eau des deux collecteurs débouchant aux ponts d'Asnières, et, par conséquent, ne pourrait s'y élever au-dessus de l'altitude 31ᵐ,18.

La crue se maintiendrait donc dans les égouts, vis-à-vis les ponts Royal et de la Tournelle, à 6ᵐ,70 et 4ᵐ,93 au-dessus du zéro des échelles, tandis que dans le fleuve, elle marquerait 8ᵐ,80 à une de ces échelles et 9ᵐ,10 à l'autre. Or une crue de 6ᵐ,70 au pont Royal submerge à peine quelques points bas d'Auteuil et de Grenelle, et une crue de 4ᵐ,93 au pont de la Tournelle, ne peut atteindre aucune partie de la ville, située en amont du boulevard de Sébastopol. La crue s'écoulerait donc sans submerger Paris.

Pour obtenir ce résultat il reste à prolonger les quais jusqu'aux fortifications, à l'amont et à l'aval de Paris, en maintenant le dessus des parapets, du côté d'amont à l'altitude de $35^m,06$, et du côté d'aval à $35^m,58$.

Ces deux chiffres représentent les altitudes de la crue de 1658 en amont et en aval de Paris.

CHAPITRE XIX

DES BASSES EAUX DE LA SEINE

Sécheresses extrèmes observées à Paris dans les dernières années. — Depuis que le service hydrométrique du bassin de la Seine a été instituée, le fleuve a éprouvé une série de sécheresses telles, qu'on n'en avait jamais vues de mémoire d'homme.

C'est ce qui résulte de la discussion des observations faites à Paris et de l'examen des courbes des variations de niveau des cours d'eau de tout le bassin.

OBSERVATIONS FAITES A PARIS.

D'après Égault [1] le zéro de l'échelle du pont de la Tournelle a été fixé au niveau des basses eaux de 1719. Il est bien probable que c'était une année de sécheresse extraordinaire ; évidemment en établissant le zéro de l'échelle, on a voulu prendre pour point de départ, le niveau des plus basses eaux connues.

« Mais » dit Égault, « les eaux ont plusieurs fois descendu au-dessous. »

[1] *Mémoire sur les Inondations de Paris*, par Égault, ingénieur des ponts et chaussées, chez Firmin Didot, 1814.

Voici les années du dix-huitième siècle, où le niveau de la
Seine est descendu au-dessous du zéro de l'échelle du pont de la
Tournelle.

En 1741, suivant Égault,   abaissement au-dessous du zéro   0,13
  1742, registre de la navigation   Id.   0,08
  1743,   Id.   Id.   0,14
  1753,   Id.   Id.   0,03
  1765,   Id.   Id.   0,03
  1766,   Id.   Id.   0,05
  1767, suivant Égault,   Id.   0,27
  1778, registres de la police,   Id.   0,08

Les années de basses eaux du dix-neuvième siècle ont été
beaucoup plus nombreuses ; voici les hauteurs au-dessous du zéro
qui ont été constatées.

En 1800 registres de la police.   0,17
  1805   Id.   0,27
  1807   Id.   0,05
  1814   Id.   0,15
  1815   Id.   0,14
  1822   Id.   0,15
  1823   Id.   0,05
  1825   Id.   0,12
  1826   Id.   0,12
  1852   Id.   0,12
  1842 service de la navigation..   0,20
  1843   Id.   0,10

A partir de 1849, le niveau de la Seine au pont de la Tournelle est relevé, d'abord par les travaux de construction du
barrage du pont Neuf, ensuite par la retenue de ce barrage. Les
observations sont donc faites à l'échelle du pont Royal.

D'après les observations de M. l'inspecteur général Poirée,
le zéro de l'échelle du pont de la Tournelle correspond à la cote
$0^m,57$ de l'échelle du pont Royal. En admettant que cette différence se maintienne, quand les eaux descendent au-dessous du
zéro de l'échelle du pont de la Tournelle, voici les hauteurs plus
basses que le zéro qui ont été constatées.

En 1849 service de la navigation. 0,15
   1854 service hydrométrique. 0,09
   1855   Id. 0,05
   1856   Id. 0,07
   1857   Id. 0,47
   1858   Id. 0,85
   1859   Id. 0,75
   1861   Id. 0,69
   1862   Id. 0,57
   1863   Id. 0,82
   1864   Id. 0,77
   1865   Id. 1,29

A partir.de 1852, il faut faire subir à ces chiffres une correction; les éclusées d'Yonne ayant été considérablement augmentées, les affameurs sont plus fortes. Pour avoir le niveau naturel du fleuve, il faut diminuer de 0,05 environ les nombres qui précèdent.

A partir de 1858, les éclusées de la Seine, en amont de Montereau, exigent que la correction soit portée à $0^m,15$. En faisant ces corrections, on trouve que, dans le dix-neuvième siècle, les eaux de la Seine à Paris ont été plus basses que celles de 1719, des quantités suivantes.

En 1802. . . . . 0^m17		En 1849. . . . . 0^m10
1803. 0,27		1854. 0,04
1807. 0,05		1856. 0,02
1811. 0,15		1857. 0,45
1815. 0,14		1858. 0,70
1822. 0,15		1859. 0,60
1823. 0,05		1861. 0,54
1825. 0,12		1862. 0,22
1826. 0,12		1863. 0,67
1832. 0,07		1864. 0,62
1842. 0,15		1865. 1,11
1845. 0,08		

Ces chiffres font déjà voir que le dix-neuvième siècle, comparé au dix-huitième, est relativement sec; mais on constate en outre, depuis 1752 jusqu'en 1865, dans le régime de la Seine à Paris, des périodes d'humidité et de sécheresse très-remarquables.

Ainsi de 1752 à 1799 inclus, période d'humidité : la Seine ne

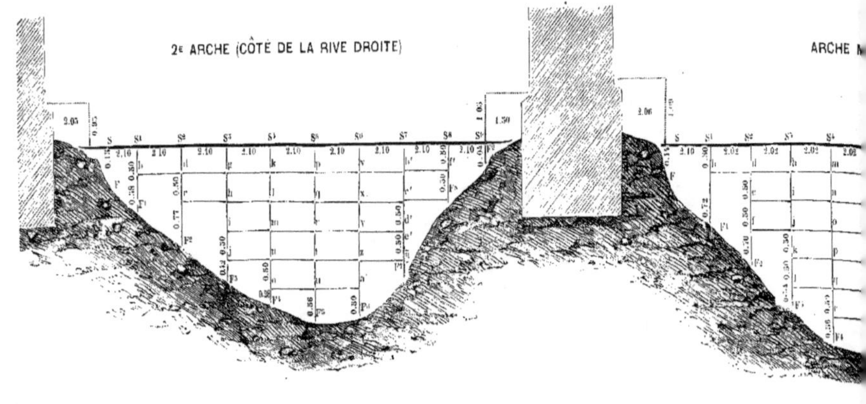

TABLEAU Nº 1 (2ᵉ ARCHE)

AIRE DE LA SECTION	Δ	VITESSE	VITESSE MOYENNE	DÉBIT	OBSERVATIONS
$9^{mq}7335$	S 0.004	0.459	0^m52409	$5^{mc}15455$	
	F 0.000	0.000			
	S^1 0.005	0.510			
	b 0.005	0.240			
	F^1 0.0015	0.169			
	S^2 0.008	0.592			
	d 0.007	0.566			
	S^3 0.007	0.566			
	g 0.006	0.540			
	S^4 0.011	0.459			
	k 0.010	0.458			
	S^5 0.014	0.519			
	p 0.015	0.557			
	S^6 0.015	0.557			
	v 0.015	0.557			
	S^7 0.017	0.571			
	b' 0.015	0.557			
	S^8 0.005	0.240			
	l' 0.0015	0.249			
	F^8 0.001	0.139			
	S^9 0.000	0.000			
	F^9 0.000	0.000			
$8^{mq}2425$	b 0.005	0.240	0^m38035	$3^{mc}13505$	
	F^1 0.0015	0.169			
	d 0.007	0.566			
	e 0.007	0.566			
	F^2 0.002	0.196			
	g 0.006	0.340			
	h 0.006	0.340			
	k 0.010	0.458			
	l 0.008	0.592			
	p 0.015	0.557			
	q 0.014	0.519			
	v 0.015	0.557			
	x 0.015	0.537			
	b' 0.015	0.537			
	c' 0.014	0.519			
	f' 0.0045	0.294			
	F^6 0.001	0.139			
$7^{mq}8455$	c 0.007	0.366	0^m36276	$2^{mc}84531$	
	F^2 0.002	0.196			
	h 0.006	0.340			
	i 0.005	0.340			
	j 0.005	0.510			
	F^3 0.002	0.196			
	l 0.008	0.592			
	m 0.010	0.458			
	q 0.014	0.519			
	r 0.015	0.500			
	x 0.015	0.557			
	y 0.015	0.537			
	c' 0.014	0.519			
	d' 0.011	0.450			
	e' 0.005	0.240			
	F^7 0.001	0.139			
	F^8 0.001	0.139			
À rep. $25^{mq}8195$					

AIRE DE LA SECTION	Δ	VITESSE	VITESSE MOYENNE	DÉBIT	OBSERVATIONS
Report $25^{mq}8195$					
42^m000	i 0.006	0.340	0^m4292	$1^{mc}77521$	
	j 0.005	0.510			
	m 0.010	0.458			
	n 0.012	0.480			
	r 0.013	0.500			
	t 0.010	0.458			
	y 0.015	0.557			
	z 0.012	0.480			
	u' 0.011	0.459			
	c' 0.005	0.240			
4^m704	j 0.005	0.510	0^m54255	$1^{mc}61052$	
	F^2 0.002	0.196			
	n 0.012	0.480			
	o 0.008	0.592			
	F^{10} 0.002	0.196			
	t 0.010	0.458			
	u 0.010	0.458			
	z 0.012	0.480			
	a' 0.011	0.459			
	F^6 0.006	0.540			
	a^2 0.005	0.240			
	F^7 0.001	0.139			
1^m995	o 0.008	0.592	0^m5685	$0^{mc}75715$	
	F^{14} 0.002	0.196			
	u 0.010	0.458			
	F^{11} 0.008	0.592			
	n' 0.011	0.459			
	F^6 0.006	0.340			
$30^{mq}71195$	Total du débit de la 2ᵉ arche . .			$13^{mc}25558$	

TABLEAU Nº 2 (A...)

AIRE DE LA SECTION	Δ	VITESSE	VITESSE MOYENNE	DÉBIT	OBSERVATIONS
11^m8574	S 0.001	0.139	0^m40592	$4^{mc}78944$	
	F 0.0005	0.098			
	S^1 0.006	0.340			
	b 0.005	0.510			
	F^1 0.002	0.196			
	S^2 0.011	0.459			
	d 0.010	0.458			
	S^3 0.015	0.557			
	h 0.015	0.500			
	S^4 0.015	0.500			
	m 0.012	0.480			
	S^5 0.020	0.620			
	t 0.017	0.571			
	S^6 0.016	0.554			
	a' 0.016	0.554			
	S^7 0.019	0.604			
	g 0.018	0.588			
	S^8 0.015	0.557			
	l' 0.015	0.557			
	m' 0.015	0.500			
	n' 0.008	0.592			
	F^8 0.004	0.277			
	S^9 0.008	0.592			
	F^9 0.005	0.240			
	s^{10} 0.001	0.139			
	F^{10} 0.000	0.000			
$8^{mq}5042$	b 0.005	0.510	0^m47172	$4^{mc}01160$	
	F^1 0.002	0.196			
	d 0.010	0.458			
	e 0.010	0.458			
	f 0.012	0.480			
	F^2 0.004	0.277			
	h 0.013	0.500			
	j 0.012	0.480			
	m 0.012	0.480			
	n 0.012	0.480			
	t 0.017	0.571			
	u 0.015	0.557			
	a' 0.016	0.554			
	b' 0.015	0.537			
	g' 0.018	0.588			
	h' 0.018	0.588			
	l' 0.015	0.557			
	m 0.013	0.500			
$6^{mq}06$	e 0.010	0.458	0^m50156	$3^{mc}05824$	
	f 0.012	0.480			
	i 0.012	0.480			
	j 0.012	0.480			
	n 0.012	0.480			
	o 0.012	0.480			
	u 0.015	0.557			
	v 0.014	0.519			
	b' 0.015	0.537			
	c' 0.015	0.537			
	h 0.018	0.588			
	i' 0.017	0.574			
	m' 0.013	0.500			
	n' 0.008	0.592			
À rep. $26^{mq}4216$					

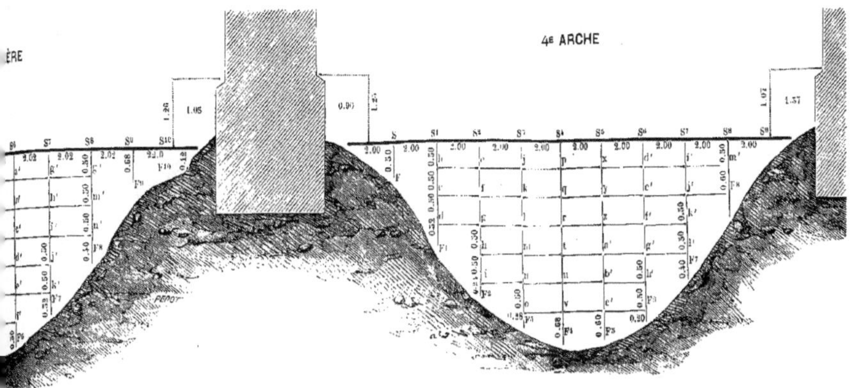

TABLEAU N° 3 (4e ARCHE)

(Arche marinière)

AIRE SECTION	Δ	VITESSE	VITESSE MOYENNE	DÉBIT	OBSERVATIONS
2m4216					
	f 0.012	0.480			
	F^2 0.004	0.277			
	j 0.012	0.480			
	k 0.010	0.458			
	l 0.009	0.416			
	F^3 0.003	0.240			
	o 0.012	0.480			
	p 0.012	0.480			
3m0596	v 0.014	0.519	0m455	3mc49725	
	x 0.014	0.519			
	c' 0.015	0.557			
	d' 0.015	0.557			
	i' 0.017	0.574			
	j' 0.015	0.557			
	k' 0.006	0.340			
	F^5 0.005	0.310			
	n' 0.008	0.392			
	F^6 0.004	0.277			
	k 0.010	0.458			
	l 0.009	0.416			
	p 0.012	0.480			
	q 0.012	0.480			
4m04	x 0.014	0.519	0m4737	1mc90971	
	y 0.012	0.480			
	a' 0.015	0.557			
	e' 0.015	0.500			
	j' 0.015	0.557			
	k' 0.006	0.340			
	l 0.009	0.416			
	F^4 0.005	0.240			
	q 0.012	0.480			
	r 0.012	0.480			
	F^4 0.006	0.340			
4m0692	y 0.012	0.480	0m40967	2mc65575	
	z 0.010	0.458			
	e' 0.015	0.500			
	f' 0.015	0.500			
	F^6 0.008	0.392			
	k' 0.006	0.340			
	F^5 0.006	0.310			
	r 0.012	0.480			
	F^4 0.006	0.340			
...4038	z 0.010	0.458	0m42567	1mc01842	
	F^5 0.008	0.392			
	f' 0.015	0.500			
	F^6 0.008	0.392			
...8742	Total du débit de l'arche marinière			20mc30037	

AIRE DE LA SECTION	Δ	VITESSE	VITESSE MOYENNE	DÉBIT	OBSERVATIONS
	S^0 0.000	0.000			
	S 0.006	0.340			
	F 0.001	0.159			
	S^1 0.017	0.571			
	b 0.015	0.557			
	c 0.015	0.500			
	d 0.002	0.196			
	F^1 0.000	0.000			
	S^2 0.014	0.519			
	c 0.012	0.480			
	S^3 0.009	0.416			
	j 0.009	0.416			
1m6q82	S^4 0.011	0.459	0m52304	3mc49520	
	p 0.009	0.416			
	S^5 0.008	0.392			
	x 0.007	0.566			
	S^6 0.006	0.340			
	a' 0.006	0.340			
	S^7 0.005	0.240			
	i' 0.002	0.196			
	S^8 0.006	0.340			
	m' 0.005	0.310			
	F^4 0.005	0.240			
	S^9 0.000	0.000			
	b 0.015	0.557			
	c 0.015	0.500			
	o 0.012	0.480			
	f 0.012	0.480			
	j 0.009	0.416			
	k 0.008	0.392			
	p 0.009	0.416			
7m900	q 0.009	0.416	0m37444	2mc52108	
	x 0.007	0.566			
	y 0.007	0.566			
	a' 0.006	0.340			
	e' 0.006	0.340			
	i 0.002	0.196			
	j 0.002	0.196			
	m' 0.005	0.310			
	F^6 0.005	0.240			
	c 0.015	0.500			
	d 0.002	0.196			
	f 0.012	0.480			
	g 0.012	0.480			
	k 0.008	0.392			
	t 0.008	0.592			
	q 0.009	0.416			
	r 0.008	0.392			
7m10	y 0.007	0.566	0m53088	2mc51511	
	z 0.007	0.566			
	e' 0.006	0.340			
	f' 0.007	0.566			
	j' 0.002	0.196			
	k' 0.004	0.277			
	l' 0.005	0.240			
	F^7 0.001	0.439			
	F^8 0.005	0.240			
A rep. 25mq22					

AIRE DE LA SECTION	Δ	VITESSE	VITESSE MOYENNE	DÉBIT	OBSERVATIONS
Report 25mq22					
	d 0.002	0.196			
	F^1 0.000	0.000			
	g 0.0012	0.480			
	h 0.009	0.416			
	i 0.006	0.340			
	F^2 0.001	0.159			
	l 0.008	0.392			
	m 0.007	0.566			
6m50	r 0.058	0.582	0m31487	2mc06355	
	t 0.008	0.392			
	z 0.007	0.566			
	a' 0.007	0.566			
	f' 0.007	0.566			
	g' 0.005	0.310			
	k' 0.004	0.277			
	l' 0.005	0.210			
	h 0.009	0.416			
	i 0.006	0.340			
	m 0.007	0.566			
	n 0.007	0.366			
	t 0.008	0.392			
	u 0.008	0.392			
5m60	d' 0.007	0.566	0m31661	1mc77302	
	h' 0.006	0.310			
	g' 0.005	0.310			
	k' 0.005	0.310			
	F^6 0.001	0.159			
	l' 0.005	0.240			
	F^7 0.001	0.159			
	i 0.006	0.340			
	F^2 0.001	0.159			
	n 0.009	0.366			
	o 0.006	0.340			
	F^3 0.002	0.196			
4m82	u 0.008	0.392	0m28855	1mc58075	
	v 0.008	0.392			
	b' 0.006	0.340			
	c' 0.005	0.310			
	F^5 0.002	0.196			
	h' 0.005	0.310			
	F^6 0.001	0.159			
	o 0.006	0.340			
	F^3 0.002	0.196			
2m24	v 0.008	0.392	0m29567	0mc66250	
	F^4 0.006	0.340			
	e' 0.005	0.310			
	F^{30} 0.002	0.196			
44m411	Total du débit de la 4e arche.			11mc52210	

descend qu'une année sur neuf au-dessous du zéro de l'échelle de la Tournelle.

De 1800 à 1826 inclusivement, période de sécheresse : la Seine descend une année sur trois au-dessous de ce zéro, le maximum est $0^m,27$.

De 1827 à 1856 inclusivement, période humide : en trente ans, en faisant abstraction des années 1843, 1854, 1856, qui ne peuvent être considérées comme années sèches, la Seine ne descend que tous les dix ans au-dessous du zéro ; le maximum observé est $0^m,13$.

Enfin de 1857 à 1865 inclusivement, sécheresse sans exemple : la Seine est descendue tous les ans, excepté en 1860, au-dessous du niveau de 1719 ; *le maximum* a été $1^m,14$ et a dépassé de $0^m,87$ *le maximum* des autres périodes qui était $0^m,27$.

Si l'on tient compte du nombre des jours de sécheresse de ces périodes, on trouve des résultats non moins remarquables.

Première période de 1752 à 1799 (70 ans); la Seine est restée au-dessous du zéro pendant quarante jours soit par an en moyenne $0^j,57$.

Deuxième période de 1800 à 1826 (27 ans).

En 1800 jours de sécheresse. . .	29	
1803	Id.	113
1807	Id.	5
1814	Id.	17
1815	Id.	44
1822	Id.	31
1823	Id.	2
1825	Id.	15
1826	Id.	52

288 jours soit $10^j,67$ par an.

Troisième période de 1827 à 1856 (30 ans).

En 1852 jours de sécheresse. . .	10	
1842	Id.	52
1849	Id.	5

67 jours soit $2^j,23$ par an.

Quatrième période de 1857 à 1865 (9 ans).

En 1857 jours de sécheresse. . .	85	
1858	Id.	180	
1859	Id.	108	
1861	Id.	106	896 jours
1862	Id.	46	soit 100 jours
1863	Id.	78	par an.
1864	Id.	125	
1865	Id.	168	

La période de sécheresse dans laquelle nous nous trouvons est donc la plus extraordinaire qui ait été constatée, depuis qu'on fait des observations régulières sur la Seine à Paris, c'est-à-dire depuis 1732 et même depuis 1719. L'observation suivante prouve, qu'il faut remonter beaucoup plus haut pour trouver quelque chose, qui soit comparable.

On admettait généralement avant 1857, que le débit minimum de l'aqueduc d'Arcueil était de 800 à 1000 mètres cubes par vingt-quatre heures. Jamais les jaugeages faits depuis 1610 n'avaient accusé un débit moindre ; en 1857, 1858, 1859 et 1863 il est tombé à 848, 419, 240, 478 et 328 mètres cubes [1].

En remontant jusqu'au commencement du dix-septième siècle, on ne trouve donc aucun exemple d'une pareille sécheresse.

Les dernières années de sécheresse extrême ne sont pas les moins pluvieuses du dix-neuvième siècle. — Ce qu'il a de singulier, c'est que ces sécheresses ne se justifient nullement par la diminution des moyennes annuelles des hauteurs de pluie.

J'ai fait établir huit observatoires pluviométriques à Paris ;

---

[1] 31 décembre 1857. 848 mètres cubes.

1er août 1858. . . . . 419 —

Du 1er au 15 septembre. . . . . 240 —

En 1860, année très-humide, le débit se relève et le 1er avril 1861 on obtient le maximum. . . . . 3996 —

Mais les sécheresses de 1861 et 1862 abaissent de nouveau le débit des sources qui le 15 novembre 1862 tombe à. . . . . 791 —

Le 1er octobre 1863 à. . . . . 478 —

Et le 20 novembre 1864 à. . . . . 328 —

voici les hauteurs moyennes annuelles constatées dans la période
de sécheresse.

		MILLIMÈTRES
Année 1858.	. . . .	499.8
1859.	. . . .	592.1
1860 (année humide).	. . . .	690.8
1861.	. . . .	470.7
1862.	. . . .	548.6
1863.	. . . .	451.5
1864.	. . . .	409.4

Ces hauteurs sont sans doute bien inférieures à la moyenne
annuelle de Paris, qui est (cour de l'Observatoire) 575,57.

Mais, on a constaté fréquemment à Paris des années moins
pluvieuses encore, et qui sont loin d'avoir produit de pareilles
sécheresses. Je citerai notamment les années.

1818 hauteur de pluie.	. . . .	478.5
1822	Id.	477.8
1823	Id.	525.5
1825	Id.	519.1
1826	Id.	472.1
1832	Id.	572.1
1834	Id.	451.2
1840	Id.	467.9
1842	Id.	389.1

Plusieurs de ces années sont moins pluvieuses que celles de la
période actuelle, et néanmoins les sécheresses qu'elles ont produites sont insignifiantes, si on les compare à celles de 1858 et 1865.

Cela tient à ce que l'abaissement du niveau des cours d'eau
et des sources, ou si l'on veut, la sécheresse, telle qu'on la
comprend vulgairement, est loin de tenir seulement à la hauteur
de pluie tombée dans l'année. Il faut tenir compte en outre.

1° De la sécheresse des années précédentes ;

2° De l'état de saturation du sol. Une forte pluie précédée de
sécheresse est sans action sur les cours d'eau ;

3° De la saison où la pluie tombe ; les pluies de la saison
chaude ne profitent, pour ainsi dire, point aux cours d'eau.

Les années de sécheresse extrême tiennent donc au moins

autant, à la mauvaise répartition des pluies qu'à leur rareté[1].

J'ai déjà constaté le même fait pour les années de crues extraordinaires[2]; la hauteur des pluies de 1740 ne dépassait pas considérablement à Paris la moyenne annuelle; mais les pluies étaient très-mal réparties, le premier semestre avait été très-sec, et le dernier très-pluvieux ; de là la grande crue du 26 décembre.

J'ai fait voir aussi que si les pluies tombées en janvier 1861 avaient été un peu plus persistantes, par exemple, si les pluies de mars étaient tombées en janvier, la crue du 5 de ce dernier mois aurait continué à monter, et aurait probablement atteint le niveau des crues extraordinaires, en sorte que cette année aurait offert à la fois un exemple de grand débordement et de grande sécheresse.

On ne peut donc conclure ni de l'absence de crues extraordinaires, ni des sécheresses extrêmes de ces dernières années, que le régime du fleuve ait subi une modification quelconque.

Si, comme l'a dit M. l'ingénieur en chef Vallès, le déboisement du bassin avait rendu le sol plus perméable, et diminué la hauteur des crues, en facilitant l'absorption des eaux pluviales, la conséquence forcée de cette modification aurait été un relèvement du niveau d'étiage ; or on vient de voir qu'en apparence c'est le contraire qui a lieu.

Tout au plus pourrait-on admettre que les dragages persistants exécutés dans ces dernières années, et le bon entretien du lit du fleuve aient diminué le niveau d'étiage de quelques centimètres.

Débit de la Seine en très-basses eaux. — Jusqu'en 1857, on admettait que le plus bas débit de la Seine à Paris, correspondant au niveau du zéro de l'échelle du pont de la Tournelle, ou à la cote $0^m,57$ de l'échelle du pont Royal, était de 75 à 80 mètres cubes par seconde.

[1] Voy. chap. XV, p. 263 et suivantes.
[2] Voy. chap. XVIII, crue de 1740.

La Seine étant descendue bien au-dessous de ce niveau depuis 1857, ainsi que cela a été établi ci-dessus, j'ai cru qu'il était utile de faire un jaugeage aussi exact que possible, correspondant à ces basses eaux.

L'opération a été faite, le 12 août 1858, avec le concours de M. l'ingénieur Vaudrey, sous les arches du pont Royal, au moyen du tube jaugeur de Darcy : le détail est donné, arche par arche, dans le tableau ci-contre; le fleuve s'était abaissé au zéro de l'échelle du pont Royal, qui est à $0^m,57$ au-dessous du niveau des basses eaux de 1719; sans la retenue du pont Neuf, le fleuve se serait donc abaissé à $0^m,57$ au-dessous du zéro de l'échelle du pont de la Tournelle.

A ce niveau, d'après le tableau ci-contre, la portée du fleuve est tombée à $48^{mc},08$ par seconde.

Mais, ainsi qu'on l'a vu ci-dessus, le niveau de la Seine est descendu bien plus bas.

En 1858, il est tombé à la cote — $0^m,13$, c'est-à-dire à $0^m,13$ au-dessous du niveau du 12 août.

En 1863, à — $0^m,10$ c'est-à-dire à $0^m,10$ au-dessous du même niveau.

En 1865, à — $0^m,57$ c'est-à-dire à $0^m,57$ au-dessous du même niveau.

La vitesse moyenne de l'eau a certainement diminué, à mesure que le niveau s'abaissait; mais en supposant que cette vitesse n'ait pas varié, on trouve qu'il faut réduire des quantités suivantes, les sections mouillées et les débits portés au tableau.

$$
1858 \left\{
\begin{array}{l}
1^{re} \text{ arche } 18^{mq}90 \times 0^m 13 = 2^{mq}46 \quad \text{vitesse moyenne } 0^m 52 \quad \text{débit } 0^{mc}73 \\
2^e \text{ arche } 20,20 \times 0,13 = 2,65 \qquad\qquad - \qquad\qquad 0,40 \quad - \quad 0,75 \\
3^e \text{ arche } 20,00 \times 0,13 = 2,60 \qquad\qquad - \qquad\qquad 0,52 \quad - \quad 0,85 \\
\end{array}
\right.
$$

Débit total à déduire. 2, 61

Le débit minimum par seconde en 1858 a donc été $48^{mc}08 - 2^{mc}61 = $ . . . . $45^{mc}47$

$$
1865 \left\{
\begin{array}{l}
1^{re} \text{ arche } 18^{mq}90 \times 0^m 47 = 10^{mq}80 \quad \text{débit } 10,80 \times 0,52 = \quad 5^{mc}45 \\
2^e \text{ arche } 20,20 \times 0,57 = 11,51 \qquad - \quad 11,51 \times 0,40 = \quad 4,60 \\
3^e \text{ arche } 20,00 \times 0,57 = 11,40 \qquad - \quad 11,40 \times 0,52 = \quad 3,63 \\
\end{array}
\right.
$$

Total. . . . . $11^{mc}70$

Le débit minimum par seconde, en 1865, a donc été $48^{mc},08 - 11^{mc},70 = $ . . . . . $56^m,38$
Environ moitié de la portée admise jusqu'alors.

Depuis cette époque, par suite de la construction du barrage
de Suresnes, ces jaugeages n'ont pu être continués dans Paris.

On a jaugé la Marne, au pont de Charenton, les 30 et 31 août
1858, et on a obtenu, pour débit par seconde, $15^{mc},76$. Le niveau
de la rivière ayant continué à s'abaisser, on trouve, en faisant
une correction analogue à celle qui précède, que le débit minimum, par seconde, est $12^{mc},00$, c'est-à-dire sensiblement égal à
la moitié du débit admis autrefois, qui était compris entre 24
et 26 mètres cubes.

Le 4 septembre 1870, M. l'ingénieur Boulé a jaugé la Seine à
Port-à-l'Anglais avec le moulinet de Woltman; la cote au pont
d'Ivry était $0^m,45$, le débit trouvé a été 23 mètres cubes; admettant pour le débit de la Marne 12 mètres cubes, on a, pour la
Seine à Paris 35 mètres cubes, nombre peu différent du chiffre
constaté en 1865.

Ces phénomènes séculaires donnent une grande importance aux feuilles
d'observations pluviométriques et hydrométriques renfermées dans
l'atlas; en effet, les observations hydrométriques, commençant en 1854 et
s'étendant jusqu'en 1870, comprennent toute cette période de sécheresse
dont j'ai cherché ci-dessus à donner une idée. Malheureusement les observations pluviométriques n'ont été centralisées qu'en 1861; la sécheresse ayant commencé en 1857, il y a une lacune regrettable. Mais les
feuilles hydrométriques suffisent, à elles seules, pour qu'on se rende
compte des causes de ce phénomène. Il est donc très-intéressant de les
discuter; je le ferai très-sommairement, de manière à guider le lecteur
dans l'étude des feuilles de l'atlas.

DISCUSSION DES OBSERVATIONS PLUVIOMÉTRIQUES ET HYDROMÉTRIQUES.

Je rappelle sommairement que l'atlas renferme pour chaque année, à
partir de 1854, deux feuilles d'observations hydrométriques. La première,
qui s'applique aux petits cours d'eau, se divise en deux parties : la partie supérieure comprend les cours d'eau des terrains imperméables que

'appelle aussi *torrents* ; la partie inférieure comprend les cours d'eau
les terrains perméables que j'appelle *cours d'eau tranquilles*. La seconde
feuille s'applique aux grands affluents de la Seine.

Les courbes d'observations pluviométriques n'ont été publiées qu'à
partir de 1861 ; l'on a gravé chaque année, le nombre de feuilles nécessaires, pour reproduire toutes les observations.

Première année. — *Du 1ᵉʳ mai 1854 au 30 avril 1855.* — Année humide. — Dans les mois de mai, juin, juillet et août, les petits et grands
affluents et la Seine elle-même à Paris, éprouvent six petites crues. Les
niveaux ne s'abaissent que dans le cours de septembre ; les cours d'eau
restent tous, aussi bien que la Seine au pont Royal, à une hauteur notable au-dessus de l'étiage ; cet état se maintient jusque vers le dernier
tiers d'octobre ; de cette époque, jusqu'au 51 décembre les torrents
éprouvent dix à onze crues successives. Il en résulte à Paris une crue
unique qui commence vers la fin d'octobre et atteint son maximum
à la fin de décembre. La décroissance des eaux dure jusqu'à la fin de février. La hauteur maximum de cette longue crue a été 5ᵐ,70 au
pont Royal et 5 mètres au pont de la Tournelle. En février, mars et avril
les affluents torrentiels éprouvent six crues, qui en déterminent quatre au
Pont-Royal ; les affluents tranquilles des terrains oolithiques et l'Eure, à
Louviers, en subissent huit ; les cours d'eau de la craie blanche n'éprouvent à proprement parler qu'une seule crue qui dure tout l'hiver. Les
eaux de l'Ource, à Autricourt, restent presque constamment limpides.
Les cours d'eau de la Lorraine sont, au contraire, presque constamment
troubles.

Deuxième année. — *Du 1ᵉʳ mai 1855 au 30 avril 1856.* — Année remarquable par la continuité des crues. Il n'y a pas de saison de basses eaux
à proprement parler. Les affluents torrentiels éprouvent de douze à quinze
crues réparties dans tous les mois de l'année, qui en produisent douze
dans les grands affluents et dans la Seine, au pont Royal, à Paris. Le nombre
de ces crues se réduit à cinq ou six, dans les cours d'eau tranquilles des
terrains oolithiques et dans l'Eure, et à deux dans les cours d'eau de la
craie blanche.

Troisième année. — *Du 1ᵉʳ mai 1856 au 30 avril 1857.* — Année très-
humide. Elle commence par les grandes crues de mai et juin qui ont été si
désastreuses dans les bassins de la Loire et du Rhône. La crue de mai de

la Seine est déterminée par deux crues des affluents torrentiels. Dans le bassin de l'Yonne les cours d'eau atteignent presque la limite des plus hautes eaux.

Le Cousin à Avallon donne. . . . . 2^m,50
La Cure à Saint-Père. . . . . 2^m,70
L'Armançon à Aisy. . . . . 5^m,12
L'Yonne à Clamecy. . . . . 2^m,70
—   à Sens. . . . . 4^m,03

Mais les affluents de la Marne n'éprouvent qu'une forte crue ordinaire. D'après les règles posées ci-dessus, la Seine, à Paris, ne peut sous l'influence de deux crues extraordinaires d'une partie seulement de ses affluents, monter au niveau de ses grands débordements [1] ; elle s'élève à 5^m,70 au pont Royal et à 4^m,90 au pont de la Tournelle. La seconde crue, celle de juin, est aussi déterminée par deux crues des affluents torrentiels. Elle s'élève à 4^m,98 au pont Royal, à 4^m,10 au pont de la Tournelle et n'est remarquable que par la saison dans laquelle elle se produit [2]. La crue de mai des affluents tranquilles n'est pas très-élevée ; celle du fleuve est donc mal soutenue et redescend brusquement, de sorte que la crue de juin est beaucoup moins élevée.

Le reste de la saison chaude ne présente rien d'extraordinaire si ce n'est quelques petites crues en septembre.

Le régime d'hiver s'établit franchement vers le milieu de novembre; du 10 novembre au 15 janvier, les affluents torrentiels éprouvent neuf crues qui en déterminent 7 maximum au pont Royal, à Paris.

Commencement de la grande sécheresse. — C'est à proprement parler le 31 janvier 1857 que commence la grande sécheresse.

La discussion qui va suivre établira d'une manière nette les lois suivantes dont tout le monde sentira l'importance. Toutes les fois que la saison froide se passe sans crues prononcées, la saison chaude qui suit est menacée de sécheresse ; et si la saison chaude précédente a été sèche, cette sécheresse se fait fortement sentir sur la saison chaude de l'année suivante.

---

[1] Voy. chap. XVI, page 286.
[2] Voy. chap. XV, page 266.

La sécheresse est brusquement interrompue par des crues prononcées d'hiver. Elle résiste très-bien au contraire aux pluies d'été [1].

Ce qui distingue donc les dernières années de celles dont il a été question ci-dessus, *c'est non-seulement l'insuffisance des pluies, mais encore la persistance des hivers secs.*

Je dis que la sécheresse de ces dernières années a commencé le 31 janvier après neuf crues successives des affluents, parce qu'à partir de cette date le reste de l'hiver s'est passé sans crue.

Quatrième année. — Du 1ᵉʳ mai 1857 au 30 avril 1858. — Saison chaude. — Continuation de la sécheresse ; point de crue notable des affluents torrentiels ou tranquilles, ni de la Seine elle-même. Abaissement extraordinaire du niveau du fleuve à Paris, qui, on l'a vu ci-dessus, reste pendant quatre-vingt-cinq jours au-dessous des basses eaux de 1719,

Saison froide, sans crue. Par conséquent, le sol n'est pas saturé, les sources sont mal alimentées, *et on peut prévoir une effroyable sécheresse pour la saison chaude suivante.*

Il est sans exemple dans le dix-neuvième siècle, avant l'hiver de 1857-1858, qu'une saison froide se soit écoulée sans que le point de saturation du sol ait été obtenu. Ordinairement la saturation a lieu avant le mois de janvier au plus tard : on ne compte avant 1857 que deux hivers où il en ait été autrement : en 1818-1819, la saturation n'a eu lieu que le 19 janvier ; elle n'a été obtenue que le 15 janvier, en 1854-1855.

Cinquième année. — Du 1ᵉʳ mai 1858 au 30 avril 1859. — Saison chaude. — Pas de crues, sécheresse sans exemple. Tous les affluents descendent au-dessous des plus bas niveaux connus ; la Seine à Paris, reste pendant cent quatre-vingts jours, au-dessous du niveau des basses eaux de 1719 ; en Champagne, beaucoup de sources réputées pérennes tarissent.

Saison froide. — Les affluents torrentiels et tranquilles éprouvent deux crues, l'une à la fin de décembre, l'autre à la fin de janvier, et une troisième peu importante en avril, qui détermine deux crues très-médiocres à Paris. Il est évident que la sécheresse continue.

Sixième année. — Du 1ᵉʳ mai 1859 au 30 avril 1860. — Saison chaude. Malgré un printemps humide, qui détermine deux crues en mai et juin, la plupart des cours d'eau descendent à de très-bas niveaux, et la Seine

---

[1] Voy. chap. XV, p. 264.

elle-même reste pendant cent huit jours, au-dessous des basses eaux de 1719.

Saison froide. — De novembre à avril, les affluents torrentiels et tranquilles éprouvent des crues considérables ; les grands cours d'eau entrent en crue dès la fin de novembre. Dans le cours de l'hiver, la Seine à Bray, en éprouve cinq, l'Yonne à Clamecy et à Sens sept, la Seine à Montereau sept, le Loing à Nemours dix, la Marne à Saint-Dizier neuf, à la Chaussée six, à Chalifert huit, la Seine à Paris six, l'Aisne à Pontavert sept, l'Oise à Venette six, la Seine à Mantes six ; la Seine, pendant tout l'hiver se maintient au pont Royal à des niveaux très-élevés. La sécheresse est interrompue.

Septième année. — *Du 1ᵉʳ mai 1860 au 30 avril 1861*. — *Saison chaude*. — Malgré un printemps assez sec, pendant lequel on ne compte qu'une crue médiocre en juin, la Seine au pont Royal, ne descend pas au-dessous de la cote 0ᵐ,60, qu'elle n'atteint même qu'une seule fois, pendant une affameur ; elle reste donc notablement au-dessus de la cote 0ᵐ,57, niveau d'étiage officiel.

Vers la fin d'août, les pluies recommencent. En septembre, octobre et novembre, les affluents et le fleuve lui-même entrent plusieurs fois en crue.

Saison humide. — La terre est donc fortement saturée et une fonte de neige, suivie d'une forte pluie, à quelques jours de distance, détermine la crue du 4 janvier 1861, la plus grande qui ait été observée depuis la fondation du service hydrométrique. Tous les affluents torrentiels éprouvent deux crues presque égales, à cinq jours d'intervalle. La Seine monte pendant quatre jours, puis éprouve une légère décrue ; elle remonte ensuite pendant cinq jours et atteint, au Pont-Royal, la cote 6ᵐ,42, et au pont de la Tournelle, la cote 5ᵐ,60.

Le Cousin à Avallon s'élève à 1ᵐ,80
L'Aire à Vraincourt. 2ᵐ,60
L'Epte à Gisors. 1ᵐ,65

Les grands cours d'eau montent rapidement.

La Seine à Bray a atteint la cote. 3ᵐ,04
L'Yonne à Clamecy. 1ᵐ,95
    — à Sens. 3ᵐ,29
La Seine à Montereau. 4ᵐ,17

La Marne à Saint-Dizier. . . . . 4^m,00

   —   à Chalifert . . . . 4^m,48

L'Aisne à Pontavert. . . . . 3^m,79

L'Oise à Venette. . . . . 5^m,35

La Seine à Mantes. . . . . 6^m,95

Pendant cette crue, les affluents de l'Yonne restent notablement au-dessous des niveaux de la crue de mai 1856 ; ceux de la Marne s'élèvent sensiblement à ces niveaux.

Le reste de l'hiver n'est marqué que par une ou deux petites crues. *La sécheresse recommence*, après une interruption de quinze mois environ.

Huitième année. — Du 1er mai 1861 au 50 avril 1862. — Saison chaude. — Point de crues. Aussi, malgré la grande saturation du sol, tous les cours d'eau s'abaissent régulièrement, pendant les mois de mai, juin, juillet et août, et ne tardent pas à tomber à de très-bas niveaux, comme en 1857, 1858 et 1859 ; la Seine, à Paris, reste pendant cent six jours au-dessous des basses eaux de 1719.

Saison froide. — Très-faibles crues des affluents de la Seine, à Paris. Dans les mois de décembre, janvier et février, saturation insuffisante : *la sécheresse persiste.*

Neuvième année. — Du 1er mai 1862 au 50 avril 1863. — Saison chaude. — Malgré l'abondance des pluies d'été, la Seine, pendant la saison chaude, reste quarante-six jours au-dessous du niveau des basses eaux de 1719.

Saison froide. — En octobre, novembre, décembre et janvier, de petites crues des affluents déterminent à Paris des variations de niveau sans importance. *Il est évident que la sécheresse continue.*

Dixième année. — Du 1er mai 1863 au 50 avril 1864. — Saison chaude. — Pas de crue jusqu'à la fin d'août ; la Seine, pendant soixante dix-huit jours, reste au-dessous des basses eaux de 1719. La fin de la saison chaude est très-humide ; en septembre et octobre, les affluents torrentiels et tranquilles, les grands cours d'eau et la Seine elle-même, à Paris, éprouvent trois crues, très-fortes pour la saison.

Saison froide. — Cette saison commence par trois autres crues assez élevées ; mais dès le mois de janvier, les crues sont sans importance ; *la sécheresse se rétablit.*

Onzième année. — *Du 1ᵉʳ mai 1864 au 30 avril 1865.* — *Saison chaude.*
— A peine une faible crue en juin. Les affluents torrentiels et tranquilles
et les grands cours d'eau descendent à de très-bas niveaux. La Seine, à
Paris, reste pendant cent vingt-cinq jours au-dessous des basses eaux
de 1719.

Saison froide. — Une crue à peine sensible en décembre. Le sol n'est
réellement saturé que vers le 15 janvier. Quatre à cinq crues des affluents
torrentiels, produisent une ou deux fortes crues dans les grands affluents
et une crue de 4ᵐ,65 dans la Seine, au pont Royal; crue médiocre en
mars. Le reste de la saison froide est peu pluvieux; le mois d'avril est
très-sec et tous les cours d'eau, à la fin de la saison humide, sont à de très-
bas niveaux. Dans aucune autre année, les sécheresses précédentes et la
tardive saturation du sol n'ont eu une influence plus marquée sur la reprise des sécheresses du printemps : après deux crues successives, l'une
en février, l'autre en mars, la Seine à la fin d'avril ne marque plus que
0ᵐ,92 au pont Royal, c'est-à-dire est à peine à 0ᵐ,35 au-dessus de l'étiage
légal (0ᵐ,57). *La sécheresse s'est rétablie, brusquement pour ainsi dire.*

Douzième année. — *Du 1ᵉʳ mai 1865 au 30 avril 1866.* — *Saison chaude.*
— Grande sécheresse, pas de crues ni des affluents ni de la Seine jusqu'à
la fin d'octobre; la Seine s'abaisse graduellement, dès le 15 juin se trouve
au niveau des basses eaux de 1719, et descend considérablement au-
dessous de ce niveau, pendant toute la saison chaude. Jamais elle n'a
atteint un niveau aussi bas que celui qu'elle conserve du 15 septembre
à la fin d'octobre. Il est fort difficile, dans les variations dues aux éclusées
et aux affameurs, de dire quelle aurait été la plus basse cote, si le régime
naturel avait existé; la plus basse affameur a été au pont Royal—0ᵐ,72. —
Le fleuve s'est donc abaissé à 1ᵐ,29 au-dessous de l'étiage légal. Le
nombre des jours de basses eaux extraordinaires a été de cent soixante-
huit.

Deux très-petites crues, survenues en novembre et décembre, ne produisent pas d'effet sensible à Paris. En somme, le 11 janvier, le fleuve est
encore au-dessous de la cote 0ᵐ,57, niveau d'étiage légal. Le sol du bassin
n'a atteint nulle part le point de saturation.

Mais, le 11 janvier, cet état cesse brusquement; en janvier, février,
mars et avril, tous les affluents entrent plusieurs fois en crue. Le niveau
du fleuve se maintient très-élevé à Paris et il éprouve cinq crues succes·
sives. *La sécheresse est interrompue.*

Treizième année. — *Du 1er mai 1866 au 30 avril 1867.* — *Saison chaude.* — Jusqu'au milieu d'août, la Seine rentre dans ses allures ordinaires. Elle descend même vers la fin de juin à la cote 0m,31 au pont Royal, mais par l'effet d'une affameur ; en somme, elle se soutient au-dessus du niveau d'étiage.

J'ai déjà décrit la crue de septembre, si longuement préparée par les pluies de juillet et d'août [1].

Saison froide. — A partir du 9 novembre jusqu'à la fin d'avril, on compte douze à quinze crues successives dans les petits affluents torrentiels, cinq dans la Seine à Bray, onze dans l'Yonne à Sens, six dans la Seine à Montereau, neuf dans le Loing, à Nemours, dix dans la Marne, à Saint-Dizier, sept à la Chaussée, huit à Chalifert, six dans la Seine à Paris, dix dans l'Aisne à Pontavert, huit dans l'Oise à Venette et six dans la Seine à Mantes ; le fleuve se soutient à un niveau très-élevé et ne descend pas au pont Royal, au-dessous de la cote 2m,25. Jamais, depuis l'origine des observations, les sources n'ont été plus abondamment alimentées ; l'Ource, à Antricourt, éprouve huit crues, dont quatre très-fortes, et n'est trouble que pendant onze jours. Elle reste constamment débordée pendant près de huit mois et aussi à peu près constamment limpide ; ce long débordement est évidemment dû à la crue des sources.

La Somme-Soude, à Conflans, atteint son plus haut niveau, 1m,55, aussi sous l'influence des crues de sources.

Les sources de la Vanne éprouvent toutes de fortes crues. La portée d'Armantières notamment, s'élève vers le printemps, à 907 litres par seconde [2].

La nappe d'eau des puits à Paris submerge l'étage inférieur de caves des nouvelles maisons des quartiers bas.

Quatorzième année.—*Du 1er mai 1867 au 30 avril 1868.*—*Saison chaude.* — Cet état de saturation du bassin soutient les nappes d'eau souterraines à un niveau élevé, pendant toute la saison chaude ; ainsi la portée par seconde de la source d'Armantières (Vanne), qui est de 907 litres en avril, est encore de 747 litres en juin, de 698 litres en juillet, de 539 litres en août, de 480 litres en septembre et de 539 litres en octobre. Tous les cours d'eau, grands et petits, subissent une décroissance analogue, en se maintenant, jusqu'à la fin d'octobre, à des niveaux assez élevés.

---

[1] Voy. chap. XV, p. 267 et suivantes.
[2] Voy. chap. XI, p. 164.

Saison froide. — Les crues de décembre 1867, janvier, février, mars et avril 1868 sont sans importance ; la saturation du sol est imparfaite, les sources sont donc mal alimentées, et *on peut déjà prévoir que la sécheresse est rétablie.*

Quinzième année. — *Du 1ᵉʳ mai 1868 au 30 avril 1869.* — *Saison chaude.* — Cette tendance à la sécheresse devient une réalité vers la fin de l'année 1858. Les sources, mal alimentées au printemps, décroissent rapidement ; ainsi la portée par seconde d'Armantières est 319 litres en avril, 307 litres en mai, 271 litres en juin, 260 litres en juillet, 242 litres en août, 198 litres en septembre, 181 litres en octobre, 153 litres en novembre, et 232 litres en décembre.

Les affluents, grands et petits, n'éprouvent aucune crue dans le cours de la saison chaude ; ils sont à leurs plus bas niveaux en septembre et octobre.

Saison froide. — Elle commence par d'assez fortes crues des petits affluents, en novembre et décembre. Les grands affluents sont tous en forte crue, à la fin de décembre ; à Paris, la Seine s'élève au pont Royal, le 1ᵉʳ janvier, à la cote 4ᵐ,40 ; mais cette croissance des eaux ne se soutient pas ; de janvier à avril, on ne compte que trois ou quatre crues médiocres ; à la fin d'avril, les cours d'eau s'élèvent à peine à quelques décimètres au-dessus de leur niveau d'étiage. Les sources remontent difficilement : la portée d'Armantières est de 399 litres en janvier, 358 en février, 419 en mars, 448 en avril. *Il y a encore tendance à la continuation de la sécheresse.*

Seizième année. — *Du 1ᵉʳ mai 1869 au 30 avril 1870.* — *Saison chaude.* — Cette sécheresse du commencement du printemps détruit complétement l'effet des grandes pluies de mai ; le fleuve et ses affluents, éprouvent à peine quelques crues très-insignifiantes, vers la fin d'octobre.

Saison humide. — Trois ou quatre crues assez peu importantes, à peine marquées à Paris, en novembre, décembre et janvier. En février, mars et avril, deux petites crues qui passent presque inaperçues. Le sol est mal saturé et *la sécheresse continue.*

Dix-septième année. — *Du 1ᵉʳ mai 1870 au 30 avril 1871.* — *Saison chaude.* — Absence complète de crues ; pluies extrêmement faibles ; c'est l'année la plus sèche, de cette longue série d'années sèches. Dès le 4 du mois de juin nous avons pu, M. Lemoine et moi, annoncer une sécheresse sans exemple, qui s'est réalisée. Malheureusement les tristes événements de l'année ont laissé nos observations bien incomplètes.

Les petits cours d'eau descendent à leur plus bas niveau jusqu'au milieu d'octobre.

Le *Cousin*, à Avallon, en septembre et octobre, tombe au zéro de l'échelle.

La *Marne*, à Chaumont, en juillet. —   —

L'*Epte* descend à $0^m,20$ au-dessous de zéro.

La *Barse*, à la Guillotière tombe à $0^m,07$.

La *Voire*, à Rosnay, à $0^m,28$ au-dessous de zéro.

La *Seine*, à Gomméville, à $0^m,05$.

L'*Ource*, à Autricourt, descend au-dessous du zéro de l'échelle en juillet, août, septembre et octobre (sans exemple).

L'*Ornain*, à Fains, descend à zéro de mai à octobre.

La *Saulx*, à Sandrupt, à $0^m,08$.

La *Somme-Soude*, à Conflans, à $0^m,27$.

Le *Mont*, à Villeseneuve, à $0^m,05$.

La *Somme*, à Normée, à $0^m,09$.

L'*Eure*, à Louviers, à $0^m,50$.

Grands cours d'eau.

La *Seine*, à Bray, cesse en septembre d'être soumise au régime des éclusées. Elle descend à $0^m,26$ au-dessous de zéro, vers le 5 octobre.

La plus forte affameur du mois précédent avait donné $0^m,55$ au-dessous de zéro :   différence à noter. $0^m.09$

L'*Yonne*, à Clamecy, a donné par la plus forte affameur au-dessous de zéro. . . . . $0^m,17$

Avec son régime naturel. $0^m,07$

Différence à noter. . . . . $0^m,10$

L'*Yonne*, à Sens, par la plus forte affameur au-dessous de zéro. $0^m,52$

Régime naturel. . . . . $0^m,27$

Différence à noter. . . . . $0^m,05$

La *Seine*, à Montereau, affameur au-dessous de zéro. . . . . $0^m,22$

Régime naturel. . . . . $0^m,13$

Différence à noter. . . . . $0^m,09$

Le *Loing*, à Nemours. Plus bas niveau. . . . . 0^m,10

La *Marne*, à Saint-Dizier. . . . . 0^m,16

La *Marne*, à la Chaussée. Au-dessous de zéro de mai à octobre,
plus bas niveau. . . . . — 0^m,62

La *Seine*, à Paris. Le barrage de Suresnes ne permet plus de prendre les cotes de basses eaux au pont Royal. Aujourd'hui, on relève les cotes au pont d'Austerlitz. Mais la relation entre les deux échelles n'est pas encore bien établie.

L'*Aisne*, à Pontavert, plus basse cote. . . . . 0^m,13

L'*Oise*, à Venette (barrée en basses eaux).

La *Seine*, à Poissy, de mai à octobre au-dessous du zéro de l'échelle,
plus basse cote par une affameur. . . . . — 0^m,85

Maximum, régime naturel. . . . . — 0^m,50

Différence à noter. . . . . 0^m,35

La *Seine*, à Mantes, plus basse cote. . . . . 0^m,02

Nous aurions voulu profiter de ces basses eaux sans exemple pour faire jauger les principaux cours d'eau et sources. Mais les malheurs du temps n'ont permis de réaliser ce projet que bien incomplétement.

Voici les renseignements qui nous ont été transmis par nos collaborateurs.

Terrains oolithiques. — L'Armançon[1], lieu de sources.

Source du pont de Cry, portée par seconde. .	23 litres.
Source d'Artot.	81 —
Source de Vauchassi.	2 —
Source de Fulvy.	4 —
Source d'Argenteuil	73 —
Source d'Ancy-le-Libre et Argentenay.	12 —
Source de Coin.	6 —
Source Saint-Vimemer.	50 —
Source de Soulangy.	85 —
Fosse Dionne ou d'Yonne à Tonnerre.	20 —
Source de Junay.	16 —

Avant ces dernières sécheresses le débit de ces sources était incomparablement plus grand : ainsi Arlot était compté en très-basses eaux pour

---

[1] M. Étienne, ingénieur.

50,000 mètres cubes par vingt-quatre heures, ou 350 litres par seconde (Jaugeage de M. Tarbé).

La *Craie Blanche* de la Champagne. — La Vanne, lieu de source : les eaux descendent au plus bas niveau connu [1].

La *Craie Blanche* de la Normandie [2]. — Lieux de grande source.

Lézarde y compris les rivières de Gournay et de Rouelle.	1,500 litres
Bolbec et Lillebonne.	900 —
Sainte-Gertrude et Aurbrion.	1,200 —
Sainte-Austreberthe.	1,900 —
Cailly.	1,750 —
Andelle à son entrée dans l'Eure.	1,900 —
Epte à son entrée dans l'Eure.	460 —

La portée de Cailly, en étiage ordinaire, est comptée pour 2,800 litres.

Niveau d'eau des marnes vertes. — En construisant l'aqueduc de la Vanne sur le plateau de Rungis, on a pénétré dans cette nappe d'eau, qui alimente l'aqueduc d'Arcueil et toutes les fontaines du pays. En 1869, le drain construit sous l'aqueduc, débitait 17 litres par seconde. Après le siége de Paris, ce drain et les fontaines des communes voisines étaient à sec.

Rivières.

Granite. — Morvan [3].

L'Yonne à Corancy près de Château-Chinon, le 7 septembre, 575 litres par seconde; le 7 octobre, 329.

Anguisson à Corbigny ; portée par seconde :

15 septembre..	72 litres.
20 —	15 —
15 octobre..	98 —
15 novembre..	2,233 —
1ᵉʳ décembre..	803 —
15 —	4,506 —
31 —	1,563 —

Ces derniers nombres ont été obtenus avec déversoirs et avec flotteurs.

[1] Voy. chap. XI, p. 164 et 165, observations du service municipal.
[2] M. Cohen, ingénieur.
[3] MM. Quaissain et Chardard, ingénieurs.

Lias-Auxois [1].

Armançon, en amont de Semur; Brenne en amont de Pouillenay. Ces rivières tombent à sec dans les premiers jours de juin et commencent à couler faiblement dans les derniers jours d'octobre (sans exemple).

Armançon. — Dans la traversée des terrains oolithiques, lieu de grandes sources, portée par seconde [2] :

A Aisy, un peu en aval du Lias de l'Auxois, du 25 septembre au 16 octobre 1870. . . . . , ... 185 litres.

A Ancy-le-Franc, 10 septembre. . . . . 471 —

A Tonnerre, 15 septembre. . . . . 827 —

A Germigny, près Saint-Florentin (terrain crétacé inférieur) . . . . 1,504 —

D'Aisy à Tonnerre, l'Armançon ne reçoit aucun autre affluent que les émissaires des sources.

Saison froide. — La sécheresse persiste en novembre et pendant les quinze premiers jours de décembre. Mais à partir de la fin de décembre tous les affluents entrent en crue, et en éprouvent sept à huit successives de janvier à avril. Les grands cours d'eau suivent le mouvement.

La Seine à Bray éprouve. . . . . 7 crues.
L'Yonne à Clamecy. . . . . 8 —
L'Yonne à Sens. . . . . 6 —
La Seine à Montereau. . . . . 5 —
Le Loing à Nemours . . . . 4 —
La Marne à Saint-Dizier. . . . . 6 —
  — à la Chaussée. . . . . 7 —
L'Oise à Venette. . . . . 7 —
La Seine à Paris. . . . . 6 —
La Seine à Poissy. . . . . 6 —

On peut prévoir déjà que la saison chaude de 1871 ne sera pas sèche.

Nous arrêtons ici cette description, longue mais nécessaire des variations de niveau des cours d'eau pendant les sécheresses extraordinaires de ces dernières années. Nous sommes néanmoins encore en 1872, dans ces sécheresses qui ont été faiblement interrompues en 1871.

[1] M. Bazin, ingénieur.
[2] M. Étienne, ingénieur.

Si nous voulons nous rendre compte de l'action de la pluie sur ces sécheresses, nous arrivons à des résultats non moins nets.

Nous nous souviendrons que la hauteur moyenne annuelle de pluie pour l'ensemble du bassin est 684 millimètres. Ce nombre est la moyenne de huit années d'observations, de 1861 à 1868 inclusivement, qui contiennent de nombreuses lacunes [1]. Néanmoins l'approximation est suffisante pour établir une discussion.

Année 1861, *hauteur moyenne de pluie* 575 *millimètres*, de 109 millimètres au-dessous de la moyenne générale.

L'année est très-peu pluvieuse.

On se rappelle qu'à la suite de la grande crue du 4 janvier 1861, le niveau de la Seine et de ses affluents s'est abaissé d'une manière continue pendant la saison froide, excepté en mars et pendant toute la saison chaude. En effet, les cinq premiers mois de l'année, mars toujours excepté, sont très-peu pluvieux. Les pluies assez abondantes de juin et juillet sont sans action sur la sécheresse ; les trois mois suivants sont dépourvus de pluies. L'année 1861, quoique débutant par la plus grande crue de la Seine observée depuis quinze ans, est donc très-sèche.

Année 1862. — Hauteur moyenne de pluie, 713 millimètres, dépassant la moyenne générale de 29 millimètres. L'année est pluvieuse.

Saison froide. — Le mois de novembre 1861 est très-pluvieux, mais le mois de décembre et les quatre premiers mois de 1862, à l'exception de janvier et de mars, sont au contraire très-peu pluvieux.

Saison chaude. — Aussi, quoique les quatre premiers mois de la saison chaude aient été extraordinairement pluvieux, nous avons vu que l'année 1862 devait être classée dans les années sèches, et que la Seine était restée longtemps au-dessous des basses eaux de 1719.

Année 1863. — Hauteur moyenne de pluie, 658 millimètres, de 26 millimètres au-dessous de la moyenne générale. L'année est peu pluvieuse.

Saison froide. — Les quatre derniers mois de 1862 et les quatre premiers mois de 1863 sont très-peu pluvieux.

Saison chaude. — La sécheresse de 1862 se prolonge donc naturellement en 1863. Malgré les grandes pluies de juin, nous avons vu que cette année devait être rangée parmi les plus sèches. Les grandes pluies de la

---

[1] Voy. chap. II, p. 59 et suiv.

fin d'août, de septembre et d'octobre, mettent fin à cet état anormal ; tous les cours d'eau entrent en crue.

Année 1864.— Hauteur moyenne de pluie, 574 millimètres, de 150 millimètres au-dessous de la moyenne générale. Année très-peu pluvieuse.

Saison froide. — Les deux derniers mois de 1863 et les quatre premiers de 1864 ayant été très-peu pluvieux, l'état d'humidité de septembre, octobre et novembre 1863, ne se soutient pas.

Saison chaude. — Malgré les fortes pluies de juin, de la fin d'août et du commencement de septembre, la sécheresse se rétablit et l'année 1864 compte, sous ce rapport, parmi les plus remarquables ; on l'a démontré ci-dessus.

Année 1865. — Hauteur moyenne de pluie, 656 millimètres, de 48 millimètres au-dessous de la moyenne générale. Année médiocrement pluvieuse. Cette année peut être citée, comme exemple de l'effet de la mauvaise répartition des pluies sur la sécheresse. La moyenne de pluie tombée s'écarte peu de la moyenne générale et cependant l'année doit être rangée parmi les plus sèches des deux derniers siècles.

Saison froide. — Les trois derniers mois de 1864 et les six premiers de 1865 sont très-peu pluvieux, à l'exception de janvier et février, qui sont dans la moyenne.

Saison chaude. — Il résulte de là que la sécheresse de 1864 se prolonge dans la saison chaude de 1865, malgré les pluies extraordinaires de juillet et d'août. Il ne tombe pas une goutte de pluie en septembre ; la sécheresse continue jusqu'à la fin de l'année, malgré les pluies extraordinaires d'octobre et de novembre, qui d'ailleurs ne se prolongent pas en décembre.

Année 1866. — Hauteur moyenne de pluie, 885 millimètres, de 201 millimètres au-dessus de la moyenne générale. Année extraordinairement pluvieuse.

Saison froide. — Cette grande quantité de pluie se répartit sur toute l'année, de telle sorte que le sol est toujours saturé, excepté peut-être dans les mois d'avril, mai et juin, qui ne sont pas trop pluvieux.

Saison chaude. — J'ai fait connaître ci-dessus les conséquences de cet état du sol [1] ; les pluies continues de juillet, août et septembre, prépa-

---

[1] Voy. chap. xv, p. 266 et suiv.

rent et déterminent la plus formidable crue d'été qui ait eu lieu depuis deux siècles. Que serait il survenu, si la pluie s'était prolongée en octobre avec la même intensité ? Octobre heureusement a.été peu pluvieux.

A la même date, commence la plus forte et la plus longue crue des sources des terrains oolithiques et de la craie, observée depuis quinze ans. Elle se prolonge jusqu'à la fin de 1867 [1].

Année 1867. — Hauteur moyenne de pluie, 771 millimètres, de 87 millimètres au-dessus de la moyenne. Année pluvieuse.

Saison froide. — Les deux derniers mois de 1866 et les quatre premiers de 1867, sont pluvieux. L'état de saturation du sol se maintient donc jusqu'à la saison chaude et, ainsi qu'on vient de le dire, les sources des terrains oolithiques et de la craie sont en forte crue.

Saison chaude. — Les mois de mai, juin, juillet et août sont eux-mêmes pluvieux, et les cours d'eau fortement soutenus par les sources, descendent lentement. Mais les quatre derniers mois sont peu pluvieux et la sécheresse se rétablit, vers la fin de l'année 1867.

Année 1868. — Hauteur moyenne de pluie, 661 millimètres, de 23 millimètres au-dessous de la moyenne générale. Année médiocrement pluvieuse.

Nouvel exemple d'une année moyennement pluvieuse et extraordinairement sèche. Non-seulement mauvaise répartition, mais grandes inégalités d'intensité relative des pluies, dans les diverses parties du bassin. *Morvan*, beaucoup de pluie, moyenne dépassée partout; *Haute-Marne* et *Lorraine*, même observation; *reste du bassin*, au-dessous de la moyenne.

Saison froide. — Les deux derniers mois de 1867 sont peu pluvieux, et malgré les fortes pluies du Morvan et de la Lorraine, les quatre premiers mois de 1868 sont si peu pluvieux, que la sécheresse de la fin de 1867 se prolonge en 1868.

Saison chaude. — La même inégalité se remarque dans la saison chaude et rien ne tend à diminuer l'intensité de la sécheresse.

Année 1869. — Hauteur moyenne de pluie, 592 millimètres, de 92 millimètres au-dessous de la moyenne générale. Année peu pluvieuse.

Quoique moins pluvieuse que l'année 1868, l'année 1869 est beaucoup moins sèche.

Saison froide. — La sécheresse de 1868 cesse en décembre, qui est plu-

---

[1] Plan VII, p. 267.

vieux. Quoique les quatre premiers mois de 1869 soient peu pluvieux, le point de saturation étant obtenu, la sécheresse se rétablit difficilement. Des pluies médiocres déterminent en mars des crues générales, mais peu élevées. Néanmoins le mois d'avril étant sans pluie, la saturation du sol cesse.

Saison chaude. — Quoique mai et juin soient très-pluvieux, la sécheresse se rétablit d'autant plus facilement qu'il ne tombe pas de pluie en juillet et août. Elle se prolonge jusqu'à la fin de l'année, malgré les grandes pluies de la fin de septembre, de novembre et de décembre.

La sécheresse extrême de ces dernières années, interrompue deux fois en 1860 et 1866 par des années très-humides, est due d'abord, cela n'est pas douteux, au peu d'abondance des pluies; de 1858 à 1870, huit années, 1858, 1861, 1863, 1864, 1865, 1868, 1869, 1870, reçoivent une hauteur de pluie moindre que la moyenne. Deux années, 1860 et 1866, dépassent considérablement cette moyenne ; trois années, 1859, 1862, 1867, sont un peu au-dessus.

La mauvaise répartition des pluies a également une action considérable. C'est ce qui résulte de la double discussion qui précède : toutes les fois que la *saison froide est peu pluvieuse*, lorsque *les cours d'eau n'y entrent pas en crue, la saison chaude suivante est sèche ;* les cours d'eau y tombent à un bas niveau et la portée des sources diminue, même lorsque cette saison chaude est pluvieuse. Si, au contraire, la saison *froide est pluvieuse*, de même que si *les cours d'eau s'y soutiennent à un niveau élevé*, la saison chaude suivante n'est pas sèche, même lorsqu'elle est très-peu pluvieuse. L'année 1842 peut être citée comme exemple ; c'est l'année la moins pluvieuse du siècle : on n'a recueilli à Paris que 389 millimètres d'eau de pluie ; mais les cours d'eau sont restés à des niveaux élevés pendant toute la saison froide, jusqu'à la fin d'avril ; la terre était donc fortement saturée. La saison chaude a été moins sèche que celle de l'année 1863 par exemple, qui est relativement pluvieuse, puisque la hauteur de pluie recueillie à Paris a été de 451 millimètres. En 1842, la Seine est descendue au pont de la Tournelle au-dessous des basses eaux de 1719 pendant cinquante-deux jours seulement ; en 1863, elle y est restée pendant soixante-dix-huit jours.

C'est donc la mauvaise répartition de la pluie, non moins que sa rareté, qui produit la sécheresse des saisons chaudes. Voilà tout ce que nous savons de très-net, de l'action des pluies sur les cours d'eau. Nous ne savons pas annoncer une crue au moyen d'observations pluviométriques; on peut le faire au contraire, avec une certaine exactitude, au moyen d'observations hydrométriques. L'un ou l'autre de ces systèmes d'observations permet de prévoir une sécheresse à la fin de la saison froide.

L'atlas joint à cet ouvrage est donc utile à consulter, surtout en raison des sécheresses extrêmes de ces dernières années, dont il fait connaître les causes et le développement.

CHAPITRE XX

DÉBOUCHÉ MOUILLÉ DES PONTS

Je désigne par ces mots : *débouché mouillé d'un pont*, la section sous ce pont, de la plus grande crue connue du cours d'eau. En divisant le débouché mouillé d'un pont exprimé en mètres carrés, par la surface des versants exprimée en kilomètres carrés, on obtient le *débouché mouillé kilométrique* de ce pont.

Ce débouché est nul pour une vallée donnée ;

1° Lorsqu'on peut établir un remblai sur cette vallée sans y construire de pont ;

2° Lorsque la vallée est cultivée jusqu'au fond, sans que les cultivateurs aient réservé sur le thalweg un fossé, un égout ou tout autre ouvrage destiné à faciliter l'écoulement des eaux pluviales ;

3° Enfin s'il existe un pont sous le remblai, ou un fossé au fond de la vallée, le débouché mouillé est nul, lorsqu'il est établi par des observations suffisamment longues, que ces ouvrages sont inutiles.

Lorsqu'une de ces trois conditions est remplie, cela ne veut pas dire que les eaux pluviales ne ruissellent jamais à la surface du sol ; les grandes averses, les pluies d'orages violents, les fontes

de neige extraordinaires, produisent à la surface des terrains les
plus perméables de faibles ruissellements ; on conserve en outre,
dans certaines localités, le souvenir de ces désastreux phénomènes,
nommés par les cultivateurs *sacs-d'eau* ou *trombes*, qui versent
en quelques minutes un tel volume d'eau à la surface du sol,
qu'il faudrait pour le débiter, des ponts énormes, même sur les
vallées les plus perméables. Je citerai un phénomène de ce genre,
qui causa les plus grands désastres dans la commune de *Joux-
la-Ville*, entre Avallon et Auxerre, à l'origine d'une vallée qui est
sèche en temps ordinaire.

Les ingénieurs de la Seine-Inférieure m'ont signalé une trombe
du même genre, qui, le 24 septembre 1842, fondit sur la ville de
Fécamp et les vallées qui y débouchent, et produisit d'affreux
ravages sur une surface de 200 kilomètres carrés environ ;
des maisons et leurs habitants furent entraînés dans la mer.
On avait tellement perdu la mémoire des cataclysmes de ce
genre à Fécamp, que les rues principales étaient tracées perpen-
diculairement au thalweg de la vallée, et que chaque îlot de
maison formait barrage contre le torrent. L'eau s'éleva jusqu'à 4 mètres de hauteur, dans les rues de la ville.

Le ruissellement des eaux pluviales est toujours considérable
à la suite d'un tel phénomène, quelle que soit d'ailleurs la perméabilité du sol. On n'en doit tenir aucun compte, dans le
calcul du débouché mouillé des ponts construits en rase campagne ; dans les villes et autres localités habitées, on doit, au
contraire, prendre les mesures nécessaires pour éviter les désastres ; lorsque le sol est assez perméable, pour qu'il n'y ait pas de
cours d'eau au fond des vallées qui traversent la ville, on établit
d'habitude une rue sur chaque thalweg ; si le pays est ravagé
par une trombe, les caves et les rez-de-chaussée peuvent être
envahis par l'eau, mais on n'a pas d'autres malheurs à dé-
plorer.

Le débouché mouillé des ponts peut donc être considéré comme
nul en rase campagne, même dans une localité ravagée par le

passage d'une trombe. Il en est de même dans une vallée très-
perméable, où l'on constate de loin en loin un faible ruissellement des eaux pluviales, à la suite d'averses, d'orages ou de fontes de neige extraordinaires. Si l'on établit un remblai sans pont en travers d'une vallée de ce genre, l'eau due à ces phénomènes s'accumule pendant un temps très-court, souvent pendant quelques heures, en amont de ce remblai, puis disparaît dans le sol; les récoltes en terre n'en souffrent pas d'une manière appréciable, et la charrue efface promptement la faible trace du passage de l'eau.

Ces préliminaires étaient indispensables, pour bien faire comprendre ce que j'entends par ces mots : *Débouché mouillé d'un pont*.

J'ai formulé ci-dessus la proposition suivante[1] : Le débouché mouillé des ponts, à l'issue des petites vallées, est considérable, lorsque *le sol est imperméable*. Si *le sol est perméable*, ce débouché est très-petit, sinon nul, ou est réduit aux dimensions nécessaires pour débiter l'eau des sources. Je me propose de démontrer dans ce chapitre qu'il en est ainsi dans le bassin de la Seine.

TERRAINS IMPERMÉABLES. — GRANITE. — MORVAN.

Il est très-difficile de trouver dans les petites vallées du Morvan des ponts qui soient dans des conditions normales ; les étangs disséminés sur la plupart des cours d'eau, diminuent le débouché mouillé des ponts, en emmagasinant les crues. Les cascades, si nombreuses dans cette contrée, modifient aussi ce débouché. Je ne pourrai donc choisir qu'un petit nombre d'exemples.

Dans les nombres écrits ci-dessous sous formes de fractions, le numérateur indique le débouché mouillé du pont, exprimé

---

[1] Voy. chap. IV, p. 75.

en mètres carrés et le dénominateur, la surface du bassin exprimée en kilomètres carrés.

PETITS COURS D'EAU.

Déb. kil. m. — Mèt. carrés.

Pont de la Baigne, affluent du Serein, près de Saulieu.

Route de Paris à Lyon. . . . . . . $\dfrac{15,50}{22} = 0,70.$

A Villargoix. . . . . $\dfrac{27,75}{35} = 0,79.$

A la Motte-Ternant. . . . . $\dfrac{44,79}{75} = 0,61.$

Pont de la Lie, affluent du Cousin (insuffisant) . . . . $\dfrac{4,32}{2} = 2,16.$

Pont du ru de Montmain, près d'Avallon. . . . . $\dfrac{9,00}{14} = 0,64.$

— d'Aillon, près d'Avallon. . . . . $\dfrac{2,20}{6} = 0,57.$

COURS D'EAU MOYENS.

La Cure, pont de Chastellux (cascades). . . . . $\dfrac{68,41}{585} = 0,18.$

— — de Pierre-Perthuis, à la sortie du Morvan. . . . $\dfrac{95,31}{481} = 0,20.$

— — d'Asquins, à la sortie du lias.. . . . . $\dfrac{99,00}{520} = 0,19.$

Le Cousin, pont de Magny, à l'aval des trois branches du torrent, Trinquelin, Romanet, Tournessac. . . . . $\dfrac{62,50}{257} = 0,24.$

Le Cousin, pont de Pontaubert, à la sortie du Morvan. . . . $\dfrac{71,40}{345} = 0,21.$

— de Valloux à la sortie du lias. . . . . $\dfrac{81,60}{391} = 0,21.$

La Cure, pont de Blannay, à l'aval du confluent du Cousin [1]. $\dfrac{159,20}{911} = 0,17.$

L'Yonne, pont de Clamecy, un peu à l'aval du Morvan et du bassin liasique de Corbigny [2]. . . . . $\dfrac{154,00}{713} = 0,21.$

Pont de Bessy, sur la Cure, crue de mai 1836 . . . . $\dfrac{243}{911} = 0,23.$

[1] A l'aval des grottes d'Arcy, par suite de la diminution de la pente, le débouché mouillé des ponts de la Cure monte à 175 mètres carrés.

[2] On n'a compté que la surface des terrains granitique et liasique du bassin.

Petits cours d'eau. — En retranchant le pont de la Lie qui paraît anormal, tous les débouchés kilométriques mouillés sont compris entre $0^{mq},57$ et $0^{mq},79$. Ces débouchés sont en général, plus petits que ceux indiqués ci-dessous, pour les ponts du Lias ; cela ne veut pas dire qu'il coule moins d'eau à la surface du Morvan qu'à la surface de l'Auxois ; mais les thalwegs de la plupart des vallées du Morvan étant disposés en cascades, la vitesse d'écoulement y est plus grande, et par conséquent, à débit égal, le débouché mouillé des ponts y est plus petit que dans les vallées de l'Auxois.

Cours d'eau moyens. — Les débouchés mouillés des ponts de la Cure et du Cousin sont trop petits. En effet, ils correspondent à la crue de septembre 1866 qui, pour ces deux rivières, est restée à $0^{m},50$ au-dessous de celle du mois de mai 1836, tandis qu'en 1866 la crue de l'Armançon et du Sercin, dont il sera question ci-après, a dépassé de $0^{m},50$ le niveau du débordement de 1836. Dans un premier mémoire publié en 1846, j'évaluais à $0^{m},30$ le débouché kilométrique mouillé des ponts du Cousin, et à $0^{m},25$ celui des ponts de la Cure, à l'aval du confluent des deux rivières. Je ne pense pas qu'il convienne de changer ces deux nombres.

LIAS. — AUXOIS.

Les exemples qui suivent ont été pris dans l'Auxois, qui est la région la plus étendue occupée par le lias.

PETITS COURS D'EAU.

	Déb. kil. m. — Mèt. carrés.
Pont de l'Armançon à Chailly (insuffisant).	$\dfrac{16,13}{43} = 0,37.$
— — à Gissey-le-Vieil.	$\dfrac{35,54}{70} = 0,51.$
Pont de la Brenne à Saffres.	$\dfrac{16,50}{14} = 1,18.$
— — à Vitteaux (insuffisant), l'eau passe par-dessus les parapets.	$\dfrac{18,50}{33} = 0,56.$

Déb. kil. m. — Mèt. carrés.

Pont du canal (Brenne). . . . . $\dfrac{46,84}{77} = 0,61.$

Pont de Massène, sur la Presle, affluent de l'Armançon. . . $\dfrac{18,00}{19} = 0,95.$

Pont du ru Réglé, affluent de l'Armançon. . . . . $\dfrac{5,00}{5} = 1,00.$

   —   des Iles,   —   . . . . $\dfrac{11,85}{9} = 1,31.$

   —   des Vaux,   —   . . . . $\dfrac{9,00}{4} = 2,25.$

   —   de Foudron,   —   . . . . $\dfrac{3,44}{5} = 0,69.$

   —   de Cernant,   —   . . . . $\dfrac{8,35}{7} = 1,19.$

Pont de la route de Nevers à Dijon, près Beurey, affl. du Serein. $\dfrac{16,71}{22} = 0,76.$

Pont du ru de Marmeaux, affluent du Serein. . . . . $\dfrac{5,04}{6} = 0,84.$

   —   de Goyot,   —   . . . . $\dfrac{1,80}{3} = 0,60.$

Pont de Sauvigny-le-Beuréal, affluent du Serein (insuffisant). . $\dfrac{6,48}{7} = 0,95.$

   —   Savigny, affluent du Serein. . . . . $\dfrac{5,80}{5} = 0,76.$

   —   Treviselot,   —   . . . . $\dfrac{4,20}{6} = 0,70.$

Pont du ru de Roserey, affluent du Serein (insuffisant). . . . $\dfrac{2,00}{2} = 1,00.$

Pont d'Angely, affluent du Serein. . . . . $\dfrac{2,00}{6} = 0,33.$

Pont du Vau-de-Bouche à Provency, affluent de la Cure. . . . $\dfrac{9,15}{8} = 1,14.$

Pont du Vau-de-Bouche à Lucy-le-Bois, affluent de la Cure (insuffisant). . . . . $\dfrac{27,50}{20} = 1,36.$

Pont de Sainte-Magnance. . . . . $\dfrac{5,50}{5} = 1,10.$

Si l'on retranche du tableau qui précède les ponts insuffisants
et les ponts des rus des Vaux et d'Angely, qui paraissent anor-
maux, on trouve que les débouchés kilométriques mouillés les plus
petits, ceux des ponts de Gissey, du Canal, des rus de Foudron,
Goyot, de Savigny, de Tréviselot, sont compris entre 0^{mq},50 et

$0^{mq},84$ et s'élèvent en moyenne à $0^{mq},67$; en général, ils correspondent aux parties plates et peu accidentées de la plaine de l'Auxois. Les débouchés des autres ponts sont compris entre $0^{mq},84$ et $1^{mq},36$ et s'élèvent en moyenne à $1^{mq},12$; ils correspondent aux parties les plus accidentées du lias, aux vallées étroites et à pentes rapides, telles que celles de la Brenne, du Vau-de-Bouché, et aux ravins profonds, qui coupent la route d'Avallon à Semur. Ces nombres sont trop petits ; ils correspondent à la grande crue de 1866, produite par des pluies de longue durée, tandis que les débouchés mouillés des ponts des petits cours d'eau, correspondent toujours à des averses, qui sont sans action sur les crues des grands cours d'eau. Dans un mémoire publié en 1846[1], j'évaluais à $1^{mq},50$ le débouché kilométrique mouillé correspondant aux vallées accidentées de l'Auxois. Je ne pense pas que ce nombre soit trop grand. Il faudrait augmenter dans la même proportion le débouché kilométrique correspondant aux parties plates, ce qui le porterait à $0^{mq},87$.

COURS D'EAU MOYENS.

Déb. kil. m. — Mèt. carres.

Pont de Semur sur l'Armançon.	$\dfrac{69,00}{262} = 0,26.$
— Genay —	$\dfrac{106,00}{302} = 0,55.$
Pont du chemin de fer à Buffon, sur l'Armançon.	$\dfrac{160,00}{400} = 0,40.$
Pont Canal, sur la Brenne, près Montbard.	$\dfrac{106,40}{575} = 0,29.$
Pont d'Aisy, sur l'Armançon, au-dessous du confluent de la Brenne (insuffisant).	$\dfrac{106,20}{771} = 0,14.$
Pont de Lucenay, sur le Serein, à peine suffisant.	$\dfrac{81,41}{226} = 0,36.$
— Bourbilly, — —	$\dfrac{95,36}{258} = 0,36.$
— Montberthaut, — —	$\dfrac{105,18}{365} = 0,29.$

[1] Voyez *Annales des ponts et chaussées*, 2ᵉ semestre 1846.

Déb. kil. m. — Mèt. carrés.

Pont de Guillon, sur le Serein, insuffisant; l'eau passait par-
dessus les parapets. . . . . $\dfrac{75,00}{450} = 0,17.$

Débit de la crue, 500 mètres cubes par seconde.

Pont de Lisle-sur-Serein, insuffisant. Fin du lias. . . . . . . $\dfrac{155,0}{584} = 0,25.$

Ces nombres méritent une attention toute spéciale. Le débit du Serein à Guillon, correspondant au maximum de la crue de 1866, est connu; il est de 500 mètres cubes par seconde[1]; pour faire passer ce grand volume d'eau sous un pont de 75 mètres carrés, il aurait fallu une vitesse de 4 mètres par seconde; c'était impossible; l'eau s'est élevée au-dessus des parapets et des jardins, aux abords du pont. Le débit de l'Armançon, à l'aval de son confluent avec la Brenne, est également connu; il est de 800 mètres cubes par seconde; le débouché du pont d'Aisy étant de 106 mètres seulement, ce pont formait simplement un obstacle au libre écoulement de l'eau, qui couvrait tout le fond de la vallée, en passant aux abords du pont, à un mètre au-dessus des tas de pierres de la route.

Pour trouver un débouché mouillé suffisant, il faut suivre le cours de l'Armançon au delà d'Ancy-le-Franc, jusqu'aux points où le chemin de fer de Lyon traverse la vallée, en amont et en aval du dernier souterrain de Lézinnes.

Là le torrent passait sous deux ponts, dont les débouchés mouillés étaient de 509 et 289 mètres carrés et se sont trouvés suffisants; la portée par seconde étant de 800 mètres cubes, l'eau courait sous ces ponts avec une vitesse moyenne de $2^m,60$ et $2^m,80.$

TERRAIN CRÉTACÉ INFÉRIEUR. — PETITS COURS D'EAU.

Déb. kil. m. — Mèt. carrés.

Pont de Villefargeau, sur le ru de Baulche. . . . . $\dfrac{24,42}{48} = 0,51.$

(La surface totale des versants est 90 kilomètres carrés.)

[1] Voyez chapitre XV, page 269.

Déb. kil. m. — Mèt. carrés.

Pont de Saint-Georges sur le ru de Baulche. . . . . $\dfrac{51,20}{53} = 0,97.$

(La surface totale des versants est 99 kilomètres carrés.)

Pont de Toucy, sur l'Ouanne. . . . . $\dfrac{40,53}{73} = 0,56.$

(La surface totale des versants est 122 kilomètres carrés.)

Pont de Mézilles, sur le Branlin. . . . . $\dfrac{26,40}{107} = 0,25.$

(La surface totale des versants est 115 kilomètres carrés.)

Pont sous Nantou, bassin du Tholon. . . . . $\dfrac{6,00}{10} = 0,60.$

Pont de Laboulois,   —   . . . . $\dfrac{5,20}{10} = 0,52.$

Pont de Rumilly, sur l'Hozain. . . . . $\dfrac{16,45}{40} = 0,41.$

Pont de Cormost, affluent de l'Hozain. . . . . $\dfrac{6,00}{19} = 0,32.$

Pont de Sinotte, route nationale n° 77. . . . . $\dfrac{16,20}{13} = 1,25.$

Pont du Carreau,   —   . . . . $\dfrac{8,55}{13} = 1,10.$

Pont entre Percey et Flogny, route de Paris à Genève. . . . . $\dfrac{2,63}{3} = 0,88.$

Pont   —   —   . . . . . $\dfrac{1,49}{2} = 0,75.$

Pont sur la Melche, affluent de la Chée, près de Loupy-le-Petit. $\dfrac{3,60}{16} = 0,22.$

(Débit par seconde 8 mètres.)

Pont sur le ru de Brabant, affluent de la Chée, moulin de Peroye. $\dfrac{8,90}{30} = 0,30.$

(Débit par seconde 18 mètres.)

Pont de Triancourt, sur l'Evre, affluent de l'Aisne. . . . . . $\dfrac{12,10}{25} = 0,30.$

Pont des Grandes-Islettes, affluent de la Biesme. . . . . . . $\dfrac{6,40}{15} = 0,43.$

Les argiles du terrain néocomien sont très-développées entre les bassins du Loing et de l'Aube, beaucoup moins étendues entre l'Aube et la Marne, et manquent totalement dans les bassins de la Chée et de l'Aisne. C'est le gault, terrain absolument imperméable, mais peu étendu, et le green-sand qui constituent tout le terrain crétacé inférieur, dans ces derniers bassins. Il en résulte que le terrain crétacé inférieur, pris en masse, est beaucoup plus imperméable, entre les bassins du Loing et de l'Aube, que dans les bassins de la Voire, de la Chée et de l'Aisne

Dans la première partie, les débouchés kilométriques mouillés des ponts se rapprochent beaucoup de 1 mètre carré. Dans la seconde, ils sont compris entre $0^{mq},22$ et $0^{mq},43$. Le green-sand est un terrain demi-perméable. On sait que c'est dans ce terrain que les grands puits artésiens de Paris puisent leur eau ; ils absorbent donc une partie notable des eaux pluviales qui tombent à leur surface.

Il faut dire aussi que la région des grands étangs s'étend surtout dans les bassins de la Voire, de la Chée et de l'Aisne, et que ces étangs diminuent beaucoup la portée des crues.

TERRAIN CRÉTACÉ INFÉRIEUR. — COURS D'EAU MOYENS.

Déb. kil. m. — Mèt. carrés.

Pont de l'Armance, prairie d'Ervy. . . . . $\dfrac{57,67}{275} = 0,20.$

Pont de la Barse à Chantelot. . . . . $\dfrac{40,85}{154} = 0,26.$

Pont sur la Voire, entre Lassicourt et Rosnay. . . . . . . $\dfrac{95,40}{643} = 0,15.$

Pont sur la Biesme, à la limite du département de la Meuse. . $\dfrac{35,00}{101} = 0,35.$

(Débit, 47 mètres cubes par seconde.)

Pont de l'Aisne à Autry. . . . . $\dfrac{123,00}{986} = 0,12.$

Pont de l'Epte à Gournay, pays de Bray. . . . . $\dfrac{28,71}{173} = 0.17$

La même observation doit être faite pour les cours d'eau moyens ; les débouchés kilométriques mouillés sont plus grands dans les parties du terrain crétacé inférieur, où les terrains néocomiens occupent une place importante.

Les débouchés mouillés des ponts des bassins de l'Aisne, de la Voire et de l'Epte sont très-faibles. L'influence des grands étangs est très-marquée dans les bassins de la Voire et de l'Aisne surtout. L'effet des grandes prairies n'est pas moins remarquable. L'Armance en amont des ponts d'Ervy, la Barse en amont de Chantelot, sont bordées d'immenses prairies. La moindre retenue faite par les ponts détermine des emmagasinements d'eau considérables.

Le terrain crétacé inférieur, pris dans son ensemble, est beaucoup moins imperméable que le granite et le lias.

TERRAINS OOLITHIQUES. — MARNES KIMMÉRIDIENNES IMPERMÉABLES. — LORRAINE. — PETITS COURS D'EAU.

Déb. kil. m. — Mèt. carrés

Affluents de l'Ornain

Pont sur la Barboure, à l'aval du ru de Meligny. . $\dfrac{17,4}{21} = 0,83.$

Pont sur le ruisseau de Malval. . . . . $\dfrac{6,20}{15} = 0,41.$

Débit, 18 mètres cubes par seconde. Surface totale des versants, 33 kilomètres carrés.

Pont sur le ru de Salmagne. . . . . $\dfrac{6,10}{11} = 0,56.$

Débit, 18 mètres cubes; surface totale des versants, 20 kilomètres carrés.

Affluents de l'Aire

Pont de la Cousance à Souilly. . . . . $\dfrac{2,70}{4} = 0,68.$

Pont de la Cousance à Ippécourt. . . . . $\dfrac{6,40}{11} = 0,58.$

Débit, 14 mètres cubes par seconde.

Pont à Deuxnoux. . . . . $\dfrac{6,70}{4} = 1,67.$

Débit, 7 mètres cubes par seconde.

Ces débouchés kilométriques mouillés se rapprochent beaucoup de ceux des terrains imperméables, ce qui confirme les remarques faites aux chap. XIII et XIV sur l'imperméabilité des marnes kimméridiennes de la Lorraine.

COURS D'EAU MOYENS.

Déb. kil. m. — Mèt. carrés

Pont de l'Ornain à Bar-le-Duc. Débit, 130 mètres cubes par sec. Surface totale des versants, 811 kil. carrés, dont 1/5 imperméable. $\dfrac{76,30}{162} = 0,47.$

Pont de l'Aire au confluent de la Cousance. Débit, 110 mètres
cubes par seconde. Surface totale des versants, 594 kilomètres
carrés dont 100 environ imperméables. . . . . $\dfrac{47,00}{100} = 0,47.$

Déb. kil. m. — Mèt. carrés.

Ces débouchés kilométriques mouillés sont bien ceux obtenus
pour les cours d'eau moyens des terrains imperméables.

ARGILES A MEULIÈRES DE BRIE.

La surface de la Brie se divise en trois parties, qui jouent des
rôles très-différents dans la formation des crues. La première s'é-
tend sur la carte, entre les festons verts de la rive droite du petit
Morin et ceux de la rive gauche de l'affluent le plus méridional
de l'Yères. Ces petits festons contournent le sommet des coteaux ;
par conséquent, comme ils sont très-rapprochés les uns des autres, cette région est sillonnée par un très-grand nombre de
petites vallées, dans lesquelles les eaux pluviales trouvent des
voies d'écoulement relativement faciles, quoique le terrain soit
très-plat entre les sommets des coteaux de deux vallées voisines.

La deuxième partie comprend de vastes plateaux, absolument dépourvus de pente, sillonnés de loin en loin par de rares
vallées plus ou moins profondes, mais trop écartées les unes des
autres pour que les eaux pluviales s'écoulent facilement. Tels
sont les grands plateaux situés : 1° au nord du petit Morin ; 2° au
nord de l'Yères et à l'ouest de Coulommiers ; 3° entre l'Yères et la
Seine ; 4° sur la rive gauche de la Seine.

La troisième partie comprend les plaines calcaires de la banlieue de Provins entre Moret et Sézanne. Ces terrains perméables
sont indiqués sur la carte par une rayure orange.

Partie de la Brie où les eaux pluviales s'écoulent facilement.—
Considérons par exemple *la vallée supérieure d'Yères;* nous voyons
que cette rivière, en amont du pont de la Chaume, se divise en
sept affluents principaux ; prenons un de ses affluents, le ru de

Visandre, nous trouvons que le débouché mouillé des ponts s'accroît de la manière suivante :

Mètres cubes.

1er pont du ru de Visandre, à partir d'amont.	2,83
P. après la réunion des principaux affluents.	25,44
P. d'Yères, en amont du confluent de Visandre.	7,58
P. de Rozoy en aval du confluent de Visandre.	59,90
Débouché kilom. mouillé de ce pont.	0,20
P. du ru d'Yvron, en amont du confluent d'Yères.	22,00
P. du ru de Bréon, — —	10,56
P. du ru de Marsanges, — —	9,00
P. du ru d'Avon, — —	5,00
P. de la Chaume sur l'Yères en aval du ru d'Avon.	110,00
Surface des versants.	591,00
Débouché kilométrique mouillé.	0,30

Les ponts de l'Yères s'accroissent encore un peu en aval du pont de la Chaume; puis la rivière passe entre deux immenses plateaux sans pente qui ne lui donnent plus rien, et alors le débouché kilométrique de ses ponts perd au lieu de gagner. Ainsi un peu en aval de Brunoy, sous une route départementale, le débouché mouillé total du pont tombe à 44 mètres carrés.

Nous trouvons des dispositions un peu différentes dans les bassins du grand et du petit Morin.

Grand-Morin. — Affluents d'abord peu nombreux dans le département de la Marne, et par conséquent croissance peu rapide du débouché mouillé des ponts, à l'origine du bassin; le débouché mouillé du dernier pont du département de la Marne est de 15 mètres carrés; mais en entrant dans le département de Seine-et-Marne, la rivière rencontre de nombreux affluents, et le débouché des ponts s'accroît à chaque confluent. On trouve successivement les débouchés suivants : 23 mètres carrés, 43-49-46-61-57-77-70-80, et enfin, près du débouché en Marne, 98 mètres carrés; la surface du bassin étant de 1 245 kilomètres carrés, le débouché kilom. mouillé est de $\dfrac{98}{1\,245} = 0^{\mathrm{mq}},08.$

L'un des affluents, l'Aubetin, mérite une attention toute spéciale.

Débouché kilom. mouillé de son premier pont, celui de Bouchy $\dfrac{9,20}{14} = 0,66.$

Débouché kil. mouillé du second pont, celui de Champcouelle. $\dfrac{7,15}{57} = 0,12.$

Ensuite les affluents manquent, et le débouché mouillé des ponts reste constant et égal à 11 ou 12 mètres carrés.

Débouché kilom. mouillé du pont de Pommeuse en amont du confluent du grand Morin. . . . . $\dfrac{11,05}{270} = 0,04.$

Bassin du Petit-Morin.— Dans la partie supérieure du bassin, les affluents sont peu nombreux. Le débouché des ponts reste longtemps constant et égal à environ 15 mètres carrés. Puis le nombre des affluents augmente, mais ces affluents sont très-courts ; le débouché mouillé des ponts oscille entre 18 et 40 mètres, et atteint difficilement, avant le confluent en Marne, 56^m,50.

Débouché kilométrique mouillé. . . . . $\dfrac{56,50}{565} = 0,10.$

On trouve dans cette partie de la Brie de petits ruisseaux, dont les ponts ont d'assez grands débouchés kilométriques mouillés ; tels sont :

	Débouché kilom. mouillé.
Pont de Saint-Fiacre, sur le ru de Brinche.	1^{mq}, »
Pont de Bouchy (Aubetin).	0, 66
Pont aux Dames, près de Conilly.	0, 30
Pont de la Chapelle, —	0, 34
Pont des Poncets, près de Montreuil.	0, 29
Pont du ru de Rognon, près de Coulommiers.	0, 55
Pont du ru de Raboireau, —	0, 19

Deuxième partie de la Brie. Grands plateaux sans pente. — Le grand plateau de la rive gauche de la Seine entre Arbonne,

Corbeil et Arpajon, n'a pas de cours d'eau qui lui soient propres. Cette grande surface de **220** kilomètres carrés ne donne donc pas d'eau aux rivières.

Le grand plateau de Melun, sur la rive gauche de l'Yères, Provins et Corbeil, dont la surface est de **608** kilomètres carrés, ne donne point d'eau aux rivières; même dans les parties où il est sillonné par de faibles dépressions, en s'approchant des grandes vallées, le débouché mouillé des ponts est sensiblement nul.

Déb. kil. m. — Mèt. carrés.

Pont de Simport, ru de Balory, passant par Cesson. . . . . . . $\dfrac{1,50}{51} = 0,05.$

Pont du Roi, ru du Houldres, près la forêt de Sénart. . . . . $\dfrac{0,04}{56} = 0,04.$

Il y a, dans la traversée de Melun, un ravin profond, le ru d'Almont, qui attire à lui un peu d'eau. Voici les débouchés kilométriques mouillés des ponts de deux de ses affluents.

Déb. kil. m. — Mèt. carrés.

Pont du ru de Rubelles. $\dfrac{2,23}{11} = 0,20.$

Pont du ru de Saint-Germain-Laxis. . . . . $\dfrac{2,10}{16} = 0,13.$

Mais on peut dire, d'une manière générale, que ce grand plateau ne donne pas d'eau aux rivières.

Il en est de même de la partie de la Brie, qui s'étend au nord de l'Yères, entre Villeneuve-Saint-Georges et Coulommiers. On trouve, entre la naissance des ravins qui sillonnent les coteaux, un vaste plateau dépourvu de pente, dont la superficie est approximativement de **138** kilomètres carrés; le drainage de cette plaine se fait presque entièrement par des fossés d'assainissement qui débouchent dans des mares; elle donne donc trèspeu d'eau aux rivières.

Des plateaux semblables s'étendent au nord de la vallée du Petit-Morin, de chaque côté de la rivière de Surmelin. Autrefois ces plaines étaient couvertes de nombreux étangs, dans lesquels s'accumulaient les eaux des plateaux. Aujourd'hui la plupart de ces étangs sont desséchés ; ils donnent néanmoins très-peu d'eau aux rivières. C'est au bord de ces vastes plateaux, que se trouvent les grandes sources du Sourdon et de la Dhuis.

Troisième partie demi-perméable, entre Moret et Villenauxe-la-Grande. — Ce grand plateau ne donne presque pas d'eau aux rivières ; l'écoulement se fait presque entièrement par trois grands ruisseaux, qui sont aussi *lieux de grandes sources*, le Durtein, la Voulzie et l'Auxence ; ce dernier est désigné sur la carte du bureau de la guerre, sous le nom de ru de Volangy. Les débouchés mouillés des ponts so   très-petits, au-dessus des grandes sources.

Déb. kil. m. — Mèt. carrés.

Pont sur le ru de Traconne (Voulzie). . . . . $\dfrac{5,90}{70} = 0,08.$

Pont de Rouilly (Durtein). . . . . $\dfrac{7,55}{55} = 0,21.$

Pont de Laisetaine (Auxence). . . . . $\dfrac{5,47}{75} = 0,08.$

Ainsi la Brie donne beaucoup d'eau aux rivières dans sa partie centrale, et très-peu aux deux extrémités de la longue bande qu'elle forme entre Fontainebleau et Reims.

ARGILES DU GATINAIS.

L'*Essonne*. — L'Essonne prend naissance dans les sables argileux du Gâtinais ; elle se divise en deux branches principales, l'Œuf et la Rimarde, qui elles-mêmes se subdivisent en plusieurs rameaux.

Déb. kil. m. — Mèt. carrés.

Pont de Pithiviers, sur l'Œuf. . . . . $\dfrac{13,53}{125} = 0,11.$

Pont en amont de Laville, sur la Rimarde.. . . . . $\dfrac{7,50}{101} = 0,07.$

Affluents du Loing, rive gauche.

Déb. kil. m. — Met. carrés.

Pont de Corbeilles sur la Rollande . . . . $\dfrac{8,28}{94} = 0,09.$

Pont de Sceaux, sur le Fusain, à l'aval du confluent de la Rollande. . . . . $\dfrac{20,50}{220} = 0,09.$

Pont en amont de Château-Landon, sur le Fusain. . . . . . . $\dfrac{27,50}{345} = 0,08.$

Pont près d'Oussoy, sur le Solin. . . . . $\dfrac{6,50}{97} = 0,06.$

Pont de Lombreuil, sur le Doigt. . . . . $\dfrac{5,50}{34} = 0,16.$

Pont sur le Bez, en avant du confluent du ru de Rozoy. . . . . $\dfrac{5,60}{121} = 0,05.$

Affluents du Loing, rive droite.

Pont de la Chapelle, sur l'Averon. . . . . $\dfrac{25,86}{88} = 0,29.$

Pont de Châtillon, sur le Milleron. . . . . $\dfrac{16,50}{35} = 0,46.$

Pont de Courtenay, sur le Bied. . . . . $\dfrac{18,00}{66} = 0,27.$

Ces plateaux, dépourvus de pente et couverts d'étangs, ne donnent pas beaucoup d'eau aux rivières en temps de crue ; l'Averon, le Milleron et le Bied sont cependant un peu plus violents, parce qu'ils sont dépourvus d'étangs.

TERRAINS PERMÉABLES.

Les ponts des terrains étudiés jusqu'ici sont considérables ; il est rare que les débouchés kilométriques mouillés pour les petits cours d'eau descendent au-dessous de $0^{mq},30$.

Les ponts que je vais examiner sont au contraire très-petits.

Je commencerai cette discussion par les terrains demi-perméables. Les terrains perméables viendront ensuite, et chacun d'eux sera divisé en deux parties : la première, et de beaucoup la plus grande, comprendra les vallées dans lesquelles il ne coule jamais d'eau, et je démontrerai qu'en effet le débouché mouillé des ponts y est toujours très-voisin de zéro.

La deuxième partie comprendra les rares vallées qui donnent naissance à des eaux courantes ; ces vallées sont *des lieux de sources*, le débouché mouillé des ponts y varie suivant l'importance de ces sources, et souvent est indépendant du degré de perméabilité des versants.

TERRAINS OOLITHIQUES DEMI-PERMÉABLES. — MARNES DE LA TERRE A FOULON.

Déb. kil. m. — Mèt. carré :

Vallée de la Laignes	Aqueduc du Quartier en amont des sources de Cessey.	$\dfrac{0,20}{7} = 0,03.$
	Aqueduc d'Étormay, en amont des sources.	$\dfrac{0,50}{59} = 0,01.$
Vallée du Brevon	Aqueduc de Brevon, près de Moitron.	$\dfrac{0,80}{29} = 0,03.$
	Aqueduc de Moitron.	$\dfrac{0,70}{4} = 0,17.$

MARNES OXFORDIENNES.

	Pont de Druys, sur le ru d'Andries, affluent de l'Yonne. . . .	$\dfrac{12,45}{93} = 0,13.$
Vallée de la Cure	Pont de Beugnon, route de Paris à Lyon.	$\dfrac{0,64}{9} = 0,07.$
	Pont d'Essert-la-Grange.	$\dfrac{0,58}{11} = 0,05.$
	Pont de Reigny, route de Paris à Lyon.	$\dfrac{9,00}{67} = 0,13.$
Vallée de la Seine	Pont de Gyé, route de Troyes à Châtillon.	$\dfrac{5,90}{17} = 0,23.$
	Pont sur une vallée, débouchant à Mussy.	$\dfrac{0,00}{13} = 0,00.$
	Pont d'Obtrée, même route.	$\dfrac{1,64}{9} = 0,18.$
	Aqueduc de Chaumont-le-Bois, sur le ru d'Obtrée. .	$\dfrac{1,02}{5} = 0,20.$
	Pont sur le ru de Massingy.	$\dfrac{2,10}{11} = 0,19.$

MARNES KIMMÉRIDIENNES. — PLATEAU ENTRE LE LOING ET L'YONNE.

Déb. kil. m. — Mèt. carrés.

Pont sous Deffand, près d'Ouanne. . . . . $\dfrac{1,04}{4} = 0,25.$

Aqueduc de la Chapelle, près d'Ouanne. . . . . $\dfrac{1,10}{7} = 0,14.$

Pont entre Lainsecq et Thury. . . . . $\dfrac{0,52}{4} = 0,08.$

Pont entre Thury et Lain. . . . . $\dfrac{0,64}{7} = 0,09.$

Pont sur le ru de Pierrefitte, vallée d'Ouanne. . . . . $\dfrac{1,60}{16} = 0,10.$

Pont sur le ru de l'Oiselet. . . . . $\dfrac{1,20}{5} = 0,24.$

La plupart de ces débouchés mouillés correspondent à des lieux de grandes sources éphémères.

TERRAINS OOLITHIQUES PERMÉABLES. — GRANDE OOLITHE ET CALCAIRE KELLOWIEN.
PETITES VALLÉES.

Déb. kil. m. — Mèt. carrés.

Vallée de Chatel-Gérard et Annoux, plateau entre le Serein
et l'Armançon. . . . . $\dfrac{0,00}{16} = 0,00.$

Aqueduc du val de Laignes, route de Châtillon à Tonnerre,
grand plateau entre l'Armançon et la Seine. . . . . $\dfrac{0,50}{29} = 0,01.$

Aqueduc de la Poire à Laignes, même route et même plateau. $\dfrac{0,95}{82} = 0,01.$

Pontceau de Fourches,   —   — $\dfrac{0,40}{26} = 0,01.$

Aqueduc des Brosses,   —   — $\dfrac{0,50}{8} = 0,04.$

Traversée de la vallée de Cérilly,   —   — $\dfrac{0,00}{26} = 0,00.$

Pontceau de Buncey, route de Châtillon à Dijon. . . . . . . $\dfrac{0,45}{35} = 0,01.$

Pontceau de la Chaume sur le ru de Courbe-Charme,
affluent de l'Aube. $\dfrac{2,36}{45} = 0,05.$

VALLÉES MOYENNES

Déb. kil. m. — Mèt. carrés.

Pont des Bachits, vallée de la Laignes à Puits, route de Châtillon à Montbard. . . . . $\dfrac{2,26}{205} = 0,01.$

Aqueduc du Creux-Bâlot, même vallée, route départementale. . . . . $\dfrac{1,70}{241} = 0,01.$

Aqueduc de Bissey-la-Pierre, même vallée, route de Châtillon à Tonnerre. . . . . $\dfrac{0,56}{254} = 0,00.$

Pont sur la Suize, en amont de la source de Bué, près de Chaumont, lieu de sources . . . . $\dfrac{7,20}{260} = 0,03.$

CALCAIRE CORALLIEN.

Vallée de Saintpuits, route d'Entrains à Lain, plateau entre le Loing et l'Yonne. . . . . $\dfrac{0,00}{27} = 0,00.$

Voie romaine sur la vallée, à l'aval de Lain, même plateau. . . $\dfrac{0,00}{15} = 0,00.$

Vallée du ru de Brosses à la Maison-Rouge, affluent de l'Yonne. $\dfrac{0,00}{52} = 0,00.$

Pont sur une vallée à la sortie de Nitry, plateau entre la Cure et le Serein. . . . . $\dfrac{2,38}{37} = 0,06.$

Pont sur la même vallée, entre Lichères et Aigremont. . . . . . $\dfrac{2,10}{60} = 0,03.$

Vallée entre Noyers et Étivey, plateau entre le Serein et l'Armançon. . . . . $\dfrac{0,00}{11} = 0,00.$

Vallée entre Étivey et Aisy, même plateau. . . . . $\dfrac{0,00}{45} = 0,00.$

CALCAIRE PORTLANDIEN.

Pont du ru de Vallan, près d'Auxerre, affluent de l'Yonne, lieu de sources. . . . . $\dfrac{2,89}{35} = 0,08.$

Pont de Vaux, route de Troyes à Bar-sur-Seine. . . . . $\dfrac{0,00}{6} = 0,00.$

Pont de Buxeuilles. . . . . $\dfrac{0,00}{1} = 0,00.$

Ces débouchés kilométriques sont très-petits, sinon nuls; les plus remarquables sont ceux qui correspondent à de très-longues vallées; le pont de Puits est situé à quelques kilomètres en aval de Vaugimois, point où se perd la Laignes et sur la même vallée; il est bien rare qu'il y passe un maigre filet d'eau. Le pont de la Suize, près de Chaumont, est plus remarquable encore. Son débouché mouillé est $7^{mq},20$, et en amont on trouve, à la sortie de la terre à foulon, un pont de 24 mètres carrés.

En somme, les débouchés des ponts de la grande oolithe et des calcaires corallien et portlandien, sont sensiblement nuls. Ces terrains sont donc d'une grande perméabilité.

LA CRAIE BLANCHE. — PLAINES DE LA CHAMPAGNE.

Déb. kil. m. — Mét. carrés.

Vallée de la Vanne, en amont de la source initiale, à Font-vanne, route de Sens à Troyes.	$\dfrac{0,00}{18} = 0,00.$
Même route, vallée de Lagrange.	$\dfrac{0,00}{5} = 0,00.$
Vallée en face Montsuzain, route de Troyes à Arcis.	$\dfrac{0,00}{9} = 0,00.$
Vallée à l'entrée d'Arcis, route de Troyes à Arcis.	$\dfrac{0,00}{3} = 0,00.$

	Première vallée, entre Bergère, et Chaintrix. . . .	$\dfrac{0,00}{6} = 0,00.$
Bassin	Deuxième vallée, — —	$\dfrac{0,00}{2} = 0,00.$
de la	Troisième vallée, — —	$\dfrac{0,00}{5} = 0,00.$
Somme-Soude	Vallée de Trécon, en amont de la source de Ladut. .	$\dfrac{0,00}{9} = 0,00.$

ROUTES LONGEANT LES BORDS DU MARAIS DE LA SEINE ENTRE TROYES ET NOGENT. — ROUTE DE PARIS A TROYES, RIVE GAUCHE DE LA SEINE.

Route	Pont sur la grande vallée sèche à l'extrémité du marais de Saint-Lyé.	$\dfrac{0,58}{14} = 0,04.$
de Troyes à Nogent	Pont sur la grande vallée sèche, à l'extrémité du marais de Pains.	$\dfrac{3,12}{18} = 0,17.$

Déb. kil. m. — Met. carrés.

Route de Troyes à Nogent	Pont sur le ruisseau de Courlange, à l'extrémité d'une grande vallée sèche en amont du marais de Saint-Georges.	$\dfrac{1,20}{55} = 0.02.$
	Pont de Vallant-Saint-Georges, grande vallée sèche, à l'extrémité du même marais.	$\dfrac{0,92}{19} = 0.05.$
	Débouché kilométrique des ponts des quatre vallées en amont des marais.	$\dfrac{0,00}{0,00} = 0,02.$
Route de Troyes à Merry	Pont de Lavau.	$\dfrac{0,40}{22} = 0,02.$
	Tuyau de 0^{m}32, à Saint-Benoit.	$\dfrac{0,08}{5} = 0,03.$
	Égout de Mergey.	$\dfrac{0,12}{15} = 0,00.$
	Égout de Villacerf.	$\dfrac{0,11}{8} = 0,01.$

M. l'ingénieur en chef Quilliard nous transmet les renseignements suivants, qui complètent ceux qui précèdent. Les cinq routes nationales qui traversent la Champagne sèche, dans le département de l'Aube, barrent 100 dépressions du sol dans lesquelles il ne coule jamais d'eau. Elles en barrent 40 autres, dans lesquelles il passe des cours d'eau qui débitent toujours moins de 40 litres par seconde. Il a fait le même travail pour les 15 routes départementales et il a constaté que, sur 159 dépressions barrées, 106 restent toujours sèches; 53 sont mouillées, mais par des cours d'eau qui débitent moins de 40 litres d'eau par seconde. En outre, ces routes traversent les vallées profondes, où coulent les ruisseaux lieux de sources, dont je parlerai bientôt.

Il suffit de jeter les yeux sur le tableau qui précède pour être convaincu que la craie blanche est un des terrains les plus perméables du bassin de la Seine; le débouché kilométrique mouillé des ponts y est sensiblement nul. La seule exception qui correspond au pont de Pains tient à ce que plusieurs des sources qui alimentent le marais de Pains se trouvent en amont de la route qui barre la vallée sèche. Si la route avait été construite parallèlement au tracé actuel, à quelques centaines de mètres en s'éloignant du marais, le débouché kilométrique aurait été réduit à zéro. La même observation s'applique aux autres ponts des bords du marais de la Seine.

LE CALCAIRE GROSSIER ET SES SABLES.

Ces terrains occupent principalement les plateaux du Soissonnais et du Vexin français; il sont habituellement recouverts d'une épaisse couche de limon rouge.

Ces plateaux n'ont point de cours d'eau qui leur soit propre, et par conséquent le débouché mouillé des ponts y est nul. On a vu ci-dessus que, dans le Soissonnais notamment, les coteaux qui bordent les plateaux sont sillonnés par un nombre considérable de ruisseaux, alimentés par les sources de l'argile plastique; ces ruisseaux pourraient donc recevoir une quantité plus ou moins grande d'eau torrentielle provenant des plateaux. Voici comment j'ai constaté qu'il n'en était rien, ou que, du moins, cette quantité d'eau était bien petite : j'ai tracé sur la carte une ligne coupant tous les ruisseaux, au-dessous des sources de l'argile plastique, sur un des ponts situés en aval de ces sources. Les contours de ces lignes renferment ainsi deux grandes surfaces, l'une correspondant au plateau de Laon, l'autre au plateau de Soissons.

La première est de 219 kilomètres carrés, et la ligne limite coupe la tête de 12 ruisseaux; le débouché mouillé total des 12 ponts est $7^{mq},10$: le débouché kilométrique moyen de ces ponts est donc $0^{mq},03$.

La surface du plateau de Soissons est de 556 kilomètres carrés; la ligne limite coupe la tête de 24 ruisseaux. Le débouché mouillé total des 14 ponts est $14^{mq},56$. Le débouché kilométrique moyen est $0^{mq},03$. Ces débouchés kilométriques sont très-petits.

On doit faire remarquer que ces ponts reçoivent toutes les eaux des sources de l'argile plastique, et en outre la petite quantité d'eau torrentielle, qui s'écoule à la surface de l'étroite lisière de

ce terrain imperméable, dont les festons bordent les plateaux. On
peut donc dire que les ponts des ruisseaux qui sillonnent les
pentes ne reçoivent pas une quantité appréciable d'eau provenant
des plateaux.

On obtiendrait des résultats analogues, pour les plateaux de
l'Ardre, près de Reims et du Vexin français.

SABLES MOYENS, CALCAIRES ET MARNES SITUÉS ENTRE CES SABLES ET LES MARNES VERTES.

Je n'ai pas de documents suffisants sur les ponts des vallées
sèches de ce terrain. J'ai dû me servir des ponts construits sur
des vallées humides en choisissant celles dont les sources sont très-
petites.

		Déb. kil. m. — Mèt. carrés.
Plateau du Valois	Pont de Marcilly, affluent de la Thérouanne.	$\frac{1,50}{15} = 0,10.$
	Pont de la Ramée sur la Thérouanne.	$\frac{2,57}{73} = 0,04.$
	Pont de la ferme de Gisures, sur la Gergogne. . . .	$\frac{3,00}{56} = 0,05.$
Plaine St-Denis	Pont Iblon sur la Morée.	$\frac{1,20}{68} = 0,02.$
	Pont de Sarcelles, sur le ru de Rosne.	$\frac{2,00}{56} = 0,03.$
	Pont du Bourget sur la Mollette.	$\frac{0,25}{30} = 0,01.$

Ces exemples suffisent pour démontrer que ces plaines sont
d'une extrême perméabilité. Les ponts choisis sont tous situés sur
des vallées qui sont des lieux de sources; le débouché mouillé
des ponts des autres parties de la plaine est donc nul.

SABLES DE FONTAINEBLEAU ET CALCAIRES DE BEAUCE.

Plateau compris entre Fontainebleau et Chartres. — Si l'on
retranche les rares vallées humides qui sont des lieux de sources,
on ne trouve pour ainsi dire pas de ponts sur ce vaste plateau de
4,420 kilomètres carrés.

ROUTE DE MALESHERBES A ÉTAMPES.

Traversée de la vallée au delà de Champ-Motteux, pas de pont.
Traversée de la vallée de Mespuits, pas de pont.
Traversée de la vallée entre Mespuits et Bois-Herpin, pas de pont.
Traversée de la vallée au delà de la forèt de Sainte-Croix, pas de pont.
Traversée de la vallée des Bois-Gallons, pas de pont.

ROUTE D'ÉTAMPES A CORBEIL.

Traversée de la vallée, à la sortie d'Étampes ; depuis 1849, époque de la construction de la route, pas une goutte d'eau.
Traversée de la vallée de Boissy à la Ferté, pas de pont.
Traversée de la grande dépression, entre la Ferté et Ballancourt, pas de pont.

ROUTE DE LA FERTÉ A MALESHERBES.

Traversée de la vallée entre la Ferté et Huyson, pas de pont.
Traversée de la vallée d'Huyson, pas de pont.
Traversée de la vallée de Vayres, pas de pont.
Traversée de la vallée entre Vayres et Courdimanche, pas de pont.
Traversée de la vallée de Maisse, jamais d'eau.
Traversée de Prunay, pas de pont.

Ce tableau prouve que le débouché kilométrique mouillé des ponts de ces grands plateaux est nul, et que les sables de Fontainebleau et le calcaire de Beauce doivent être rangés parmi les terrains les plus perméables du bassin de la Seine.

LIMON DES PLATEAUX DRAINÉS PAR LA CRAIE.

Picardie et Beauvoisis, Vexin normand, pays de Caux, rive gauche de l'Eure et bassin de la Rille. — Ces terrains, dépourvus de ponts, n'ont point de cours d'eau qui leur soient propres. Le débouché mouillé des ponts y est donc nul. On arriverait d'ailleurs à la même conclusion par un calcul analogue à celui qui a été fait pour les plateaux du Soissonnais.

Récapitulation. — Si nous résumons la discussion qui précède, nous arrivons aux débouchés kilométriques suivants, pour les ponts des petits et moyens cours d'eau des divers terrains du bassin de la Seine.

TERRAINS IMPERMÉABLES.

Petits cours d'eau (jusqu'à 70 kilomètres carrés de versant.)

	MÈTRES CARRÉS.	
Terrain granitique.	de 0,37 à	0,79
Lias, terrains plats et à faibles pentes.	0,50	0,67
Lias, terrains plus accidentés, à fortes pentes.	0,84	1,56
Ces débouchés des ponts du lias sont faibles; ils devraient être portés à 0,87 et 1,50		
Terrain crétacé inférieur suivant que le terrain est sablonneux ou argileux.	0,22	1,25
Marnes kimméridiennes de Lorraine.	0,41	0,83
Argiles à meulières de Brie :		
Parties où les vallées sont rapprochées les unes des autres.	0,19	1,00
Grands plateaux sans pente.		0,04
Calcaires de Brie demi-perméables.	0,08	0,21
Plateaux du Gâtinais :		
Parties dépourvues d'étangs.	0,09	0,46
Parties à étangs.	0,05	0,16

Cours d'eau moyens de 70 à 1000 kilomètres carrés de versant.

	MÈTRES CARRÉS.	
Granite.	de 0,17 à	0,24
Trop faibles, devraient être portés de 0,23 à 0,50.		
Lias.	0,26	0,40
Terrain crétacé inférieur.	0,12	0,35
Marnes kimméridiennes de la Lorraine.		0,47
Argiles à meulières de Brie. { Parties accidentées. . . .		0,50
{ Grands plateaux.		0,00

TERRAINS PERMÉABLES.

Petits et moyens cours d'eau.

Terrains oolithiques marneux de la basse Bourgogne, demi-perméables.	0,00	0,24
Terrains oolithiques perméables, vallées sans sources. .	0,00	0,01
— vallées avec très-faibles sources. .	0,00	0,08
Craie blanche, vallées sans sources.		0,00
— vallées débouchant dans des marais. . .	0,00	0,17
Calcaire grossier, plateaux du Gâtinais et du Vexin . . .		0,00

	MÈTRES CARRÉS.	
Terrains compris entre le calcaire grossier et les marnes vertes. Vallées à petites sources.	0,01	0,10
Sable de Fontainebleau, calcaire de Beauce.		0,00
Grands plateaux limoneux de la Picardie et de la Normandie, drainés par la craie.		0,00

Ces nombres sont trop caractéristiques pour qu'il soit nécessaire de les discuter.

DÉBOUCHÉ MOUILLÉ DES PONTS DES LIEUX DE SOURCES DES TERRAINS PERMÉABLES.

Ces ponts constituent à peu près les seuls ouvrages de ce genre construits dans les terrains perméables; car les débouchés mouillés sont nuls en dehors des lieux de sources.

L'examen d'une carte où tous les ponts du bassin de la Seine seraient indiqués ferait donc reconnaître immédiatement les terrains perméables et imperméables. Là où les ponts sont nombreux, le sol est imperméable; là où ils sont rares et accumulés sur certaines lignes très-éloignées les unes des autres, ils sont construits sur des lieux de sources et le sol est perméable.

Il n'y a pas de règle pour calculer le débouché des ponts des lieux de sources : les ponts doivent débiter toute l'eau des sources situées en amont. Lorsqu'un de ces cours d'eau si recherchés par l'industrie est divisé en biefs et que toute sa chute est utilisée, un pont construit sur un de ces biefs aura, non pas le débouché mouillé nécessaire pour débiter l'eau de la rivière, avec une vitesse modérée de 1 à 2 mètres par seconde, mais la section même du bief. Ce débouché sera porté à 15 20 et 30 mètres carrés, tandis que, dans l'état naturel du cours d'eau, 2 à 3 mètres carrés auraient suffi.

C'est surtout dans la craie blanche que cette exagération des débouchés est remarquable; dans les terrains oolithiques au contraire, les débouchés des ponts sont à peine suffisants, parce qu'ils doivent débiter les crues des sources éphémères. Examinons donc ces débouchés, en suivant l'ordre géologique des terrains perméables.

LIEUX DE SOURCES DES CALCAIRES OOLITHIQUES DE BOURGOGNE.

DÉSIGNATION	DÉBOUCHÉS MOUILLÉS DES PONTS EN MÈTRES CARRÉS							
	LAIGNES	SEINE	OURCE	AUBE	AUJON	BLAISE	SUIZE	ROGNON
Premier pont dans la terre à foulon. . . .	0,8	1,0	7,0	9,0	2,4	»	4,2	5,2
Plus grand débouché avant la sortie de la terre à foulon.	7,1	61,0	48,0	49,0	21,0	»	24,0	42,0
A l'aval du confluent du dernier affluent issu de la terre à foulon.	»	61,	48,	49,	21,	»	24,	42,
A l'aval de la grande oolithe..	0,6	66,	43,	54,	19,	»	7,2	42,
A l'aval du terrain oxfordien..	16,	69,	42,	51,	28,	8,1	»	42,
A l'aval du terrain corallien	24,	72,	44,	»	»	8,1	»	51,
A l'aval du terrain kimméridien..	54,	»	»	»	»	19,	»	»
A l'aval des grands affluents et du terrain oolithique.	»	145,	»	90,	»	40,	»	»

J'ai déjà démontré que ces rivières ne reçoivent qu'une quantité insignifiante d'eau de superficie ; elles sont donc alimentées, en temps de crues, par des sources pérennes et éphémères, qui elles-mêmes entrent en crue à la suite des grandes pluies ou des fontes de neige. Il résulte de mes observations que ces crues passent sous les ponts avec des vitesses qui dépassent toujours 1 mètre. Le débouché de plusieurs des ponts dépassant **20** mètres, il faut que les sources éprouvent des crues énormes pour produire d'aussi grandes quantités d'eau, et de plus il faut que ces crues soient subites, puisque leur maximum a lieu quatre jours à peine après celui des torrents[1]. Or, lorsqu'on connaît la lenteur avec laquelle circulent les eaux souterraines, on est forcé d'admettre que les crues violentes et subites des sources sont toujours dues aux infiltrations qui se sont faites dans les terrains les plus rapprochés des points d'émergence, dans les terrains des premiers plans ; les eaux qui s'infiltrent dans les terrains plus éloignés arrivent trop lentement pour contribuer à une crue subite ; elles alimentent ces énormes sources pérennes, qui font de

[1] Voyez ch. XIV, p. 248.

si excellents cours d'eau de toutes les rivières des terrains oolithiques.

De plus, ces sources sont toutes au fond des vallés les plus profondes, qui sont indiquées sur la carte par le trait même représentant le cours d'eau.

Si donc les crues subites sont alimentées seulement par les terrains des premiers plans, il en résulte que le *débouché mouillé des ponts*, ou, si l'on aime mieux, *la portée d'une rivière des terrains oolithiques s'accroît*, non pas en raison *de l'accroissement de la surface de son bassin, mais en raison de l'accroissement de la longueur des vallées* où il existe de ces cours d'eau que j'ai appelés *lieux de sources.*

Ainsi nous voyons que le débouché mouillé des ponts de la Seine ne s'accroît pas sensiblement depuis la fin de la terre à foulon jusqu'à l'aval du terrain corallien, et cependant la surface de son bassin a grandi considérablement, puisqu'il est de **422** kilomètres carrés au premier point, et de **789** kilomètres carrés au second.

On voit de même que le débouché des ponts de l'Ource est de **48** mètres à la sortie de la terre à foulon, et qu'il est réduit à **44** mètres à Celles, en amont de son confluent avec la Seine, et cependant la surface du bassin a plus que doublé, en s'élevant de **339** à **781** kilomètres carrés. On pourrait faire des calculs analogues pour toutes les rivières portées au tableau qui précède.

Si, au contraire, on cherche le rapport qui existe entre le débouché mouillé des ponts et le développement en longueur des *vallées, lieux de sources*, on arrive à des rapports très-simples et très-concordants, comme le prouvent les calculs suivants :

TERRE A FOULON.

Seine. Développement des vallées, lieux de sources. . . . 83^{kil}.

Débouché mouillé du pont à l'aval (insuffis.). . . 61^{mq}.

Accroissement kilométrique du débouché des ponts   0^{mq},7

Ource. Développement des vallées. . . . .   70^{kil}.
Débouché mouillé à l'aval. . . . .   48^{mq}.
Accroissement kilométrique du débouché. . . . .   0^{mq},7
Aube. Développement des vallées . . . .   60^{kil}.
Débouché mouillé à l'aval . . . .   49^{mq}.
Accroissement kilométrique du débouché. . . . .   0^{mq},8
Aujon. Développement des vallées . . . .   30^{kil}.
Débouché mouillé à l'aval . . . .   21^{mq}.
Accroissement kilométrique du débouché . . . . .   0^{mq},7
Suize. Développement des vallées . . . . , ...   30^{kil}.
Débouché mouillé à l'aval . . . .   24^{mq}.
Accroissement kilométrique du débouché . . . . .   0^{mq},8

En faisant le même calcul pour les petits affluents, la Coquille,
le Brevon, le Dijeanne, l'Aubette, etc., on arrive toujours à des
accroissements kilométriques de débouchés, compris entre 0^{mq},6
et 0^{mq},8.

Les autres terrains marneux de la formation oolithique n'occupant qu'une petite étendue dans chaque vallée humide, le débouché
mouillé des ponts ne s'y accroît pas sensiblement. Il tend au contraire à diminuer dans les terrains très-perméables. C'est ainsi
qu'à la sortie de la terre à foulon, le débouché mouillé du pont
de la Suize est de 24 mètres carrés, tandis qu'il est réduit à 7^{mq},20
à la sortie de la grande oolithe.

Lieux de sources de la craie blanche.—Cette loi ne s'applique
pas aux ponts de la craie blanche. En se rapportant aux figures
des crues des cours d'eau de ce terrain[1], on reconnaît qu'elles
montent si lentement et si régulièrement qu'elles ne sont plus alimentées seulement par les eaux qui se sont infiltrées sur les premiers plans, mais par celles de tout le bassin. L'accroissement
du débouché mouillé des ponts n'est donc pas proportionnel à la
longueur des lieux de sources ; en étudiant le débouché mouillé
des ponts, il est impossible d'y reconnaître aucune loi régulière.
Ainsi prenons le dernier pont de la Vanne, le plus rapproché de
l'Yonne, nous trouvons :

[1] Voy. pl. III, fig. 7, 8, 9, p. 248.

Débouché mouillé, 10 mètres carrés.

Surface totale du bassin, 965 kilomètres carrés.

Portée maximum des crues, 14 mètres cubes.

Nous trouvons pour Cailly, autre ruisseau de la Craie blanche, qui débouche en Seine à l'aval de Rouen :

Débouché du pont le plus rapproché du fleuve, 30 mètres.

Surface du bassin, 262 kilomètres carrés.

Portée maximum des crues, environ 6 mètres cubes.

Il n'y a aucune relation entre ces deux séries de nombres. Les ponts de la Vanne, établis sur une rivière où les chutes n'ont pas une très-grande valeur et en général en aval des usines, débitent l'eau des crues avec une assez grande vitesse. Les chutes de Cailly étant si précieuses qu'elles se mesurent au centimètre, le débouché mouillé des ponts est exactement égal à la section mouillée des biefs des usines, c'est-à-dire très-grand et la vitesse d'écoulement des eaux est très-petite.

La même observation s'applique à tous les autres lieux de sources qui ont une grande valeur industrielle. Prenons pour exemple la Juine, un des principaux cours d'eau des sables de Fontainebleau et des calcaires de Beauce. Voici le débouché mouillé de ses ponts en descendant son cours, à partir d'Étampes.

	MÈTRES CARRÉS.
1er pont.	5,72
2e —	20,48
3e —	8,57
4e —	7,80
5e —	4,00
6e —	11,00

Il est évident qu'il n'y a plus aucune règle, et il me paraît inutile de multiplier ces exemples.

ACCROISSEMENT DE DÉBOUCHÉ MOUILLÉ DES GRANDS PONTS.
TERRAINS IMPERMÉABLES.

D'après les lois formulées ci-dessus[1], il existe un point dans les vallées des grands fleuves à versants imperméables, à l'aval duquel la portée des plus grandes eaux connues cesse de s'accroître; il est évident qu'à l'aval de ce point, le débouché mouillé des ponts ne varie plus qu'avec la vitesse d'écoulement de l'eau.

Les terrains imperméables du bassin de la Seine ne sont pas assez étendus, pour que cette loi se vérifie sur tous les grands affluents, mais on en reconnaît l'exactitude pour le plus important.

Suivons l'Yonne, à partir d'un point pris un peu en amont du confluent de la Cure. Nous trouvons les débouchés mouillés suivants :

		MÈTRES CARRÉS.
Débouché mouillé du pont	de la Cure, en amont du confluent. . .	162
—	de l'Yonne, en amont du confluent. . .	195
—	de l'Yonne, en aval.	240
—	du Serein, en amont du confluent. . .	151
—	de l'Yonne, en amont du confluent . . .	455
—	de l'Yonne, en aval.	455
—	de l'Armançon, en amont du confluent .	290
—	de l'Yonne, en aval du confluent. . . .	455
—	de l'Yonne, à Villeneuve-sur-Yonne. . .	559
—	de l'Yonne à Sens.	478
—	en amont de Montereau, avant le point où l'influence du barrage se fait sentir	575
—	en amont du barrage.	424

Malgré les anomalies que présentent ces nombres, il est bien évident que si la portée maximum de la crue de l'Yonne s'ajoutait à celles de la Cure, du Serein et de l'Armançon, dont la somme dépasse certainement 1,500 mètres cubes, le débouché mouillé des ponts, à l'aval du dernier confluent, serait plus que doublé;

[1] Voy. chap. XVI, p. 280 et 281.

les crues de ces trois torrents sont donc en grande partie écoulées, quand la crue de l'Yonne se présente à chaque confluent.

Même pour des cours d'eau plus petits, la loi se vérifie encore : ainsi en sortant de l'Auxois[1], l'Armançon exige un débouché mouillé de 289 à 309 mètres carrés ; l'eau passe sous les ponts avec une vitesse de $2^m,60$ à $2^m,80$; à une grande distance de là vers Saint-Florentin, l'Armançon reçoit l'Armance, autre torrent dont le dernier pont, qui est insuffisant, n'a pas moins de 96 mètres carrés ; en aval du confluent, le débouché du pont de l'Armançon est toujours de 290 mètres carrés ; donc la crue de l'Armance est écoulée quand arrive celle de l'Armançon. Ainsi cette loi providentielle se vérifie, même dans le bassin de la Seine, malgré le peu d'étendue des terrains imperméables.

TERRAINS PERMÉABLES.

La portée des crues s'ajoutant à chaque confluent[2], il s'ensuit que le débouché kilométrique mouillé des ponts doit croître aussi à l'aval de chaque confluent. Cette loi se vérifie partout dans le bassin de la Seine.

Ce bassin peut être considéré comme étant formé de terrains perméables jusqu'à Montereau, les petits torrents que le fleuve reçoit étant trop courts pour avoir une influence marquée sur ses crues. Suivons donc le cours du fleuve depuis sa source jusqu'au confluent de l'Yonne.

PONTS DE LA SEINE. — TERRE A FOULON.

	DÉB. M. CARRÉS.
Pont de Courceau en aval des sources.	1,05
Pont de Billy, à l'aval du premier affluent.	7,12
Pont de Quemigny avant le confluent de la Coquille.	9,68
Pont de Beaumotte, le dernier de la Coquille.	6,50
Pont de Cosne sur la Seine, après le confluent de la Coquille.	24,62
Pont de Vaurois, en amont du confluent du Brevon.	34,75

[1] Voy. p. 357.
[2] Voy. chap. XVI, p. 282.

	DÉB. M. CARRÉS.
Pont de Bremur, dernier pont du Brevon.	10.20
Pont de Chamesson, sur la Seine en aval du Brevon (insuffisant).	61,45
Fin de la terre à foulon. Surface des versants, 422 kil. carrés	

GRANDE OOLITHE ET AUTRES TERRAINS OOLITHIQUES.

Ponts des Grandes-Grilles et des Boulangers, à Châtillon, tout à fait insuffisants.	55,12
Pont de l'Abbaye, à la sortie de Châtillon.	59,79
Pont du chemin de fer, à Sainte-Colombe.	66,00
Pont de Mussy, fin des marnes oxfordiennes.	69,45
Pont de Polisy, en amont du confluent de la Laignes.	72,59
Pont de Polisy, le dernier de la Laignes.	54,03
Pont en amont du confluent de l'Ource.	98,10
Pont de Celle, le dernier de l'Ource.	45,80
Somme des débouchés des ponts de l'Arce et de la Sarce. . . .	10,80
Pont de la Seine à Villemoyenne, à l'aval des confluents de l'Ource, de l'Arce et de la Sarce.	145,00
Surface des versants en aval des terrains oolithiques, 2,500 kilomètres carrés.	
Débouché kilométrique mouillé du dernier pont.	0,06

Ce tableau est très-caractéristique ; le débouché mouillé des ponts grandit peu d'un confluent à l'autre ; mais à l'aval de chaque confluent, il s'accroît notablement ; souvent même il est égal à la somme des débouchés mouillés des ponts des deux affluents.

Le débouché mouillé des ponts du fleuve ne s'accroît pas dans la traversée du terrain crétacé inférieur, quoique les ponts de la Barse et de l'Hozain soient considérables, parce que les crues de ces deux affluents torrentiels sont toujours écoulées, quand arrive celle du fleuve.

Il en est de même dans la craie blanche, jusqu'au confluent de l'Aube, d'une part, parce que le fleuve ne reçoit aucun affluent important, et, d'autre part, parce que les crues des sources de la craie montent bien plus lentement que celles des terrains oolithiques et augmentent très-peu la portée des crues du fleuve.

L'accroissement est considérable, au contraire, à l'aval du confluent de l'Aube ; en quittant les terrains oolithiques près de Dollancourt, le débouché mouillé des ponts de cette dernière rivière est de 90 mètres. Leur débouché mouillé ne s'accroît pas dans la traversée du terrain crétacé inférieur, quoique l'Aube y reçoive la Voire, torrent dont le dernier pont a 95 mètres carrés de section mouillée ; mais les crues de la Voire sont toujours écoulées quand arrivent celles de l'Aube. Il n'y a pas non plus accroissement considérable dans la traversée de la craie blanche, en amont du confluent de la Seine, quoique l'Aube y reçoive plusieurs affluents, le Puits, l'Huîtrelle et la Superbe : le débouché mouillé du dernier pont atteint à peine 100 mètres carrés.

A l'aval du confluent de l'Aube, le débouché mouillé des ponts de la Seine est de 252 mètres carrés. En amont de Montereau, le débouché mouillé du pont du chemin de fer est de 249 mètres carrés. Ces nombres se rapprochent beaucoup de la somme des débouchés mouillés des ponts de la Seine et de l'Aube, donnés ci-dessus.

La loi énoncée se vérifie donc très-bien.

La surface du bassin, en aval du confluent de l'Orvin, est d'environ 850 kilomètres carrés.

Débouché kilométrique mouillé, $0^{mq},02$.

La vérification est plus difficile sur la Marne, parce qu'elle reçoit d'abord les eaux torrentielles du lias, à l'amont du confluent de la Doire.

La *Seine*, à partir de Montereau, devient un cours d'eau mixte, les portées des crues successives s'ajoutent aux confluents [1] ; il s'ensuit que le débouché mouillé des ponts s'accroît notablement en aval de Montereau.

On a vu que les débouchés des ponts de l'Yonne croissent très-peu entre Cravant et Montereau, quoique la rivière reçoive dans ce trajet ses plus grands affluents ; le dernier de ces débouchés est de 575 mètres carrés.

[1] Voyez ch. XIV, p. 277 et 287.

Celui du premier pont de la Seine en aval de Montereau est de 743 mètres carrés.

On trouve, en descendant jusqu'au confluent de la Marne, un grand nombre de ponts, dont le débouché moyen, suivant M. Cambuzat, est de 748 mètres carrés.

Les débouchés mouillés des ponts à l'aval de Montereau s'accroissent donc rapidement d'abord, puis ils restent constants ; les crues du Loing, de l'Essonne, de l'Orge, de l'Yères et de la Bièvre n'ont qu'une médiocre influence sur le régime du fleuve, ce qui n'a rien de surprenant.

La *Marne*. — La Marne devient en réalité un cours d'eau mixte, à l'aval de Saint-Dizier. Comme les portées des crues successives s'ajoutent à chaque confluent, le débouché mouillé des ponts s'y accroît aussi.

Le débouché mouillé des ponts, à la sortie des terrains oolithiques, est de 105 mètres carrés.

A Saint-Dizier, où la rivière prend le caractère mixte, ce débouché s'élève à 205 mètres carrés.

On trouve, à partir de ce dernier point, la série de débouchés mouillés suivante :

		MÈTRES CARRÉS.
Marne à Saint-Dizier.		205
Blaise à Vassy.		40
Saulx à la limite du département de la Meuse.		48
Ornain — —		76
Chée — —		41
Marne à Châlons, à l'aval des confluents de toutes ces rivières.		428
Marne à Epernay.		430

La Seine et la Marne étant deux cours d'eau mixtes, le débouché des ponts de Paris s'accroît à l'aval de leur confluent.

C'est ce qui résulte du tableau suivant :

Ces débouchés sont calculés pour une crue s'élevant, à l'échelle du pont de la Tournelle, à 7 mètres limite des grandes crues ordinaires.

25

MÈTRES CARRÉS

Débouché moyen des ponts de la Seine en amont du confluent de la Marne.	748
Pont Napoléon.	1328
Pont de Bercy.	1095
Pont d'Austerlitz.	1128
Ponts de la Tournelle et Marie.	1213
Ponts Louis-Philippe, Saint-Louis, de l'Archevêché. .	1420
Petit-Pont, pont Notre-Dame.	936
Ponts Saint-Michel et au Change.	1044
Pont-Neuf, les deux bras.	1151
Pont des Arts. . . . . , ...	1018
Pont du Carrousel.	1113
Pont Royal.	824
Pont de la Concorde.	895
Pont de Solferino.	940
Pont des Invalides.	975
Pont de l'Alma.	957
Pont d'Iéna.	1051
Pont de Grenelle.	1199
Moyenne.	1055

Les débouchés des ponts construits entre les îles dépassent la
moyenne ; lorsque le fleuve n'a qu'un bras, les débouchés se
rapprochent beaucoup de cette moyenne. Les ponts Royal et de
la Concorde sont évidemment trop petits.

Entre Paris et Asnières, dans les parties où la Seine n'a qu'un
seul bras, les débouchés mouillés varient de 1,106 mètres carrés,
(pont de Courbevoie) à 1,393 mètres carrés (2e pont d'Asnières).

Entre Argenteuil et Triel, les calculs ont été faits pour une
hauteur de crue de 8 mètres au-dessus de l'étiage (crue de 1740)
et les résultats ne sont plus comparables.

Les débouchés s'accroissent également, à l'aval du confluent de
l'Oise.

MÈTRES CARRÉS. .

Plus grand débouché, ponts de Mantes.	2,254
Plus petit, ponts de Meulan.	1,414

Lorsque la Seine n'a qu'un bras, les débouchés sont très-
réguliers.

MÈTRES CARRÉS.

Pont de la Roche-Guyon.	1710
Pont de Courcelles.	1776
Pont des Andelys.	1787

Entre le Manoir et Rouen, dans les parties où la Seine n'a qu'un bras, les débouchés mouillés des ponts décroissent par suite du voisinage de la mer.

Pont du Manoir.	1,462
Pont de Brouilly, en amont de Rouen.	1,078

Les petits affluents entre l'Oise et Rouen sont sans action sur le débouché mouillé des ponts du fleuve.

Sur toute la longueur du fleuve, depuis sa source jusqu'à la mer, le débouché mouillé des ponts croît à chaque confluent important, ce qui tient à ce que, sur toute cette longueur, la Seine est un cours d'eau tranquille ou mixte.

Les ponts du seul affluent vraiment torrentiel, l'Yonne, cessent de s'accroître à partir du confluent de la Cure : les crues de la Cure, du Serein, de l'Armançon, torrents presque aussi importants que l'Yonne elle-même, sont écoulées quand arrive la crue de cette dernière rivière.

Ainsi se vérifient les plus importantes des lois formulées au chapitre XVI.

CHAPITRE XXI

CLIMAT DE LA PARTIE DE LA FRANCE SITUÉE AU NORD DU PLATEAU CENTRAL

En examinant les feuilles gravées de l'atlas, on reconnaîtra que tous les affluents de la Seine entrent en crue ou décroissent en même temps. Cet examen doit être fait pour les crues des cours d'eau torrentiels seulement, les crues des cours d'eau tranquilles se développant trop lentement pour qu'il soit possible de constater l'effet produit par chaque phénomène météorologique. Il va sans dire que les crues correspondantes peuvent être fortes dans une partie du bassin et faibles dans une autre.

J'ai fait le relevé des crues pour neuf années, de **1854** à **1862**, inclusivement [1]. Voici le résultat de ce travail.

1854. Octobre, 1 crue générale.
      Novembre, 3 crues générales.
      Décembre, 5   —
1855. Janvier, 1 petite crue générale.
      Février, 3 fortes crues générales.
        — 1 crue assez forte qui manque dans le Morvan.
      Février, 3 petites crues qui manquent dans les bassins de la Marne et de l'Oise.
      Mars, 3 crues générales.

[1] Cette partie de mon ouvrage a été écrite en 1862.

D'avril en juillet, 6 crues générales très-petites.

Août, 1 crue moyenne qui manque dans le bassin d'Yonne.

Octobre, 3 crues générales assez fortes.

Novembre, petites oscillations générales.

Décembre, 3 crues générales très-inégales.

1856. Janvier, 2 crues générales.

Mars, 1 petite crue générale.

Avril, 3 crues générales.

Mai, 3 crues générales dont deux fortes.

Juin, 1 crue générale très-forte (crue de juin 1856).

Septembre, 3 petites crues générales.

Novembre, 1 petite crue irrégulière.

Décembre, 5 crues moyennes générales.

1857. Janvier, 3 crues générales dont une assez forte.

Avril, 2 très-petites crues générales.

Juin, 1 crue générale à peine sensible.

De mai en décembre, sécheresse générale dans tout le bassin.

Septembre, 1 petite crue générale.

1858. Février, 1 crue générale à peine sensible.

Mars, 1 crue générale à peine sensible.

Avril, 1 petite crue générale.

Mai, 1 petite crue générale.

Novembre, 1 petite crue générale.

Décembre, 1 forte crue générale.

De janvier à novembre inclusivement, sécheresse générale sans exemple.

1859. Janvier et février, plusieurs petites crues générales.

Avril,   —   —

Mai et juin,   —   —

De juillet à octobre, 1 petite crue générale.

Fin d'octobre, 1 petite crue générale.

Novembre, 1 crue générale.

Décembre, 2 crues générales.

1860. Janvier, 6 fortes crues générales.

Février, 1 crue générale.

Mars, 2 petites crues générales.

Avril, 2   —

Juin, 2   —

Septembre, 1 petite crue générale.

               —   2 crues générales assez fortes.

Novembre, 3 crues générales.

Décembre, 3 petites crues générales.

               —   2 fortes crues générales (crue de janvier 1861).

Pendant toute l'année, humidité générale.

1861. Mars, 3 crues générales, dont la dernière assez forte.

Avril, petite crue générale à peine sensible.

Septembre, une crue générale à peine sensible.

De mai à octobre inclusivement, sécheresse générale.
Novembre, 4 crues générales.
Décembre, 1 crue générale.
1862. Janvier, 4 crues générales dont la dernière très-forte.
Mars, 5 petites crues générales.
Mai, 2 petites crues à peine sensibles.
Juillet,   —   —
Août,   —   —
Septembre, 1 petite crue dans le bassin d'Yonne, manque ailleurs.
Octobre, 1 petite crue générale.
Novembre, 1 petite crue générale.
Décembre, 1 crue générale, faible dans le bassin d'Yonne, forte ailleurs.
De mai à novembre inclusivement, sécheresse générale.

Ce relevé suffit pour faire ressortir l'exactitude de la loi formulée au commencement de ce chapitre. Il sera facile, au moyen de l'atlas, d'en faire la vérification pour les années suivantes.

Sur 154 crues environ qui sont indiquées ci-dessus, 7 seulement n'ont pas été générales, et la plupart de ces 7 crues ont été très-faibles. Presque toujours les plus petites variations de niveau se reproduisent d'une extrémité à l'autre du bassin. Les sécheresses si remarquables de 1857, 1858, 1859, 1861 et 1862 n'ont pas été moins générales.

Les courbes de variation de niveau des cours d'eau rendent ces faits pour ainsi dire sensibles à l'œil. Les courbes pluviométriques permettent aussi de constater l'uniformité du climat du bassin de la Seine. On voit très-bien, par exemple, que l'année 1861 a été médiocrement pluvieuse dans toute l'étendue de ce bassin ; que le mois de janvier a été très-sec partout ; que les mois d'avril, mai, octobre et décembre ont été peu pluvieux, et que les mois les plus humides ont été, dans toute l'étendue du bassin, mars, juillet et novembre. Les grandes pluies, quoique très-inégales, sont simultanées sur toute cette surface.

Des faits analogues se constatent, en examinant toutes les autres feuilles.

Homogénéité du climat de la France au nord du plateau central.—Cette uniformité de climat ne s'arrête pas aux limites du bassin de la Seine. Elle s'étend sur toute la partie de la France située au nord du plateau central, entre les Vosges et l'Océan.

M. Minard, inspecteur général des ponts et chaussées a, le premier, signalé le fait[1]; il a constaté que la Seine à Paris, la Saône à Châlon et la Loire à Digoin, étaient presque toujours en crue en même temps.

J'ai remis de sa part, à la Société météorologique de France, dans la séance du 11 juillet 1854, les feuilles des hauteurs d'eau de ces trois rivières pendant cinq années, de septembre 1810 à décembre 1812 et d'août 1815 à janvier 1819. La simultanéité des crues se vérifie généralement sur ces feuilles.

Je l'ai moi-même constaté pour huit années, de 1844 à 1851, sur les courbes des variations de niveau de la Loire à Saumur, de la Saône à Châlon et à Lyon, de la Seine à Paris et de la Meuse à Sedan[2].

En examinant les courbes des variations de niveau de ces quatre rivières, on reconnaît qu'elles sont toujours en crue en même temps, pendant les mois de novembre, décembre, janvier, février, mars et avril; qu'il n'y a point d'exception pour les crues importantes, et que les exceptions sont même assez rares pour les variations de niveau les plus insignifiantes.

Il n'existe, du reste, aucune relation certaine, dans les hauteurs des crues des quatre rivières. La Seine peut éprouver une crue très-forte, pendant que les autres cours d'eau n'éprouvent que des variations de niveau médiocres, et réciproquement. Les courbes des crues sont aussi très-différentes : les crues de la Seine et de la Saône, cours d'eau mixtes, dans lesquels les terrains perméables sont très-étendus, ne peuvent avoir la même forme que celles de la Loire, cours d'eau torrentiel.

---

[1] Voy. *Cours de construction des ouvrages qui établissent la navigation des rivières,* p. 3 et pl. 1, fig. 1.

[2] Voy. Annuaire de la Société météorologique de France, séance du 11 juillet 1854.

La loi se vérifie moins bien, dans les six mois de la saison sèche.

La Saône peut éprouver de fortes crues, dans les mois de sep-tembre et d'octobre[1], tandis que cela n'arrive presque jamais à la Seine ; cela tient à ce que, dans les hautes montagnes du bassin de la Saône, le régime d'hiver, c'est-à-dire la saison où les pluies profitent aux cours d'eau, commence plus tôt que dans les plaines et plateaux peu élevés du bassin de la Seine.

Le régime d'hiver de la Loire commence en octobre, un mois plus tôt que celui de la Seine et de la Meuse, et finit en mai, un mois plus tard.

Il ne résulte pas de là, que, dans les bassins de la Seine et de la Meuse, il tombe moins de pluie dans les mois de juin, sep-tembre et octobre que dans le reste de l'année.

En examinant les courbes de la Meuse à Sedan, on remarque, à chaque crue, deux maximums qui n'existent pas dans celles de la Saône, de la Loire et de la Seine ; on pourrait croire que ces deux maximums correspondent à deux crues successives ; il n'en est rien cependant.

Un grand affluent de la Meuse, le Chiers, qui coule dans un bassin liasique imperméable, a des crues très-violentes, qui passent toujours les premières à Sedan et forment le premier maximum ; le second maximum, qui se produit trois ou quatre jours après, avec une régularité vraiment surprenante, est dû à la Meuse elle-même, qui coule aussi dans le lias, en amont de Neufchâteau.

Ces anomalies qui existent dans les régimes des quatre fleuves s'expliquent donc par des dispositions topographiques ou géologiques différentes, mais n'infirment pas ce que je viens de dire de l'uniformité du climat de cette partie de la France.

Il résulte de là que *toutes les pluies qui produisent les crues*

---

[1] Depuis que ce passage est écrit, la Seine a éprouvé une très-forte crue, à la fin de septem-bre 1866, mais c'est un fait sans exemple ; l'observation sur la différence due aux altitudes doit être maintenue. **Voy. chap. xv, p. 207.**

dans les cours d'eau situés au nord du plateau central sont des
pluies générales.

Cette loi si importante se vérifie non-seulement pour les grands fleuves, mais encore pour les petits cours d'eau du bassin de la Seine, sur lesquels sont faites les observations du service hydrométrique. Voici les surfaces des bassins de ces cours d'eau, qui sont souvent peu considérables.

	KIL. CARRÉS.
Le Cousin à Avallon.	560
La Cure à Saint-Père	540
L'Armançon à Aisy.	1490
La Marne à Chaumont.	640
L'Ouanne à Toucy.	140
L'Aire à Vraincourt.	400
L'Epte à Gisors.	340
La Barse à la Guillotière.	270
La Voire à Rosnay.	780
L'Aisne à Sainte-Menehould	540
L'Ourcq à Ocquerre.	1040

D'après ce qui précède, l'Ouanne, à Toucy, dont le bassin a 140 kilomètres carrés de surface, étant toujours en crue en même temps que la Seine, à Paris, l'est aussi, dans la saison humide, en même temps que la Saône, la Loire et la Meuse ; de sorte qu'on pourrait, presque à coup sûr, annoncer une crue de ces trois grandes rivières, au moyen d'observations faites en dehors de leur bassin, sur ce ruisseau du bassin de la Seine.

Enfin on doit conclure de tous ces faits que les pluies locales, averses, pluies d'orage, etc., sont sans action sur les cours d'eau dès que les bassins ont une étendue de 150 à 200 kilomètres carrés, et cela doit être. Dans le bassin de la Seine, une averse tombe rarement sur une grande étendue ; ainsi à Paris, par exemple, dont la surface est de 70 kilomètres carrés en nombre rond, une averse ne tombe presque jamais sur toute la ville, ni dans le même temps, sur toute la surface qu'elle mouille.

Cela tient à ce que les averses, dans le nord de la France, sont de courte durée et tombent presque toujours à la suite de grandes chaleurs. La couche détritique du sol est donc profondément desséchée, et les eaux d'une courte averse s'y perdent en grande partie; cependant les très-grandes averses ont une action considérable sur les bassins des petits torrents, et y produisent les plus fortes crues connues. Mais, en raison de la courte durée du phénomène, la crue qui en résulte se déprime et s'allonge à mesure qu'elle descend sur la pente d'un thalweg. Ainsi une averse de 20 minutes, donnant $0^m,04$ de hauteur d'eau, produit dans les grands égouts collecteurs de Paris une crue de quatre à cinq heures.

Si la pluie s'écoulait dans un temps égal à celui de sa chute, et si l'averse tombait en même temps et avec une égale intensité sur toute la surface de Paris, la section nécessaire des égouts collecteurs, avec une pente de 1 mètre par kilomètre, serait de 700 mètres carrés, et la Seine entrerait en crue; or j'ai reconnu qu'avec une surface six fois moindre, on pouvait débiter l'eau des plus grandes averses et que jamais les crues des égouts n'ont d'influence sur le régime du fleuve.

On comprend donc sans peine que cette crue, provenant d'une surface très-restreinte, due à un phénomène de très-courte durée, absorbée en partie par un sol desséché, retardée dans sa marche par tous les obstacles qu'elle rencontre dans un lit trop étroit, s'allongeant par l'effet même de la gravité, qui ne permet pas à une masse liquide de conserver une grande hauteur quand elle peut s'étaler, on comprend, dis-je, que cette crue diminue de hauteur à mesure qu'elle s'éloigne de son point de départ, et qu'elle se réduise à rien en arrivant dans le lit plus large d'un grand cours d'eau.

Ainsi s'explique la diminution rapide du débouché kilométrique mouillé des ponts, à mesure que l'étendue des bassins s'accroît : dans les petits bassins de moins de 70 kilomètres carrés, les plus grandes crues connues sont toujours produites par les averses locales et leur portée dépasse considérablement celle des crues produites par des pluies générales.

Les Parisiens n'ont pas oublié, qu'il y a peu d'années, avant la construction des égouts collecteurs, une averse submergeait les quartiers du faubourg Montmartre, de la Ville-l'Évêque et du faubourg Saint-Martin; une pluie générale et continue ne produisait jamais rien de semblable.

Mais à mesure que le bassin s'agrandit, l'influence de ces pluies locales diminue; elle est presque nulle, lorsque la superficie du bassin atteint 150 kilomètres carrés. Le débouché mouillé des ponts nécessaires pour débiter les pluies locales diminue donc en même temps, jusqu'au point où il est égal au débouché qu'exigent les pluies générales.

Il est très-difficile de signaler les crues des cours d'eau, au moyen d'observations pluviométriques. Non-seulement il faut tenir compte, comme on l'a expliqué ci-dessus, de l'état de saturation du sol avant la chute de la pluie qui produit la crue, et déterminer la relation, variable suivant les saisons, qui existe entre les indications du pluviomètre et celles des échelles hydrométriques, mais il faut encore retrancher les hauteurs de pluie qui proviennent des averses et des orages.

Il est bien plus simple d'annoncer les crues au moyen des observations faites sur les petits torrents; les télégrammes des annonces de pluies et de crues des petits torrents nous parvenant le même jour que les annonces de pluies, on ne gagne pas de temps en donnant la préférence aux observations pluviométriques.

CHAPITRE XXII

DE L'ACTION DES FORÊTS SUR LE RÉGIME DE LA SEINE ET DE SES AFFLUENTS

L'action des forêts sur le régime des eaux courantes a donné lieu à des discussions très-vives, presque passionnées, et qui sont loin d'être épuisées.

Quelques ingénieurs très-distingués, notamment M. Dausse[1], attribuent au déboisement du bassin de la Seine une part considérable dans l'irrégularité du régime des cours d'eau.

D'autres ingénieurs, et notamment M. Vallès qui s'est beaucoup occupé des inondations, ont cherché à démontrer que ce déboisement avait diminué la hauteur des crues[2].

Je ne pense pas que le bassin de la Seine soit aussi nu qu'on semble le dire. C'est bien certainement une des régions les plus boisées de la France, si ce n'est la plus boisée[3].

Trois régions, l'Auxois, la Champagne pouilleuse et la Beauce, sont entièrement déboisées, et il est probable que les deux dernières n'ont jamais été couvertes de forêts. Comme elles

---

[1] Voy. *Annales des ponts et chaussées*, 1842, 1er semestre n° 35.
[2] *Études sur les inondations*, 1857. Victor Dalmont éditeur.
[3] Voy. chap. XXXVII.

sont d'ailleurs entièrement perméables et qu'elles ne donnent que des eaux tranquilles, je ne vois pas bien quelle influence leur état de nudité peut avoir sur les crues du fleuve.

L'Auxois (lias) au contraire, était autrefois couvert d'épaisses forêts d'une puissante végétation, comme le prouve le nom d'un des bourgs de la contrée, Epoisses (Spissæ), et la vigueur des bouquets de bois épars encore sur la surface du pays. Les plaines du lias de la Bourgogne et du Nivernais ont été peu à peu défrichées, et des cultures plus productives, celles des céréales, des prairies et de la vigne, ont été substituées aux forêts. Mais personne dans le pays n'a conservé le souvenir de l'époque du déboisement, aucune tradition ne l'indique.

Le lias de l'Auxois contribue dans une forte proportion à la formation des crues de la Seine. Les deux autres terrains imperméables, qui ont une action non moins grande sur ces crues, le granite du Morvan et le terrain crétacé inférieur de la Champagne humide, sont encore extraordinairement boisés et personne n'a jamais songé à les défricher.

S'il est incontestable qu'un des trois terrains du bassin de la Seine, qui ont une grande action sur les crues, est moins boisé qu'autrefois, il n'est pas moins certain que ce déboisement remonte à une haute antiquité.

Les autres terrains ont un rôle beaucoup moins actif, et on pourrait se dispenser d'examiner si le déboisement y a fait de grands progrès. Les bois sont encore les meilleures propriétés des argiles du Gâtinais, et on ne cherche guère à les remplacer par d'autres cultures. Les forêts qui couvrent certaines parties des riches plateaux de la Brie, du Valois, du Vexin français et du Vexin normand sont considérées, non-seulement comme propriétés de bon rapport, mais encore comme propriétés de luxe, que les riches habitants de la grande ville conservent précieusement.

Les immenses forêts des calcaires oolithiques perméables sont la seule culture productive de ces terrains ingrats; les plantations de sapin faites récemment dans ces pierrailles et dans les plaines crayeuses de la Champagne compensent, et au delà, les déboisements peu étendus et très-inconsidérés des derniers siècles.

Je ne comprends donc pas très-bien qu'on ait cherché à expliquer par le déboisement les prétendues modifications du régime de la Seine. Si ces modifications étaient démontrées, il faudrait certainement les expliquer d'une autre manière; mais j'ai fait voir ci-dessus qu'elles sont beaucoup plus apparentes que réelles.

Les forêts peuvent agir de deux manières sur les eaux courantes : en retardant l'écoulement des eaux pluviales et en s'opposant au ravinement des terres en pente; ces deux questions doivent être traitées séparément. Je m'occuperai d'abord de la première.

Longtemps j'ai pensé, comme tout le monde, que les bois retardaient l'écoulement des crues, et qu'ainsi le régime de la Seine avait dû subir, par l'effet du déboisement, de profondes modifications.

C'est pour ainsi dire malgré moi, et par une longue observation des faits, que j'ai été entraîné dans une opinion contraire, en constatant pendant de longues années que les crues des cours d'eau du Morvan, région encore couverte d'immenses forêts, n'étaient ni moins violentes ni moins rapides que celles qui proviennent de l'Auxois, région déboisée.

J'ai donc cherché à résoudre ce difficile problème par des observations, et à sortir ainsi de l'incertitude dans laquelle je me trouvais.

Mes observations ont été faites sur deux petits ruisseaux à versants imperméables situés près d'Avallon; l'un nommé *le Bouchat,* occupe un bassin entièrement déboisé; l'autre, *le Ru de la Grenetière,* coule au contraire dans un terrain entièrement boisé.

Pendant les années 1851 et 1852, ces ruisseaux ont été jaugés tous les jours; la pluie tombée sur leurs bassins était mesurée par deux pluviomètres placés, l'un à Avallon, l'autre à Vézelay.

Les résultats de ces observations ont été publiés à la fois dans les *Annales des ponts et chaussées*[1] et dans l'Annuaire de la Société météorologique de France[2].

Ce mémoire ayant donné lieu à beaucoup de contestations, je crois devoir le reproduire ici *in extenso*.

Pour rendre la comparaison plus facile, j'ai calculé, pour chaque ruisseau, le débit par seconde et par kilomètre carré, pour chaque jour d'observation[3].

Il y a quelque incertitude dans les résultats correspondant à la hauteur maximum de chaque crue. Comme on ne faisait qu'une observation par jour et que la partie courte et élevée des crues dure à peine quelques heures, l'heure de l'observation cadrait bien rarement avec la cote maximum.

Mais on reconnaissait facilement, aux traces laissées par l'eau, qu'elle avait eu une élévation plus grande, dans l'intervalle des deux observations; on en prenait note soigneusement. Lorsque le débit du jour ne correspond point, dans les résultats numériques que je donne ci-dessous, au maximum de la crue, il est accompagné du signe (?). Pour justifier cette lacune de mes observations, il suffira de dire que l'observateur du ruisseau de la Grenetière, avait tous les jours 10 kilomètres à faire pour relever la cote d'eau, et que les hauteurs étaient prises à l'échelle du pont du Bou-

---

[1] *Annales des ponts et chaussées*, 1er semestre 1854, p. 1.
[2] *Annuaire de la Société météorologique de France*, t. I, p. 81 et 169 ; séance du 12 juillet 1853.
[3] Pour le ruisseau de la Grenetière, les hauteurs d'eau étaient prises sur un déversoir ; les débits ont été calculés au moyen de la formule ordinaire.

$$Q = 1{,}83 \, l \, h \, \sqrt{h} \quad \begin{cases} Q \ \text{Débit par seconde.} \\ l \ \text{Largeur du déversoir.} \\ h \ \text{Hauteur de la lame d'eau.} \end{cases}$$

Les vitesses moyennes de l'eau du ruisseau du Bouchat ont été obtenues directement au moyen d'un flotteur.

chat, par un chef cantonnier, qui n'y pouvait passer qu'une fois par jour.

Les hauteurs de pluie ne sont pas exactement comparables sur les deux bassins. Le ruisseau de la Grenetière reçoit l'eau des nuages passant sur Avallon ; le régime du Bouchat est surtout influencé par les nuages passant sur Vézelay. Quoiqu'il ne faille pas attacher trop d'importance à ces indications, j'ai cependant porté, en regard des débits journaliers de chaque ruisseau, les hauteurs d'eau de pluie obtenues aux deux pluviomètres d'Avallon et de Vézelay. Je dois dire qu'il pleut beaucoup plus à Vézelay qu'à Avallon ; ainsi, en 1852, il est tombé 881 millimètres de pluie sur le pluviomètre de Vézelay, et 581 seulement sur celui d'Avallon ; la différence considérable qui existe entre ces deux nombres rendait indispensable l'inscription de la cote de pluie en regard de la cote des débits.

Ceci posé, je vais faire voir que, dans le ruisseau à versants déboisés, les crues des deux saisons sèche et humide suivent exactement les mêmes lois que dans le ruisseau à versants entièrement boisés. Les débits kilométriques journaliers des deux ruisseaux se rapprochent beaucoup.

Les pluies d'hiver produisent, dans les deux ruisseaux, des crues très-élevées, si on les compare à celles d'été.

Voici quelques exemples qui le prouvent :

RÉGIME D'HIVER. — TEMPS PLUVIEUX.

DATES	HAUTEUR DE PLUIE — PLUVIOMÈTRE D'AVALLON	RUISSEAU DE GRENETIÈRE (BOISÉ) — DÉBIT PAR SECONDE ET PAR KIL. CARRÉ	HAUTEUR DE PLUIE — PLUVIOMÈTRE DE VÉZELAY	RUISSEAU DU BOUCHAT (DÉBOISÉ) — DÉBIT PAR SECONDE ET PAR KIL. CARRÉ	OBSERVATIONS
	FÉVRIER 1852				
	millimètres	litres	millimètres	litres	
1	2,70	25,1	4,10	12,0	
2	5,40	29,5	3,10	10,0	
3	»	41,0	5,70	9,0	
4	7,60	62,5	»	49,0	
5	»	56,4	5,10	42,0	
6	5,00	48,7	9,10	28,5	Les débits marqués du signe ? sont trop faibles.
7	5,00	89,4 ?	»	182,0	En février, beaucoup de petites pluies ; en somme, faibles hauteurs de pluie pour tout le mois.
8	»	71,1	»	25,5	
9	2,15	56,4	8,20	49,0	
10	11,60	142,5	»	231,4	
17	5,55	48,7	7,10	24,5 ?	
18	2,00	55,8	5,90	41,0 ?	
19	»	48,7	5,00	24,5	
20	4,20	41,0	2,40	22,0	

DATES	HAUTEUR DE PLUIE — PLUVIOMÈTRE D'AVALLON	RUISSEAU DE GRÈNETIÈRE (BOISÉ) — DÉBIT PAR SECONDE ET PAR KIL. CARRÉ	HAUTEUR DE PLUIE — PLUVIOMÈTRE DE VÉZELAY.	RUISSEAU DU BOUCHAT (DÉBOISÉ) — DÉBIT PAR SECONDE ET PAR KIL. CARRÉ	OBSERVATIONS
			NOVEMBRE 1852		
	millimètres	litres	millimètres	litres	
20	9,00	17,2	11,00	14,0	
21	2,00	55,8 ?	5,50	28,0 ?	Novembre assez humide,
22	5,20	116,5 ?	4,00	67,0 ?	sans fortes pluies.
23	5,50	125,4	4,50	74,8 ?	
24	7,10	167,6	16,00	128,6	
			JANVIER 1855		
6	2,20	12,0	1,50	17,6?	
7	»	10,4	4,50	12,0	
8	11,20	65,5	26,90	96,0 ?	
9	6,10	116,5	5,50	54,2	
13	0,60	46,2	5,60	24,9	Janvier très-humide, assez
14	7,80	150,6 ?	20,50	152,0 ?	fortes pluies.
15	0,70	71,1	1,50	27,0	
16	0,60	77,2	5,50	22,5	
17	5,40	102,6	15,50	45,0 ?	
18	0,80	116,5	7,00	76,4 ?	

Il résulte de ces exemples, que je pourrais multiplier beaucoup, que des pluies assez faibles [1] produisent dans les deux ruisseaux des variations de débit très-considérables ; il semble que les crues du ruisseau à versants boisés de Grènetière ont une tendance à être plus fortes que celles du ruisseau à versants déboisés du Bouchat.

Les pluies d'été ne donnent au contraire que des crues très-faibles dans les deux bassins.

RÉGIME D'ÉTÉ. — TEMPS PLUVIEUX.

DATES	HAUTEUR DE PLUIE — PLUVIOMÈTRE D'AVALLON	RUISSEAU DE GRÈNETIÈRE (BOISÉ) — DÉBIT PAR SECONDE ET PAR KIL. CARRÉ	HAUTEUR DE PLUIE — PLUVIOMÈTRE DE VÉZELAY	RUISSEAU DU BOUCHAT (DÉBOISÉ) — DÉBIT PAR SECONDE ET PAR KIL. CARRÉ	OBSERVATIONS
			SEPTEMBRE 1851		
	millimètres	litres	millimètres	litres	
19	0,0	2,6	12,90	1,8	
20	2,50	1,7	2,00	1,8	Première moitié de sep-
21	10,00	2,6	0,50	6,0 ?	tembre sèche ; deuxième
22	15,20	15,4?	20,50	17,2 ?	moitié très-humide.
23	1,05	4,8	7,90	1,3	

[1] Les hivers de 1851 à 1855 ont été secs.

DATES	HAUTEUR DE PLUIE — PLUVIOMÈTRE D'AVALLON	RUISSEAU DE GRÉNETIÈRE (BOISÉ) — DÉBIT PAR SECONDE ET PAR KIL. CARRÉ	HAUTEUR DE PLUIE — PLUVIOMÈTRE DE VÉZELAY	RUISSEAU DE BUCHAT (DÉBOISÉ) — DÉBIT PAR SECONDE ET PAR KIL. CARRÉ	OBSERVATIONS
			MAI 1852		
	millimètres	litres	millimètres	litres	
26	0,0	2,6	2,50	2,6	
27	12,00	5,7	2,50	4,1 ?	Grande sécheresse en mars
28	7,50	5,7	2,40	4,0	et avril.
29	1,60	5,7	6,00	3,5	
			JUIN 1852		
14	8,50	5,7	11,00	0,4	
15	2,50	»	4,50	0,4 ?	
16	6,55	4,8	12,50	4,0 ?	
17	11,20	59,4	5,50	9,0	
18	4,65	25,1	0,80	17,2	Juin très-pluvieux.
19	2,85	5,5	1,70	12,0	
21	1,65	7,4	1,50	7,0	
22	7,50	17,2	8,00	6,0	
23	11,10	12,0	12,00	25,1	
			JUILLET 1852		
25	0,0	0,5	10,50	0,9	
26	14,45	0,9	7,50	0,9	Après une longue séche-
27	8,40	4,8	1,50	5,5	resse.
			SEPTEMBRE 1852		
16	6,20	7,4	1,50	4,0	
17	12,00	7,4	9,50	14,0	
18	5,50	29,5	1,00	25,5 ?	Août et septembre très-
19	»	10,4	5,50	19,0	humides.
20	1,50	8,9	5,00	17,6	
21	»	7,4	5,00	17,2	

Quoique l'été de 1852 ait été très-pluvieux, les débits comparés à ceux d'hiver, sont presque insignifiants, et, chose très-remarquable, ils sont très-souvent presque identiques pour les deux ruisseaux ; le débit maximum appartient tantôt à l'un, tantôt à l'autre.

Il était très-intéressant d'étudier le régime des deux ruisseaux, surtout dans les temps de sécheresse ; suivant les idées reçues, les bois conservent alors aux ruisseaux un débit plus abondant.

Mes observations tendent, au contraire, à prouver qu'en temps sec, il y a presque égalité de débit dans les deux ruisseaux soit en été, soit en hiver ; c'est ce qu'on peut voir dans le tableau suivant.

TEMPS SEC.

DATES	RUISSEAU DE GRÊNETIÈRE (BOISÉ) — DÉBIT PAR SECONDE ET PAR KIL. CARRÉ	RUISSEAU DU BOUCHAT (DÉBOISÉ) — DÉBIT PAR SECONDE ET PAR KIL. CARRÉ	DATES	RUISSEAU DE GRÊNETIÈRE (BOISÉ) — DÉBIT PAR SECONDE ET PAR KIL. CARRÉ	RUISSEAU DU BOUCHAT (DÉBOISÉ) — DÉBIT PAR SECONDE ET PAR KIL. CARRÉ
Régime d'hiver			**Passage du régime d'été à celui d'hiver et réciproquement**		
DÉCEMBRE 1851			OCTOBRE 1851		
	litres	litres		litres	litres
3	12,8	11,0	23	5,4	4,2
4	11,2	13,0	24	4,8	3,7
5	11,2	12,0	25	3,7	3,7
6	9,8	11,0	26	3,7	3,7
7	8,9	10,3	27	3,1	3,7
8	8,1	10,0	28	3,1	3,7
MARS 1852			MAI 1852		
21	8,9	6,0	4	4,8	3,8
22	8,9	5,7	5	4,8	3,3
23	7,4	5,7	6	4,8	3,3
24	7,4	5,7	7	3,7	3,1
25	7,4	5,5	8	3,7	2,9
AVRIL 1852			OCTOBRE 1852		
3	8,9	9,0	18	4,8	5,3
4	7,4	8,9	19	4,8	4,6
5	7,4	8,8	20	4,8	4,4
6	6,1	7,0	21	4,8	4,5
7	6,1	6,0			
8	4,8	5,7			
9	4,8	5,5			
Régime d'été					
SEPTEMBRE 1851					
10	0,9	1,8			
11	1,3	1,8			
12	0,9	1,8			
13	0,9	1,6			
14	0,9	1,5			
15	0,5	1,5			
JUILLET 1852					
6	1,7	0,4			
7	1,7	0,0			
8	0,9	0,0			
9	0,9	0,0			
10	0,9	0,0			
11	0,9	0,0			

Les résultats de ces expériences peuvent s'expliquer ainsi : en été, la vaste
surface évaporante que forme le feuillage des bois retient la plus grande
partie des eaux pluviales, à peu près de la même manière que le réseau
des petites fissures qui couvrent les terrains déboisés ; les débits des ruisseaux sont donc extrêmement faibles dans cette saison, que le sol soit
boisé ou non.

Il n'en est plus de même en hiver ; les arbres dépouillés de feuilles
n'opposent plus aucun obstacle au passage de la pluie, et les ruisseaux
coulent abondamment et suivent les mêmes lois de croissance ou de décroissance, dans les terrains boisés et déboisés.

Je suis loin d'avoir la prétention d'avoir dit le dernier mot sur cette
grave question *de l'action des forêts sur le régime des cours d'eau.* Les conclusions de cette notice ne s'appliquent qu'à la partie de la France située
au nord du plateau central ; mes observations n'ont porté que sur des
bois à feuilles caduques ; il y a donc encore beaucoup à faire et beaucoup
à dire sur ce sujet.

Mais je suis véritablement surpris que, sous prétexte d'intérêt public,
on soumette la propriété des forêts à un régime exceptionnel, surtout
dans certaines provinces de la France où les bois ne peuvent exercer aucune action bonne ou mauvaise, telles que le Nivernais, le Charolais, la
Bourgogne, la Beauce, la Brie, le Vexin, la Normandie, la Picardie, la
Flandre, etc., et qu'on s'oppose au défrichement dans certaines contrées
humides et malsaines, où il faudrait favoriser la libre circulation du vent,
telles que la Puisaye, la vaste bande de sables verts qui s'étend d'Auxerre
aux Ardennes, le Berry, etc. [1].

Je suis très-grand partisan du reboisement des terrains improductifs,
et j'ai cherché, dans différents mémoires, à faire connaître les méthodes
employées avec le plus de succès dans chaque nature de terrain. Mais il
me semble que pour arriver à ce résultat si désirable, on ne saurait
mieux faire, que, de laisser ceux qui possèdent des bois dans les terrains
fertiles, libres de les défricher s'ils le veulent. J'entends tous les propriétaires de forêts se plaindre amèrement de l'avilissement des prix de leurs
produits, de l'envahissement de la houille, etc. : est-il un meilleur remède
au mal que le déboisement? Croit-on d'ailleurs que les propriétaires de
forêts se ruineront de gaieté de cœur en défrichant des terrains impropres à toute autre culture, ou disposés en pentes trop rapides pour qu'on

[1] Lorsque ces lignes ont été écrites, il était encore difficile d'obtenir l'autorisation de défricher une forêt.

puisse les préserver du ravinement? J'admets qu'un homme soit assez fou pour agir ainsi : l'insuccès de son entreprise n'éclairera-t-il pas tous ses voisins ?

Supposons, d'ailleurs, que toutes les propriétés qu'on attribue aux forêts soient bien réelles, encore faudrait-il démontrer que les résultats qu'elles doivent produire ne peuvent pas être nuisibles. Ainsi, il est bien reconnu que les eaux de l'Yonne, passent à Paris quatre jours avant celles de la Seine ; si les bois retardent l'écoulement des eaux pluviales. il faudrait donc, sous peine de voir augmenter la hauteur des crues à Paris, s'opposer au reboisement du bassin de l'Yonne. Les crues de la Loire passant au Bec-d'Allier, vingt-quatre heures après celles de l'Allier, on ne devrait pas permettre le reboisement du bassin de cette dernière rivière, puisque cette opération tendrait à faire coïncider au confluent les énormes crues des deux torrents, qu'une sage loi de la nature y fait passer aujourd'hui successivement, etc., etc.

Il faudrait ainsi, pour agir rationnellement, créer des lois d'exception pour chaque contrée ; par exemple, contraindre les propriétaires à déboiser la Puisaye, parce qu'elle est trop humide, et à reboiser la Champagne, parce qu'elle est trop sèche ; à déboiser le bassin de l'Yonne et de l'Allier, pour accélérer l'écoulement des crues ; à reboiser les bassins de la Seine et de la Loire, pour le retarder, etc., etc. Il n'est pas un homme de bon sens qui ne comprenne qu'une législation qui, pour être rationnelle, doit être si compliquée, ne peut être bonne. Pour les bois comme pour toutes les autres propriétés, il faut rentrer dans le régime de la liberté ; c'est la manière la plus efficace de soulager les souffrances, réelles ou non, des propriétaires de forêts, et de favoriser le reboisement des terrains improductifs.

Ces conclusions ne s'appliquent qu'au bassin de la Seine et aux forêts peuplées d'arbres à feuilles caduques. Il est possible que les choses se passent tout autrement dans les régions tropicales, où les pluies qui produisent les crues tombent sur des forêts toujours couvertes de feuilles. Je n'ai aucune opinion arrêtée sur ce point, et il m'a semblé que les faits relatés jusqu'ici ne prouvent pas grand'chose, chacun en tirant les conclusions qui lui agréent le mieux.

Action des forêts sur le ravinement des terres. — Les eaux plu-

viales ravinent facilement les terres à grande déclivité, rendues
meubles par la culture, surtout quand le sol est imperméable. On
trouve des ravins sur les pentes des argiles de l'Auxois ou du
granite du Morvan. A la suite des grandes pluies, on remarque toujours un petit amoncellement de terre détritique au bas de chaque sillon, et un petit ravin à la partie haute. On a vu ci-dessus[1]
quelles sont les modifications de la forme du fond des vallées qui
résultent de cette action incessante des pluies sur les terrains
meubles.

Il existe des ravins, même sur les pentes déboisées des terrains les plus perméables, comme la craie de la Champagne. J'ai
parcouru dans tous les sens le bassin de la Seine, et jamais je
n'ai constaté l'existence d'un ravin dans un coteau boisé[2].

L'opération du reboisement est donc excellente quand elle est
pratiquement possible, bien qu'il paraisse démontré que le déboisement du bassin de la Seine ne peut être considéré comme
une des causes qui ont contribué à augmenter ou à diminuer la
hauteur et le nombre des inondations. Mais les bois diminuent
très-notablement le volume des matières terreuses transportées
par les cours d'eau, puisqu'ils empêchent le ravinement des
terrains meubles, et, il faut le reconnaître, l'amaigrissement
du sol est bien plus à redouter que les désastres causés par les
inondations.

Le reboisement des terrains fertiles[3] est une opération impraticable; mais il est d'autres cultures qui s'opposent, comme les
bois, au ravinement des terres. Voici ce que j'écrivais, en 1852
sur ce sujet[4].

---

[1] Voy. chap. V, p. 77 et suivantes.

[2] J'entends ici par ravin le sillon plus ou moins profond creusé sur la pente d'un coteau par les *eaux pluviales tombées sur ce coteau*. On ne peut donner ce nom au lit souvent très-encaissé, au fond duquel coule un ruisseau qui ne prend pas naissance sur cette pente.

Ainsi toutes les pentes des coteaux qui entourent la Brie sont fortement sillonnées par les rus des plateaux imperméables qui les dominent. Les bois ne peuvent empêcher l'eau de ces rus de passer, ni de se creuser souvent des lits très-profonds.

[3] Voy. chap. XXXVIII et XXXIX.

[4] Voy. *Annales des ponts et chaussées*, 1852, 1ᵉʳ semestre.

« *Quelles sont les cultures les plus propres à empêcher le ravinement des terres ?* — Ces cultures sont au nombre de trois : les prairies naturelles, les bois, la vigne.

« Les bois et les prairies naturelles fixent complétement la surface du sol. Il est très-rare, même après de fortes pluies, de voir trace du passage des eaux, sur les terres occupées par ces cultures.

« Les vignes sont rarement ravinées, malgré l'état parfait d'ameublissement du sol, lorsqu'on a soin, comme dans le lias de l'Auxois, d'y creuser de distance en distance des *gardes*, ou larges fossés presque horizontaux, destinés à arrêter les terres et les eaux.

« Les cultures permanentes sont donc excellentes pour empêcher le ravinement du sol, les prés surtout, parce que, dans les saisons d'irrigation, les propriétaires y conduisent les eaux des champs voisins qui sont chargées de terre. Ces eaux y sont dépouillées de tout leur limon. Ainsi, non-seulement un pré ne se laisse pas raviner, mais encore il arrête les alluvions fournies par les terres voisines.

« La culture des prairies est possible à toute hauteur au-dessus du fond des vallées, dans le granite, le lias, le terrain crétacé inférieur. Les terrains tertiaires lui sont peu favorables.

« Les bois peuvent être cultivés avantageusement dans le granite, le terrain crétacé inférieur, les terrains tertiaires des bords de l'Yonne et du Loing. Le lias et les terrains de la Brie sont trop fertiles pour être reboisés.

« La vigne réussit très-bien sur les pentes rapides du lias des bords de l'Auxois; le granite, le terrain crétacé inférieur et les terrains tertiaires du bassin de la Seine sont, ou trop froids, ou trop plats, ou trop humides pour elle. Sa culture y est peu développée, ou ne doit pas être encouragée.

« Ainsi les cultures les plus propres à empêcher le ravinement du sol sont :

« Pour le granite, les prés et les bois;

« Pour le lias, les prés et les vignes ;

« Pour les terrains crétacés inférieurs, les prés et les bois ;

« Pour les terrains tertiaires, les bois.

« Ces cultures sont, du reste, très-développées sur les pentes des terrains qui leur conviennent. »

Je n'ai pas changé d'avis depuis 1852 : les meilleurs obstacles à opposer au ravinement des terres en pente sont les prés, les bois et les vignes. Le présent ouvrage est une monographie qui ne s'étend pas au delà des limites du bassin de la Seine. Ce qui vient d'être exposé ci-dessus, est cependant susceptible d'une grande généralisation : les prés et les bois sont partout le meilleur obstacle à opposer au ravinement des terres imperméables, les prés surtout, parce qu'ils peuvent être obtenus à peu de frais et en peu de temps ; le reboisement, au contraire, est une opération dispendieuse et qui, de plus, laisse la terre improductive pendant longtemps.

Il vient d'être fait une grande application de ces principes dans les Alpes françaises. On sait que l'abus du pâturage a détruit toute végétation sur ces pentes et a rendu le terrain tellement meuble, que les torrents y causent d'affreux ravages. L'ouvrage devenu classique de M. Surell sur les torrents des Alpes, et le commentaire de M. Cézanne sur cet excellent livre, ont été lus par tout le monde.

C'est par le gazonnement et le reboisement des pentes, mais surtout par le gazonnement, que l'administration des forêts est parvenue à arrêter ces gigantesques ravinements. Elle a promptement reconnu que le reboisement général était une opération trop dispendieuse pour des terrains si pauvres et qui privait, pour longtemps, les communes de la jouissance de leurs biens. Le gazonnement, au contraire, n'exige presque aucune dépense, et les propriétaires entrent immédiatement en jouissance. Le reboisement n'a été employé que sur certains points spéciaux, dans le lit même des torrents. C'est ainsi qu'on a réussi à fixer le sol des Alpes, entreprise que tout le monde jugeait téméraire et inexécutable.

Je terminerai ce chapitre par l'observation suivante, qui me paraît capitale : c'est bien moins en ralentissant l'écoulement des eaux torrentielles, qu'en consolidant le.sol par des cultures permanentes, que l'administration forestière a obtenu son beau succès.

CHAPITRE XXIII

NAVIGATION, AMÉNAGEMENT DES EAUX COURANTES ET ENDIGUEMENT

Quoique ce livre soit consacré spécialement à l'étude du régime naturel de la Seine et de ses affluents, il me paraît indispensable d'indiquer sommairement les modifications apportées à ce régime par les travaux de l'homme. Les plus importants de ces travaux sont ceux qui ont eu pour objet l'emploi des eaux courantes au profit de la navigation; c'est cette question qui sera traitée d'abord dans ce chapitre.

Voici l'indication sommaire des voies navigables du bassin de la Seine et des travaux exécutés pour faciliter le passage des trains et des bateaux.

RIVIÈRE D'YONNE.

L'Yonne, qui prend sa source aux étangs de Belles-Perches, dans le département de la Nièvre, à 17 kilomètres de Château-Chinon, est flottable seulement à bûches perdues, de sa source à Armes (Nièvre), sur 97 974 mètres; elle est flottable en trains, d'Armes à Auxerre, sur 75 720 mètres.

Altitudes du plan d'eau : à Armes, en basses eaux , le pertuis fermé, 148^m,16,

A Auxerre, le barrage du batardeau fermé, 97^m,15.

Entre Armes et Auxerre, le nombre des pertuis et barrages est de 25.

Le tonnage absolu de la navigation, qui se fait par éclusées et seulement à la descente, a été de 120 994 tonnes en 1869 ; les trains ont une épaisseur moyenne de 0^m,60.'

RIVIÈRE DE CURE.

La Cure, qui prend sa source au village de Gien-sur-Cure (Nièvre), a son embouchure dans l'Yonne, à Cravant ; son cours total est de 116 172 mètres. Elle est flottable à bûches perdues, des Settons au pont-pertuis des Grottes d'Arcy, soit sur 85 202 mètres, et flottable en trains, du pont des Grottes d'Arcy à Cravant, sur 16 970 mètres.

L'altitude du plan d'eau, à l'origine du flottage à bûches perdues, en aval du réservoir des Settons, est 565^m,74.

L'altitude de la retenue du pont-pertuis des Grottes d'Arcy est 125^m,21.

L'altitude du pertuis de Rivottes, près l'embouchure dans l'Yonne, est de 111^m,42.

Entre les Grottes d'Arcy et l'embouchure dans l'Yonne il y a sur la Cure huit pertuis, qui servent aux éclusées pour le flottage des trains.

Le tonnage absolu du flottage, en 1869, a été de 27 041 tonnes, fournies par 227 trains, dont l'épaisseur moyenne est de 0^m,60.

CANAL DU NIVERNAIS.

Le canal du Nivernais, qui réunit la haute Loire à l'Yonne, a son origine à Saint-Léger-des-Vignes, près Decize (Nièvre) et son embouchure à Auxerre.

Sa longueur totale est de 175 880 mètres, savoir :

1° *Versant de la Loire.* — Du pertuis d'embouchure en Loire, à l'écluse de Baye, n° 1 du versant de la Loire, 66 022 mètres.

2° Bief de partage, — De l'écluse de Baye, n° 1 du versant de la Loire, à l'écluse du Port-Brûlé, n° 1 du versant de la Seine, 4588 mètres.

3° Versant de la Seine, 105 470 mètres.

Altitude du plan d'eau à l'embouchure dans la Loire (le barrage de ce fleuve fermé) 187^m,97.

Nombre des écluses du versant de la Loire, 51 dont deux écluses doubles et une triple.

Versant de la Seine. — Longueur de l'écluse du Port-Brûlé, n° 1, à l'embouchure dans l'Yonne, à Auxerre, 105 470 mètres.

Altitude du plan d'eau au bief de partage, 260^m,84.

Altitude du plan d'eau à l'embouchure de l'Yonne (le barrage fermé) 97^m,15.

Nombre des écluses, 79 dont deux écluses doubles.

Longueur normale des sas, entre les portes fermées, 54^m,70.

Largeur normale entre les bajoyers, 5^m,20.

Tonnage de la navigation en 1869. — A la remonte, le tonnage ramené au parcours total, a été de 20 282 tonnes ; à la descente et dans la même hypothèse, il a été de 57 045 tonnes. Le tonnage absolu a été de 170 758 tonnes à la remonte, et de 194 888 tonnes à la descente.

Mouillage ou tirant d'eau. — La tenue normale et réglementaire du canal est de

1^m,50 avec un tirant d'eau de 1^m,15. Dans les très-basses eaux, et quand les réservoirs sont peu remplis, on diminue la tenue, et par suite le tirant d'eau de 0^m,10 à 0^m,50 : en 1869, on n'a pas été dans l'obligation d'opérer cette réduction.

YONNE ENTRE AUXERRE ET LAROCHE.

La longueur de l'Yonne entre l'embouchure du canal du Nivernais, à Auxerre, et l'embouchure du canal de Bourgogne, à Laroche, est de 27 588 mètres.

L'altitude du plan des basses eaux est, à Auxerre, de 96^m,60, et à Laroche de 77^m,94.

Le nombre des écluses est de 9.

Huit de ces écluses ont 10^m,50 de largeur et 96 mètres de longueur utile. Une écluse, celle d'Auxerre, a 8^m,50 de largeur et 95 mètres de longueur utile. Sur ces neuf écluses, six sont construites et trois sont en construction ; la navigation a encore lieu au moyen d'éclusées ; elle est intermittente avec un mouillage variable, de 0^m,90 à 1^m,10 : quand les travaux en construction seront achevés, la navigation sera continue, avec un mouillage de 1^m,60 ; en très-basses eaux, le mouillage descend à 0^m,50, à 0^m,20 et même à 0^m,00, par les affameurs qui suivent les éclusées.

Le tonnage en 1869, ramené au parcours total, a été, à la descente, de 183 919 tonnes, et à la remonte, de 2055 tonnes.

CANAL DE BOURGOGNE.

Le canal de Bourgogne, qui réunit l'Yonne à la Saône, a une longueur de 242 045 mètres, qui se décompose comme il suit :

Branche du versant de l'Yonne entre Pouilly et Laroche . . . . 154 644^m
Bief de partage à Pouilly. . . . . , ... 6 088
Branche du versant de la Saône entre Pouilly et St-Jean-de-Losne . . 81 313
Total. . . . . 242 045^m

Les altitudes du plan d'eau sont :

1° Plan d'eau de l'Yonne à l'embouchure du canal de Laroche, pour une tenue de 1^m,60 au-dessus du busc d'aval de l'écluse de Laroche, 79^m,08. Dans l'état actuel des basses eaux de l'Yonne, cette cote est 77^m,94.

2° Plan d'eau du bief de partage, pour une tenue habituelle de 2^m,25 au-dessus des socles du souterrain de Pouilly, 379^m,75.

3° Plan d'eau de la Saône, à l'embouchure du canal à Saint-Jean-de-Losne, pour une tenue de 1^m,60, au-dessus du busc d'aval de l'écluse de Saint-Jean-de-Losne, 178^m,89.

Il y a 115 écluses sur le versant de l'Yonne et 76 sur celui de la Saône : total, 191. Deux sont doubles, l'écluse 106-107 et l'écluse 114-115, du versant de l'Yonne.

La longueur utile des sas est le plus habituellement de 30^m,50 ; leur largeur est de 5^m,20.

Le mouillage normal est de 1^m,80 pendant 8 mois 1/2 de l'année. Il descend pendant le reste de l'année à 1ᵐ,70, 1ᵐ,60, 1ᵐ,50, selon l'état ou l'abondance des prises d'eau naturelles, pratiquées dans l'Ouche, la Brenne, l'Armançon et leurs principaux affluents. Les rivières fournissent les 9/10 de l'alimentation et les réservoirs 1/10 seulement. La consommation moyenne est de 450 000 mètres cubes en 24 heures ; elle s'élève à 600 000 mètres cubes et plus en été. La capacité des cinq réservoirs est de 20 145 000 mètres cubes : elle doit être portée à 50 000 000 mètres cubes. L'un de ces réservoirs, qui s'exécute en ce moment, réalisera une première augmentation de 600 000 mètres cubes.

Le mouvement commercial, en 1869, est pour l'ensemble du canal, tant à la remonte qu'à la descente, de 607 638 tonnes à toutes distances, de 145 649 tonnes au parcours total ; de 50 592 tonnes au transit, de 55 247 071 tonnes kilométriques.

Les droits de navigation ont été, pour les 607 638 tonnes précitées, de 110 627 fr.

YONNE ENTRE LAROCHE ET MONTEREAU.

La longueur de l'Yonne, entre l'embouchure du canal de Bourgogne, à Laroche, et son confluent dans la Seine, à Montereau, est de 91 904 mètres.

L'altitude du plan des basses eaux est : à l'amont, 77ᵐ,94, et à l'aval, 46ᵐ,03.

Le nombre des écluses est de 17.

Deux écluses, celles d'Epineau et de Port-Renard, ont 8ᵐ,50 de largeur et 181 mètres de longueur. Les 15 autres ont 10ᵐ,50 de largeur et 96 de longueur utile. La navigation est continue avec un mouillage de 1ᵐ,60.

Le tonnage ramené au parcours total a été en 1869 : à la descente, de 549 235, et à la remonte, de 5155 tonnes.

HAUTE SEINE ENTRE TROYES ET MARCILLY.

La longueur du canal de la haute Seine entre la tête du bassin de Troyes et l'écluse de Marcilly, à l'embouchure dans l'Aube, est de 43852 mètres.

L'altitude du plan d'eau de la tenue normale du bassin de Troyes est 105ᵐ,95.

La cote de l'étiage de l'Aube, à l'embouchure du canal, est 67ᵐ,64.

La différence d'altitude est rachetée par 15 écluses.

La largeur des écluses est de 5ᵐ,20, leur longueur de 34 mètres, et le mouillage normal de 1ᵐ,50.

Le mouvement de la navigation en 1869, ramené au parcours total, a été : à la remonte, de 4 610 tonnes, à la descente, de 14 083 tonnes.

SEINE ENTRE MARCILLY ET MONTEREAU.

La longueur de la Seine, entre l'embouchure de l'Aube à Marcilly et l'embouchure de l'Yonne à Montereau, est de 89 kilomètres.

L'altitude du plan des basses eaux est : à l'amont, 67ᵐ,64, et à l'aval, 46ᵐ,03.

Le nombre des écluses est de 7.

Elles ont 8 mètres de largeur et 57ᵐ,80 de longueur utile.

Le tonnage en 1869, ramené au parcours total, a été : à la descente de 46 284 tonnes, et à la remonte de 1148 tonnes.

Nota. — La navigation sur la petite Seine, entre Marcilly et Montereau, a lieu au moyen d'éclusées ou flots : par conséquent, le mouillage est variable : il est de 1,50, dans la dérivation de Marcilly : ailleurs il est de 0,90 à 1,10 environ ; à l'aide des écluses, en très-basses eaux et surtout par les affameurs qui suivent les éclusées, ce mouillage descend à 0,50, 0,20 et même à 0,00. On étudie un avant-projet destiné à procurer une navigation continue, avec un mouillage de 1,60 ; il y aurait à construire 5 ou 6 écluses, avec des barrages et des dérivations : la dépense serait de 3 000 000 fr. environ.

SEINE ENTRE MONTEREAU ET PARIS.

La longueur de la Seine, entre l'embouchure de l'Yonne et Paris (enceinte des fortifications d'amont), est de 100 kilomètres.

L'altitude du plan des basses eaux est, à l'amont, 46^m,03 et à l'aval, 26^m,50.

Le nombre des écluses est de 12. Elles ont 12 mètres de largeur et 180 mètres de longueur utile.

Le tonnage, en 1869, ramené au parcours total a été : à la descente, de 715 571 tonnes, et à la remonte, de 75 555 tonnes.

La navigation est maintenant continue entre Montereau et Paris.

CANAL D'ORLÉANS.

Le canal d'Orléans, qui fait communiquer la Seine avec la Loire, a une longueur totale de 75 545 mètres.

La partie comprise dans le bassin de la Seine (entre Grignon et Buges) a une longueur de 27 868 mètres.

L'altitude du plan d'eau est : au bief de partage, 125^m,81, et à l'extrémité d'aval, 80^m,50.

Le nombre des écluses réparties sur ce parcours de 27 868 mètres est de 16, ayant 55 mètres de longueur et 5^m,20 de largeur utiles.

Le mouillage est de 1^m,05.

La partie du canal comprise dans le bassin de la Loire, entre Combleux et Grignon, a une longueur de 45 675 mètres.

L'alimentation est faite au moyen de 14 étangs (y compris le bief de partage), ayant une capacité totale de 4 557 158 mètres cubes.

Le tonnage, ramené au parcours total, a été, en 1869 : pour les marchandises dirigées vers la Seine, de 50 250 tonnes, et pour les marchandises dirigées vers la Loire, de 11245 tonnes.

CANAL DE BRIARE.

Le canal de Briare, qui fait communiquer la Seine avec la Loire, a une longueur totale de 59 107 mètres.

La partie comprise dans le bassin de la Seine, entre Rogny et Buges, a une longueur de 42 505 mètres.

L'altitude du plan d'eau est : au bief de partage, 166^m,50, et à l'extrémité aval, 80^m,50.

Le nombre des écluses réparties sur ce parcours de 42 505 mètres est de 51, ayant 55 mètres de longueur et 5^m,20 de largeur utiles.

Le mouillage est de 1^m,20.

La partie du canal comprise dans le bassin de la Loire (entre Briare et Rogny) a une longueur de 16 802 mètres.

L'alimentation du canal est faite au moyen de 14 étangs (y compris le bief de partage), ayant une capacité totale de 9 757 840 mètres cubes.

Le tonnage ramené au parcours total a été, en 1869, pour toute l'étendue du canal : marchandises dirigées vers la Seine. 167 584 tonnes ; marchandises dirigées vers la Loire, 9451 tonnes.

CANAL DU LOING.

Le canal du Loing est compris tout entier dans le bassin de la Seine. Il a une longueur de 49 557 mètres.

Ses extrémités sont, d'une part Buges, de l'autre Saint-Mammès.

L'altitude du plan d'eau est, au premier bief, 80^m,50, et à l'extrémité aval, 45^m,56.

Le nombre des écluses est de 25, ayant de 53 mètres à 60 mètres de longueur, et de 5^m,20 à 11^m de largeur utiles.

Le mouillage du canal est de 1^m,15.

Le tonnage ramené au parcours total, en 1869, a été : pour les marchandises dirigées vers la Seine, de 245 059 tonnes, et pour lesmarchandises dirigées vers la Loire, de 45 829 tonnes.

MARNE.

Entre le pont de Saint-Dizier et la jonction du canal latéral à Dizy.

Cette partie de la rivière de Marne a une longueur de 147 800.

L'altitude du plan d'eau est, à l'origine, 156^m,26 et à l'arrivée, 67^m,25.

Il y a sur le parcours une écluse et 4 pertuis.

La navigation a abandonné cette voie.

CANAL DE LA HAUTE MARNE.

1° Entre Donjeux et Chamouilley.

Cette partie du canal est actuellement en construction. Elle a une longueur de 51 000 mètres.

L'altitude du plan d'eau étiage est : à l'origine, 195^m,25, et à l'arrivée, 151^m,15.

Les écluses sont au nombre de 12, ayant 55 mètres de longueur et 5^m,20 de largeur utiles.

Le mouillage peut être porté à 2 mètres et n'est en ce moment que de 1^m,70.

2° Entre Chamouilley et le canal latéral. Cette partie du canal a une longueur de 42 950 mètres.

L'altitude du plan d'eau à l'étiage est : à l'origine, 151^m,15 et à l'arrivée, 95^m,68.

Les écluses sont au nombre de 19, ayant 55 mètres de longueur et 5^m,20 de largeur utiles.

Le mouillage peut être porté à 2 mètres et n'est en ce moment que de 1^m,70.

Le tonnage ramené au parcours total a été en 1869 :

A la remonte, de
{ 220 002 tonnes, entre Couvrot et Vitry.
{ 85 254 tonnes, entre Vitry et Chamouilley.

A la descente, de
{ 298 485 tonnes. }
{ 62 607 — } entre les mêmes points.

CANAL LATÉRAL A LA MARNE.

Le canal latéral à la Marne, entre le canal de la haute Marne à Couvrot, et la Marne à Dizy, a une longueur de 65 070 mètres.

L'altitude du plan d'eau est : à l'origine 95^m,68, et à l'arrivée, 67^m,23.

Les écluses sont au nombre de 14, ayant 55 mètres de longueur et 5^m,20 de largeur utiles.

Le mouillage minimum à l'étiage est de 1^m,65 ; il est ordinairement de 2 mètres.

Le tonnage ramené au parcours total a été, en 1869 :

A la remonte, de
{ 215 859 tonnes, de Couvrot à Condé.
{ 18 149 tonnes, de Condé à Dizy.

A la descente, de
{ 297 578 tonnes, }
{ 89 628 — } entre les mêmes points.

CANAL DE L'AISNE A LA MARNE.

Le canal de l'Aisne à la Marne, entre Berry-au-Bac et Condé-sur-Marne (canal latéral), a une longueur de 58 118 mètres.

L'altitude du plan d'eau à l'étiage est : à l'origine (Berry-au-Bac), 53^m,39, au bief de partage, 96^m,17, et à l'arrivée, 74^m,57.

Les écluses sont au nombre de 24, ayant 55 mètres de longueur et 5^m,20 de largeur utiles.

Le mouillage minimum à l'étiage est de 1^m,65.

Le tonnage ramené au parcours total a été, en 1869 : à la remonte de 258 986 tonnes et à la descente de 225 946 tonnes.

CANAL DE LA MARNE AU RHIN.

La partie du canal de la Marne au Rhin, comprise dans le bassin de la Seine, entre Vitry et Mauvages (point de partage), a une longueur de 89 436 mètres.

L'altitude du plan d'eau normal est : à Vitry, 100^m,98, et à Mauvages, 280^m,84.

Le nombre des écluses entre les limites susdites est de 70 ; elles ont 5^m,20 de largeur et, de 57^m,70 à 38^m,60 de longueur utiles.

Le mouillage normal est de 1^m,60.

Le tonnage en 1869 a été de :

	REMONTE.	DESCENTE.	TOTAL.
A Vitry	169.713 T	261.989 T	451.702 T
A Sermaize	173.156	256.102	429.258
A Marbot (Bar)	160.372	258.679	419.081
A Demange	159.344	274.260	433.594

MARNE ENTRE DIZY ET PARIS.

La Marne, navigable entre Dizy et Paris, a une longueur de 178 kil., dont 148,9 sont compris dans le lit naturel.

L'altitude du plan d'eau est, à Dizy, 67^m,25, et à l'embouchure dans la Seine, 26^m,40.

Les écluses sont au nombre de 19 sur la ligne principale ; elles ont une longueur de 51 mètres de busc en busc, et une largeur de 7^m,80.

Il y a en outre trois écluses, en dehors de la voie principale :

L'écluse Cornillon, de 75^m,00 de longueur sur 7^m,05 de largeur.
L'écluse de Couilly, de 58^m,55   —   5^m,20   —
L'écluse de St-Maur, de 95^m,00   —   7^m,50   —

Le tonnage ramené au parcours total a été, en 1871, à la remonte, de 21 300 tonnes et, à la descente, de 115 900 tonnes.

SEINE DANS PARIS.

La longueur de la Seine, dans la traversée de Paris, de l'amont à l'aval, entre le pied du glacis des fortifications, est de 12 557 mètres.

L'altitude du plan d'eau étiage conventionnel est : en amont (pont Napoléon), de 26^m,50 et en aval (viaduc du Point-du-Jour), 24^m,50.

Il n'y a qu'une écluse, celle de la Monnaie, ayant une longueur utile de 112^m,82 et une largeur de 12 mètres.

Le tirant d'eau est de 2 mètres quand le barrage de Suresnes fonctionne.

Le tonnage des marchandises arrivées ou embarquées sur les ports, y compris celles passant en transit a été en 1869 :

		DESCENTE.	REMONTE.
Arrivages	Par la haute Seine	800 715 T	
	Par la basse Seine		480 256 T
Embarquements	Pour la haute Seine		44 685
	Pour la basse Seine	90 506	
Transit		62 579	26 715

CANAL DE SAINT-QUENTIN.

Le canal de Saint-Quentin, depuis Lesdins (extrémité sud du bief de partage) jusqu'à Chauny, présente une longueur de 48 000 mètres.

Il renferme 18 écluses, dont les longueurs utiles varient de 37 mètres à 41^m,80 et les largeurs de 5^m,20 à 6^m,65.

Le mouillage minimum est de 2 mètres, et il est facilement maintenu en toutes saisons.

Le tonnage qui a circulé sur ce canal, en 1869, a été :

REMONTE			DESCENTE		
ABSOLU.	RAMENÉ A 1 KILOMÈTRE.	RÉDUIT AU PARCOURS TOTAL.	ABSOLU.	RAMENÉ A 1 KILOMÈTRE.	RÉDUIT AU PARCOURS TOTAL.
679 252ᵗ	57 802 958ᵗ	408 482ᵗ	1 914 456ᵗ	121 250 525ᵗ	1 510 179ᵗ

CANAL LATÉRAL A L'OISE.

Le canal latéral à l'Oise, depuis Chauny jusqu'à Janville, a un développement de 55 784 mètres.

Il renferme 4 écluses qui ont toutes 40 mètres de longueur utile et 6ᵐ,50 de largeur utile.

Le mouillage minimum est de 2 mètres et il est facilement maintenu en toutes saisons.

Le tonnage sur ce canal, en 1869, a été :

REMONTE			DESCENTE		
ABSOLU.	RAMENÉ A 1 KILOMÈTRE.	RÉDUIT AU PARCOURS TOTAL.	ABSOLU.	RAMENÉ A 1 KILOMÈTRE.	RÉDUIT AU PARCOURS TOTAL.
484 974ᵗ	15 600 602ᵗ	461 775ᵗ	1 489 074ᵗ	49 287 963ᵗ	1 458 914ᵗ

RIVIÈRE D'OISE.

La rivière d'Oise, depuis Janville jusqu'à son embouchure dans la Seine, à Conflans-Sainte-Honorine, a une longueur de 104 254 mètres.

La pente est rachetée par 7 barrages fixes, auxquels sont accolées 7 écluses ayant uniformément 50 mètres de longueur utile et 8 mètres de largeur.

Le mouillage minimum est de 2 mètres, comme dans le canal de Saint-Quentin et le canal latéral à l'Oise.

Le tonnage, en 1869, a été :

REMONTE			DESCENTE		
ABSOLU.	RAMENÉ A 1 KILOMÈTRE.	RÉDUIT AU PARCOURS TOTAL.	ABOSLU.	RAMENÉ A 1 KILOMÈTRE.	RÉDUIT AU PARCOURS TOTAL.
555 417ᵗ	25 808 577ᵗ	228 415ᵗ	1 504 859ᵗ	142 571 548ᵗ	1 565 884ᵗ

RIVIÈRE D'AISNE ENTRE SENUC ET NEUFCHATEL.

La longueur de cette partie de la rivière d'Aisne est de 92 070 mètres

L'altitude en basses eaux est : à Senuc, 111ᵐ,80 et à Neufchatel, 55ᵐ,20.

La navigation, ou le flottage en trains, est possible sur ce parcours.

CANAL DES ARDENNES.

1re partie. — Jonction de la Meuse (à Pont-à-Bar) à l'Aisne (à Semuy).

La longueur comprise dans le bassin de la Seine est de 18 500 mètres.

L'altitude du plan d'eau est : au bief de partage, 162 mètres et à Semuy, 82m,87.

Le nombre des écluses, dans cette partie du canal, est de 26, ayant une longueur utile variant entre 55m,59 et 55m,86 et une largeur utile de 5m,20.

Le tirant d'eau habituel est de 1m,80. Il descend en très-basses eaux à 1m,50.

La partie du canal des Ardennes comprise dans le bassin de la Meuse a une longueur de 20 000 mètres.

Le tonnage de la navigation ramené au parcours total a été, en 1869, de :

$$\left.\begin{array}{l}\text{A la remonte vers la Meuse. . . . 22 822}^{t}\\\text{A la descente vers l'Aisne . . . . . 87 415}^{t}\end{array}\right\}\ 110\ 237^{t}$$

2e partie, latérale à la rivière d'Aisne, entre le grand pont de Vouziers et la tête aval de l'écluse de Vieux, n° 14.

La longueur est de 61 500 mètres.

L'altitude du plan d'eau est : à Vouziers, 91m,43 et en aval de l'écluse de Vieux, 58m,08.

Les écluses sont au nombre de 14 : elles ont 57m,70 de longueur moyenne et 5m,20 de largeur.

Le mouillage varie entre 1m,80 et 1m,45.

Le tonnage de la navigation ramené au parcours total a été, en 1869 :

$$\left.\begin{array}{l}\text{A la remonte. . . . . 36 382}^{t}\\\text{A la descente. . . . . 86 899}^{t}\end{array}\right\}\ 123\ 281^{t}$$

CANAL LATÉRAL A L'AISNE.

Le canal latéral à l'Aisne, compris entre l'aval de l'écluse de Vieux et l'aval de l'écluse de Celles, a une longueur de 51 500 mètres.

L'altitude du plan d'eau, en basses eaux de navigation, est : sur le busc aval de l'écluse de Vieux, 57m,46 ; sur le busc aval de l'écluse de Celles, 40m,06.

Les écluses sont au nombre de 7 ; elles ont 58m,23 de longueur et 5m,20 de largeur.

Le mouillage en toutes saisons est de 1m,80.

Le tonnage a été, en 1869, à Berry-au-Bac :

$$\left.\begin{array}{l}\text{Remonte . . . . . . 216 687}^{t}\\\text{Descente . . . . . . 256 323}^{t}\end{array}\right\}\ 473\ 010^{t}$$

RIVIÈRE D'AISNE CANALISÉE.

La rivière d'Aisne canalisée, depuis l'aval de l'écluse de Celles jusqu'à la rivière d'Oise, près de Compiègne, a une longueur de 56 500 mètres.

L'altitude du plan d'eau, en basses eaux de navigation, est : à Celles, 40ᵐ,06 et, au confluent de l'Oise, 50ᵐ,74.

Les écluses, au nombre de 7, ont 46 mètres de longueur et 8 mètres de largeur.

Le mouillage varie entre 1ᵐ,60 et 1ᵐ,95 (en un seul point, à Hérant).

Le tonnage a été, en 1869, à Vic-sur-Aisne :

$$\left.\begin{array}{l}\text{Remonte} \dots \dots \quad 541\ 063^{\text{t}} \\ \text{Descente} \dots \dots \quad 568\ 554^{\text{t}}\end{array}\right\} \quad 709\ 617^{\text{t}}$$

LA SEINE DE PARIS A ROUEN.

La longueur de la Seine, entre le pied du glacis des fortifications de Paris et le pont de Brouilly à l'entrée de Rouen, est de 252 kilomètres.

L'altitude du plan des basses eaux est : en amont (viaduc du Point-du-Jour), en supposant le barrage de Suresnes couché, 24ᵐ,50, et en aval (pont de Brouilly), 1ᵐ,34.

Il a été établi entre ces points extrêmes sept barrages avec écluse accolée. La longueur utile de ces écluses est de 120 mètres, et leur largeur de 12 mètres.

Le mouillage, pendant les basses eaux de 1868-69, à l'extrémité amont du 4ᵉ bief (de la Garenne à Meulan), est descendu à 1ᵐ,10.

Le tonnage ramené au parcours total entre Paris et Rouen a été, en 1869 :

De Paris à la Briche, 26 kil. { à la remonte / à la descente }	marchandises { 700 052ᵗ / 141 632 }	811 664ᵗ	bois flotté { 1 962ᵐᶜ / 769 508 }	771 470ᵐᶜ
De la Briche à l'Oise, 43 kil. { à la remonte / à la descente }	marchandises { 1 658 536 / 283 730 }	1 922 266	bois flotté { 59 964 / 92 021 }	151 985
De l'Oise à Rouen, 172 kil. { à la remonte / à la descente }	marchandises { 197 679 / 531 681 }	529 360	bois flotté { 4 641 / 470 754 }	475 395

SEINE MARITIME.

La Seine maritime, entre le pont de Brouilly à Rouen et le Havre, a une longueur de 125 kilomètres.

Le tonnage en 1869, tant à la remonte qu'à la descente, a été de 653 880 tonnes, ou en tonnes kilométriques, de 76 698 283 ; ramené au parcours total, il a été de 613 637 tonnes.

CANAUX DE LA VILLE DE PARIS.

Ces canaux comprennent l'Ourcq canalisée, le canal de l'Ourcq, le canal Saint-Denis, le bassin de la Villette et le canal Saint-Martin.

DÉSIGNATION	OURCQ CANALISÉE DU PORT-AUX-PERCHES A MAREUIL	CANAL DE L'OURCQ DE MAREUIL AU BASSIN DE LA VILLETTE	CANAL SAINT-DENIS ENTRE LE B. DE LA VILLETTE ET LA SEINE	BASSIN DE LA VILLETTE	CANAL ST-MARTIN ENTRE LE B. DE LA VILLETTE ET LA SEINE
Longueur.	11 191^m	96 725^m	6 647^{m}5	700^m	1 555^{m}8
Altitude des points extrêmes. { amont..	67^{m}55	60^{m}75	52^m	»	52^m
aval..	60^{m}75	52^m	21^{m}98	»	25^{m}56
Nombre des écluses..	5	5	12	0	9
Largeur du sas..	5^m	5^{m}20	7^{m}80	»	7^{m}80
Longueur utile du sas..	65^m	58^{m}80	42^m	»	42^m
Tonnage en 1869 { à la descente..	668 966^t		162 692^t	»	571 615^t
à la remonte..	54 157		894 589	»	546 627
Total..	705 105^t		1 057 081^t		918 270^t
Tonnage ramené au parcours total..	276 650		985 920		575 570
Tonnage kilométrique..	27 697 000		6 555 902		1 700 250

Les canaux à point de partage peuvent se diviser en deux classes : les canaux dont le bief supérieur est en terrain imperméable et ceux dont le même bief est en terrain perméable.

Les canaux qui se trouvent dans le premier cas sont : le canal du Nivernais, le canal de Bourgogne, le canal d'Orléans, le canal de Briare. Les cours d'eau des terrains imperméables étant généralement presque à sec en été, les biefs de partage des canaux, dans ces terrains, empruntent à des réservoirs l'eau qui est nécessaire à l'alimentation de leur bief de partage.

Étangs alimentant le bief de partage du canal du Nivernais :

	MÈTRES CUBES.
Étang de Vaux.	4 501 972
— Neuf.	462 892
— de Goufflier.	155 577
— de Baye.	2 147 550
Total.	7 265 971

Il y a en outre une prise d'eau dans l'Yonne, reliée au canal par l'aqueduc de Montreuillon, dont la longueur est de 27 845 mètres.

Le bief de partage du canal de Bourgogne est alimenté par 3 réservoirs savoir :

MÈTRES CUBES.

Réservoir de Gros-Bois capacité. 9 225 982
    —   de Chazilly.. . . . . 5 199 640
    —   de Cercey. 5 597 482
Deux réservoirs alimentent le premier bief du versant de la Saône :
Réservoir du Tillot. 522 756
    —   de Panthier. 1 801 145
         Capacité totale. 20 145 005

ÉTANGS QUI ALIMENTENT LE BIEF DE PARTAGE DU CANAL D'ORLÉANS.

MÈTRES CUBES.

Étang de Morches.. . . . . 220 208
  —   des Liesses.. . . . . 150 014
  —   Neuf.. . . . . 96 820
  —   de Vallées. 1 492 121
  —   de Brin d'amour. 50 020
  —   de Crot-aux-Sablous.. . . . . 90 669
  —   de la None-Mazonne.. . . . . 565 242
  —   de Torcy.. . . . . 55 266
  —   de Gué-l'Évêque. 517 676
  —   d'Orléans. 755 700
Grand étang des Bois. 542 017
Petit étang des Bois.. . . . . 26 271
Bief de partage. 57 400
Étang du Gué des Ceus. 165 714
        Capacité totale. 4 557 458

ÉTANGS QUI ALIMENTENT LE BIEF DE PARTAGE DU CANAL DE BRIARE.

MÈTRES CUBES.

Étang de Moutiers. 957 967
  —   de la Boussicauderie. 251 190
  —   de Lélu. 260 007
  —   du Petit Bouza. 41 715
  —   du Grand Bouza. 111 011
  —   des Beaurois. 721 660
  —   de la Grand-Rue. 5 850 290
  —   de la Cahauderie. 508 195
  —   du Château.. . . . . 288 080
  —   de la Tuilerie. 2 047 118
  —   du Chesnoy. 196 345
  —   de la Gazonne. 504 196
Bief de partage.. . . . . 85 241
Étang des Boudinières.. . . . . 574 465
        Capacité totale.. . . . . 9 737 480

Les canaux dont le point de partage est en terrain perméable sont :

Le canal de l'Aisne à la Marne, le canal de la Marne au Rhin, le canal de Saint-Quentin, le canal des Ardennes, les canaux Saint-Martin et Saint-Denis.

Les biefs de partage de ces canaux sont alimentés par les cours d'eau, *lieux de grandes sources*, dont il a été question ci-dessus.

Canal de l'Aisne à la Marne.—Le souterrain de Billy-le-Grand, ouvert au niveau de la Vesle, est un lieu de sources, qui s'est trouvé insuffisant dans ces dernières sécheresses ; la Vesle elle-même n'a offert aucune ressource. Aucun réservoir n'étant possible dans la craie, on a pris le parti d'élever par seconde, avec des turbines et des pompes, jusqu'à 1000 litres d'eau puisée dans la Marne.

Canal de la Marne au Rhin.— Le bief de partage est alimenté par une prise d'eau faite dans l'Ornain, lieu de grandes sources, à Houdelaincourt. Il est lui-même lieu de grandes sources.

Canal de Saint-Quentin.— On a trouvé dans le souterrain du bief de partage des sources énormes, qui longtemps ont suffi à l'alimentation du canal, malgré l'activité de la circulation. La compagnie Honnorez, concessionnaire du canal, augmenta l'alimentation par une dérivation du Noirrieu, ruisseau de la Craie, longue de 22 kilomètres, avec souterrain de 14 kilomètres. Mais pendant ces dernières sécheresses, il y a eu pénurie d'eau et l'on a dû chercher d'autres ressources, en pratiquant dans l'Oise une prise d'eau, par une rigole de 2500 mètres qui se rattache à celle du Noirrieu.

Canal des Ardennes. — Le bief de partage se trouve dans un terrain demi-perméable ; il est alimenté par des prises d'eau, pratiquées sur divers lieux de sources, tels que les ruisseaux de Longwé et Mongon, pour le versant de l'Aisne ; de Bairon et la rivière de Bar, pour le bief de partage et le versant de la Meuse.

AMÉNAGEMENT DES EAUX COURANTES DANS LES TERRAINS IMPERMÉABLES.

Les rivières des terrains imperméables éprouvent des crues violentes et de courte durée et sont très-mal alimentées dans la saison chaude[1] ; la plus grande partie de l'eau qu'elles débitent est perdue pour la navigation, l'agriculture et l'industrie.

Les crues d'hiver de ces rivières sont surtout d'une extrême violence, et depuis longtemps les ingénieurs se sont préoccupés des moyens de régulariser leur régime et d'utiliser les eaux perdues, en les emmagasinant dans de grands réservoirs. On n'a vu d'abord, dans l'établissement de ces réservoirs, qu'un moyen d'améliorer la navigation et de préserver le pays du fléau des crues ; mais on commence à reconnaître que les eaux perdues pourraient être employées à bien d'autres usages : ces cours d'eau qui tombent à sec, ou peu s'en faut, dans la saison chaude, traversent tous des contrées à pâturages, où l'eau manque pour l'irrigation et même pour les besoins du bétail ; les usines chôment un quart de l'année.

L'agriculture et l'industrie ne sont donc pas moins intéressées à la conservation des eaux que la navigation et les propriétés submersibles ; vainement on dirait que les chutes des meilleurs cours d'eau sont aujourd'hui sans valeur, lorsqu'elles sont loin des centres industriels. Nul ne sait aujourd'hui quel est l'avenir industriel du pays, et lorsqu'on tient compte du prix toujours croissant de la houille et de la rareté de la main-d'œuvre spéciale qu'exige l'exploitation des charbonnages, personne n'oserait affirmer que dans un avenir peut-être peu éloigné, les eaux courantes, employées comme force motrice, ne reprendront pas faveur.

Les grands réservoirs sont donc destinés, non-seulement à donner de l'eau aux biefs de partage des canaux ou aux rivières navigables, et à préserver les vallées des désastres des inondations, mais encore à répartir une eau indispensable aux

[1] Voyez chap. XII.

pays à pâturages et à la régularisation de la marche des usines.

Études anciennes. — Dès l'année 1824, M. l'inspecteur général Poirée proposait à l'administration des ponts et chaussées d'emmagasiner les crues des affluents de l'Yonne, afin d'améliorer le régime d'étiage de cette rivière.

Il renouvelait cette proposition en décembre 1859, dans une séance du conseil général des ponts et chaussées et faisait ressortir la possibilité de diminuer la hauteur des crues désastreuses par des réservoirs. A l'appui de son opinion, il citait le fait suivant :

« En mai 1836, des pluies diluviennes occasionnèrent dans les vallées d'Aron et de l'Yonne des crues extraordinaires, qui renversèrent les ponts de Decize et de Clamecy. La petite vallée de Baye échappa seule au désastre commun, parce que l'étang de Vaux, placé à son origine, recueillit en trente-six heures l'immense quantité de 2 000 000 mètres cubes ; et lorsqu'en juin, juillet et août nous vidâmes l'étang peu à peu, nous procurâmes aux usines de la vallée d'Aron, jusqu'à la Loire, une alimentation d'eau qui leur fut d'autant plus précieuse, qu'à cette époque une sécheresse désolante régnait dans la contrée. »

Quelques années plus tard, M. l'ingénieur Chanoine a fait une étude complète des réservoirs qu'il est possible de créer dans le bassin de l'Yonne. Il a démontré qu'avec une très-faible dépense, on pourrait emmagasiner plus de 100 000 000 de mètres cubes d'eau dans les vallées stériles du Morvan.

Les emplacements de ces réservoirs étaient généralement bien choisis, puisqu'ils occupaient des terrains de peu de valeur dans les vallées granitiques de la Cure, du Cousin et du Serein. Deux seulement prêtaient, suivant moi, à la critique : l'un était situé dans la vallée marécageuse d'Andries, entre Clamecy et Auxerre, l'autre dans la vallée de la Vanne ; ces deux vallées étant ouvertes dans des terrains perméables, les réservoirs ne se seraient pas remplis.

Le plus grand des réservoirs proposés par M. Chanoine, celui des Settons sur la Cure, a été inauguré au printemps de 1858, par M. l'ingénieur en chef Cambuzat : sa superficie est de 400 hectares et il peut contenir 22 000 000 mètres cubes d'eau. La dépense s'est élevée à 1 250 000 fr. seulement.

En 1846, je revenais sommairement sur cette question, soulevée par M. Chanoine[1] et je faisais voir qu'en construisant 15 à 20 réservoirs, couvrant ensemble 1 700 hectares de terrains, on préserverait du danger des inondations les hautes vallées du bassin de la Seine et on créerait une excellente réserve d'eau au profit de l'industrie et de l'agriculture.

Dans un second mémoire[2], je disais :

« Les grands réservoirs doivent être uniquement confinés dans le granite et le lias du bassin de l'Yonne, surtout dans le premier de ces terrains, parce que la terre y est sans valeur, et que les vallées avec leurs étranglements fréquents, leur fond très-résistant, et leurs matériaux à vil prix, sont admirablement bien appropriées à ce genre de construction. »

Restera-t-on dans la voie où l'on est entré en construisant le réservoir des Settons ? entreprendra-t-on les trois grandes retenues de la vallée du Cousin : Saint-Agnan, Meluzien et Bussières, qui contiendraient 50 000 000 mètres cubes d'eau, et ceux de la vallée du Serein, qui ne seraient guère moins grands ?

Ce qui paraîtra sans doute fort singulier, c'est que la navigation, au profit de laquelle toutes ces études avaient été entreprises d'abord, semble aujourd'hui complétement désintéressée dans la question. Les barrages éclusés construits par MM. Chanoine et Cambuzat, dans l'Yonne et la haute Seine, n'exigent aucune réserve nouvelle.

On peut démontrer facilement que les réservoirs, quelle que soit l'étendue qu'on leur donne, ne seront jamais assez grands

[1] Voyez *Annales des ponts et chaussées*, septembre et octobre 1846.
[2] Voyez *Annales des ponts et chaussées*, premier semestre 1852.

pour diminuer la hauteur des crues désastreuses, dans la partie basse du bassin, à Paris notamment. Pour cela il faut d'abord calculer la portée totale d'une grande crue à Paris, de la crue de 1740 par exemple; voici le résultat qu'on obtient en se servant de la règle donnée par M. l'inspecteur général Poirée.

TABLEAU DES DÉBITS DE LA SEINE PENDANT LA CRUE DE DÉCEMBRE 1740.

DATES	HAUTEURS D'EAU	DÉBITS		OBSERVATIONS
		PAR SECONDE	PAR 24 HEURES	
		Mètres cubes	Mètres cubes	
Décembre				
3	2m60	540	46 656 000	
4	2.65	550	47 520 000	
5	3.09	660	57 024 000	
6	3.84	900	77 760 000	
7	4.44	1 040	89 856 000	
8	4.71	1 100	95 040 000	
9	5.23	1 270	109 728 000	
10	5.14	1 230	106 272 000	
11	4.50	1 110	95 904 000	
12	4.87	1 150	99 360 000	
13	5.52	1 350	116 640 000	
14	6.06	1 330	114 912 000	
15	6.01	1 510	130 464 000	
16	5.96	1 500	129 600 000	
17	5.90	1 480	127 872 000	
18	5.87	1 470	127 008 000	
19	5.88	1 470	127 008 000	
20	5.79	1 440	124 416 000	
21	5.93	1 490	128 736 000	
22	6.20	1 580	136 512 000	
23	6.82	1 780	153 792 000	
24	7.36	1 970	170 208 000	
25	7.80	2 110	182 304 000	
26	7.91	2 160	186 624 000	
27	7.74	2 100	181 440 000	Ces calculs ont été faits par M. Poirée lui-même.
28	7.66	2 060	177 984 000	
29	7.72	2 080	179 712 000	
30	7.55	2 050	175 392 000	
31	7.20	1 890	163 296 000	
1er janv.	6.75	1 790	150 336 000	
			5 809 346 000	

Volume total de la crue jusqu'au 1ᵉʳ janvier, 5 809 346 mille mètres cubes; et pendant la période croissante, jusqu'au 26 décembre inclus, 2 681 186 mille mètres cubes.

M. l'inspecteur général Poirée [1] fait observer que si, du 23 dé-

[1] *Quelques mots de réponse à la brochure intitulée : des Inondations.* (Dalmont et Dunod éditeurs, 1858, p. 23.)

cembre au 1ᵉʳ janvier, on avait pu emmagasiner 216 millions de mètres cubes d'eau dans des réservoirs, on aurait maintenu la Seine au pont Royal, à 7ᵐ,47 [1], niveau qui, suivant lui, ne permet plus aux crues d'inonder l'ancien Paris. Cela n'est pas douteux ; mais là précisément gît la difficulté : comment obtenir dans les réservoirs, le vide de 216 millions de mètres cubes, au moment où la crue atteindra son maximum ? Comme l'a très-bien fait remarquer M. Dupuit [2], il faut, non-seulement construire des réservoirs ayant la capacité voulue, mais encore s'arranger pour qu'ils soient vides au moment où une grande crue passera.

Or, c'est ce qui n'aura presque jamais lieu dans le bassin de la Seine, parce que les réservoirs étant surtout destinés à fournir de l'eau, en temps sec, à des usagers quelconques, qui tiendront à être servis avec régularité, on devra remplir ces bassins et non les vider dans la saison humide. Tout ce qu'on pourrait faire, ce serait, comme je le proposais dans mon mémoire de 1846, de conserver dans la partie supérieure un certain vide qui ne serait rempli qu'au moment où les crues atteindraient la limite où elles deviennent dangereuses.

Cela étant admis, il faudrait, pour obtenir les 216 millions de vide demandés par M. Poirée, une surface libre de 54 kilomètres carrés, qu'on pourrait couvrir d'une couche d'eau de 4 mètres de hauteur ; l'entreprise, il faut en convenir, serait gigantesque et peu en rapport avec le résultat à obtenir ; car on l'a vu ci-dessus [3],

---

[1] Une crue de 7ᵐ,47 au pont Royal, submergerait encore un certain nombre de rues à Paris.

En effet l'altitude du zéro de l'échelle du pont Royal est.. . . . . . 24ᵐ,48
Ajoutant la hauteur de la crue. 7ᵐ,47

On trouve pour l'altitude du maximum de la crue.. . . . . 31ᵐ,95

Au pont de la Tournelle, la crue s'élèverait à, ... 6ᵐ,47
L'altitude du zéro étant. 26ᵐ,25

Altitude du maximum de la crue. 32ᵐ,72

Une crue qui s'élèverait aux altitudes de 32ᵐ,72 à l'amont de Paris et de 31ᵐ,95 à l'aval submergerait un grand nombre de points de la ville, mais d'une manière peu dangereuse.

[2] *Des Inondations*. Victor Dalmont, éditeur, 1858.

[3] Voyez chap. XVIII.

les crues désastreuses de la Seine sont des phénomènes séculaires
et les intérêts cumulés des dépenses à faire pour créer les grands
réservoirs dépasseraient de beaucoup l'évaluation la plus exagérée
des désastres à craindre.

Il faut donc établir les réservoirs sans se préoccuper ni de la
navigation, qui se déclare désintéressée, ni des désastres qui peuvent résulter des crues séculaires. L'agriculture et l'industrie au
contraire[1] peuvent tirer un parti considérable des eaux aujour-
d'hui perdues.

La construction des réservoirs serait donc une chose utile,
mais en réduisant les dépenses et les constructions dans des proportions très-modérées.

Ces réservoirs ne peuvent être construits économiquement
que dans les terrains granitiques du Morvan. Les autres terrains
imperméables ne conviennent pas autant à ce genre de construction : les terrains du lias sont trop chers; les expropriations à
faire, pour construire un grand réservoir, en doubleraient le prix.
Le terrain crétacé inférieur de la Champagne humide et les argiles du Gâtinais sont trop plats pour se prêter à un bon emploi
des eaux emmagasinées ; ces contrées sont encore couvertes d'immenses étangs, et je ne pense pas que les eaux d'un seul de ces
étangs soient appliquées aux besoins de l'agriculture; on en
tire tout au plus parti pour faire marcher quelques usines.

Le Morvan et les plaines de l'Auxois qui l'entourent sont, au
contraire, très-bien disposés pour la construction des réservoirs
et l'emploi des eaux mises en réserve. J'ai comparé le Morvan
à une gigantesque forteresse dont les plaines de l'Auxois seraient le fossé. Cette montagne est le pays pauvre, où les réservoirs seraient construits économiquement ; cette plaine, ce fond
de fossé, est le pays riche, le bon pays, comme disent les Morvan-
diaux, auxquels il ne manque qu'une chose, de l'eau. On voit tout
de suite que les réservoirs construits sur les pentes, se videraient

―

<hr>

[1] Voy. chap. XXIV et XXXII.

naturellement au profit de la plaine ; cette contrée granitique, de
168 500 hectares, est donc on ne peut mieux placée pour
fournir à cette riche plaine de 252 000 hectares qui l'entoure
l'eau qui lui manque pour arroser ses prairies et abreuver son
bétail.

Le Morvan lui-même est intéressé, plus que l'Auxois si c'est
possible, à la construction des réservoirs. La contrée ne peut
prospérer qu'en développant ses pâturages, et aujourd'hui l'eau
nécessaire pour obtenir ce résultat ne manque nulle part ; mais
le morcellement des terres s'oppose à tout aménagement. Si l'on
construisait des réservoirs, les rigoles de dérivation s'élèveraient
sur les coteaux, en s'éloignant de leur point de départ, et toute la
surface qui les séparerait du thalweg des vallées serait arrosable.
L'augmentation de richesse qui en résulterait est incalculable.

J'ai étudié autrefois l'aménagement des eaux d'un affluent du
Cousin, le Tournessac, au profit des prairies liasiques et granitiques de l'arrondissement d'Avallon. Le réservoir devait être établi
dans un vaste cirque de cette vallée granitique, près du village de
Bussières. Il occupait une surface de 126 hectares ; sa capacité était
de 10 500 000 mètres cubes et la dépense n'était évaluée alors
qu'à 539 000 fr. Il fallait y ajouter 458 000 fr. pour l'établissement des rigoles ; la dépense totale montait donc à un million
de francs environ [1].

La superficie totale des terrains arrosables par cette retenue
est de 15 000 hectares. Il existe sur ces terrains 2 292 hectares de prairies. Toute cette grande surface est absolument privée
d'eau en été, même pour les besoins du bétail.

Le conseil général de l'Yonne transmit ce travail au ministre
des travaux publics et émit le vœu suivant dans la session
de 1849 :

« Le conseil général prie M. le ministre des travaux publics

____

[1] Si l'on exécutait les travaux aujourd'hui, il est probable que cette somme serait insuffisante.

de faire examiner avec le plus grand soin le projet du réservoir de
Bussières, qui ne devrait coûter que 560 000 francs et qui donne-
rait la possibilité de la plus belle et de la plus fructueuse irrigation, qui ne couvrirait que 130 hectares de terrains peu productifs
et aurait cependant sur la navigation de l'Yonne une action plus
puissante que le réservoir projeté des Settons, qui doit coûter
900 000 fr. sans pouvoir produire la moindre amélioration agricole. Le conseil général engage également M. le ministre à faire examiner si, indépendamment du réservoir de Bussières, il n'y aurait
pas sur le Cousin des emplacements convenables pour faire des
réservoirs, bien supérieurs sous tous les rapports, à ceux qui sont
projetés pour la navigation de l'Yonne. »

Les emplacements auxquels le conseil général faisait allusion
sont ceux de Saint-Aignan et de Melusien, qui, en effet, sont bien
supérieurs sous tous les rapports, et notamment en ce qui concerne et l'agriculture et l'industrie, à celui qu'on a choisi, l'emplacement des Settons. Dans ce choix on ne s'est préoccupé que
de la navigation. On reconnaîtra facilement sur la carte qu'au
point où la vallée de la Cure sort du Morvan, il n'y a plus de
terres liasiques à arroser. En outre, la vallée de la Cure est si profonde, si inaccessible, que jamais l'industrie ne s'établira sur les
rives de cette rivière, et que les prairies, au milieu des rochers qui
la bordent, ne trouveront même pas la maigre couche de terre
sans laquelle les résultats de l'irrigation sont nuls.

Avec la même dépense on serait arrivé à des résultats tout différents, en choisissant mieux les emplacements, c'est-à-dire en se tenant aussi près que possible de la limite du Morvan et de l'Auxois,
dans les vallées du Serein, de l'Argentalet, du Tournessac et du
Cousin; c'est ce qui saute aux yeux en examinant la carte
jointe à l'Atlas.

Mais nous sommes si loin de songer à un bon aménagement
des eaux courantes, que nous considérons comme purement
théoriques et sans application possible toutes les études diri-

gées dans cette voie ; cependant nous ne devrions pas oublier qu'il est d'autres pays en Europe où le moindre filet d'eau est utilisé ; lorsque nous entreprenons un grand travail de ce genre, dans un intérêt spécial comme celui de la navigation, par exemple, nous oublions complétement l'industrie et l'agriculture, et alors nous choisissons mal, c'est tout naturel : nous tombons sur l'emplacement des Settons, qui est loin d'être le meilleur, si l'on tient compte de tous les moyens de développement de la richesse publique.

Quoi qu'il en soit, le Morvan, qui reçoit annuellement en moyenne, 1620 millions de mètres cubes d'eau pluviale, en grande partie perdue, pourrait être un immense réservoir où l'agriculture et l'industrie trouveraient une source de richesse inépuisable.

Je ne pense pas qu'il soit nécessaire de démontrer que les réservoirs qu'on construirait dans les terrains perméables ne se rempliraient pas.

DES DIGUES LONGITUDINALES.

M. Comoy, inspecteur général des ponts et chaussées, a écrit un excellent livre sur la construction des digues insubmersibles. Cette opération est nécessaire, suivant lui, lorsque la largeur du fond d'une vallée submersible est telle, que la terre ne pourrait être cultivée, par suite de l'éloignement des lieux habités ; il est bien constaté, en effet, que dans toutes les vallées où il existe des endiguements, les terrains compris entre les digues sont plus fertiles et se vendent plus cher que ceux qui sont défendus par ces digues. Le but de l'endiguement est donc de rapprocher le cultivateur du terrain à cultiver.

Or il n'existe pas un seul point submersible du bassin de la Seine qui soit hors de portée d'un lieu insubmersible et par conséquent habitable ; il est donc mathématiquement vrai, qu'à l'exception des lieux habités, aucune partie de ce bassin ne doit être défendue par des digues insubmersibles.

Tous les cours d'eau du bassin de la Seine sont libres à très-peu d'exceptions près, c'est-à-dire, qu'en général, on n'a pas jusqu'ici défendu les propriétés riveraines contre le danger des inondations par des digues submersibles ou insubmersibles.

Les exceptions sont rares; on trouve quelques exemples d'endiguement dans la vallée d'Yonne, à Crisenon, par exemple, en amont d'Auxerre; dans la basse Seine sur la presqu'île de Gennevilliers; à Andresy en amont de Poissy, etc.

Ces digues, qui ont très-peu d'étendue, ne sont pas de nature à modifier le régime du fleuve, ni à augmenter la hauteur des crues; elles ont donc produit en général d'assez bons résultats.

Il n'y a pas d'autres endiguements à faire, dans le bassin de la Seine, que ces travaux partiels que je vais chercher à mieux définir.

Cours d'eau tranquilles. — Il n'y a aucun endiguement à faire le long des cours d'eau de la craie blanche et des terrains perméables tertiaires, puisque les cours d'eau n'y éprouvent, pour ainsi dire, pas de crues.

Les crues presque périodiques des cours d'eau tranquilles des terrains oolithiques ne peuvent être nuisibles que dans la traversée des terrains oxfordiens; en amont, le champ des crues est peu étendu et en aval, les lits des rivières sont suffisamment encaissés pour que les petites crues d'été ne soient pas nuisibles. Les fonds de vallées s'élargissent beaucoup, dans la traversée des marnes oxfordiennes, et de loin en loin, dans les années très-humides, une de ces crues, à la fin de mai ou en juin, gâte plus ou moins la récolte des foins.

Je possède dans les marnes oxfordiennes de la vallée d'Ource une prairie qui se trouve dans les conditions suivantes : le lit de

la rivière est partout plus élevé que cette prairie, et de plus l'eau y
coule à pleins bords, à peine à 0^m,50 en contre-bas des rives. La
moindre crue produit un débordement, et en hiver tout le fond
de la vallée est couvert d'eau ; mais à partir du mois de mai, les
crues deviennent rares ; jamais une récolte n'a été entièrement perdue, et les dommages partiels se renouvellent à
peine une fois tous les dix ans. Il en est absolument de même
dans toutes les vallées des marnes oxfordiennes.

On peut se préserver à peu de frais de ces inondations
en construisant des digues longitudinales de 0^m,50 environ de
hauteur ; mais il est évident que ces travaux sont de ceux que les
propriétaires exécutent quand cela leur convient ; l'administration ne doit pas intervenir en pareil cas.

Cependant à chaque petit désastre qui se renouvelle de loin en
loin, quelque projet d'endiguement surgit. Ainsi dans les vallées
de l'Ource et de l'Aube, deux projets de ce genre ont été soumis
aux enquêtes et probablement auraient été exécutés, si nous
n'étions intervenus, quelques riverains et moi, pour éclairer l'administration.

*Désastres causés par les crues des cours d'eau des terrains
oolithiques, dans les lieux habités.* — Les crues extraordinaires
des cours d'eau tranquilles causent presque toujours de grands
désastres dans les localités habitées, parce que ces phénomènes
sont assez rares pour qu'on en perde le souvenir. Par l'effet
ordinaire de l'imprévoyance humaine, on rétrécit donc beaucoup
trop le lit des rivières ; ce que j'ai dit des grandes inondations
de Paris pourrait se répéter pour chaque petite ville.

M. Maurice Champion a donné de curieux renseignements
sur les désastres causés à Troyes et à Châtillon (Côte-d'Or), par
la Seine, rivière essentiellement tranquille en amont de Montereau.

J'ai pu constater moi-même à Châtillon les effets de la crue de
mai 1836 : les deux ponts de la branche principale du fleuve ont

été emportés ; toute la partie basse de la ville a été submergée; dans certaines maisons, et notamment chez M. Bazile-Poussy, l'eau s'est élevée à plus de 2 mètres.

En cherchant la cause de ces désastres, on reconnaissait sans peine que les deux ponts emportés n'avaient pas la moitié du débouché, qu'avec la prévoyance la plus vulgaire, on devait leur donner, et que les parties inondées étaient à peine à quelques décimètres au-dessus du niveau des eaux moyennes.

J'ai reconstruit les deux ponts emportés, mais je n'ai pu donner à celui de l'intérieur de la ville la largeur nécessaire, parce que le lit du fleuve en amont n'a pas 10 mètres de largeur et se trouve bordé de hautes maisons, qui rejettent les crues dans un bras secondaire non moins encombré. Il en résulte que le débouché mouillé des ponts n'est que de 35 mètres carrés, tandis qu'il est de 61 mètres en amont de la ville et de 66 mètres en aval. Il y a donc eu une nouvelle submersion, mais moins grave, dans la crue de septembre 1866.

La ville de Troyes se trouve bâtie dans des conditions absolument semblables. Il n'est donc pas surprenant que ces villes soient submergées de loin en loin, quoique les cours d'eau qui les traversent soient les plus tranquilles du monde.

Désastres causés par les cours d'eau torrentiels. — Les crues extraordinaires des rivières torrentielles causent naturellement plus de mal aux propriétés riveraines que celles des cours d'eau tranquilles; elles ne submergent pas seulement les prairies, souvent elles s'étendent sur les terres arables. Mais en général les désastres ne sont pas grands.

Considérons par exemple le Serein, un des torrents les plus violents du bassin.

La rivière n'étant point endiguée et les berges étant défendues par de solides plantations, l'eau d'un débordement se répand librement dans la plaine, sans déformer le lit. La crue, étant de courte durée, ne cause presque aucun mal aux blés qui sont en terre, lorsqu'on a pris les précautions nécessaires pour empêcher les ravinements.

J'ai décrit ci-dessus la crue de la fin de septembre 1866 : la vallée a été submergée sur une largeur de 1 à 2 kilomètres. J'ai été témoin de ce débordement et nous avons été enfermés pendant 30 heures dans une maison sise sur le territoire de Guillon. Quelques murs de clôture ont été renversés; des champs ont été ravinés, mais en somme, il n'y a eu dans la localité aucun de ces grands désastres qui appellent la commisération publique.

Lorsqu'une inondation torrentielle a lieu au printemps, ce qui est rare (voir les crues des petits cours d'eau), elle forme sur les plaines riveraines un tel dépôt de limon, que la récolte surtout celle des prairies, est totalement perdue. Mais ce limon est un engrais excellent et la récolte de l'année suivante compense presque toujours la perte.

Les petites crues font moins de mal que celles des terrains oolithiques, parce que le lit des torrents est bien encaissé et qu'il est rare qu'une petite crue produise un débordement.

En réalité, il est moins nécessaire d'endiguer une rivière torrentielle, comme le Serein, qu'une rivière tranquille des terrains oolithiques, dans la traversée des marnes oxfordiennes.

Dans les terrains imperméables très-plats, certaines rivières torrentielles ne se sont pas creusé des lits profonds. Alors il peut être utile de les endiguer; tel est, par exemple, l'Hozain, en amont de Troyes.

Crues des cours d'eau torrentiels dans les lieux habités.—Les crues des cours d'eau torrentiels, tels que l'Yonne, la Cure, le Cousin, n'ont pas causé, dans les localités bâties, les mêmes désastres que celles des cours d'eau tranquilles des terrains oolithiques.

En lisant, dans l'ouvrage de M. Maurice Champion, l'histoire des inondations de l'Yonne et de la Seine en amont de Montereau, on croirait que celle-ci est le torrent et l'autre la rivière

tranquille, et cependant il suffit de jeter les yeux sur les courbes
des crues de la Seine à Bray et de l'Yonne à Sens pour être convaincu que c'est le contraire qui est la vérité.

Cette singularité s'explique bien vite quand on connaît les
lieux.

L'Yonne et ses affluents torrentiels ont des crues si fréquentes
et si hautes, qu'il a fallu faire largement la part de l'eau. Dans
la traversée des villes et des villages, le moindre torrent a un lit
bien ouvert et profondément creusé par la violence même de
l'eau. Un pont insuffisant, comme celui de la Seine à Châtillon,
ne résisterait pas pendant dix ans sur l'Yonne. Les usines ont
de grands déversoirs de 50, 100 et 150 mètres de longueur.
Les désastres causés par les crues extraordinaires se réduisent
donc à quelques submersions des points bas des villes et villages;
et comme ces crues ne durent pas ordinairement plus de quarante-huit heures, elles n'ont presque jamais des conséquences
bien désastreuses.

C'est ce qui résulte des faits constatés par M. Maurice Champion.

Voici ce qu'il dit de l'inondation de 1856, qui s'approche de
bien près de la limite des plus hautes eaux connues. « Il résulte
de renseignements officiels que les crues simultanées des trois
principaux affluents de l'Yonne, la Cure, le Serein et l'Armançon
surtout, grossi de l'Armance, produisirent effectivement en
24 heures 4^{m},50 au-dessus de l'étiage, mais *que les eaux, trou-*
vant en plusieurs endroits à s'écouler sans obstacles, ne cau-
sèrent aux propriétés riveraines que de légers dommages et n'oc-
casionnèrent que l'entraînement des marchandises déposées sur
les ports. »

L'endiguement général du lit de la Seine et de ses affluents se-
rait une opération absurde et désastreuse. — Lorsque j'étais ingénieur en chef de la navigation de la basse Seine, j'ai eu quelquefois occasion de donner mon avis sur des projets d'endiguement,

et presque toujours j'ai dû les combattre. Voici comment je résumais mon opinion sur les travaux de ce genre dans un mémoire publié, en 1852, dans les *Annales des ponts et chaussées*.

« Je ne parle point ici des inconvénients inhérents à tout système d'endiguement, tels que les dépenses premières qu'il exige; la nécessité de reconstruire presque tous les ponts, devenus trop bas par suite de l'exhaussement des crues; l'endiguement de tous les affluents jusqu'au plus mince ruisseau (j'ai vu dans le delta de l'Arno, en Toscane, des ruisseaux de 2 mètres de largeur, juchés au-dessus d'un remblai de 4 à 5 mètres de hauteur); les difficultés sans nombre que ce réseau de digues oppose à l'établissement des voies de communication qui longent les vallées, etc.; cette armée d'employés, de gardes, de piqueurs et d'ouvriers de toute espèce, qu'exigent la défense et l'entretien des digues; les servitudes nouvelles imposées à la propriété et à l'agriculture soit pour les passages et les chemins ruraux, soit pour l'établissement des canaux colateurs, servitudes qui exigent une sorte d'expropriation générale des terrains du fond des vallées, etc. : tout le monde comprend ces inconvénients.

« J'ai voulu faire voir que, même dans un pays où l'endiguement existe depuis vingt siècles, où la propriété en a subi toutes les conséquences, la vallée du Pô, il n'est pas bien démontré que les avantages soient plus grands que les inconvénients. Avant donc d'entreprendre l'endiguement d'une rivière, on doit en peser toutes les conséquences avec d'autant plus de soin, qu'une fois engagé dans cette voie on ne peut plus reculer, et qu'une fois le lit endigué, il faut renoncer à revenir à l'état primitif. »

Si l'on ajoute à cela que les crues extraordinaires de la Seine sont désastreuses surtout dans les villes, à cause du resserrement du lit et du surcroît de hauteur qui en résulte, que l'endiguement général aurait pour effet certain, de relever encore le niveau, on reconnaîtra qu'il serait insensé d'endiguer cette rivière, comme on le propose toujours, à la suite de chaque grande inondation.

L'endiguement doit être limité à la traversée des lieux habités ; là il est d'une utilité incontestable.

J'ai démontré ci-dessus qu'avec des quais insubmersibles et le réseau des égouts tel qu'il est construit en grande partie, la ville de Paris serait à l'abri des inondations.

CHAPITRE XXIV

DES EAUX COURANTES CONSIDÉRÉES COMME FORCE MOTRICE

Depuis un demi-siècle environ, il y a tendance à remplacer les forces motrices dues aux eaux courantes par la force de la vapeur. Il y a à cela des raisons, les unes bonnes et les autres mauvaises. La force due aux eaux courantes est variable, on ne connaît pas sa limite inférieure, et, sous ce rapport, dans ces dix-sept dernières années de sécheresse, toutes les prévisions de la prudence humaine ont été dépassées du simple au double; le moteur est dans une position déterminée qui ne convient pas à toutes les industries. Au contraire, la puissance d'une usine mue par la vapeur peut se développer indéfiniment : la force grandit avec le trafic, l'industriel choisit sa place, à portée d'un canal, d'un chemin de fer, d'une population plus dense, là où il trouve des facilités de production et d'écoulement; tels sont les motifs sérieux de la substitution toujours croissante de la vapeur à l'eau courante. Il y a eu aussi une raison moins solide, mais plus générale, la mode. On se demande tous les jours pourquoi telle usine à vapeur s'est implantée à côté de telle chute puissante d'un cours d'eau abandonné à la petite meunerie. Il y aura certainement réaction contre cet engouement, peut-être même commence-t-elle aujourd'hui. Je ne suis pas de ceux qui croient au prompt épuisement des houillères; mais évidemment l'excès de la consommation a conduit déjà à un résultat qu'il était facile de prévoir, à l'élévation croissante des salaires, et par conséquent, à l'élévation croissante du prix de la houille. Si l'on considère que les besoins des principaux consommateurs, les chemins de fer, se développent aussi indéfiniment, et que, par la nature même des choses, on ne voit pas comment ils pourraient substituer une autre force à celle de la vapeur; que les petites machines, les locomobiles, s'introduisent partout, jusque dans les fermes, et qu'elles aussi consomment forcément de la houille, l'abaissement du prix de cette précieuse denrée paraît impossible.

Une bonne machine à vapeur, marchant vingt-quatres heures par jour, coûte en moyenne, dans le bassin de la Seine, tant pour son entretien que pour la fourniture du combustible, au moins 800 fr. par an et par force de cheval; une bonne usine hydraulique, solidement construite, ne doit pas coûter plus de 100 fr., toutes choses égales d'ailleurs. J'entends, bien entendu, par ces mots, *force de cheval*, un travail effectif et non une force nominale : une machine de 100 chevaux qui ne produit dans une année qu'un travail moyen de 50 chevaux, ne doit coûter, si elle est très-bonne et bien conduite, que 40 000 fr. d'entretien par an; une usine hydraulique, dans les mêmes conditions, ne coûte que 5 000 fr.

Il semble que le rapprochement de ces chiffres doive faire passer sur bien des considérations de convenance, et il est permis de croire qu'avant peu d'années, les cours d'eau reprendront faveur : la fortune publique et les industries, telles que celle des chemins de fer, qui consomment forcément de la houille, y sont fortement intéressées. Il m'a donc semblé utile de consacrer un chapitre de cet ouvrage à l'étude *très-sommaire* de cette question. Je suivrai, du reste, la même méthode, et je classerai les cours d'eau d'après la nature des terrains dans lesquels ils coulent. Je me servirai, du reste, des noms adoptés par l'industrie.

Le nom *bon cours d'eau* s'applique à une eau motrice régulière, sur laquelle on peut compter, même en temps de sécheresse ; le nom *mauvais cours d'eau*, à une eau motrice beaucoup trop abondante, souvent même dangereuse en hiver, toujours irrégulière et insuffisante en été.

Un cours d'eau qui débite en basses eaux 500 litres par seconde donne, en utilisant les 70 centièmes de sa puissance théorique, environ $4^{\text{chev. vap.}},60$ par mètre de hauteur de chute, à très-peu près ce qu'il faut pour faire marcher une paire de meules ; avec 1 ou 2 mètres de chute, un tel cours d'eau ne peut être utilisé que par la petite industrie ; c'est cependant un *bon cours d'eau*, car si la force n'est pas considérable, elle est régulière.

Je considérerai donc comme propres à la petite industrie les bons cours d'eau capables d'actionner de une à deux paires de meules, en temps de basses eaux ; je ne confondrai pas la *petite industrie*, avec ce que j'appellerai la *petite meunerie*, qui profite des plus mauvais cours d'eau.

Les rivières qui peuvent actionner trois paires de meules au moins seront considérées comme propres à la grande industrie.

Il me paraît inutile d'entrer dans de nouveaux détails sur la position des cours d'eau, qui a été suffisamment indiquée aux chapitres XII et XIII.

TERRAINS IMPERMÉABLES [1].

Les torrents sont généralement de mauvais cours d'eau. Les eaux pluviales ruisselant à la surface du sol s'écoulent rapidement au moment des crues, et sont perdues pour l'industrie.

[1] Voyez ch. XII, pages 180 et suivantes.

Granite. Morvan. — Les torrents de cette contrée sont les moins mauvais cours d'eau des terrains imperméables ; alimentés par d'innombrables petites sources, ils tarissent rarement l'été ; cependant leur portée diminue considérablement dans cette saison.

La portée de l'Yonne à Corancy, en amont de sa sortie du Morvan, est tombée, en octobre 1870, à 575 litres par seconde[1]. Son principal affluent l'Anguisson, le 20 septembre de la même année, ne débitait plus que 15 litres par seconde. La Cure, soutenue par les éclusées du réservoir des Settons, est un meilleur cours d'eau que l'Yonne. Le Cousin, la rivière la plus importante du Morvan après l'Yonne et la Cure, tombe presque à sec en été. La grande meunerie a fait, mais sans succès, des tentatives d'établissement autour du Morvan, notamment sur le Cousin ; la faible portée des cours d'eau, en été, a fait échouer l'industrie dans ses efforts. L'Yonne et la Cure, plus régulières dans leur débit, sont soumises au flottage des bûches perdues, servitude que la grande industrie ne peut accepter. En somme, tant qu'on n'aura pas construit dans les vallées principales du Morvan de grands réservoirs pour emmagasiner l'eau des crues[2], on peut dire que tous les cours d'eau de cette contrée resteront abandonnés à la petie meunerie.

Lias. Auxois, banlieue de Langres. — Les cours d'eau du lias sont beaucoup plus mauvais que ceux du granite.

Les principaux, l'Armançon et le Serein, tombent à peu près à sec en été. La Brenne, alimentée par les sources du niveau d'eau du calcaire à entroques, se soutient un peu mieux; les tentatives faites par la grande meunerie, pour fonder des moulins sur le Serein et la Brenne, ont été infructueuses jusqu'ici. Les autres cours d'eau propres au lias, sont encore plus mauvais.

On pourrait améliorer le Serein par quelques réservoirs con-

---

[1] Voy. chap. XIX, p. 345.
[2] Voy. chap. XXIII, p. 424 et suivantes.

struits dans les parties granitiques de son bassin. Les autres cours d'eau du lias seront toujours rangés parmi les plus mauvais du bassin de la Seine.

Terrain crétacé inférieur. Champagne humide. — La plupart des cours d'eau de cette contrée sont mauvais. Les plus grands, le Loing, l'Ouanne, l'Armance, l'Hozain, la Barse, la Voire, la Chée, qui éprouvent des crues si violentes en hiver, sont fort mal alimentés en été; plusieurs tarissent dans cette saison; l'Aisne fait seule exception, parce qu'elle est alimentée par d'importants affluents propres à la craie blanche[1]. On peut donc dire que les cours d'eau du terrain crétacé inférieur de la Champagne, à l'exception de l'Aisne, resteront toujours abandonnés à la petite meunerie.

Même terrain. Pays de Bray. — Les cours d'eau du pays de Bray reçoivent une notable alimentation des sources de la craie blanche; l'Epte, à sa sortie du terrain crétacé inférieur, débitait en été, à la fin de l'année 1870, 460 litres d'eau par seconde; c'est un cours d'eau passable qui gagne beaucoup dans la traversée de la craie blanche.

Argiles du Gâtinais. — Je n'ai aucun document précis sur la puissance industrielle des cours d'eau de cette contrée.

TERRAINS PERMÉABLES.

Lieux de grandes sources. C'est dans les terrains perméables qu'on trouve *les bons cours d'eau.* Les bassins des lieux de grandes sources, dont il a été question ci-dessus, emmagasinent souterrainement toute la partie des eaux pluviales qui n'est pas enlevée par l'évaporation et la répartissent utilement, quoique très-inégalement, dans tout le cours de l'année.

[1] Voy. chap. XII, p. 194.

TERRAINS OOLITHIQUES [1].

Terre à foulon. Bourgogne. — Les ruisseaux qui prennent naissance dans ce terrain, figuré grossièrement sur les rayures bleues de la carte, par des boutonnières entourées d'un liséré bleu, sont tous *de bons cours d'eau propres à la petite industrie.* Autrefois ils actionnaient les souffleries de nombreux hauts fourneaux et de feux de forge, presque tous éteints aujourd'hui. Les chutes sont donc disponibles pour la plupart.

Grande oolithe. Bourgogne. — Les cours d'eau deviennent mauvais en traversant la grande oolithe; ils s'y épuisent ou même tarissent en été. Ils ne sont donc plus propres *qu'à la petite meunerie,* jusqu'aux grandes sources où les rivières reparaissent.

Terrain oxfordien. Basse Bourgogne. — Toutes les rivières renaissent dans de grandes sources, avant de quitter la grande oolithe, et deviennent propres à la grande industrie. Ainsi la Seine tarit l'été entre Buncey et Châtillon, et renaît à la sortie de cette ville, dans la belle source de la Douix; à moins d'un kilomètre en aval, elle fait marcher les grands moulins de l'Abbaye, et un peu plus bas, les forges de Sainte-Colombe; à quelques kilomètres en aval, sa portée est considérablement accrue par les sources nombreuses du terrain oxfordien; à Mussy, à la sortie de ce terrain, c'est un cours d'eau de premier ordre, sur lequel la Société des forges de Châtillon a fait construire, il y a une trentaine d'années, la grande usine de Plaines.

L'Yonne, à partir d'Armes, en amont de Clamecy, appartient, non plus à l'industrie, mais à la navigation. Les autres rivières, la Cure, le Serein, l'Armançon, l'Ource, l'Aube, l'Aujon, la Marne, le Rognon, sont devenues *bons cours d'eau* à l'aval de la grande oolithe. Plusieurs sont de premier ordre, comme la Seine, et de plus,

---

[1] Voy. chap. XIII, p. 208 et suivantes jusqu'à 229.

beaucoup de chutes sont devenues disponibles, par suite de l'extinction des forges, qui n'ont pu résister au traité de commerce et aux dernières révolutions. Je pourrais citer telle usine qui, estimée, il y a 50 ans, environ 200 000 fr., a été vendue 25 000 fr. dans ces dernières années. Quand ses plaies seront fermées, la grande industrie trouvera donc à la sortie de l'oxfordien d'excellents cours d'eau, des chutes disponibles, et en outre une population laborieuse, intelligente et habituée depuis longtemps aux grands travaux des forges.

Terrain corallien, kimméridien, portlandien. Basse Bourgogne et Lorraine. — Toutes les rivières grandissent encore dans la traversée de ces terrains et leur puissance s'accroît d'autant plus, qu'elles se réunissent deux à deux, trois à trois; elles s'y trouvent donc dans une disposition naturelle très-favorable à l'industrie.

Précisément en raison de la puissance de leur débit, elles se sont creusé des lits bien encaissés. Ainsi la Seine entre Mussy et sa sortie du terrain portlandien, en amont de Troyes, reçoit la Laignes, l'Ource, l'Arce et la Sarce, qui doublent sa portée en basses eaux. Son lit est très-encaissé. Sa pente est considérable et jusqu'ici la grande industrie n'a tiré qu'un médiocre parti de cette énorme puissance : la même observation s'applique aux autres rivières.

Trois bons cours d'eau, la Blaise, la Saulx et l'Ornain, et un médiocre, l'Aire, s'ajoutent à ces rivières déjà nommées. Les forges utilisaient autrefois les plus belles chutes; aujourd'hui elles ont perdu une grande partie de leur importance.

Quelques autres rivières, entre l'Aisne et l'Oise, prennent naissance dans le terrain oolithique; je citerai notamment le Thon, qui est un bon cours d'eau, car à Origny, le 3 septembre 1870, à la suite des grandes sécheresses, il débitait encore 824 litres par seconde.

Les rivières issues des terrains jurassiques ne sont plus qu'au nombre de dix, pour traverser le terrain crétacé inférieur, savoir : le Serein, l'Armançon, la Seine, l'Aube, la Blaise, la Marne, la Saulx, l'Ornain, l'Aire et le Thon[1]. Leur force motrice ne gagne rien dans cette traversée.

Ainsi la Seine, à Troyes, est identiquement sous ce rapport dans le même état qu'à sa sortie des terrains jurassiques, à l'aval de Bar-sur-Seine, quoiqu'elle ait reçu dans le trajet deux cours d'eau considérables en temps de crue, la Barse et l'Hozain, mais qui ne lui donnent rien en basses eaux.

Elle est très-bien utilisée par la grande industrie dans la traversée de Troyes.

LA CRAIE BLANCHE[2].

Champagne. — Tous les cours d'eau issus de la craie, dont les noms ont été donnés ci-dessus, sont *de bons cours d'eau;* parmi ceux qui peuvent être utilisés par la grande industrie il faut citer : *la Vanne* à partir de Villeneuve-l'Archevêque, *la Vesle* prise à une assez grande distance à l'aval de Reims; et surtout *la Serre.* La plupart des chutes de ces cours d'eau ne sont pas utilisées par la grande industrie et pourraient l'être.

La petite industrie devrait tirer grand profit des autres cours d'eau, qui, pour la plupart, ont un débit très-régulier.

Je dois faire remarquer néanmoins que, sous ce rapport, il y a eu de grands mécomptes dans ces dernières sécheresses. Ainsi la portée de la Somme-Soude, qui était comptée pour 1 mètre cube en basses eaux, est tombée en 1858 à 145 litres par seconde; la Vesle, à Reims, s'est réduite presque à rien dans ces dernières années.

La portée des grands cours d'eau, dans la traversée de la craie blanche, s'accroît en basses eaux, à chaque confluent, de la

---

[1] Je néglige quelques petits cours d'eau sans importance.
[2] Voyez chapitre XIII, pages 229 et suivantes jusqu'à 241.

portée de l'affluent; deux cependant, la Seine et l'Aube, perdent plutôt qu'ils ne gagnent, parce qu'ils traversent des marais.

Les chutes de ces cours d'eau, ont donc une puissance énorme, et ils seraient d'une grande utilité pour l'industrie, s'ils n'étaient pour la plupart nécessaires à la navigation.

Picardie, Beauvaisis. —Les petites rivières issues de la craie dans cette partie du bassin de la Seine, sont de *bons cours d'eau;* plusieurs, le Thérain notamment, sont utilisées par la grande industrie.

Vexin normand. — Même observation, les cours d'eau principaux, l'Andelle surtout, sont utilisés autant que possible par la grande industrie. On compte sur la Lévrière et son affluent, la Bonde, 27 usines : 22 moulins à blé, 1 moulin à tan, 3 filatures, 1 laminoir de zinc.

Pays de Caux. — C'est surtout dans le voisinage de Rouen, qu'on a compris l'importance des chutes des cours d'eau de la craie. Un des plus petits, le *Robec*, qui débouche à Rouen, fait marcher 42 usines.

La plus importante de ces petites rivières, le *Cailly*, compte 104 usines, savoir : 21 moulins à blé, 66 filatures, une papeterie, 2 usines métallurgiques, 1 atelier de tissage, 7 scieries, 5 indienneries et 1 atelier d'apprêt. Il produit une force utile de 1085 chevaux-vapeur. L'industrie utilise 164^m,75 de sa chute.

Les autres rivières de la contrée, la Lézarde, Bolbec et Lillebonne, Sainte-Gertrude et Aurbrion, Sainte-Austreberthe, ne sont pas moins utilisées. Dans aucune autre partie de la France on n'a mieux compris l'importance de la force motrice des cours d'eau. Ces 1085 chevaux utilisés sur le cours du Cailly, remplacés par la vapeur, en admettant que toutes les machines fussent excellentes, coûteraient à l'industrie environ un million de francs par an, beaucoup plus avec des machines ordinaires. Cette dépense est calculée en supposant que le travail des machines dure 24 heures par jour; en le réduisant à 12 heures seulement, l'économie serait encore de 500 000 fr. au moins.

Bassin d'Eure.— Ici encore, les chutes de ces excellents cours d'eau de la craie sont appréciées à leur juste valeur. Pendant longtemps l'Eure a été réservée pour la grande meunerie. Ses principaux affluents, la Blaise et l'Avre, ont une grande importance industrielle. L'Iton lui-même, malgré ses pertes, fait marcher de nombreuses usines à Évreux.

TERRAINS TERTIAIRES [1].

Niveau d'eau de l'argile plastique. — Le Durtein et la Voulzie qui traversent la ville de Provins, sont très-utilisés par la grande meunerie. On compte un grand nombre de moulins sur ces deux rivières dont le cours est si peu étendu.

Les émissaires des sources de l'argile plastique du Soissonnais et du Vexin français, sont trop nombreux pour avoir une grande puissance industrielle. La même observation s'applique aux affluents de l'Oise, de l'Ourcq, de la Marne et de l'Orge, qui sont issus du même terrain. La plupart des chutes sont abandonnées à la petite meunerie.

Terrains compris entre l'argile plastique et les marnes vertes. Brie, Valois, plaine Saint-Denis. — Les vallées de la Brie sont occupées par ces terrains perméables et sont ainsi des lieux de sources.

Un de ces lieux de sources, le Grand-Morin, a une grande puissance, par l'abondance de ses eaux en temps d'étiage. Ses chutes sont, dès aujourd'hui, très-utilisées par l'industrie : les autres cours d'eau principaux, le Petit-Morin, l'Yères, et le Sur-

____
[1] Voyez pages 241 et suivantes.

melin ont une importance beaucoup moindre. Toute la chute de l'Yères est néanmoins employée en aval du pont des Seigneurs ; mais sa portée d'étiage est bien faible.

L'Ourcq aurait une grande valeur industrielle, si elle n'était entièrement absorbée par les canaux de la ville de Paris. Les autres petites rivières du Valois, du Soissonnais et de la plaine Saint-Denis sont abandonnées à la petite industrie et même à la petite meunerie.

Sables de Fontainebleau. Calcaire de Beauce. — Les rivières de ces terrains sont lieux de grandes sources et ont une portée considérable en temps de basses eaux. Je citerai notamment l'Essonne, qui à l'aval du confluent de la Seine, ne débite pas moins de 4^{mc},50 en temps ordinaire et qui portait encore à la suite des longues sécheresses de ces dernières années, 2^{mc},8; ces rivières sont *d'excellents cours d'eau.* Le plus important, l'Essonne, 'st surtout utilisé par la grande meunerie.

Telle est l'esquisse bien sommaire de la puissance industrielle des cours d'eau du bassin de la Seine ; j'ai voulu faire ressortir ce fait important que tous les *bons cours d'eau* sont propres aux terrains *perméables*, que souvent le plus petit *cours d'eau tranquille*, qu'on peut à peine indiquer sur une carte, représente une puissance industrielle considérable, et qu'à bien peu d'exceptions près, tous les *torrents* sont de *mauvais cours d'eau.*

Il reste à traiter deux questions accessoires qui se rattachent presque toujours à l'existence des usines.

DE LA DÉFENSE DES BERGES.

Les rives des affluents de la Seine sont en général bien fixées. — Les affluents non navigables de la Seine sont remarquables par la fixité de leurs rives et même du profil en long du fond de leur lit. Lorsqu'on vient d'un pays, où les rivières, à fond mobile, divaguent en basses eaux, dans un lit immense, comme les affluents de la Loire, par exemple, on n'est pas peu surpris de trouver dans le bassin de la Seine, un ensemble de cours d'eau dont les lits sont à peu près invariables, où tous les ans, après les crues, on retrouve les mêmes hauts-fonds et les mêmes bas-fonds, les mêmes bancs de sable, de gravier, etc.

Action des plantations riveraines. — Cela tient d'abord à l'absence d'endiguement, qui ôte aux crues la plus grande partie de leur violence, et aussi aux plantations qui défendent les berges.

La crête des berges des torrents les plus dangereux, ceux du bassin d'Yonne, est défendue par une double, ou même une triple rangée d'arbres grands et petits. Les grands sont ordinairement des saules, des aulnes et des peupliers ; dans les intervalles qu'ils laissent entre eux, une espèce d'osier, connu dans le pays sous le nom de *pressin*, forme une ligne continue d'épais buissons, dont les branches et les racines défendent si bien les rives, que les crues les plus violentes n'y causent aucune érosion.

Les seules berges qui soient sérieusement attaquées, sont les rives concaves des tournants ; la défense de ces points exige des travaux spéciaux, des enrochements surtout ; sans cela, la berge est incessamment corrodée et le riverain voit son immeuble disparaître, au profit du propriétaire de la rive convexe, qui accélère par des plantations, la formation de l'alluvion.

Effet de la destruction des plantations.—Les rives étant ainsi fixées, le fond du lit l'est également, puisque c'est principalement des berges, que proviennent ces bancs de sable et de graviers, qui voyagent dans le lit des rivières à fond mobile et en font varier le profil.

Cela est si vrai, que depuis quelques années, une des rivières torrentielles du bassin, l'Armançon, dont le lit et les berges étaient parfaitement fixées, est devenu une rivière à fond mobile, en divers points où les plantations ont été détruites.

Le tracé du chemin de fer de Lyon a exigé certaines rectifications du lit de cette rivière, et par conséquent la destruction des plantations qui le défendaient. Depuis cette époque, d'épais bancs de gravier détachés des berges, voyagent dans le lit de ce torrent, ici forment des obstructions, là déterminent des affouillements et causent à la propriété riveraine des dommages irréparables peut-être[1].

Ces modifications du lit ont eu presque toujours pour résultat une diminution de longueur et par conséquent une augmentation de pente; les berges, sans défense, sont donc exposées à l'action d'un cours d'eau plus violent; le sable, le gravier qui s'en détachent, s'accumulent en certains points du lit et déterminent une courbe, dont ils forment la rive convexe. La rive opposée devient une rive concave, et par conséquent est rongée et détruite de plus en plus à chaque crue. La rivière divague donc, et on ne voit pas que ce travail puisse s'arrêter, tant qu'elle n'aura pas repris sa longueur naturelle.

Rétrécissement du lit des rivières par l'effet des plantations. — Les petits propriétaires riverains ont abusé des plantations pour resserrer de plus en plus le lit des rivières et des ruisseaux.

Dans les départements de l'Yonne et de la Côte-d'Or, l'autorité s'est émue de cet état de choses; des projets d'élargissement et même de rectification du lit des torrents ont été dressés et mis aux enquêtes; déjà même plusieurs ont reçu un commencement d'exécution.

L'intention est excellente, mais le remède est, je crois, pire que le mal.

En effet, l'élargissement du lit s'opère en détruisant toutes les plantations et notamment les *pressins*. Les berges se trouvent ainsi exposées sans défense, à la violence des crues. Ce qui

---

[1] On voit très-bien en parcourant le chemin de fer, entre Tonnerre et Lézinnes, en amont et en aval de la station de Tanlay, les désordres causés par ce changement de régime.

s'est produit partiellement dans la vallée de l'Armançon, deviendrait un fait général, si les projets s'exécutaient. Les rives autrefois fixées, seraient corrodées irrégulièrement de toute part, et les bancs de sable qui en proviendraient détruiraient la fixité du lit.

Un désordre complet serait le résultat de ces prétendus travaux d'amélioration.

Des syndicats ont été organisés dans plusieurs départements, pour surveiller et régler le cours des rivières torrentielles. On s'étonne que ces syndicats ne fonctionnent pas et cependant on devait s'attendre qu'il en serait ainsi, leurs attributions n'étant pas définies. Aucun homme de bon sens ne prendra part à des opérations, en somme fort délicates, s'il ne sait dans quelles limites il peut agir. Ainsi certains syndicats ont fixé, à l'avance, la largeur normale des rivières et se proposent de modifier les lits dans toutes les parties où cette limite de largeur n'est pas atteinte. Il en est résulté qu'ils ne touchent pas aux seules parties des cours d'eau, où leur intervention est non-seulement utile, mais encore nécessaire, indispensable, et doit remplacer, dans notre pays où le sol est si morcelé, l'action du père de famille. Je veux parler des tournants des rivières.

Dans les tournants, le courant ronge incessamment la rive concave, et alluvionne sur la rive convexe, mais beaucoup moins rapidement, parce qu'il entraîne au loin, une grande partie des argiles et des sables fins, provenant de la rive concave. Le lit est donc toujours trop large dans les tournants et les syndicats n'y interviennent pas ; il en résulte que les riverains de la rive convexe font, en toute sécurité, affouiller la rive opposée et consolident par des plantations, le terrain qu'ils gagnent.

Il faut donc, avant tout, définir le rôle des syndicats. Si j'étais consulté sur cette grave question, voici comment je fixerais leurs attributions en ce qui concerne les plantations et l'alluvionnement :

1° Surveiller les plantations et faire détruire celles qui nuisent au libre écoulement de l'eau.

2° Faire enlever les arbres tombés dans le lit, surtout quand ils tiennent encore au sol par racines.

3° Surveiller d'une manière toute spéciale l'alluvionnement et les plantations dans les tournants des rivières. Lorsque les deux berges ne font pas partie de la même propriété et lorsque la berge concave est corrodée, faire enlever sur la rive convexe et en aval de cette rive, les alluvions qui ne s'élèvent pas encore au-dessus du niveau des crues de pleine rive, ou, au moins, détruire les arbres, les buissons qui y croissent spontanément et toute plantation faite de main d'homme.

4° Sur les rivières, dont les berges ne sont pas défendues par des plantations, faire enlever tous les bancs de sable ou de gravier, qui forment des commencements de tournants, surtout dans les parties rectilignes, détruire les arbres et buissons qui croissent spontanément sur ces bancs et toute plantation faite de main d'homme.

Réglées ainsi, les attributions des syndicats, sont celles du père de famille.

RÈGLEMENT DES USINES.

L'expérience du temps, la routine si l'on veut (ce mot peut s'interpréter en bonne part), a conduit les usiniers à régler le niveau de leurs biefs, par des ouvrages très-différents, suivant que le cours d'eau est torrentiel ou tranquille.

Dans ce dernier cas, de larges vannes de décharge servent à maintenir le bief à un niveau presque invariable; le déversoir, de très-petite dimension, ne joue qu'un rôle secondaire. Les crues montant lentement et régulièrement, l'usinier peut maintenir son point d'eau, avec le seul secours des vannes.

C'est ainsi que sont réglées toutes les usines dans les rivières des terrains oolithiques, de la craie blanche, des calcaires de Beauce, etc.

Ce système aurait été très-mauvais dans les rivières très-torrentielles comme celles du granite et du lias ; il aurait été difficile de donner aux vannes de décharge, un débouché suffisant pour y faire passer les crues, qui arrivent d'ailleurs trop rapidement, pour que les manœuvres soient toujours possibles.

Les anciens constructeurs du Morvan et de l'Auxois ont donc, avec beaucoup de raison, réglé les retenues par d'immenses déversoirs de 50, 100 et 150 mètres de longueur ; une seule vanne de décharge, qu'on ne lève pas habituellement en temps de crue, sert à vider le bief en basses eaux, quand on veut y faire des réparations.

J'ai depuis longtemps appelé l'attention de l'administration sur ces dispositions adoptées par les anciens constructeurs d'usines, notamment dans deux mémoires publiés dans les *Annales des ponts et chaussées*, en 1846 et 1852 ; mais j'ai prêché dans le désert, et les règlements uniformes, la routine administrative, ont prévalu ; aujourd'hui les préfets continuent à prescrire les mêmes mesures, pour régler les usines des rivières tranquilles de la craie blanche et celles des torrents du lias, sans se préoccuper de la juste irritation des usiniers, auxquels on impose des travaux dispendieux et inutiles.

Il me semble cependant que les études locales sont faciles partout, aujourd'hui surtout, l'administration centrale n'intervenant que dans des cas assez rares.

Si j'étais consulté sur cette grave question, voici les mesures que je proposerais d'après la forme des crues [1] :

Granite et Lias. Terrains imperméables, cours d'eau très-violents. — Grands déversoirs, pas de vannes de décharge.

Terrains crétacés inférieurs. Terrains imperméables, cours

---

[1] Voy. pl. III et IV, pages 248 et suivantes.

d'eau moins violents. — Déversoirs médiocres et larges vannes de décharge.

Argiles de Brie et du Gâtinais. Terrains imperméables sans pente, cours d'eau peu violents. — Petits déversoirs et larges vannes de décharge.

Terrains oolithiques marneux de la Lorraine, presque imperméables, cours d'eau assez violents. — Déversoirs et vannes de décharge.

Lieux de grandes sources des terrains oolithiques. Terrains perméables et demi-perméables, cours d'eau tranquilles. — Petits déversoirs et vannes de décharge.

Pour tous les autres terrains perméables, cours d'eau très-tranquilles. — Vannes de décharge sans déversoirs.

Il est évident qu'en pareil cas, on ne peut donner que des conseils généraux. Si les cours d'eau sont tellement violents, que l'usinier ne puisse jamais manœuvrer un appareil mobile en temps utile, s'il est impossible de donner aux vannes de décharge les dimensions nécessaires pour débiter une grande crue, il faut exiger de grands déversoirs sans vannes de décharge.

Si le cours d'eau est tranquille, s'il coule à pleins bords, si surtout son niveau d'eau d'étiage est plus élevé que le fond de la vallée, s'il déborde à la moindre crue, s'il menace ainsi de vastes prairies, des vannes de décharge sont indispensables et le déversoir n'est qu'un accessoire, utile dans certains cas, où les crues ont quelque importance, inutile quand les crues montent toujours lentement, comme celles des cours d'eau de la craie blanche, par exemple ; sous ce rapport l'atlas joint à cet ouvrage sera très-utilement consulté.

CHAPITRE XXV

DES EAUX POTABLES

Des qualités de l'eau à distribuer dans une ville. — Le service d'une ville doit être fait dans des conditions telles, que la population consomme l'eau qui lui est distribuée, dans l'état où elle sort des conduites publiques. C'est un axiome qu'il me paraît inutile de discuter.

L'eau des conduites publiques doit donc être potable sans aucune préparation, c'est-à-dire être fraîche, limpide, sans saveur ni odeur, sans mélanges répugnants, en un mot être agréable à boire. Il faut surtout qu'elle soit salubre et propre à tous les usages domestiques, notamment qu'elle cuise les légumes et qu'elle dissolve le savon; la sécurité de la distribution exige aussi qu'elle ne forme point de dépôts calcaires dans les conduites et n'y développe pas de tubercules ferrugineux.

Ces propriétés des eaux domestiques ont été discutées si souvent, que je me bornerai à ajouter à l'exposé qui précède, les considérations suivantes qui, je le suppose, seront aussi admises sans discussion.

L'eau peut être considérée comme salubre lorsque les populations qui en font usage depuis longtemps sont saines, vigoureuses et sans maladies spéciales ; elle cuit bien les légumes et dissout suffisamment le savon, quand elle ne contient pas de sulfate de chaux en quantité notable, et n'est pas incrustante, lorsque son titre hydrotimétrique ne dépasse pas 20° [1].

L'eau est limpide, lorsqu'elle laisse voir distinctement les moindres objets dans des profondeurs de 3 à 4 mètres.

On ne connaît pas aussi bien dans quelles conditions se développent les tubercules ferrugineux, qui obstruent si vite les conduites ; on sait seulement qu'ils croissent rapidement dans certaines eaux chimiquement pures, comme celles du granite, surtout lorsqu'elles sont limpides.

L'eau est fraîche lorsque sa température est, en toute saison, peu différente de la température moyenne de la localité. A Paris, les limites de la fraîcheur de l'eau sont comprises entre 9 et 14° centigrades. Dans le Sahara, l'eau paraît très-fraîche à 23°.

Qualités et défauts des eaux de rivière. — Les eaux des grandes rivières ne sont généralement pas incrustantes ; il est rare qu'elles contiennent un excès de carbonate de chaux, et lorsqu'elles en sont presque privées, comme celles du Morvan, les troubles qu'elles entraînent en temps de crue, empêchent le développement des tubercules ferrugineux dans les conduites. Elles ont donc, sur ces deux points, un incontestable avantage sur certaines eaux de sources.

Les eaux courantes du bassin de la Seine, lorsqu'elles ne sont pas gâtées par les déjections de l'industrie, ne sont pas malsaines, et, à moins qu'elles ne traversent des terrains gypsifères, elles sont généralement plus douces que les eaux des sources du voisinage.

Mais elles sont troubles en temps de crue, louches en toute saison, chaudes l'été, froides l'hiver. Elles ont toujours une saveur prononcée, et par conséquent ne sont pas agréables à boire.

---

[1] Voy. chap. X, p. 142.

On peut dire aussi qu'en général, les eaux de rivière, dans le voisinage des grandes villes, sont corrompues par des détritus organiques de la nature la plus répugnante et que, depuis quelques années, cette corruption s'accroît très-rapidement.

En France, les populations rurales ne boivent presque jamais d'eau de rivière ; elles donnent la préférence aux eaux de puits et de sources, qui sont au moins agréables à boire, même lorsqu'elles sont privées des autres qualités des bonnes eaux potables.

Les eaux de sources convenablement choisies, sont donc seules potables à l'état naturel. On n'a trouvé jusqu'ici, aucun procédé pour ramener les eaux de rivière à cet état irréprochable ; c'est ce que je vais chercher à démontrer.

Je commencerai cette étude par l'examen des moyens employés pour rendre aux eaux de rivière, la limpidité qui leur manque.

Les eaux du bassin de la Seine ont été classées dans le chapitre XIV, par ordre de limpidité. Les plus constamment troubles sont celles de la Marne; la Seine, à Paris, est dans des conditions moyennes.

J'ai cherché à déterminer d'abord le poids des matières solides que le filtre doit enlever à ces deux espèces d'eau. Il est évident que si elles sont filtrables, toutes les eaux de rivière du bassin de la Seine le sont également. Cette détermination était d'ailleurs très-importante pour le service des eaux de Paris.

M. Hervé-Mangon a bien voulu me prêter son concours dans cette délicate étude.

Les expériences ont duré, d'une manière presque continue, du 1ᵉʳ novembre 1863 au 20 février 1865. Tous les jours, 10 litres d'eau de Marne, puisés en tête du souterrain de Saint-Maur et 10 litres d'eau de Seine, puisés à Port-à-l'Anglais, étaient filtrés au laboratoire de l'École des ponts et chaussées; mon collaborateur, M. G. Lemoine, a fait le dépouillement de ces expériences ; en voici le résumé :

Eau de Marne. — 425 jours d'observations. Poids total des matières en suspension, pour 425 mètres cubes d'eau, 25 699^{gr},9 ; moyenne par mètre cube $\dfrac{26\,699^{gr},9}{425} = 56^{gr},13$.

Les résultats obtenus se décomposent ainsi :

		GRAMMES.
Eau claire, 161 jours. Poids des matières, 1205 grammes	maximum. . . .	22,90
	minimum. . . .	2,00
	moyenne.	7,48
Eau louche, 205 jours. Poids des matières, 14326 grammes	maximum. . . .	582,50
	minimum. . . .	5,20
	moyenne.	70,00
Eau trouble, 57 jours. Poids des matières, 8168 grammes	maximum. . . .	515,70
	minimum. . . .	28,70
	moyenne.	145,50

Eau de Seine. — Les expériences ont duré du 1er octobre 1865 au 31 octobre 1866. Il y a eu quelques lacunes ; en somme, le nombre des jours a été de 1 059.

Le poids des matières obtenu pour 1 059 mètres cubes, a été 25 418^{gr},25 ; la moyenne a donc été $\dfrac{25\,418^{gr},25}{1\,059} = 24^{gr},5$.

Les résultats obtenus se décomposent ainsi :

		GRAMMES.
Eau claire, 646 jours. Poids des matières, 6268^{gr},85.	maximum. . . .	18,90
	minimum. . . .	7,60
	moyenne.	9,70
Eau louche, 286 jours. Poids des matières, 8817^{gr},96.	maximum. . . .	58,80
	minimum. . . .	13,40
	moyenne.	50,80
Eau trouble, 107 jours. Poids total des mat., 10531^{gr},46	maximum. . . .	96,60
	minimum. . . .	31,05
	moyenne.	96,60

En appliquant ces moyennes aux nombres de jours d'eau. claire, louche et trouble de la Marne à Chalifert et de la Seine à Montereau[1], on obtient :

Eau de Marne.

		KILOG.
180 jours d'eau claire à.	7^{gr},5 =	1,38
102 jours d'eau louche à.	70 , 0 =	7,14
79 jours d'eau trouble à.	143 , 3 =	11,32
Total à la fin de l'année pour 1 mètre cube puisé par jour.		19,84

[1] Voy. chap. XIV, p. 257.

Eau de Seine.

218 jours d'eau claire à. . . . . $9^{gr},7 = 2^k,11$
101 jours d'eau louche à. . . . . $50,8 = 3,11$
46 jours d'eau trouble à. . . . . $96,6 = 4,44$
Total à la fin de l'année pour 1 mètre cube puisé par
jour. . . . . $9^k,66$

Si l'eau était filtrée préalablement, ces poids de matières resteraient sur les filtres.

La ville de Paris élève à Saint-Maur 40,000 mètres cubes d'eau par jour ; il est possible qu'on filtre cette eau, qu'on peut, à volonté, puiser dans la Seine, à Maisons-Alfort, ou directement dans la Marne. Le dépôt qui se formera annuellement dans le bassin d'épuration, et sur les filtres, sera :

Eau de Seine. $9^k,66 \times 40\,000 = 386\,400$ kilogr.
Eau de Marne. $19^k,84 \times 40\,000 = 793\,600$ kilogr.

Ces volumes n'ont rien d'excessif, et rien *a priori* ne fait supposer que les eaux de la Seine et de la Marne ne soient pas filtrables en grand[1]. *A fortiori* il en est de même des autres eaux courantes du bassin de la Seine, qui sont en général moins troubles et moins louches que celles de la Marne, et même que celles de la Seine.

Il est bon de faire remarquer que les eaux de rivière les plus claires ne sont pas les plus potables. Lorsque les eaux sont claires et bleues, la radiation solaire exerce une action si puissante sur le fond du lit, qu'il se développe une très-grande quantité d'herbes. Dans certaines saisons, ces herbes donnent à l'eau une saveur intolérable. C'est ainsi que les eaux du Loing et de l'Yères, qui sont constamment limpides dans la saison sèche, sont détestables à boire. L'eau du granite dont la couleur, lorsqu'elle est

---

[1] On trouve, dans les pays de montagnes, des eaux beaucoup plus chargées ; ainsi l'eau de la Durance contient, en moyenne, 1 kilogramme de matière en suspension par mètre cube, ce qui, pour une distribution de 40 000 mètres cubes d'eau par jour, donne un dépôt annuel de 14 600 000 kilogrammes.

limpide, est d'un jaune doré, ne se prête point à cette action
de la radiation solaire, et les herbes n'y poussent qu'en très-
médiocre quantité.

Si l'on veut distribuer de l'eau de rivière, il ne faut donc
pas se laisser séduire par l'état habituel de limpidité de l'eau.

Il est bien établi que les eaux des rivières du bassin de la
Seine ne sont pas par trop limoneuses; cherchons maintenant le
meilleur mode de filtrage.

CHAPITRE XXVI

DU FILTRAGE DES EAUX AU MOYEN DE GALERIES OUVERTES DANS LES GRAVIERS DES BERGES DES RIVIÈRES

On a prétendu qu'on pouvait filtrer les eaux des rivières au moyen de galeries ouvertes dans les graviers des berges.

L'eau qui circule dans ces graviers ne provient pas des rivières ; elle est toujours à un niveau plus élevé, et provient par conséquent des nappes souterraines[1]. Si donc on se contentait de prendre l'eau dans ces graviers, sans abaisser son niveau, on serait certain de ne pas recevoir une seule goutte d'eau provenant de la rivière.

Mais on admet généralement, qu'en abaissant notablement le niveau de l'eau de la tranchée, au-dessous de celui de la rivière, on fait un appel à l'eau de cette dernière, et qu'on obtient ainsi un filtrage naturel. Telle est l'opinion de plusieurs ingénieurs distingués, notamment de Darcy.

J'ai été conduit à une opinion opposée par l'étude des faits ; suivant moi, l'eau des galeries filtrantes provient en grande partie des nappes d'eau souterraines.

Les villes de Lyon, de Toulouse et de Fontainebleau alimentent leurs

<hr>

[1] Voy. chap. IV, p. 98.

distributions d'eau, au moyen de galeries ouvertes dans le gravier des bords du Rhône, de la Garonne et de la Seine.

J'ai fait l'essai des eaux de ces trois distributions et voici les titres hydrotimétriques obtenus :

Le Rhône à Lyon. Essai du 28 janvier 1860.

TITRES HYDROT.

Eau puisée dans le Rhône. . . . . 16°
— dans la galerie filtrante. 17,94
— dans un autre bassin de filtration. 18,45
— dans un puits du voisinage 25,77

L'influence de la nappe souterraine est évidente.

La Garonne à Toulouse. Essai du 50 janvier 1862.

TITRE HYDROT.

Eau puisée dans la Garonne à Toulouse . . . . 15°,51
— de la galerie de filtration 15,92

La Seine à Fontainebleau. Essai du 27 avril 1859.

TITRES HYD: OT.

Eau de la galerie. . . . . 21°,20
Eau du fleuve. 16,75

Les eaux de la galerie filtrante de Fontainebleau se rapprochent beaucoup de celles des sources voisines, dont les titres hydrotimétriques sont compris entre 19°,60 et 28°,80.

En 1859, lorsqu'on a proposé d'alimenter Paris en eau de la Loire, j'ai été chargé de l'étude du projet. On supposait que les puits creusés le long du fleuve, dont l'eau, disait-on, était d'une limpidité et d'une pureté admirables, étaient alimentés par la Loire.

J'ai fait l'essai hydrotimétrique comparatif de ces eaux de puits et de celles de la Loire, puisées entre Cosne et Orléans, où devait se faire la prise d'eau de la dérivation ; voici les titres hydrotimétriques obtenus :

Puisages du 24 mai 1859. A Cosne.

TITRES HYDROT.

Eau du fleuve à peu près claire. . . . . . . 5°,91
— d'un puits à 55 mètres de la berge. . 52,76
— d'un puits à 1100 mètres de la berge. 29,12

A Myennes.

	TITRES HYDROT.
Eau d'un puits à 70 mètres de la berge . .	46°,41
— d'un puits à 450 mètres de la berge .	61,88

A la Celle.[3]

| Eau d'un puits à 50 mètres de la berge . . | 50,05 |
| — d'un puits à 1200 mètres de la berge . | 46,41 |

A Neuvy.

Eau du fleuve en amont de la ville	6,85
— d'un puits à 24 mètres de la berge . .	52,78
— d'un puits à 1 200 mètres de la berge	29,68

Dans chaque localité, on a essayé l'eau de deux puits. Le niveau du puits le plus rapproché varie avec celui du fleuve, le niveau du puits éloigné est invariable ; les essais font voir clairement, qu'il n'y a aucun rapport entre les eaux du fleuve et celles des puits, que ces derniers soient éloignés ou rapprochés de la berge.

Ce qu'il y a de plus singulier, c'est que l'eau de ces puits se trouble pendant les crues du fleuve.

Galerie filtrante de Nevers. — La ville de Nevers a fait établir un puisard sur la rive gauche de la Loire, dans les alluvions de la plaine et une machine y a été installée pour alimenter la ville.

M. l'ingénieur Rozat de Mandres voulut bien se charger de l'examen comparatif de l'eau de la galerie filtrante et de l'eau du fleuve. Il reconnut le 3 septembre 1861 que le titre de l'eau donnée par la machine, était 24°, tandis que celui du fleuve était 7°. M. Robinet, rapporteur de la commission d'enquête de la dérivation de la Dhuis, et M. Lefort se transportèrent sur les lieux et obtinrent les mêmes résultats que M. Rozat.

On prétendit que l'eau du puisard était altérée par les infiltrations du canal latéral à la Loire, dont le niveau est plus élevé que celui du fleuve. Je fis venir, le 3 février 1862, un échantillon de chaque espèce d'eau et j'obtins les titres suivants :

	TITRES HYDROT.
Eau de la Loire.	4°,96
— du canal.	7,20
— du puisard[1]	20,70

---

[1] Les différences entre ces résultats et ceux indiqués ci-dessus, tiennent à ce que les derniers essais ont été faits en hiver, époque où les eaux sont toujours moins dures que dans la saison sèche.

L'eau du canal n'avait donc pas l'influence qu'on lui attribuait.

Galeries filtrantes de Blois. — A Blois, on a établi une galerie filtrante dans le lit même du fleuve. Le titre de l'eau essayée, le 22 juin 1859, a été 14°,45 ; le même jour, le titre de l'eau du fleuve était 7°,76.

L'eau de la galerie filtrante provient donc en partie, sinon entièrement, de la nappe souterraine.

Seine. Essais faits dans la plaine d'Ivry. — Je ne me contentai pas de ces essais ; M. le Préfet de la Seine m'autorisa à faire une grande expérience dans les graviers de la plaine d'Ivry, au bord de la Seine, à l'établissement hydraulique de Port-à-l'Anglais, qui appartient à la ville de Paris. Ces expériences eurent lieu du 26 octobre au 11 novembre 1861.

Les habitations étaient rares alors dans cette localité, et les infiltrations d'eau ménagère étaient évidemment sans influence sur la nappe. Les meilleures conditions s'y trouvaient donc réunies.

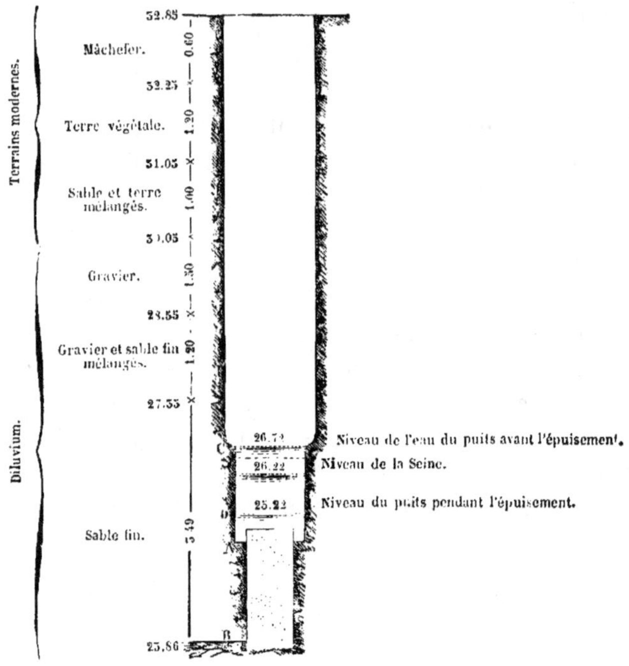

On ouvrit dans le jardin de l'établissement, à 96 mètres de la Seine, un puits de 9 mètres de profondeur, creusé sur une hauteur de 7ᵐ,12, dans le terrain de transport, qui se compose, comme l'indique la coupe ci-contre, de couches alternantes de gravier et de sable fin.

Lorsque les essais ont été commencés, ce puits descendait à 5^m,14 dans la nappe d'eau et à 2^m,36 au-dessous du niveau du fleuve, qui était à 0^m,38 en contre-bas de l'*étiage* conventionnel. L'eau de la Seine était alors aussi claire qu'elle peut l'être.

Avant l'épuisement, le niveau de la nappe souterraine était de 0^m,50 au-dessus de celui de la Seine; on était donc certain, que cette nappe n'était pas alors alimentée par l'eau du fleuve. Les essais hydrotimétriques ne laissaient d'ailleurs aucun doute sur ce point : le titre de l'eau de la Seine était 19°,58, celui de l'eau du puits 46°,46.

Pour n'introduire dans le puits aucune matière suspecte, au lieu de le revêtir en maçonnerie, on l'a blindé entièrement en bois, et les parois du fond étaient soutenues par une cuve en tôle perforée de petits trous, analogue à celles qui ont été employées dans tous nos travaux d'épuisement depuis 1857, notamment à l'égout d'Asnières et au canal Saint-Martin.

Les essais commencèrent le 26 octobre 1861 ; on y employa d'abord une et ensuite deux machines locomobiles, faisant marcher une et deux pompes, qui donnaient de 16 à 26 litres d'eau par seconde. Le niveau de l'eau fut abaissé à 60 centimètres d'abord, puis à 1 mètre en contre-bas de celui du fleuve.

Le 11 novembre, après dix-sept jours d'un épuisement qui donnait, en vingt-quatre heures, un volume d'eau de 2 246 mètres cubes, le régime paraissait parfaitement établi. Le niveau de l'eau dans le puits était invariable.

Je me transportai sur les lieux, accompagné de MM. Robinet, Jules Lefort et Rozat de Mandres. L'eau fut trouvée parfaitement limpide; sa température était de 12 degrés, tandis que celle du fleuve était de 7°,50 et son titre hydrotimétrique de 45°,33. J'ai dit que le titre de l'eau de Seine était alors 19°,58.

Les ouvriers nous déclarèrent d'ailleurs que l'eau ne pouvait servir à cuire les légumes et qu'elle dissolvait si mal le savon, qu'on ne pouvait même pas s'y laver les mains. La galerie filtrante ne recevait donc pas une goutte d'eau de la Seine.

Essais faits au quai d'Austerlitz. — Depuis cette époque j'ai eu l'occasion de faire d'autres expériences non moins intéressantes.

La ville de Paris a fait établir deux nouvelles pompes à feu sur le quai d'Austerlitz. La galerie de prise d'eau en Seine, a été construite par épuisement et à cet effet, du 1ᵉʳ février au 21 juin 1862, c'est-à-dire pendant cent quarante et un jours, l'eau de la nappe souterraine a été abaissée à une altitude qui a varié de 25ᵐ,89 à 24ᵐ,59, tandis que, pendant tout ce temps, le niveau du fleuve variait de 29 mètres à 26ᵐ,24. Le niveau de l'eau, dans la tranchée, a donc été maintenu à 1ᵐ,65 au moins et jusqu'à 5 mètres, en contre-bas de celui de la Seine.

Cette tranchée qui partait du puisard des machines, a été poussée jusqu'au fleuve. Elle était d'ailleurs ouverte entièrement, dans un banc de sable graveleux. Le titre hydrotimétrique de l'eau d'épuisement était 135°,66.

Ces deux expériences décisives prouvent qu'il n'est pas possible, à Paris, de filtrer l'eau de la Seine dans les graviers de ses berges. L'eau qu'on obtient ainsi, est dure et impropre à tous les usages domestiques. Elle ne provient pas de la Seine, mais de la nappe souterraine. Le sable et le gravier qui tapissent le lit du fleuve s'engorgent comme les filtres ordinaires, deviennent imperméables et ne laissent plus passer l'eau en quantité notable. C'est ce que personne n'avait encore constaté jusqu'ici.

Tous ceux qui se sont occupés de cette question ont en outre commis une erreur capitale. Ils ont admis que le volume d'eau filtrée devait être proportionnel à la surface de la galerie filtrante.

A ce compte, notre galerie de Port-à-l'Anglais, qui n'avait pas 1 mètre carré de surface et qui donnait 2 200 mètres cubes d'eau, par vingt-quatre heures, en aurait produit plus de 200 000 mètres cubes, si sa surface avait été portée à 100 mètres carrés : résultat absurde.

On peut conclure de ce qui précède qu'en ouvrant des galeries filtrantes le long d'une rivière, on n'obtient un bon résultat, que si l'eau des nappes souterraines est elle-même de bonne qualité; que sur les rives de la Seine près Paris, et de la Loire, il n'existe pour ainsi dire, aucune relation entre les eaux ainsi obtenues et celles du fleuve.

Ces résultats permettent d'expliquer la persistance du filtrage

dans ces galeries. On sait que les filtres artificiels s'engorgent avec
une grande rapidité; à Paris notamment, on est obligé, dans certaines saisons, de nettoyer tous les jours, ceux des fontaines marchandes; même lorsque l'eau de Seine est claire, de fréquents
nettoyages sont encore nécessaires.

On se demandait comment les galeries filtrantes de Lyon et de
Toulouse, continuaient à fonctionner depuis si longtemps, sans
aucune espèce de nettoyage. On cherchait à expliquer le fait
en disant que le fleuve, en déplaçant les sables qui tapissent
son lit, renouvelait la partie réellement utile du filtre; mais
s'il en était ainsi, lorsque le fleuve opère le nettoiement de
ce filtre naturel, en remuant les graviers qui en forment la
superficie, les matières en suspension, entraînées par l'eau
même qui se filtre, pénétreraient plus profondément dans la
masse de ces graviers et en oblitéreraient rapidement et d'une
manière irremédiable tous les petits canaux. Le filtre deviendrait
promptement imperméable. Cette explication n'est pas admissible.

En admettant, au contraire, que les galeries filtrantes
soient alimentées surtout par les nappes souterraines, on s'explique très-bien la persistance de leur action, puisqu'elles ne
reçoivent que des eaux naturellement limpides.

Ce moyen de se procurer de l'eau de source, peut être mis en
pratique avec avantage, dans les plages de gravier des grandes
vallées des terrains crétacés du bassin de la Seine[1]. Dans les autres terrains, l'eau de rivière doit être filtrée artificiellement.

---

[1] Voy. chap. XIII, p. 243.

CHAPITRE XXVII

DU FILTRAGE DE L'EAU PAR UN PROCÉDÉ ARTIFICIEL

Avant de filtrer l'eau d'une rivière par un procédé artificiel, il faut d'abord étudier avec soin, dans les localités où il a réussi, le système qu'on se propose d'appliquer et constater surtout si l'eau qu'on veut filtrer se trouve dans les mêmes conditions. Le bon sens dit, en effet, qu'il n'est nullement certain qu'un filtre appliqué avec succès à l'épuration d'une eau presque claire réussirait aussi bien avec de l'eau très-limoneuse. C'est ainsi qu'on a échoué complétement à Marseille, en appliquant le filtre anglais à l'eau de la Durance. La plupart de ceux qui ont écrit sur le filtrage de l'eau ont négligé cette question capitale.

Les procédés de filtrage en grand proposés jusqu'à ce jour dérivent presque tous du système anglais, c'est-à-dire du filtre au sable fin, agissant sous une faible pression d'eau. Je m'occuperai donc particulièrement des résultats obtenus au moyen de ces appareils.

Filtrage anglais. — Les huit grandes compagnies qui desservent Londres sont obligées, par un bill du parlement, de filtrer les 400 000 mètres cubes d'eau qu'elles livrent tous les jours à la population, et elles s'acquittent de cette onéreuse obligation avec la régularité et la ponctualité si connue de nos voisins.

Disons d'abord que les Anglais, dans leurs habitudes de propreté recherchée, tiennent surtout à avoir des eaux claires ; mais comme l'usage de la bière et des boissons chaudes ou sucrées, est à peu près général dans la population anglaise, on tient beaucoup moins à Londres qu'à Paris, à ce que l'eau distribuée soit agréable à boire[1].

Filtrage de la compagnie de Chelsea. — J'ai visité, le 1er juin 1864, les établissements hydrauliques d'une des meilleures compagnies de Londres, celle de Chelsea. L'ingénieur, M. Simpson, m'a dirigé lui-même, dans cette visite, avec une bonne grâce et une complaisance, dont je conserverai toujours le meilleur souvenir.

Ces établissements, dont M. Simpson est le créateur, sont irréprochables à tous les points de vue, les données qui précèdent étant admises ; on ne sait, en les visitant, ce qu'on doit le plus admirer, de la grandeur, de la simplicité ou de l'économie de l'exécution.

Voici les renseignements qui m'ont été donnés sur place par M. Simpson lui-même :

ÉTAT DE L'EAU DE LA TAMISE EN 1863, A KINGSTON. — PRISE D'EAU DE LA Cie DE CHELSEA.

	BONNE	INDIFFÉRENTE	MAUVAISE
Janvier.	»	14	17
Février.	19	4	5
Mars.	51	»	»
Avril.	50	»	»
Mai.	16	5	10
Juin.	50	»	»
Juillet.	51	»	»
Août.	51	»	»
Septembre.	50	»	»
Octobre.	11	8	12
Novembre.	12	10	8
Décembre.	17	6	6
Totaux.	258	47	58

[1] Les habitants de Londres n'ont même pas le sentiment de ce que nous appelons : *eau agréable à boire.* Je demandais à un ingénieur anglais, de mes amis, si l'eau de la distribution de Londres était bonne : *on dit que non*, me fut-il répondu. Mon ami, qui habitait Londres depuis cinquante ans, n'avait pas d'opinion sur cette question.

Je suppose que les désignations de la compagnie de Chelsea, *bonne*, *indifférente*, *mauvaise*, correspondent aux mots *claire*, *louche*, *trouble*.

Cependant M. Simpson m'a affirmé que jamais les eaux de la Tamise n'étaient très-troubles.

La Tamise, à Kingston, est une jolie rivière, profonde, mais beaucoup moins large que la Seine en amont de Paris. L'eau, suivant la désignation du registre de la Compagnie, était *bonne* le jour de ma visite; elle m'a paru à peu près aussi claire que celle de la Seine en amont de Paris, à la suite d'une sécheresse.

Cette eau passe librement, de la Tamise dans deux bassins de dépôt de deux acres chacun ($0^h,81$), revêtus d'une chemise en briques. La profondeur de ces bassins, est de 9 pieds ($2^m,74$) au milieu et de 6 pieds ($1^m,83$) sur les bords. Leur capacité est de 56 956 mètres cubes.

Quand toutes les machines marchent, le volume aspiré par vingt-quatre heures, est de 10 000 000 de gallons ou de 45 000 mètres cubes. Dans ce cas, l'eau ne séjourne donc dans les bassins de dépôt que pendant une fraction de jour égale à $\dfrac{56\ 956}{45\ 435}$, ou, en nombre rond, pendant 69 000 secondes ; ce temps est toujours suffisant.

L'eau, dans les bassins, est complétement calme; elle n'y paraît animée d'aucune vitesse. Ce résultat est obtenu au moyen d'un mur en briques à joints discontinus, et, par conséquent, très-perméable, qui forme un demi-cylindre vertical, à l'extrémité du bassin opposée à la vanne d'entrée. Si cette cloison perméable, inventée par un ingénieur des mines français, M. Parot, était supprimée, l'eau s'écoulerait directement, de la vanne d'entrée à la vanne de sortie; les parties latérales du bassin ne travailleraient pas. La cloison fait donc travailler toutes les parties du bassin; l'eau qui en sort s'écoule à la demande de deux filtres ayant chacun un acre ($0^h,40$) de superficie. Ces filtres sont revêtus en briques, comme les bassins de dépôt. L'épaisseur de la couche filtrante est de 8 pieds ($2^m,44$). Un lit de cailloux, qui en forme la base, est séparé du sable fin qui se trouve à la surface, par un banc de petites coquilles, destinées sans doute, à empêcher le mélange du sable et des cailloux. La couche de sable fin provenant de la rivière, a 3 pieds ($0^m,91$) d'épaisseur.

L'eau est répartie par des tuyaux, sur toute la surface des filtres; elle y a une profondeur de 5 pieds ($1^m,52$).

Les drains, placés au-dessous de la couche filtrante, sont de simples conduites en poterie perforée, qui vont en diminuant à mesure qu'ils s'éloignent des puisards et qui ont 12, 9 et 6 pouces de diamètre

(0^m,50, 0^m,25 et 0^m,15) ; il y a sept rangs de drains par filtre. Chaque drain verse son eau dans le puisard d'aspiration des machines.

C'est cette aspiration même qui règle le filtrage : quand les machines sont au repos, les eaux du puisard et des filtres se nivellent et le filtrage cesse d'avoir lieu. L'aspiration abaisse le niveau de l'eau dans le puisard et détermine la pression qui produit le filtrage.

Les bassins de dépôt se nettoient deux fois par an, les filtres deux fois par mois. L'épuisement nécessaire est fait par deux machines de 20 chevaux, qui mettent les bassins à sec. On ne nettoie jamais qu'un bassin de dépôt et qu'un filtre à la fois ; les deux autres restent en service.

Le sable qu'on retire des filtres, est mis en tas sur les berges pour être lavé. Il est fortement imprégné d'une vase noire. On opère le lavage, en faisant passer à la fois, le sable et un courant d'eau violent, dans un cylindre en fil de fer assez semblable aux cylindres à cribler le blé ; le sable purifié, tombe avec l'eau et reste sur une aire disposée à cet effet sous le cylindre ; l'eau entraine la vase avec elle.

Le jour de ma visite, l'eau de la Tamise, quoique claire, était désagréable à boire ; elle avait une odeur sensible de matière fécale. L'eau du puisard des filtres était limpide et avait perdu sa mauvaise saveur, sans être agréable. M. Simpson m'a déclaré qu'elle retenait, en partie, les matières organiques, et que, dans le réservoir de Putney-Heath, où elle est refoulée, il se développait quelquefois *des odeurs ammoniacales*.

J'ai visité la distribution d'eau d'une petite maison à Chelsea. Le réservoir y était bien tenu ; l'eau y avait conservé sa limpidité, mais était moins agréable à boire que dans le puisard des filtres.

. J'ai recueilli également des renseignements précis sur le service d'une autre compagnie, celle *de Grande-Jonction*. Le filtrage s'y fait à peu près de la même manière qu'à Kingston.

J'ai fait venir à Paris des échantillons de l'eau distribuée par cette compagnie. Le titre hydrotimétrique de l'eau de la Tamise est de 20°,68 ; le titre de l'eau puisée dans les bassins de dépôt ou dans les filtres est le même. Cette composition de l'eau de la Tamise se rapproche beaucoup de celle de la Seine.

Les échantillons puisés dans la rivière même, étaient clairs et ne formaient, par le repos, qu'un léger dépôt de matières jaunâtres. Leur saveur était peu agréable.

, Les échantillons puisés dans les bassins d'épuration, étaient plus limpides et le dépôt de matières jaunâtres obtenu par le repos était moins considérable ; mais la saveur de l'eau n'était pas plus agréable et il restait dans la bouche un arrière-goût prononcé. La même saveur se trouvait dans l'eau filtrée.

En résumé, les eaux de la compagnie de Grande-Jonction m'ont paru sensiblement moins bonnes que celles de Chelsea. Faut-il attribuer ce résultat au temps assez long qui s'était nécessairement écoulé, entre le jour du puisage et le jour où mes essais ont été faits ? Les matières organiques qui, d'après les ingénieurs anglais, restent dans l'eau, étaient-elles entrées en décomposition? C'est ce que je ne saurais dire. Les procédés des deux compagnies paraissent identiques et doivent donner les mêmes résultats.

On trouvera, dans tous les traités d'hydraulique, des descriptions détaillées des filtres dérivant plus ou moins du filtre anglais, ou des petits filtres des fontaines marchandes de Paris. Ce que j'ai voulu démontrer, c'est qu'aucun de ces appareils ne donne une solution satisfaisante. Tous laissent passer l'urine et d'autres produits azotés de la nature la plus répugnante.

Le procédé anglais est applicable à l'eau de Marne et à l'eau de Seine à Paris ; mais il entraînerait dans des dépenses notablement plus grandes. J'ai donné ci-dessus l'état de l'eau de la Tamise et de la Seine : en 1863, l'eau a été :

	CLAIRE.	LOUCHE.	TROUBLE.
Tamise, pendant.	258 j.	47 j.	58 j.
Seine, pendant.	218 j.	101 j.	46 j.

L'eau du fleuve parisien est donc plus longtemps trouble ou louche, que celle du fleuve anglais; on a vu, de plus, qu'un séjour de moins de vingt-quatre heures dans le bassin de dépôt était toujours suffisant à Londres, pour que l'eau pût être filtrée. J'ai constaté que pour amener l'eau de Seine à cet état, quand elle était trouble, il ne fallait pas moins de soixante-douze heures. Le filtrage de l'eau à Paris par le procédé anglais exigerait donc des bassins d'épuration trois fois plus grands, et des nettoyages beaucoup plus fréquents; l'opération serait dispendieuse.

Le filtrage de l'eau de Marne serait plus dispendieux encore. De plus, en France, il faut non-seulement de l'eau limpide, mais encore de l'eau potable, et le filtre anglais détériore plutôt qu'il n'améliore la qualité de l'eau. Je ne pense donc pas que ce procédé soit applicable dans notre pays, et notamment à Paris.

CHAPITRE XXVIII

VARIATIONS DE LA TEMPÉRATURE DE L'EAU
DANS LES AQUEDUCS ET LES CONDUITES DE DISTRIBUTION
ALTÉRATION PROGRESSIVE DES EAUX DE RIVIÈRE

Depuis le 1ᵉʳ juillet 1856, on fait deux fois par jour, des observations sur la température des eaux distribuées dans Paris.

Pour l'eau de Seine, les observations ont lieu au réservoir de Passy et, à 5 000 mètres de là, à la fontaine marchande de la Boule-Rouge. Pour l'eau de l'Ourcq : au bassin de la Villette, aux réservoirs de Monceaux et de Vaugirard, et à une borne fontaine de l'ancienne barrière de Sèvres. Pour les eaux d'Arcueil : au point de départ de Rungis et à leur arrivée au regard de l'Observatoire.

J'ai obtenu ainsi les plus grandes variations de température que l'eau éprouve en parcourant des trajets, qui sont à peu près les plus longs qui existent, dans la distribution d'une grande ville comme Paris.

D'après le tableau suivant, les eaux de rivières distribuées à Paris, se refroidissent un peu en été et se réchauffent un peu en hiver, dans le parcours des conduites. La plus grande variation constatée, correspondant à une de température extraordinaire de 28°, a été de 3°,60.

LIEUX DE SOURCES	1856 DEPUIS LE 30 JUIN	1857	1858	1859	1860	1861 JUSQU'AU 1er JUILLET
TEMPÉRATURE D'ÉTÉ. — MAXIMA. *Eau de Seine.*	degrés centigr.	degrés centigr.	degrés centigr.	degrés centigr.	degrés centigr.	degrés centigr.
au départ (bassin de Chaillot ou de Passy)	26 (4 août)	26 (4 août)	28 (16 juin)	27,80 (juill.)	25 (juill.)	26,60 (juin)
à l'arrivée (fontaine de la Boule-Rouge)	25,70 (4 août)	24 (5 août)	25,40 (17 juin)	25,20 (juill.)	21 (juill.)	24 (juin)
abaissement de la température dans le parcours	2,50	2,00	5,60	2,60	2,00	2,60
Eaux du canal de l'Ourcq. au départ (bassin de la Villette)	25,70 (4 août)	24,80 (28 juin)	27,50 (16 juin)	27,80 (juill.)	22,70 (juill.)	25,40 (juin)
au point de distribution (fontaine de l'ancienne barrière de Sèvres)	24,10 (4 août)	24,60 (28 juin)	25,50 (16 juin)	26,50 (juill.)	21,40 (juill.)	24,10 (juin)
abaissement de la température dans le parcours	1,60	0,20	2,00	1,50	1,10	1,50
TEMPÉRATURES D'HIVER. — MINIMA. *Eaux de Seine.*						
au départ (bassin de Chaillot ou de Passy)	1,80 (6 fév.)	0,60 (8 janv.)	0,20 (déc.)	0,00 (fév.)	0,20 (janv.)	
à l'arrivée au point de distribution (fontaine de la Boule-Rouge)	5,00 (6 fév.)	1,90 (10 janv.)	1,20 (déc.)	1,00 (fév.)	2,60 (janv.)	
augmentation de température dans le trajet	2,20	1,50	1,00	1,00	2,40	
Eaux de l'Ourcq. au départ (Bassin de la Villette)	0,20 (5 fév.)	2 (8 janv.)	0,40 (déc.)	0,50 (fév.)	0,20 (janv.)	
à l'arrivée (fontaine de l'ancienne barrière de Sèvres)	0,80 (6 fév.)	5 (8 janv.)	2,80 (déc.)	5,00 (fév.)	2,60 (janv.)	
augmentation de température dans le trajet	1,20	1,00	2,40	2,70	2,40	

Les variations de température des eaux d'Arcueil, ont lieu en sens inverse, c'est-à-dire qu'elles se réchauffent l'été et se refroidissent l'hiver, dans le trajet de 12 965 mètres qu'elles ont à parcourir de Rungis à Paris, Mais ces variations sont moindres encore que celles des eaux de rivières.

EAUX D'ARCUEIL	1856	1857	1858	1859	1860
TEMPÉRATURE D'ÉTÉ					
Maximum à l'équinoxe d'automne, à Rungis.	de 12°,50 à 15°,50				
Augmentation dans le trajet de Rungis à Paris.	1°,10	0°,70	1°,20	0°,80	0°,40
TEMPÉRATURE D'HIVER					
Minimum à l'équinoxe du printemps.	de 9°,20 à 9°,40				
Abaissement dans le trajet de Rungis à Paris.	»	0°,60	0°,70	0°,50	0°,60

Ces variations sont très-faibles, surtout si on a égard au petit débit de l'aqueduc, qui ne dépasse guère 12 ou 15 litres par seconde, en été.

J'ai fait voir que les plus grandes variations de température de l'eau de la Dhuis, qui parcourt un aqueduc de 130 kilomètres de longueur, étaient de $2°,0$ en été, et de $1°,0$ en hiver.

Les variations sont encore plus lentes dans les réservoirs.

L'aqueduc de la Dhuis ayant été coupé le 15 septembre 1870 par les Allemands, j'ai maintenu pleins les deux compartiments du réservoir de Ménilmontant, et voici pourquoi. Les parties élevées de la ville, Charonne, Ménilmontant, Belleville, Montmartre, sont alimentées en temps ordinaire par l'aqueduc de la Dhuis et les machines de Saint-Maur. L'aqueduc de la Dhuis étant coupé, je n'avais d'autre ressource que l'eau de la Marne montée par les machines de Saint-Maur ; or ces usines, situées entre les forts et l'armée allemande, pouvaient être détruites d'une moment à l'autre, par le feu de l'ennemi, et dans ce cas je devais faire au tonneau, le service d'alimentation des quartiers hauts de la rive droite. Dans cette prévision, j'avais, avant l'arrivée de l'ennemi, rempli complétement les deux compartiments du réservoir de la Dhuis, dont la capacité est de 100 000 mètres cubes ; il est évident, qu'avec ce grand volume d'eau, j'aurais pu faire une distribution au tonneau, pendant plusieurs mois. Les 100 000 mètres cubes d'eau de la Dhuis, renfermés dans le réservoir de Ménilmontant, n'ont donc pas été renouvelés pendant toute la durée du siége, c'est-à-dire du 15 septembre 1870 au 31 janvier 1871. La température de cette eau a été constatée tous les jours, comme en temps ordinaire. On prenait en même temps celle de l'eau de la Marne, à son arrivée dans le réservoir. Ces températures sont indiquées dans le tableau suivant :

---

[1] Voy. ch. XI, p. 172 et suivantes.

TEMPÉRATURE DE L'EAU DE LA MARNE
ET DE LA DHUIS AU RÉSERVOIR DE MÉNILMONTANT PENDANT LE SIÉGE DE PARIS

DEGRÉS CENTIGRADES

L'eau de la Marne était renouvelée tous les jours par les machines de Saint-Maur. L'eau de la Dhuis n'a pas été renouvelée pendant toute la durée du siége.

QUANTIÈMES	SEPTEMBRE		OCTOBRE		NOVEMBRE		DÉCEMBRE		JANVIER 1871	
	MARNE	DHUIS	MARNE	DHUIS	MARNE	DHUIS	MARNE	DHUIS	MARNE	DHUIS
1	»	»	15,2	13,2	10,0	12,0	7,0	11,2	1,5	7,7
2	»	»	15,2	13,2	9,0	12,0	7,0	11,2	1,4	7,7
3	»	»	15,2	13,2	9,0	12,0	7,0	11,2	»	»
4	»	»	15,2	13,2	9,0	12,0	7,0	11,2	1,0	8,0
5	»	»	15,2	13,2	8,6	12,0	7,0	10,2	1,0	8,0
6	»	»	15,2	13,2	8,6	11,0	7,0	10,2	1,0	8,0
7	»	»	»	13,2	8,6	12,0	7,0	10,2	1,0	8,4
8	»	»	»	13,2	8,6	12,0	7,0	10,0	1,0	8,4
9	»	»	15,2	13,2	8,6	12,0	7,0	10,0	1,0	8,4
10	»	»	»	13,2	8,6	12,0	7,0	10,0	1,0	8,4
11	»	»	»	13,0	8,6	12,0	6,5	9,6	1,0	8,0
12	»	»	»	13,0	8,6	12,0	6,5	9,6	1,0	7,6
13	»	»	13,0	13,0	8,4	12,0	6,4	9,5	1,0	7,6
14	»	»	12,0	12,0	8,4	12,0	6,4	9,5	1,0	7,4
15	»	12,8	12,8	12,8	8,4	12,0	6,5	9,2	»	7,0
16	»	12,8	12,8	12,8	8,4	12,0	6,5	9,2	»	7,0
17	16,0	13,5	12,6	12,6	8,4	12,0	6,1	9,2	»	7,0
18	16,0	13,5	12,6	12,6	8,4	12,5	6,1	9,1	»	7,0
19	16,0	13,5	12,0	12,0	7,7	11,5	6,0	9,1	»	7,0
20	16,0	13,5	12,0	12,0	7,7	11,5	6,0	9,1	1,0	7,0
21	15,2	13,2	12,0	12,0	7,6	11,5	6,0	9,1	1,0	7,0
22	15,2	13,2	12,0	12,0	7,6	11,4	6,0	9,0	1,0	7,0
23	15,2	13,2	12,0	12,0	7,4	14,1	6,0	9,0	1,0	7,0
24	15,2	13,2	12,0	12,0	7,4	11,4	6,0	9,0	1,0	7,0
25	15,2	13,2	11,8	12,0	7,4	11,4	6,0	9,0	1,0	7,0
26	15,2	13,2	11,4	12,0	7,4	11,4	6,0	9,0	2,0	7,0
27	15,2	13,2	11,5	12,0	7,0	11,4	5,8	9,0	2,0	7,0
28	15,2	13,2	11,5	12,0	7,0	11,4	5,8	9,0	2,0	6,8
29	15,2	13,2	11,5	12,0	7,0	11,4	4,0	9,0	2,0	6,8
30	15,2	13,2	11,0	12,0	7,0	11,4	4,0	8,0	2,0	6,8
31	»	»	11,0	12,0			4,0	8,0	2,0	6,8

Le réservoir de Ménilmontant est recouvert d'une voûte de $0^{m},07$ d'épaisseur, chargée d'une couche de terre de $0^{m},40$; sous cette mince couverture, du 15 septembre 1870 au 31 janvier 1871, la température de l'eau de la Dhuis s'est abaissée de 13°,5 à 6°,8, c'est-à-dire de 6°,7 ; pendant le même temps, la température de l'eau de la Marne, renouvelée tous les jours par les machines de Saint-Maur, a varié, suivant l'état de la température de l'air, de 16° à 1°,00.

Si l'on considère que l'eau d'un réservoir de distribution est renouvelée constamment, on peut dire que les variations de température y sont absolument négligeables.

En résumé, les variations de température de l'eau, dans les aqueducs, dans les réservoirs et dans les conduites de distribution sont très-petites : l'eau est distribuée, à un ou deux degrés près, avec la même température qu'à son point de puisage ; *il est donc fort difficile de réchauffer l'eau de rivière en hiver*, pour la distribuer sans danger, en temps de gelée, *et de la rafraîchir en été*, pour la rendre agréable à boire[1].

ALTÉRATION PROGRESSIVE DES EAUX DE RIVIÈRE.

Mais il est une autre considération capitale qui donne aux eaux de sources une grande supériorité sur les eaux de rivières ; c'est l'action de l'industrie sur les eaux courantes.

L'altération des cours d'eau par les déjections de l'industrie et les égouts des villes qui y sont nécessairement jetés, est encore peu sensible en France. Mais en Angleterre, tous les cours d'eau sont peu à peu convertis en égouts. Il en est déjà de même de la Seine à Paris.

Depuis longtemps les chimistes qui s'occupent de la question des eaux, constatent que la qualité de l'eau de la Seine tend à s'altérer, non-seulement dans la traversée de Paris, mais encore en amont.

J'ai donné les analyses de l'eau de la Seine, faites par M. Poggiale, en 1857[2] ; à cette époque déjà éloignée, ce chimiste

---

[1] Je me proposais de donner plus de développement à cette partie de mon ouvrage ; je voulais faire ressortir certaines lois très-régulières et très-intéressantes des variations de température de l'eau dans les conduites ; mais les feuilles des douze premières années d'observations ayant été détruites dans l'incendie de l'Hôtel de Ville, je me vois dans l'impossibilité de recommencer le long travail de dépouillement que j'avais entrepris. Il faut pour cela réunir de nouveaux documents.

[2] Voy. ch. XI, p. 170.

constatait la présence d'une quantité notable de matières organiques dans l'eau de Seine puisée en amont de Paris.

M. Péligot a présenté à l'Institut, le **24** avril **1864**, un remarquable mémoire où il fait ressortir la détérioration progressive de l'eau de Seine :

A mesure que l'industrie prend un plus grand développement, dit-il, l'eau des rivières qui traversent de grands centres de population devient moins pure ; car sa masse restant la même, les matières qui s'y déversent deviennent chaque jour plus abondantes.

Les professeurs qui, comme moi, font depuis longues années, et périodiquement, l'examen comparatif des eaux de Paris, ont bien dû reconnaître que les eaux de la Seine et de l'Ourcq ne sont plus aujourd'hui ce qu'elles étaient il y a vingt ou trente ans.

Les industries les plus gênantes, au point de vue de l'hygiène publique, sont assurément celles qui sont fondées sur le traitement des produits dérivés des animaux. Comme elles ne peuvent exister qu'en raison d'une grande agglomération d'individus, on ne peut songer à les déplacer. Il faut donc se résigner à leur sacrifier la rivière, dans laquelle on les contraint à envoyer, par la voie la plus étanche et la plus courte, tous les débris de leur fabrication.

M. Péligot donne hautement aux eaux de sources la préférence sur les eaux de rivière, même lorsque les premières sont plus chargées de sels terreux.

Tels sont les principes que le préfet de la Seine, M. Dumas, président du Conseil municipal et l'ingénieur en chef des eaux de Paris, ont soutenus pendant dix ans dans de nombreux rapports, et qui sont tous les jours confirmés par des faits nouveaux.

Beaucoup de personnes se figurent que l'altération des eaux de la Seine est due à la construction des égouts collecteurs, que si les déjections de la grande ville étaient réparties le long des quais, comme autrefois, par les petits égouts, leur action serait bien moins fâcheuse. J'ai entendu soutenir cette opinion en plein conseil des ponts et chaussées.

L'extrait suivant d'un rapport sur l'état général du service pendant les basses eaux de 1858 prouve que cette opinion est mal fondée.

Les collecteurs d'Asnières et de la Bièvre n'étaient pas encore construits. L'égout Rivoli déversait les eaux d'une partie des quartiers de la rive droite, à l'aval du pont de la Concorde.

État des eaux du fleuve pendant la sécheresse de 1858. — Il était très-important de se rendre compte de l'état du fleuve dans Paris pendant ces basses eaux extrêmes. Tout le monde a remarqué que la Seine, dans la traversée de la ville, avait perdu sa belle couleur glauque, et était fortement colorée en gris noirâtre.

Le 5 août, nous avons parcouru le fleuve dans tous les sens, depuis le Port-à-l'Anglais, en amont de la ville, jusqu'au pont de Grenelle, pour nous rendre compte de son état [1].

Au Port-à-l'Anglais, en amont d'Ivry, la rivière était presque limpide; l'eau n'avait que ce léger goût fade, particulier aux eaux des rivières les plus pures; son titre hydrotimétrique était 16°,78.

L'eau de la Marne était moins limpide et plus fade; son titre hydrotimétrique était 20°,43.

En amont du pont d'Austerlitz et de la Bièvre, la limpidité du fleuve était un peu altérée par le déchargement des bateaux et l'eau avait contracté une saveur assez désagréable. Son titre hydrotimétrique était, sur la rive droite, 18°,95, et, sur la rive gauche, 17°,86.

La Bièvre produisait une longue traînée d'eau noire et fétide qui s'étendait tout le long de la rive gauche.

• A la pointe de la Cité, sous le pont Louis-Philippe, la limpidité, la saveur et le titre hydrotimétrique de l'eau étaient à peu près les mêmes qu'au pont d'Austerlitz.

La traînée de vase noire due à la Bièvre s'introduisait tout entière dans le petit bras; *sous le pont Saint-Michel, l'eau était fétide et absolument impotable.*

Dans le grand bras, vis-à-vis les établissements de bains du pont Neuf, l'eau était dans le même état de limpidité qu'au pont Louis-Philippe.

Le mélange de toutes les eaux était complet au pont Royal; la teinte du fleuve était uniformément d'un gris noirâtre. A l'estacade de la pompe à feu du Gros-Caillou, *l'eau était fétide*, moins cependant qu'au pont Saint-Michel; elle était absolument impotable. *L'état de l'eau était le même, à l'estacade des pompes à feu de Chaillot.*

---

[1] Nous avons fait cette visite avec M. David Portau, directeur de la Compagnie générale des eaux, et M. Vaudrey, ingénieur en chef de la navigation.

Enfin, à l'estacade des machines d'Auteuil, *l'état de l'eau était pire encore.*

Cette visite a été faite de onze heures du matin à quatre heures du soir, après le service du matin des bornes-fontaines ; il n'y a pas eu de service du soir ce jour-là.

Les échantillons d'eau puisés au pont Saint-Michel et aux estacades des pompes à feu du Gros-Caillou, de Chaillot et d'Auteuil, ont contracté, en six jours, une odeur insupportable. Les échantillons puisés aux autres points indiqués ci-dessus sont restés dans le même état que le jour de la visite.

Le titre hydrotimétrique de l'eau prise en différents points du fleuve prouvait que, jusqu'à la pointe du pont Neuf, l'eau de la Marne était séparée de celle de la Seine ; le mélange n'avait lieu qu'au pont Royal, sous lequel tout le fleuve passait dans un espace très-resserré, sous les trois arches du milieu, les arches extrêmes étant à sec. C'est aussi à partir de ce pont, que la teinte de l'eau était uniformément noirâtre ; mais c'était surtout à l'aval des égouts de Rivoli, des Invalides et de ceinture, que les eaux du fleuve étaient corrompues et fétides.

L'état du fleuve à Paris, pendant les sécheresses de 1858, était donc à très-peu près le même qu'aujourd'hui à l'aval de l'égout d'Asnières, et cependant la quantité d'eau distribuée dans la ville était alors bien faible, car, d'après le même rapport, cette quantité s'élevait en vingt-quatre heures aux volumes suivants :

		MÈTRES CUBES.
Eau d'Ourcq.		85 000
Eau de Seine et autre		21 000
Total		106 000
Sur quoi il était livré au bois de Boulogne environ.		16 000
Restait pour Paris.		90 000

Le lavage de la ville était donc plus imparfait qu'aujourd'hui et les déjections projetées dans le fleuve par les égouts étaient moins abondantes.

Si, en 1858, on avait distribué, en temps de basses eaux, 250 000 mètres cubes d'eau par jour, comme aujourd'hui, je

suis convaincu que l'état de la Seine dans Paris aurait été intolérable.

Les collecteurs ne sont donc pour rien dans le fâcheux état du
fleuve; j'ai constaté en 1858 que des échantillons d'eau, puisés
à divers points du fleuve jusqu'à Poissy, contractaient en cinq
jours une odeur insupportable.

MM. Mille et Durand-Claye (Alfred), chargés, sous ma direction, de l'emploi des eaux d'égout au profit de l'agriculture, ont
fait d'intéressantes études sur l'état de l'eau du fleuve à l'aval du
débouché des collecteurs généraux. Les analyses ont été faites au
laboratoire de l'École des ponts et chaussées, sous la direction de
MM. Mangon et Durand-Claye (Léon).

Voici les faits généraux constatés par ces ingénieurs [1] :

Le collecteur d'Asnières débite, en moyenne, $2^{mc},53$ par seconde; le
collecteur de la plaine Saint-Denis $0^{mc},509$. Les deux collecteurs réu-
nis déversent donc ensemble dans le fleuve, $3^{mc},039$ par seconde, ou
262 646 mètres cubes par vingt-quatre heures.

Chaque mètre cube d'eau du collecteur d'Asnières transporte :

	KILOGRAMMES.
Matières organiques, y compris $0^{kil},043$ d'azote.	0,733
Matières minérales, y compris $0^{kil},017$ d'acide phosphorique. . .	1,594
Total.	2,327

Le collecteur général de Saint-Denis porte, par mètre cube d'eau :

	KILOGRAMMES.
Matières organiques, y compris $0^{kil},040$ d'azote	1,518
Matières minérales, y compris $0^{kil},040$ d'acide phosphorique. . .	1,943
Total.	5.461

Les matières en suspension dans l'eau se déposent en Seine au débouché des collecteurs et forment des bancs volumineux, dont le dragage
coûte annuellement près de 150,000 francs à la ville de Paris. Il se dégage de ces bancs d'énormes bulles de gaz, dont l'analyse a été faite, au
laboratoire de Clichy, par MM. A. Durand-Claye et Cessot.

[1] Analyses de l'année 1869.

Ce gaz est incolore. Son odeur est fade et écœurante. Renfermé pendant un ou deux jours dans un récipient, il contracte l'odeur d'acide sulfhydrique. Il est combustible et brûle avec une flamme bleuâtre. Sa densité est 0,92.

Sa composition chimique est la suivante :

Hydrogène proto-carboné (gaz des marais). C_2H_4.	72,88
Acide carbonique (CO_2)..	13,30
Oxyde de carbone (CO)	2,54
Acide sulfhydrique (SH).	6,70
Divers, azote	4,58
Total.	100,00

M. Girardin a constaté dans l'eau de la Seine, en aval du collecteur d'Asnières, l'existence d'une algue, *Beggiatoa alba*, qui ne se produit que dans des eaux insalubres.

L'eau du fleuve contient, par mètre cube, les quantités d'azote suivantes :

	KILOGRAMMES.
A Port-à-l'Anglais, en amont de Paris	0,0002
Au pont d'Asnières, en amont du collecteur .	0,0015
Au débouché du collecteur d'Asnières	0,0295
A 250 mètres en aval de ce débouché. . . .	0,003
A 5375 mètres en aval de ce débouché . . .	0,002
Au débouché du collecteur de Saint-Denis . .	0,0980
A 125 mètres en aval.	0,0080
A 1810 mètres en aval	0,0020

Le ministre des travaux publics se préoccupa vivement de cet état du fleuve et, d'après l'avis des ingénieurs de la navigation, du service des eaux et des égouts de Paris et du conseil général des ponts et chaussées, il imposa à la ville de Paris l'obligation d'assurer l'enlèvement des dépôts vaseux par des dragages, en lui recommandant de poursuivre et de développer les expériences, commencées à Gennevilliers, sur l'emploi des eaux d'égout au profit de l'agriculture[1].

L'administration municipale est entrée résolûment dans la voie indiquée par le ministre, et il est probable qu'elle arrivera à

[1] Lettre ministérielle du 30 juillet 1870.

ce grand résultat, que toutes les eaux d'égout seront employées et clarifiées par l'agriculture. Le lit du fleuve ne présentera certainement plus le même spectacle affligeant qu'aujourd'hui : la teinte sombre des eaux d'égout aura disparu. Mais les eaux deviendront-elles potables à l'aval de Paris? Non, certainement.

D'abord, en temps de pluie, il est absolument impossible d'empêcher le trop plein des égouts de tomber en Seine. Pendant une partie de l'année, une fraction importante de l'eau des collecteurs se mêlera donc à l'eau du fleuve. Même en temps ordinaire, les matières organiques en dissolution rentreront en partie dans la Seine par les nappes d'eau souterraines[1].

Il résulte des travaux de M. Frankland que les matières organiques en dissolution dans les eaux de rivière ne s'y brûlent pas par l'action de l'oxygène, comme on le croyait jusqu'ici ; j'ai constaté moi-même que les matières en suspension y restent sur de très-longs parcours. La couleur sombre de l'eau des égouts de Paris se remarque encore à l'entrée de Rouen.

On peut donc affirmer, dès aujourd'hui, que jamais l'eau de Seine ne sera rendue potable entre Paris et Rouen et que peu à peu les eaux de toutes les rivières de France qui traversent de grands centres de population subiront la même altération.

Il résulte de la discussion qui précède que le filtrage de l'eau de rivière est difficile et dispendieux, que, même après cette opération et en la supposant bien faite, l'eau retient une quantité notable des matières organiques en dissolution, qu'elle contenait avant le filtrage, qu'elle conserve une saveur peu agréable, qu'il est impossible de la rafraîchir, que l'altération des

---

[1] Résultat constaté par les analyses anglaises.

eaux courantes, aux abords des agglomérations de population, croît rapidement avec les progrès de l'industrie, qu'en un mot, il est très-difficile, pour ne pas dire impossible, d'amener l'eau de rivière à l'état de bonne eau potable, et que cette difficulté augmente tous les jours, surtout aux abords des grandes villes.

CHAPITRE XXIX

DES EAUX DE SOURCES DU BASSIN DE LA SEINE CONSIDÉRÉES COMME EAUX POTABLES

Je démontre dans les chapitres précédents qu'il est impossible de rendre parfaitement potables les eaux de rivière, surtout lorsqu'elles sont corrompues par les déjections des grandes villes et de l'industrie. Les seules eaux qui puissent être distribuées avec sécurité et sans préoccupation de l'avenir sont donc les eaux de sources.

Les différentes contrées qui forment le bassin de la Seine, ne sont pas également bien partagées en ce qui concerne la répartition des sources. C'est ce que je me propose de démontrer dans ce chapitre.

Granite. — *Morvan.* — Les nombreuses sources du granite sont très-pures[1], mais leurs eaux produisent des tubercules dans les conduites et sont d'ailleurs peu abondantes ; les villes, même assez petites, ne peuvent donc trouver que de faibles ressources dans cette région. Chacun des nombreux hameaux qui constituent une commune du Morvan possède au contraire presque toujours, et à une petite distance, une source d'eau excellente qui suffit à tous ses besoins.

[1] Voy. ch. IX, p. 140.

Lias. — *Auxois.* — Les sources manquent dans cette riche contrée[1], les rivières y tarissent et les puits y sont mauvais. Non-seulement les villes, mais encore les moindres centres d'agglomération humaine, les hameaux et les fermes sont privés d'eau potable en été. Il est résulté de là que les villages les plus nombreux se trouvent sur l'affleurement même de la nappe d'eau du calcaire à entroques, qui forme une ceinture autour de toutes les parties du bassin de la Seine occupées par le lias et, notamment, autour de l'Auxois.

Lorsque ce terrain n'est pas très-étendu, comme dans les vallées de la Marne et du Rognon, la population est abondamment pourvue d'excellente eau de sources, qui provient du même niveau d'eau.

Calcaires oolithiques. — *Basse Bourgogne.* — *Lorraine.* — Les cours d'eau de ces terrains sont tous confinés au fond des vallées principales ; les vallées secondaires sont privées d'eau, aussi bien que les plateaux. Il est résulté de là une certaine disposition des lieux habités qui doit attirer notre attention. Dans les terrains demi-perméables indiqués sur la carte par des rayures recouvertes de teintes plates, les lieux habités montent à une assez grande hauteur au-dessus du fond des vallées principales, jusqu'aux points où le forage des puits est possible. Dans les terrains franchement perméables, il n'y a sur les plateaux ni fermes, ni villages, tant que les terres en culture ne sont pas trop éloignées des vallées principales.

Lorsque ces vallées principales sont trop écartées les unes des autres pour que les habitants puissent cultiver les terres des plateaux, il se bâtit sur ces plateaux des villages, dont les habitants boivent de l'eau de citerne et abreuvent leur bétail dans des mares fétides. Tels sont, sur les plateaux de la grande oolithe situés entre la Seine et l'Armançon, les villages d'Étais, Puits, Coulmier-le-Sec, Balot, Sarvoisy, Ampilly-le-Sec.

Dans ces contrées arides, les villages et les villes suivent donc les lieux de sources, c'est-à-dire sont bâtis au fond des vallées principales. Il serait toujours facile, avec de très-petites dépenses, d'y dériver de belles et limpides eaux, par le simple effet de la gravité ; car si les sources sont au fond des vallées, aussi bien que les villes, la pente de ces vallées est grande. Telles sont les villes de Clamecy, Tonnerre, Montbard, Châtillon, Bar-sur-Seine, Bar-sur-Aube, Vassy et Bar-le-Duc ; même lorsque les villes sont bâties sur le plateau, comme Chaumont, on peut faci-

[1] Voy. ch. IX, p. 138.

lement les alimenter en eau de sources relevée au moyen de machines à vapeur ou de roues hydrauliques.

Terrain crétacé inférieur. — Si nous faisons abstraction des gouffres ou grandes sources[1], l'eau potable est rare dans le terrain néocomien ; les sources sont petites dans le greensand, et leur eau n'est pas toujours agréable ; elle devient facilement trouble en temps de pluie.

Il y a un très-beau niveau d'eau, au contact de la craie blanche et du terrain crétacé inférieur[2]. On a vu que les lieux habités se pressent les uns contre les autres sur cette ligne[3].

Champagne. — *Craie blanche.* — L'eau manquant complétement sur les plateaux qui séparent les lieux de sources et les puits devenant de plus en plus profonds, au fur et à mesure qu'on s'élève sur ces plateaux, les lieux habités s'accumulent le long des cours d'eau. Ils y forment de longues files de maisons, écartées les unes des autres, de telle sorte que les extrémités des hameaux se touchent souvent et que le voyageur étranger ne sait jamais le nom du village dont il foule le sol.

Les villes sont aussi, sans exception, bâties au bord des cours d'eau : telles sont Joigny, Sens, Troyes, Nogent-sur-Seine, Arcis, Châlons, Épernay, Reims ; la plupart pourraient être alimentées en excellente eau de sources ; mais, dans le plus grand nombre des localités, on se contente de puits, qui donnent aussi une fort bonne eau.

Les mêmes observations s'appliquent à la craie de la Normandie, de la Picardie et du bassin d'Eure.

Les fermes et villages de la Champagne ne s'écartent des lieux de sources, qu'autant que le forage des puits est facile sur les plateaux ; les localités bâties où cette condition n'est pas remplie portent des noms particuliers, tels que *la Belle-Idée, la Folie,* etc.

TERRAINS TERTIAIRES.

Niveau d'eau de l'argile plastique. — Les jolies et nombreuses sources qui sortent de ce niveau d'eau ont attiré sur l'étroite lisière occupée autour des vallées par l'argile plastique une population nombreuse, et de non moins nombreuses propriétés d'agrément. Tels sont les beaux villages qui forment, pour ainsi dire, un cordon continu au pied des riches

---

[1] Voy. ch. IX, p. 135.
[2] Voy. sur la carte, la limite de la rayure et de la teinte verte.
[3] Voy. ch. XII, p. 194.

vignobles d'Épernay et de Reims. Telles sont encore les maisons de campagne qui s'abritent sous les beaux ombrages des coteaux de la Marne, entre Épernay et la Ferté-sous Jouarre.

Les riches plateaux du Soissonnais et du Vexin français n'ont d'autres ressources, en eau potable, que cette nappe d'eau située à un niveau beaucoup trop bas ; les fermiers en élèvent l'eau par un procédé mécanique quelconque.

Il est presque impossible de séparer du niveau d'eau de l'argile plastique les lieux de sources du calcaire grossier et des sables moyens du Valois, du Tardenois et de la plaine Saint-Denis, qui s'y rattachent à chaque pas. Les belles forêts et les riantes vallées de Compiègne, Pierrefonds, Chantilly, Luzarche, etc., doivent tout leur agrément à ces deux sortes de sources.

Brie.— Niveau d'eau des marnes vertes.— Le liséré vert qui, sur la carte, festonne les vallées de la Brie indique ce niveau d'eau, et en même temps l'emplacement de la plupart des propriétés d'agrément des environs de Paris. Bellevue, Meudon, Villeneuve-Saint-Georges, Brunoy, etc., doivent à ce niveau d'eau leurs beaux ombrages et leur fraîcheur. Les châteaux plus importants, Vaux près de Melun, Ferrières, Saint-Germain près de Corbeil, n'ont pas dédaigné la petite source des marnes vertes. Quelques-uns, le château de Saint-Martin-d'Ablois, par exemple, se sont érigés sur de véritables rivières qui jaillissent du sol, telles que le *Sourdon.* D'autres sont rendus inhabitables par le nombre et l'abondance des sources ; tel est le château de Maupertuis sur l'Aubetin, affluent du grand Morin. On peut dire qu'autour de la grande ville, pas une goutte d'eau souterraine n'a été négligée.

Les rares châteaux qui se sont élevés sur les plateaux d'argile à meulières, où l'eau courante manque absolument, méritent peut-être les noms de *la Folie, la-Belle-Idée,* que nous avons trouvés en Champagne.

Les fermes, au contraire, sont toutes sur les plateaux, à portée de ces riches labourages ; mieux placées que celles du Soissonnais, elles trouvent l'eau des marnes vertes à une petite profondeur au-dessous du sol. Les villages et les villes s'étendent à flanc de coteau, entre le niveau d'eau des marnes vertes et les lieux de sources du fond des vallées.

Il est à remarquer que les sources de l'argile plastique, et surtout celles des terrains perméables situés au-dessus des marnes vertes, sont les plus mauvaises du bassin de la Seine[1] ; si elles contribuent dans une si

______
[1] Voy. ch. IX, p. 140.

large mesure, à l'agrément des propriétés de luxe qui entourent la grande ville, il faut reconnaître que la plupart sont à peine potables. Si une distribution en eau de rivière est justifiée, malgré tous ses inconvénients, c'est dans toute cette riche banlieue de Paris. Mieux vaut encore distribuer une eau trouble, tiède, plus ou moins suspecte, qu'une eau impropre à la cuisson des légumes, au savonnage et autres usages domestiques.

Beauce. — Sables de Fontainebleau. — Calcaire de Beauce. — Les sources de cette contrée sont excellentes, mais les lieux de sources sont beaucoup trop écartés les uns des autres [1]; les terrains intermédiaires étant fort riches et très-étendus, la culture n'y est possible qu'autant que les fermes sont bâties sur des plateaux absolument dépourvus d'eau et très-éloignés des lieux de sources.

La Beauce, les plateaux de la Bourgogne et l'Auxois sont les contrées du bassin de la Seine qui souffrent le plus de la disette d'eau, les deux premières parce qu'elles sont trop perméables, et la troisième parceque'elle est trop imperméable. Ces deux raisons opposées ont produit le même résultat. Les fermes de la Beauce et de la Bourgogne, dans les dernières années sèches, ont payé l'eau à l'hectolitre. C'est surtout dans la Beauce qu'une distribution rurale d'eau, destinée aux besoins domestiques, semble justifiée. On a parlé aussi d'eau destinée aux irrigations ; c'était tout simplement absurde. Une dérivation d'eau de la Loire ou des étangs du Gâtinais est possible et serait très-utile en Beauce.

Vexin normand, pays de Caux, bassin d'Eure. — Voici encore de riches plateaux drainés par la craie qui, de même que la Beauce, sont absolument privés d'eau potable, et qui, en raison de leur fertilité et de leur grande étendue, doivent être habités. Le problème a été résolu comme il suit. La grande épaisseur de la couche de limon permet d'établir des mares presque intarissables : c'est la part du bétail ; l'absence d'eau potable justifie l'usage exclusif du cidre. Dans ces dernières années de sécheresse, il y a eu de grandes souffrances, les mares ayant tari, même dans le pays de Caux, et les pommiers n'ayant pas donné de cidre.

En résumé, les hameaux du Morvan usent sans frais d'une eau excellente. Les lieux habités de la Bourgogne, de la Lorraine et de la Champagne sèche sont disposés de telle sorte qu'ils sont à

____
[1] Voy. ch. XIII, p. 242.

peu de hauteur au-dessus des eaux de sources, et qu'ils usent ou de bons puits ou de sources excellentes. La plupart des villes de la Normandie ou de la Picardie peuvent, par de courtes dérivations ou par des machines, se procurer les excellentes eaux de la craie blanche. Les habitants des riches plateaux du Soissonnais, des Vexins français et normand, du pays de Caux, de la Beauce et du bassin d'Eure, abreuvent leur bétail dans des mares et ne boivent pas d'eau.

Les nombreuses sources de la Brie et de la banlieue de Paris suffisent pour alimenter les pièces d'eau des propriétés de luxe, mais ne donnent pas d'eau potable. C'est dans cette seule contrée du bassin de la Seine, que les distributions d'eau de rivière sont justifiées.

Les populations de la Champagne humide et du Gâtinais, disséminées, comme celles du Morvan, dans de nombreux hameaux, jouissent d'un grand nombre de petites sources souvent assez peu agréables. Les seules contrées qui souffrent presque constamment de la disette d'eau sont l'Auxois, les plateaux des calcaires oolithiques et la Beauce.

On dit que le code rural, qu'on prépare depuis si longtemps, retirera aux propriétaires de sources le droit de dérivation que le code civil leur accorde. Il en résultera qu'avant de dériver une source, une ville et même un village devront préalablement indemniser tous les usagers, qu'ils aient ou non des titres ; qu'en d'autres termes, les sources seront retirées de la consommation domestique.

Lorsque toutes nos rivières seront gâtées par l'industrie, comme le sont les rivières anglaises ou la Seine en aval de Paris, on se demande quel sera le liquide réservé pour les usages domestiques. Sans doute l'eau épurée de la plaine de Gennevilliers ! J'espère qu'il ne se trouvera pas une administration assez absurde pour nous imposer une telle loi. Cependant il ne faut répondre de rien, et une disposition législative de cette sorte peut passer inaperçue, au milieu des tristes préoccupations de notre époque.

SECONDE PARTIE

APPLICATION DES ÉTUDES QUI PRÉCÈDENT A L'AGRICULTURE[1]

CHAPITRE XXX

DU LIMON DES PLATEAUX. — TERRES LABOURABLES

J'ai dit, dans le premier volume de cet ouvrage[2], que le relief actuel du bassin de la Seine était dû à une immense érosion produite par des courants diluviens, qui en ont sillonné toute la surface.

Cette masse d'eau, ou plutôt de boue liquide, a laissé derrière elle une couche de limon, irrégulièrement étendue à la surface du sol.

Ce dépôt n'est point homogène ; il est habituellement formé de deux couches : l'une à la base, très-grossière ; l'autre à la surface, composée de détritus impalpables ou presque impalpables, de sable d'une extrême ténuité, d'argile et d'une petite quantité d'oxyde de fer, qui a donné à la masse une couleur ocreuse, variant du jaune foncé au brun chocolat et au brun rouge ; c'est

---

[1] Je me proposais de donner beaucoup plus de développement à cette partie de mon ouvrage, mais, pour ne pas grossir démesurément ce volume, j'ai dû faire de nombreuses coupures à mon manuscrit.

[2] Le bassin parisien aux âges antéhistoriques.

la terre à brique des départements du Nord et de la Belgique, le limon rouge des géologues.

Le limon rouge est unpeu grossier, ce qui tient à ce qu'il s'est déposé, non pas, comme les véritables argiles, dans une eau complétement tranquille, mais dans une eau courante, animée encore d'une très-faible vitesse.

En délayant dans l'eau cette argile rouge avec de la marne verte de Montmartre, qui s'est déposée dans une eau complétement tranquille, et qui, par conséquent, est beaucoup plus fine, en agitant fortement le liquide et le laissant ensuite en repos, les deux argiles se séparent ; le limon diluvien se dépose d'abord en deux couches, le nuage de marne verte s'abaisse ensuite beaucoup plus lentement.

Il résulte de là que les limons des plateaux sont moins plastiques, moins gras que les autres argiles ; ils ne sont jamais glaiseux, et, par conséquent, sont bien moins difficiles à travailleravec la charrue, surtout lorsqu'ils contiennent une certaine proportion de sable.

Répartition du limon des plateaux sur les différents terrains qui forment le bassin de la Seine. — La boue diluvienne s'est déposée sur tous les plateaux dépourvus d'ondulations et unis comme ceux de la Brie ; au contraire, le torrent boueux a passé sans rien y laisser, sur les flancs de la chaîne de la côte d'Or, sur les pentes rapides des coteaux qui bordent les vallées et sur les plaines ondulées, comme celles de la Champagne.

C'est encore ainsi que se forment aujourd'hui les relais boueux des eaux courantes. Les alluvions limoneuses dues aux débordements s'étendent régulièrement sur les plaines unies qui bordent les rivières, mais elles ne se déposent jamais sur les terrains à forte pente, notamment sur les talus des berges.

Les terrains sur lesquels le limon diluvien s'est étendu sont : 1° les parties plates du lias, surtout celles occupées par les cal-

caires à gryphées arquées et à bélemnites. Les paysans bourguignons donnent au limon qui les recouvre, le nom de *petite
aubue*, pour le distinguer des argiles du lias beaucoup plus compactes, qu'ils nomment *grosses aubues*. La petite aubue repose
généralement sur un lit de minerai de fer, qui en forme la
couche grossière. 2° Le calcaire kellowien qui s'étend au pied du
gradin formé par les argiles d'Oxford. Le limon qui couvre ce
plateau est connu sous le nom d'*herbue*. Il repose sur une couche de minerai de fer très-estimé nommé *mine rouge*. 3° Les
plateaux crayeux dépourvus de pente, de la Picardie, du Vexin
normand, de la rive gauche de l'Eure, du pays de Caux. Dans
ces trois dernières contrées, le limon ne repose pas directement
sur la craie blanche, mais sur l'argile à silex. Il n'en est pas
moins drainé énergiquement par la craie. 4° Les plateaux du
Gâtinais. 5° Les plateaux éocènes de l'Ile-de-France, du Valois,
du Tardenois, du Soissonnais, du Vexin français. 6° Les argiles
à meulières de Brie. 7° Les calcaires de Beauce. 8° Les argiles à
meulières supérieures. 9° Les argiles tertiaires des sources de
l'Eure.

Une partie des limons déposés sur ces plateaux a été entraînée
au fond des vallées par les eaux pluviales, et, transportée par les
eaux des cours d'eau, s'est déposée sur les graviers qui bordent
les lits de ces cours d'eau. C'est surtout dans la traversée des
terrains crétacés, que se sont étendues ces alluvions. Les fonds de
vallées, dans ces terrains, sont si larges, qu'ils forment de véritables plaines. Telles sont les plaines de Saint-Florentin, de
Villeneuve-la-Guyard, de Vaude, de Brienne, du Perthois, dans
les vallées de l'Armançon, de l'Yonne, de la Seine, de l'Aube et
de la Marne.

Voici quelle est l'étendue de ces divers plateaux :

TERRAINS PERMÉABLES.

		KILOM. CARRÉS
Terrains kellowiens de la Bourgogne, environ. . . .		1 100
Plateaux drainés par la craie blanche. { Picardie.		2 850
	Vexin normand.	1 190
	Beauce, entre Chartres et Rouen. . .	7 710
	Pays de Caux.	2 020
Plateaux éocènes de l'Ile-de-France, du Valois, du Soissonnais, du Tardenois, du Vexin français. . . .		7 530
Calcaires de Beauce.		4 420
Limons des plateaux remaniés par les eaux pluviales, gravier du fond des vallées crayeuses.		5 875
Total..		32 695

TERRAINS IMPERMÉABLES.

	KILOM. CARRÉS
Lias de l'Auxois et du Nivernais, moitié environ de la surface totale.	1 200
Argiles du Gâtinais.	3 700
Argiles à meulières de Brie.	4 470
Argiles à meulières supérieures.	540
Argiles des bassins de l'Eure et de la Rille.	1 025
Total..	10 935
Total général.	43 630

Tous ces terrains sont devenus extraordinairement fertiles.

Ainsi la fertilité se trouve sur tous les plateaux à faibles pentes, que le courant diluvien a recouverts de son manteau rouge. Elle se trouve encore sur les plaines basses, où le limon des plateaux a été entraîné par les pluies et les cours d'eau.

Il y a stérilité ou du moins fertilité très-inférieure, entre ces plaines hautes et basses, sur les pentes des coteaux où le limon n'a pu s'arrêter, sur les plaines ondulées où l'eau diluvienne a conservé trop de vitesse, pour y déposer de la boue, notamment sur les plaines crayeuses de la Champagne, et enfin sur les flancs des deux seules contrées montueuses du bassin, le Morvan et la basse Bourgogne ; je ne compte pas l'Ardenne, trop peu développée dans le bassin de la Seine pour qu'on en parle.

Dans toutes ces localités, qui n'ont pas été recouvertes par le dépôt de boue diluvienne, le terrain détritique est trop maigre et trop brûlant, ou trop froid et trop compacte.

Lorsque le sol est perméable, il se dessèche immédiatement après la pluie, s'il n'est pas recouvert par le limon diluvien. Il reste longtemps gras et pâteux si le dépôt limoneux existe. Une armée en campagne peut circuler à pied sec, en tout temps et en toute saison, sur les plaines ondulées de la Champagne, sur les coteaux de la Bourgogne, qui ne sont pas recouverts par le limon. La marche serait au contraire très-fatigante, après la pluie, sur les plateaux du Soissonnais, du pays de Caux et même de la Beauce, parce que les fantassins, les chevaux et surtout l'artillerie, s'enfonceraient profondément dans le dépôt boueux qui les recouvre ; il ne serait pas inutile de faire connaître ces propriétés du sol aux élèves de nos écoles militaires.

La boue diluvienne est une excellente moyenne entre les états extrêmes du sol : elle est suffisamment épaisse pour bien conserver les engrais et permettre l'entier développement de la plante, assez légère pour être cultivée facilement et assez argileuse pour conserver sa fraîcheur en été. Les propriétés de cette boue sont très-différentes, suivant qu'elle s'est déposée sur un sol perméable ou sur un terrain imperméable.

Terrains perméables. — C'est surtout lorsqu'elle s'est déposée sur un sol perméable que la boue diluvienne est devenue merveilleusement fertile. Le drainage naturel qui s'opère dans le sous-sol, enlève tout l'excès d'humidité nuisible à la végétation et le cultivateur, dans ces terres privilégiées, voit ses travaux et son industrie récompensés par des produits vraiment extraordinaires.

Les plateaux drainés par la craie, désignés dans le tableau qui précède, sont devenus les terrains les plus fertiles de la France.

Viennent ensuite, et presque au même degré de fertilité, les dépôts qui se sont formés à la surface des terrains tertiaires perméables.

Les graviers des larges vallées des terrains crétacés, out été aussi d'excellents supports du limon des plateaux, remanié par les pluies et les cours d'eau.

Enfin, sur les calcaires kellowiens de la basse Bourgogne, se sont aussi étendues des terres arables excellentes, quoique moins fertiles que les précédentes.

Terrains imperméables. — Lorsque les dépôts de boue diluvienne se sont formés sur des terrains imperméables, la fertilité est moins complète, moins spontanée ; il faut que l'industrie humaine vienne en aide à la nature.

Le sous-sol étant imperméable, les eaux pluviales forment des flaques d'eau à la surface du sol, ou s'écoulent superficiellement vers les thalwegs.

Dans le premier cas, le sol refroidi par le séjour des eaux pluviales, devient stérile. Dans le second, le limon entraîné par les eaux sauvages, descend dans les vallées et se perd dans les cours d'eau ; la terre se dépouille ainsi de son humus, *se dégraisse,* disent énergiquement les cultivateurs de l'Auxois.

Les plateaux du Gâtinais ont été longtemps frappés de stérilité par le défaut d'écoulement des eaux pluviales : on donnait le nom de *gâtines* aux larges flaques d'eau qui séjournaient pendant une partie de l'année à leur surface. Aujourd'hui les gâtines ont disparu, et, le marnage et le drainage aidant, le Gâtinais est devenu, ou deviendra bientôt une contrée très-fertile.

Depuis longtemps des travaux d'assainissement ont été pratiqués en Brie, dont la fertilité est bien connue ; le drainage complète aujourd'hui les premiers efforts de nos pères.

Les plaines de l'Auxois ne manquent pas de pente, les eaux pluviales s'y écoulent facilement ; mais aussi elles s'y chargent d'un limon précieux et, à chaque crue, remplissent les cours d'eau d'une véritable boue liquide, au grand détriment de l'agriculture. Le drainage mettra aussi un terme à cet amaigrissement des terres.

En résumé, le riche manteau de boue diluvienne qui s'est étendu sur le bassin de la Seine, comme sur la Picardie et la Flandre, a fait de cette partie de la France, une de ces contrées privilégiées, où la fertilité règne non-seulement au fond des vallées, mais encore sur tous les plateaux.

La boue diluvienne est surtout favorable à la culture des céréales et des prairies artificielles. Les prairies naturelles, au contraire, s'y développent assez difficilement. Cette loi est d'une très-grande importance en agriculture ; j'y reviendrai dans les chapitres suivants.

Les riches cultures industrielles, telles que celles de la betterave à sucre, du colza et du lin, peuvent aussi prendre un grand développement, dans les terres couvertes par le limon des plateaux. Mais ces cultures exigent beaucoup de main-d'œuvre. Elles ont donc enrichi, surtout les départements du nord de la France, où la population est très-dense. Le bassin de la Seine étant moins peuplé, les cultures industrielles y sont aussi moins développées. Cependant les sucreries s'élèvent çà et là dans les contrées les plus fertiles.

Ce qui distingue encore les terres perméables couvertes par le limon, c'est que, cultivées en céréales, elles rendent toujours en moyenne, de 20 à 30 hectolitres de grain à l'hectare. Lorsque le limon manque, il est très-difficile d'atteindre même la limite de 20 hectolitres, et le plus souvent le rendement ne dépasse pas 12 hectolitres.

Autrefois l'assolement triennal était établi partout, le fermage des terres se payait en nature et s'élevait au tiers du produit brut. Si ce système était maintenu, le cultivateur du département du Nord, qui arrive aujourd'hui au produit moyen de 30 hectolitres, rendrait à son propriétaire, pour trois ans de fermage, la valeur de 10 hectolitres de blé et d'avoine par hectare, soit environ 80 francs par an; il garderait pour lui 20 hectolitres des mêmes grains, soit environ 160 francs, auxquels s'ajouterait le produit énorme des cultures industrielles, qu'il substitue à la jachère et à la récolte d'avoine de la rotation triennale. Ces derniers produits s'élèvent, pour une révolution triennale, à 300 francs par an. La part du cultivateur serait, dans cette hypothèse, de 460 francs.

Le cultivateur bourguignon, au contraire, arrive à peine au produit moyen de 15 hectolitres à l'hectare, quand le limon rouge ne couvre pas son champ. En rendant 5 hectolitres de blé et d'avoine pour son fermage, pour une rotation de trois années, soit 40 francs par an et par hectare, il ne lui reste que 10 hectolitres des deux grains, soit 80 francs.

Il résulte de là que le fermier du Nord rend aujourd'hui au propriétaire, non pas 80 francs, mais 200 francs par an et par hectare et s'enrichit, et que le fermier bourguignon ou champenois peut à peine toucher les deux bouts, en payant la redevance de 40 francs.

L'élément calcaire manque dans deux terrains du bassin de la Seine, le granite du Morvan, et le terrain crétacé inférieur de la Champagne humide. Ces terrains étant dépourvus de couches marneuses, la chaux doit être employée pour rendre à la terre l'élément de fertilité qui lui manque. La couche superficielle du limon des plateaux est souvent privée de carbonate de chaux; dans le Gâtinais, le Vexin normand, le bassin de l'Eure et le pays de Caux, on marne avec la craie située sous la couche de limon rouge. Dans le Soissonnais, le Valois et le Vexin français, on fait usage des marnes du calcaire grossier. On exploite en Brie les marnes du terrain lacustre situé sous les marnes vertes.

CHAPITRE XXXI

DES CULTURES PERMANENTES

———

Les terres imperméables qui ne sont pas recouvertes par le limon des plateaux, peuvent être rendues fertiles par la culture. Le
granite lui-même devient productif par l'emploi de la chaux. Ces
terres sont d'ailleurs très-propres à une culture permanente,
celle *des prairies*, qui y a pris un très-grand développement.

Les terres perméables non recouvertes par le limon des plateaux sont frappées de stérilité et ne pourraient nourrir leurs
habitants, si elles n'étaient propres, dans beaucoup de cas, à deux
cultures permanentes, *les bois et les vignes*, qui y ont pris un
très-grand développement.

La répartition des trois cultures permanentes est faite dans les
tableaux suivants :

TERRAINS IMPERMÉABLES

J'ai recherché la répartition complète des cultures dans les différents terrains d'un arrondissement entier, celui d'Avallon. Le
tableau suivant s'applique aux terrains imperméables de cet
arrondissement.

DÉSIGNATION	PRÉS	BOIS	VIGNES	TERRES LABOURABLES	PATURES JARDINS VERGERS MAISONS MARNES ÉTANGS	TERRAINS EN FRICHES
GRANITE. — MORVAN	hectares	hectares	hectares	hectares	hectares	hectares
Surface totale dans l'arrondissement, 26.529.	2 597	9 961	50	12 655	645	665
Rapport des surfaces :						
A celle du granite.	0,098	0,576	0.001	0,477	0,024	0,025
A celles des terres labourables.	0,206	0,767	0,002	1,000	0,051	0,052
LIAS. — AUXOIS.						
Surface totale dans l'arrondissement, 25.958 hectares.	4 560	847	1 765	16 598	580	11
Rapport des surfaces :						
A celle du lias.	0,190	0,053	0,073	0,680	0,024	0,0005
A celle des terres labourables.	0,266	0,052	0,108	1,000	0,055	0,0007

Il résulte de ce tableau que le lias est à peu de chose près déboisé, et ne renferme pas de terrains en friche. Les prairies y sont très-développées.

Les vignes manquent dans le granite. Les bois et les prés y sont très-développés.

Les rapports, pour les prés du lias, sont un peu faibles, parce que, dans ces dernières années, on a créé beaucoup de prés nouveaux, qui ne figurent pas sur la matrice des rôles du cadastre.

Pour les autres terrains du bassin de la Seine, je n'ai pu établir une classification aussi complète. J'ai fait une première vérification sur les cartes du bureau de la guerre, où les trois cultures permanentes sont indiquées. J'ai complété ce travail en prenant, sur les registres du cadastre, la répartition de ces cultures sur le territoire d'un certain nombre de communes, prises au hasard dans chaque terrain.

Les tableaux qui suivent ne donnent donc pas des nombres exacts, comme ceux d'une statistique. Ce sont de simples indications, qui suffisent pour donner une idée nette de la répartition des cultures permanentes.

SUITE DES TERRAINS IMPERMÉABLES.

NOMS DES COMMUNES	SURFACES EN HECTARES PORTÉES AU CADASTRE				OBSERVATIONS
	totales des territoires	des prés	des bois	des vignes	

MARNES KIMMÉRIDIENNES IMPERMÉABLES, RECOUVERTES PAR LE TERRAIN PORTLANDIEN.

Lorraine.

Vallée de l'Ornain.	Gondrecourt	3 751	155	1 851	50	
	Abainville	1 567	102	256	67	Les bois et les vignes appartiennent presque entièrement au terrain portlandien.
	Houdelaincourt	1 608	105	544	5	
	Menaucourt	651	25	58	56	Prairies 46 millièmes du territoire.
	Velaine	1 071	54	540	175	Bois 561 — —
	Bar-le-Duc	2 527	79	1 076	680	Vignes 90 — —

Vallée de la Saulx, mêmes dispositions.

Vallée de l'Aire	Saint-Aubin	1 418	142	510	1	
	Douremy	1 024	65	558	0	
	Ernecourt	892	55	261	0	Prairies 70 millièmes du territoire.
	Dagonville	1 501	114	245	0	Bois 251 — —
	Baudrémont	681	28	161	0	Vignes 3 — —
	Longchamps	1 568	141	185	9	
	Courcelles	727	14	264	12	

TERRAIN CRÉTACÉ INFÉRIEUR.

Champagne humide. Département de l'Aube.

Bassin de la Barse.	Lusigny	5 792	461	406	17	
	Ménil-Saint-Pères	1 742	194	264	10	
	La Loge-aux-Chèvres	285	29	55	1	Prairies 120 millièmes du territoire.
	La Villeneuve-aux-Chèvres	1 005	200	195	15	Bois 109 — —
	Montiéramey	675	145	19	55	Vignes 7 — —
Bassin de l'Hozain.	Rumilly	4 258	294	92	15	
	Montecaux	1 010	210	586	1	

Argonne.

Bassin de l'Aire	Clermont	5 676	245	2 456	8	
	Aubreville	2 868	178	1 025	52	Prairies 78 millièmes du territoire.
	Neuvilly	1 809	150	492	11	Bois 478 — —
	Boureuilles	2 155	236	1 150	14	Vignes 11 — —
	Varennes	1 180	104	480	59	

Normandie. — Pays de Bray.

Canton de Forges.	Le Fossé	1 022	565	248	0	
	Serqueux	527	266	55	0	
	Saumont-la-Poterie	1 594	654	265	0	
	Forges	564	118	126	0	Prairies 461 millièmes du territoire.
Canton de Gournay.	Ferrière	1 591	574	40	0	Bois 92 — —
	Gournay	1 058	755	9	0	Vignes 0 — —
	Guy-Saint-Fiacre	964	507	28	0	
	Dampierre	1 285	651	25	0	

ARGILES A MEULIÈRES DE BRIE.

Parties accidentées et rapprochées des vallées.

Arrondissement de Meaux.	Jouarre	4 219	592	585	32	
	Saint-Fiacre	275	71	12	21	Prairies 161 millièmes du territoire.
	Boutigny	988	214	15	94	Bois 67 — —
	Nanteuil-les-Meaux	763	132	8	56	Vignes 55 — —

NOMS DES COMMUNES	SURFACES EN HECTARES PORTÉES AU CADASTRE				OBSERVATIONS
	totales des territoires	des prés	des bois	des vignes	

Grands plateaux sans pente, entre Melun et l'Yères.

Arrondissement de Melun.	Lissy	650	5	28	0	Prairies 13 millièmes du territoire. Bois 58 — — Vignes 4 — —
	Beau	1 503	49 (a)	74	0	(a Les prés sont dans une petite dépression du sol.
	Montereau-sur-le-Jard. .	1 110	0	2	3	(b) Ces vignes couvrent la pente d'un coteau de sables de Fontainebleau.

Partie situé à gauche de la Seine.

Arrondissement de Corbeil.	Courcouronne	457	0	50	0	
	Chevannes.	997	5	108	11 (b)	

ARGILES DU GATINAIS.

Rive droite du Loing. Région à étangs. Plateau ondulé.

Saint-Hilaire-sur-Puiseaux	1 156	380	21	2	
Mormant.	1 149	45	17	6	
Vimory.	2 625	158	131	43	Prairies 121 millièmes du territoire.
Oussoy	2 520	485	257	11	Bois 107 — — Vignes 18 — —
Chailly.	1 855	195	261	17	
Villemoutiers	1 554	125	189	114	
Auvilliers	2 062	164	504	50	

Rive gauche du Loing. Région sans étangs. Plateau sans pente.

La Chapelle-Saint-Sépulcre.	621	0	587	0	
La Celle-en-Hermois.	1 956	7	744	9	Prairies 2 millièmes du territoire.
Paucourt.	2 046	0	1 717	»	Bois 425 — — Vignes 2 — —
Chuelles.	3 082	10	481	6	
Thorailles.	345	2	73	0	

ARGILES TERTIAIRES DES SOURCES DE L'EURE ET DE LA RILLE.

Plateau vers les sources de l'Eure et de ses affluents. Département d'Eure-et-Loir.	Senonches.	5 759	153	279	0	Prairies 54 millièmes du territoire. Bois 122 — — Vignes 0 — —
	La Puisaye.	2 058	128	655	0	
	Les Ressuintes.	742	98	46	0	
	Tardais.	142	5	14	0	
	La Framboisière. . . .	520	23	15	0	
	Joudrais.	1 550	26	505	0	
	La Ville-aux-Nouains. .	555	25	145	0	
	Mesnil-Thomas.	1 654	18	167	0	
	Digny.	5 984	120	546	0	
Bassin de la Rille et de son affluent la Charentonne. Département de l'Orne.	L'Aigle..	1 799	595	118	0	Prairies 194 millièmes du territoire. Bois 157 — — Vignes 0 — — Ces communes se rattachent au Perche.
	Aube-sur-Rille..	574	104	11	0	
	Brethel.	297	94	10	0	
	Auquaise.	225	80	2	0	
	Saint-Michel-de-la-Forêt.	674	56	18	0	
	Notre-Dame-d'Après. . .	1 858	173	783	0	
	Cruloir..	2 250	342	113	0	
	Vitron-sur-l'Aigle. . . .	1 155	144	100	0	
	Laferté-Fresnel.	763	29	274	0	
	La Gonfrière.	1 283	388	189	0	
	Gonville.	2 154	572	420	0	
	Saint-Vandrille.	677	173	226	0	
	Planches.	560	175	14	0	
	Echauménil.	233	85	6	0	

NOMS DES COMMUNES	SURFACES EN HECTARES PORTÉES AU CADASTRE				OBSERVATIONS
	totales des territoires	des prés	des bois	des vignes	

TERRAINS DEMI-PERMÉABLES (BOURGOGNE)

TERRE-A-FOULON.

La Montagne. — Arrondissement de Chatillon-sur-Seine (Côte-d'Or).

NOMS DES COMMUNES	totales des territoires	des prés	des bois	des vignes	OBSERVATIONS
Vallée de la Laignes. Baigneux-les-Juifs	1 247	41	10	0	Prairies 25 millièmes du territoire. Bois 191 — Vignes 0 —
Jours	1 120	55	228	0	Les prairies sont confinées au bord des cours d'eau, comme dans les terrains perméables. Les bois appartiennent pour la plupart à la grande oolithe.
Chaume	1 265	54	216	0	
Villaines-en-Duesmois	5 595	64	1 267	0	
Vallée du Brévon. Echalot	2 761	56	1 496	0	
Etalante	5 914	96	961	0	
Aignay-le-Duc	2 486	80	682	0	
Beaunotte	850	50	105	0	

MARNES OXFORDIENNES DE LA BOURGOGNE.

Parties situées au fond des larges vallées.

NOMS DES COMMUNES	totales des territoires	des prés	des bois	des vignes	OBSERVATIONS
Vallée de la Seine Vix	554	94	2	58	Prairies 78 millièmes du territoire. Bois 510 — Vignes 55 —
Potières	1 786	280	565	69	
Villiers-le-Patras	777	95	402	45	
Charrey	1 269	66	580	97	
Gomméville	982	22	511	165	
Vallée de la Laignes. Larrey	1 871	96	889	155	
Laignes	4 002	161	749	20	
Griselles	1 258	145	515	69	

Parties en coteau.

NOMS DES COMMUNES	totales des territoires	des prés	des bois	des vignes	OBSERVATIONS
Vallée de la Seine. Chaumont-le-Bois	717	15	286	170	Prairies 10 millièmes du territoire. Bois 244 — Vignes 155 —
Vallée de la Laignes. Sennevoy-le-Haut	884	5	168	46	

Grande falaise des marnes oxfordiennes.

NOMS DES COMMUNES	totales des territoires	des prés	des bois	des vignes	OBSERVATIONS
Vallée de la Seine. Massingy	491	66	76	154	Prairies 17 millièmes du territoire. Bois 155 — Vignes 91 —
Vannaire	127	40	58	65	
Entre la Seine et la Laignes. Poinçon	795	51	0	121	
Marcenay	755	68	0	44	
Nicey	1 588	120	494	59	
Gigny	745	92	91	69	

MARNES KIMMÉRIDIENNES RECOUVERTES PAR LE TERRAIN PORTLANDIEN. — LES GRANDES VIGNES.

Aube. — Les Riceys.

NOMS DES COMMUNES	totales des territoires	des prés	des bois	des vignes	OBSERVATIONS
Vallée de la Seine. Merrey	858	15	4	520	Prairies 51 millièmes du territoire. Bois 74 — Vignes 572 —
Vallée de l'Ource. Landreville	1 420	72	55	545	
Celles	956	29	82	455	
Vallée de la Laignes. Les Riceys	4 292	122	417	1 512	

Auxerrois.

NOMS DES COMMUNES	totales des territoires	des prés	des bois	des vignes	OBSERVATIONS
Vallée de l'Yonne. Cravant	2 198	42	209	557	Prairies 84 millièmes du territoire. Bois 72 — Vignes 314 —
Irancy	1 198	2	95	556	
Coulange-la-Vineuse	1 058	0	54	524	
Auxerre	4 505	174	296	1 590	

NOMS DES COMMUNES		SURFACES EN HECTARES PORTÉES AU CADASTRE				OBSERVATIONS
		totales des territoires	des prés	des bois	des vignes	
Vallée de l'Armançon.	*Tonnerrois.*					
	Tonnerre	5 827	107	2 061	655	
	Épineuil	625	0	55	519	Prairies 17 millièmes du territoire.
	Dannemoine	1 029	8	52	271	Bois 254 — —
	Cheney	565	24	12	120	Vignes 165 — —
	Tronchoy	659	12	46	73	
Vallée du Serein.	*Chablis.*					
	Poilly	2 128	57	521	145	
	Chemilly	1 500	41	188	98	
	Chichée	1 879	118	208	512	Prairies 46 millièmes du territoire.
	Chablis	2 155	54	25	591	Bois 145 — —
	Poinchy	305	54	55	129	Vignes 112 — —
	La Chapelle	504	40	112	104	
	Ligny-le-Chatel	2 714	178	650	205	

TERRAINS PERMÉABLES

Bourgogne. Calcaire oolithique. — J'ai cherché la répartition exacte des cultures des terrains oolithiques de l'arrondissement d'Avallon (Yonne), et j'ai obtenu les résultats suivants :

	MILLIÈMES DE LA SURFACE.
Prairies	9
Bois	523
Vignes	36
Terres labourables	555
Broussailles et friches	52
Maisons, chemins, jardins, vergers	25

Les prairies n'existent qu'au bord des cours d'eau.

Pour le reste du bassin de la Seine, j'ai fait comme ci-dessus : j'ai choisi un certain nombre de communes dont le territoire était compris, autant que possible, dans le terrain à discuter et j'ai cherché la proportion des cultures permanentes. C'est ce qu'on verra dans le tableau suivant :

NOMS DES COMMUNES	totales des territoires	des prés	des bois	des vignes	OBSERVATIONS
CALCAIRES OOLITHIQUES. — GRANDE OOLITHE.					
Plateau entre l'Armançon et la Seine, arrondissement de Châtillon-sur-Seine (Côte-d'Or).					
Coulmiers-le-Sec	3 229	0	706	0	
Puits	2 079	0	574	0	
Nesle	2 559	0	1 115	0	Prairies 0 millièmes du territoire.
Balot	1 544	0ʰ.40	585	0ʰ.64	Bois 301 — —
Savoisy	2 477	0	597	0ʰ.21	Vignes 0 — —
Planay	872	0	255	0	
Fontaines-les-Sèches	1 352	0	478	0ʰ.56	
TERRAIN KELLOWIEN. — *Même plateau et même arrondissement.*					
Bissey-la-Pierre	661	10	126	1	Prairies 17 millièmes du territoire.
Cérilly	1 093	19	204	0	Bois 181 — — Vignes 0 — —
TERRAIN CORALLIEN.					
Mussy	5 274	24	1 788	410	
Plaines	606	6	73	126	Prairies 7 millièmes du territoire.
Giey	2 565	16	700	570	Bois 555 — —
Courteron	1 053	5	154	218	Vignes 199 — —
Buxeuil	442	4	6	208	
TERRAIN PORTLANDIEN.					
Bar-sur-Seine	2 754	44	575	159	Prairies 14 millièmes du territoire.
Bourguignon	1 641	24	310	43	Bois 179 — —
Courtenot	857	7	49	57	Vignes 46 — —
LA CRAIE BLANCHE. (CHAMPAGNE SÈCHE.)					
Les grandes plaines ondulées de la Champagne sèche.					
Échemines	1 820	0	26	0	
Le Pavillon	2 297	0	0	15	
Villeloup	1 651	0	6	7	Prairies 1 millièmes du territoire
Sainte-Flavy	3 160	7	5	0	Bois 5 — —
Origny-le-Sec	1 651	0	0	0	Vignes 2 — —
Orvilliers	2 592	0	0	0	
Chenius	1 558	0	42	1	
Tricon	1 241	0	35	0	
Flavigny	805	0	7	0ʰ.5	
Sommevesle	5 525	14	7	6	Prairies 1 millièmes du territoire.
Tilloy	1 941	0	150	0	Bois 20 — —
Lacroix-en-Champagne	1 665	0	0	0	Vignes 1 — —
Hurtus	882	0	0	0	
Les coteaux des rives de l'Yonne.					
Joigny	4 667	542	2 705	574	Les prés appartiennent aux grandes alluvions de la vallée: les bois à l'argile à silex des plateaux; les vignes seules sont à la craie.
Saint-Aubin-sur-Yonne	887	140	333	175	Prairies 85 millièmes du territoire.
Villevallier	857	52	559	79	Bois 559 — — Vignes 129 — —

Plaines de la rive gauche de la Seine. *(Échemines, Le Pavillon, Villeloup, Sainte-Flavy, Origny-le-Sec, Orvilliers.)*

Plaines de la rive gauche de la Marne. *(Chenius, Tricon, Flavigny.)*

Plaines de la rive droite de la Marne. *(Sommevesle, Tilloy, Lacroix-en-Champagne, Hurtus.)*

Vallée de la Seine. *(Mussy, Plaines, Giey, Courteron, Buxeuil; Bar-sur-Seine, Bourguignon, Courtenot.)*

La grande falaise, entre la Champagne et la Brie.

NOMS DES COMMUNES		SURFACES EN HECTARES PORTÉES AU CADASTRE				OBSERVATIONS
		totales des territoires	des prés	des bois	des vignes	
Partie comprise entre l'Aube et les marais de Saint-Gond	Saudoy	1 267	28	246	85	Les bois appartiennent aux terrains de la Brie. Prairies 50 millièmes du territoire. Bois 110 — — Vignes 82 — —
	Vindé	795	64	176	71	
	Sézanne	2 290	99	49	511	
	Péas	770	0	6	15	
	Allemant	1 578	9	139	70	

Même falaise. — Les grandes vignes de la Champagne.

	NOMS DES COMMUNES	totales des territoires	des prés	des bois	des vignes	OBSERVATIONS
À gauche et à droite d'Épernay	Vertus	5 568	47	1 255	545	Les bois appartiennent aux terrains de la Brie. Au bord du ru de Saint-Martin.
	Le Ménil-sur-Oger	779	0	118	270	
	Oger	1 526	1	254	198	
	Avize	762	1	114	175	Prairies 56 millièmes du territoire. Bois 258 — — Vignes 192 — —
	Cramant	556	2	55	221	
	Chavot	164	6	0	61	
	Moussy	274	12	28	109	
	Pierry	516	11	6	112	Au bord du Cubry, ruisseau.
	Épernay	2 010	22	1 010	529	Sur le Cubry et au bord de la Marne.
	Dizy	421	88	0	126	Au bord de la Marne.
	Aï	1 527	258	222	585	Au bord du Mutry, ruisseau.
	Avenay	1 249	18	549	187	Id.
Coteaux de la montagne de Reims	Villers-Marmory	1 075	0	296	205	Prairies 19 millièmes du territoire. Bois 376 — — Vignes 226 — —
	Verzy	1 556	1	697	545	
	Vezzenay	1 062	55	521	242	

TERRAINS TERTIAIRES COMPRIS ENTRE L'ARGILE PLASTIQUE ET LES MARNES VERTES.

Plateau du Valois.

NOMS DES COMMUNES	totales des territoires	des prés	des bois	des vignes	OBSERVATIONS
Feroy-les-Gombriés	1 109	0	512	0	Prairies 2 millièmes du territoire. Bois 110 — — Vignes 0 — —
Boissy-Fresnoy	1 591	0	187	0	
Chevreville	1 055	10	59	0	
Silly-le-Long	1 155	0	0	0	

Au bord des cours d'eau. Lieux de sources. Valois.

	NOMS DES COMMUNES	totales des territoires	des prés	des bois	des vignes	OBSERVATIONS
Vallée de la Nonette	Nanteuil-le-Haudoin	2 080	49	87	0	Prairies 23 millièmes du territoire. Bois 78 — — Vignes 1 — —
	Versigny	1 464	66	542	0	
	Baron	2 117	24	262	0	
Vallée de la Thérouanne	Brégy	1 515	17	11	0	
	Ognes	676	9	0	0	
	Étrépilly	1 518	59	0	6	

CALCAIRE DE BEAUCE.

Plateau entre l'Essonne et la Juine.

NOMS DES COMMUNES	totales des territoires	des prés	des bois	des vignes	OBSERVATIONS
Blandy	791	0	2	5	Prairies 0 millièmes du territoire. Bois 12 — — Vignes 2 — —
Audeville	1 269	0	14	1	
Inteville	485	0	0	5	
Morville	1 100	0	44	0	
Sermaises	2 100	0	11	6	

NOMS DES COMMUNES	SURFACES EN HECTARES PORTÉES AU CADASTRE				OBSERVATIONS
	totales des territoires	des prés	des bois	des vignes	
Plateau de la rive droite de l'Eure.					
Allones	1 025	0	14	0	
Boisville-la-Saint-Père	2 492	0	52	0	
Réclameville	979	0	81	0	
Ouarville	2 013	0	49	0	Prairies 0 millièmes du territoire.
Gouillons	1 205	0	16	0	Bois 24 — —
Levesville-la-Chenard	1 589	0	21	0	Vignes 0 — —
Voyes	5 298	0	65	0	
Prasville	1 626	0	40	0	
SABLES DE FONTAINEBLEAU ET CALCAIRE DE BEAUCE. *Au bord des cours d'eau.*					
Vallée de l'Essonne. La Ferté-Alais	455	26	108	14	
Guineville	919	55	281	20	
Huison	1 004	17	577	14	
Boutigny	1 620	95	550	41	Les bois appartiennent entière-
Courdimanche	582	47	94	14	ment aux sables de Fontainebleau.
Maisse	2 142	185	240	47	Les prairies sont tourbeuses ou au moins marécageuses.
Lardy	765	29	186	58	Prairies 46 millièmes du territoire
Chamarande	574	59	90	18	Bois 166 — —
Vallée de la Juine. Étrichy, Morigny, Étampes, Ormoy, Guitterville	144	5	10	1	Vignes 20 — —
Autry	2 710	54	99	0	
ARGILE A SILEX ET LIMON DES PLATEAUX DRAINÉS PAR LA CRAIE. *Pays de Caux. Plateau.*					
Fauville	735	5	5	50 *a*	
Bermonville	615	7	5	50	
Raffetot	685	1	0	49	
Bolleville	970	1	5	75	*a.* Les nombres compris dans cette
Alvimare	655	0	8	55	colonne correspondent aux ver-
Valliquerville	1 520	1	17	109	gers du pays de Caux.
Hautot-Saint-Sulpice	877	10	56	93	Prairies 5 millièmes du territoire.
Vauville-les-Baons	774	0	19	71	Bois 24 — —
Baons-le-Comte	557	5	17	50	Vignes 0 — —
Ectot-les-Baons	491	4	5	55	Vergers 89 — —
Grémonville	824	25	46	74	
Yerville	1 042	0	71	117	
Beauce. Plateau de la rive gauche de l'Eure.					
Plateau entre l'Eure et la Blaise. Département d'Eure-et-Loir. Mittainvilliers	1 161	4	38	0	
Saint-Arnould-des-Bois	2 049	2	115	0	Prairies 1 millièmes du territoire.
Billancelles	1 209	0	26	0	Bois 44 — —
Dangers	750	0	59	0	Vignes 0 — —
Fresnoy-le-Gilmert	605	0	57	0	
Plateau entre l'Avre et la Rille. Département de l'Eure. Saint-Sébastien-Mortent	1 602	0	574	0	
Mesnil-Hardray	484	0	47	0	
Nagel	347	0	10	0	Prairies 1 millièmes du territoire.
Nogent-le-Sec	1 008	0	95	0	Bois 101 — —
Le Nuisement	524	3	44	0	Vignes 0 — —
Le Chesne	1 761	0	321	0	
Les Essarts	1 518	4	177	0	

NOMS DES COMMUNES	SURFACES EN HECTARES PORTÉES AU CADASTRE				OBSERVATIONS
	totales des territoires	des prés	des bois	des vignes	
Au bord des cours d'eau.					
Vallée de la Blaise. Dreux	2 599	117	495	172	
Vern uillet	1 212	94	149	95	
Garnay	1 417	99	290	14	
Vallée de l'Avre. Nonancourt	721	59	97	55	Prairies 65 millièmes du territoire.
Ménil	576	40	69	25	Bois 212 — —
Saint-Germain	559	57	67	21	Vignes 58 — —
Vallée de l'Iton. Évreux	2 645	118	846	0	
Vexin normand. Plateau.					
Guiseniers	1 067	0	54	0	
Hennezis	1 555	0	508	0	
Tourny	1 195	0	58	0	Prairies 0 millièmes du territoire.
Ste-Marie-des-Champs	543	0	0	0	Bois 107 — —
Villers-en-Vexin	629	0	1	0	Vignes 0 — —
Vesly	1 196	1	58	0	
Au bord des cours d'eau.					
Les Andelys	4 055	58	966	4	Prairies 24 millièmes du territoire.
Vezillou	204	44	11	5	Bois 227 — —
					Vignes 2 — —

CHAPITRE XXXII

DES CULTURES PERMANENTES. LES PRAIRIES NATURELLES.

Les *prairies naturelles* qui donnent le foin proprement dit sont permanentes et n'alternent point avec d'autres cultures. Les prairies artificielles, la luzerne, le trèfle, le sainfoin, etc., ne sont point permanentes et entrent dans un assolement avec d'autres cultures. Je ne veux parler ici que des prairies naturelles.

J'ai, le premier, je crois[1], fait connaître la loi fondamentale de cette culture, loi qui peut se formuler ainsi :

Les prairies naturelles sont cultivées, non-seulement au bord des cours d'eau des terrains imperméables, mais encore à flanc de coteau et jusqu'au sommet des montagnes. Lorsque le terrain est perméable, cette culture est resserrée dans la partie du fond des vallées submergée par les crues des cours d'eau.

Les deux lois suivantes ne sont pas moins générales.

La culture des prairies est impossible sur les plateaux dépourvus de pente, même lorsqu'ils sont imperméables. Le drai-

---

[1] Études hydrologiques, etc. — *Annales des ponts et chaussées,* septembre et octobre 1846 et 2ᵉ semestre 1852. — *Notice sur la carte géologique et agronomique de l'arrondissement d'Avallon. Annuaire de l'Yonne,* 1850-51.

nage est alors indispensable, et le sol drainé devient perméable et, par conséquent, impropre à la culture des prairies.

Les prairies qui tapissent les lieux de sources sont tourbeuses, ou au moins marécageuses, et donnent des produits de mauvaise qualité[1].

Il résulte de ces lois que la culture des prairies est très-étendue dans les terrains imperméables et très-restreinte dans les terrains perméables et sur les plateaux dépourvus de pente.

C'est ce qu'on reconnaît en examinant le tableau des cultures permanentes. En voici le résumé pour ce qui concerne lés prairies. On ne doit pas perdre de vue que ce tableau a été dressé au moyen des registres du cadastre d'un petit nombre de communes; les résultats numériques qui suivent ne sont donc pas rigoureusement exacts, mais ils donnent une idée très-nette de l'inégalité de la répartition des prairies dans les terrains perméables et dans ceux imperméables.

TERRAINS IMPERMÉABLES

		MILLIÈMES DU TERRITOIRE
Granite. — Morvan		98
Lias. — Auxois		190
Marnes kimméridiennes de la Lorraine	de	46 à 70
Terrain crétacé inférieur { de la Champagne	de	78 à 120
{ du pays de Bray		461
Argiles à meulières de Brie. { Parties accidentées		161
{ Plateaux dépourvus de pente		13
Terrains argileux { des sources de l'Eure		54
{ des sources de la Rille		194
Argiles du Gâtinais. { Plateaux ondulés		121
{ Plateaux sans pente		2

TERRAINS DEMI-PERMÉABLES

Terre à foulon, Bourgogne		25
Marnes oxfordiennes. { Fond des larges vallées		78
{ Parties en coteau		10
{ Le long de la grande falaise		97
Marnes kimméridiennes de la Bourgogne	de	17 à 46

[1] Voy. l'introduction. Marais et tourbières

TERRAINS PERMÉABLES.

MILLIÈMES DU TERRITOIRE

		MILLIÈMES DU TERRITOIRE
Calcaires oolithiques de la Bourgogne.	Grande oolithe, vallées sèches et montagne.	0
	Terrain kellowien (lieu de sources éphémères).	17
	Terrain corallien (vallée de la Seine).	7
	Terrain portlandien.	14
	Moyenne pour les calcaires oolithiques de l'arrondissement d'Avallon.	9
Craie blanche.	Plaines ondulées de la Champagne.	1
	Coteaux des bords de l'Yonne.	0
	Au bord des cours d'eau. de	10 à 46
	Au bord des affluents de l'Eure.	65
	Au bord des cours d'eau du Vexin.	25
Calcaires et sables éocènes.	Valois, plateaux.	2
	Au bord des cours d'eau.	22
Sables de Fontainebleau.	Plateaux.	0
	Au bord des cours d'eau.	46
Calcaire de Beauce, plateaux.		0
Argile à silex et limon des plateaux drainés par la craie.	Plateaux de la rive gauche de l'Eure.	1
	Plateaux du pays de Caux.	3
	— du Vexin normand.	0

INFLUENCE DE LA NATURE DU SOL SUR LA CULTURE DES PRAIRIES

Prairies du granite. — Toute la surface du Morvan étant un lieu de sources, les prairies y sont de médiocre qualité. Les petites sources qui humectent les débris granitiques connus sous le nom d'arène y entretiennent de véritables marais tourbeux, peu profonds, il est vrai, mais qui ne donnent jamais de bonne herbe[1].

Lorsque les prairies sont créées de main d'homme, au moyen de la dérivation des ruisseaux et de l'irrigation, le fourrage est beaucoup meilleur, sans être jamais de première qualité.

On pourrait, par ces irrigations, développer considérablement

[1] Voy. Introduction, p. 7.

dans cette contrée la culture des prairies, qui n'y occupe guère
que la $\frac{1}{10}$ partie du sol.

Le Morvan est un pays très-convenable pour élever les animaux
d'espèce bovine; les pâturages sont impropres à l'engrais des
bœufs, qui s'y portent bien, mais n'y sont jamais gras.

Prairies du lias et du terrain crétacé inférieur. — C'est surtout dans les terrains argileux que les prés méritent le nom de
gras pâturages. Trop riches et trop chers pour qu'on y fasse des
élèves, les prés du lias de l'Auxois et du Nivernais servent surtout soit à la production de foin d'excellente qualité, soit à l'engraissement du bœuf; dans ce dernier cas, ils portent le nom de
prés d'embauche. Les beaux bœufs blonds charolais, de plus en
plus appréciés sur le marché de Paris et même de Londres, sortent des prés d'embauche de ces fertiles contrées. Les prés occupent plus du cinquième de la surface du pays.

Les prairies du terrain crétacé inférieur du pays de Bray
nourrissent surtout des vaches laitières; ils portent le nom
d'*herbage*. La plus grande partie du beurre qui se consomme
à Paris provient du marché de Gournay. Les prairies occupent
aujourd'hui près de la moitié de la surface du pays de
Bray.

Les autres pâturages de la Normandie non compris dans le
bassin de la Seine tapissent les mêmes terrains.

Les argiles de Dives (terrain oxfordien) et du terrain crétacé
inférieur dominent dans la vallée d'Auge, où l'on engraisse spécialement les bœufs destinés à l'approvisionnement de Paris. Le
lias est le terrain des prairies de Bayeux et d'Isigny, si renommées
pour l'excellence de leur beurre.

Les prairies du terrain crétacé inférieur sont moins développées dans la Champagne humide que dans la Normandie,
elles y occupent à peine $\frac{1}{10}$ du territoire; il est assez rare qu'elles
servent au pâturage et à l'engraissement des bœufs. On y met
presque partout la faux.

Prairies des autres terrains imperméables. — Les pâturages ont pris un grand développement vers les sources de la Rille ; ils se rattachent au Perche et couvrent près du cinquième du territoire.

Les autres formations argileuses moins développées, l'argile plastique, les marnes vertes, etc., donnent des fourrages d'excellente qualité. C'est de ces prairies que provient la plus grande partie du foin qui se consomme à Paris. Les petites vallées de la Brie ont, pour ainsi dire, le monopole de cette fourniture.

Le limon rouge de la Brie est peu propre à la culture des prairies ; ce terrain s'est déposé sur des plateaux dépourvus de pente, qui doivent leur fertilité au drainage, et qui, par conséquent, sont devenus perméables dans une certaine mesure : la culture des prairies n'y est donc pas possible.

Prairies des terrains demi-perméables. — Ces prairies ont pris un assez grand développement dans le terrain oxfordien de la Bourgogne ; elles sont toujours disposées au bord des cours d'eau et sont toutes fauchées. Le long du grand gradin des marnes oxfordiennes, elles sont arrosées par des sources éphémères et portent le nom de *sécheron*. Au fond des larges vallées, les prairies du terrain oxfordien sont souvent tourbeuses.

Prairies des terrains perméables. — Les prairies des terrains perméables sont non-seulement beaucoup moins étendues que celles des terrains imperméables, mais encore de qualité très-inférieure, parce qu'elles tapissent toujours des lieux de sources.

Les prairies des vallées de la craie blanche, du calcaire grossier, des sables moyens, de Fontainebleau, des calcaires de Saint-Ouen et de Beauce, sont marécageuses et même tourbeuses et ne produisent souvent que de la lèche et du jonc, beaucoup plus propres à faire de la litière que du véritable fourrage ; elles ne couvrent que quelques millièmes de la surface du territoire.

On trouve cependant de bonnes prairies le long des ruisseaux des terrains oolithiques de la basse Bourgogne. Ces ruisseaux, en raison de leur forte pente, sont rarement bordés de marais tourbeux[1].

En général, les prairies des terrains perméables sont impropres à l'engraissement du bétail. Les foins, bons ou mauvais, sont toujours fauchés, et ces excellents prés que, dans l'Auxois et le Nivernais, on nomme *embauches*, et, en Normandie, *herbages*, n'existent dans aucun des terrains perméables du bassin de la Seine.

C'est là un des caractères les plus importants des prés des terrains perméables. Avant peu d'années, *les foins à litières* des prés les plus tourbeux seront peut-être remplacés par des fourrages de bonne qualité. Mais il faudra toujours mettre la faux dans ces prairies. Jamais on n'y verra ces belles troupes de bœufs blonds du Nivernais, ou ces grands bœufs normands, qui restent jour et nuit au pâturage et donnent un si frappant aspect de richesse aux prairies de ces contrées. L'étendue de cette culture est d'ailleurs trop restreinte pour qu'on y adopte le pâturage. Le foin récolté suffit à peine aux besoins du pays.

Les prairies des terrains perméables ont acquis depuis long-temps tout le développement que comportent ces terrains ; elles occupent à très-peu près toute la surface arrosable par les crues des cours d'eau. Toute tentative de création de prairie dans d'autres conditions serait infructueuse. J'ai vu faire des essais malheureux de ce genre dans le terrain corallien de l'Avallonais et, en Champagne, dans la vallée de la Somme-Soude.

Au contraire, on peut développer indéfiniment la culture des prairies des terrains imperméables.

Étendue des terrains propres à la culture des prairies. — En ce qui concerne la culture des prairies, le bassin de la Seine se subdivise ainsi :

[1] Voy. chap. XXXVI.

Terres argileuses imperméables sur lesquelles les prairies de bonne qualité ont pris un grand développement.

	KILOM. CARRÉS.
Lias.	2 520
Terrain crétacé inférieur.	5 500
Terrain tertiaire d'origine incertaine des sources de l'Eure.	1 025
Argiles plastiques et marnes vertes.	Mémoire
Total.	9 045

Terres arénacées sur lesquelles les prairies médiocres ont pris un grand développement.

Granite et terrains paléozoïques.	1 685

Terres argileuses imperméables s'étendant en plateaux presque sans pente. Culture de prairies médiocres peu développées.

	KILOM. CARRÉS.
Argiles du Gâtinais.	5 700
Argiles à meulières de Brie.	4 470
Argiles à meulières supérieures.	540
Total.	8 710

Terrains perméables. — Prairies de médiocre ou de mauvaise qualité peu développées, occupant toujours moins d'un centième de la surface du territoire.

	KILOM. CARRÉS.
Calcaires oolithiques.	13 950
Craie marneuse et craie supérieure.	16 610
Terrains éocènes perméables.	6 475
Calcaire de Beauce, sable de Fontainebleau.	4 420
Limons à silex de la vallée d'Eure, des plateaux normands, de la forêt d'Othe.	11 880
Alluvions du fond des vallées.	5 875
Surface totale.	59 210

Si l'on rapproche les nombres qui précèdent, on trouve que la surface des terrains, sur lesquels les prairies bonnes ou mauvaises peuvent se développer sur une grande échelle, ne dépasse pas 10 730 kilomètres carrés, ou les 136 millièmes de la surface totale du bassin.

La culture des prairies occupe, dès aujourd'hui, près du cinquième de cette surface et peut s'y développer sans aucune limite. On a converti en herbages excellents, dans le pays de Bray, des terrains en friches, couverts de bruyères, qu'on considérait jusqu'alors comme improductifs.

La culture des prairies est essentiellement limitée dans le reste du bassin, c'est-à-dire sur 67 920 kilomètres carrés : elle ne couvre pas la centième partie de cette grande surface et ne peut guère prendre un développement plus grand.

L'ensemble de ces terrains pauvres en prairies couvre les 863 millièmes de la surface du bassin.

Ce faible développement des prairies dans le bassin de la Seine a eu une grande influence sur l'alimentation humaine.

CHAPITRE XXXIII

DIVISION DES ESPÈCES OVINES ET BOVINES
DANS LES TERRAINS PERMÉABLES ET IMPERMÉABLES.

Le succès d'une entreprise agricole est basé principalement sur le choix du bétail qui doit produire le fumier; si le cultivateur a eu la main heureuse, s'il a trouvé l'espèce et la race qui conviennent à sa terre, il a mis de son côté une grande chance de réussite : la production économique du fumier. S'il s'est trompé dans le choix du bétail, il est à peu près certain qu'il échouera.

Mettons un instant de côté le cheval, instrument de travail, qui ne joue qu'un rôle secondaire dans la production du fumier de ferme; négligeons aussi la petite culture, la culture du paysan propriétaire, et cherchons à nous rendre compte de la division naturelle des deux grandes espèces ovine et bovine dans les terrains dont nous venons de parler.

Espèce bovine. — Le bœuf convient surtout aux terrains imperméables.

Les animaux d'espèce bovine, s'ils vivaient en liberté, se cantonneraient immédiatement dans les contrées à grandes prairies, et, puisque je m'occupe du bassin de la Seine, je puis dire que le bœuf choisirait, sans hésiter, les régions occupées par les terrains imperméables argileux, c'est-à-dire l'Auxois, le bassin de Corbigny, la Puisaye, la Champagne humide, l'Argonne, les argiles des sources de l'Eure, et surtout le pays de Bray. Là, il trouverait les fourrages abondants qui lui sont nécessaires ; il dédaignerait les prairies granitiques du Morvan ; les inondations, le peu d'étendue et la mauvaise qualité des herbages, le chasseraient des prairies basses de l'oolithe, de la craie blanche et des terrains miocènes, sablonneux ou calcaires.

L'homme a profité de ces indications naturelles ; c'est dans les premières régions que je viens de nommer qu'il engraisse les bœufs et produit le laitage et le beurre sur une grande échelle. Il a utilisé les mauvaises prairies des terrains granitiques, en y élevant le jeune bétail et en y cantonnant le bœuf de travail.

Le bœuf entre donc naturellement dans l'exploitation agricole des terrains imperméables.

Je ne veux pas dire qu'il doive être repoussé d'une manière absolue des terrains perméables.

La vache est indispensable dans toute exploitation agricole, et c'est elle surtout qui mange sur pied les regains des prairies des terrains perméables.

Dans les pays de grandes forêts, notamment dans la Bourgogne, les habitants ont des droits de parcours et nourrissent leurs bœufs dans les bois.

Sur les grands plateaux drainés par la craie, le bœuf est souvent choisi pour produire le fumier nécessaire aux cultures industrielles, comme celles du colza et de la betterave ; mais alors il est tenu à la stabulation permanente et engraissé avec des tourteaux et des pulpes.

Comment le nourrirait-on autrement ? Les terres labourables couvrent toute la contrée, et les prairies artificielles, les seules qu'on puisse produire, tuent le bœuf par la météorisation. Le cultivateur produit donc, par son industrie, la nourriture nécessaire pour le tenir constamment à l'étable, et c'est ainsi qu'il obtient le laitage et la viande qui doivent payer son fumier.

Le bœuf, dans les terrains imperméables, peut être élevé, nourri et engraissé au pâturage, mais la prairie doit alors être établie dans certaines conditions. Pour qu'un pré d'embauche ou un herbage soit recherché par les fermiers, il faut d'abord qu'il soit clos, afin que les bœufs y soient enfermés, nuit et jour, jusqu'au moment où ils sont livrés au boucher. Il faut aussi qu'il y ait de l'eau, une mare, une source, un ruisseau, et c'est là une des conditions les plus difficiles à remplir, dans certains terrains très-favorables du reste à la culture des prairies. C'est ainsi que la plupart des prés de l'Auxois (lias) doivent être fauchés, parce qu'ils manquent d'eau. A l'ouest du Morvan, dans le bassin de Corbigny, le lias est mieux disposé sous ce rapport. Aussi les prés d'embauche y ont-ils pris un grand développement.

Le climat humide de la Normandie permet d'avoir de l'eau dans tous les herbages du pays de Bray et de la vallée d'Auge ; il est bien rare que les mares y tarissent.

Espèce ovine. — Le mouton convient beaucoup mieux que le bœuf aux terrains perméables ; il trouve dans les terres sèches de l'oolithe et de la craie une nourriture saine et suffisante. Tant que les jachères ne seront pas supprimées dans ces contrées arides, et il se passera du temps avant qu'elles le soient, la vaine pâture subsistera avec avantage pour le mouton. Il prospère, à plus forte raison, sur les riches plateaux perméables du Soissonnais, du Tardenois, du Valois, du Vexin, de la Beauce et du pays de Caux. C'est là que, longtemps encore, on élèvera ces admirables mérinos si renommés pour la force, l'abondance et la finesse de leur laine, et que nos voisins les Anglais viendront chercher des reproducteurs pour leurs colonies de l'Australie.

Dans les terres imperméables, surtout dans les argiles du lias et du terrain crétacé inférieur, le mouton contracte avec une malheureuse facilité une maladie mortelle, la cachexie aqueuse. A la suite de pluies persistantes, la vaine pâture devient fatale aux troupeaux, qui sont frappés souvent tous à la fois.

C'est ainsi qu'en 1855, après une longue série de pluies, les troupeaux du lias et du terrain crétacé inférieur ont été complétement détruits par cette maladie et que l'espèce ovine a, pour ainsi dire, disparu de l'Auxois et de la Champagne humide, tandis que les troupeaux de l'oolithe de la basse Bourgogne et de la craie blanche de la Champagne sèche restaient parfaitement sains.

Voici ce que m'écrivait, le 11 décembre 1855, un cultivateur de l'Auxois (lias) :

Je vais maintenant vous citer quelques communes des arrondissements de Semur et d'Avallon, où la pourriture (cachexie aqueuse) sévit très-fortement.

Le Saulce. — M. Gudin a perdu moitié de son troupeau et a vendu le reste à 5 fr. 50 c. la pièce.

Menetreux-sous-Pisy, grande mortalité : à *Sainte-Euphrone*, où l'on comptait 1,500 bêtes, il n'en reste plus que 15. Un fermier de cette commune (ferme de Beauvais), qui avait acheté, au mois de mai, 150 moutons aux environs de Châtillon, à raison de 26 francs l'un, en a perdu moitié et vendu le reste à raison de 5 francs la pièce, c'est-à-dire pour la valeur de la peau, etc.

Presque à la même date, le 7 décembre 1855, un cultivateur m'écrivait de Coulmier-le-Sec (grande oolithe), arrondissement de Châtillon-sur-Seine :

J'ai su, comme vous me le dites, que les troupeaux étaient décimés dans certains pays par la pourriture. Ici, nos troupeaux restent sains et sont fort beaux cette année. Aucun accident ne s'est déclaré dans nos montagnes calcaires, etc.

On m'écrivait, le 9 octobre 1853, de Champigny, près Châtillon-sur-Seine (calcaire oxfordien) :

Les troupeaux de nos pays ne sont pas atteints de la pourriture. M. Antoine n'a pas perdu une seule bête ; ils sont très-sains dans toute la montagne, du côté de Recey, Minot, Aignay, Baigneux, Coulmier, Nesle, Châtillon. La maladie commence à Laignes et descend vers la Champagne.

La Champagne, pour le bas Bourguignon, c'est le terrain crétacé inférieur, où la cachexie fit, en effet, de grands ravages. Un de mes parents, grand cultivateur dans cette contrée, perdit tout son troupeau.

Voilà donc une terrible épizootie bien cantonnée dans des limites géologiques et qui a frappé régulièrement toute la partie argileuse du bassin de la Seine, épargnant toute la partie perméable. N'est-il pas regrettable que les agriculteurs et les géologues ne se soient pas entendus pour constater régulièrement ce fait et établir dans quelles conditions les troupeaux doivent être tenus pour être épargnés?

En général, les cultivateurs intelligents, qui se trouvaient à la limite du lias et des terrains oolithiques, ont sauvé leurs troupeaux, en les faisant pâturer sur l'oolithe seulement, pendant toute la période d'humidité.

Il résulte de là que les fermiers des terres imperméables n'osent pas adopter ces belles races de mérinos qui sont de beaucoup les plus productives; ils se rejettent sur les races communes et se bornent à acheter des moutons qu'ils conservent peu de temps pour les revendre au boucher dès qu'ils sont gras.

La cachexie aqueuse, ou pourriture, est une maladie mortelle et sans remède. Il faut donc employer des moyens préventifs dans les terrains imperméables.

La stabulation permanente, appliquée aux animaux de la plus belle race, paraît être le meilleur système. La stabulation restreinte, appliquée rigoureusement dans les temps de pluies, est également un très-bon moyen préventif. Mais elle exige une attention continue et des soins minutieux, qu'il est bien difficile d'obtenir des fermiers.

M. Charles de Labrosse, propriétaire près d'Avallon, a fait dans l'Auxois, pendant plusieurs années, un essai sur une assez grande échelle pour convaincre tout cultivateur intelligent.

Il a retiré d'une ferme qu'il possède dans de bonnes terres liasiques

12 hectares de terres arables, 4 hectares 66 ares de prés et s'est fait ainsi une petite réserve, qu'il cultivait avec ses chevaux de calèche.

Le bétail était tenu à la stabulation permanente et était ainsi composé :

2 juments percheronnes ;

2 vaches laitières pour la maison ;

1 ânesse ;

40 belles brebis mérinos et leurs produits, savoir :

16 brebis antenoises, destinées à remplacer les réformes ;

40 agneaux en moyenne, naissant au mois de juillet.

On ne comptait, dans les produits de la ferme, ni le lait des vaches, ni le travail des juments quand elles étaient attelées à la calèche, ni 50 mètres cubes de fumier, prélevés pour 1 hectare de potager et 5 hectares de vignes.

L'inventaire était arrêté tous les ans, en estimant seulement les produits réalisés en argent ou qui devaient être réalisés ; le fumier et la paille, en stock au moment de l'inventaire, n'étaient pas comptés.

En déduisant le fermage, évalué à 1200 francs, les bénéfices nets ont été les suivants :

En 1860.	2 220 fr.
1861.	965
1862.	594
1863.	1 407
1864.	1 580
1865.	104
Total pour les six années.	6 820 fr.

Soit, en moyenne, par an, 1136 francs.

Les variations annuelles du produit tiennent à ce que le blé n'était jamais vendu au moment de l'inventaire et était toujours estimé le même prix, 15 francs l'hectolitre. S'il était vendu en hausse, l'inventaire suivant profitait du bénéfice réalisé. S'il était vendu en baisse, le premier inventaire subissait la perte.

Le mouton de belle race est, de tous les animaux de ferme, celui qui supporte le mieux les frais de la stabulation, ou, en d'autres termes, qui produit le fumier au prix le plus bas [1].

[1] Cette partie de mon ouvrage était écrite avant la hausse énorme que le prix du bétail a éprouvée dans ces dernières années ; aujourd'hui le bœuf donne au fermier d'aussi beaux bénéfices que le mouton.

Les terrains imperméables, disposés en plateaux dépourvus de pente, produisent peu de prairies, et, par conséquent, ne conviennent pas à l'espèce bovine ; ils sont encore moins favorables à l'espèce ovine, puisque la cachexie aqueuse s'y développe comme dans les autres terrains argileux : tels sont les plateaux du Gâtinais et de la Brie.

Là, il est indispensable que l'industrie soit assez avancée pour que la stabulation permanente soit possible, pour le bœuf comme pour le mouton. La Brie est arrivée à ce degré de perfection. Le fermier ne compte sur le pâturage, ni pour ses vaches, ni pour ses moutons.

Mais il y a peu d'années encore, dans la partie la plus imperméable du Gâtinais, l'aménagement du bétail était déplorable. Le système des jachères exagérées existait encore pour créer de mauvais pâturages.

On y semait, par exemple, des trèfles qu'on récoltait deux années de suite ; puis on laissait la terre en jachères pendant plusieurs années. En raison de la fraîcheur du sol, elle se couvrait d'herbe et donnait un mauvais pâturage qu'on conservait le plus longtemps possible.

Répartition des espèces ovines et bovines dans le bassin de la Seine. — Il résulte de ce qui précède que le bœuf est le plus utile auxiliaire du fermier des terrains imperméables. C'est par la production de sa viande et de ses autres produits, que se réalise le plus net des bénéfices, dans les fermes du lias et du terrain crétacé inférieur ; mais il produit peu de fumier pour les terres arables, puisqu'il est élevé, nourri et engraissé au pâturage. Ses déjections améliorent rapidement les excellentes prairies qui lui donnent sa nourriture.

Accessoirement, il devient producteur de fumier dans les cultures avancées des terrains perméables du département du Nord, de la Picardie et des autres contrées qui produisent la betterave à sucre, mais avec la stabulation permanente. C'est le mouton qui remplace le bœuf dans les terrains perméables ; sans lui, le fermier des terrains oolithiques de la Bourgogne, de la craie de la Champagne, ne pourrait ni cultiver ses terres, ni payer son fermage. Il donne aussi de grands produits dans les terres plus riches de la Beauce, du Valois, de l'Ile-de-France, du Tardenois, du Vexin et du pays de Caux.

Dans les terrains imperméables, il ne peut être élevé utilement qu'à la stabulation permanente.

Enfin, les terrains imperméables, à surfaces planes, sans pente, comme la Brie et le Gâtinais, ne peuvent produire utilement du fumier soit avec le bœuf, soit avec le mouton, qu'en tenant le bétail à la stabulation permanente [1].

En un mot, le bœuf est naturellement l'animal de ferme des terrains imperméables, comme le mouton est celui des terrains perméables.

Si nous nous reportons à ce qui a été dit ci-dessus, nous trouverons que les deux grandes espèces ovine et bovine se cantonnent ainsi naturellement sur la surface du bassin de la Seine, en faisant abstraction de la petite culture et de l'industrie des cultures avancées.

ESPÈCE BOVINE. — ÉLÈVES ET BŒUFS DE TRAVAIL.

	KILOM. CARRÉS.
Granites et terrains paléozoïques du Morvan.	1 685

EMBAUCHES ET HERBAGES. — PRODUCTION INDUSTRIELLE DE LA VIANDE, DU LAITAGE ET DU BEURRE.

Lias de l'Auxois et du Nivernais.	2 520
Terrain crétacé inférieur de la Champagne humide et du pays de Bray.	5 500
Argiles tertiaires des sources de l'Eure.	1 025
Total.	9 045

[1] Je considère le parcage si développé dans la Brie comme une stabulation et non comme un système de pâturage.

ESPÈCE OVINE.

	KILOM. CARRÉS.
Calcaires oolithiques de la Bourgogne.	13 950
Craie de la Champagne sèche et de la Normandie. .	16 610
Terrains tertiaires perméables de l'Ile-de-France, du Valois, du Tardenois, du Vexin français et du Vexin normand	6 475
Calcaires de la Beauce et sables de Fontainebleau. .	4 420
Limons à silex de la Beauce, du Vexin normand et du pays de Caux.	11 880
Alluvions du fond des vallées.	5 875
Total.	59 210

Terrains dans lesquels aucune des races du bétail de ferme ne se cantonnerait naturellement.

Plateaux imperméables dépourvus de pente :

	KILOM. CARRÉS.
Argiles du Gâtinais.	3 700
— à meulières de Brie.	4 470
— à meulières des plaines de Satory.	540
Surface totale.	8 710

CHAPITRE XXXIV

CAUSES DE LA FAIBLE CONSOMMATION DE VIANDE ET DE LA GRANDE CONSOMMATION DE PAIN A PARIS ET DANS LE BASSIN DE LA SEINE EN GÉNÉRAL.

Quoique la petite culture ait modifié considérablement cette répartition naturelle du bétail, qu'elle ait répandu à peu près partout la vache, dont elle ne peut se passer, quoique l'industrie agricole, à mesure qu'elle développe ses moyens de nourriture, tienne à la stabulation permanente l'une quelconque des deux grandes espèces de bétail, quelle que soit la nature du terrain, cependant il est bien démontré, par ce qui précède, que le bassin de la Seine est beaucoup plus convenable pour l'espèce ovine que pour l'espèce bovine.

Cela fait comprendre le prix élevé de la viande dans Paris, quoique la consommation, par tête d'habitant, ne soit pas considérable.

Il résulte du relevé des octrois de Paris, qu'en 1866 la consommation totale de viande a été de 137 257 486 kilogrammes [1].

La population, y compris la garnison, étant, d'après le

[1] Savoir :

Viande sortie des abattoirs.	{ Viande de boucherie. .	101 612 875 kilog.
	— de porc. . . .	9 950 363
	A reporter. . .	111 543 238 kilog.

recensement de 1867, de 1 825 274 habitants, on trouve, en admettant que la population flottante des étrangers soit à peu près équivalente à la population qui se déplace l'été, que la consommation moyenne, par tête d'habitant, est de

$$\frac{137\ 257\ 486}{1\ 825\ 274} = 75 \text{ kilogrammes.}$$

Quoique cette consommation soit faible et soit inférieure à celle de Londres, le prix de la viande, à Paris, est très-élevé et va toujours croissant. Ce fait s'explique d'une manière bien simple : le mouton fournit surtout de la viande de luxe, qui est chère et n'entre que pour un faible appoint dans l'alimentation des classes laborieuses. Aussi, à Paris, la viande des animaux d'espèce bovine entre-t-elle pour 68 pour 100 dans la consommation [1].

		Report. . . .	111 543 238 kilog.
Viande de toute nature provenant de l'extérieur.	Viande de boucherie. .	18 526 882	
	— de porc. . . .	7 187 566	
	Total. . .	137 257 486	

Pour 1867, année anormale à cause de l'Exposition, on a :

Viande sortie des abattoirs.	Viande de boucherie. .	104 125 249
	— de porc. . . .	11 934 408
Viande provenant de l'extérieur.	Viande de boucherie. .	20 861 458
	— de porc. . . .	7 125 590
	Total. . .	144 044 705 kilog.

[1] En ne comptant que la viande sortie des abattoirs, voici le détail du calcul :
Il est entré à Paris pour les abattoirs :

	1866	1867		
Bœufs.	151 255	165 601	comptés par tête pour 550 [k]	
Vaches.	68 418	54 400	—	250
Veaux.	200 668	199 009	—	70
Moutons ou brebis.	1 268 900	1 311 572	—	22
Porcs.	118 749	150 181	—	91 50 [br]

Laissons de côté 1867, année anormale, nous trouverons facilement que les bœufs, vaches et veaux tués en 1866 ont donné un poids net de viande de 82 722 150 kil. Mais nous reconnaîtrons que les poids moyens des unités admis par l'octroi sont d'environ 8 °/₀ trop forts, ce qui réduit le poids total à 76 104 578 kil. Le poids de viande sortie des abattoirs en 1866 étant de 111 543 258 kil., le rapport entre ce poids et celui de la viande de bœuf est $\frac{76\ 104\ 578}{111\ 543\ 258} = 0,68.$

La viande provenant de l'extérieur augmenterait plutôt qu'elle ne diminuerait cette proportion.

On peut conclure de là que c'est surtout le bœuf qui alimente les boucheries des cités populeuses.

Or le bassin de la Seine est très-peu propre à l'engraissement des bœufs, et, en général, au développement de l'espèce bovine; les contrées voisines, quoique très-fertiles, le sont bien moins encore. Il en est résulté que, contrairement à ce qui se passe dans toutes les industries, la production ne peut suivre les progrès de la consommation, bien que celle-ci soit faible encore; les prix s'élèvent donc et resteront assez élevés, pour que l'industrie agricole ne se contente plus de pâturages et engraisse les bœufs à la stabulation permanente. C'est ce qui a déjà lieu, sur une grande échelle, dans le département du Nord et dans d'autres contrées voisines, au moyen de la pulpe de betteraves. Cette discussion fait comprendre, pourquoi le pain forme la base de la nourriture du Parisien, tandis que l'Anglais mange surtout de la viande.

Ainsi qu'on l'a vu ci-dessus, Paris, grâce au limon diluvien, est entouré de plateaux fertiles. Mais ces plateaux sont peu propres à la production des pâturages; ils conviennent très-bien à la culture des céréales. On peut en dire autant en général de toute la partie de la France située au nord du plateau central.

L'Angleterre, au contraire, est un pays de pâturages.

Le grand développement des terrains perméables dans le nord de la France est donc surtout, ce qui s'oppose à la production de la viande et ce qui maintiendra le pain comme base de l'alimentation de la population.

CHAPITRE XXXV

DU DRAINAGE DES TERRES.

On a donné, dans ces dernières années, le nom de drainage à l'opération qui consiste à faire écouler souterrainement les eaux pluviales ou autres qui, sans cela, séjourneraient à la surface ou dans la couche superficielle du sol ; il est inutile de dire que ces eaux sont très-nuisibles, non-seulement à l'agriculture en général, mais encore à la santé des cultivateurs.

L'écoulement de ces eaux peut être facilité par divers moyens : par des fossés, par des pierrées, c'est-à-dire, par des tranchées remplies de pierrailles sur $0^m,50$ de hauteur et comblées pour le surplus, avec de la terre, enfin par des tuyaux en poteries, système devenu vulgaire aujourd'hui. On substitue quelquefois des fascinages aux pierrées ; dans ce cas, la pierraille du fond des tranchées est remplacée par des fagots de bois vert.

A priori, on peut conclure de ce qui précède que la plus grande étendue des terrains perméables peut se passer de drainage, puisque les eaux pluviales disparaissent dans le sol au point même où elles tombent. Il n'y a d'exception qu'au fond des vallées les plus profondes, où coulent de rares cours d'eau habituellement bordés de marais tourbeux ou de prairies humides [1],

[1] Voy. chap. XXXII, pages 515 et suivantes.

et cette exception est peu importante, puisque les marais et les prairies n'occupent pas la centième partie de la surface des terrains perméables du bassin de la Seine.

Les terres labourables des calcaires oolithiques de la basse Bourgogne, de la craie blanche de la Champagne, de la Normandie et des autres plateaux qu'elle draine naturellement, des terrains éocènes de l'Ile-de-France, du Valois, du Soissonnais, du Vexin, aussi bien que des sables de Fontainebleau et des calcaires de Beauce, n'exigent donc jamais de drainage.

Les véritables terrains à drainer sont les terrains imperméables, c'est-à-dire le granite du Morvan, le lias de l'Auxois, du bassin de Corbigny, de la banlieue de Langres, les sables impurs et argiles du terrain crétacé inférieur qui couvrent les plaines ondulées de la Champagne humide, de la Puisaye et du pays de Bray, l'argile plastique, les plateaux argileux tertiaires du Gâtinais, de la Brie, de Satory et des sources de l'Eure et de la Rille. Le drainage de ces terrains produit toujours un effet utile, excepté lorsqu'ils sont cultivés en prairies, car alors le drainage les rend perméables et ils deviennent impropres à ce genre de culture ; cependant les prairies du granite peuvent être drainées dans certains cas.

D'après cela, *le drainage n'est jamais utile dans les terrains perméables, excepté quand ils sont cultivés en prairies; il est toujours utile dans les terrains imperméables, excepté quand ils sont cultivés en prairies.*

Examinons particulièrement chacun des groupes de terrains imperméables du bassin de la Seine, en mettant de côté le granite.

Nous trouvons d'abord le lias, terrain riche, disposé en pentes douces, à la surface duquel les eaux pluviales s'écoulent facilement. Le drainage n'y est donc pas absolument nécessaire et il produirait de déplorables résultats dans les terres cultivées en prairies. On trouve çà et là des terres où les eaux pluviales affluent et séjournent, et souvent, en pareil cas, l'agriculteur ne peut s'en débarrasser qu'à l'aide du drainage.

Presque partout, leur écoulement s'opère au moyen de sillons d'une profondeur extraordinaire. Dans l'Auxois, les terres labourables sont disposées en larges bandes fortement bombées et comprises, non plus entre deux raies profondes, comme en Brie, mais entre deux véritables fossés. Il résulte de cette disposition que le tiers ou le quart d'un champ est occupé par ce fossé et ne produit rien.

Beaucoup de propriétaires intelligents ont compris, qu'avec le drainage, ils pouvaient mieux aménager leurs terres et supprimer ces énormes dos d'ânes ; ils ont obtenu partout de bons résultats. Je citerai, dans l'arrondissement d'Avallon, M. Cordier à Montjallin et M. Charles de Labrosse à Courterolles.

Cette amélioration des labours pourrait certainement être généralisée avec avantage ; mais le grand morcellement de la terre est un obstacle presque insurmontable qui s'opposera toujours à l'extension du drainage.

L'assainissement de la terre et l'écoulement des eaux peuvent d'ailleurs être assurés par un bon aménagement des pentes ; le drainage n'a donc pas pris un très-grand développement dans les 2520 kilomètres carrés de terrains liasiques du bassin de la Seine, quoique l'opération soit incontestablement utile dans ces riches terrains argileux, et il est probable qu'il n'y prendra jamais une grande extension. Il faut faire une exception pour les terrains cultivés en vignes, qui sont drainés depuis très-longtemps au moyen de pierrées. Cette opération a eu un résultat doublement utile : elle a fait disparaître les petites sources des calcaires à entroques et à gryphées cymbium, qui nuisaient beaucoup à la vigne, et a permis d'enterrer les amas de pierrailles, connues sous le nom de *murgers*, qui occupent une partie importante de la surface des terrains cultivés en vignes [1].

---

[1] Voy. chap. XL.

Les mêmes observations s'appliquent aux 5500 kilomètres carrés de terrain crétacé inférieur. Le drainage n'y sera jamais pratiqué sur une très-grande échelle. Il y a même une raison de plus que dans le lias pour qu'il en soit ainsi : c'est que le sol est naturellement moins fertile et ne peut par conséquent supporter d'aussi grandes dépenses.

Les véritables terres à drainer sont les argiles du Gâtinais et les argiles à meulières, qui forment, dans le bassin de la Seine, une étendue de 8710 kilomètres carrés.

On donnait autrefois le nom de *gâtines* à de vastes plateaux sans pente, qui se couvraient d'eau l'hiver et restaient dans cet état jusqu'à ce que la chaleur de l'été eût fait disparaître ces marais éphémères. On le comprend sans peine, ces plateaux étaient aussi malsains que stériles. Le Gâtinais et une grande partie de la Puisaye, qui était aussi couverte de gâtines, étaient donc autrefois des contrées improductives, vouées à un système de jachères presque continu, habitées par une population dévorée par la fièvre et par conséquent sans énergie.

Longtemps avant l'introduction en France des méthodes anglaises de drainage, on avait trouvé le moyen d'assainir partiellement les gâtines par de grossiers travaux. Lorsque j'ai parcouru le Gâtinais, il y a 22 ans environ, les dernières gâtines des environs de Bléneau avaient déjà disparu. Aujourd'hui toute la contrée est en grand progrès, et c'est au drainage sans contredit que ce résultat doit être attribué.

Cette heureuse influence de l'assainissement des terrains imperméables est bien plus remarquable encore en Brie. Les amas de meulières y exercent naturellement une certaine action de drainage ; depuis longtemps, on a augmenté cette puissance de la meulière, en la mettant en communication avec la surface du sol au moyen *des mares*, anciens trous d'extraction de meulière et de marne. Ces excavations sont disséminées à profusion sur toute la surface des grands plateaux de la Brie, et les cultivateurs y dirigent les eaux pluviales qui, sans cela, convertiraient leurs terres en gâtines. Des ruisseaux très-profonds et à très-faible pente creusés jusqu'à la meulière sillonnent aussi la contrée dans tous les sens; ils sont désignés dans le pays sous le nom de *ru*, diminutif du mot *ruisseau*.

Le drainage est donc pratiqué depuis longtemps dans les argiles à meulières; les méthodes suivies autrefois étaient sans doute moins parfaites que les méthodes nouvelles, mais elles avaient donné de grands résultats bien longtemps avant qu'on eût étiré un tuyau de drainage en Angleterre ou en France.

Autrefois on se contentait de conduire les eaux des terres labourables dans les mares et les rus, par un sillon plus profond qui coupait tous les autres. C'est encore la méthode la plus généralement employée. Cependant le drainage par tuyaux en poterie prend tous les jours un plus grand développement.

Les bois de cette partie de la Brie sont drainés par des fossés, qui tous portent les eaux vers de nombreuses mares. La plupart des petits bouquets de bois, si multipliés à la surface de la contrée, ont une mare au centre.

Les terrains où le drainage exerce l'action la plus utile sont donc les plateaux imperméables sans pente du Gâtinais et de la Brie.

Division du bassin de la Seine, en ce qui concerne l'utilité du drainage. — Les 19 440 kilomètres carrés de terres imperméables du bassin de la Seine se subdivisent ainsi en ce qui concerne le drainage :

1° Terrains imperméables trop peu riches pour que le drainage des terres y prenne jamais une grande extension, excepté lorsque la terre est cultivée en prairies.

KILOM. CARRÉS.

Granite du Morvan. 1 685

2° Terrains imperméables qui, à l'état de terres labourables, pourraient être drainés utilement, mais dont le morcellement rend cette opération très-difficile. Drainage des prairies presque toujours inutile ou dangereux.

A reporter. . . . 1 685

KILOM. CARRÉS.

Report.		1 685
Lias de l'Auxois et du Nivernais.	2 520	
Terrain crétacé inférieur et argiles jurassiques du pays de Bray et de la Champagne.	5 500	9 055
Argiles plastiques et marnes vertes. . . .	Mémoire	
Argiles des sources de l'Eure.	1 025	

5° Plateaux argileux presque dépourvus de pente qui doivent être drainés, quelle que soit la culture adoptée, excepté lorsqu'ils sont cultivés en prairies.

Argiles du Gâtinais.	3 700	
— à meulières de Brie.	4 470	8 710
— à meulières supérieures.	540	
Total.		19 440

Les terres perméables, où le drainage est inutile, occupent, dans le bassin de la Seine, une superficie de 59 210 kilomètres carrés[1].

[1] Voyez chap. XXXII, p. 517.

CHAPITRE XXXVI

COMBINAISON DU DRAINAGE ET DE L'IRRIGATION
DANS LES PRAIRIES DES TERRAINS PERMÉABLES ET DU GRANITE

On vient de dire que le drainage était inutile dans les terrains
perméables, excepté au fond des vallées principales, qui est presque toujours occupé par des prairies marécageuses ou même tourbeuses. Cet excès d'humidité est dû, non-seulement aux sources
nombreuses qu'on trouve dans ces marais, mais encore à la disposition des cours d'eau qui, dépourvus de violence, coulent à
plein bord dans un lit mal encaissé, souvent plus élevé que
la ligne de thalweg[1]. Cette disposition du lit des cours d'eau est
due aussi aux nombreuses usines, qui, souvent, utilisent presque
toute la pente des vallées.

Il est évident que, dans de semblables conditions, le propriétaire de prairies ne récoltera que de la lèche, du jonc et du ro-
seau, s'il ne donne pas d'écoulement aux eaux d'infiltration, c'est-
à-dire s'il ne draine pas ses prés.

Lorsque la prairie est simplement humide et non tourbeuse,
le drainage peut, dans la plupart des cas, se faire par la méthode
suivante, que j'ai mise en pratique dans des prés du terrain oxfor-

---

[1] Voy. chap. XXIV, p. 444 et suivantes.

dien de la petite rivière d'Ource, à Riel-les-Eaux, près de Châtillon-sur-Seine.

Le lit de la rivière étant en relief sur le fond de la vallée, il devrait y avoir une ligne de thalweg de chaque côté ; mais il arrive presque toujours, en pareil cas, qu'un de ces thalwegs est barré par la rivière, que les eaux des prairies sont sans écoulement sur une rive et forment des marais véritables, plus élevés que le thalweg qui se trouve sur l'autre rive[1].

On rétablit l'écoulement régulier de l'eau par des tuyaux, soit en bois de hêtre, soit en maçonnerie passant sous la rivière. J'ai construit deux aqueducs de ce genre, sous la rivière d'Ource, qui a environ 12 mètres de largeur ; la dépense s'est élevée en moyenne à 1 000 francs par aqueduc. J'ai desséché ainsi 15 hectares de marais qui m'appartiennent et une assez grande étendue de prés et de marais, appartenant à la commune et à divers propriétaires.

Il faut ensuite ouvrir, sur la ligne du thalweg, un fossé aussi profond que possible, qui reçoit les eaux des prairies des deux côtés de la rivière et les conduit à l'aval de l'usine la plus voisine. Presque toujours ce fossé ne suffit pas pour assainir les prairies. La rivière dominant le fond de la vallée et coulant à pleins bords, dans un terrain perméable, ses eaux imbibent toute la masse du sol et la prairie est envahie par le jonc et la lèche.

On peut remédier à cette situation en ouvrant, de chaque côté de la rivière, un contre-fossé qui coupe les infiltrations. Mais, outre qu'on perd ainsi un terrain précieux, on augmente considérablement les fuites et on soulève les justes plaintes de l'usinier d'aval, qui perd une partie d'eau notable.

Le procédé le plus économique et le plus rationnel consiste à établir de chaque côté un maître drain, parallèle à la rivière, à 15 ou 20 mètres des rives, de telle sorte que les racines des saules et des peupliers ne puissent pas y pénétrer. On fait ainsi, en peu

---

[1] Voy. chap. V, p. 80.

d'années, disparaître la plus grande partie des herbes de marais.

La lèche reste cependant çà et là, en grandes taches, à la surface de la prairie. Les fortes racines de cette plante pénètrent jusqu'à des eaux plus profondes. Un drainage irrégulier, coupant toutes ces parties humides, est nécessaire pour compléter l'assainissement.

On arrive ainsi à produire de l'herbe de bonne qualité, à la place des joncs et des roseaux qui couvraient la prairie ; le trèfle blanc paraît le premier, dès que l'asséchement est complet ; les graminées ne tardent pas à se montrer ensuite.

Lorsque les crues n'ont pas la violence nécessaire pour entraîner les terres rendues meubles par le labour, on peut arriver très-promptement à un résultat complet, en mettant le pré en culture, en y faisant une ou deux récoltes d'avoine et ensuite en y semant le mélange de bonnes graines de foin du commerce ; cela coûte 100 francs par hectare et on obtient immédiatement un pré de bonne qualité.

Mais, dans la plupart des cas, les crues ravineraient les terres labourées et alors il faut renoncer à ce procédé, et la destruction de la lèche est une œuvre de patience.

Il serait difficile d'obtenir la fertilité, si l'on ne complétait les travaux par l'irrigation, presque toujours facile dans les vallées perméables, surtout quand le cours d'eau s'élève au-dessus de la prairie. Je ne décrirai point les procédés d'irrigation aujourd'hui bien connus. Dans l'arrondissement de Châtillon-sur-Seine, presque tous les propriétaires de prairies ont adopté l'irrigation par ados. C'est à coup sûr un bon système, mais qui a l'inconvénient d'être très-coûteux et de rendre le pâturage impossible.

Je dois à l'obligeance de M. l'ingénieur Carlet les renseignements suivants sur les irrigations de l'arrondissement de Châtillon-sur-Seine, dont toutes les vallées sont ouvertes dans les terrains perméables de la formation oolithique.

TABLEAU DES PRAIRIES IRRIGUÉES DE L'ARRONDISSEMENT DE CHATILLON-SUR-SEINE

DÉSIGNATION DES COURS D'EAU	DÉSIGNATION DES IRRIGATIONS	SURFACES ARROSÉES	OBSERVATIONS
		Hectares.	
Seine	Irrigation Guenot	0,80	Prise d'eau dans un bief d'usine.
	— Huguenin	4,50	Barrage spécial.
	— Dauphin	10,00	Id.
	— Leroy	12,00	Id.
	— Marie	0,50	Id.
	— Cousturier	5,00	Prise d'eau dans un bief d'usine.
	— Camus-Lapérouse	19,00	Id.
	— Jobbomecille	5,00	Id.
	— Bordet	2,75	Id.
Aube	— de la prairie De Boudreville à divers	27,00	Id.
	— Mouniot	4,00	Barrage spécial.
	— Maître	13,00	Prise d'eau dans un bief d'usine.
	— Girardot	2,00	Id.
	— Rolle	11,00	Id.
	— Courtois (Veuve)	6,00	Id.
	— Aubry	0,48	Id.
Ruisseau de Courbe-Charme et torrent de Bougeon	— de la prairie de Lucey à divers	9,00	Barrage spécial.
	— de la prairie de Labaume à divers	12,00	Id.
Aubette	— Brigandet	0,75	Id.
	— Fournier	1,50	Id.
	— Cheminet	0,60	Id.
	— Mathieu	5,90	Id.
	— Lavocat et consorts	15,54	Prise d'eau dans un bief d'usine.
Ource	— de la prairie de Chaugey à divers	11,00	Barrage spécial.
	— Clerget	1,00	Id.
	— Petitot	7,00	Prise d'eau dans un bief d'usine.
	— Duboulois	5,00	Id.
	— Perrin	2,50	Id.
	— Landel	23,00	Id.
	— Bordet (Louis)	26,00	Prise d'eau dans un bief d'usine et barrage spécial.
	— Bouguéret (Alexandre)	45,00	Id.
	— Chevalier-Chauchefoin	10,00	Barrage spécial.
	— de la prairie de Maisey à divers	24,00	Prise d'eau dans des biefs d'usine.
	— Babeau	6,00	Id.
	— de la prairie de Villotte à divers	55,00	Id.
	— Leblanc	15,00	Id.
	— Leblanc	8,40	Id.
	— de la prairie de Prusly à divers	65,00	Id.
	— de la prairie de Brion à divers	54,00	Barrage spéciaux et prises d'eau dans des biefs d'usine.
	— de la prairie de Thoires à divers	18,00	Prises d'eau dans des biefs d'usine.
	— Belgrand	12,00	Id.
	A reporter	510,20	

DÉSIGNATION DES COURS D'EAU	DÉSIGNATION DES IRRIGATIONS		SURFACES ARROSÉES	OBSERVATIONS
		Report	Hectares. 510,20	
Dijeanne	Irrigation	de la prairie de Minot à divers	4,00	Barrages spéciaux et prises d'eau dans des biefs d'usine.
	—	de la prairie Saint-Broin à divers	15,00	Id.
	—	Du Boulois	2,00	Id.
	—	de la prairie de Châtellenot à divers	1,75	Id.
	—	Chalopin (Jean-Baptiste)	5,00	Barrage spécial.
	—	Ormancey	0,90	Id.
	—	Bordet	16,00	Id.
	—	De Chastenay	18,00	Id.
	—	De la Griche	52,00	Id.
	—	Smiff (Théodore)	8,00	Id.
	—	Bouguéret (Veuve)	22,50	Id.
Ruisseau de Villarnou	—	de la prairie de Montmoyen à divers	7,00	Barrage spécial.
Ruisseau de Terrefondrée et de la Grame	—	Du Boulois	5,00	Id.
	—	de la prairie de Terrefondrée à divers	7,00	Id.
	—	Chalupin (Vincent)	0,68	Id.
Ruisseau du Val d'Arce	—	de la prairie de Bure à divers	15,50	Id.
	—	de la prairie de Recey à divers	7,00	Id.
La Laignes	—	Dumont	7,00	Prises dans un bief d'usine.
Ruisseau de Nicey	—	Mailly	9,50	Barrage spécial.
	—	Michaut	5,50	Id.
Ruisseau de Chaumont-le-Bois	—	de la prairie d'Obtrée à divers	4,50	Id.
La Coquille	—	Fabry	4,66	Id.
	—	de la prairie d'Aignay à divers	14,00	Id.
	—	Misset	3,00	Id.
	—	Sellerot	1,00	Id.
	—	Rigogne	12,00	Id.
	Total		734,51	

A côté de ces prairies, qui sont arrosées artificiellement, il en est d'autres qui le sont naturellement et abondamment par les crues des cours d'eau et sont généralement les plus fertiles.

Ainsi, la prairie que je possède dans la vallée d'Ource ne figure que pour 12 hectares dans le tableau des prés irrigués ; je fais les travaux nécessaires pour en arroser encore 8. J'aurai donc en tout 20 hectares arrosés artificiellement. La surface totale de ma prairie étant de **44** hectares, il reste **24** hectares de prés, qui sont naturellement arrosés par les crues de la rivière et sont de beaucoup les meilleurs.

Au moyen de ces irrigations, on obtient des fourrages qui sont considérés, dans le pays, comme étant de bonne qualité; mais, cependant, il est très-douteux que ces foins, mangés sur pied, soient assez nourrissants pour engraisser le bœuf, comme l'herbe des embauches du Nivernais, de l'Auxois et des herbages du pays de Bray et de la vallée d'Auge.

Contraste qui existe entre les prairies des terrains perméables et ceux imperméables. — Il n'est point de contraste plus frappant que celui que présentent les prairies des deux arrondissements limitrophes de Semur-en-Auxois et de Châtillon-sur-Seine. Sans le drainage et l'irrigation naturelle ou artificielle, les prairies du Châtillonnais seraient couvertes de lèche et donneraient des produits très-médiocres en qualité et en quantité. Les prairies de l'Auxois ne sont ni drainées ni arrosées ; tantôt elles montent sur les pentes, tantôt elles bordent les cours d'eau ; mais quelle que soit leur position, on n'y voit ni lèche ni marais, et, en qualité comme en quantité, leurs produits sont, presque partout, supérieurs à ceux des prairies des terrains perméables de l'arrondissement de Châtillon.

Si l'on se reporte à ce qui précède, ce contraste s'explique facilement. Les terres de l'Auxois étant imperméables, les prairies s'y créent partout, aussi bien sur les pentes des coteaux qu'au fond des vallées. Mais c'est surtout dans les petites dépressions du sol, où affluent naturellement les eaux pluviales, que la prairie s'est développée et forme ce que, dans le pays, on nomme *coulée de prés*. Toute coulée de prés est assainie par un ravin qui occupe son thalweg et vers lequel descendent toutes les lignes de plus grande pente [1]; le drainage, qui détruirait la prairie, n'est

[1] Voy. chap. V, p. 79.

donc nécessaire nulle part. L'irrigation serait certainement utile; mais, dans un grand nombre de cas, elle est impossible faute d'eau. Elle n'est jamais indispensable, parce que le sol argileux est suffisamment frais pour entretenir la végétation, au moins jusqu'à la récolte de la première coupe.

On comprend donc comment les prairies de l'arrondissement de Semur, vingt fois plus étendues que celles de l'arrondissement de Châtillon, sont naturellement plus fertiles et de meilleure qualité, quoiqu'elles ne soient ni drainées ni arrosées.

Le même contraste se remarque à l'autre extrémité du bassin de la Seine, en Normandie. Les excellents herbages du pays de Bray et de la vallée d'Auge, qui reposent sur un sous-sol imperméable, ne sont ni drainés ni arrosés et leurs produits sont d'une qualité supérieure et occupent jusqu'à la moitié du territoire.

Tout près de là, dans le voisinage de la vallée d'Auge, les prairies des terrains perméables des vallées crayeuses de l'Eure, de la Blaise, de l'Avre, de l'Iton, de la Rille, et, dans le voisinage du pays de Bray, les prés des bords de la Bresle, ne produisent que des foins de qualité inférieure, et cependant sont abondamment arrosées. Malgré l'énorme volume d'eau dont disposent les propriétaires, ces prés lécheux ne tapissent pas la centième partie du territoire, et cette proportion ne peut être augmentée.

L'irrigation est pratiquée avec une grande exagération dans quelques-unes de ces vallées, notamment dans celles de l'Avre et de la Bresle, et elle a donné lieu, pendant longtemps, à des contestations entre les propriétaires d'usines et de prairies. C'est seulement dans ces dernières années que ces contestations se sont terminées par des règlements d'eau [1].

L'irrigation serait appliquée avec grand avantage dans le Mor-

---

[1] Voy. *Études hydrologiques dans le bassin de la Seine* — *Annales des ponts et chaussées*, 1852, premier semestre, note O.

van pour créer de nouveaux prés, bien supérieurs en qualité à ceux qui existent aujourd'hui ; je citerai l'exemple suivant.

Le réservoir de l'aqueduc d'Avallon est situé, sur le bord de la vallée du Cousin, à l'entrée d'une charmante maison de campagne nommée les Alleux. Le propriétaire, M. Henri Houdaille, nous permit de traverser son parc sans aucune indemnité, et consentit à recevoir le trop plein du réservoir, qui n'avait d'autre issue que ce parc. Au sommet se trouve un mamelon granitique de plusieurs hectares d'étendue et complétement aride ; j'y traçai quelques rigoles d'irrigation. Ce terrain improductif fut ainsi converti en une belle prairie, que j'ai visitée récemment et qui est certainement une des meilleures du pays. M. Raudot, député de l'Yonne, a créé de nombreuses prairies dans le Morvan par l'irrigation. Si ces exemples étaient plus suivis qu'ils ne l'ont été, le Morvan verrait sa richesse en bétail s'accroître considérablement.

Les prairies anciennes, lorsqu'elles tapissent le flanc d'un coteau, gagneraient beaucoup à être arrosées ; mais, préalablement, il faudrait les drainer dans toutes les parties où se montrent ces petites tourbières et ces marais qui couvrent souvent les pentes les plus rapides du Morvan [1]. L'irrigation serait ainsi le complément du drainage, comme dans les prés des terrains oolithiques.

L'irrigation n'a pas pris un très-grand développement dans le reste du bassin de la Seine, ce qui tient au peu d'étendue des prés des terrains perméables.

Les petits affluents qui débouchent dans l'Yonne, entre Joigny et Sens, traversent de jolies prairies très-soignées et très-bien arrosées. Leurs produits paraissent considérables. Les prairies de la craie, qui ne sont pas tourbeuses, sont aussi quelquefois très-bien arrosées. Telles sont celles qui bordent le ru de Cérilly, affluent de la Vanne.

---

[1] Voy. Introduction, p. 7 et suivantes.

Les prairies des terrains perméables [1] n'occupent, dans le bassin de la Seine, que 680 kilomètres carrés environ. L'irrigation, combinée avec le drainage, peut améliorer considérablement la qualité de ces prairies, mais non pas augmenter leur étendue, qui est insignifiante, si on la compare à celle des autres cultures. La fortune publique n'est donc pas très-intéressée au développement de cette double opération ; c'est l'affaire des propriétaires, et je puis dire, par expérience, qu'ils peuvent doubler la valeur de leurs prés en les soignant et sans dépenser beaucoup d'argent.

L'étendue des prairies des terrains imperméables qui ne doivent jamais être drainées, et qui sont rarement arrosables, est de 2 000 kilomètres carrés environ. La fortune publique est fortement intéressée à l'extension de cette culture, dont le développement, sur une surface de 9 045 kilomètres carrés, est à peu près illimité. Ces prairies sont, en effet, les seules du bassin de la Seine où il est possible d'engraisser les bœufs au pâturage.

Il est très-rare que le drainage y soit utile ; l'irrigation produirait souvent de bons résultats, surtout lorsque les prairies sont très-éloignées de la mer, mais elle est rarement possible. Lorsqu'on veut conduire ces prairies à l'état de perfection, il faut les enclore, pour que le bétail y reste renfermé jour et nuit, et par conséquent y établir au moins un abreuvoir.

Lorsque cette double condition est remplie, la prairie s'élève à l'état de pré d'embauche ou d'herbage ; sa valeur locative croît de 50 pour 100, et, en peu d'années, les déjections du bétail augmentent considérablement sa fertilité.

Le plus difficile est de maintenir l'eau dans la mare : les mares de l'Auxois tarissent presque toujours en été. Voici comment j'ai remédié à cet inconvénient, dans un pré de 8 hectares que je possède dans cette riche contrée.

J'ai construit une citerne de forme circulaire, ayant 7 mètres de diamètre intérieur, $2^m,16$ de profondeur, et, par conséquent, 83 mètres cubes environ de capacité. Elle est recouverte d'une

---

[1] Voy. chap. XXXII, p. 518.

voûte légère en calotte sphérique de $0^m,08$ d'épaisseur, chape
de $0^m,02$ comprise, formée de briquettes posées à plat, avec
mortier de ciment ; cette voûte est recouverte de $0^m,40$ de terre.
Tous les ruisseaux du lias coulant dans la saison humide, il
est facile de remplir la citerne au printemps. L'eau se conserve
excellente pendant tout l'été, à la disposition du fermier. J'ai placé
ma citerne au point le plus élevé du pré, et il sera facile, quand
on voudra, de conduire l'eau, par la gravité, dans des auges
placées aux points bas.

En raison du prix peu élevé des maçonneries en Bourgogne,
ce petit ouvrage n'a pas coûté cher.

Voici le détail de la dépense :

Terrassement (en partie à la mine).	168 fr. 55 c.
Ciment, briques et sable.	459 »
Moellon.	29 »
Journées du maçon et de ses aides, environ. .	515 »
Cintre, fourniture et main-d'œuvre.	50 »
Lattes et pointes pour remplacer les couchis.	14 50
Total.	1 014 fr. 65 c.

Il faut déduire de cette somme, environ 200 francs appliqués
à la construction d'un barrage en maçonnerie sur le ruisseau, qui
sert, en hiver, à l'irrigation de la prairie ; la citerne a donc coûté
environ 800 francs, y compris une petite clôture en maçonnerie
et une auge construite en briques et ciment.

J'entre dans ces détails, parce que cet exemple peut être suivi
pour tous les prés un peu étendus des terrains imperméables,
dont les mares tarissent en été. Il faut pour réussir, qu'en hiver,
on dispose soit de l'eau d'un ruisseau, soit simplement de l'égout-
ture des terres voisines. Beaucoup des prés de l'Auxois pourraient
ainsi être convertis en embauches.

CHAPITRE XXXVII

SUITE DES CULTURES PERMANENTES — LES FORÊTS

Le tableau des cultures permanentes [1] donne la répartition suivante des bois dans les divers terrains qui constituent le bassin de la Seine :

TERRAINS IMPERMÉABLES.

		MILLIÈMES DU TERRITOIRE		
Granite-Morvan		376		
Lias-Auxois		35		
Terrain crétacé inférieur. { Vallée de la Barse et de l'Hozain.		109		
Terrain crétacé inférieur. { Argonne		478		
Argiles à meulière de Brie	de	58	à	67
— du Gâtinais	de	107		425
— des sources de l'Eure, de la Rille,	de	122		157

TERRAINS DEMI-PERMÉABLES.

Terrains oxfordiens	de	155	510
Terrain kimméridien	de	72	254

TERRAINS PERMÉABLES.

Grande oolithe	301
Calcaire kellowien	181
— corallien	355
— portlandien	179

[1] Voy. chap. XXX, p. 501 et suivantes.

	MILLIÈMES DU TERRITOIRE.	
Moyenne des calcaires oolithiques de l'arrond. d'Avallon. . . 525		
Craie blanche de la Champagne. . . . . de	5 à	20
Calcaires et sables éocènes (Valois). . . . . de	78	110
Sables de Fontainebleau (presque tout le territoire).	»	»
Calcaire de Beauce. . . . . de	12	24
Argile à silex. . . . . de	44	212
Limon du Vexin normand. . . . . de	107	227

Il résulte de l'examen de ce tableau que le bassin de la Seine, surtout en amont de Paris, est une des régions les plus boisées de la France ; les bois couvrent plus du tiers du Morvan, des pentes de la Bourgogne, des plaines ondulées de la Champagne humide, de l'Argonne, des sables de Fontainebleau et de Beauchamp, etc.

Les arbres à feuilles caduques peuplent la plus grande partie de ces forêts. Les résineux n'en occupent qu'une petite partie et sont tous de plantation récente.

Parmi les terrains imperméables, on n'en remarque qu'un seul, le lias, qui soit presque complétement déboisé.

Les 26 529 hectares de terrain granitique de l'arrondissement d'Avallon ne renferment pas moins de 9 961 hectares de bois, soit un peu plus du tiers de la formation. Le reste des terrains granitiques du bassin n'est pas moins boisé. On sait que le Morvan fournit une grande partie du bois brûlé à Paris. Les bois s'étendent jusqu'aux sommets les plus élevés, sur le haut Follin, à l'altitude 900 mètres.

Les terrains crétacés inférieurs sont également chargés de forêts. Dans l'Yonne, les bois occupent plus du cinquième de leur surface ; dans l'Aube, les forêts d'Aumont, de Rumilly, d'Orient et leurs ramifications, les couvrent en grande partie. La forêt d'Argonne s'étend sur la moitié du pays au moins. La forêt de Bray tapisse une partie notable de cette riche contrée.

Les limons mêlés de silex, qu'on trouve sur les deux rives de l'Yonne, entre Laroche et Sens, se rattachent tantôt à l'argile plastique, tantôt au limon des plateaux ; ils sont chargés d'immenses forêts. Sur la rive droite, la forêt d'Othe et ses ramifications les recouvrent presque entièrement.

Les argiles du Gâtinais, des bords du Loing ne sont guère moins boisées.

En Beauce et en Normandie, l'argile à silex n'est boisée que sur les pentes des vallées.

Le boisement des argiles à meulières de la Brie est très-inégal, on y trouve de grandes forêts comme celles de Jouy, de Crécy, de Sénart, et de grands espaces déboisés, comme les plaines de Lieusaint et de Nangis. Le déboisement est dû ici évidemment à la grande fertilité du sol.

La même observation s'applique aux argiles tertiaires des sources de l'Eure et de la Rille : on y trouve de très-grandes forêts comme celles de Senonches; mais, en général, les bois sont remplacés par de plus riches cultures.

Deux des grands terrains perméables, les calcaires oolithiques et les sables de Fontainebleau sont très-boisés; deux autres, la craie et les terrains tertiaires de Beauce, sont déboisés. Les terrains tertiaires compris entre les marnes du gypse et l'argile plastique renferment çà et là de grandes forêts domaniales, mais en général sont peu boisés. La même observation s'applique aux grands plateaux couverts de limon rouge.

Lorsqu'un fait se présente constamment dans des circonstances données, on ne saurait l'attribuer au hasard ; on ne peut donc attribuer à des circonstances fortuites le boisement considérable ou le déboisement des terrains dont nous venons de parler.

CAUSES DU DÉBOISEMENT DE CERTAINS TERRAINS.

Lias. — Le lias est un terrain très-propre à la végétation sylvestre. Les lambeaux de forêts qui restent à sa surface sont tous d'une vigueur extraordinaire, quoiqu'on n'ait laissé à la sylviculture que les terrains les moins fertiles. Autrefois, on n'en saurait douter, les parties les plus riches étaient également couvertes d'épaisses forêts; j'ai déjà cité, comme preuves de ce fait, le nom latin du bourg d'Epoisses (*Spissæ*), centre d'une des plus riches régions liasiques de la Bourgogne, à peu près déboisée.

Il est donc certain que la cause du déboisement du lias est sa grande fertilité, et surtout le peu d'étendue des terres réellement mauvaises. En effet, dans l'arrondissement d'Avallon, sur 23 958 hectares de terres du lias, on ne compte que 11 hectares de terrains improductifs et 664 hectares de terres de quatrième et cinquième classes; et encore ces derniers terrains, presque toujours formés d'argiles amaigries par les eaux pluviales qui ruissellent à leur surface, sont-ils très-propres à la culture de la luzerne, des prairies et de la vigne, et, par conséquent, sont très-utiles aux cultivateurs, qui ne songent nullement à les reboiser.

Craie blanche. — Le déboisement de la craie doit être attribué à une cause toute différente; lorsque la terre végétale est intimement mélangée d'une grande quantité de terrain calcaire, elle paraît ne plus convenir à la végétation sylvestre; un sylviculteur de la Puisaye m'affirmait, il y a quelques années, qu'un terrain marné ne pouvait être reboisé que lorsque l'effet du marnage cessait de se faire sentir. Les difficultés qu'on éprouve dans le reboisement de la Champagne pouilleuse viennent corroborer cette opinion; à l'aval de Paris, les falaises crayeuses qui bordent la Seine sont complétement déboisées, sauf vers Vernon, où la craie prend assez de consistance pour être exploitée comme pierre de taille dure, et, par conséquent, où elle ne peut plus se mélanger intimement à la couche de terre végétale. Chose remarquable, les forêts des plateaux cessent, dans cette région, de s'arrêter à la limite de la craie, et couvrent une partie des terrains où les carrières sont ouvertes. On voit aussi quelques bois chétifs sur les coteaux crayeux des bords de l'Yonne, mais toujours le limon rouge des plateaux, en couche très-mince, les sépare de la craie.

Des faits analogues se remarquent dans tout le nord de la France. Partout où la craie se montre à nu, en Normandie, en Picardie, en Flandre, etc., les bois disparaissent ou sont de misérable venue. Lorsque la craie est recouverte par des terrains tertiaires ou par le limon rouge, les bois se montrent, souvent peu étendus, mais presque toujours très-beaux et très-vigoureux. C'est donc au mélange intime de la craie et de la terre végétale que le déboisement des terres crayeuses de la contrée doit être attribué.

Cette impropriété des terres marnées à la sylviculture n'est point particulière à la craie. Dans la formation oolithique, où la culture des forêts a pris un si grand développement, il existe vers la base du terrain oxfordien une couche marneuse très-riche en calcaire et assez puissante; elle se montre à flanc de coteau dans les arrondissements de Châtillon-sur-Seine, de Langres et de Chaumont, le long du gradin de terrain oxfordien, dont il a été souvent question dans cet ouvrage et qui est désigné sur la carte par une teinte bleue recouvrant un quadrillage bleu.

Ces terrains passent par tous les degrés de fertilité; d'une stérilité absolue, lorsque la marne se montre pure à leur surface, ils forment les terres de première classe lorsqu'ils renferment une proportion suffisante de terre végétale; mais ils sont toujours déboisés et, sous ce rapport, forment un contraste frappant avec le sol des plateaux, presque toujours couvert de forêts, même lorsqu'il se compose des pierrailles les plus infertiles.

Le gradin marneux est constamment couronné de forêts à son sommet et toujours déboisé dans ses parties moyenne et inférieure. Si l'on examine de près le sol qui le compose, on le trouve formé des couches indiquées sur la figure suivante.

On reconnaît de loin les terres impropres à la culture des

forêts, à leur couleur blanchâtre qu'elles doivent au mélange intime de la marne et du sol détritique.

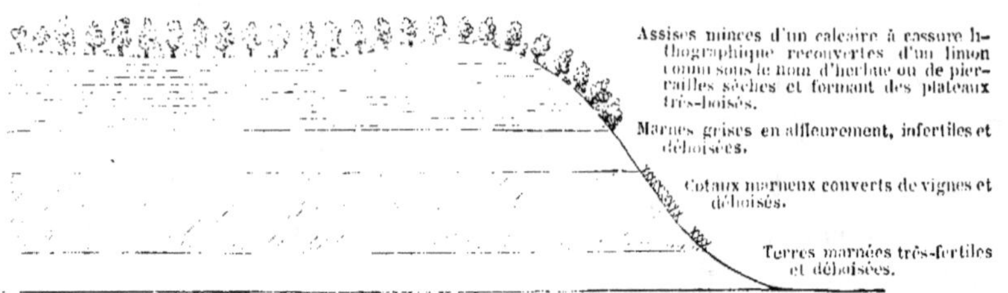

Calcaire de Beauce. — Le calcaire de Beauce est aussi impropre à la végétation sylvestre que la craie blanche et que les marnes grises du terrain oxfordien ; il n'est donc pas étonnant que les coteaux où ce calcaire se montre à nu soient déboisés. Mais les plateaux couverts d'une épaisseur suffisante de limon rouge, conviendraient très-bien aux forêts et ils en seraient tapissés, il n'en faut pas douter, s'ils n'étaient propres à des cultures beaucoup plus productives.

Le déboisement de la Beauce doit donc être attribué à deux causes : à la stérilité des coteaux où le calcaire de Beauce se montre à nu, à la fertilité des plateaux couverts de limon rouge.

C'est à des causes du même genre qu'il faut attribuer la petite étendue des forêts et leur inégale répartition sur les terrains perméables tertiaires compris entre les marnes vertes et l'argile plastique, et sur les plateaux de la Brie. Les riches plateaux du Valois, du Tardenois, du Vexin français et normand, couverts de limon rouge, conviendraient beaucoup aux forêts, mais on les réserve pour des cultures plus riches. Ce qui le prouve, c'est que ces terrains sont très-boisés, lorsque le sol est moins fertile, comme à Chantilly, à Villers-Cotterets, à Compiègne, etc.

La Brie est peu boisée dans les riches plaines des arrondissements de Melun, de Corbeil, de Meaux, de Coulommiers; les bois cèdent la place à de plus riches cultures. Le sol est extraordinairement boisé, quand la fertilité diminue, dans ce qu'on appelle la Brie pouilleuse, sur les deux rives de la Marne, en amont de Château-Thierry.

Causes du boisement extraordinaire des terrains granitiques, oolithiques, crétacés inférieurs, etc. — Les terrains granitiques sont presque toujours de médiocre ou de mauvaise qualité ; il y a quinze ans, dans l'arrondissement d'Avallon, un hectare de terre labourable granitique ne se louait guère plus de 10 francs [1]. A la vérité, le sol granitique se prête très-bien à la culture des prairies naturelles, sur les pentes comme dans les vallées ; mais ces prairies sont elles-mêmes de médiocre qualité et ne se louent guère que 30 francs l'hectare, produit habituel d'un bois de qualité passable.

Les terrains boisés dans le Morvan produisent donc beaucoup plus que les terres labourables et à peu près autant que les prairies, et il n'est pas étonnant que les bois occupent une partie considérable de cette contrée accidentée, où la circulation est difficile ; l'exploitation des bois serait elle-même très-dispendieuse, si les nombreux ruisseaux qui couvrent la contrée n'y permettaient le flottage à bûches perdues.

La grande étendue de bois de la formation oolithique s'explique par les mêmes raisons. On y trouve des terres de bonne qualité, mais beaucoup plus encore qui sont absolument improductives. Ainsi, dans l'arrondissement d'Avallon, sur 50 502 hectares de terres oolithiques non boisées, il existe :

	HECTARES.
Broussailles, friches, pierrailles.	2 332
Terres de quatrième et cinquième classes.	13 355
Surface des terres qui ne valent pas la peine d'être cultivées.	15 687

[1] Autrefois le Morvan ne produisait pas de blé. Depuis quelques années, on fait usage de la chaux et on est tout surpris de voir de belles récoltes de froment dans beaucoup de terres considérées, il y a vingt ans, comme stériles.

Près de Châtillon-sur-Seine, dans la commune de Coulmiers-le-Sec, qui passe pour une des meilleures de la montagne, on ne comptait, à l'époque où le cadastre a été fait, que 522 hectares de terre de 1re et 2e classe, sur 2 440 hectares de terres labourables, c'est-à-dire à peine un huitième.

On conçoit donc qu'on mette peu d'empressement à déboiser des terrains si peu fertiles.

Les terrains crétacés inférieurs sont de qualité très-inégale. Ainsi on y trouve d'excellentes terres, notamment de chaque côté de Troyes, dans les vallées de la Barse et de la Mogne, sur les bords de l'Armance, à Chessy, aux Croûtes, etc. Ces terres sont toujours d'une culture difficile. Ailleurs les mêmes difficultés de culture existent, de plus le sol est ingrat et peu fertile. Un propriétaire des bords de l'Armançon m'assurait qu'une ferme qu'il possédait dans les argiles de Villiers-Vineux, près de Saint-Florentin, ne lui rendait pas plus d'un double boisseau par arpent de 50 ares, soit environ 8 francs par hectare. On voyait encore dans ces terrains, il y a une vingtaine d'années, et notamment à Marolles, près de Tonnerre, de vastes landes couvertes de bruyères absolument improductives. Le reboisement de ces terrains est du reste des plus faciles. On comprend donc très-bien pourquoi le terrain crétacé inférieur est si boisé.

Les mêmes considérations s'appliquent aux terrains crétacés inférieurs de la Puisaye et aux plateaux tertiaires des deux rives de l'Yonne, à partir de Joigny.

Les plateaux du Gâtinais, surtout aux environs de Bléneau, sont souvent peu productifs, non pas parce qu'ils manquent de fertilité, surtout lorsqu'ils sont marnés, mais par des raisons assez complexes et qui ont été exposées ci-dessus.

Comme la plupart des plateaux tertiaires situés en amont de Paris, ces terrains manquent de pente ; de plus ils sont imperméables. Les eaux pluviales séjournent donc à leur surface, nui-

sent à la culture des céréales et surtout à celle des prairies artificielles, rendent le pays malsain et les habitants lourds, indo-
lents et peu industrieux. De là l'état précaire de l'agriculture.
Des terres réellement fertiles qui, marnées, peuvent donner 20 hectolitres de blé à l'hectare, se louaient 10 francs il y a vingt ans.
Il était rare que le prix d'amodiation d'un domaine dépassât
20 francs l'hectare. La difficulté des communications était telle
qu'une multitude de chaumières, nommées manœuvreries, s'é-
parpillaient sur les plateaux. De pauvres diables sans ressources
habitaient ces cabanes et cultivaient tant bien que mal quelques
arpents de terre, dont ils ne payaient jamais le fermage. Ces
manœuvreries sont devenues le centre de nombreux hameaux
qui portent le nom des premiers occupants.

Les propriétaires n'avaient alors de revenus assurés que dans
leurs bois, qui sont d'une vigueur et d'une beauté remarquables.
De grands progrès agricoles ont été réalisés dans cette contrée
par l'amélioration des voies de communication, l'application des
bonnes méthodes de drainage et par le marnage. Néanmoins, dans
l'état actuel des choses, le déboisement n'est pas à craindre. De
riches habitants du pays m'ont souvent répété que les bois étaient
encore, et de beaucoup, leurs meilleurs biens.

Sur la rive gauche de l'Yonne, les plateaux tertiaires sont recouverts par la forêt d'Othe et ses ramifications, qui s'étendent
jusqu'au delà de Sens. Il n'est pas à craindre que ces terrains
se déboisent jamais, d'abord parce qu'ils sont naturellement peu
fertiles et peu abordables, mais surtout à cause de leur admirable
position entre l'Yonne et les plaines déboisées de la Champagne.
Les forêts, dit-on dans le pays, ont le pied dans le feu.

Les sables de Fontainebleau sont moins fertiles encore que le
terrain crétacé inférieur ; de là la grande étendue des forêts dont
ils sont couverts ; il est presque inutile d'insister sur ce point
pour la partie de ce terrain qui entoure Fontainebleau ; mais la

même cause a produit les mêmes résultats partout où ces sables se montrent.

Ainsi sur les bords des vallées qui sillonnent les plateaux déboisés de la Beauce, telles que l'Ecolle, l'Essonne, l'Orge, l'Yvette, la Vesgre, etc., les sables de Fontainebleau forment, le long des vallées, des bandes longues, étroites et toujours couvertes de forêts.

J'ai dit que les terrains de la Brie, du Valois, du Vexin, etc., étaient peu boisés ; mais lorsque les sables de Fontainebleau les recouvrent sur quelques points, comme au-dessus des buttes de Montmorency, d'Herblay, de l'Authie, etc., les bois reparaissent et recouvrent une grande partie du sol.

On voit déjà par ce qui précède que la répartition des bois sur les divers terrains ne saurait être considérée comme un fait fortuit ; l'examen de la question du reboisement fera ressortir, d'une manière plus frappante encore, les causes de l'inégalité de cette répartition.

CHAPITRE XXXVIII

DU REBOISEMENT.

———

Il existe dans le bassin de la Seine cinq formations où il n'est fait aucune tentative importante de reboisement, savoir :

Le lias, les argiles à meulières de la Brie, les argiles des sources de l'Eure et de la Rille, le limon des plateaux et les grandes alluvions des vallées.

Ce fait s'explique par la grande fertilité de ces terrains, qui tend plutôt à amener leur déboisement complet que leur reboisement.

Dans cinq formations, des reboisements étendus ont été effectués avec un plein succès; ces formations sont : *le terrain crétacé inférieur, les argiles du Gâtinais, les limons des plateaux de la rive droite de l'Yonne, les sables de Fontainebleau et les sables de Beauchamp.* Le granite est aussi très-propre au reboisement, sans qu'on y fasse de grandes plantations aujourd'hui.

Dans deux terrains, les calcaires oolithiques et la craie blanche, les difficultés du reboisement sont considérables et il faut, pour les vaincre, beaucoup de temps, d'industrie et de persévérance.

*En général, les terrains argileux et arénacés se reboisent faci-
lement avec des essences à feuilles caduques.* — Je n'entrerai pas
ici dans de grands détails sur les méthodes de reboisement suivies dans chaque formation ; je me contenterai d'indiquer en
gros les procédés adoptés et les résultats obtenus.

Dans les sables verts (terrain crétacé inférieur) des bords de
l'Armance (cantons d'Ervy et de Saint-Florentin), le reboisement
s'opère presque toujours au moyen du bouleau ; on plante en
lignes ordinairement droites, sur un labour ; parfois on sème aussi
quelques glands ; on recèpe à trois ans ; au bout de dix ans, on
est en pleine jouissance.

Le taillis de bouleau qu'on obtient ainsi s'exploite d'habitude
à l'âge de 7 à 10 ans, mais peu à peu l'essence primitive disparaît
et est remplacée par le chêne, même lorsqu'on n'a pas semé de
glands ; ordinairement il ne reste, pour ainsi dire, plus de bouleaux dans une plantation âgée de 50 à 60 ans.

On sème aussi quelquefois le chêne seul, sans mélange d'autres
essences, et on arrive presque toujours à de bons résultats. Je
citerai l'exemple suivant.

De 1808 à 1812, M. Deschène, riche propriétaire habitant à
Ville-Fargeau près d'Auxerre, fit, à 1 kilomètre de ce village, des
semis de glands dans 20 hectares environ d'argiles sableuses de
médiocre qualité, du terrain crétacé inférieur ; le résultat obtenu
a été très-remarquable. Après un premier recépage fait à l'âge de
six à sept ans, la coupe de ces semis a été vendue en 1836 et
1838, c'est-à-dire à l'âge de vingt à vingt-deux ans, sur le
pied de 1 500 fr. à 1 600 fr. l'hectare. Il est peu de vieux bois
qui donneraient des produits aussi élevés.

MM. Baudoin, à peu près dans la même localité, ont obtenu de
très-beaux résultats dans des terrains plus mauvais encore.

Les mêmes méthodes sont applicables au reboisement du Morvan, du terrain crétacé inférieur, des argiles sableuses tertiaires
de la Puisaye, du Gâtinais, des sables de Fontainebleau et enfin

des sables de Beauchamp. Ce dernier terrain, entre Pierrelaye
et Merry près de Pontoise, est composé du sablon le plus stérile
du bassin de la Seine. Les plantations de bouleau ne sont pas
aussi belles qu'on pourrait le désirer, cela se comprend ; et néanmoins on m'a affirmé que, à l'âge de dix ans, la coupe se vendait
plus de 300 fr. l'hectare, résultat considérable pour un si mauvais sol.

Dans le Morvan, on reboise aussi au moyen de l'acacia et du
châtaignier. La plantation se fait comme avec le bouleau. On recèpe à trois ans, on entre en jouissance à dix ans. Les résultats
obtenus sont considérables ; un beau taillis d'acacia coupé à
sept ans se vend jusqu'a 600 fr. l'hectare, ce qui représente un
produit de 86 fr. par année. Le même terrain, à l'état de terre
labourable, se serait affermé 10 fr. l'hectare, et cultivé en prairie,
30 francs.

J'ai vu aussi vers Champcueil, arrondissement de Corbeil, des
plantations de châtaignier, dans des sablons couverts de blocs
de grès de Fontainebleau.

On cultive l'acacia dans le terrain crétacé inférieur de la banlieue d'Auxerre, où ses produits, convertis en échalas, sont très-
recherchés et préférés à ceux du chêne.

Si maintenant, de ces formations sableuses et argilo-sableuses,
où les plantations réussissent d'une façon merveilleuse, nous
passons aux calcaires de l'oolithe et de la craie, nous constaterons des résultats bien différents.

Le reboisement du terrain oolithique est très-difficile avec les
essences à feuilles caduques, parce que le bouleau y languit et ne
s'y développe jamais bien : le chêne y reste longtemps à l'état de
buissons traînants ; il ne lui faut pas moins de 40 à 50 ans
pour prendre quelque vigueur. Les grandes forêts qui couvrent
ces terrains sont donc l'œuvre des siècles.

Je vais prouver, par quelques faits, les difficultés de ces reboisements.

Il existe, entre les vallées de l'Yonne et de la Cure, des plateaux oolithiques recouverts çà et là de lambeaux d'argiles sableuses, probablement tertiaires. Ces argiles sont développées principalement sur le territoire des communes de Brosses, Montillot et Bois-d'Arcy. Les collines oolithiques émergent au-dessus de ces dépôts plus modernes et formaient autrefois des îles, au milieu des mers tertiaires.

Aujourd'hui tous ces terrains sont très-boisés. Les argiles sableuses sont souvent couvertes de bouleaux, presque toujours de plantation récente. Les bois des terrains oolithiques qui y touchent, ne renferment pas un seul bouleau venu spontanément. Quelques propriétaires, assez peu géologues, encouragés par leur succès dans les argiles du voisinage, ont fait des plantations de bouleau dans leurs terres oolithiques et ont échoué partout ; j'ai eu souvent occasion de voir deux de ces plantations depuis huit à dix ans [1], l'une située le long de la route de Vézelay à Chatel-Censoir, l'autre à la sortie des bois de Mailly-la-Ville, sur le chemin de Mailly-la-Ville à Arcy-sur-Cure. Il est impossible de rien voir de plus misérable, et de trouver un contraste plus frappant que celui qu'offre la frêle végétation de ces bouleaux, plantés sur le sol oolithique, et la vigoureuse croissance de ceux qu'on peut voir à quelques mètres de là, dans les sables tertiaires.

Je citerai encore un autre exemple, qui ne me paraît pas moins remarquable.

De 1810 à 1846, M. Truchy, mon grand-père, riche propriétaire des environs d'Ervy (Aube), acheta deux terres considérables dans la formation oolithique, l'une à Riel-les-Eaux, près de Châtillon-sur-Seine (Côte-d'Or), l'autre à Villars (Aube).

Il existait, dans ces propriétés, de grandes étendues de terrains presque infertiles ; la propriété de Champigny, à Riel-les-Eaux, renfermait environ 130 hectares de ces terrains improductifs.

---

[1] Cette partie de mon ouvrage a été écrite en 1852.

M. Truchy, qui avait fait de belles plantations dans les sables
stériles des environs d'Ervy, résolut de tirer parti, de la même
manière, de ses mauvaises terres oolithiques de Riel-les-Eaux et de
Villars. Comme il n'existait point de plants de bouleau sur place,
des envois énormes furent faits d'Ervy et de Saint-Florentin.
Cette première tentative échoua complétement. M. Truchy était
un homme actif et persévérant ; il fit ce que Buffon avait fait
quarante ans avant lui, à Montbard, dans les mêmes terrains oolithiques. Des semis de toute espèce de graines, furent substitués
au bouleau ; on obtint ainsi une sorte de demi-succès. Aujour-
d'hui, les héritiers de M. Truchy commencent à entrer en jouissance du tiers environ des plantations ; le reste a dû être remis
en culture ou reboisé par d'autres procédés dont je vais parler.
Il y a loin, on le voit, de ces résultats, à ceux obtenus par M. Des-
chènes, dans les sables de la Puisaye, et par M. Truchy lui-
même dans les argiles sableuses du terrain crétacé inférieur
d'Ervy et de Bois-Gérard.

Le reboisement de la craie blanche par les arbres à feuilles
caduques est encore plus difficile. Dans le département de l'Aube,
on ne plante guère que le marsault, désigné dans le pays sous le
nom de *vordes*. Il forme de maigres taillis qui se coupent tous les
cinq à six ans, et dont les produits, qui seraient sans valeur dans
un pays boisé, comme la Bourgogne, se vendent fort cher en
Champagne pouilleuse. On convertit tout le bois en fagots de
$0^m,80$ de tour, qui ne se vendent pas moins de 35 francs le
cent[1].

On a cherché à tirer parti des plaines crayeuses du département de la Marne ; des reboisements considérables ont été entrepris, notamment entre la Somme-Soude et la Coôle, et les environs de Reims.

M. Charpentier-Courtois a reboisé près de 500 hectares, dans

[1] Écrit en 1852.

l'arrondissement de Reims, partie avec des arbres à feuilles caduques, partie au moyen des pins sylvestre et laricio. Il plante en ligne droite dans l'ordre suivant : un pin, un bouleau, un aulne ou un marsault. J'ai sous les yeux un mémoire écrit sur les résultats obtenus; on les considère, dans le pays, comme considérables. Je ne puis entrer ici dans de grands détails sur ces opérations. La réussite obtenue tient, non pas à la belle croissance des plantations, mais au bas prix des terres et surtout à la rareté du bois, qui permet de vendre à des prix fabuleusement élevés, du fagotage en bois blanc, qu'on laisserait pourrir dans la coupe si le pays était boisé.

Jamais les plantations d'arbres à feuilles caduques ne prennent dans la craie blanche, en vieillissant, la vigueur qu'on remarque, après un délai suffisant, dans celles des terrains oolithiques, qui finissent presque toujours par s'élever à l'état de véritables forêts. Les bouquets de vordes que j'ai visités dans la Champagne, ont tous, quel que soit leur âge, le même air chétif que les plantations récentes ; jamais, d'ailleurs, le chêne ne s'y substitue au bois blanc ; jamais elles ne prennent ce caractère de pérennité si frappant dans les forêts anciennes.

Du reboisement des terrains calcaires par les arbres résineux. — Le reboisement par les arbres résineux est bien plus facile qu'avec les essences à feuilles caduques ; il réussit presque dans tous les terrains, même dans ceux qui sont le moins favorables à la végétation sylvestre.

Je ne parlerai point des essais faits dans le granite ou les terrains argilo-sableux, quoiqu'ils aient toujours réussi. Mais la certitude du succès des plantations d'arbres à feuilles caduques ôte beaucoup de leur importance à ces essais.

J'aborde donc la question pour les terrains calcaires.

Avant la fin du dernier siècle, Buffon fit, dans les calcaires oolithiques, quelques essais de reboisement par les résineux. On peut voir encore de très-beaux épicéas plantés par lui, dans son parc de Montbard, sur le plateau de calcaire à entroques (oolithe inférieur) qui en forme le couronnement.

J'ai vu vers 1836 quelques résineux, restes des plantations de notre grand naturaliste, dans sa forêt de Buffon. La réussite était médiocre, les plants étant beaucoup trop espacés.

A peu près vers la même époque, un autre essai fut tenté, près de Montbard également, sur la commune de Touillon. Un tiers d'hectare environ fut planté en pins sylvestres ; la réussite fut complète. Il y a peu d'années, on pouvait voir encore ce bouquet de grands arbres qui s'élevait au-dessus d'une plaine nue et stérile.

Vers 1818, M. Belgrand, mon père, gendre de M. Truchy, fit avec succès quelques essais de plantations de pins sylvestres, dans la propriété de Champigny dont il a été fait mention ci-dessus. Un de mes frères, encouragé par ce succès, planta en 1834, environ 5 hectares de mauvaises terres ; cette plantation, qui renferme 50 000 pins, est une des plus belles du Châtillonnais.

Ces premiers essais prouvaient déjà que le pin sylvestre croissait très-bien dans les pierrailles les plus sèches ; mais ils étaient faits à grands frais ; le plant était apporté en mottes dans des trous préparés à l'avance. Si le succès était incontestable, les méthodes laissaient beaucoup à désirer sous le rapport de l'économie.

Vers 1836, M. Lambert, notaire à Villaines-en-Duesmois, près de Châtillon-sur-Seine, fit, avec le pin sylvestre , des reboisements considérables dans une propriété de M. Pasquier, frère de l'ancien président de la chambre des pairs.

Sa méthode est basée sur l'observation suivante :

Ce qui faisait manquer la plupart des essais tentés jusqu'alors dans les calcaires secs, c'est que, faute de précaution et souvent par excès de précaution, les racines du plant étaient attaquées par la sécheresse ou la gelée, soit au moment de la plantation, soit peu de jours après. C'est ce qui arrivait toujours, lorsque la terre était préalablement labourée.

M. Lambert se gardait donc bien de défricher son terrain, d'y faire pratiquer des trous à l'avance ; il choisissait un temps doux, soit en automne, avant les premières gelées, soit dans les premiers jours d'avril, soit même en hiver, quand la saison était peu rigoureuse. Il plantait sur friche, en faisant dans le sol une ouverture aussi petite que possible, avec une pioche qu'on retournait dans le trou pour y ameublir la terre. Il enterrait le plant très-profondément, pour éloigner les racines du contact de l'air, resserrait fortement le sol par-dessus, en laissant sortir seulement le bouton terminal.

La plantation était faite au cordeau, par grandes lignes, pour faciliter les éclaircies. Les pins étaient espacés de 1^m,50 ou de 2 mètres.

M. Lambert estimait à 43 francs par hectare, y compris l'acquisition de 4 300 sujets à 6 francs le mille, une plantation faite dans la première hypothèse, et à 25 francs une plantation faite dans la seconde, y compris également l'acquisition de 2 500 pins.

Si l'on fait abstraction du prix d'acquisition des pins, qui peut varier dans chaque localité, aucune plantation ne peut se faire à des prix aussi bas. La méthode de M. Lambert avait donc le double avantage d'être très-rationnelle et très-économique.

J'ai visité les reboisements de M. Lambert vers 1840 ; ils étaient alors âgés de cinq à six ans. Le sol était de la plus mauvaise qualité, presque entièrement formé de pierrailles de la grande oolithe, recouvertes parfois d'une mince couche de terre végétale, très-souvent entièrement nues. Les arbres à feuilles caduques y végétaient misérablement ; les jeunes pins, au contraire, étaient, en général, vigoureux et d'une belle venue ; il y avait dans les plantations, quelques inégalités qui correspondaient aux parties les plus stériles du terrain, mais l'aspect d'ensemble était très-satisfaisant, et on pouvait dès lors considérer le succès comme complet. En effet, depuis cette époque, cet état de prospérité n'a fait que s'accroître.

Le problème du reboisement des pierrailles oolithiques était donc résolu, et cela était d'autant plus important que les terres improductives occupent, dans cette formation, une surface immense. J'ai dit plus haut, que sur 30 502 hectares non boisés que couvrent les terrains oolithiques dans l'arrondissement d'Avallon, on compte 15 687 hectares de terres qui ne rendent pas les frais de culture. Dans le seul bassin de la Seine, il existe 13 950 kilomètres carrés de terres oolithiques et partout la proportion des terres stériles ne paraît pas moindre que dans l'arrondissement d'Avallon.

Tous les propriétaires intelligents des environs de Châtillon-sur-Seine, M. Couturier à Ampilly-le-Sec, mes frères à Riel-les-Eaux et à Autricourt[1], et beaucoup d'autres s'empressèrent d'imiter M. Lambert, et la culture du pin sylvestre prit un grand développement dans l'arrondissement de Châtillon-sur-Seine ; on reboisa même et avec succès les coteaux de marnes oxfordiennes, considérées jusqu'alors comme rebelles à toute végétation sylvestre. On peut voir un exemple de ce reboisement sur le revers d'un de ces deux mamelons isolés, situés à 4 kilomètres de Châtillon et connus sous le nom de *les Jumeaux*.

Des reboisements par les résineux ont été entrepris avec le même succès, sur les autres terrains oolithiques du bassin de la Seine, et les méthodes suivies sont basées sur le principe de M. Lambert : ne pas labourer avant de planter, et n'employer que de très-jeunes plants, âgés de 3 ans au plus, y compris l'année de repiquage.

Les semis de pins ne réussissent pas dans les pierrailles de l'oolithe, lorsqu'elles sont nues ; mais lorsque le sol reboisé se couvre de broussailles et de ces grandes herbes qui croissent

---

[1] Écrit en 1852. On a vendu dans ces dernières années, au prix de 26 000 francs, la coupe de 15 à 20 hectares de plantations de pins faites par ma mère et mes frères. C'est un prix considérable.

dans les clairières des forêts, on voit de jeunes pins pousser çà et là, dans le voisinage de vieilles plantations. C'est ce qui fut démontré par les plantations faites par mon père vers 1820 ; dès que les pins portèrent graine, les vides des mauvais bois, au milieu desquels les plantations avaient été faites, se garnirent peu à peu de jeunes pins qui, aujourd'hui, poussent avec une grande vigueur.

L'administration forestière comprit toute l'importance de ce fait ; des graines de pins sylvestres furent jetées dans les parties peu peuplées des forêts du Châtillonnais et j'ai visité depuis plusieurs de ces clairières, qui se trouvent aujourd'hui bien garnies.

Les seuls résineux, dont la plantation ait été faite sur une grande échelle dans le terrain oolithique, sont l'épicéa et le pin sylvestre, surtout ce dernier, qui croît plus vite et plus vigoureusement[1]. Le laricio et le mélèze, qui sont plus difficiles sur le choix du terrain, ne réussiraient probablement pas dans les maigres coteaux du terrain oolithique, au moins si j'en juge par quelques essais faits par mes frères.

Vers les dernières années de la restauration, on introduisit dans les plaines de la Champagne, la méthode du reboisement par le pin sylvestre. Cette culture y a pris un grand développement, notamment dans le grand rectangle qui s'étend entre la Somme-Soude, la Coole et la Marne, et aux environs de Reims.

Je me suis fait expliquer, sur place, les procédés suivis ; ils diffèrent peu de ceux de M. Lambert.

J'ai dit, plus haut, comment M. Charpentier-Courtois, près de Reims, mélangeait les pins sylvestre et laricio aux bois blancs à feuilles caduques. Sa méthode est plus dispendieuse que celle de M. Lambert, parce qu'il plante sur labour et non sur friche.

Les plantations de pin sylvestre que j'ai visitées en Champagne sont beaucoup moins belles que celles des terrains oolithiques de la Bourgogne. Les pousses y sont moins longues

---

[1] L'épicéa préfère les terrains plus humides.

et moins vigoureuses, et le feuillage est d'un vert moins foncé.

Il paraît que, depuis l'époque où ces lignes ont été écrites, on a introduit en Champagne le pin noir d'Autriche, qui offre les mêmes avantages que le pin sylvestre. Le mode de plantation est identiquement le même.

En aval de la craie blanche de la Champagne et des sables de Fontainebleau, les plateaux perméables sont couverts d'un limon rouge d'une grande fertilité. Les terrains imperméables sont, ou couverts du même limon, ou consacrés aux grands pâturages ; les bois y sont donc une propriété de luxe, et il n'y a pas lieu de s'occuper du reboisement. Les parties dénudées de la craie, du calcaire grossier et du calcaire de Beauce font seules exception. Le calcaire grossier, peu étendu d'ailleurs, ne peut se reboiser que par les résineux. Le calcaire de Beauce est impropre à la végétation sylvestre.

L'humidité du sol joue évidemment un rôle important dans la végétation des forêts comme dans celle des prairies. Pour que des terrains qui ne sont pas fumés donnent cependant un grand développement de végétation, il faut que l'humidité du sol remplace l'engrais qui manque. Ainsi les prairies ne peuvent exister d'une manière permanente que dans les terrains arrosés naturellement ou artificiellement, ou assez frais et humides pour pouvoir se passer d'irrigation.

Pour que le sol, sans être noyé comme celui d'un marais ou d'une tourbière, reste cependant frais et humide, il faut qu'il soit imperméable ou sablonneux ; dans le premier cas, il est naturellement frais ; dans le second, l'eau de pluie, interposée à une très-petite profondeur entre les grains de sable [1], empêche la couche superficielle du sol de se dessécher par l'évapora-

---

[1] J'ai percé de grandes longueurs de souterrains dans les sables de Fontainebleau, sans jamais y rencontrer ces filets d'eau ou ces suintements qui sont si gênants dans le percement des souterrains des terrains calcaires. Les sablons sont simplement humides et les nappes d'eau qu'ils alimentent sont beaucoup moins abondantes que celles des terrains calcaires. C'est ce que nous avons constaté autour de la forêt de Fontainebleau ; nous avons été très-étonnés, mes collaborateurs et moi, du peu d'importance des sources alimentées par cette énorme surface de terrains perméables.

tion, ce qui rend le reboisement facile, aussi bien par les arbres à feuilles caduques que par les résineux ; le sol fournit au jeune plant, l'eau qui lui est nécessaire, et presque toujours cette eau renferme la petite quantité de chaux et de matières alcalines qui entrent dans la composition du tissu ligneux ; le carbone est emprunté à l'atmosphère. La végétation s'établit donc facilement.

Lorsque le sous-sol est perméable et découvert, s'il est calcaire et surtout marneux, l'eau de pluie disparaît sur place ; elle s'enfonce, par les fissures, à des profondeurs plus ou moins grandes; la petite quantité qui reste à la surface et qui pourrait être utile à la végétation, absorbée par la marne, devient latente et ne profite pas au plant, qui se dessèche ou végète misérablement, faute de cet élément essentiel. Il est nécessaire que le sol ait été longtemps couvert par la forêt, que l'accumulation des feuilles ait produit une couche détritique un peu fraîche, pour que les forêts végètent vigoureusement, comme nous le voyons dans les bons fonds des calcaires oolithiques.

Le genêt et la bruyère envahissent très-promptement certains terrains, lorsqu'ils sont en jachère, et augmentent beaucoup les frais de reboisement, parce qu'il faut faire de grandes dépenses pour détruire ces plantes par l'écobuage ou par la culture.

Le granite se couvre de genêts dès qu'on cesse de le cultiver; la bruyère n'y est pas rare. Les formations sableuses, le terrain crétacé inférieur, les sables de Fontainebleau et de Beauchamp conviennent encore mieux à la bruyère. On voit des genêts et des bruyères sur les graviers de la vallée de la Seine, entre Poissy et Rouen.

Les formations argileuses, le lias, le terrain nécromien, les argiles de Brie et les limons des plateaux sont moins facilement envahis.

Ces deux plantes sont absolument inconnues dans les formations calcaires, les terrains oolithiques, la craie blanche, le calcaire grossier, les calcaires lacustres de Brie et de Saint-Ouen et le calcaire de Beauce.

CHAPITRE XXXIX

VALEUR DES TERRES A REBOISER OU A DÉBOISER

J'admets que le père de famille qui entreprend un reboisement doit, après un délai de vingt ans, rentrer, par le produit de la plantation, dans tous ses frais, c'est-à-dire dans ses déboursés et ses pertes de revenu. Je suppose encore que les frais de garde sont couverts par le produit des éclaircies, la location de la chasse, etc.

La somme à amortir en vingt ans sera la suivante, en estimant les frais de reboisement au plus bas, à 60 francs par hectare, et en supposant que les revenus et charges annuels, désignés ci-dessous par la lettre a, soient capitalisés à 5 pour 100.

Frais de plantation évalués à 60 fr. et capitalisés à 5 pour 100 pendant 20 ans. . . . .   160 fr.

a revenu et charges annuels de la propriété; au bout de 20 ans, avec intérêts composés à 5 pour 100, cette valeur devient. . . . . $33a$

Valeur totale des frais à l'expiration de la vingtième année.. . . . . $160 + 33a$

Cette quantité $160 + 33\,a$ doit être égale à la valeur de la coupe de la plantation, à l'expiration de la vingtième année. Lorsqu'on ne

peut employer ni le bouleau, ni l'acacia, ni le châtaignier, lorsqu'en un mot, le reboisement ne se fait qu'avec des résineux, il
est difficile d'admettre que la valeur de la coupe d'un hectare de
plantation dépasse 500 francs à vingt ans; on peut même dire
qu'en Champagne cette valeur n'est jamais atteinte. Dans le cas
les plus favorables, on aura donc :

$$33a + 160 = 500 \text{ fr.}$$

D'où :

$$a = \frac{340}{33}.$$

Ce qui donne 10 francs environ pour la valeur maximum de a
ou pour la valeur annuelle de location de l'hectare et des autres
charges de la terre à reboiser, prix bien minime assurément.

Mais sur les pentes oolithiques de la Bourgogne et les plaines
crayeuses de la Champagne, il y a des étendues considérables de
terrains absolument improductifs qu'on n'a aucun intérêt à cultiver, qu'on peut retirer de la ferme et laisser en friche, sans
diminuer le prix du fermage ni la richesse publique. Ces terres
occupent certainement plus du tiers de la surface du sol déboisé.
Dans ce cas $a = 0$ et le montant total des frais de plantation d'un
hectare, capitalisé pendant vingt ans, se réduit à 160 francs.

Le père de famille a toujours intérêt à reboiser ces terres
stériles; car, lorsqu'une plantation de pins est faite avec intelligence, la coupe, même dans le plus mauvais terrain, vaut toujours plus de 160 francs par hectare à l'expiration de la vingtième année.

Le reboisement des terres improductives est donc une bonne
opération quand il est fait avec intelligence et avec des essences
convenables.

Les plantations se font dans des conditions très-différentes en
Champagne et en Bourgogne. Dans cette dernière région, les terres
improductives se trouvent un peu partout. Si l'on étudie l'état
des terres d'une ferme de la grande oolithe, on reconnaît facile-

ment qu'il y en a un quart, un tiers, moitié que le fermier n'a aucun intérêt à cultiver ou, en d'autres termes, qui ne rendent pas les frais de culture. Ces terres, en bonne administration, doivent être reboisées.

En Champagne, toutes les terres, quelles qu'elles soient, qui avoisinent les villages, ont pris une grande valeur dans ces dernières années, parce que le sol crayeux, bien fumé, devient immédiatement fertile; il n'y a donc aucun reboisement à faire dans le voisinage des lieux habités. Dès qu'on s'en éloigne suffisamment, pour que les frais de transport du fumier rendent la culture onéreuse, toutes les terres sont improductives et l'on ne peut en tirer parti que par le reboisement.

Détermination de la valeur des terres qui peuvent être déboisées. — L'on ne peut reboiser utilement, je viens de le démontrer, que les terres à peu près improductives.

Au contraire, le déboisement ne peut se faire que sur des fonds de première qualité. La plupart de ceux qui ont entrepris des opérations de ce genre n'ont augmenté ni leur revenu ni leur capital, et souvent se sont trouvés en perte.

Les calculs qui vont suivre s'appliquent à des bois de la basse Bourgogne, région très-boisée où le prix du stère de charpente de chêne varie de 50 à 70 francs; tous les bois y sont aménagés en taillis sous futaie.

Je supposerai d'abord que le propriétaire du bois l'a exploité en bon père de famille, qu'il a réservé autant de futaie que le sol peut en porter, et qu'il la conserve jusqu'à l'âge où elle cesse de gagner l'intérêt à 5 pour 100 de sa valeur en argent.

Voici quel est l'aménagement et la valeur de la futaie sur un hectare de terrain de bonne qualité.

AMÉNAGEMENT A VINGT-CINQ ANS.

Un hectare bon à couper.

80 baliveaux de 50 ans, à 2 fr. l'un.	160 fr.
40 modernes de 75 ans, à 15 fr. l'un.	600
10 anciens de 100 ans, à 40 fr. l'un.	400
Valeur totale.	1 160

Un hectare après la coupe.

100 baliveaux de 25 ans.	Mémoire
40 — de 50 ans, à 2 fr.	80
10 modernes de 75 ans, à 15 fr.	150
Total.	250

Valeur de la coupe. { Futaie, 1160 — 230 =. . . .	930
{ Taillis.	250
Produit en argent de la coupe d'un hectare de bois aménagé à 25 ans, dans un bon fonds.	1 180

Un bois de 100 hectares ainsi aménagé produira par an :

Valeur de la coupe de 4 hectares.	4 720
A déduire garde et impôts 1/7.	674
Revenu net.	4 046 fr.

Il est d'usage de laisser de 2 à 4 anciens pour l'ornement du bois, ce qui diminue un peu le revenu. Mais ces anciens ne gagnant que 5 francs en vingt-cinq ans, cette réserve n'est pas rationnelle et je ne l'ai pas admise.

Si l'on défrichait ces 100 hectares de bois, voici d'abord le produit qu'on en retirerait :

100 hectares de taillis à $\dfrac{250^{fr}}{2}$.	12 500 fr.
100 — futaie à $\dfrac{1\,160^{fr}}{2}$.	58 000
Total.	70 500

DÉPENSES.

Frais de désouchement payés par la valeur des souches.	Mémoire

Constructions.

Grange, écuries, bergerie, 500 mè-
   tres carrés, à 50 fr. . . . . 15 000 fr.
Clôtures, porcherie, creusement
   d'un puits, établissement d'un
   potager. 5 000   25 000
Maison de fermier. 5 000

Exploitation.

Pendant 2 ans achat de fumier pour 66 hectares,
   faute de bétail, de fourrage et de paille :
   25 tonnes à l'hectare, à 8 francs l'une. . . . 15 200
Frais de labour, etc , pendant les 2 ans de mise
   en valeur, couverts par les produits de la terre. Mémoire
Perte de revenu pendant 4 ans. 16 104
Frais de régie pendant 4 ans. 4 000
Impôts et garde pendant 4 ans. 2 800
Imprévus. 9 596

       Montant total des dépenses. . . . 70 500 fr.

Le produit brut et les frais de l'opération varieraient certainement d'une localité à l'autre ; le calcul qui précède n'a d'autre
but que de démontrer que, dans la plupart des cas, ils se com-
penseraient à très-peu près.

Le déboisement ne serait donc justifié que par une augmentation notable de revenu. Or il est bien démontré que les meilleurs
fonds de bois donnent, pendant deux ou trois ans, d'assez bonnes
récoltes, mais qu'en réalité la terre, usée par la végétation sylvestre,
exige un temps très-long pour reprendre sa fertilité; en Flandre,
on estime qu'il faut pour cela dix-huit ans de bonne culture.
Prenons donc un fonds de bois, assimilable aux meilleures terres,
des terrains oolithiques qui se louent 50 francs par hectare; le
produit sera d'abord celui des terres médiocres, soit de 15 francs
par hectare et n'atteindra son prix normal qu'à la dix-huitième
année. Voici ce que le propriétaire retirera de son défrichement
pendant **18 ans**.

Produit moyen de la propriété pendant 18 ans :

Location, $100 \left(\dfrac{15 + 50}{2} \right)$ . . . .   5 250 fr.

Impôt à déduire.   694

Produit net. 2 556

Après la 18ᵉ année.

Location, 100×50 fr. 5 000

Impôt à déduire.   694

Produit net. . . . .   4 306 fr.

Pendant dix-huit ans, il y aura diminution de revenu de $4\,026 - 2\,556 = 1\,470$ fr. par an, soit pour dix-huit années, 26 460 fr. représentant un intérêt annuel de 1 323 francs ; le produit net de l'opération, après dix-huit ans, sera $4\,306 - 1\,323 = 2\,983$ fr., la perte définitive de revenu annuel serait donc de $4\,026 - 2\,983 = 1043$ fr. et on aurait mal opéré.

J'ai reconnu, par des faits bien constatés, que ceux qui ont défriché des bois dans les meilleurs fonds de terre sont arrivés à des résultats analogues à celui-ci : ils se sont donné beaucoup de peine pour diminuer leurs revenus. Il n'y a pas, suivant moi, un seul hectare de bois à défricher en Bourgogne, à moins qu'on n'ait une ferme toute bâtie, à côté de la forêt.

L'État a vendu, dans ces quarante dernières années, une assez grande étendue de forêts avec faculté de défrichement. Ces bois étaient généralement aménagés à trente ans et très-chargés de vieille futaie. Ceux qui ont usé de la faculté de défrichement l'ont presque tous regretté, et cela se comprend facilement. La meilleure opération à faire en pareil cas est d'abattre immédiatement 15 coupes et toute leur vieille futaie, puis d'exploiter à 16 ans les 15 coupes suivantes. Après une révolution de vingt-cinq années, on a une forêt aménagée à vingt-cinq ans, avec une bonne réserve de jeune futaie et, en faisant son compte, on trouve généralement que cette belle propriété ne coûte rien, c'est-à-dire que la somme dépensée pour l'acquérir, est amortie avec les intérêts comptés à 4 1/2 pour 100.

Celui qui défriche, au contraire, amortit également les dépenses d'acquisition avec le produit du défrichement, mais il doit débourser, d'après le calcul qui précède, une somme de 67 000 francs par 100 hectares, pour mettre les terres en valeur, et souvent le produit qu'il tire de la terre est moindre que celui de la propriété boisée.

Il ne convient donc, dans aucun cas, de défricher les bois des terrains oolithiques de la basse Bourgogne, même lorsqu'ils sont très-chargés en futaie. Le même raisonnement s'applique aux forêts du terrain crétacé inférieur et du Gâtinais.

On arrive exactement à la même conclusion, lorsqu'on cherche à se rendre compte du résultat de l'opération du défrichement d'un bois peu chargé en futaie et aménagé à vingt ans, comme sont la plupart des bois de propriétaires. Généralement, la réserve de ces bois se compose, après la coupe, de 100 baliveaux de vingt ans, 25 baliveaux de deux âges ou de quarante ans et de 5 modernes de soixante ans. Le taillis de vingt ans ne vaut pas, en basse Bourgogne, plus de 250 francs et le produit net du bois, frais de garde et impôts déduits, ne dépasse pas 500 francs par hectare. Quoique ce produit soit peu élevé, on reconnaît facilement que le défrichement n'est possible qu'autant que le prix de location de l'hectare de terre défrichée est de 56 à 40 francs au moins, prix qu'on atteint bien rarement dans la basse Bourgogne, lorsque la ferme est dépourvue de prés.

Ainsi le défrichement est une mauvaise opération dans toute la partie du bassin de la Seine comprise entre le faîte de la côte d'Or, et la limite de la Brie, c'est-à-dire dans les terrains oolithiques, crétacés et les plateaux tertiaires qui bordent l'Yonne et le Loing.

Les sables de Fontainebleau sont des terrains improductifs qu'il faut planter en bois lorsqu'ils sont déboisés. Le défrichement ne peut donc y être raisonnablement pratiqué.

Les bois de la Brie et du Valois, lorsqu'ils n'appartiennent pas à l'État, sont des propriétés de luxe; on les réserve autant pour la chasse que pour le produit en argent qu'on en tire ; personne ne songe donc à les défricher ; on démontrerait d'ailleurs, par des calculs analogues à ceux qui précèdent, que l'opération serait peu fructueuse. Les bois du Soissonnais, des Vexin français et normand, de la Beauce et de la vallée d'Eure, n'occupent guère que les terrains peu productifs, et aucun propriétaire ne songe à les détruire.

On peut donc dire que le déboisement, quelles que soient les mesures prises par l'administration, ne prendra jamais un grand développement dans le bassin de la Seine. L'opération ne donne aucun bénéfice, même dans les meilleurs fonds.

J'ai démontré que le reboisement des terrains imperméables du bassin de la Seine serait absolument sans action sur le régime du fleuve et de ses affluents[1].

Les crues ne seraient ni moins fréquentes, ni moins élevées ; il en serait de même, à plus forte raison, si l'on reboisait les terrains perméables.

Mais les eaux pluviales, en coulant à la surface des terrains imperméables, les ravinent, entraînent au fond des vallées la couche superficielle, c'est-à-dire la plus fertile, et souvent frappent le sol de stérilité.

Les bois, les prairies et les vignes sont les meilleurs obstacles à opposer à cette action désastreuse des eaux pluviales[2].

Les prairies ne peuvent être cultivées partout ; les terrains où leur culture est possible sont faciles à reconnaître et personne ne songera jamais à les reboiser, puisque le reboisement n'est applicable qu'aux terrains improductifs. La vigne manque dans les terrains imperméables, et le drainage est sans effet sur les pentes des coteaux.

Le reboisement est donc le seul obstacle à opposer aux eaux

----

[1] Voy. chap. XXII, p. 396 et suivantes.
[2] Voy. chap. XXII, p. 405 et suivantes.

pluviales dans les terrains imperméables improductifs ; ces terrains n'ont une grande étendue que dans deux des formations imperméables du bassin de la Seine, dans le granite et le terrain crétacé inférieur.

On a vu ci-dessus que les ruisseaux des terrains granitiques étaient troubles ou louches pendant cinquante-cinq jours seulement. Ceux du terrain crétacé inférieur restent dans cet état, en moyenne, pendant cent soixante-seize jours par an[1]. Les eaux pluviales ne ravinent donc pas beaucoup les terrains granitiques, elles frappent au contraire de stérilité le terrain crétacé inférieurs, en enlevant incessamment la couche d'humus.

On éclaircirait médiocrement les crues du fleuve et de ses affluents en reboisant toute la partie des terrains granitiques qui ne peut être utilisée pour d'autres cultures. On diminuerait au contraire notablement les troubles des rivières, et notamment ceux de la Marne, en reboisant autant que possible le terrain crétacé inférieur. La richesse publique est donc intéressée à l'opération.

Classement des terrains du bassin de la Seine, au point de vue de la végétation sylvestre. — D'après ce qui a été dit dans les chapitres XXXVII, XXXVIII et XXXIX, les terrains du bassin de la Seine dont le reboisement par les arbres à feuilles caduques est facile sont d'abord ceux qui sont imperméables, c'est-à-dire :

	SURFACES KILOM. CARRÉS.
1° Granite et terrains paléozoïques du Morvan. . . .	1 685
2° Lias de l'Auxois.	2 520
3° Terrain crétacé inférieur.	5 500
Argile plastique, marnes vertes.	Mémoire
Argiles tertiaires du pays d'Ouche.	1 025
— tertiaires du Gâtinais.	5 700
— à meulières de Brie.	4 470
— à meulières supérieures.	540
Surface totale.	19 440

[1] Voy. chap. XIV, p. 252 et suivantes.

A laquelle il faut ajouter les terrains perméables sablonneux
ou recouverts du limon des plateaux de la Beauce, de la vallée
d'Eure, des plateaux normands, de la forêt d'Othe. 22 755

Alluvion du fond des vallées. 5 875

Surface totale. 28 650

Surface totale des terrains faciles à reboiser. 48 070

Si l'on retranche de ce nombre les formations trop riches pour
être livrées à la sylviculture, on trouve que les terrains faciles à
reboiser, renfermant de grandes étendues de terres de quatrième
et de cinquième classe, sont :

KILOM. CARRÉS.

1° le granite et les terrains paléozoïques. 1 685

2° le terrain crétacé inférieur. 5 500

3° les argiles tertiaires du Gâtinais. 5 700

4° les sables de Beauchamp et de Fontainebleau, environ. 1 000

5° les terrains tertiaires de la rive droite de l'Yonne
et de l'Armançon (forêt d'Othe), environ. 2 000

Surface totale. 15 885

Il est bien entendu que ces 15 885 kilom. carrés ou 1 388 500
hectares ne sont pas entièrement à reboiser, tant s'en faut, puisque aujourd'hui ils renferment déjà de très-grandes forêts, que
des cultures plus productives sont appliquées aux meilleures
terres, et que d'ailleurs une contrée entière d'une grande étendue ne peut être couverte de bois ; car les bras manqueraient pour
l'exploitation, et les produits de la sylviculture seraient dépréciés.

J'ai voulu simplement démontrer que, dans le bassin de la
Seine, il existait certaines formations géologiques, dont le sol est
de mauvaise qualité, qui n'ont pas une grande valeur vénale et
dont une partie notable pourrait, avec avantage, être livrée à la
sylviculture.

KILOM. CARRÉS.

Si du total général des terrains faciles à reboiser. . 48 070

On retranche la surface de terrains pauvres établie ci-
dessus. 15 885

Il reste. 54 185

Surface qui comprend les formations géologiques très-propres à la végétation sylvestre, mais trop riches pour que leur reboisement soit entrepris.

Enfin les terrains pauvres, dont le reboisement par des essences à feuilles caduques est impossible ou difficile, mais sur lesquels on réussit presque toujours avec les résineux (pin sylvestre, laricio, pin noir d'Autriche), sont :

	KILOM. CARRÉS.
Les calcaires oolithiques.	13 950
La craie blanche.	14 925
— marneuse.	1 685
Surface totale.	30 560

CHAPITRE XL

SUITE DES CULTURES PERMANENTES — LA VIGNE

———

Le tableau des cultures permanentes donne la répartition suivante des vignes dans les divers terrains du bassin de la Seine :

TERRAINS IMPERMÉABLES.

MILLIÈMES DE TERRITOIRE.

Granite. — Morvan.	1
Lias de l'Auxois.	75
Marnes kimméridiennes de la Lorraine.	5
Terrain crétacé inférieur. { De la Champagne humide et de l'Argonne. de	7 à 11
{ Du pays de Bray.	0
Argiles à meulière de la Brie. — Parties plates..	0
Argiles du Gâtinais. { Plateaux ondulés.	18
{ Plateaux sans pente..	2
Argiles tertiaires des sources de l'Eure et de la Rille (pays d'Ouche).	0

TERRAINS DEMI-PERMÉABLES.

Terre à foulon. { Auxois.	56
{ La Montagne.	0
Terrain oxfordien. { Larges vallées..	55
{ Coteaux des larges vallées.	155
{ Grande falaise.	91
Marnes kimméridiennes. — Grands crus de la basse Bourgogne (les Riceys, Auxerrois, Tonnerrois, Chablis). de	142 à 372

TERRAINS PERMÉABLES.

MILLIÈMES DU TERRITOIRE.

Calcaires oolithiques.	Grande oolithe.	0
	Kellowien.	0
	Corallien (vallée de la Seine). . . .	199
	Portlandien (id.).	46
	Id. (vallées de la Lorraine).	90
La craie blanche.	Plaines ondulées de la Champagne. de	1 à 2
	Coteaux des bords de l'Yonne. . . .	129
	Falaise entre la Champagne et la Brie. — Mauvais crus..	82
	Même falaise, grands crus. . . . de	192 à 226
	Coteaux des affluents de l'Eure. . .	58
	Coteaux du Vexin normand.	2
Sables et calcaires éocènes.	Plateaux du Valois.	0
	Coteaux.	1
	Coteaux de la Brie.	53
Sables de Fontainebleau (coteaux).		20
Calcaires de Beauce (plateaux). . . . . de		0 à 1
Argile à silex des bords de l'Eure.		0
Limon du Vexin normand.		0
— du pays de Caux.		0

Terrains imperméables. — Une seule des formations imperméables, le lias, est cultivé en vignes sur une étendue notable.
Cette culture manque d'une manière absolue dans le granite
du Morvan, le pays de Bray, les plateaux de la Brie, du Gâtinais, du pays d'Ouche ; elle est très-médiocrement développée dans
le terrain crétacé inférieur, et même sur les coteaux du Gâtinais et
de la Brie.

Terrains demi-perméables. — Les vignobles manquent ou
sont peu développés dans la terre à foulon ; ils occupent une
assez grande surface dans le terrain oxfordien ; et ils se sont
surtout étendus sur les marnes kimméridiennes de la Bourgogne.

Terrains perméables. — Les vignobles n'existent pas dans la
grande oolithe et le terrain kellowien, les plaines ondulées de la

craie blanche, les plateaux et les coteaux du Valois, les plateaux de la Beauce, des bords de l'Eure, du Vexin normand et du pays de Caux. Ils sont peu développés dans les coteaux des sables de Fontainebleau et de la craie des bords de l'Eure et de la Normandie. Cette culture a pris, au contraire, un grand développement dans les calcaires coralliens et portlandiens, sur les coteaux crayeux des bords de l'Yonne, et surtout sur les pentes crayeuses de la falaise qui sépare la Champagne de la Brie. Elle occupe aussi une grande surface sur les pentes éocènes de la vallée de la Marne et de la banlieue de Paris.

Ces faits s'expliquent de la manière la plus simple.

Dans le bassin de la Seine, la vigne ne paraît pas s'élever au-dessus de l'altitude 350 mètres et elle se tient à une assez grande distance des bords de la mer : sa culture cesse d'être développée, sur une grande échelle, à partir de la vallée d'Oise, et s'arrête, d'une manière absolue, dans la vallée de la Seine, vers les Andelys sur la rive droite, vers Gaillon sur la rive gauche ; dans la vallée d'Eure, en aval du confluent de l'Avre, et dans celle de l'Oise, en remontant vers le nord, à Noyon vers l'extrémité de la falaise de la Champagne. Elle ne prospère nulle part sur les plateaux dépourvus de pente, exige une terre profonde facile à épierrer et énergiquement drainée par le sous-sol, une bonne exposition et sinon des falaises comme celles qui séparent la Champagne et la Brie, au moins des vallées larges et bien ouvertes.

On peut dire, d'une manière générale, que, *dans le bassin de la Seine*, les terrains frais et humides, c'est-à-dire les terrains imperméables, ne lui conviennent pas. Cela admis, nous reconnaîtrons facilement les terrains propres à la culture de la vigne.

Si nous descendons du faîte de la chaîne de la côte d'Or en marchant vers la mer, nous trouvons la culture de la vigne ainsi répartie.

Quittons d'abord le faîte de partage, vers les sources de la Seine, en nous dirigeant, en ligne droite, vers la grande falaise des marnes oxfordiennes. Nous traverserons la terre à foulon, la grande oolithe, le kellowien sur le territoire des communes de Saint-Germain-la-Feuille, Baigneux-les-Juifs, Villaines-en-Duesmois, Coulmiers-le-Sec, Balot, Bissey-la-Pierre et Poinçon, sans y trouver une ouvrée[1] de vigne : au départ, l'altitude de la terre à foulon est trop grande, puis, lorsqu'on atteint la grande oolithe, les vallées sont trop étroites et les coteaux trop pierreux ; le kellowien s'étend en grands plateaux dépourvus de pentes. A l'extrémité du plateau kellowien s'élève le gradin des marnes oxfordiennes ; c'est là que commence la culture de la vigne.

Les parties basses et moyennes de cette falaise se composent de marnes molles, qui forment un sol profond très-favorable à la vigne ; au-dessus, les marnes alternent avec un calcaire argileux facile à extraire, dont le vigneron entasse les débris en grands amas, connus dans le pays sous le nom de murgers. Ces murgers occupent une notable partie de la surface des coteaux et donnent un aspect particulier aux vignes de la basse Bourgogne.

L'exposition générale de la falaise est le sud-est, c'est-à-dire est excellente ; l'altitude est un peu rapprochée de la limite où s'arrête la culture de la vigne ; néanmoins on y récolterait certainement des vins de bonne qualité, si l'on n'avait adopté partout les gros plants qui donnent des vins plus abondants, à l'exclusion du pineau, seul cépage qui, en Bourgogne, produise un vin délicat.

Si, au lieu de suivre cette route, nous longeons le cours de l'Armançon depuis le faîte de partage, nous traverserons les vastes plaines liasiques de l'Auxois, formant le fond du fossé argileux qui entoure le Morvan, et nous n'y trouverons pas de vignes jusqu'à Semur ; le sol est trop plat et trop humide. A Semur, nous rencontrerons, à la montagne du Télégraphe, le talus de ce fossé, formé aussi d'argiles liasiques, que nous trouverons couvertes de vignes sur une longueur de plus de cent

---

[1] Ouvrée de vigne, ce qu'un vigneron cultive en un jour, 4^{ares},40.

kilomètres, en nous dirigeant vers Vezelay. Si nous le suivons, en nous dirigeant vers Pouilly, nous constaterons que la vigne manque, parce que l'altitude est trop grande.

Si nous prenons une troisième route et descendons la vallée de la Cure, à partir des sommets du Morvan, nous ne trouverons pas de vignes, tant que nous marcherons sur le granite : le sol est trop humide, l'altitude trop grande, les vallées trop étroites et trop contournées, les coteaux trop pierreux. Nous trouverons la vigne sur tous les coteaux, dès que nous aurons atteint l'extrémité de la falaise liasique à Vezelay ; il y aura une lacune de Sermizelles à Arcy : entre ces deux points, la Cure coule au fond d'une vallée étroite de la grande oolithe, entre deux coteaux couverts de pierrailles ; à Arcy, on retrouve la culture de la vigne bien développée, en entrant dans les marnes oxfordiennes. En suivant une vallée quelconque, depuis ces marnes jusqu'au terrain crétacé inférieur, on voit la vigne s'élevant sur tous les coteaux bien ou mal exposés. — C'est entre ces limites, surtout dans la traversée des marnes kimméridiennes et du calcaire portlandien, que se récoltent tous les vins renommés de la basse Bourgogne. Nous trouvons d'abord, dans la vallée de l'Yonne, les vignobles de Coulange-la-Vineuse, d'Irancy, de la Côte-Palotte et plus en aval, dans le terrain portlandien, ces excellents vins d'Auxerre, des côtes de Migraine, de la Chaînette et de Boivin, qui peuvent entrer en comparaison avec les meilleurs produits de la côte d'Or, et il doit en être ainsi ; car les vins de Chambertin, de Clos-Vougeot, de la Romanée et de toute la grande côte d'Or, sont aussi les enfants du terrain oolithique.

Les vignes de Chablis tapissent les coteaux des marnes kimméridiennes et du calcaire portlandien de la vallée du Serein.

Dès que la vallée de l'Armançon s'élargit, la vigne, sur les côtes portlandiennes et kimméridiennes d'Épineuil, de Dannemoine, des Olivottes, produit les excellents vins du Tonnerrois. Il en est de même dans la vallée de la Laigne : la vigne donne, sur ces terrains, les vins renommés des trois Riceys.

Les vallées de la Seine, de l'Ource et de l'Aube sont moins favorisées ; elles produisent beaucoup de vins dans la traversée des terrains oolithiques moyens et supérieurs ; mais ces vins sont peu connus et ne méritent pas de l'être : le pineau cède la place au gamet, et à peine trouve-t-on çà et là de bons vins ordinaires, à Bar-sur-Seine, à Landreville et à Bar-sur-Aube. Les vins des vallées de l'Aujon, de la Blaise et de la Marne sont encore moins généreux ; on sent qu'on se rapproche du nord ; en effet, en Lorraine, l'altitude limite de la culture de la vigne, diminue sensiblement ; vers l'origine de la vallée de l'Ornain[1], cette culture est peu développée ; c'est à Bar-le-Duc qu'elle prend une grande importance, parce que l'altitude des plateaux s'abaisse au-dessous de 300 mètres; les vignobles appartiennent presque tous au terrain portlandien. La vigne paraît à peine dans la vallée de l'Aire et s'arrête là où cette rivière s'engage dans l'Argonne. Elle se montre encore moins dans les terrains oolithiques qui s'étendent, entre Grand-Pré et les sources de l'Oise, jusqu'au pied des Ardennes.

Au terrain crétacé inférieur de la Puisaye, de la Champagne humide et de l'Argonne, correspond une lacune presque complète de la culture de la vigne. Cette large zone sépare nettement les crus de la Bourgogne et de la Champagne. Quelle que soit la direction qu'on suive, on traverse un pays entrecoupé d'innombrables cours d'eau, d'étangs, de forêts, de prairies humides, dont le relief est à peine modelé par de longues collines basses, c'est-à-dire un terrain qui ne convient pas à la vigne ; aussi, lorsqu'on longe les collines de la rive droite de l'Armançon, en traversant les beaux vignobles du Tonnerrois, la vigne s'arrête sur le territoire de Marolles, au point même où l'on touche à la limite des argiles néocomiennes ; on entre dans la Champagne humide, en traversant de grandes plaines de bruyères, entrecoupées d'étangs, choses inconnues dans la Bourgogne, qu'on vient de quitter.

---

[1] Voyez le tableau des cultures permanentes, chap. XXXI, p. 505.

Il en est de même, lorsqu'en quittant Ricey-Haut, on marche vers les plaines néocomiennes de Maisons, Lajesse, Cussangy ; la vigne disparaît, en même temps que la terre aride de la Bourgogne, et est remplacée par des prairies, des pâtures et des bruyères.

Si, au lieu de s'élever sur les coteaux, on suit le fond des grandes vallées qui sillonnent le terrain crétacé inférieur, on voit çà et là la vigne cultivée sur les vastes plages du terrain de transport qui bordent les rives des grands cours d'eau.

Je citerai, comme exemple curieux, la vallée de l'Yonne, entre Auxerre et Laroche. Là, cette vallée a, jusqu'à 4 et 5 kilomètres de largeur et la vigne tend à l'envahir complétement. Je ne crois pas qu'on récolte nulle part, même à Suresnes et à Argenteuil, un vin aussi détestable. Mais l'abondance du produit compense amplement l'absence complète de qualité.

Si l'on continue à suivre la vallée de l'Armançon, puis celle de l'Yonne, la culture de la vigne reparaît et se développe autant que possible, dès que la craie se montre avec ses blanches collines. A Joigny s'élève la côte Saint-Jacques, renommée pour son vin délicat. Ces vignes des coteaux crayeux des bords de l'Yonne s'écartent beaucoup de cette vallée, et entourent le plateau qui supporte la forêt d'Othe. Depuis la vallée du Créanton, en amont de Joigny, jusqu'à Sens, tous les coteaux bien exposés sont couverts de vignes.

Il n'en est pas de même lorsqu'on suit la vallée de la Seine ; on trouve beaucoup de vignes sur le gradin peu prononcé qui sépare la Champagne humide de la Champagne sèche (craie glauconieuse) et notamment à droite et à gauche de Troyes.

Là, le sol est riche et profond, l'exposition est bonne ; mais les cépages choisis sont surtout favorables à une grande production : on y récolte donc beaucoup de mauvais vin.

Mais dès qu'on s'engage sur la vaste plaine ondulée de la Champagne sèche, le relief du sol s'efface ; la terre végétale fait complétement défaut et la vigne disparaît.

Quel que soit le chemin qu'on suive pour traverser cette plaine, on arrive toujours au pied de la haute falaise de craie blanche qui sépare la Champagne des plateaux de la Brie et du Soissonnais. Cette falaise figure grossièrement un arc de cercle et traverse presque tout le bassin de la Seine, depuis Moret jusqu'à la Fère [1].

Arrêtons-nous sur cette longue ligne. Entre la vallée du Petit-Morin et la pointe de la montagne de Reims, la falaise est à l'exposition du sud-est, la meilleure de toutes ; les courants diluviens, qui ont dénudé la Champagne, ont déposé sur cette pente une épaisse couche de limon, énergiquement drainée par le soussol crayeux ; la vigne y trouve donc une excellente exposition, un terrain à la fois sec, condition indispensable pour que ses produits soient excellents, et fertile, autre condition non moins favorable. Aussi, sur cette côte, s'étend notre vignoble de Champagne, unique dans le monde. Soit qu'on descende des plateaux peu peuplés de la Brie par la petite vallée du Cubry, affluent de la Marne, soit qu'on quitte la triste plaine de la Champagne pouilleuse en s'élevant sur les riches coteaux de Cramant, soit qu'on contourne la montagne de Reims en passant par Aÿ, il semble qu'on s'approche de la capitale d'un grand royaume, tant les villages sont nombreux et beaux, tant d'élégantes maisons de campagne se serrent les unes contre les autres ; on n'aboutit pourtant qu'à la petite ville d'Épernay, à une simple sous-préfecture ! mais cette ville n'est-elle pas une capitale ? Son vin si gai, si français, n'a-t-il pas étendu son empire sur toute la terre ?

Le reste de la grande falaise crayeuse a été moins favorisé. Au nord de Reims, l'exposition générale est nord-est et, par conséquent, moins bonne ; vers Laon, le terrain tertiaire occupe presque toute la hauteur du coteau. La vigne couvre encore les coteaux les mieux exposés, mais ses produits ne sont plus distingués.

[1] Voy. chap. I, p. 45.

En continuant à suivre la falaise jusqu'à son extrémité vers Crépy, on arrive aussi à la limite de la culture de la vigne, qui ne s'étend pas au delà vers le nord.

Au sud de la petite ville de Vertus, où s'arrêtent les grands crus, le pied de la falaise champenoise baigne dans les marais tourbeux de Saint-Gond aux sources du Petit-Morin, des Auges vers Sézanne, de la Seine entre Villenauxe et Montereau. La vigne n'aime ni les marais, ni les brouillards, et quoique l'exposition soit excellente, sa culture est moins développée[1] sur cette partie de la falaise, et les vins récoltés entre Moret et Sézanne, ne ressemblent en rien à ceux d'Aï, de Pierry et de Cramant.

Voici la preuve que la pauvreté des vignobles de la partie sud de la grande falaise champenoise est bien due à l'influence des marais. On a vu qu'à partir de Montereau, l'Yonne, par ses crues violentes, avait empêché la production de la tourbe et tapissé les rives de la Seine d'un gravier sec et sain[2]. L'influence des marais ne se fait donc plus sentir et avant que le fleuve entre dans cette vallée étroite et contournée qu'il s'est creusée au travers des plateaux de l'argile à meulières de la Brie, la vigne donne encore un de ses produits les plus distingués, non plus le roi des vins, mais le roi des fruits, le chasselas de Fontainebleau ou plutôt de Thomery.

Vainement, on prétendrait que c'est à la bonne et intelligente culture du pays qu'on doit cet excellent raisin. Le plant de Thomery a été transporté partout, comme le pineau de la côte d'Or, et nulle part on n'a récolté ni le chasselas de Fontainebleau, ni le vin de la Romanée.

Culture de la vigne dans la traversée des terrains tertiaires. — C'est véritablement à la limite du terrain crétacé et du terrain tertiaire que devrait s'arrêter la culture de la vigne. Entre la Champagne et Paris, les vallées deviennent étroites et contournées;

---

[1] Voy. le tableau des cultures permanentes, chap. XXXI, p. 510.
[2] Voy. Introduction, p. 23.

elles se présentent successivement à toutes les expositions et ne peuvent donner de bons produits. Le duc de Bourgogne, qui faisait pendre le malheureux vigneron qui, préférant la quantité à la qualité, cultivait *l'infâme Gamet*, n'aurait certes pas mieux traité les vignerons de Suresnes et d'Argenteuil.

Mais le Parisien ne se montre pas si délicat, et les produits des coteaux des terrains tertiaires de la Brie, du Soissonnais, de Suresnes et d'Argenteuil sont très-bien accueillis dans les cabarets de la grande ville. Ajoutons que s'il n'est ni bon, ni agréable, le vin de Brie est cependant un des plus riches produits de cette riche contrée ; aussi est-il cultivé, sur tous les points où la vigne se plaît, c'est-à-dire sur tous les coteaux et à toutes les expositions, à celle du Nord, comme à celle du Midi. Il est juste de dire que le vin est le seul produit de la fermentation alcoolique qui, pris en quantité modérée, ne soit jamais nuisible. Bien loin de là, le plus mauvais vin est un utile complément d'alimentation pour la population de la France, qui vit surtout de pain.

C'est réellement à la vallée d'Oise et à la limite sud de la Beauce que s'arrête la culture utile de la vigne.

Je ne veux pas dire cependant que cette limite ne soit pas dépassée. D'après le tableau des cultures permanentes, la vigne s'étend, dans le bassin de l'Eure, jusqu'à l'aval de Dreux, et dans la vallée de la Seine, jusqu'aux Andelys. On voit, à l'aval de Vernon, un grand coteau, presque perpendiculaire au cours de la Seine et bien exposé au Midi, qui est entièrement couvert de vignes ; les dernières traces de cette culture se montrent à gauche du fleuve, sur la pente des coteaux de Gaillon. Elles s'étendent vers le nord, dans la vallée de l'Oise, jusqu'à l'extrémité de la falaise de la Champagne, vers la Fère. Mais, à ces limites extrêmes, les produits de la vigne deviennent aussi misérables en quantité qu'en qualité.

Entre la mer et une ligne brisée traversant l'Eure, à l'aval du confluent de l'Avre, passant par Gaillon, les Andelys et la Fère, la vigne n'est plus cultivée, quoique, dans les vallées de la Seine et de l'Eure, dans les pays de Bray et de Caux, on trouve de larges vallées crayeuses, riches en terre végé'ale, bien drainées et bien exposées. Le voisinage de la mer ne permet pas à la vigne de s'étendre jusque-là.

Si l'on considère la culture de la vigne du bassin de la Seine dans son ensemble, on reconnaît par ce qui vient d'être dit que ses bons produits proviennent des terrains arides et perméables exposés au midi ou au levant et disposés en coteaux le long des vallées bien ouvertes de la formation oolithique et de la craie, Il est même nécessaire que les marais tourbeux, si communs au fond des grandes vallées des terrains perméables, soient assez éloignés du vignoble, pour que les brouillards ne refroidissent pas trop les nuits. Je ne vois, dans le bassin de la Seine, qu'une exception à cette règle. Le petit ruisseau de Cubry, avant d'entrer à Épernay, produit un marais tourbeux, au pied du beau vignoble de Pierry, mais ce marais est petit et, dans une contrée aussi sèche, ne saurait avoir une grande influence.

Les terrains imperméables, le granite du Morvan, le terrain crétacé inférieur de la Champagne humide, l'argile plastique et les marnes vertes des coteaux de la Brie, les lignites du Soissonnais, les argiles du Gâtinais, ne conviennent nullement à la culture de la vigne, au moins si l'on ne tient compte que de la bonne qualité des produits.

Il y a cependant une exception. J'ai dit que la vigne était cultivée sur les coteaux d'argiles liasiques qui entourent l'Auxois. Sur certains points, les produits sont de bonne qualité. On peut citer notamment les vignobles d'Annay-la-Côte, de Rouvres, de Montéchérin, du Vault de Lugny, dans la vallée du Cousin près d'Avallon ; la côte de Mont-Faute, dans la vallée du Serein ; celle de Viserny, dans la vallée de l'Armançon. Cela tient à ce que les argiles du lias moyen et supérieur sont peu plastiques et sont feuilletées comme de l'ardoise. Lorsqu'on a soin de les débarrasser, par des pierrées, des petites sources des calcaires à entroques et à gryphées cymbium, les coteaux du lias sont tellement imperméables, que dans les étés secs, ils deviennent complétement arides, et alors la vigne y donne de bons produits. Mais si l'année est humide, la récolte manque ou perd toute sa qualité.

Influence du sol sur la qualité du vin. — Si l'on considère spécialement les produits des bons crus de chaque terrain, les vins du lias de l'Avallonnais, du terrain oolithique supérieur de Tonnerre, d'Irancy, de Chablis, d'Auxerre, des Riceys et les vins de la grande côte de Champagne, on reconnaît qu'ils se distinguent les uns des autres par des qualités particulières.

Les vins des terrains oolithiques sont forts et généreux comme ceux de la grande côte d'Or, et même, dans certaines côtes, comme à la Chaînette et à Migraine, ils en ont le bouquet délicat.

Les vins du lias de l'Avallonnais sont plus forts encore : ils sont violents, mais le bouquet des vins de la côte d'Or leur manque complétement.

Les grands vins de la craie ne sont pas aussi généreux que ceux de la côte de Bourgogne et n'en ont pas le bouquet, mais ils sont plus fins et plus délicats. Seuls ils conviennent pour faire le bon vin mousseux. Vainement on a essayé, à Tonnerre et à Beaune, de faire du vin de Champagne ; les Bourguignons se justifient mal, en disant que l'échec qu'ils ont éprouvé tient à ce qu'ils n'emploient à cet usage que les produits des mauvaises années. En réalité, il est reconnu aujourd'hui que l'on ne fait pas mieux le vin d'Aï à Beaune que le vin de Clos-Vougeot à Épernay.

Ces excellents vins sont cependant extraits d'un même raisin, du petit pineau [1] sucré de la côte d'Or. Les différences radicales qui les distinguent sont donc dues à l'influence du sol.

La vigne est si généreuse pour le petit vigneron, qu'on lui abandonne entièrement le sol favorable à sa culture. Le morcellement devient alors incroyable ; les propriétés d'une ouvrée (de

----

[1] D'après M. Bouchardat, le raisin cultivé sur la grande côte de la Champagne est le pineau de la Bourgogne.

4 à 5 ares) sont assez communes dans un grand nombre de côtes.

Cela tient à ce que tous les cultivateurs d'un pays vignoble veulent récolter au moins le vin qu'ils boivent, ce que, en Bourgogne, en Lorraine et en Franche-Comté, ils appellent *leur boitte*.

Il en est résulté un fait très-remarquable, c'est que *le gamet se substitue partout au pineau, dans les vignes qui ne sont pas classées comme grands crus.* Une vigne plantée en gamet donne en moyenne, à surface égale, quatre fois plus de vin qu'une vigne plantée en pineau. Le vigneron donne donc ouvertement la préférence au premier des cépages. Je ne parle pas des autres cépages que les vignerons de la basse Bourgogne et de la Champagne nomment le gros vereau, le troyen, etc., qui sont bien plus généreux encore que le gamet, mais qui donnent les vins les plus détestables.

Le vigneron qui a du vin dans sa cave fréquente beaucoup moins le cabaret. L'ivrognerie devient un vice rare en Bourgogne.

La culture de la vigne a donc eu une influence très-heureuse sur les mœurs des habitants du bassin de la Seine.

Il n'est pas aussi facile d'indiquer ici, comme je l'ai fait pour les autres cultures permanentes, l'étendue des terrains qui sont ou peuvent être cultivés en vigne. Pour que le rendement de la vigne soit bon, il faut non-seulement un terrain, mais encore une exposition qui conviennent à cette culture.

Or l'exposition générale des coteaux du bassin de la Seine étant celle du sud-ouest et du nord-est, la dernière de ces deux conditions indispensables est assez rarement remplie. Aussi, quoique le lias, les terrains oolithiques et crétacés supérieurs, qui conviennent si bien à la vigne, occupent, dans le bassin de notre fleuve, 31 400 kilomètres carrés, quoique, sur cette immense surface, tous les terrains convenables soient couverts de vignes, on peut dire que cette culture n'occupe qu'une bien minime partie du sol. Ainsi, dans l'arrondissement d'Avallon, elle s'étend seulement sur les 73 millièmes de la surface des terrains liasiques et les 36 millièmes des terrains oolithiques.

Je ne pense pas que ces proportions soient dépassées pour l'ensemble des terrains du bassin, où la vigne peut être cultivée, quoique dans certaines contrées privilégiées, telles que l'Auxerrois, le Tonnerrois, les abords de Chablis, des Riceys, la grande côte de la Champagne, la vigne occupe souvent plus du tiers des territoires.

En résumé, les parties du bassin de la Seine où se récoltent de grands vins sont les terrains oolithiques, moyen et supérieur, surtout ce dernier, et le terrain crétacé supérieur.

Le lias produit aussi d'excellents vins, mais qui ne s'élèvent pas à un aussi haut degré de distinction.

On récolte de grandes quantités de vin, mais de la plus détestable qualité, dans les larges alluvions du fond des vallées du terrain crétacé et dans les terrains tertiaires, en amont de la vallée de l'Oise.

Les bons vins du bassin de la Seine sont produits par un seul cépage, le pineau ; les vins communs, par une multitude de cépages, dont un seul, le gamet, mérite d'être nommé.

CHAPITRE XLI

ACTION DES CULTURES PERMANENTES SUR LA RICHESSE GÉNÉRALE

TERRAINS PERMÉABLES

Terrains oolithiques. — Le calcaire à entroques et la grande oolithe étant impropres à la culture de la vigne et des prairies [1], la partie haute de la Bourgogne dite la Montagne aurait été inhabitable autrefois sans les vastes forêts qui couvrent près du tiers du territoire : non-seulement le paysan bourguignon y occupait ses journées d'hiver, mais encore il jouissait et jouit encore de droits d'usage qui lui permettent de nourrir ses bœufs et ses vaches dans les bois.

L'introduction des prairies artificielles, surtout de la luzerne et du sainfoin, qui ne remonte pas à plus de soixante ans, a notablement amélioré la situation agricole du pays : malgré la stérilité du sol, on a pu y acclimater, peu d'années après, la belle race de moutons mérinos, si connue aujourd'hui sous le nom de *race châtillonnaise.* Aujourd'hui donc l'agriculture s'y suffit à elle-même dans une certaine mesure. Mais les bois sont toujours la plus importante des productions de cette contrée aride.

[1] Voy. chap. XXXII et XL.

Le reboisement par le pin sylvestre s'y fait sur une grande échelle et donne une valeur réelle aux friches et au tiers environ des terres labourables, qui ne valent pas la peine d'être cultivées en céréales.

La *terre à foulon* occupe en général le fond des vallées et constitue le sol le plus fertile de la Montagne. Les prairies naturelles y sont assez étendues.

Le *terrain kellowien*, étant presque toujours recouvert par le limon rouge des plateaux, est fertile par lui-même et peut se passer des cultures permanentes, qui y sont peu développées.

La vigne est très-utilement cultivée dans le *terrain oxfordien*. Les prairies se développent largement au fond des grandes vallées, mais sans jamais s'élever sur les pentes des coteaux marneux. Les bois couronnent ces coteaux et occupent à peu près toute la partie infertile du pays. On peut donc dire que les trois cultures permanentes ont leurs places parfaitement marquées dans l'oxfordien, et qu'elles contribuent à en faire un des terrains les plus riches de la basse Bourgogne.

Les bois et les vignes sont les seules cultures productives des terrains corallien, kimméridien et portlandien. Les vallées se resserrent beaucoup dans la traversée de ces terrains, le limon des plateaux y manque presque partout, et les terres arables réellement fertiles n'occupent qu'une très-minime partie du territoire; la culture des prairies y est très-restreinte, et, néanmoins, la vigne, qui tapisse tous les coteaux, est si généreuse pour le petit cultivateur, les bois couvrent si bien les plateaux stériles, que, depuis le terrain oxfordien jusqu'au terrain crétacé inférieur, on trouve, en descendant les vallées de l'Yonne, du Serein, de l'Armançon, de la Laignes, de la Seine, de l'Ource et de l'Aube, une série de très-riches villages, tels que Coulange-la-Vineuse, Dannemoine, Épineuil, les Riceys, Celles, Essoyes, Landreville, Loche, dans les terrains les plus rebelles à la production des céréales.

Les mêmes observations s'appliquent aux terrains corallien,

kimméridien et portlandien du bassin de la Marne ; on doit faire
remarquer, toutefois, que le terrain kimméridien, occupant en
Lorraine le fond des vallées de la Saulx, de l'Ornain et de l'Aire,
et étant imperméable, la culture des prairies y est beaucoup plus
développée qu'en Bourgogne ; mais, par contre, celle de la vigne
est peu étendue dans les parties hautes de ces trois vallées, en
raison de leur trop grande altitude. C'est seulement à la hauteur
de Bar-le-Duc qu'elle prend une grande importance.

La craie blanche. — Les trois cultures permanentes manquent
dans les plaines de la Champagne. Le sol y étant très-pauvre, ces
plaines, dans toutes les parties éloignées des cours d'eau,
sont frappées de stérilité, ce qui leur a valu le nom si connu
de Champagne pouilleuse. Les villages se sont donc alignés
le long des vallées humides, où les habitants trouvent aux bords
des cours d'eau des fourrages de très-médiocre qualité,
mais très-abondants. C'est avec cette maigre ressource qu'ils
produisent leur fumier et qu'ils sont parvenus à améliorer
leurs terres crayeuses.

Cette fertilisation s'étend comme une tache d'huile autour des
lieux habités. La luzerne et le sainfoin augmentent les ressources
du petit cultivateur. Tel arpent de terre, qui se vendait autrefois
5 francs, avec un lièvre dessus, se vend aujourd'hui 500 francs
et le lièvre n'y est plus. Mais il se passera bien du temps avant
que ces taches de terrain fertilisé ne se touchent, et les parties
pouilleuses occupent encore entre elles de trop vastes espaces, où
la terre ne vaut guère aujourd'hui, plus de 50 à 60 francs l'hectare. On a cherché à les reboiser par les plantations de pins sylvestre, dont il a été question ci-dessus [1].

Lorsque la craie blanche de Champagne se relève en falaise,
elle est envahie par la vigne, et on a vu ci-dessus que, de chaque
côté d'Épernay, entre Reims et Vertus, la grande falaise qui sé-

[1] Voy. chap. XXXVIII, p. 561 et 566.

pare la Champagne de la Brie, est aujourd'hui un des pays les plus riches du monde.

Sur les bords de l'Yonne, la craie est recouverte par un limon caillouteux qui permet la culture des bois ; les coteaux sont couverts de vignes ; les fonds de vallées sont tapissés d'une alluvion fertile : la craie est devenue un terrain riche, envahi par les cultures permanentes.

Les sables de Beauchamp et de Fontainebleau sont très-peu fertiles, les prairies et les vignes n'y sont pas cultivées en quantités appréciables. Sans les forêts, qui couvrent presque complétement ces terrains arides, ils seraient absolument sans valeur.

Les autres terrains perméables du bassin de la Seine, la craie de la Normandie, l'argile à silex de la Beauce, les sables du Soissonnais, le calcaire grossier du Véxin français, les terrains lacustres du Valois et du Tardenois, le calcaire de la Beauce, les grandes alluvions des vallées, sont recouverts du limon des plateaux et sont trop fertiles, pour que les cultures permanentes y soient nécessaires. Les prairies et les vignes y manquent à peu près complétement ; les forêts s'y sont peu et surtout très-irrégulièrement étendues.

TERRAINS IMPERMÉABLES

Granite. Morvan. — La vigne manque à peu près complétement dans le Morvan. C'est dans les pâturages maigres et tourbeux, qui couvrent la dixième partie du pays, que vivent les vaches, les bœufs de travail, et les élèves qui constituent toute la richesse du paysan morvandeau.

Les bois, qui s'étendent sur le tiers du territoire, donnent aux grands propriétaires leurs revenus les plus certains ; leur exploitation occupe les ouvriers pendant l'hiver. Sans ces deux cultures, le Morvan ne serait pas habitable. On doit dire cependant que, depuis quelques années, le chaulage a opéré une révolution dans l'agriculture locale. Aujourd'hui, on fait de très-belles récoltes de froment, là où autrefois on cultivait misérablement le seigle, l'avoine et le sarrasin.

Terrain crétacé inférieur. — La vigne manque aussi dans ce terrain humide, mais les deux autres cultures permanentes y ont pris un développement très-considérable. C'est aux bois et à la grande facilité du reboisement, que l'Argonne, la Champagne humide et la Puisaye doivent leur principale richesse. Les herbages ont fait du pays de Bray une des contrées les plus riches du monde, et on ne voit pas pourquoi ils ne se développeraient pas de même dans la Champagne humide et la Puisaye.

Gâtinais. — Les vignes manquent dans le Gâtinais et les prés n'y sont guère cultivés. Mais les bois y sont très-beaux et très-étendus et le rapprochement de Paris leur donne une valeur considérable. Quoique la culture des céréales ait fait de grands progrès dans cette contrée, grâce au marnage et au drainage, les forêts y tiennent toujours le premier rang.

Les autres terrains imperméables, le lias, les argiles à meulières de la Brie et de Montmorency, les argiles des sources de l'Eure et de la Rille (pays d'Ouche), sont trop fertiles pour que les cultures permanentes y soient indispensables. Cependant les prés d'embauche et les herbages forment les plus riches propriétés de l'Auxois, du Nivernais et du pays d'Ouche. La vigne est peu développée ou même manque complétement dans ces riches contrées; les bois y sont, ou des biens domaniaux ou des propriétés de luxe.

Je termine ici cette étude du bassin de la Seine, un des rares pays dont les produits sont si variés, si abondants, si excellents surtout, que l'homme peut y vivre riche, heureux et complétement isolé du reste du monde.

APPENDICE

ANNONCE DES CRUES

J'ai donné la règle qui nous sert à calculer la hauteur des crues de la Seine à Paris[1]. Mon collaborateur M. G. Lemoine a établi, par des calculs analogues, la règle à suivre pour déterminer la hauteur des crues des principaux affluents de la Seine.

Crues de l'Yonne à Sens et de la Seine à Montereau, à Melun et à Corbeil. — Ces crues sont annoncées au moyen d'observations faites sur les petits cours d'eau torrenticls, et comme le bassin de la Seine, en amont du confluent de l'Yonne, est presque entièrement perméable, les petits cours d'eau choisis sont tous dans le bassin de l'Yonne. Ces affluents sont : l'Yonne à Clamecy, le Cousin à Avallon, l'Armançon à Aisy.

La montée des crues de l'Yonne à Sens, de la Seine à Montereau, à Melun et à Corbeil est sensiblement la même. On obtient cette montée en multipliant par 1,20 la moyenne des montées de l'Yonne et de l'Armançon, ou par 1,50, la moyenne des montées de l'Yonne, du Cousin et de l'Armançon.

[1] Voy. chap. XVII.

Jusqu'ici nous n'avons pas trouvé de règle certaine pour annoncer *les crues de la Marne*.

Crues de l'Aisne. — La montée des crues de l'Aisne en amont de Soissons, à Pontavert, point où la régime n'est pas encore influencé par les barrages de la navigation, est égale à la montée de l'Aisne à Sainte-Menehould, augmentée de la moitié de la montée de l'Aire à Vraincourt. Cette règle est excellente et donne presque toujours des résultats exacts.

Crues de l'Oise. — Les crues de l'Oise, en aval de Compiègne, sont plus difficiles à annoncer. Dans la plupart des cas, elles sont dues uniquement à celles de l'Aisne, et alors on les annonce avec une grande régularité et par une règle analogue à celle indiquée ci-dessus ; mais il arrive parfois que la petite partie de terrains imperméables, qui se trouve aux sources de l'Oise, vers Hirson dans les Ardennes, produit une crue torrentielle, et alors la règle adoptée n'est pas applicable.

TABLEAU DE QUELQUES-UNES DES PLUS GRANDES CRUES CONNUES
DE LA SEINE ET DE SES AFFLUENTS

DÉSIGNATION	DATES DES CRUES	HAUTEUR DES CRUES en mètres			OBSERVATIONS
		LES PLUS GRANDES	QUI PRODUISENT LES DÉBORDEMENTS	DANGEREUSES	
BASSIN DE LA SEINE EN AMONT DU CONFLUENT DE L'YONNE.					
Seine. — Échelle du pont d'Aisey-le-Duc	31 déc. 1801	»	1,55	2,50	A 2m,50 le bas du village d'Aisey est envahi.
	5 mai 1856	3,65			
	25 et 26 sept. 1866	3,65			
	22 nov. 1872	1,17			
Seine. — Échelle de la passerelle des Grandes-Grilles, à Châtillon-sur-Seine	31 déc. 1801	2,02	1,20	1,55	A 1m,20. les caves des rues de l'Ile, des Ponts et de l'Hôtel-de-Ville sont envahies. Les maisons basses sont submergées à 1m,35.
	5 et 6 mai 1856	2,14			
	25 et 26 sept. 1866	1,91			
	25 nov. 1871	1,19			
Seine. — Échelle du pont de Gomméville	31 décembre 1801	1,81	0,85	1,15	Altitude du zéro, 190m. A 1m,15, les maisons situées aux points bas sont submergées ; les dommages sérieux commencent à 1m,30.
	5 et 6 mai 1856	1,82			
	25 et 26 sept. 1866	1,82			

DÉSIGNATION	DATES DES CRUES	HAUTEUR DES CRUES en mètres			OBSERVATIONS
		LES PLUS GRANDES	QUI PRODUISENT LES DÉBORDEMENTS	DANGEREUSES	
Ource. — Échelle du pont d'Autricourt.	31 déc. 1801.	1,44	0,90	1,25	Altitude du zéro, 199ᵐ. A Belan en 1866, toutes les habitations de la partie basse du village ont été inondées. Même observation à Autricourt.
	5 et 6 mai 1856. . . .	1,44			
	25 et 26 sept. 1866. . .	1,44			
	24 nov. 1872.	1,20			
Seine. — Échelle du pont de Méry-sur-Seine. . .	Mai 1856.	5,09	0,90	2,60	En amont du confluent de l'Aube.
	Janv., fév. 1850. . . .	2,75			
	Déc., janv. 1861. . . .	2,87			
	Sept. 1866.	2,95			
Aube. — Échelle du pont d'Anglure.	Mai 1856.	5,95	1,20	2,00	En amont du confl. de la Seine.
	Janv., fév. 1850. . . .	5,55			
	Déc., janv. 1861. . . .	5,95			
	Sept. 1866.	5,61			
Seine. — Échelle du pont de Nogent-sur-Seine. .	Mai 1856.	2,60	2,20	2,55	En aval du confluent de l'Aube.
	Janv., fév. 1850. . . .	2,59			
	Déc., janv. 1861. . . .	2,71			
	Sept. 1866.	2,62			

BASSIN DE L'YONNE ET SEINE A BRAY.

DÉSIGNATION	DATES DES CRUES	HAUTEUR DES CRUES en mètres			OBSERVATIONS
		LES PLUS GRANDES	QUI PRODUISENT LES DÉBORDEMENTS	DANGEREUSES	
Yonne. — Échelle du pont de Clamecy.	Mai 1856.	5,86			Altitude du zéro, 144ᵐ. Les crues de l'Yonne et de ses affluents torrentiels, la Cure, le Serein et l'Armançon sont rarement désastreuses.
	11 mai 1856.	2,70			
	26 et 27 déc. 1860. . .	1,80			
	25 sept. 1866.	5,15			
	11 déc. 1872.	1,85			
Cure. — Échelle du pont de Saint-Père.	Mai 1856.	5,45	2,20	2,00	Altitude du zéro, 145ᵐ. A la sortie du Morvan.
	12 mai 1850.	2,70			
	14 déc. 1872.	1,90			
Cousin. — Échelle du pont d'Avallon.	12 mai 1856.	2,50	1,20	1,50	
	Mai 1856.	5,10			
Serein. — Échelle du pont de Précy-sous-Thil. . .	12 mai 1856.	2,62	1,50	2,00	Altitude du zéro, 519ᵐ. Plus exactement échelle de Maison-Neuve.
	14 oct. 1865.	5,00			
	24 sept. 1866.	5,40			
	10 oct. 1872.	2,45			
	10 déc. 1872.	1,80			
Serein. — Échelle du pont de l'Isle-sur-Serein. .	Sept. 1866.	5,90	1,75	2,80	
Brenne. — Échelle du pont de Montbard.	4 mai 1856.	2,67	2,20	2,70	Altitude du zéro, 194ᵐ. A la cote 2ᵐ,50, les parties basses de Montbard sont envahies. En 1866, la circulation sur la grande route fut interrompue et rétablie par un service de bateaux.
	Sept. 1866.	5,52			
	19 oct. 1872.	2,70			
	25 nov. 1872.	2,20			
Armançon. — Échelle du pont d'Aisy.	4 mai 1856.	5,51	1,75	2,57	En 1866, le torrent occupait tout le fond de la vallée, le pont d'Aisy n'était plus qu'un obstacle à la libre circulation de l'eau. C'est la plus grande crue connue depuis 1615.
	12 mai 1855.	5,12			
	26 déc. 1860.	1,89			
	Sept. 1866.	5,95			
	11 déc. 1872.	2,55			
Armançon. — Échelle du pont de Tonnerre. . .	Mai 1856.	5,57	2,20	2,50	Altitude du zéro, 61ᵐ.
	Sept. 1866.	5,60			
Yonne. — Échelle du pont d'Auxerre. . . .	Mars 1851.	2,87	2,10		
	Mai 1856.	5,55			
	Déc. 1846.	2,65			
	Mai 1856.	3,68			
	Sept. 1866.	5,67			

DÉSIGNATION	DATES DES CRUES	HAUTEUR DES CRUES en mètres			OBSERVATIONS
		LES PLUS GRANDES	QUI PRODUISENT LES DÉBORDEMENTS	DANGEREUSES	
Yonne. — Échelle du pont de Laroche.	Mai 1856.	4,90	2,50		
	Mai 1856.	5,01			
	Sept. 1866.	5,50			
Yonne. — Échelle du pont de Sens.	2 mars 1851.	5,44	2,50	5,50	Altitude du zéro, 55ᵐ,50. Le faubourg d'Yonne et le Petit-Hameau sont inondés.
	5 et 6 mai 1856.	4,20			
	10 déc. 1856.	5,07			
	25 déc. 1846.	3,44			
	29 janv. 1850.	5,50			
	14 mai 1856.	4,05			
	28 déc. 1860.	5,25			
	2 janv. 1861.	5,52			
	25 sept. 1866.	4,50			
	12 déc. 1872.	2,90			
Seine. — Échelle du pont de Bray.	Mai 1856.	2,82	1,80	2,80	Altitude du zéro, à 2ᵐ,80. La vallée de la Seine est submergée sur une largeur de 5 kilom. environ.
	Déc. 1846.	2,90			
	Avril 1848.	2,80			
	Fév. 1850.	5,01			
	Mai 1856.	2,65			
	Janv. 1861.	5,15			
	Sept. 1866.	2,80			

BASSIN DE LA SEINE EN AVAL DU CONFLUENT DE L'YONNE.

DÉSIGNATION	DATES DES CRUES	HAUTEUR DES CRUES en mètres			OBSERVATIONS
		LES PLUS GRANDES	QUI PRODUISENT LES DÉBORDEMENTS	DANGEREUSES	
Seine. — Échelle du pont de Montereau.	Janv. 1802.	4,70	2,00		Altitude du zéro, 46ᵐ.
	Janv. 1806.	4,40			
	Mai 1856.	4,68			
	Déc. 1846.	3,71			
	Avril 1848.	5,85			
	Fév. 1850.	5,79			
	16 mai 1856.	4,59			
	Janv. 1861.	4,10			
	27 sept. 1866.	4,68			
	17 déc. 1872.	5,90			
Ouanne. — Échelle du pont des Vernes-à-Toucy.	Mai 1856.	5,71	2,20	2,70	Altitude du zéro, 18.ᵐ.
	11 mai 1856.	2,80			
	Déc. 1860.	2,57			
	Sept. 1866.	5,52			
	Nov. 1872.	2,80			
Loing. — Échelle du pont de Nemours.	Mai 1856.				Altitude du zéro, 60ᵐ.
	14 mai 1856.	1,00			
	28 déc. 1860.	1,95			
	25 sept. 1866.	2,60			
	16 nov. 1872.	1,30			
Seine. — Échelle du pont de Corbeil.	1ᵉʳ janv. 1802.	6,55	5,00	4,00	Altitude du zéro, 51ᵐ,58. Entre Corbeil et Maisons-Alfort, la Seine ne submerge que des terres en culture.
	1ᵉʳ janv. 1817.	5,27			
	1ᵉʳ mai 1856.	5,90			
	10 mai 1856.	3,94			
	4 janv. 1861.	4,10			
	27 sept. 1866.	4,55			
	17 déc. 1872.	4,07			
Seine. — Échelle de Villeneuve-Saint-Georges.	Déc. 1740.	6,54			Altitude du zéro, 28ᵐ,47.
	Janv. 1802.	5,95			
	Janv. 1817.	6,54			

DÉSIGNATION	DATES DES CRUES	HAUTEUR DES CRUES en mètres			OBSERVATIONS
		LES PLUS GRANDES	QUI PRODUISENT LES DÉBORDEMENTS	DANGEREUSES	
Seine. — Échelle de Villeneuve-Saint-Georges (Suite).	Mai 1856	5,48			Altitude du zéro, 25ᵐ,47.
	29 sept. 1866	5,08			
	17 déc. 1872	4,96			
Seine. — Échelle du pont de Choisy-le-Roi	Janv. 1802	6,35			Altitude du zéro, 27ᵐ,46.
	Mai 1856	4,89	5,50		
	5 janv. 1861	5,40			
	29 sept. 1866	5,54			
	17 déc. 1872	5,65			
Seine. — Échelle du pont d'Ivry	Janv. 1802	7,43			Altitude du zéro, 26ᵐ,60.
	Mai 1856	5,15	5,80	5,00	A 5ᵐ et 5ᵐ,50, l'inondation devient très-grave et atteint les habitations de Maisons-Alfort.
	5 janv. 1861	5,88			
	29 sept. 1866	5,54			
	17 déc. 1872	6,18			
	BASSIN DE LA MARNE.				
Marne. — Échelle du pont de la Maladière près de Chaumont	Oct. 1810	1,95			Altitude du zéro, 254ᵐ.
	12 mai 1856	0,75	0,90	»	
	1ᵉʳ janv. 1861	1,50			
	1ᵉʳ déc. 1872	1,45			
Marne. — Échelle du pont de Joinville. Hᵗᵉ-Marne	1ᵉʳ janv. 1861	2,65			
	20 fév. 1866	2,15	1,70	2,00	
	7 déc. 1872	1,40			
Marne. — Échelle du pont de Donjeux	2 janv. 1861	2,80			
	26 sept. 1866	2,57	2,40		
	29 janv. 1867	2,76			
Marne. — Échelle de Saint-Dizier	15 mai 1856	2,25			Altitude du zéro, 151ᵐ.
	1ᵉʳ janv. 1861	4,00			
	26 sept. 1866	5,15			
	22 nov. 1872	5,10			
Ornain. — Échelle du pont de Fains	mars 1814	1,90			Altitude du zéro, 175ᵐ. A 1ᵐ,25 l'eau envahit les caves et couvre les rues basses de plusieurs communes, et notamment celles de la ville de Bar. Les crues, à partir de 1854, sont beaucoup moins élevées (Voy. Pall.). La plus grande crue connue est celle de janvier 1824.
	janvier 1824	2,20			
	février 1844	1,91			
	5 mars 1846	1,52	1,05	1,25	
	6 fév. 1850	1,64			
	50 mars 1851	1,56			
	15 janv. 1855	1,22			
	2 oct. 1872	1,60			
Saulx. — Échelle de Saudrupt	14 mai 1856	0,90			Altitude du zéro, 172ᵐ.
	2 janv. 1861	2,26			
	26 sept. 1866	1,40			
	21 nov. 1872	1,70			
Marne. — Échelle de la Chaussée	14 mai 1856	2,75			Altitude du zéro, 87ᵐ.
	5 janv. 1861	3,05			
	28 sept. 1866	2,78			
	29 nov. 1872	2,85			
Grand-Morin	5 janv. 1861	2,74			
	27 sept. 1866	2,90			
	20 nov. 1872	2,90			
Marne. — Échelle de Chalifert	17 mai 1856	1,60			Altitude du zéro, 58ᵐ
	7 janv. 1861	4,48			
	25 sept. 1866	2,92			
	15 déc. 1872	4,44			

DÉSIGNATION	DATES DES CRUES	HAUTEUR DES CRUES en mètres			OBSERVATIONS
		LES PLUS GRANDES	QUI PRODUISENT LES DÉBORDEMENTS	DANGEREUSES	
BASSIN DE LA SEINE AU-DESSOUS DU CONFLUENT DE LA MARNE.					
Seine à Paris. Crues séculaires. (Voy. chap. XVIII, p. 500 et suiv.)					
Les plus grandes crues du siècle à l'échelle du pont de la Tournelle.	8 déc. 1801	6,24	5,00	6,00	Altitude du zéro 26m,25. Il est à remarquer qu'à partir de Montereau, les plus grandes crues de la Seine ne correspondent nullement aux plus grandes crues des affluents, mais à une série de crues quelconques se succédant à des intervalles rapprochés. Ainsi les crues les plus grandes des affluents depuis 1856 sont celles de mai 1856, février 1850; décembre et janvier 1861, octobre 1866. Les crues correspondantes à Paris sont loin d'être les plus grandes. Celles du 8 mai 1856 (3m,62), 2 janvier 1861 (5m,60), 28 septembre 1866 (5m,21) ne sont même pas classées parmi les crues désastreuses. Au contraire, la crue désastreuse de 1872 (5m,85) ne correspond à aucune grande crue des affluents.
	5 janv. 1802	7,15			
	15 janv. 1806	5,88			
	2 mars 1807	6,70			
	1817	6,50			
	10 déc. 1836	6,40			
	5 mars 1844	5,98			
	8 fév. 1850	6,07			
	17 mai 1856	5,70			
	5 janv. 1861	5,60			
	28 sept. 1866	5,21			
	17 déc. 1872	5,85			
BASSIN DE L'OISE.					
Oise. — Échelle de Bohéries.	15 oct. 1860	2,15	1,55	1,70	Altitude du zéro 87m,25. L'échelle a été placée en 1858. On n'a donc pas les crues de 1830, 1856 qui figurent parmi les plus grandes.
	1er fév. 1862	2,04			
	24 sept. 1866	2,05			
	20 nov. 1872	1,78			
Aisne. — Échelle de Pontavert.	26 fév. 1784	4,58	2,50	5,60	Altitude du zéro, 48m.
	2 mai 1856	2,00			
	12 juin 1856	2,90			
	5 janv. 1861	3,79			
	29 sept. 1866	2,85			
	2 déc. 1872	5,70			
Oise. — Échelle de Venette près de Compiègne. .	Fév. 1784	7,00			Altitude du zéro 27m,06.
	7 fév. 1850	6,40			
	30 janv. 1816	6,12			
	5 avril 1851	5,42			
	6 janv. 1861	5,55			
	30 sept. 1866	3,89			
	5 déc. 1872	5,90			
BASSIN DE LA SEINE AU-DESSOUS DU CONFLUENT DE L'OISE.					
Seine. — Pont de Vernon.	28 fév. 1658	8,62			La crue s'est élevée à 7m,87 au-dessus de l'étiage.
	1651	5,52			
Seine. — Échelle du pont de Rouen	Mars 1658	6,13	4,50	»	Altitude du zéro 1m,285, le niveau de la mer étant le niveau moyen de la Méditerrannée (nivellement Bourdaloue). Les grandes crues ordinaires de Rouen ne sont jamais désastreuses. La campagne en amont de Rouen est submergée à un niveau qui est notablement plus petit que 3 mètres.
	1740	5,70			
	4 mars 1844	4,05			
	31 déc. 1845	3,97			
	31 janv. 1846	4,05			
	12 fév. 1850	4,10			
	17 déc. 1872	3,77			

A l'aval de Rouen, les hauts niveaux de la Seine sont donnés
par la marée; les altitudes des plus hautes mers sont :

A Duclair.	4ᵐ525
A Quillebœuf.	4,655
Au Havre.	4,265
L'altitude des prairies est uniforme et s'écarte peu de.	4,225
L'étendue des terrains submersibles par la marée est de.	10 000 hect.

En discutant le tableau qui précède, on constate les faits suivants.

On trouve, aux échelles situées hors de Paris, deux repères certains de la plus grande crue de la Seine, celle de février-mars
1658, le premier à Vernon, à 8ᵐ,62 au-dessus du zéro de l'échelle
de l'ancien pont; le second, à Rouen, à 6ᵐ,15 au-dessus du zéro
de l'échelle du port et à 0ᵐ,43 au-dessus du repère de la crue
de décembre 1740.

Il existe plusieurs repères de la plus grande crue du siècle,
celle de décembre-janvier 1802, notamment, sur la Seine, à
Châtillon-sur-Seine et à Gomméville, et, sur l'Ource, à Autricourt. Le niveau correspondant de ces rivières est sensiblement le même que celui de deux autres grandes crues, celles de
mai 1836 et septembre 1866. De même aux diverses échelles
entre Montereau et Choisy-le-Roi, la cote qui correspond à cette
crue diffère très-peu de celle des autres grandes crues. C'est seulement au pont d'Ivry, sous l'influence de la Marne qu'elle dépasse
toutes les autres.

La plus grande crue connue de l'Oise et de l'Aisne est celle de
février 1784.

Je n'ai trouvé qu'un petit nombre de repères de la crue de
1850, la cinquième du siècle, par ordre de grandeur.

Depuis que le service hydrométrique fonctionne, c'est-à-dire
depuis le 1ᵉʳ mai 1856, la Seine, à Paris, a éprouvé quatre

grandes crues ordinaires : la première (17 mai 1856) correspond à une grande crue de l'Yonne et de ses affluents et à une médiocre crue de la Marne, du Loing, de l'Oise et de leurs affluents ; la deuxième (janvier 1861), à deux grandes crues ordinaires des affluents ; la troisième (septembre 1866), à la plus grande crue connue de la Seine, de l'Yonne, du Loing et de leurs affluents et à une grande crue de la Marne, de l'Oise et de leurs affluents ; la quatrième, la neuvième du siècle par ordre de grandeur, celle de décembre 1872, à dix crues de très-médiocre hauteur de la Seine, de l'Yonne, de la Marne et de leurs affluents et à une grande crue de l'Oise et de ses affluents.

DONNÉES NUMÉRIQUES SUR LE RÉGIME DE LA SEINE A PARIS

		MÈTRES.
	pont d'Austerlitz.	26,24
Altitude du zéro de l'échelle du	pont de la Tournelle (basses eaux de 1719).	26,25
	pont Royal.	24,48
Au pont Royal, le niveau des basses eaux de 1719 correspond à la cote 0^m,57, ou à l'altitude.		25,05

HAUTEURS CORRESPONDANTES DES CRUES DE LA SEINE AUX ÉCHELLES DES PONTS DE LA TOURNELLE ET ROYAL.

PENTES DU FLEUVE ENTRE LES DEUX ÉCHELLES

Déduites d'un tableau publié par M. l'inspecteur général Poirée.

ÉCHELLE DU PONT DE LA TOURNELLE		ÉCHELLE DU PONT ROYAL		DIFFÉRENCE DES ALTITUDES OU PENTES DU FLEUVE ENTRE LES DEUX PONTS	OBSERVATIONS
cote des eaux du fleuve	altitudes correspondantes	cote des eaux du fleuve	altitudes correspondantes		
0^{m}00	25^{m}25	0^{m}57	25^{m}05	1^{m}20	Voici les pentes obtenues pour quelques-unes des dernières crues du fleuve.
0,44	26,69	1,01	25,49	1,20	
0,89	27,14	1,51	25,99	1,15	8 fév. 1850. . 32,52 — 31,25 = 1,07.
1,40	27,65	2,01	26,49	1,16	28 déc. 1854. 31,25 — 30.23 = 1,02.
1,80	28,05	2,51	26,99	1,06	Mai 1856. . . 31,20 — 30,18 = 1,02.
2,18	28,45	3,01	27,49	0,94	2 janv. 1861. 31,85 - 30,90 = 0,95.
2,68	28,95	3,51	27,99	0,94	28 sept. 1866. 31,46 - 30,68 = 0,78.
3,14	29,59	4,01	28,49	0,90	Déc. 1872. . 32,10 — 31,38 = 0,72.
3,61	29,86	4,51	28,99	0,87	Il y a des anomalies assez grandes dans ces nombres, ce qui tient peut-être à ce que les cotes ne sont relevées qu'une fois par jour, toujours à la même heure, et, par conséquent, ne correspondent pas exactement aux maximum des crues.
4,12	30,57	5,01	29,49	0,88	
4,63	30,88	5,51	29,99	0,89	
5,14	31,39	6,01	30,49	0,98	

En général, les différences qu'on constate entre la hauteur des crues aux deux échelles, croissent et, par conséquent, la pente entre les deux ponts diminue, lorsque le niveau du fleuve s'élève.

Il n'en était point ainsi autrefois : soit qu'avant la construction des quais, à l'aval du pont Royal, les crues s'affaissassent, en s'étalant dans la plaine du Champ-de-Mars et de Grenelle, soit par toute autre raison que nous ne saisissons pas bien, les différences des hauteurs des crues décroissaient, et la pente entre les deux ponts augmentait en temps de débordements.

Egault, dans un mémoire publié en 1814, a même cherché à établir une règle. Mais cette règle est entachée d'inexactitudes évidentes. Voici des faits incontestables :

DATES DES CRUES	ÉCHELLE DU PONT DE LA TOURNELLE		ÉCHELLE DU PONT ROYAL		PENTE DU FLEUVE ENTRE LES DEUX PONTS	OBSERVATIONS
	cotes des crues	altitudes correspondantes	cotes des crues	altitudes correspondantes		
5 mars 1807.	6^{m}66	52^{m}91	7^{m}50	51^{m}78	1^{m}15	Crue très-bien observée par Egault.
5 janv. 1802.	7,45	55,70	7,78	52,26	1,44	Cote du pont de la Tournelle déterminée par Brai-le. — Cote du pont Royal, par Egault.
26 déc. 1740.	7,90	54,15	8,20	52,68	1,47	Cote du pont de la Tournelle, par Bonamy —Cote du pont Royal, par Buache.
1er mars 1658.	8,80	55,05	9,10	53,58	1,47	Cote du pont de la Tournelle, par Deparcieux. — Cote du pont Royal, par le père Cotte.

Suivant M. Poirée :

A la cote 0^m,00 de l'échelle du Pont Royal, la Seine débite par seconde				50^{mc}
Id.	0 ,51	Id.	Id.	75
Id.	1 ,01	Id.	Id.	130
Id.	1 ,51	Id.	Id.	195
Id.	2 ,01	Id.	Id.	270
Id.	2 ,51	Id.	Id.	355
Id.	5 ,01	Id.	Id.	450
Id.	5 ,51	Id.	Id.	555
Id.	4 ,01	Id.	Id.	670
Id.	4 ,50	Id.	Id.	725

A la cote 5^{m},00 de l'échelle du Pont Royal, la Seine débite par seconde   980$^{m.c}$
Id.   5 ,50   Id.   Id.   1075
Id.   6 ,01 à l'échelle du Pont Royal,
Id.   5 ,14 à l'échelle du Pont de la Tournelle, } Id.   1230
Id.   5 ,52   Id.   Id.   1350
Id.   6 ,01   Id.   Id.   1510
Id.   6 ,82   Id.   Id.   1780
Id.   7 ,56   Id.   Id.   1970
Id.   7 ,80   Id.   Id.   2110
Id.   7 ,91   Id.   Id.   2160

Cette règle ne se vérifie pas pour les cotes plus petites que 0^{m},57 ; ce qui n'a rien d'étonnant, puisque M. Poirée n'avait pas vu la Seine au-dessous de ce niveau, quand il a publié son tableau. J'ai fait un jaugeage direct au pont Royal, le niveau du fleuve étant au zéro de l'échelle, et j'ai trouvé un débit de 48 mètres cubes par seconde au lieu de 30 mètres cubes, chiffre de M. Poirée.

Pour la cote 0^{m},13 au-dessous de zéro, la Seine donnait encore 45^{m},47, et pour la cote 0^{m},57 [1], 36^{m},38.

Ces jaugeages concordent avec ceux faits en très-basses eaux, par MM. les ingénieurs Romany et Boulé [2].

DISPOSITIONS DE QUELQUES ÉCHELLES HYDROMÉTRIQUES.

Le zéro de l'échelle du pont Royal est, ainsi qu'on l'a dit ci-dessus, à 0^{m},57 au-dessous du niveau des basses eaux de 1719. Il en est de même de celui de l'échelle du pont de la Concorde ; suivant M. l'inspecteur général Poirée, cette cote, dans l'origine, indiquait qu'entre Paris et Mantes, certains hauts-fonds limitaient le tirant d'eau des bateaux à 0^{m},57. Le zéro de l'échelle de Mantes a été placé à 0^{m},80 au-dessous du niveau des basses eaux, parce que cette cote était la limite du tirant d'eau, au-dessus des hauts-fonds situés entre Mantes et Rouen.

[1] Voy. chap. XIX, p. 331.
[2] Voy. chap. XIX, p. 332.

Aujourd'hui les hauts-fonds sont recouverts d'une hauteur d'eau beaucoup plus grande par l'effet des retenues des barrages mobiles dont M. l'inspecteur général Poirée est l'inventeur ; de plus, les basses eaux de 1719 ne représentent plus l'étiage de la Seine, le fleuve, dans ces dernières années, s'étant abaissé bien au-dessous du niveau du zéro de l'échelle du pont Royal et très-sensiblement au niveau du zéro de l'échelle de Mantes [1].

TITRES HYDROTIMÉTRIQUES DE L'EAU DE LA SEINE A PORT-A-L'ANGLAIS, EN AMONT DE PARIS, PENDANT LE PASSAGE D'UNE GRANDE CRUE [2].

22 sept. 1866	18°80	29 sept. 1866	16°21	6 oct. 1866	18 33
23 —	18,80	30 —	16,21	7 —	20,21
24 —	16,75	1er oct.	18,56	8 —	19,74
25 —	15,98	2 —	19,05	9 —	19,74
26 —	15,98	3 —	19,55	10 —	19,74
27 —	15,98	4 —	18,09	11 —	19,97
28 —	15,98	5 —	18,33	12 —	20,21

Le fleuve commence à monter le 23 septembre. Du 24 au 30, passage de la grande crue torrentielle. Le 2 octobre, arrivée de la grande crue des sources des terrains oolithiques.

GRANDES CRUES

Renseignements arrivés tardivement

Epte. — Échelle du pont de Gisors	1820 environ	1m80	
	14 janvier 1841, environ	2,00	Altitude du zéro de l'échelle, 48m.11.
	janvier 1846, environ	1,70	La crue du 14 janvier 1841 est la plus grande con·ue. L'Epte déborde à la cote 0,80 ou 0,90. La submersion prend des proportions dangereuses à la cote 1m,40.
	13 janvier 1846	1,50	
	31 décembre 1859	1,45	
	1er janvier 1865	1,70	
	20 novembre 1872	1,40	

BASSIN DE L'EURE

Avre, affluent de l'Eure. Échelle du pont de l'Étang de France, à Verneuil.	janvier 1841	3m50	
	janvier 1847	2,80	
	janvier 1867	3,12	Altitude du zéro de l'échelle 160m,60.
	avril 1869	2,50	
	30 novembre 1872	2,10	
	Eau moyenne	0,20	

[1] Voy. ch. XIX, p. 325 et suiv., et p. 342. Ces indications des échelles des ponts Royal, de la Concorde et de Mantes ont donc perdu beaucoup de leur importance. L'observation de M. Poirée n'en est pas moins très-intéressante.

[2] Voyez pour les titres hydrotimétriques de la Seine au Pont-Royal, chap. X, page 154. Le titre maximum de la grande crue des sources en 1866 a été, à ce pont, 24,94 (le 29 oct.). A Port-à-l'Anglais, il y a eu deux maximums, l'un le 16, l'autre le 27 octobre, qui ont dépassé 21° ; dans cette localité, le titre hydrotimétrique reste habituellement compris entre 16 et 20° ; il faut des crues extraordinaires, comme celle de 1866, pour qu'il sorte de ces limites

Iton, affluent de l'Eure. — Échelle du pont de Gravigny.	janvier 1811 . . . . 1^{m}70 Étiage 0,20	Altitude du zéro de l'échelle, 54^m,60.
Eure. — Échelle du pont de Pacy.	janvier 1841. . . . . 1^{m}69 du 8 juin 1856. . . . . 0,96 du 1er décembre 1872. . . . . 0,66 Eaux moyennes. 0,00	Altitude du zéro de l'échelle, 40^m,83
Eure. — Échelle d'aval de l'écluse de la Villette, près Louviers.	Crue de 1820 . . . . 2^{m}97 15 janvier 1841. . . . . 3,50 10 juin 1856. . . . . 2,49 15 décembre 1872. 2,02	L'Eure commence à déborder à la cote 1^m,80 ; la submersion prend des proportions incommodes à la cote 3 mètres. Les crues ne sont jamais désastreuses.

BASSIN DE LA RILLE

Charentonne, affluent de la Rille. — Pont de Bouchepille, à Bernay.	15 décembre 1809. . . . . 105^{m}33 21 janvier 1841. . . . . 104,08 15 février 1847. . . . . 105,95 14 janvier 1855. . . . . 105,85 5 janvier 1854. . . . . 105,95 6 juin 1856. . . . . 105,73 50 novembre 1859 . . . . 104,07 15 décembre 1872. . . . . 105,45 Étiage 101,85	Hauteurs rapportées au nivellement Bourdaloue. Les submersions commençant à la cote 105^m,05, elles prennent des proportions graves lorsqu'elles atteignent 105^m,70 ; elles entrent alors dans les maisons basses de la ville.
La Rille. — Échelle de Montfort.	15 décembre 1872. . . . . 30^{m}28	Échelle près du pont de trois arches, du chemin de fer.
La Rille. — Échelle de Pontaudemer.	janvier 1841 . . . . 8^{m}16 janvier 1845 . . . . 6,91 9 juin 1856. . . . . 7,19 15 décembre 1872. 6,56	Il n'y a que la crue de 1841 qui ait pris des proportions graves ; elle a submergé quelques maisons. — Les cotes sont celles du bras nord (bras principal).

FIN.

TABLE DES MATIÈRES

Préface i

Introduction 1

Des marais et des tourbières. 5

Les alluvions de gravier et de sable, qui ont précédé la formation des tourbes, appartiennent à l'époque de la pierre taillée. Avec la tourbe apparaissent les instruments en pierre polie. Les lits des grands cours d'eau de l'âge de la pierre taillée, se sont remplis avec du limon, du sable, du gravier ou de la tourbe. . 5

Le Morvan est la seule contrée du bassin de la Seine où les marais et les tourbières s'élèvent au-dessus du fond des vallées. 7

Les marais immergés n'existent que dans les vallées les plus profondes des terrains perméables. 9

Les marais ne peuvent se former au fond des vallées des terrains imperméables . 11

Pourquoi la tourbe ne s'est pas produite pendant l'âge de la pierre taillée . . . 13

Preuve de la diminution du débit des grands cours d'eau, à la fin de l'âge de la pierre taillée. 14

Mode de remplissage du dernier des grands lits des cours d'eau, à la fin de cette époque 20

Relation entre les anciens dépôts charbonneux et les tourbières. 25

PREMIÈRE PARTIE

DE LA PLUIE ET DES EAUX COURANTES

CHAPITRE PREMIER. — Orographie. — Étendue des terrains qui constituent le bassin de la Seine. 27

Orographie. 28

Disposition des cours d'eau. 32

Aspect des terrains du bassin de la Seine. 35

CHAP. II. — DE LA PLUIE.   47
    Tableau des stations d'observations pluviométriques.   48
    Il pleut beaucoup au bord de la mer   52
    Il existe un minimum de hauteur de pluie qui s'étend depuis la vallée de l'Oise
        jusqu'à la limite de la Champagne sèche.   53
    La pluie croît avec l'altitude du sol. — Maximum du Morvan.   54
    Maximum de la Champagne humide.   55
    Calculs des moyennes de pluie des différents bassins.   59

CHAP III. — RELATION ENTRE LES HAUTEURS DE PLUIE ET LES CRUES DES COURS D'EAU. .   64

CHAP. IV. — MODE D'ÉCOULEMENT DES EAUX PLUVIALES A LA SURFACE DU SOL.   68
    Détermination du degré de perméabilité du sol :
    Par le débouché mouillé des ponts.   70
    Par la disposition et le nombre des cours d'eau.   71
    Par la forme des crues des cours d'eau.   72
    Par le développement de la culture des prairies   74
    Étendue des terrains perméables et imperméables.   76

CHAP. V. — DES MODIFICATIONS DE LA FORME DES VALLÉES DANS LES TEMPS MODERNES. . .   77
    Formes du fond des vallées dans les terrains perméables ou imperméables . . .   79

CHAP. VI. — CLASSIFICATION DES EAUX DU BASSIN DE LA SEINE.   85
    Torrents, cours d'eau tranquilles.   86

CHAP. VII. — DES NAPPES D'EAU SOUTERRAINES.   88
    Il n'y a pas de nappes d'eau dans les terrains imperméables.   89
    Nappes d'eau des terrains perméables ; elles alimentent les sources, les marais et
    les tourbières des vallées les plus profondes.   91
    Les nappes d'eau des terrains calcaires sont discontinues.   95
    Les nappes d'eau des terrains sablonneux sont continues   97
    Étude des nappes souterraines qui alimentent le puits de Grenelle.   98

CHAP. VIII. — DES SOURCES.   102
    Étude demandée par le Préfet de la Seine. — Exposé historique.   102
    Division des sources du bassin de la Seine en quatre classes : 1re classe, sources
        des terrains imperméables ; 2e classe, sources des terrains perméables ; 3e classe,
        niveaux d'eau ; 4e classe, sources artésiennes.   108

CHAP. IX. — DES EAUX DE SOURCE.   119
    Détermination des sels terreux au moyen de l'hydrotimètre. — Mode de vérification.   121
    Titre hydrotimétrique des eaux de sources des différents terrains du bassin de la
        Seine.   122
    Résumé.   140

CHAP. X. — CE QUE DEVIENT LE CARBONATE DE CHAUX DANS LES EAUX COURANTES . . .   142
    Dissolution de bi-carbonate de chaux, stable à la température ordinaire dans l'eau
        courante. — Recherches sur les eaux de rivières, expériences faites à l'aqueduc
        d'Arcueil. — Résultats obtenus dans l'aqueduc de la Dhuis.   153

CHAP. XI. — Des sources qui peuvent être conduites a Paris.   156

Pente minimum des aqueducs et charge minimum des conduites forcées. — Pente
totale qui en résulte pour 100 kilomètres d'aqueduc.   156

Sources qui se trouvent éliminées, soit parce qu'elles sont à une trop basse altitude,
soit parce qu'elles sont trop chargées de sels terreux.   157

Terrains dans lesquels le choix de l'administration a été resserré   159

Dérivation de la Somme-Soude, abandonnée   160

Sources destinées aux quartiers hauts, aqueduc de la Dhuis   161

Sources destinées aux quartiers bas et moyens, aqueduc des sources de la Vanne.   163

Débits des sources déjà achetées.   164

Analyses.   168

Température des eaux de la Dhuis.   171

Des noms de certaines sources.   176

CHAP. XII. — Des cours d'eau propres a chaque terrain.   180

Cours d'eau des terrains imperméables, granite, lias, terrain crétacé inférieur,
argile du Gàtinais, de la Brie, du pays d'Ouche, du pays de Bray, très-nombreux,
très-violents en hiver, presque à sec en été ; eaux limpides mais brunes, dans le
granite, presque toujours louches dans les autres terrains imperméables. . . .   181

CHAP. XIII. — Cours d'eau des terrains perméables.   203

Des sources éphémères.   204

Cours d'eau des calcaires oolithiques, Bourgogne, Lorraine, peu nombreux, prenant
tous naissance dans les terrains demi-perméables, s'épuisant ou même tarissant
tous en été en traversant les terrains perméables, et renaissant dans de grandes
sources, avant de quitter ces derniers terrains.   208

Cours d'eau de la craie blanche, des terrains perméables éocènes, des sables de
Fontainebleau, et du calcaire de Beauce, très-rares, toujours au fond des vallées
principales, qui sont marécageuses et même tourbeuses.   229

Plages de graviers des grandes vallées et limon des plateaux : pas de cours d'eau
qui leurs soient propres   243

Résumé.   245

CHAP. XIV. — Régime des cours d'eau décrits dans les chapitres XII et XIII. . . .   246

Discussion des courbes de l'atlas. — Crues des cours d'eau tranquilles.   248

Crues des cours d'eau torrentiels   250

État des eaux claires, louches, troubles.   251

Variation du titre hydrotimétrique de l'eau de Seine.   259

CHAP. XV. — Des crues d'hiver et des crues d'été. — Définitions.   262

Crues d'été très-rares et peu élevées   263

Crues d'hiver fréquentes et très-élevées.   265

Des grandes crues d'été.   266

CHAP. XVI. — Des lois d'écoulement des crues de la Seine et des cours d'eau en
général   277

Loi fondamentale.   278

Lois qui en découlent.   279

C'est à Paris que les crues de la Seine prennent leur forme définitive.   288

CHAP. XVII. — Des crues de la Seine a Paris. 289
   Règle employée pour les annoncer. 291

CHAP. XVIII. — Des grands débordements de la Seine a Paris 297
   Les indications précises ne remontent pas au delà de 1649. Mémoires du père
      Cotte, de Deparcieux. 298
   Crue du 27 février 1658, la plus grande connue. 301
   Crue du 26 décembre 1740, la plus grande du 18e siècle. 306
   Crue du 13 nivôse an X (3 janvier 1802), la plus grande du 19e siècle. . . 310
   Probabilité du retour des grandes crues. 314
   Crues de débâcle. 317
   Moyens de préserver Paris des inondations. 319

CHAP. XIX. — Des basses eaux de la Seine. 324
   Observations faites à Paris. Périodes de sécheresse et d'humidité depuis 1752. . . 324
   La période de sécheresse, de 1857 à 1870, est la plus extraordinaire qui ait été
      remarquée depuis 1610. 328
   Débit de la Seine en très-basses eaux 330
   Discussion spéciale des dernières sécheresses, d'après les courbes de l'atlas. . . 332

CHAP. XX. — Débouchés mouillés des ponts. 350
   Petits et moyens cours d'eau, terrains imperméables : débouchés très-grands. . 352
   Terrains perméables : débouchés très-petits. 366
   Débouchés mouillés des ponts des lieux de sources 376
   Débouchés mouillés des grands ponts 381

CHAP XXI. — Climat de la partie de la France située au nord du plateau central. 388
   Tous les affluents de la Seine entrent en crue en même temps. 388
   Homogénéité du climat de la France au nord du plateau central. 391

CHAP. XXII. — De l'action des forêts sur le régime de la Seine et de ses affluents 396
   Les forêts ne retardent pas l'écoulement des eaux pluviales. 398
   Les cultures les plus propres à empêcher le ravinement des terres, sont celles des
      prairies naturelles, des forêts et des vignes. 407

CHAP. XXIII. — Navigation, aménagement des eaux courantes et endiguement . . . 410
   Indication sommaire des voies navigables du bassin de la Seine 410
   Alimentation des canaux à point de partage : par des réservoirs dans les terrains
      imperméables. 421
   Par des cours d'eau, lieux de grandes sources, dans les terrains perméables. . . 423
   Aménagement des eaux courantes dans les terrains imperméables. — Grands
      réservoirs, utiles surtout pour l'industrie et l'agriculture. 424
   Des digues longitudinales. Il y a très-peu de cours d'eau à endiguer dans le bas-
      sin de la Seine 432

CHAP. XXIV. — Des eaux courantes considérées comme force motrice 440
   Cours d'eau des terrains imperméables, qualifiés par l'industrie du nom de mau-
      vais cours d'eau. 442
   C'est dans les terrains perméables qu'on trouve les bons cours d'eau. 444

De la défense des berges. 450

Règlement des usines : le point d'eau des usines est réglé, surtout par des déversoirs dans les terrains imperméables, par des vannes de décharge dans les terrains perméables. 454

CHAP. XXV. — DES EAUX POTABLES. 457
Qualités et défauts des eaux de rivières. 458
Quantité de limon en suspension dans les eaux de la Seine et de la Marne à Paris. 459

CHAP. XXVI. — DU FILTRAGE DES EAUX AU MOYEN DE GALERIES OUVERTES DANS LES GRAVIERS DES BERGES DES RIVIÈRES 463
L'eau ainsi obtenue, provient en grande partie, des nappes d'eau souterraines. . 465
Dans les graviers de la Seine, près et en amont de Paris, l'eau des galeries filtrantes est impropre à tout usage domestique 466

CHAP. XXVII. — DU FILTRAGE DE L'EAU PAR UN PROCÉDÉ ARTIFICIEL 470
Filtrage anglais : donne de l'eau claire, mais laisse en dissolution les matières organiques de la nature la plus répugnante ; inapplicable aux eaux de rivières altérées par l'industrie 470

CHAP. XXVIII. — VARIATIONS DE LA TEMPÉRATURE DE L'EAU DANS LES AQUEDUCS ET LES CONDUITES DE DISTRIBUTION. ALTÉRATION PROGRESSIVE DES EAUX DE RIVIÈRE. 477
L'eau de rivière ne se rafraîchit pas notablement en été, ne se réchauffe pas suffisamment en hiver, dans les conduites de distribution 477
L'eau de sources reste fraîche en hiver comme en été, dans les aqueducs, et pendant plusieurs mois, dans les grands réservoirs 477
Corruption progressive des eaux de rivières aux abords des grandes villes 480

CHAP. XXIX. — DES EAUX DE SOURCES DU BASSIN DE LA SEINE CONSIDÉRÉES COMME EAUX POTABLES . . . . . . ' 488
Les eaux de sources sont les seules qui puissent être distribuées avec sécurité. . 488
Les hameaux du Morvan, usent sans frais, d'eaux de sources excellentes. Les lieux habités de la Bourgogne, de la Lorraine, de la Champagne sèche, de la craie de la Normandie et du Beauvaisis, sont disposés de telle sorte, qu'ils soient à peu de distance des lieux de sources, ou qu'on puisse y forer de bons puits. Les habitants du lias, des plateaux des calcaires oolithiques et de la Beauce manquent d'eau en été. Ceux des riches plateaux du Soissonnais, du Vexin, du pays de Caux, du bassin de l'Eure, de la Beauce, abreuvent leur bétail dans des mares et ne boivent pas d'eau, etc., etc 488

SECONDE PARTIE

APPLICATION DES ÉTUDES QUI PRÉCÈDENT A L'AGRICULTURE

CHAP. XXX. — DU LIMON DES PLATEAUX. — TERRES LABOURABLES 495
Répartition du limon des plateaux, sur les différents terrains du bassin de la Seine : Ce limon n'existe que sur les plateaux dépourvus d'ondulations. 496

Il est devenu extrêmement fertile, lorsqu'il s'est déposé sur un fond perméable. . 499
Il faut que l'industrie humaine vienne en aide à la nature, lorsque le dépôt s'est
formé sur un terrain imperméable. 500

CHAP. XXXI. – Des cultures permanentes. 503
Tableau de la répartition des cultures permanentes, prairies, bois, vignes, dans les
divers terrains. Terrains imperméables. 504
Terrains demi-perméables. 507
Terrains perméables. 508

CHAP. XXXII. — Des cultures permanentes. Les prairies naturelles. 515
Loi fondamentale. 513
Il résulte de cette loi, que la culture des prairies est très-étendue dans les terrains
imperméables et très-restreinte dans les terrains perméables. 514
Propriétés des prairies dans les divers terrains. 515
Étendue des terrains propres à la culture des prairies. 518

CHAP. XXXIII. — Division des espèces ovines et des espèces bovines dans les terrains perméables ou imperméables. 521

CHAP. XXXIV. — Causes de la faible consommation de viande et de la grande consommation de pain, à Paris et dans le bassin de la Seine, en général 530

CHAP. XXXV. — Drainage des terres. 533
N'est jamais utile dans les terres perméables, à moins qu'elles ne soient cultivées
en prairies. Est toujours utile dans les terres imperméables, à moins qu'elles ne
soient cultivées en prairies. 534
Les terrains où le drainage est indispensable, sont les argiles du Gâtinais et les plateaux de la Brie. 536
Étendue des terres où le drainage peut être utile. 537

CHAP. XXXVI. — Combinaison du drainage et de l'irrigation, dans les prairies des
terrains perméables et du granite. 539
Contraste qui existe entre les prairies des terrains perméables et celles des terrains
imperméables. 544

CHAP. XXXVII. — Suite des cultures permanentes. — Les forêts. 549
Le bassin de la Seine est une des régions les plus boisées de la France. 550
Causes du déboisement du lias, de la craie blanche et du calcaire de Beauce. . . 557
Causes du boisement extraordinaire des terrains granitique, oolithique, crétacé
inférieur, etc. 555

CHAP. XXXVIII. — Du reboisement. 559
Très-facile par les essences à feuilles caduques, dans les terrains sablonneux ou
dans les terrains imperméables. 560
N'est possible que par les résineux, dans les terrains perméables calcaires. . . . 562

CHAP. XXXIX. — Valeur des terres à reboiser ou à déboiser 571
On ne peut reboiser utilement que les terres absolument improductives. 571

Il n'est pas prouvé que le déboisement soit utile, même dans les meilleurs fonds
   de terre.   575
Classement des terres du bassin de la Seine, au point de vue de la sylviculture. .   579

CHAP. XL. — Suite des cultures permanentes. — La vigne   582
   La culture de la vigne commence sur les pentes des gradins du terrain oxfordien et
      du lias. Elle manque dans la terre-à-foulon, la grande oolithe, dont l'altitude est
      trop grande, dans le granite, trop haut, trop humide, trop pierreux   584
   Dans le terrain crétacé inférieur, le Gâtinais, terrains imperméables trop humides.   586
   Elle donne ses meilleurs produits dans les terrains kimméridien et portlandien. .   586
   et sur la falaise de craie blanche, qui sépare la Champagne de la Brie.   589
   Elle produit beaucoup de mauvais vins dans les alluvions des terrains crétacés, sur
      les coteaux qui séparent les Champagnes sèche et humide   588
   Sur les coteaux perméables de la Brie et de la banlieue de Paris.   590
   Cette culture s'arrête, à cause du voisinage de la mer, vers une ligne coupant
      l'Eure à l'aval de Dreux, passant par Gaillon, les Andelys et la Fère.   591

CHAP. XLI. — Action des cultures permanentes sur la richesse générale.. . . .   596
   Sans les forêts, la contrée de la Bourgogne, dite la Montagne, aurait été inhabitable   596
   Les trois cultures permanentes sont la source de la richesse de la partie de la Bour-
      gogne dite la Vallée   597
   Les trois cultures permanentes manquent dans la Champagne sèche, cette contrée
      a été longtemps frappée de stérilité. La vigne fait la richesse de la falaise qui sé-
      pare la Champagne de la Brie.   598
   Les bois sont la seule culture utile des sables de Fontainebleau et de Beauchamp   598
   Les bois et les prairies, sont les cultures les plus utiles des terrains granitiques
      et des terrains crétacés inférieurs.   598

Appendice. — Règle servant à calculer la hauteur des crues de l'Yonne, de la Seine, en
      amont de Paris et de l'Aisne.   601
   Dates des grandes crues de la Seine et de ses affluents.   602
   Données numériques sur le régime de la Seine à Paris.   609
   Dates des grandes crues de quelques cours d'eau de la Normandie.   614

ERRATA

Page   28, dans le tableau, ligne 4 de la 1re colonne, *au lieu de :* craie marneuse et chlo-
         ritée, *lisez :* craie blanche.
Page   35, 1re ligne de la note, *au lieu de :* bureau de guerre, *lisez :* bureau de la guerre.
Page   65, ligne 30, *au lieu de :* à la cote à 5^m,60 *lisez :* à la cote 5^m,60.
Page   71, ligne 18, *au lieu de :* le sables moyens, *lisez :* les sables moyens.
Page   81, ligne 18, *au lieu de :* rive droite, les eaux du marais de la rive gauche,
         lisez : rive gauche, les eaux du marais de la rive droite.
Page 116, ligne 21, *au lieu de :* source en contact, *lisez :* source au contact.
Page 156, ligne 11, *au lieu de :* la côte d'Or et de l'Océan, *lisez :* la côte d'Or et l'Océan.
Page 182, ligne 20, *au lieu de :* le *Cousin* à son origine, *lisez :* le *Cousin* a son origine.
Page 199, ligne 10, *au lieu de :* 4470 kil., *lisez :* 4470 kil. q.
Page 199, ligne 17, *au lieu de :* des plateaux, qui recouvre les plateaux, *lisez :* des plateaux.
Page 200, ligne 14, *au lieu de :* terrain peutre, *lisez :* terrain neutre.
Page 202, ligne 17, *au lieu de :* 614 kil. c., *lisez :* 614 kil. q.
Page 225, ligne 19, *au lieu de :* la Barbouze, *lisez :* la Barboure.
Page 228, ligne 28, *au lieu de :* Résnmé, *lisez :* Résumé.
Page 232, ligne 17, *au lieu de :* 96^{kc},50, *lisez :* 96^{kq},50.
Page 233, ligne 13, *au lieu de :* d'un d'un projet, *lisez :* d'un projet.
Même page, tableau, à tous les chiffres, *au lieu de :* m., *lisez :* m. c.
Page 242, ligne 11, *au lieu de :* la Rome, *lisez :* la Rosne.
Page 243, ligne 28, *au lieu de :* d'eau; limpide, *lisez :* d'eau limpide.
Page 271, ligne 12, *au lieu de :* à la cote à 2^m,50, *lisez :* à la cote 2^m,50.
Page 273, note   1, *au lieu de :* de 11^m,75, *lisez :* de 11^{mq},75.
Page 275, ligne   8, *au lieu de :* 60 mètres carrés, *lisez :* 60 mètres cubes.
Page 283, lignes 21 et 22, *au lieu de :* renferment la fois, *lisez :* renferment à la fois.
Page 305, ligne 26, *au lieu de :* relevée, *lisez :* relevé.
Page 307, 2e tableau, 12 décembre, *au lieu de :* 8,87, *lisez :* 4,87.
Page 315, ligne 19, *au lieu de :* 1858, *lisez :* 1658.
Page 316, ligne 28, *au lieu de :* multipliées, *lisez :* multipliée.
Page 224, ligne   3, *au lieu de :* instituée, *lisez :* institué.

Page 554, ligne 25, *au lieu de :* en déterminent, *lisez :* déterminent.

Page 559, ligne 17. *au lieu de :* Autricourt, *lisez :* Autricourt.

Page 540, ligne 7, *au lieu de :* 1858, *lisez :* 1868.

Page 541, ligne 14, *au lieu de :* Sandrupt, *lisez :* Saudrupt.

Ibidem   ligne 16, *au lieu de :* Villesenense, *lisez :* Villeseneux.

Page 542, ligne 25, *au lieu de :* Artot, *lisez :* Arlot.

Page 565, ligne 22, *au lieu de :* Conilly, *lisez :* Couilly.

Page 571, tableau,   *au lieu de :* route de Troyes à Merry, *lisez :* route de Troyes à Méry.

Page 455, ligne 21, *au lieu de :* les cours d'eau n'y éprouvent, *lisez :* ces cours d'eau n'éprouvent.

Page 445, ligne 17, *au lieu de :* flottage des bûches perdues, *lisez :* flottage à bûches perdues.

Page 455, ligne 11, *au lieu de :* s'attendre qu'il, *lisez :* s'attendre à ce qu'il.

Page 552, ligne 5, *au lieu de :* comme preuves, *lisez :* comme preuve.

Page 570, ligne 28, *au lieu de :* nécromien, *lisez :* néocomien.

Page 579, ligne 11, *au lieu de :* crétacé inférieurs, *lisez :* crétacé inférieur.